JN082929

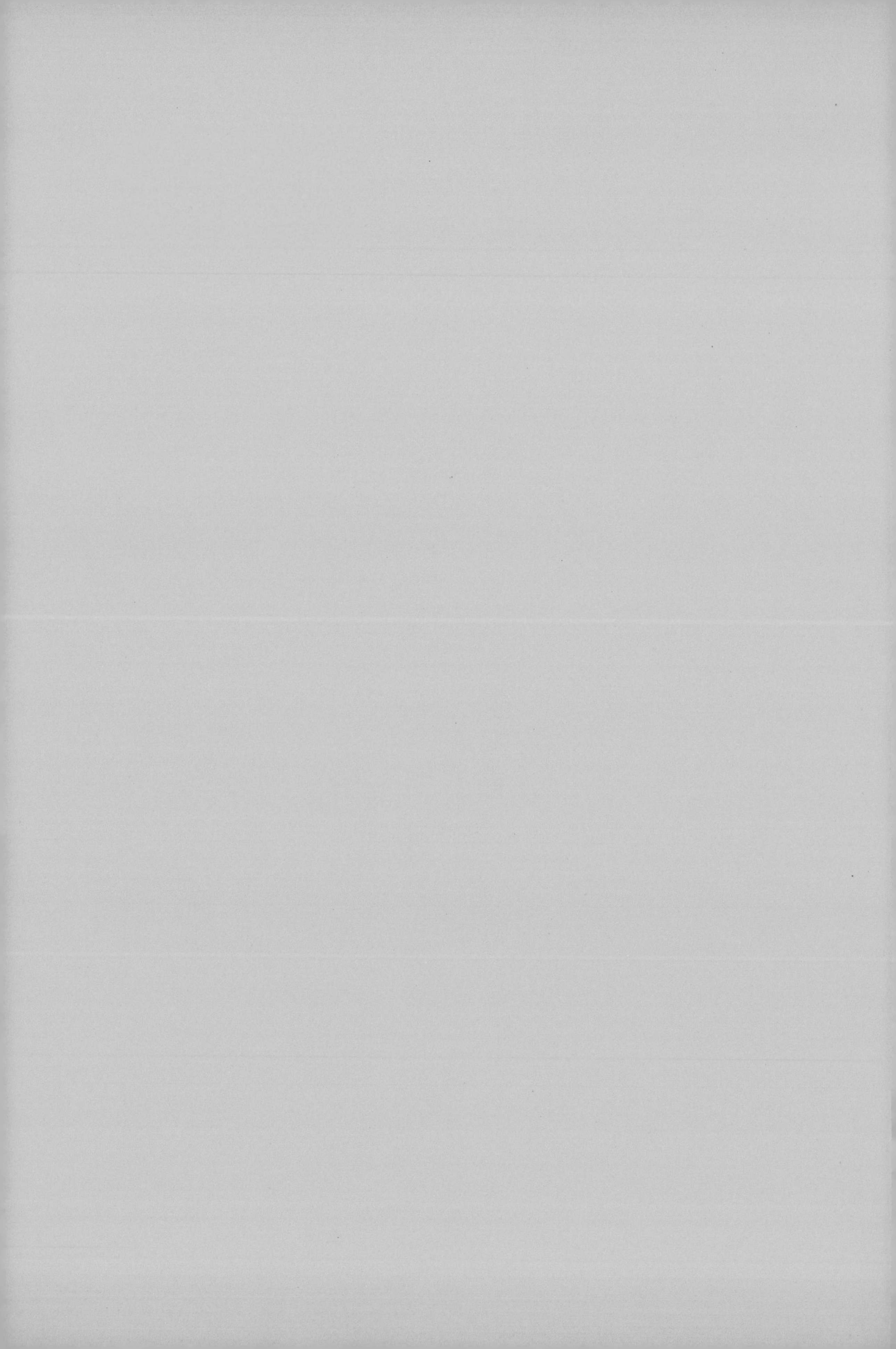

一発合格!

2級 土木施工 第1次&第2次検定 徹底図解テキスト

土木施工管理技術検定試験研究会・著

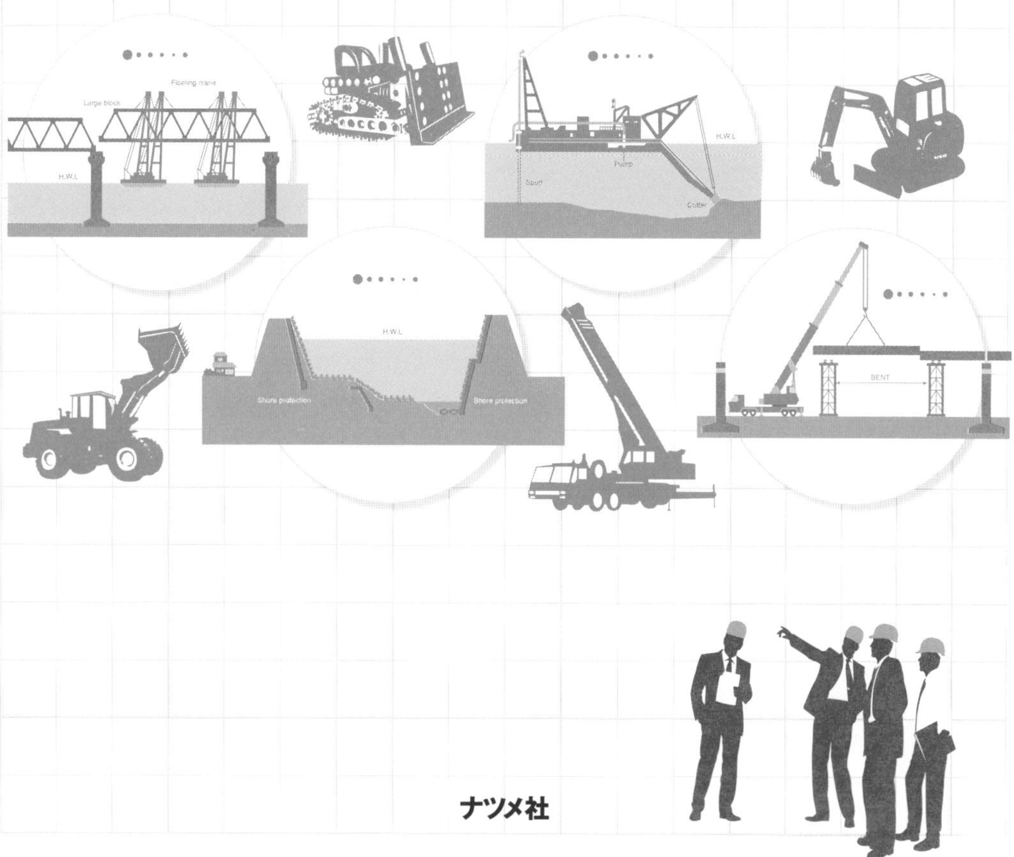

ナツメ社

はじめに

近年、土木業界を取り巻く状況はめまぐるしく変化しています。2021年に開催された東京五輪・パラリンピックに向けた開発が急ピッチで進められた一方、頻発する自然災害被害からの復興、高速道路やトンネル、橋梁等の大規模インフラの老朽化への対応など、早急に進めなければならない工事が膨大にあり、業界全体での人材不足が問題となっています。そのような状況において、**土木関連の資格を有していることは大きな強み**といえます。

本書で扱う**２級土木施工管理技士**は、建設業法で定められている国家資格です。この資格をもっていることで、営業所において配置が義務付けられている**専任技術者（担当業種の技術的総括責任者）**や、工事現場で配置が義務付けられている**主任技術者（現場における指導監督）**になることができ※、土木業界でキャリアを積まれる皆さんにはぜひ取得を目指していただきたい資格の１つです。

本試験においては、受験資格に必要な実務経験年数が規定されており、受験者の皆さんはご自身の専門分野には実績や知識を身につけていることと思います。しかし、本試験の出題分野は、「専門土木」以外にも「施工管理」から「法規」等に至るまで多岐にわたります。実務による経験や知識だけでは補いきれないほどの多方面の分野への学習が必須といえます。

令和３年４月１日に施行された、改正建設業法「技術検定制度の見直し」規定にしたがって、令和３年度より新しい技術検定制度がスタートしましたが、本書は第１次検定（旧制度の学科試験に該当）と第２次検定（旧制度の実地試験に該当）の両方に対応できるように、それぞれの**分野ごとに過去の出題傾向を整理**し、項目ごとに**学習のポイントとして押さえるべき内容を紹介**しています。併せて、図解を豊富に掲載し、**「用語解説」「これが試験に出る！」などのミニコーナーを充実**させることで、解説をよりわかりやすく理解できるように工夫しています。

また、各項目の最後には、**過去の本試験をもとにした演習問題を用意**しており、自分の理解度を確認することができます。赤シートを利用することで、何度も復習できる作りとなっています。さらに、第２次検定で出題される経験記述問題への対策としては、**経験記述例文を60パターン掲載**しており、自分の解答を作成する際の参考に役立つと思います。

試験に合格するためには、繰り返し学習することが大切です。何度も復習することで着実に実力がついてきます。諦めずにぜひ頑張りぬいてください。受験生の皆さんが本書を有効に活用されることで見事試験に合格し、２級土木施工管理技士として大いに活躍されることを心よりお祈り申し上げます。

「土木施工管理技術検定試験研究会」著者しるす

※下請契約の請負代金の額が4,500万円以上（建築一式工事の場合は7,000万円以上）の工事は特定建設業に該当し、主任技術者より上位の「監理技術者」を配置しなければなりません。特定建設業の専任技術者や監理技術者になるためには、１級土木施工管理技士などの１級国家資格が必要です。

目次

1次 は第１次検定で出題される分野、2次 は第２次検定で出題される分野を指しています。

第3章 法規

経験記述例文集(工種・出題項目)

本書の使い方

第1次検定・第2次検定（学科記述）の学習方法

２級土木施工管理技術検定試験は、令和３年度から新技術検定制度が開始しました。本書は第１次検定（旧制度の学科試験に該当）と第２次検定（旧制度の実地試験に該当）の内容をもとに構成しています。「第１次検定のみの出題項目」と「第１次検定と第２次検定の学科記述の両方での出題項目」があり、本書では第１部として第１章～第６章で各項目を解説しています。第１次検定は４肢択一、第２次検定の学科記述は筆記という違いはあるものの、同じ出題分野であれば覚える内容も共通しているため、本書の内容を理解・把握することが第１次検定と第２次検定の両方への対策となります。

第１次検定・第２次検定での出題の有無はこのアイコンで確認できます（目次や各章のトビラでも確認できます）。

表やイラスト、図解、ミニコーナーを豊富に掲載。本文とセットで学習することで理解を促しています。

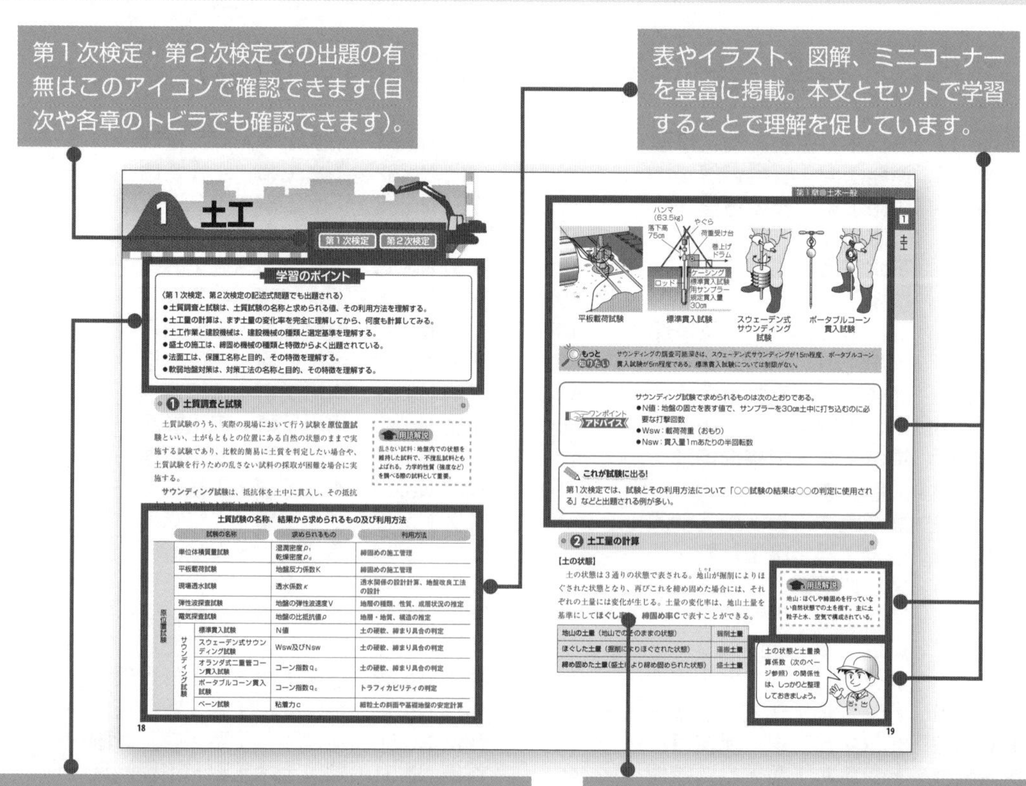

それぞれの分野について、学習を進めるうえで重要となるポイントを整理して紹介。「何を押さえる必要があるか」を容易に把握できるようになっています。

重要な語句や用語は赤字で表記しています。赤字部分は付属の赤シートで隠すことができるので、何度も復習するのに便利です。

ミニコーナーの役割

これが試験に出る!

過去の本試験で出題された内容を紹介。重点的に押さえるべき箇所がわかります。

用語解説

文中で登場している専門用語や難解な言葉をわかりやすく解説しています。

ワンポイントアドバイス

本試験で解答するためのコツや知っておきたい内容をまとめています。

もっと知りたい

解説されている内容の補足説明です。本文と併せてチェックしましょう。

「2級土木施工管理技術検定試験」は、令和３年度より新技術検定制度が開始しました。本書は、第１次検定（旧制度の学科試験に該当）と第２次検定（旧制度の実地試験に該当）の内容をもとに構成しています。

演習問題　各項目の最後には理解度をチェックするための演習問題を掲載しています。**「例題演習」**は第１次検定対策の一問一答形式の問題で、**「第２次検定（学科記述）演習」**は第２次検定（学科記述）対策の筆記形式の問題です。どちらも**過去の本試験で出題された問題をアレンジ**しているので、何度も復習して苦手分野をなくすように心がけましょう。

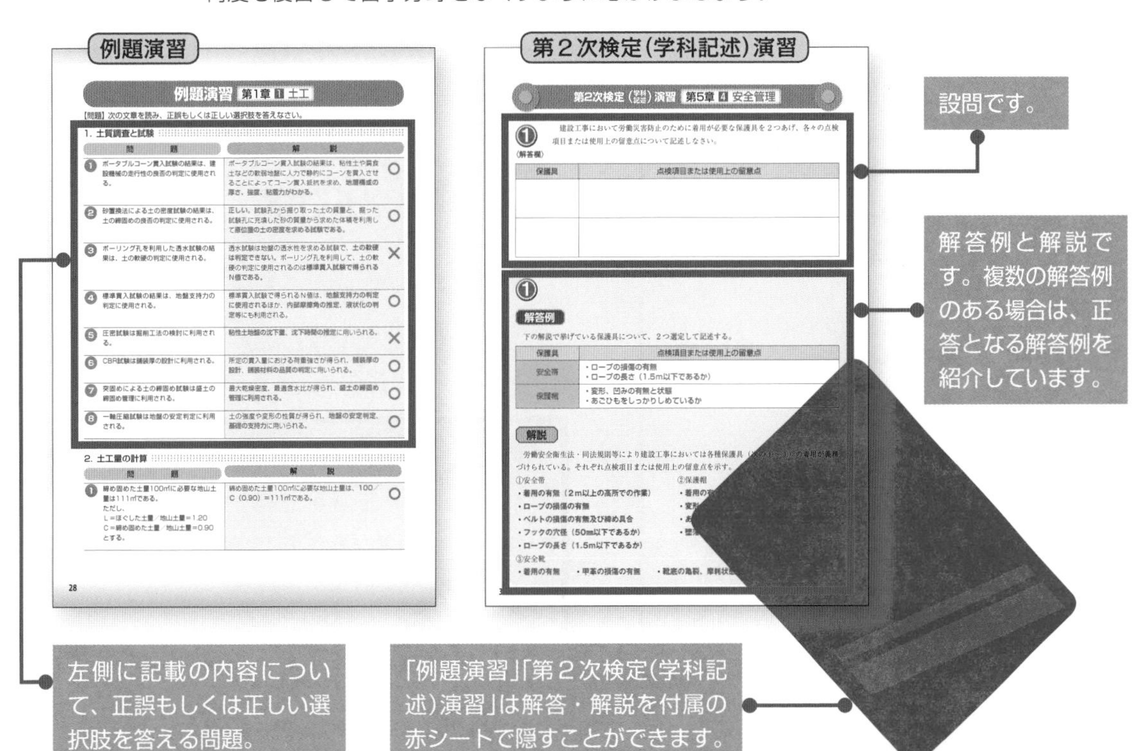

例題演習

例題演習　第1章 1 土工

【問題】次の文章を読み、正誤もしくは正しい選択肢を答えなさい。

1. 土質調査と試験

	問題	解説	
1	ポータブルコーン貫入試験の結果は、建設機械の走行性の良否の判定に使用される。	ポータブルコーン貫入試験の結果は、粘性土や腐食土などの軟弱地盤に人力で静的にコーンを貫入させることによってコーン貫入抵抗を求め、地層構成の厚さ、強度、粘着力がわかる。	○
2	砂置換法による土の密度試験の結果は、土の締固めの良否の判定に使用される。	正しい。試験孔から掘り取った土の質量と、掘った試験孔に充填した砂の質量から求めた体積を利用して原位置の土の密度を求める試験である。	○
3	ボーリング孔を利用した透水試験の結果は、土の軟硬の判定に使用される。	透水試験は地盤の透水性を求める試験で、土の軟硬は判定できない。ボーリング孔を利用して、土の軟硬の判定に使用されるのは標準貫入試験で得られるN値である。	×
4	標準貫入試験の結果は、地盤支持力の判定に使用される。	標準貫入試験で得られるN値は、地盤支持力の判定に使用されるほか、内部摩擦角の推定、液状化の判定等にも利用される。	○
5	圧密試験は掘削工法の検討に利用される。	粘性土地盤の沈下量、沈下時間の推定に用いられる。	×
6	CBR試験は舗装厚の設計に利用される。	所定の貫入量における荷重強さが得られ、舗装厚の設計、舗装材料の品質の判定に用いられる。	○
7	突固めによる土の締固め試験は盛土の締固め管理に利用される。	最大乾燥密度、最適含水比が得られ、盛土の締固め管理に利用される。	○
8	一軸圧縮試験は地盤の安定判定に利用される。	土の強度や変形の性質が得られ、地盤の安定判定、基礎の支持力に用いられる。	○

2. 土工量の計算

	問題	解説	
1	締め固めた土量100m³に必要な地山土量は111m³である。 ただし、 L＝ほぐした土量／地山土量＝1.20 C＝締め固めた土量／地山土量＝0.90 とする。	締め固めた土量100m³に必要な地山土量は、100／C（0.90）＝111m³である。	○

28

第２次検定（学科記述）演習

第2次検定（学科記述）演習　第5章 4 安全管理

1　建設工事において労働災害防止のために着用が必要な保護具を２つあげ、各々の点検項目または使用上の留意点について記述しなさい。

（解答欄）

保護具	点検項目または使用上の留意点

1

解答例

下の解説で挙げている保護具について、２つ選定して記述する。

保護具	点検項目または使用上の留意点
安全帯	・ロープの損傷の有無 ・ロープの長さ（1.5m以下であるか）
保護帽	・変形、凹みの有無と状態 ・あごひもをしっかりしめているか

解説

労働安全衛生法・同法規則等により建設工事においては各種保護具（[illegible]）の着用が義務づけられている。それぞれ点検項目または使用上の留意点を示す。

①安全帯
・着用の有無（2m以上の高所での作業）
・ロープの損傷の有無
・ベルトの損傷の有無及び締め具合
・フックの穴径（50mm以下であるか）
・ロープの長さ（1.5m以下であるか）

②保護帽
・着用の[illegible]

③安全靴
・着用の有無　・甲革の損傷の有無　・靴底の亀裂、摩耗状[illegible]

別冊　過去2年分の本試験問題

取り外しのできる別冊付録にて、**直近２年分の第１次検定（学科試験）・第２次検定（実地試験）の本試験問題と過去10年分の第１次検定（学科試験）・第２次検定（実地試験）の出題傾向を掲載**しています。力試しとして本試験問題に挑戦し、解答・解説もしっかりと確認しましょう。また、どの項目の出題が多いかを把握できる出題傾向は、学習プランを立てる際に活用してください。

出題傾向

第１次検定（学科試験）出題傾向

本試験問題

令和４年度前期第１次検定　問題

令和４年度第２次検定　問題

第2次検定（経験記述）の学習方法

２級土木施工管理技術検定試験の第２次検定の「問題１」は、経験記述とよばれる**受験者の経験した工事について記述する問題**です。出題されている問題に対してポイントを押さえた解答文を作成しなければならず、書き方のコツを学習する必要があります。

本書では、第２部として**第７章で経験記述対策を解説**しており、体系的に経験記述の書き方を身につけたうえで、解答案をまとめることができます。

［設問１］の書き方

「工事内容［設問１］の書き方(P.372～375)」で、正しい解答のしかたを覚えましょう。

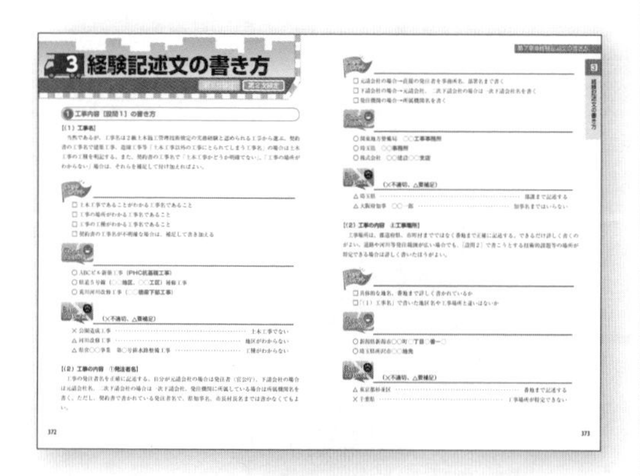

［設問１］の作成シート

［設問１］の解答案を整理するために、チェックシート(P.382)にまとめてみましょう。

経験記述例文集（60例文）

トンネル工事

管理項目	安全管理
技術的課題	土被りが少ないトンネル掘削

［設問１］　あなたが**経験した土木工事**に関して、次の事項を解答欄に明確に記入しなさい。

【注意】「経験した土木工事」は、あなたが工事請負者の技術者の場合は、あなたの所属会社が受注した工事内容について記述してください。従って、あなたの所属会社が二次下請業者の場合は、発注者名は一次下請業者名となります。
なお、あなたの所属が発注機関の場合の発注者名は、所属機関名となります。

設問１

（1）工事名

工　事　名	○○県道○○号線○○トンネル工事

（2）工事の内容

①発注者名	○○県○○部○○課
②工事場所	○○県○○市○○町地内
③工　　期	令和○年○月○日～令和○年○月○日
④主な工種	トンネル工　掘削断面　132㎡
⑤施 工 量	トンネル延長　480m

（3）工事現場における施工管理上のあなたの立場

立　　場	現場責任者

《記述のポイント》

- ［設問1］(2)の「④主な工種」は、主となる工種を１～２点の記述に留める。工種が多すぎると何の工事であるのかがわかりづらくなってしまう。
- ［設問1］(3)での「立場」は、２級土木施工管理技士としてふさわしいものを記入する。現場監督助手や鉄筋係などはふさわしくない。
- ［設問2］(1)について、本例文での安全管理の技術的課題のキーワードは「市街地」「土被りが少ない」「地表面の変化」「事故」である。
- ［設問2］(3)では、対応処置だけでなく評価できる点も記述する。

388

経験記述例文の No. １～ No. ８には、記述における留意点や盛り込むべきポイントを解説しています。記述のまとめ方の参考として併せてチェックしましょう。

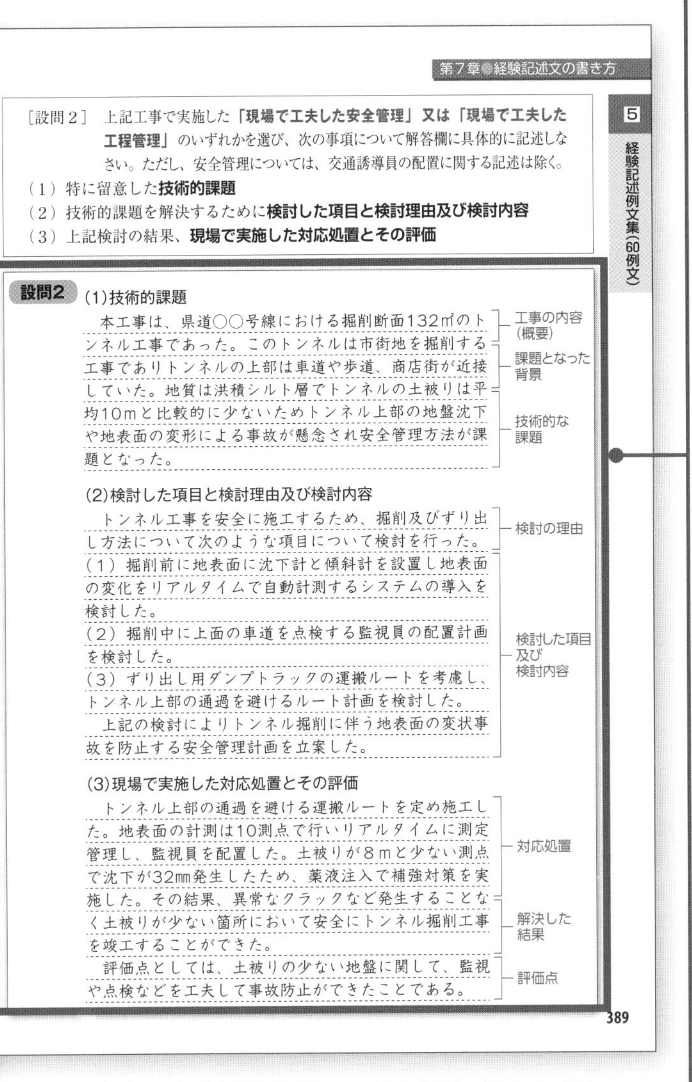

第7章●経験記述文の書き方

5 経験記述例文集(60例文)

［設問2］ 上記工事で実施した**「現場で工夫した安全管理」又は「現場で工夫した工程管理」**のいずれかを選び、次の事項について解答欄に具体的に記述しなさい。ただし、安全管理については、交通誘導員の配置に関する記述は除く。
（1）特に留意した**技術的課題**
（2）技術的課題を解決するために**検討した項目と検討理由及び検討内容**
（3）上記検討の結果、**現場で実施した対応処置とその評価**

設問2

(1)技術的課題

本工事は、県道○○号線における掘削断面132㎡のトンネル工事であった。このトンネルは市街地を掘削する工事でありトンネルの上部は車道や歩道、商店街が近接していた。地質は洪積シルト層でトンネルの土被りは平均10mと比較的に少ないためトンネル上部の地盤沈下や地表面の変形による事故が懸念され安全管理方法が課題となった。

（工事の内容(概要)／課題となった背景／技術的な課題）

(2)検討した項目と検討理由及び検討内容

トンネル工事を安全に施工するため、掘削及びずり出し方法について次のような項目について検討を行った。
（1）掘削前に地表面に沈下計と傾斜計を設置し地表面の変化をリアルタイムで自動計測するシステムの導入を検討した。
（2）掘削中に上面の車道を点検する監視員の配置計画を検討した。
（3）ずり出し用ダンプトラックの運搬ルートを考慮し、トンネル上部の通過を避けるルート計画を検討した。
上記の検討によりトンネル掘削に伴う地表面の変状事故を防止する安全管理計画を立案した。

（検討の理由／検討した項目及び検討内容）

(3)現場で実施した対応処置とその評価

トンネル上部の通過を避ける運搬ルートを定め施工した。地表面の計測は10測点で行いリアルタイムに測定管理し、監視員を配置した。土被りが8mと少ない測点で沈下が32mm発生したため、薬液注入で補強対策を実施した。その結果、異常なクラックなど発生することなく土被りが少ない箇所において安全にトンネル掘削工事を竣工することができた。
評価点としては、土被りの少ない地盤に関して、監視や点検などを工夫して事故防止ができたことである。

（対応処置／解決した結果／評価点）

389

トンネル工事や道路工事、水道工事などさまざまな工事での経験記述例文を60パターン掲載しています。自分の解答案を作成する際の参考として活用してください。

[設問2]の書き方

「技術的課題等[設問2]の書き方(P.376～380)」で、解答案をまとめるためのポイントを理解しましょう。

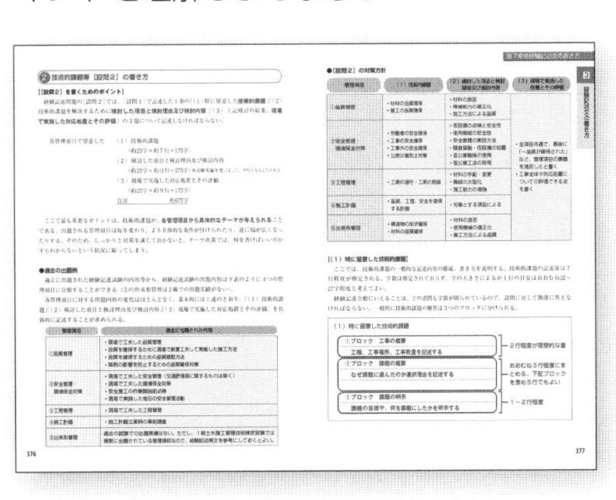

[設問2]の作成シート

[設問2]の解答案を整理するために、チャートシート(P.384)にまとめてみましょう。

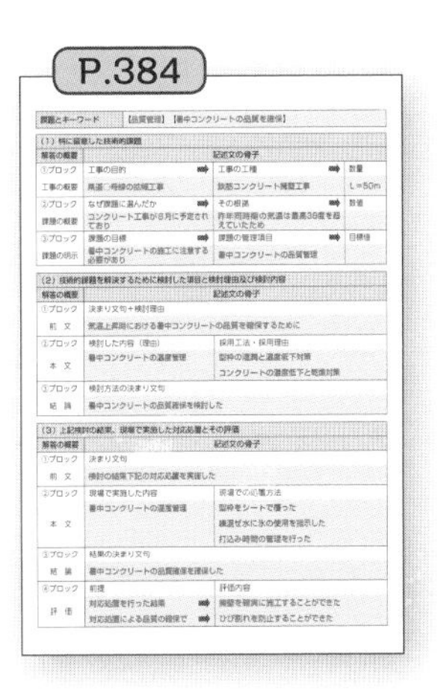

2級土木施工管理技術検定試験とは

「**土木施工管理技術検定試験**」は、土木工事における施工技術の向上を図ることを目的として、**一般財団法人 全国建設研修センター**が実施している検定試験である。建設業法第27条（技術検定）にて実施について明示されている。試験には「**1級**」と「**2級**」があり、合格して国土交通大臣より「技術検定合格証明書」が交付されることでそれぞれ「**1級土木施工管理技士**」「**2級土木施工管理技士**」を称することができる。

令和3年4月1日に施行された、改正建設業法「技術検定制度の見直し」規定にしたがって、令和3年度より新しい技術検定制度がスタートした。これまでの検定制度では、知識を問う「学科試験」と、能力を問う「実地試験」で構成されていたが、新制度では「**第1次検定**」と「**第2次検定**」に再編された。2級土木施工管理技士の資格を得るには、第1次検定と第2次検定の両方の試験に合格しなければならないが、第1次検定は学科試験で求めていた知識問題を基本に実地試験の能力問題の一部を追加し、第2次検定は実地試験の能力問題に加えて学科試験の知識問題の一部を移行するなど変更されている。

また、旧制度では学科試験を合格しても実地試験が不合格だった場合、その学科試験が免除されるのは翌年までとされたが、新制度では**第1次検定を合格すると、第1次検定が無期限で免除され、毎年2次検定からの受験が可能**となった。なお、「1級」は「2級」の上位にあたるが、「1級」の受験資格として「2級」合格は必須ではない。

2級土木施工管理技術検定試験は、「**土木**」「**鋼構造物塗装**」「**薬液注入**」の3種別が実施されており、本書は最も受験者数の多い「**土木**」での合格を目的とした紙面構成としている。

●令和6年度以降の技術検定制度概要

①令和6年度以降の受検資格要件

	第1次検定	第2次検定
1級	年度末時点での年齢が19歳以上	○1級1次検定合格後、 ・実務経験5年以上 ・特定実務経験（※）1年以上を含む実務経験3年以上 ・監理技術者補佐としての実務経験1年以上 ○2級2次検定合格後 ・実務経験5年以上（1級1次検定合格者に限る） ・特定実務経験（※）1年以上を含む実務経験3年以上（1級1次検定合格者に限る）
2級	年度末時点での年齢が17歳以上	○2級1次検定合格後、実務経験3年以上（建設機械種目については2年以上） ○1級1次検定合格後、実務経験1年以上

※特定実務経験
請負金額4,500万円（建築一式工事は7,000万円）以上の建設工事において、監理技術者・主任技術者（当該業種の監理技術者資格者証を有する者に限る）の指導の下、または自ら監理技術者・主任技術者として行った経験（発注者側技術者の経験、建設業法の技術者配置に関する規定の適用を受けない工事の経験等は特定実務経験には該当しない）。

〈土木施工管理に関する実務経験について〉

「土木施工管理に関する実務経験」として認められる工事種別・工事内容は明確に定められているため、受験年度の「受験の手引」にて確認すること。また、ここでいう「実務経験」とは、土木工事の施工に直接的に関わる技術上のすべての職務経験をいい、具体的には下記に関するものを指す。

- 受注者（請負人）として施工を指揮・監督した経験（施工図の作成や、補助者としての経験も含む）
- 発注者側における現場監督技術者等（補助者も含む）としての経験
- 設計者等による工事監理の経験（補助者としての経験も含む）

なお、施工に直接的に関わらない以下の経験は含まれない。

- 設計のみの経験
- 建設工事の単なる雑務や単純な労務作業、事務系の仕事に関する経験

〈技士補について〉

第１次検定の合格者に「**技士補**」の称号を付与する。技士補は、一定の要件を満たすことで、施工管理技士の職務を補佐することが可能になった。ただし、技士補は施工管理技士ではないため、常に施工管理技士からの指導監督を受けながら、職務を行う必要がある。

●第１次検定

令和２年度までは、知識を問う「学科試験」と、能力を問う「実地試験」で構成されていた。しかし、「**第１次検定**」と「**第２次検定**」に再編された令和３年度以降では、第１次検定は学科試験で求めていた知識問題を基本に、実地試験の能力問題の一部が追加された。

２級土木施工管理技術検定では、従来の検定制度である学科試験で出題された問題は、すべて４肢択一式（４つの選択肢より設問に合ったものを選ぶ方式）である。また、出題数に対して解答する問題を一定の数だけ選択する「選択問題」と、出題に対してすべて解答する「必須問題」に分かれている。

なお、本書は令和３年度に開始した「第１次検定」「第２次検定」、令和２年度までの「学科試験」「実地試験」の内容や出題傾向をもとに構成している。そのため、第１次検定の出題範囲等についての詳細は、別冊のP. ２～６の出題傾向を参照すること。

●第２次検定

前述のとおり、令和３年度からの制度では、従来の「学科試験」と「実地試験」が「**第１次検定**」と「**第２次検定**」に再編された。第２次検定は実地試験の能力問題に加えて、学科試験の知識問題の一部を移行している。第２次検定の出題範囲等についての詳細は、別冊のP. ７～８の出題傾向を参照すること。

なお、旧制度の実地試験では、試験問題は以下のように構成されていた。

２級土木施工管理技術検定の実地試験は、学科試験と異なりすべて記述形式の筆記試験である。「**経験記述**」と「**学科記述**」に分かれていて、経験記述は必須問題、学科記述は必須問題と選択問題との混合となっていた。平成26年度試験までは全部で５問題の構成（問題１：経験記述、問題２～問題５：学科記述）であったが、**平成27年度試験より全部で９問題の構成（問**

題１：経験記述、問題２～問題９：学科記述）に変更された。

問題１として出題される経験記述は、**受験者が過去に経験した土木工事について指定された管理項目に関する内容を解答するもの**で、実地試験での最重要問題に位置づけられていた。この経験記述で合格基準に達した者だけが、学科記述の採点に進むとされていた（第２次検定でも同様）。

一方、問題２以降で出題される学科記述は、平成27年度試験より、問題２～問題５が必須問題、問題６～問題７が選択問題（１）、問題８～問題９が選択問題（２）で構成されている。

主要出題分野は**土工、コンクリート、施工計画、工程管理、安全管理、品質管理、環境保全対策**である。なお、実地試験では土工は必須問題の問題２と問題３、コンクリートも必須問題の問題４と問題５で固定されていたが、令和３年度の第２次検定では他分野も出題されている。

また、出題される問題には、主に**穴埋め形式、計算形式、文章記述形式**の３つの形式がある。

- **穴埋め形式**：各種法規、指針、示方書などの基本内容の一部分が伏せられていて、その伏せられた箇所に入る語句や数値を解答する形式。
- **計算形式**：数値に関する情報が与えられて、公式や係数の値を用いて計算を行い、求められている数値を解答する形式。**穴埋め形式の中で計算形式が取り入れられる場合もある。**
- **文章記述形式**：施工等に関する留意点や注意事項、工法等の概要や特徴、特定の事象についての原因や対策などを簡潔に解答する形式。

第２次検定での出題構成は次のとおりである。

出題形式	問題	設問数	出題内容
経験記述（必須問題）	問題１	２問	指定管理項目
学科記述（必須問題） ※すべての問題に解答する	問題２	１問	土工、コンクリートなど
	問題３	１問	
	問題４	１問	
	問題５	１問	
学科記述〔選択問題（１）〕 ※どちらか１問を選択して解答する	問題６	１問	土工、コンクリートなど
	問題７	１問	
学科記述〔選択問題（２）〕 ※どちらか１問を選択して解答する	問題８	１問	施工計画、工程管理、安全管理、品質管理、環境保全対策 ※年によって出題分野が異なる
	問題９	１問	

●合格基準

第１次検定と第２次検定の合格基準は、その年の実施状況等により変動の可能性があるものの、以下のように設定されている。

- 第１次検定：得点が60％以上
- 第２次検定：得点が60％以上

なお、第１次検定の解答は公表されるが第２次検定の解答は未公表である。また、受験者の個人得点についても一切公表されない。

試験概要及び試験に関する問い合わせ先については別冊「２級土木施工管理技術検定試験　本試験問題」P. １に掲載しています。

第1部　第1次検定・第2次検定対策

第1章

土木一般

❶ 土工 1次 2次

❷ コンクリート 1次 2次

❸ 基礎工 1次

1 土工

第1次検定　第2次検定

学習のポイント

〈第1次検定、第2次検定の記述式問題でも出題される〉
- 土質調査と試験は、土質試験の名称と求められる値、その利用方法を理解する。
- 土工量の計算は、まず土量の変化率を完全に理解してから、何度も計算してみる。
- 土工作業と建設機械は、建設機械の種類と選定基準を理解する。
- 盛土の施工は、締固め機械の種類と特徴からよく出題されている。
- 法面工は、保護工名称と目的、その特徴を理解する。
- 軟弱地盤対策は、対策工法の名称と目的、その特徴を理解する。

1 土質調査と試験

土質試験のうち、実際の現場において行う試験を**原位置試験**といい、土がもともとの位置にある自然の状態のままで実施する試験であり、比較的簡易に土質を判定したい場合や、土質試験を行うための乱さない試料の採取が困難な場合に実施する。

サウンディング試験は、抵抗体を土中に貫入し、その抵抗力から土層の強さを判断する試験である。

用語解説
乱さない試料：地盤内での状態を維持した試料で、不撹乱試料ともよばれる。力学的性質（強度など）を調べる際の試料として重要。

土質試験の名称、結果から求められるもの及び利用方法

		試験の名称	求められるもの	利用方法
原位置試験		単位体積質量試験	湿潤密度 ρ_t 乾燥密度 ρ_d	**締固めの施工管理**
		平板載荷試験	地盤反力係数K	**締固めの施工管理**
		現場透水試験	透水係数 κ	**透水関係の設計計算、地盤改良工法の設計**
		弾性波探査試験	地盤の弾性波速度V	**地層の種類、性質、成層状況の推定**
		電気探査試験	地盤の比抵抗値 ρ	**地層・地質、構造の推定**
	サウンディング試験	標準貫入試験	N値	**土の硬軟、締まり具合の判定**
		スウェーデン式サウンディング試験	Wsw及びNsw	**土の硬軟、締まり具合の判定**
		オランダ式二重管コーン貫入試験	コーン指数 q_c	**土の硬軟、締まり具合の判定**
		ポータブルコーン貫入試験	コーン指数 q_c	**トラフィカビリティの判定**
		ベーン試験	粘着力c	**細粒土の斜面や基礎地盤の安定計算**

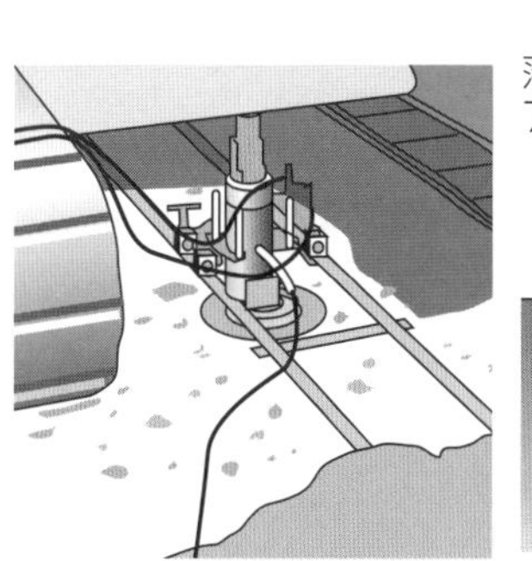

平板載荷試験

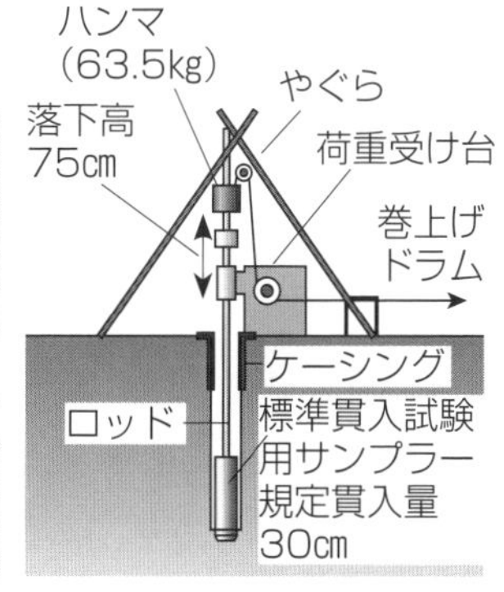

標準貫入試験

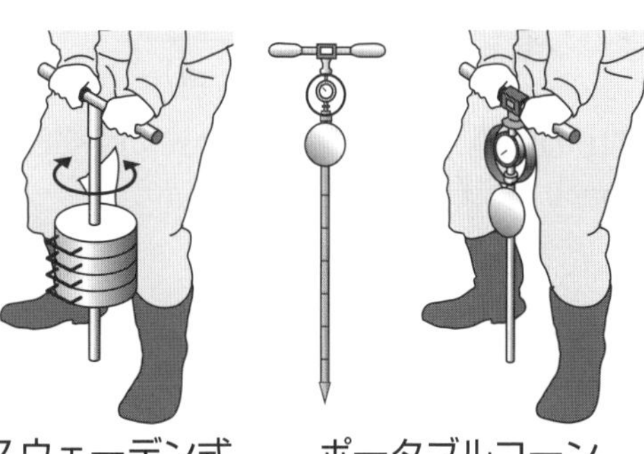

スウェーデン式
サウンディング
試験

ポータブルコーン
貫入試験

もっと知りたい サウンディングの調査可能深さは、スウェーデン式サウンディングが15m程度、ポータブルコーン貫入試験が5m程度である。標準貫入試験については制限がない。

ワンポイントアドバイス

サウンディング試験で求められるものは次のとおりである。

- N値：地盤の固さを表す値で、サンプラーを30cm土中に打ち込むのに必要な打撃回数
- Wsw：載荷荷重（おもり）
- Nsw：貫入量1mあたりの半回転数

これが試験に出る!

第1次検定では、試験とその利用方法について「○○試験の結果は○○の判定に使用される」などと出題される例が多い。

❷ 土工量の計算

【土の状態】

土の状態は3通りの状態で表される。地山（じやま）が掘削によりほぐされた状態となり、再びこれを締め固めた場合には、それぞれの土量には変化が生じる。土量の変化率は、地山土量を基準にして**ほぐし率L**、**締固め率C**で表すことができる。

用語解説

地山：ほぐしや締固めを行っていない自然状態での土を指す。主に土粒子と水、空気で構成されている。

地山の土量（地山でのそのままの状態）	掘削土量
ほぐした土量（掘削によりほぐされた状態）	運搬土量
締め固めた土量（盛土により締め固められた状態）	盛土土量

土の状態と土量換算係数（次のページ参照）の関係性は、しっかりと整理しておきましょう。

【土量換算係数】

$$\text{ほぐし率}L=\frac{\text{ほぐした土量}(m^3)}{\text{地山の土量}(m^3)}\qquad \text{締固め率}C=\frac{\text{締め固めた土量}(m^3)}{\text{地山の土量}(m^3)}$$

地山の土量

締め固めた土量

【土工量の計算例】

切土3,000㎥（地山土量）のうち、盛土に2,000㎥（締固め土量）を流用し、残土をダンプトラックで仮置き場所に搬出する場合、土工量の変化は以下のとおりである。

このとき、土量変化率は、L＝1.3、C＝0.8とする。

また、ダンプトラックの積込み土量は5㎥（ほぐし土量）とする。

●切土のほぐし量

地山の土量×L＝3,000×1.3＝**3,900㎥**

●盛土の地山土量

締固め土量×1／C＝2,000×1／0.8＝**2,500㎥**

●盛土のほぐし土量

盛土の地山土量×L＝2,500×1.3＝**3,250㎥**

●残土を仮置き場に運搬する土量

切土ほぐし土量－盛土ほぐし土量＝3,900－3,250＝**650㎥**

●残土を仮置き場に運搬する場合のダンプトラックの延べ運搬台数

運搬土量／積込み土量＝650／5＝**130台**

土量変化率は常に地山を1とした場合の関係を理解しておくこと。

	地山の土量	ほぐした土量	締め固めた土量
地山の土量	1	**L**	**C**
ほぐした土量	**1／L**	1	**C／L**
締め固めた土量	**1／C**	**L／C**	1

土量の変化率は土質によって一般的に以下のとおりである。

砂質土　L=1.2、C=0.9

粘性土　L=1.25、C=0.9

中硬岩　L=1.3〜1.5、C=1.15〜1.2

これが試験に出る!

- 第1次検定では、土量換算係数L、Cを使って「締め固めた土量○○m³に対して必要な土量は○○m³である」等の正誤を判断する問題が出題される。
- 第2次検定の学科記述問題では、実際に計算する問題が出題されるので、何度も例題を計算して感覚をつかんでおくことが必要。

❸ 土工作業と建設機械

土工作業に使用する建設機械は、扱う土の性質や運搬距離、地形勾配によってそれぞれ適する機械を選定、あるいはそれらを組み合わせて使用する。

【建設機械と土工作業の組み合わせ】

建設機械の種類と土工作業の主な組み合わせは下表のとおりである。

建設機械の種類	土木作業
バックホウ	溝掘り、伐開除根
ブルドーザ	掘削運搬、締固め、伐開除根
スクレープドーザ	掘削運搬
スクレーパ	掘削、積込み、運搬
クラムシェル	水中掘削
モーターグレーダ	路床・路盤の整地作業
ホイールローダ（タイヤドーザ）	敷均し、整地作業
振動ローラ	締固め
タイヤローラ	締固め
不整地運搬車	軟弱地盤での運搬
レッグドリル、ドリフタ、ブレーカ、クローラドリル	削岩

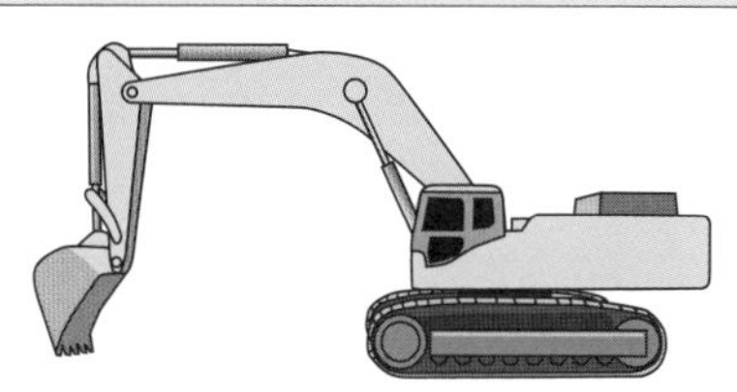

バックホウ

ブルドーザ

スクレープドーザ

ワンポイントアドバイス この次に説明する土工作業の施工条件（土質、運搬距離、地形）等により、建設機械の種類は選定される。

【土質（トラフィカビリティー）による建設機械の選定】

トラフィカビリティーとは、建設機械の土の上での走行性を表すもので、締め固めた土を、コーンペネトロメータにより測定した**コーン指数q_c**で示される。

もっと知りたい トラフィカビリティー以外に土工でよく使われる用語としては、ワーカビリティー（コンクリートの施工特性）、フィニッシャビリティー（コンクリートの仕上げの容易さの程度）、リッパビリティー（掘削の難易性）などがある。

建設機械の種類	コーン指数q_c	建設機械の接地圧
超湿地ブルドーザ	200kN/㎡以上	15～23kPa
湿地ブルドーザ	300kN/㎡以上	22～43kPa
普通ブルドーザ（15t級）	500kN/㎡以上	50～60kPa
普通ブルドーザ（21t級）	700kN/㎡以上	60～100kPa
スクレープドーザ	600kN/㎡以上 （超湿地形は400kN/㎡以上）	41～56kPa （超湿地形は27kPa）
被牽引式スクレーパ	700kN/㎡以上	130～140kPa
自走式スクレーパ	1,000kN/㎡以上	400～450kPa
ダンプトラック	1,200kN/㎡以上	350～550kPa

被牽引式スクレーパ

自走式スクレーパ

ダンプトラック

【運搬距離による建設機械の選定】

建設機械ごとの適応運搬距離は「道路土工　盛土工指針」により、下表のとおりに定められている。

建設機械の種類	距離
ブルドーザ	60m以下
スクレープドーザ	40～250m
被牽引式スクレーパ	60～400m
自走式スクレーパ	200～1,200m
ショベル系掘削機・トラクタショベル+ダンプトラック	100m以上

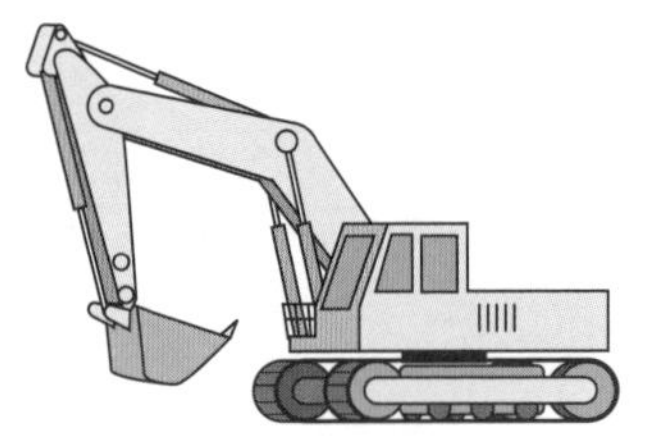
ショベル系掘削機

【運搬機械の走行可能勾配】

運搬機械は登り勾配のときは走行抵抗が増し、下り勾配のときは危険が生じる。一般に適応できる運搬路の勾配は「道路土工　盛土工指針」により、下表のとおりに定められている。

運搬機械の種類	運搬路の勾配
普通ブルドーザ	3割（約20°）～2.5割（約25°）
湿地ブルドーザ	2.5割（約25°）～1.8割（約30°）
被牽引式スクレーパ、スクレープドーザ	15～25%
ダンプトラック、自走式スクレーパ	10%以下（坂路が短い場合15%以下）

これが試験に出る!

- 第1次検定では、建設機械とその作業について「土工機械と土工作業の組み合わせのうち正しいものはどれか」などと出題される例が多い。
- 第2次検定の学科記述問題では、建設機械を2つ選んで、その用途と機能を記述する問題が出題される。また、建設機械の特徴に関する出題も多い。その対策としては、建設機械の施工条件「土質、運搬距離、地形」と該当する「土工作業」を関連付けて記述するとよい。

④ 盛土の施工

盛土の施工においては、盛土の種類、締固め及び敷均し厚さ、盛土材料及び締固め機械が重要な要素となる。

【盛土の種類別の締固め厚さ及び敷均し厚さ】

盛土の種類により締固め厚さ及び敷均し厚さは「道路土工盛土工指針」により、下表のとおりに定められている。

盛土の種類	締固め厚さ（1層）	敷均し厚さ
路体・堤体	**30cm以下**	**35～45cm以下**
路床	**20cm以下**	**25～30cm以下**

用語解説

- 路体・路床：両方とも複数の層から構成される道路舗装の層の1つで、表層、路盤の下の層が路床、さらに下の層が路体とよばれる（P.106参照）。
- 堤体：堤防やダムの本体。

【盛土材料の選定条件】

盛土材料としては、以下の性質をもつ材料を使用することが望ましい。

①施工が容易で**締め固めた後**の強さが大きい。

②**圧縮性**が少ない。

③**雨水など**の侵食に対して強い。

④**吸水**による膨潤性が低い。

【締固め機械の種類と特徴による適用土質】

締固め機械の特徴と適用土質は下表のとおりである。

締固め機械	特徴	適用土質
ロードローラ	静的圧力により締め固める	粒調砕石、切込砂利、礫混じり砂
タイヤローラ	空気圧の調整により各種土質に対応する	砂質土、礫混じり砂、山砂利、細粒土、普通土一般
振動ローラ	起振機の振動により締め固める	岩砕、切込砂利、砂質土
タンピングローラ	突起(フート)の圧力により締め固める	風化岩、土丹、礫混じり粘性土
振動コンパクタ	平板上に取り付けた起振機により締め固める	鋭敏な粘性土を除くほとんどの土

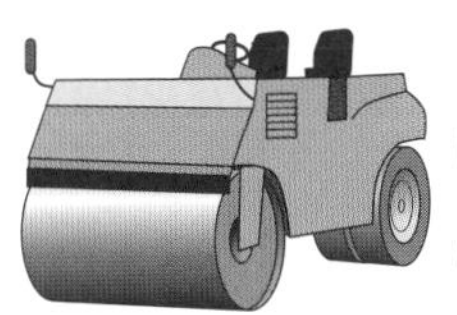

ロードローラ

タイヤローラ

振動ローラ

タンピングローラ

振動コンパクタ

起振機：必要に応じて振動を起こすことのできる機器。

締固め機械は「施工管理」の分野でも出題されます。P.312も確認しておきましょう。

【盛土の試験施工】

試験施工は、本施工を行う前に小規模な施工を行って、施工性、確実性、経済性、安全性等の各種要因についての確認を行う現場試験である。施工法や使用機材等の選定を行うための1つの方法で、選定精度の高い試験である。

盛土の品質は次の4つの要素によって決まってくる。この締固めに関する4つの要素と締固めに関する試験施工を行って確かめておき、その結果に基づいて施工を行えば容易に所定の品質を期待することができる。

①締固め機械

②1層の締固め厚さ

③締固め回数

④施工中の含水比

これが試験に出る!

- 第1次検定では、盛土の締固めについての留意事項や締固め機械等から出題される例が多い。
- 第2次検定の学科記述問題では、盛土の施工一般、試験施工から、穴埋め問題が出題されている。

※過去の出題例から、第1次検定、第2次検定の学習対策は同じと考えてよい。

5 法面工

法面(のりめん)工には、法面土工、法面保護工及び法面排水工がある。

法面土工については、切土法面の場合は**地山の土質**と**切土高**、盛土法面の場合は**盛土材料**と**盛土高**により、それぞれ施工勾配が定められている。

法面保護工は、大別して植生による保護工（植生工）と構造物による保護工があり、それぞれの目的により工種が分類されている。

法面保護工の工種と目的

分類	工種	目的・特徴
植生工	種子散布工(しゅしさんぷこう)、客土吹付工(きゃくどふきつけこう)、張芝工(はりしばこう)、植生マット工	侵食防止、全面植生（緑化）
	植生筋工、筋芝工	盛土法面侵食防止、部分植生
	土のう工、植生穴工	不良土法面侵食防止
	樹木植栽工	環境保全、景観
構造物による保護工	モルタル・コンクリート吹付工、ブロック張工、プレキャスト枠工	風化、侵食防止
	コンクリート張工、吹付枠工、現場打コンクリート枠工、アンカー工	法面表層部崩落防止
	編柵(あみさく)工、蛇籠(じゃかご)工	法面表層部侵食、流失抑制
	落石防止網工	落石防止
	石積擁壁(ようへき)、ブロック積擁壁、ふとん籠工、井桁組(いげたぐみ)擁壁、補強土工	土圧に対抗（抑止工）

種子散布工

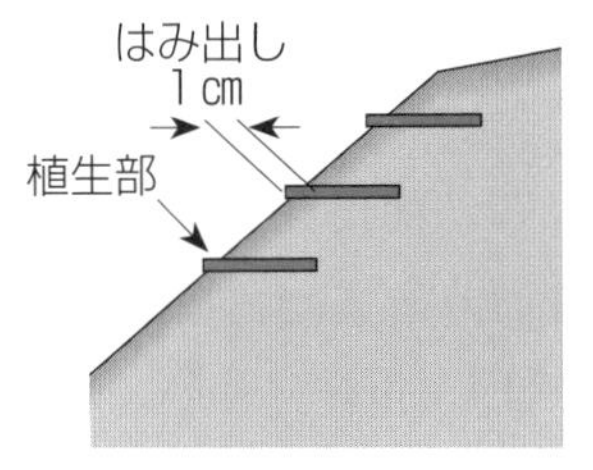

筋芝工

土のう袋↓

土のう工

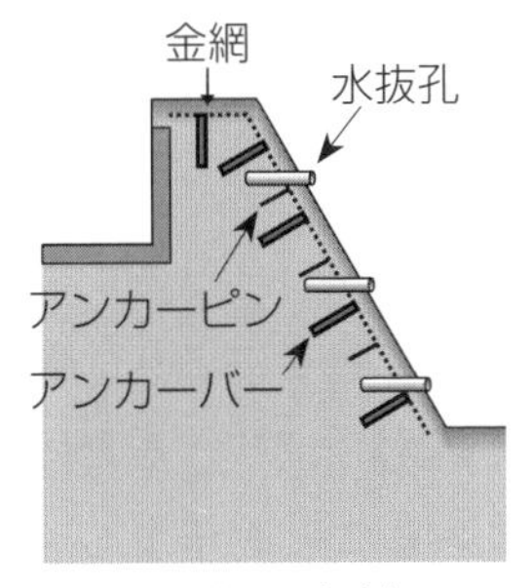

モルタル吹付工

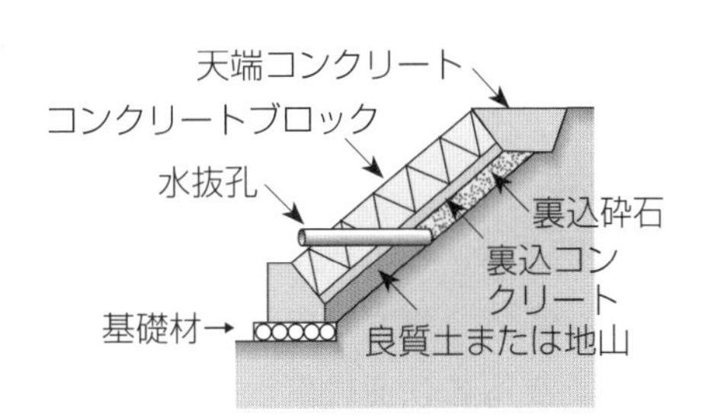

ブロック張工

【法面排水工】

法面排水は排水の目的と機能によって工種が決まる。

①**法肩**（のりかた）**排水溝**：**自然斜面**からの流水が法面に流れ込まないようにする。

②**小段排水溝**：上部法面からの流水が**下部法面**に流れ込まないようにし、縦排水溝へ導く。

③**縦排水溝**：法肩排水溝、小段排水溝の流水を集水し流下させ、**法尻**（のりじり）**排水溝**へ導く。

④**水平排水孔**：湧水による**法面崩壊**を防ぐために、地下水の水抜きを行う。

⑤**法尻排水溝**：法面からの流水及び縦排水溝からの流水を集水し流下させる。

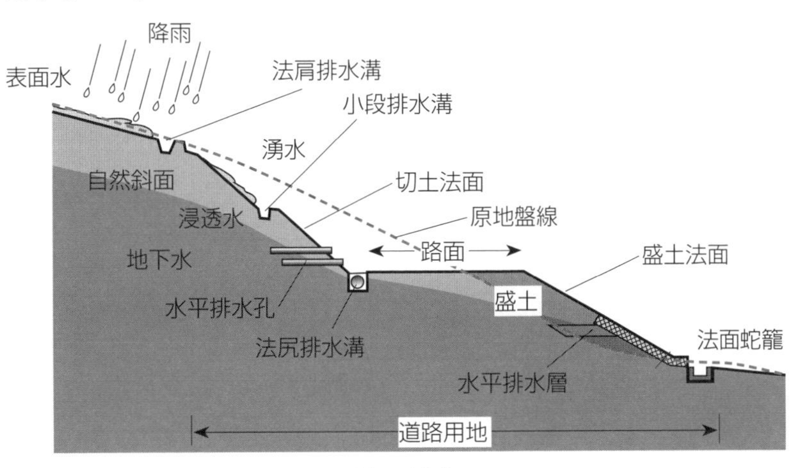

法面排水工

【切土法面の施工】

⑴施工中の保護

切土法面の施工中は、雨水などによる法面侵食や崩壊・落石などが発生しないように一時的な法面の**排水**、**法面保護**、**落石防止**を行う。また、掘削終了を待たずに切土の施工段階に応じて**順次上方から保護工を施工**するのがよい。

法面保護は、法面全体を**ビニールシート**などで被覆したり、**モルタル吹付け**により法面を保護することもある。

落石防止としては、亀裂の多い岩盤や礫などの浮石の多い法面では、仮設の**落石防護網**や**落石防護柵**を施工することもある。

⑵施工中の排水

切土法面の排水は、**ビニールシート**や**土のう**などの組み合わせにより、仮排水路を法肩の上や小段に設け、雨水を集水して縦排水路で法尻へ導いて排水し、できるだけ切土部への水の浸透を防止するとともに法面に雨水などが流れないようにすることが望ましい。

これが試験に出る!

- 第1次検定では、保護工の工法と目的について、「法面保護工の工種と目的の組み合わせとして適当なもの」などと出題される例が多い。
- 第2次検定の学科記述問題では、保護工法を2つ選んでその特徴を記述する問題が出題される。法面保護工の工法は多いので、目的の違う工法（法面侵食、法面表層崩壊等）を選んで学習するのがよい。また、法面の施工一般から、穴埋め問題も出題されている。

❻ 軟弱地盤対策

軟弱地盤対策には、目標とする対策及び効果により、それぞれに適する工法を選定する。

【軟弱地盤対策工法の種類と対策及び効果】

軟弱地盤対策工法の種類と対策及び効果は下表のとおりである。

分類	工法	対策・効果
表層処理工法	表層混合工法、表層排水工法、サンドマット工法	**強度低下抑制、すべり抵抗**
押さえ盛土工法	押さえ盛土工法、緩斜面工法	**すべり抵抗**
置換工法	掘削置換工法、強制置換工法	**すべり抵抗、せん断変形抑制**
載荷重工法	盛土荷重載荷工法、大気圧載荷工法、地下水低下工法	**圧密沈下促進**
バーチカルドレーン工法	サンドドレーン工法、カードボードドレーン工法	**圧密沈下促進**
サンドコンパクション工法	サンドコンパクションパイル工法	**沈下量減少、液状化防止**
固結工法	石灰パイル工法、深層混合処理工法、薬液注入工法	**沈下量減少、すべり抵抗**
振動締固め工法	バイブロフローテーション工法、ロッドコンパクション工法	**液状化防止、沈下量減少**

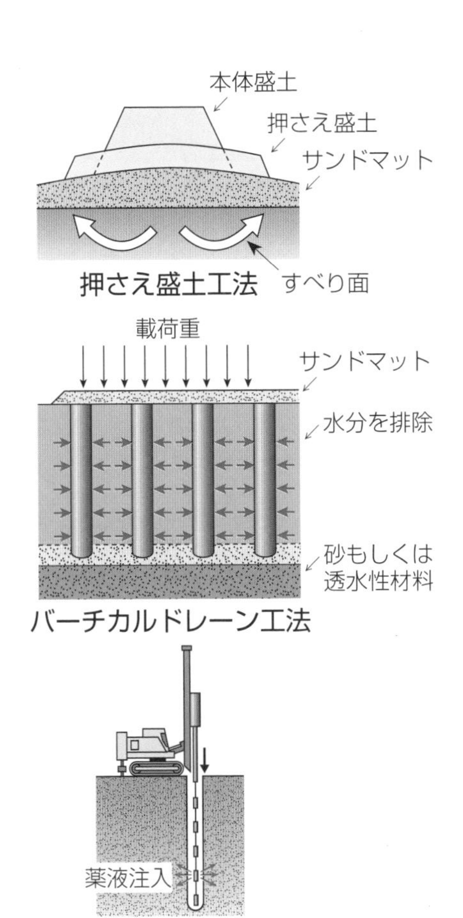

押さえ盛土工法

バーチカルドレーン工法

固結工法

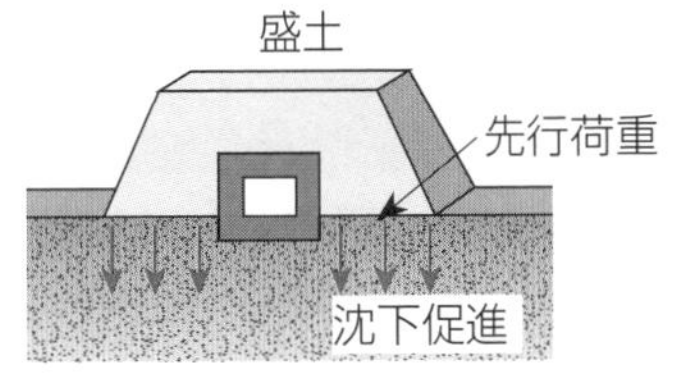

載荷重工法

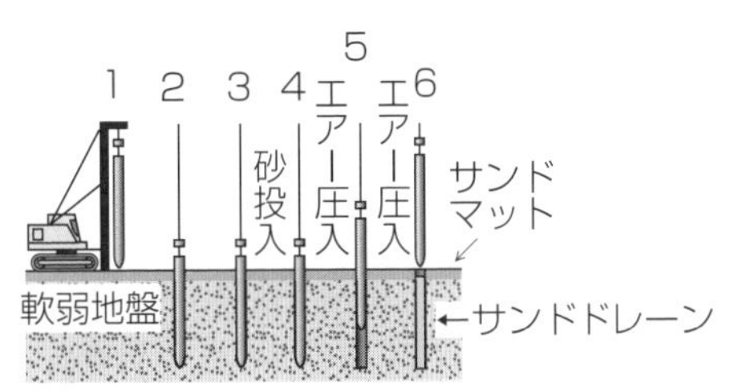

サンドドレーン工法

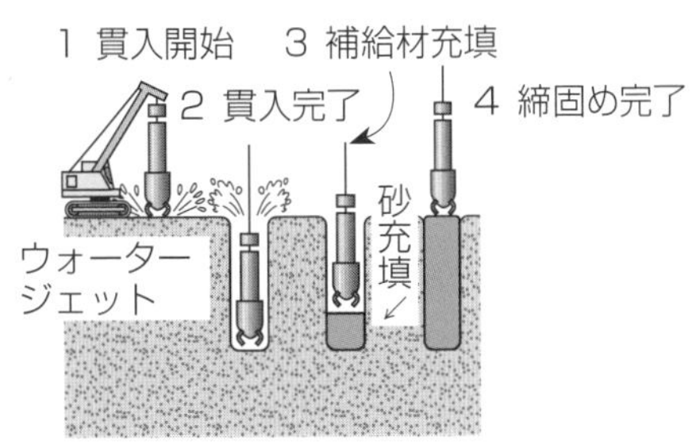

バイブロフローテーション工法

【軟弱地盤対策工法の目的と効果】

軟弱地盤対策工法の目的と効果は下表のとおりである。

対策工法の目的	対策工法の効果	効果の説明
沈下対策	圧密沈下の促進	地盤の沈下を促進して、有害な残留沈下量を少なくする。
	全沈下量の減少	地盤の沈下そのものを少なくする。
安定対策	せん断抵抗の抑制	盛土によって周辺の地盤が膨れ上がったり、側方移動したりすることを抑制する。
	強度低下の抑制	地盤の強度が盛土などの荷重によって低下することを抑制し安定を図る。
	強度増加の促進	地盤の強度を増加させることによって、安定を図る。
	すべり抵抗の増加	盛土形状を変えたり地盤の一部を置き換えることによって、すべり抵抗を増加し安定を図る。
地震時対策	液状化の防止	液状化を防ぎ、地盤の安定を図る。

これが試験に出る!

- 第1次検定では、対策工法について、「○○の対策には○○工法がある」などと出題される例が多く、対策工法の分類と工法の種類、その目的が出題される。
- 第2次検定の学科記述問題では、対策工法を2つ選んでその特徴、効果等を記述する問題が出題される。軟弱地盤対策工法は多いので、目的の違う工法（沈下対策、安定対策等）を選んで学習するのがよい。

例題演習 第1章 1 土工

【問題】次の文章を読み、正誤もしくは正しい選択肢を答えなさい。

1. 土質調査と試験

	問　題	解　説	
1	ポータブルコーン貫入試験の結果は、建設機械の走行性の良否の判定に使用される。	ポータブルコーン貫入試験の結果は、粘性土や腐食土などの軟弱地盤に人力で静的にコーンを貫入させることによってコーン貫入抵抗を求め、**地層構成の厚さ、強度、粘着力がわかる。**	○
2	砂置換法による土の密度試験の結果は、土の締固めの良否の判定に使用される。	**正しい。**試験孔から掘り取った土の質量と、掘った試験孔に充填した砂の質量から求めた体積を利用して**原位置の土の密度を求める試験である。**	○
3	ボーリング孔を利用した透水試験の結果は、土の軟硬の判定に使用される。	透水試験は地盤の透水性を求める試験で、**土の軟硬は判定できない。**ボーリング孔を利用して、土の軟硬の判定に使用されるのは**標準貫入試験で得られるN値である。**	×
4	標準貫入試験の結果は、地盤支持力の判定に使用される。	標準貫入試験で得られるN値は、**地盤支持力の判定に使用される**ほか、**内部摩擦角の推定、液状化の判定**等にも利用される。	○
5	圧密試験は掘削工法の検討に利用される。	**粘性土地盤の沈下量、沈下時間の推定**に用いられる。	×
6	CBR試験は舗装厚の設計に利用される。	所定の貫入量における荷重強さが得られ、**舗装厚の設計、舗装材料の品質の判定**に用いられる。	○
7	突固めによる土の締固め試験は盛土の締固め管理に利用される。	最大乾燥密度、最適含水比が得られ、**盛土の締固め管理に利用される。**	○
8	一軸圧縮試験は地盤の安定判定に利用される。	土の強度や変形の性質が得られ、**地盤の安定判定、基礎の支持力**に用いられる。	○

2. 土工量の計算

	問　題	解　説	
1	締め固めた土量100㎥に必要な地山土量は111㎥である。 ただし、 L＝ほぐした土量／地山土量＝1.20 C＝締め固めた土量／地山土量＝0.90 とする。	締め固めた土量100㎥に必要な地山土量は、**100／C（0.90）＝111㎥**である。	○

	問題	解説	
2	100m³の地山土量の運搬土量は120m³である。 ただし、 L＝ほぐした土量／地山土量＝1.20 C＝締め固めた土量／地山土量＝0.90 とする。	100m³の地山土量の運搬土量は、**100×L（1.20）＝120m³**である。	○
3	ほぐされた土量100m³を盛土して締め固めた土量は75m³である。 ただし、 L＝ほぐした土量／地山土量＝1.20 C＝締め固めた土量／地山土量＝0.90 とする。	ほぐされた土量100m³を盛土して締め固めた土量は、**100×C／L（0.90／1.20）＝75m³**である。	○
4	100m³の地山土量を運搬し盛土後の締め固めた土量は83m³である。 ただし、 L＝ほぐした土量／地山土量＝1.20 C＝締め固めた土量／地山土量＝0.90 とする。	100m³の地山土量を運搬し盛土後の締め固めた土量は、**100×C（0.90）＝90m³**である。	×

3. 土工作業と建設機械

	問題	解説	
1	削岩にはスクレーパが使用される。	削岩に使用する建設機械は、**レッグドリル**、**ドリフタ**、**ブレーカ**、**クローラドリル**であり、スクレーパは**掘削運搬**に使用する。	×
2	締固めには振動ローラが使用される。	締固めに使用する建設機械は、**ブルドーザ**、**タイヤローラ**、**ランマ**、**タンパ**、**振動コンパクタ**、**振動ローラ**、**ロードローラ**である。	○
3	溝掘りにはバックホウが使用される。	溝掘りに使用する建設機械は**トレンチャ**、**バックホウ**である。	○
4	伐開除根にはブルドーザが使用される。	伐開除根に使用する建設機械は**ブルドーザ**、**レーキドーザ**、**バックホウ**である。	○
5	フィニッシャビリティーとは掘削の難易性を表す用語である。	フィニッシャビリティーとは**コンクリートの仕上げの容易さの程度**を表す用語である。	×
6	リッパビリティーとはコンクリートの施工特性を表す用語である。	リッパビリティーとは、**掘削の難易性**を表す用語である。	×
7	ワーカビリティーとは走行性の良否を表す用語である。	ワーカビリティーとは**コンクリートの施工特性**を表す用語である。	×
8	トラフィカビリティーとは走行性の良否を表す用語である。	トラフィカビリティーとは**地盤に対する走行性の良否**を表す用語である。	○

4. 盛土の施工

	問題	解説	
1	整地、締固めに使用する機械で、タンピングローラは、岩塊や粘性土の締固めに適している。	タンピングローラは、**突起（フート）の圧力により締め固める。**	○
2	整地、締固めに使用する機械で、マカダムローラは、砕石や砂利道などの一次転圧、仕上げ転圧に適している。	マカダム式ロードローラは、車輪を三輪車型に配置し**静的圧力（転圧）により締め固める。**	○
3	整地、締固めに使用する機械で、ソイルコンパクタやランマは、広い場所の締固めに適している。	ソイルコンパクタは、**大型ロードローラによる転圧が必要な狭い場所**で使用し、ランマは、人力により移動できる小型の締固め機械で**局所的な締固め**に用いる。	×
4	整地、締固めに使用する機械で、振動ローラは、ロードローラに比べると小型で砂や砂利の締固めに適している。	**正しい。**振動ローラは、起振機をローラに取り付け**強制振動により締め固める。**	○
5	盛土の締固めで、建設機械のトラフィカビリティーが得られない軟弱地盤上では、あらかじめ地盤改良などの対策を行い盛土する。	建設機械に必要なコーン指数が得られるように**地盤改良を行う。**	○
6	盛土の締固めで、盛土の締固めは、土の構造物としての必要な強度特性を確保し、圧縮沈下量を極力小さくするために行う。	**正しい。**締固めにより**盛土形状を保つことができる。**	○
7	盛土の締固めで、盛土構造物の安定は、基礎地盤の土質に関係なく、盛土材料を十分締固めを行うことによって得られるものである。	盛土構造物の安定は、**基礎地盤の状態が大きく影響する。**	×
8	盛土の締固めで、盛土の締固めの効果や性質は、土の種類、含水量、施工方法によって大きく変化するので、その状態を常に管理しながら締固めを行う。	盛土の品質を確保するためには、**その状態を常に十分に管理しながら締固めを行う必要がある。**	○

5. 法面工

	問題	解説	
1	法面保護工の植生マット工は、侵食防止を目的に使用される。	植生マット工は、**侵食防止、凍上崩落抑制、全面緑化**を目的としている。	○
2	法面保護工の補強土工は、雨水の浸透防止を目的に使用される。	補強土工は、**すべり土塊の滑動力に対抗すること**を目的としている。	×

	問題	解説	
③	法面保護工のブロック積み擁壁工は、土圧に対抗することを目的に使用される。	ブロック積み擁壁工は、**背面からの土圧に対抗すること**を目的としている。	○
④	法面保護工のコンクリート張工は、崩落防止を目的に使用される。	コンクリート張工は、土圧等の作用しない箇所に用いられ、**法面表面部の崩落防止**を目的としている。	○

6. 軟弱地盤対策

	問題	解説	
①	置換工法には、軟弱地盤の全部または一部を掘削して、良質な材料と置きかえる掘削置換工法がある。	**正しい。**ほかに、盛土自重により軟弱土を押し出す**強制置換工法**がある。	○
②	固結工法には、軟弱地盤の土粒子間に水ガラス系薬液を注入して、間隙水を固結させ、強さを増大させる薬液注入工法がある。	水ガラス系薬液を注入して、**地盤の透水性を減少させて**強さを増大させる。	×
③	脱水工法には、パイプと孔壁との間にフィルター材を充填し、水中ポンプなどで排水するディープウェル工法がある。	**正しい。**ほかに、地下水を低下させ土中の間隙水圧を減らして有効応力を増す**ウェルポイント工法**がある。	○
④	表層処理工法には、軟弱地盤上に敷砂を厚さ0.5～1.2m程度に敷設するサンドマット工法がある。	**正しい。**ほかに、ジオテキスタイルなど材料のせん断力を利用する**敷設材工法**、セメントや石灰などの安定材で支持力を増加させる**表層混合処理工法**などがある。	○
⑤	薬液注入工法は、軟弱地盤の土粒子間に薬液を注入して土粒子間を固結させ、強さを増大させる工法である。	**正しい。**砂地盤中に注入材を圧入して固結土を造成して**地盤の透水性を低下させる。**	○
⑥	薬液注入工法で薬液を注入するときには、周辺地盤や近隣構造物の沈下や隆起の有無、地下水脈の水質などの監視が必要である。	**正しい。**注入材が注入対象範囲外へ流出すると、**周辺生活環境へ影響を及ぼす**ので特に注意する必要がある。	○
⑦	深層混合処理工法は、基礎地盤の軟弱土上に石灰やセメント系の安定材を敷き均すことにより、処理土を形成させる工法である。	深層混合処理工法は、石灰、セメントなど**安定材を混合撹拌し杭状の改良体を構築する**工法である。	×
⑧	深層混合処理工法は、大きな強度が短時間で得られ沈下の防止に対しても効果が大きく、低騒音・低振動で施工できるため環境に対する影響も少ない。	**正しい。**深層混合処理工法は、安定材と原位置土を撹拌翼で混合する**機械撹拌方法**と、安定材を高圧で地盤中に噴出し混合する**噴射撹拌方法**に大別される。	○

次の建設機械の中から１つ選び、その主な特徴（用途、機能）を解答欄に記述しなさい。

- ブルドーザ
- 振動ローラ
- クラムシェル
- トラクタショベル（ローダ）
- モーターグレーダ

〈解答欄〉

建設機械	特徴

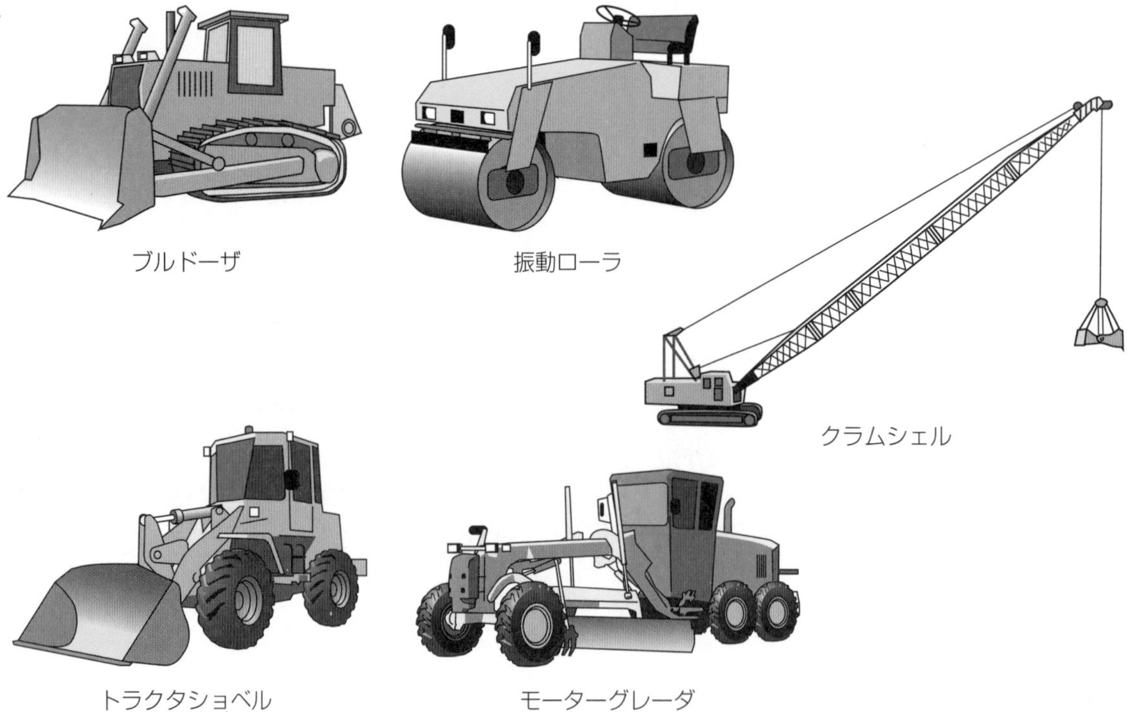

解答例

下記より建設機械を1つ選び、特徴を記述する。

建設機械	特徴
ブルドーザ	・トラクタにブレードを取り付けて、掘削、整地、押土などの作業に用いられる。 ・締固め効率が悪く施工の確実性も低いため、本来締固め機械として使用することは望ましくないが、通常の締固め機械では使用困難な土質や法面などに使用されている。
振動ローラ	振動によって土の粒子を密な配列に移行させ、小さな重量で大きな効果を得るものであり、粘性に乏しい砂利や砂質土の締固めに効果がある。
クラムシェル	・バケットを重力により落下させ、土砂に食い込ませることにより土砂をつかみとって掘削を行う機械。 ・地表面より下の比較的軟らかい土や、破砕された岩石などの掘削に用いられ、特に掘削断面が小さく、深く掘削する場合に適している。
トラクタショベル(ローダ)	トラクタにバケットを取り付けたもので、積込み、運搬、地表面上の土砂の切り取り作業に用いられる。
モーターグレーダ	整地、切り取り、砂利道の補修などの作業に用いるほか、作業装置を取り替えることによって除雪作業にも用いられる。

解説

建設機械の種類は多いが、土工作業の種類で整理すると下表のとおりになり、1種類で複数の作業が可能である（道路土工要綱より）。

用途	主な建設機械
伐開除根	ブルドーザ、レーキドーザ、バックホウ
掘削のみ	ショベル系建設機械（バックホウ、ドラグライン、クラムシェル）、トラクタショベル、ブルドーザ、リッパ、ブレーカ
積込み	ショベル系建設機械（バックホウ、ドラグライン、クラムシェル）、トラクタショベル
掘削、積込み	ショベル系建設機械（バックホウ、ドラグライン、クラムシェル）、トラクタショベル
掘削、運搬	ブルドーザ、スクレープドーザ、スクレーパ
運搬のみ	ブルドーザ、ダンプトラック、ベルトコンベア
敷均し、整形	ブルドーザ、モーターグレーダ
含水比調整	プラウ、ハロウ、モーターグレーダ、散水車
締固め	タイヤローラ、タンピングローラ、振動ローラ、ロードローラ、振動コンパクタ、タンパ、ブルドーザ
砂利道舗装	モーターグレーダ
溝掘り	トレンチャ、バックホウ
法面仕上げ	バックホウ、モーターグレーダ
削岩	レッグドリル、ドリフタ、ブレーカ、クローラドリル

2 コンクリート

第1次検定　第2次検定

学習のポイント

〈第1次検定、第2次検定の記述式問題でも出題される〉

- コンクリートの施工に関しては、最重要課題として、運搬、打込み、締固め、養生、打継目、鉄筋、型枠・支保工の各項目に区分してしっかりと理解する。
- コンクリートの品質は、規定項目及び規定値を整理する。
- コンクリートの材料は、よく出題される混和材の特徴、骨材について理解しておく。

1 コンクリートの施工

コンクリートの施工における留意点を各項目別に整理する（「コンクリート標準示方書・施工編」を参照）。

【運搬】

①練混ぜから打終わりまでの時間については、一般の場合には、**外気温25℃以下**のときは**2時間以内**、**25℃を超える**ときは**1.5時間以内**を標準とする。

トラックアジテータ

②現場までの運搬については、運搬距離が長い場合や、スランプの大きいコンクリートの場合は、**トラックミキサ**や**トラックアジテータ**を使用する。また、レディーミクストコンクリートは、練混ぜを開始してから荷卸しまでの時間を**1.5時間以内**とする。

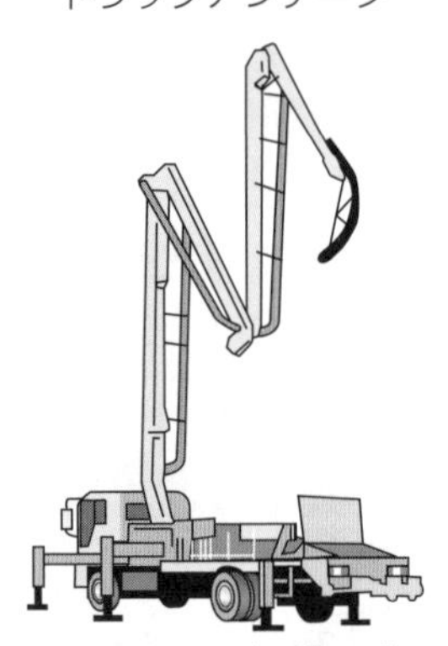
コンクリートポンプ

③現場内での運搬については以下の点に留意する。

- コンクリートポンプの輸送管の径は、各種条件を考慮し**圧送性に余裕**のあるものを選定する。
- コンクリートポンプの配管経路は**できるだけ短く、曲がりの数を少なく**する。
- 圧送に先立ち、コンクリートの水セメント比より小さい水セメント比の先送りモルタルを圧送し**配管内面の潤滑性**を確保する。
- バケットは材料分離を起こしにくく、コンクリートの**排出が容易**なものとする。
- シュートは**縦シュートの使用**を標準とし、コンクリートが1箇所に集まらないようにし、やむを得ず斜めシュートを用いる場合、傾きは水平2に対して

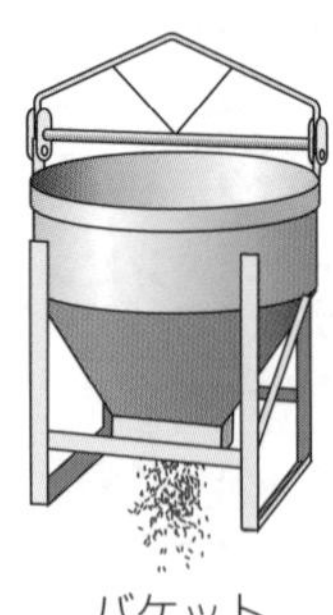
バケット

シュート

鉛直1程度を標準とする。

- 手押し車やトロッコを用いる場合は、運搬路は平らで、運搬距離は**50〜100m以下**とする。
- ベルトコンベアを使用する場合、終端にはバッフルプレート及び漏斗管(ろうとかん)を設ける。

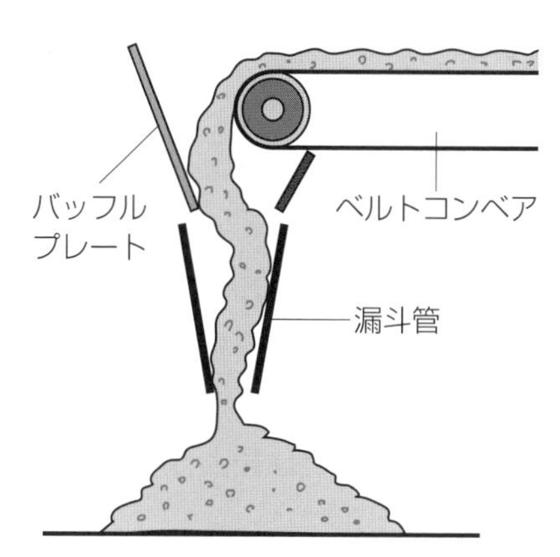

用語解説

バッフルプレート：ベルトコンベアやシュートの出口に設置する当て板で、コンクリートの材料分離を抑える役割を果たす。

【打込み】

①コンクリートの打込み前には、鉄筋や型枠の配置を確認し、**型枠内にたまった水は除いておく**。

②打込み作業においては、**鉄筋や型枠の配置を乱さない**。

③打込み位置は、目的の位置に近いところに下ろし、型枠内では**横移動させない**。

④一区画内では完了するまで**連続で打ち込み**、ほぼ水平に打ち込む。

⑤2層以上に分けて打ち込む場合は、各層のコンクリートが一体となるように施工し、許容打重ね時間の間隔は、**外気温25℃以下**の場合は**2.5時間**、**25℃を超える**場合は**2.0時間**とする。

⑥打上り面は水平になるように打ち込み、1層あたりの打込み高さは**40〜50cm以下**を標準とする。

⑦吐出し口と打込み面までの高さは**1.5m以下**を標準とする。

⑧表面に**ブリーディング水**がある場合は、これを取り除く。

⑨打上り速度は、30分あたり**1.0〜1.5m以下**を標準とする。

⑩沈下ひび割れ防止のために、打込み順序としては、**壁または柱のコンクリートの沈下**がほぼ終了してからスラブまたは梁のコンクリートを打ち込む。

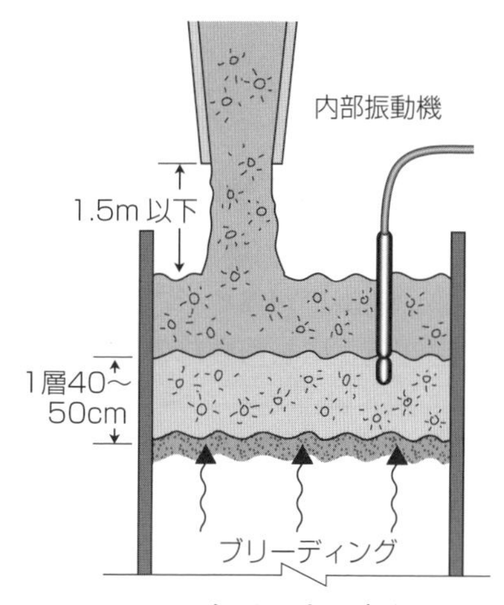

コンクリートの打込み

用語解説

ブリーディング：コンクリート打設後に、水より重い砂利やセメントなどの材料が下に沈んでしまい、水が表面に浮き出てくる現象。

これが試験に出る!

コンクリートの打込みは、第1次検定、第2次検定ともに出題率が高い。各項目で規定されている値が多く、この値を変えた設問が出題されやすいので、完全に覚えておくこと。

【締固め】

①締固めは、原則として**内部振動機**を使用するが、困難な場合は型枠振動機を使用してもよい。

②内部振動機は、下層のコンクリート中に**10cm程度**挿入する。

③内部振動機は、鉛直で一様な間隔で差し込み、一般に間隔は**50cm以下**とする。

④締固め時間の目安は**5～15秒程度**とし、引き抜くときは徐々に引き抜き、後に穴が残らないようにする。

⑤締固め終了後のコンクリートの表面はしみ出た水がなくなるか、または上面の水を取り除くまでは仕上げてはならない。

⑥仕上げ作業後、コンクリートが固まりはじめるまでの間に発生したひび割れは、**タンピング**または**再仕上げ**によって修復する。

用語解説

- 内部振動機：コンクリートの中に挿入して直接コンクリートに振動を与えることのできる振動機。
- 型枠振動機：型枠の外側に接触させてコンクリートへ振動を与えるタイプの振動機で、取付型や手持型などがある。

用語解説

- 仕上げ：コンクリートの表面の凹凸をなくして平坦にする作業で、外観をよくするだけでなく耐久性向上にも重要となる。
- タンピング：タンパなどでコンクリート表面を繰り返し打撃して締め固める作業。

内部振動機によるコンクリートの締固め

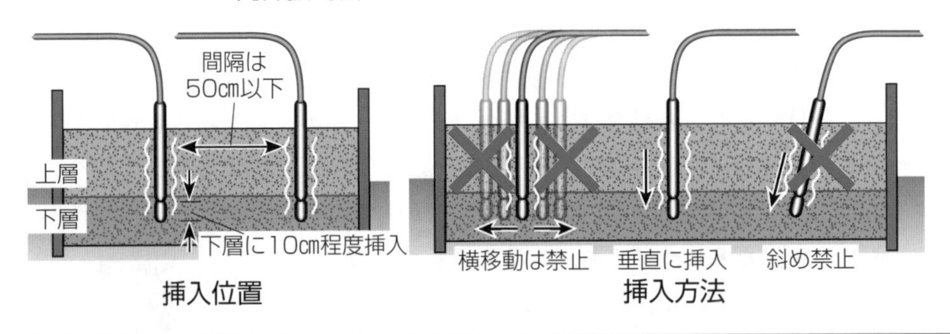

挿入位置　　挿入方法

これが試験に出る!

コンクリートの締固めは、第1次検定、第2次検定ともに出題率が高い。各項目で禁止されている事項が多く、この禁止事項の内容を変えた設問が出題されやすく、実際の施工時の品質確保にも重要なので完全に覚えておくこと。

【養生】

①表面を荒らさないで作業ができる程度に硬化したら、下表に示す養生期間を保たなければならない。

日平均気温	普通ポルトランドセメント	早強ポルトランドセメント	混合セメントB種
15℃以上	5日	3日	7日
10℃以上	7日	4日	9日
5℃以上	9日	5日	12日

用語解説

- ポルトランドセメント：セメントの種類の1つで、最も一般的なセメント（P.42参照）。
- 混合セメント：セメントの種類の1つで、ポルトランドセメントに高炉スラグ微粉末、フライアッシュ、ポゾラン反応性があるシリカ質材料を混合させたもの（P.42参照）。

②型枠（せき板）は、乾燥するおそれのあるときは、これに散水し湿潤状態にしなければならない。

③膜養生は、コンクリート表面の**水光りが消えた直後**に行い、散布が遅れるときは、膜養生剤を散布するまではコンクリートの表面を湿潤状態に保ち、膜養生剤を散布する場合には、鉄筋や打継目等に付着しないようにする必要がある。

④寒中コンクリートの場合、保温養生あるいは給熱養生が終わった後、温度の高いコンクリートを急に**寒気**にさらすと、コンクリートの表面にひび割れが生じるおそれがあるので、適当な方法で保護し、表面が徐々に冷えるようにする。

⑤暑中コンクリートの場合、**直射日光**や**風**にさらされると急激に乾燥してひび割れを生じやすい。打ち込み後は速やかに養生する必要がある。

湿潤養生

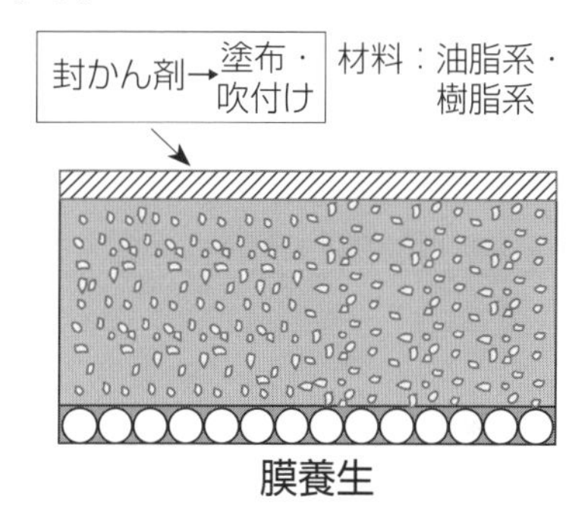

膜養生

もっと知りたい 温度を制御する方法、温度制御養生には保温養生、給熱養生、保進養生、オートクレーブ養生がある。

【打継目】

①打継目は、できるだけ**せん断力の小さい位置**に設け、打継面を部材の圧縮力の作用方向と直交させる。

②打継目の計画にあたっては、温度応力、乾燥収縮等によるひび割れの発生について考慮する。

③水密性を要するコンクリートは適切な間隔で打継目を設ける。

④水平打継目において、美観が求められる場合は、型枠に接する線は、できるだけ**水平**な直線となるようにする。

用語解説

水密性：水を通したり吸収したりしにくい性質。

⑤水平打継目において、コンクリートを打ち継ぐ場合、すでに打ち込まれたコンクリート表

面のレイタンス、品質の悪いコンクリート等を完全に取り除き、十分に吸水させる。

⑥鉛直打継目の施工においては、型枠を確実に締め直し、既設コンクリートと打設コンクリートが密着するように強固に締め固める。

⑦鉛直打継目の施工においては、旧コンクリート面をワイヤブラシ、チッピング等により粗にして、セメントペースト、モルタル、エポキシ樹脂等を塗り、一体性を高める。

用語解説

レイタンス：コンクリート内部の骨材の微粒分などがコンクリートの表面に浮き出て形成される薄い膜。コンクリート打継ぎの際のひび割れの原因となる。

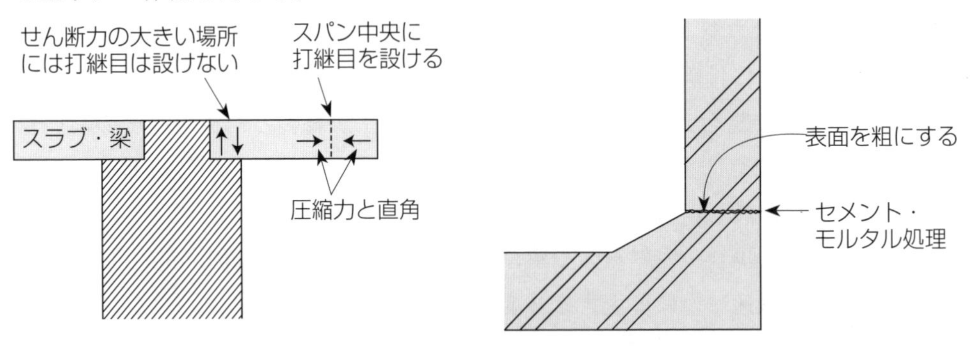

水密を要するコンクリートの鉛直打継目では止水板を用いるのを原則とする。完全でないと、かえって水密性が悪くなるので注意が必要。
止水板としては銅板、ステンレス板、塩化ビニル樹脂、ゴム樹脂などがある。

【鉄筋の加工】

①曲げ加工した鉄筋の**曲げ戻し**は原則として行わない。

②加工は**常温**で加工するのを原則とする。

③鉄筋は、原則として**溶接**してはならない。やむを得ず溶接し、溶接した鉄筋を曲げ加工する場合には溶接した部分を避けて曲げ加工しなければならない（鉄筋径の**10倍以上**離れた箇所で行う）。

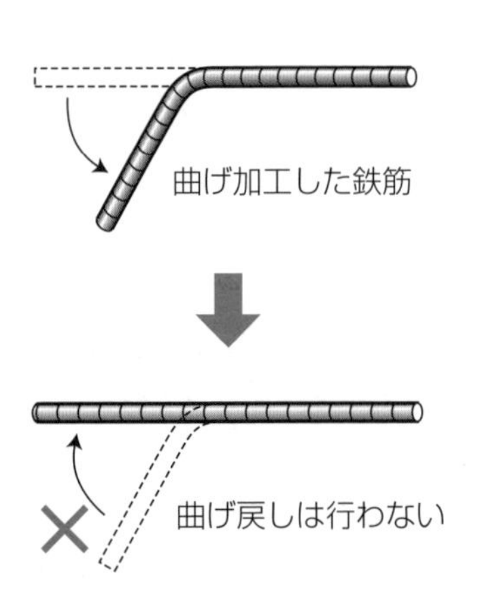

④鉄筋の交点の要所は、直径**0.8㎜以上**の焼なまし鉄線または適切なクリップで緊結する。

⑤組立用鋼材は、鉄筋の位置を固定するとともに、組み立てを容易にする点からも有効である。

⑥**かぶり**とは、鋼材（鉄筋）の表面からコンクリート表面までの最短距離で計測した厚さである。

⑦型枠に接するスペーサーは**モルタル製**あるいは**コンクリート製**を原則として使用する。

⑧継手位置はできるだけ応力の大きい断面を避け、同一断面に集めないことを標準とする。

⑨重ね合せの長さは、鉄筋径の**20倍以上**とする。

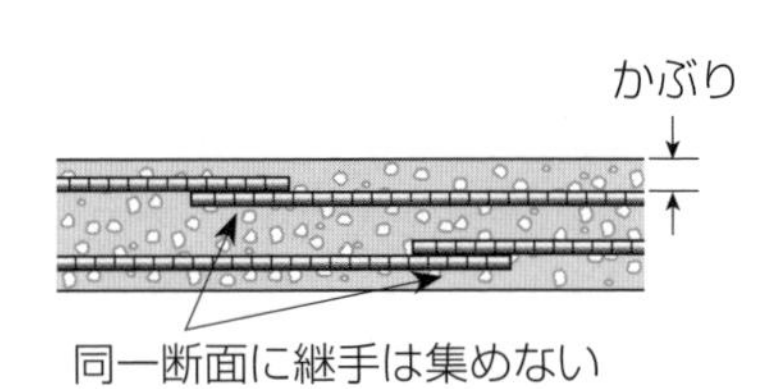

⑩重ね継手は、直径**0.8㎜以上**の焼なまし鉄線で数箇所緊結する。

⑪継手の方法は重ね継手、ガス圧接継手、溶接継手、機械式継手から適切な方法を選定する。

⑫ガス圧接継手の場合は、圧接面は面取りし、鉄筋径**1.4倍以上**のふくらみを要する。

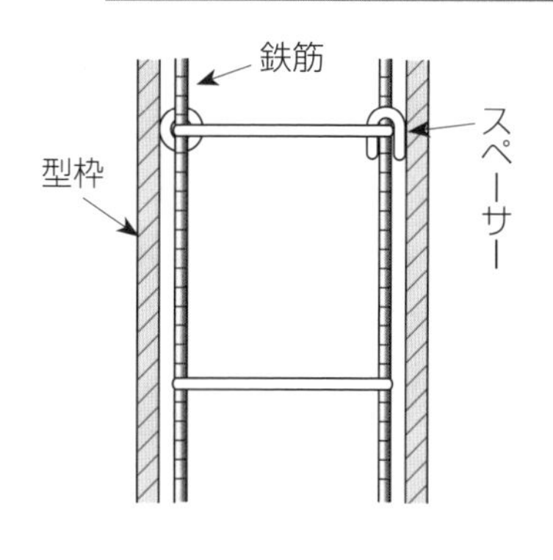

加工した鉄筋を表すコンクリート構造物の断面図を以下に示す。

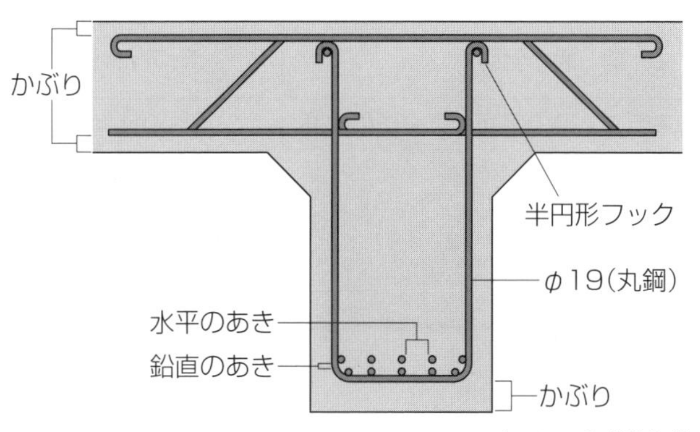

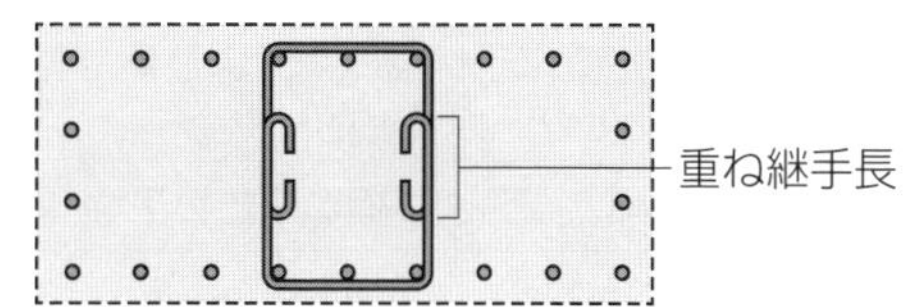

コンクリート構造物の断面図

もっと知りたい スペーサーの数は、梁やスラブで4個/㎡、壁や柱で2～4個/㎡とし、千鳥で配置するのが一般的である。

これが試験に出る!

鉄筋の加工は、第2次検定より第1次検定で出題される傾向にある。第2次検定からは、コンクリート配筋断面の各部名称を選ぶ問題が出題されているので配筋図の見方を学習する。

【型枠・支保工】

⑴型枠

①型枠（せき板）またはパネルの継目は部材軸に**直角**または**並行**とし、モルタルが漏出しない構造とする。

②型枠（せき板）は、転用が前提となり、一般に転用回数は、合板の場合は**5回程度**、プラスティック型枠の場合は**20回程度**、鋼製型枠の場合は**30回程度**を目安とする。

③型枠（せき板）内面には、コンクリートとの付着を防ぐとともに、型枠の取り外しを容易にするために、**剥離剤**（はくり）を塗布する。

④施工中（打込み中）の管理項目は「はらみ、モルタルの漏れ、移動、傾き、沈下、接続部の緩み、その他状態の異常」等で、必要に応じて適当な処置を講じなければならない。

⑵支保工

①支保工は受ける荷重を確実に基礎に伝える形式とする。

②支保工の基礎は沈下や不等沈下が生じないように、あらかじめ十分に**転圧**し、根本が洗わ

れる可能性がある場合は**水の処理**に注意する。

③支保工の組み立ては、十分な強度と安定性をもつように、傾き、高さ、通り等を常に注意しなければならない。

(3)型枠・支保工の取り外し

型枠を取り外してよい時期のコンクリートの圧縮強度の参考値は、下表のとおりである。

部材面の種類	例	コンクリートの圧縮強度
厚い部材の鉛直に近い面、傾いた上面、小さいアーチの外面	フーチングの側面	3.5N/㎟
薄い部材の鉛直に近い面、45°より急な傾きの下面、小さいアーチの内面	柱、壁、梁の側面	5.0N/㎟
スラブ及び梁、45°より緩い傾きの下面	スラブ、梁の底面、アーチの内面	14.0N/㎟

型枠及び支保工は鉛直荷重、水平荷重、コンクリートの側圧等に対して必要な強度と剛性を有したものでなくてはならない。

これが試験に出る!

型枠・支保工は、第1次検定より第2次検定で出題される傾向にある。型枠・支保工ごとの施工上の留意点、点検、管理事項が学習のポイントになるので文章で整理し、理解しておくことが重要。

❷ 品質規定

コンクリートは一般には以下のとおり、主な品質の規定がされている（コンクリート標準示方書参照）。

これが試験に出る!

第1次検定では、スランプ、配合から、その方法の正誤について出題される問題が多い。

【スランプ】

スランプとは、コンクリートの硬軟を判定するもので、スランプ試験でのコーンの中心位置におけるコンクリートの下がった量をcmで表示する値である。

スランプ	2.5cm	5cm及び6.5cm	8～18cm	21cm
スランプの誤差	±1cm	±1.5cm	±2.5cm	±1.5cm

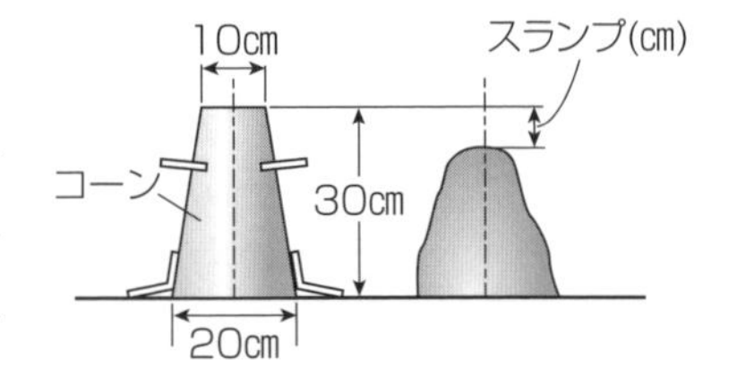

【空気量】

空気量とは、コンクリートの全体積に占める気泡の全体積の割合を百分率で表した値で、コンクリートに適正な空気量を確保することは**耐凍害性**を向上させ、**ワーカビリティー**の改善に有効である。

空気量が同じコンクリート同士を比較した場合、気泡の小さいコンクリートのほうが耐凍害性は高くなります。

コンクリートの種類	空気量	空気量の許容差
普通コンクリート	4.5%	±1.5%
軽量コンクリート	5.0%	
舗装コンクリート	4.5%	

用語解説

ワーカビリティー：コンシステンシー（流動性の程度）及び材料分離に対する抵抗性の程度の指標で、ワーカビリティーが良好なほど運搬や打込み、仕上げなどが容易になることから作業の難易の指標としても使われる。

【塩化物含有量】

コンクリート中に含まれる**塩化物イオン**は、鋼材を腐食させ、その腐食生成物の体積膨張が、ひび割れや剥離・剥落（はくらく）を引き起こしたり、鋼材の断面減少を伴うことで構造物の性能を低下させる塩害を引き起こす。

塩化物イオン量として**0.30kg/m³以下**とする（承認を受けた場合は0.60kg/m³以下）。

コンクリートのアルカリにより鉄筋表面は不動態皮膜に覆われるが、塩害を受けると塩化物イオンによってこの不動態皮膜が破壊され、鋼材は腐食する。

【圧縮強度】

①強度は材齢28日における標準養生供試体の試験値で表し、1回の試験結果は、呼び強度の強度値の**85%以上**とする。

②3回の試験結果の平均値は、呼び強度の**強度値以上**とする。

これが試験に出る!

圧縮強度は、第1次検定より第2次検定で出題される傾向にある。第2次検定の学科記述問題では、「圧縮試験値を満足する試験数」を計算する問題が出題されているので、圧縮強度試験結果の利用について理解しておく。

【アルカリ骨材反応の防止・抑制対策】

①アルカリシリカ反応性試験（化学法及びモルタルバー法）で無害と判定された骨材を使用して防止する。

②コンクリート中のアルカリ総量をNa_2O換算で**3.0kg/m³以下**に抑制する。

③混合セメント（高炉セメントB種・C種、フライアッシュセメントB種・C種）を使用して抑制する。

骨材中の成分とコンクリート中のアルカリが反応して生成物が生じ、吸水膨張してコンクリートにひび割れが生じる現象をアルカリシリカ反応という。

【コンクリートの初期欠陥】

①コンクリートを層状に打ち込む場合に、先に打ち込んだコンクリートと後から打ち込んだコンクリートとの間が、完全に一体化していない不連続面を**コールドジョイント**という。

②コンクリートの沈みと凝固が同時進行する過程で、その沈み変位を水平鉄筋が拘束することによって生じるひび割れを**沈みひび割れ**という。

③**ブリーディング**が多いコンクリートでは、型枠を取り外した後、コンクリート表面に砂す

じを生じやすい。

④**異常凝結のひび割れ**は、セメントや骨材の品質に問題がある場合に生じやすい。

⑤**初期ひび割れ**の原因としては、コンクリートの発熱に伴う温度応力によるもの、乾燥収縮によるもの、荷重によるものなどが考えられる。

これが試験に出る!

コンクリートの初期欠陥は、第1次検定より第2次検定で出題される傾向にあり、穴埋めでの出題が多い。初期欠陥の種類と原因について理解しておく。

3 コンクリート材料

コンクリートの材料は、主にセメント、練混ぜ水、骨材、混和材料の4種類で構成される。

【セメント】

①ポルトランドセメントは、JIS R 5210において**普通・早強・超早強・中庸熱・低熱・耐硫酸塩**ポルトランドセメントの6種類が規定されている。

②混合セメントは、JIS R 5211～5214において以下の4種類が規定されている。

- **高炉セメント**：A種・B種・C種の3種類
- **フライアッシュセメント**：A種・B種・C種の3種類
- **シリカセメント**：A種・B種・C種の3種類
- **エコセメント**：普通・速硬の2種類

用語解説

JIS:「Japanese Industrial Standards(日本工業規格)」の略で、土木業や建設業、製造業などにおける製品や材料、性能、単位等さまざまな内容について、工業標準化法に基づき制定されている国家標準。

普通以外のポルトランドセメントの特徴は以下のとおりである。

- 早強：短期間で高い強度を発現するようにしたセメント
- 超早強：早強よりもさらに短期間で強度を発揮するセメント
- 中庸熱：マスコンクリート等の工事用に、水和熱を低くするセメント
- 低熱：中庸熱より水和熱が低いセメント
- 耐硫酸塩：硫酸塩の抵抗力を増したセメント

【練混ぜ水】

①一般に**上水道水**を使用し、河川水、湖沼水、地下水、工業用水は、鋼材を腐食させる有害物質を含まない水を使用する。

②**海水**は一般に使用してはならない。

【骨材】

①細骨材(さいこつざい)は、**10㎜**網ふるいを全部通り、**5㎜**網ふるいを質量で**85%以上**通る骨材をいう。

②粗骨材(そこつざい)は、**5㎜**網ふるいに質量で**85%以上**留まる骨材をいう。

③細骨材の種類としては、砕砂、高炉スラグ細骨材、フェロニッケルスラグ細骨材、銅スラグ細骨材、電気炉酸化スラグ細骨材、再生細骨材がある。

④粗骨材の種類としては、砕石、高炉スラグ粗骨材、電気炉酸化スラグ粗骨材、再生粗骨材

がある。

⑤骨材の含水状態による呼び名は、**絶対乾燥状態**、**空気中乾燥状態**、**表面乾燥飽水状態**、**湿潤状態**の4つで表す。示方配合では、**表面乾燥飽水状態**を吸水率や表面水率を表すときの基準とする。

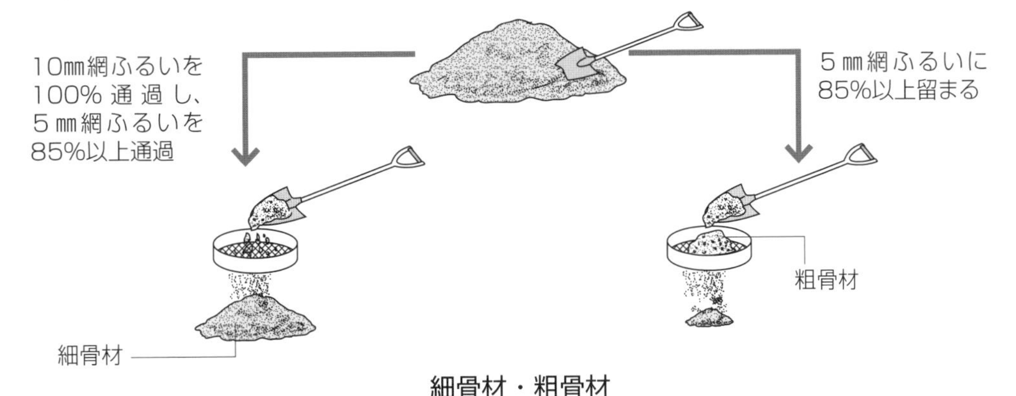

細骨材・粗骨材

【混和材料】

①混和材は、コンクリートの**ワーカビリティー**を改善し、**単位水量**を減らし、**水和熱**による温度上昇を小さくするもので、主な混和材としてフライアッシュ、シリカフューム、高炉スラグ微粉末等がある。

②混和剤は、**ワーカビリティー**、**凍霜害性**（とうそうがい）を改善するものとしてAE剤、AE減水剤等があり、**単位水量及び単位セメント量**を減少させるものとしては、減水剤やAE減水剤等、その他高性能減水剤、流動化剤、硬化促進剤等がある。

用語解説

- フライアッシュ：石炭火力発電所において微粉炭を燃焼する際、溶融した灰分が冷却されて球状となったものを電気集塵器等で捕集した副産物。
- AE剤：コンクリート中に多くの独立した微細な空気泡（エントレインドエア）を連行する界面活性剤の一種。

コンクリート材料

セメント	練混ぜ水	骨材	混和材料
ポルトランドセメント、混合セメント、特殊セメント	一般に上水道水を使用、海水は不可	細骨材、粗骨材	混和材、混和剤

これが試験に出る!

第1次検定では、骨材、混和材料から、その特性の正誤について出題される問題が多い。

例題演習 第1章 2 コンクリート

【問題】次の文章を読み、正誤もしくは正しい選択肢を答えなさい。

1. コンクリートの施工

	問題	解説	
1	水中コンクリートの打込みには、静水中で材料が分離しないよう、原則としてトレミー管を用いる。	水中コンクリートは、**トレミー管もしくはコンクリートポンプを用いて打ち込む**のを原則とし、やむを得ない場合には底開きの箱または袋を用いてよい。	○
2	流動化コンクリートは、単位水量を増大させないで、流動化剤の添加によりコンクリートの打込み、締固めをしやすくしたコンクリートである。	流動化コンクリートは、練り混ぜられたコンクリートに、流動化剤を添加して撹拌し、**流動性を増大させたコンクリート**である。	○
3	マスコンクリートでは、セメントの水和熱による構造物の温度変化によるひび割れに対する注意が必要である。	マスコンクリートでは、事前に**セメント水和熱による温度応力及び温度ひび割れ**に対する検討を行わなければならない。	○
4	寒中コンクリートは、セメントを直接加熱し、打込み時に所定のコンクリートの温度を得るようにする。	寒中コンクリートは、水または水及び骨材を熱する必要があり、セメントを**直接加熱しない**。	×
5	コンクリートと接して吸水するおそれのある型枠の部分は、打込み前に湿らせておかなければならない。	**正しい**。ほかに、打込みの直前に、**運搬装置、打込み設備及び型枠の中を清掃**して、コンクリート中に木片、ごみなどが混入することを防がなければならない。	○
6	再振動を行う場合には、コンクリートの締固めが可能な範囲でできるだけ早い時期がよい。	コンクリートの締固めが可能な範囲で**できるだけ遅い時期がよい**。	×
7	締固めにあたっては、棒状バイブレータ（内部振動機）を下層のコンクリート中に10cm程度挿入しなければならない。	上下層一体とするために**下層のコンクリート中に10cm程度挿入する**。	○
8	コンクリートの締固めには、棒状バイブレータ（内部振動機）を用いることを原則とし、それが困難な場合には型枠バイブレータ（型枠振動機）を使用してもよい。	薄い壁など内部振動機の使用が困難な場所には**型枠振動機を使用してもよい**が、振動機の選定や施工方法に注意する必要がある。	○
9	鉄筋の加工及び組み立てについて、径の太い鉄筋などを熱して加工するときは、加熱温度を十分管理し加熱加工後は急冷させる。	鉄筋は**常温で加工するのを原則とする**。やむを得ず加熱する場合、加熱加工後は**常温で時間をかけて冷まさなければならない**。	×

⑩ 鉄筋の加工及び組み立てについて、型枠に接するスペーサーは、モルタル製あるいはコンクリート製を使用することを原則とする。	**正しい**。プラスティック製スペーサー、ステンレス製スペーサーがあるが、**これらは使用に問題がないことを確認する必要がある**。	○
⑪ 鉄筋の加工及び組み立てについて、曲げ加工した鉄筋を曲げ戻すと材質を害するおそれがあるため、曲げ戻しはできるだけ行わないようにする。	**正しい**。なお、鉄筋の曲げ加工は、**鉄筋の種類に応じて適切な曲げ機械を用いて行うこと**が望ましい。	○
⑫ 鉄筋の加工及び組み立てについて、組み立てた鉄筋が長時間大気にさらされる場合には、鉄筋の防錆処理を行うことを原則とする。	**正しい**。鉄筋を組み立ててから長時間たつと、**浮き錆び、泥、油等が付いたり鉄筋の位置が狂ったりする**ので、清掃、検査が必要である。	○

2. 品質規定

問題	解説	
❶ コンクリートの配合について、コンクリートの単位水量の上限は、コンクリート標準示方書では175kg/m³が標準である。	**正しい**。粗骨材最大寸法20～25㎜の場合が**175kg/m³**である。	○
❷ コンクリートの配合について、コンクリートの配合強度は、設計基準強度及び現場におけるコンクリートの品質のばらつきを考慮して決める。	**正しい**。設計基準強度よりも**大きく定める**。	○
❸ コンクリートの配合について、コンクリートのスランプは、運搬、打込み、締固め作業に適する範囲内で、できるだけ大きくなるように設定する。	コンクリートのスランプは、**できるだけ小さいほうが耐久性の高いコンクリートとなる**。	×
❹ コンクリートの配合について、水セメント比は、コンクリートに求められる所要の強度、耐久性、水密性などから定まる水セメント比のうちで最小の値を設定する。	**正しい**。普通コンクリートの場合の水セメント比は**55%以下**である。	○

3. コンクリート材料

問題	解説	
❶ コンクリートの骨材について、細骨材は、10㎜網ふるいを全部通過し、5㎜網ふるいを質量で85%以上通過する骨材をいう。	細骨材の粒径は**設問のとおり**で、清浄、堅硬、耐久的で、適切な粒度をもち、ごみ、泥、有機不純物、塩化物等を**有害量含んではならない**。	○

	問題	解説	正誤
2	コンクリートの骨材について、粗骨材の最大寸法は、質量で骨材の全部が通過するふるいのうち、最小寸法のふるいの呼び寸法である。	粗骨材の最大寸法は、**質量で90%以上が通過する**ふるいのうち、最小寸法のふるいの呼び寸法である。	×
3	コンクリートの混和材料について、AE剤は、微小な独立した空気の泡を分布させ、コンクリートの凍結融解に対する抵抗性を増大させる。	AE剤は、フレッシュコンクリートの**ワーカビリティーの向上**、**ブリーディングの減少**、及び**硬化コンクリートの耐凍害性（凍結融解の繰り返し作用に対する抵抗性）の改善**をさせる。	○
4	コンクリートの混和材料について、フライアッシュは、セメントの使用量が節約でき、コンクリートのワーカビリティーをよくできる。	**正しい**。ほかに、次のような効果が期待できる。 ①水和熱による温度上昇を**小さくする**。 ②長期材齢における強度を**増加**させ、セメントの使用量を**節減できる**。 ③乾燥収縮を**減少させる**。 ④水密性や化学的侵食に対する耐久性を**改善させる**。 ⑤アルカリ骨材反応を**抑制する**。	○
5	コンクリートの混和材料について、ポゾランは、水酸化カルシウムと常温で徐々に不溶性の化合物となる混和材の総称であり、ポリマーはこの代表的なものである。	ポゾラン活性が期待できるものには**フライアッシュ、シリカヒューム、火山灰、けい酸白土、けい酸藻土があり、シリカ質混和材料である。**	×
6	コンクリートの混和材料について、減水剤は、コンクリートの単位水量を減らすことができる。	減水剤は湿潤作用によりセメントの**水和活性**を高める効果もあるので、所要のコンシステンシー及び強度を得るのに必要な**単位水量、単位セメント量を減少させる**ことができる。	○
7	コンクリートに使用する骨材について、砕石は、丸みをおびた骨材と比べ表面が粗であるので、モルタルとの付着がよくなり、強度は大きくなる。	**正しい**。表面が粗であるので、ワーカビリティーの良好なコンクリートを得るためには、**単位水量や細骨材率の値を増加させる必要がある。**	○
8	コンクリートに使用する骨材について、骨材の粒度は、骨材の大小粒が混合している程度を表し、よい品質のコンクリートをつくるために重要な性質である。	**正しい**。粒度のよい骨材を用いると**コンクリートに必要な単位水量を少なくすること**ができる。	○
9	コンクリートに使用する骨材について、骨材の密度は、湿潤状態における密度であり、骨材の硬さ、強さ、耐久性を判断する指針になる。	骨材の密度は、**表面乾燥飽水状態における密度**であり、骨材の硬さ、強さ、耐久性を判断する指針になる。	×
10	コンクリートに使用する骨材について、ロサンゼルス試験機を用いた場合のすりへり減量は、その量が小さいほど良質な骨材である。	ロサンゼルス試験機は、日本工業規格に示されている**粗骨材のすりへり減量**を測定する試験機で、すりへり減量は、**その量が小さいほど良質な骨材である。**	○

第2次検定（学科記述）演習 第1章 2 コンクリート

コンクリートの初期欠陥に関する次の文章の［　　］に当てはまる適切な語句を、下記の語句から選び解答欄に記入しなさい。

(1) コンクリートを層状に打ち込む場合に、先に打ち込んだコンクリートと後から打ち込んだコンクリートとの間が、完全に一体化していない不連続面を［（イ）］という。

(2) コンクリートの沈みと凝固が同時進行する過程で、その沈み変位を水平鉄筋が拘束することによって生じるひび割れを［（ロ）］という。

(3)［（ハ）］が多いコンクリートでは、型枠を取り外した後、コンクリート表面に砂すじを生じやすい。

(4) セメントや骨材の品質に問題がある場合は、［（ニ）］のひび割れが生じやすい。

(5) 初期ひび割れの原因としては、コンクリートの発熱に伴う［（ホ）］によるもの、乾燥収縮によるもの、荷重によるものなどが考えられる。

［語句］
ポゾラン　　等間隔　　全面網目状　　ジャンカ　　クリープ
プラスティックひび割れ　　温度応力　　異常凝結　　豆板　　沈みひび割れ
コールドジョイント　　レイタンス　　スケーリング　　コンシステンシー
ブリーディング

〈解答欄〉

（イ）	（ロ）	（ハ）	（ニ）	（ホ）

解答

(イ)	(ロ)	(ハ)	(ニ)	(ホ)
コールドジョイント	**沈みひび割れ**	**ブリーディング**	**異常凝結**	**温度応力**

解説

解答以外の語句で、特に覚えておくべきものは以下のとおりである。

- **ポゾラン**：フライアッシュなどのシリカ質混合材の総称。
- **クリープ**：コンクリートに一定の持続荷重をかけた際に、ひずみ（弾性ひずみ及び乾燥収縮ひずみを除く）が時間とともに増大していく現象。
- **プラスティックひび割れ**：コンクリートが十分に硬化していない状態で、コンクリートの表面が直射日光などにより乾燥して、セメント分が収縮して表面に発生する不規則なひび割れ。
- **ジャンカ・豆板（まめいた）**：コンクリートの一部に粗骨材が多く集まってできた、空隙の多い不良箇所。
- **レイタンス**：コンクリート打込み後、ブリーディングに伴い、骨材の微粒分などがコンクリート表面に浮き出て形成される薄い膜。脆弱で打継ぎの際のひび割れの原因にもなる。
- **スケーリング**：表面層が劣化剥離する現象。
- **コンシステンシー**：固まる前の状態である物質（セメントペーストなど）の変形性や流動性の程度を指す。

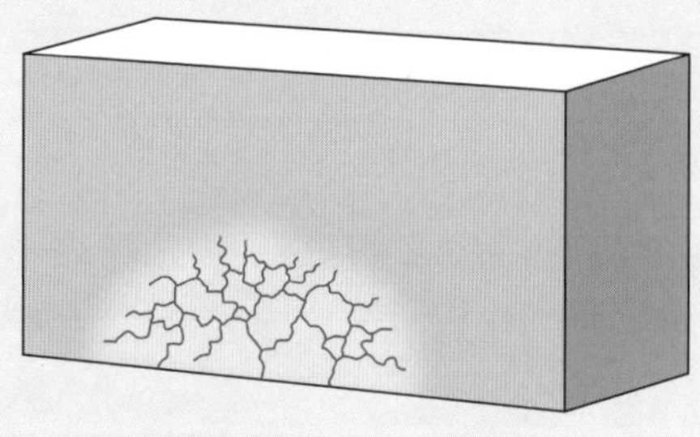

プラスティックひび割れ

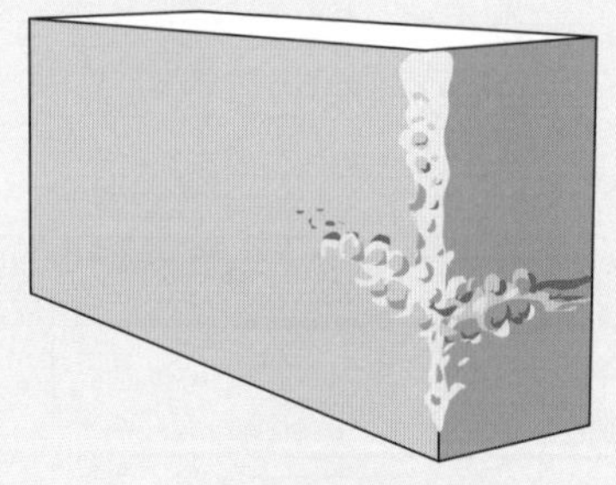

ジャンカ・豆板

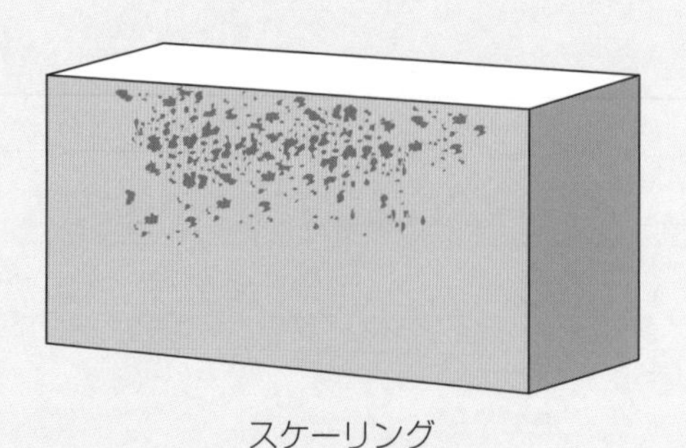

スケーリング

3 基礎工

第1次検定　第2次検定

学習のポイント

- 既製杭の施工は最重要課題として、各種工法についてしっかりとまとめる。
- 場所打ち杭について、主な4つの工法別に特徴を整理しておく。
- 直接基礎の施工の留意点について整理しておく。
- 土留め工法の形式と特徴を整理しておく。

1 既製杭の施工

既製杭の施工に関しては、主に打込み杭工法、中掘工法、プレボーリング工法、ジェット工法の4つの工法に分類されており、「道路橋示方書・同解説　下部構造編」により留意点を整理する。

用語解説
既製杭：工場などにて製作された杭。

【準備等】

①一般に使用されている杭打ち機械の接地圧は**0.1～0.2N/㎟（100～200kPa）**であり、これに耐え得るようにあらかじめ作業地盤の整備を行う。

②試験杭の施工には、本杭と同一の規格のものを使用し、構造物の基礎ごとに適切な位置を選定し、本杭より**1～2m**長いものを用いる。

③打込みを正確に行うには、杭軸方向を設計で想定した角度で建込み、建込み後は杭を直交する2方向から検測する。

【打込み杭工法】

①打込み杭工法での打込み順序としては、杭の諸元、配置、周辺部への影響、杭打ち機の種類等を勘案して決める。

②群杭において周辺から中央部へ打ち進むと、締固めの影響が増大し、抵抗が大きくなり、貫入が困難となる場合がある。**杭群の中央部から周辺へ打ち進む**のが望ましい。

③杭の打止め時の1打あたり貫入量は、杭の種類、長さ、形状、地盤の状況等により異なるが、既往の資料等を参考にして、**2～10㎜**を目安とする。また、打止め管理式などにより簡易に支持力の確認が可能である。

④打込み杭工法は使用するハンマの特徴から、中掘工法、プレボーリング工法に比べて騒音・振動が**大きい**。

- **油圧ハンマ**は、ラム（おもり）の落下高さを調節することにより、打撃力の調整をすることができる。
- **バイブロハンマ**は振動式杭打ち工法で、杭に上下振動を与えて打ち込む工法である。
- **ディーゼルハンマ**は、打撃力は大きく燃料費は安いが、騒音、振動、油煙の飛散を伴うので周辺環境の保全に注意が必要である。

- **ドロップハンマ**は、鋼鉄製のハンマを落下させて打ち込むもので、ハンマの重量は杭の重量以上が望ましい。

【中掘工法】

①中掘工法とは、杭の中空部をオーガーにより先端部を掘削しながら、支持地盤まで圧入する工法であり、杭体に孔壁（こうへき）を保護する役割をもたせる。よって、打込み杭工法に比べ施工速度が**遅い**。

②中掘工法における先端処理は、最終打撃方式、セメントミルク噴出攪拌方式及びコンクリート打設方式の３工法があり、それぞれの規定に準じて施工する。

③中掘工法は、打込み杭工法、バイブロハンマ工法に比べて、騒音や振動等の近接構造物に対する影響が少ない。

④中掘工法では、**泥水処理**、**排土処理**が必要である。

【プレボーリング工法】

①プレボーリング工法とは、あらかじめオーガーによってボーリングを行い、既製杭を建込み、最後に支持力確保のために打撃、根固めを行う工法である。

②根固めの方法としては、水セメント比が**60～70%**で、圧縮強度$\sigma 28 \geqq 20$N/㎟のセメントミルクを注入する。

③孔内水位低下による掘削孔の崩壊を防止するには、ベントナイト泥水に加えて、逸泥（いつでい）防止剤を添加した掘削液を用いる。

用語解説

逸泥：孔内などに注入した泥水が地層中に失われ、戻ってこなくなる現象。

【ジェット工法】

①ジェット工法とは、**高圧水**をジェットとして噴出し、杭の自重により摩擦を切って圧入する工法であり、**砂質地盤**に適用する。

②先端支持力を確保するために、**最終打撃工法**あるいは**圧入工法**により打ち止める。

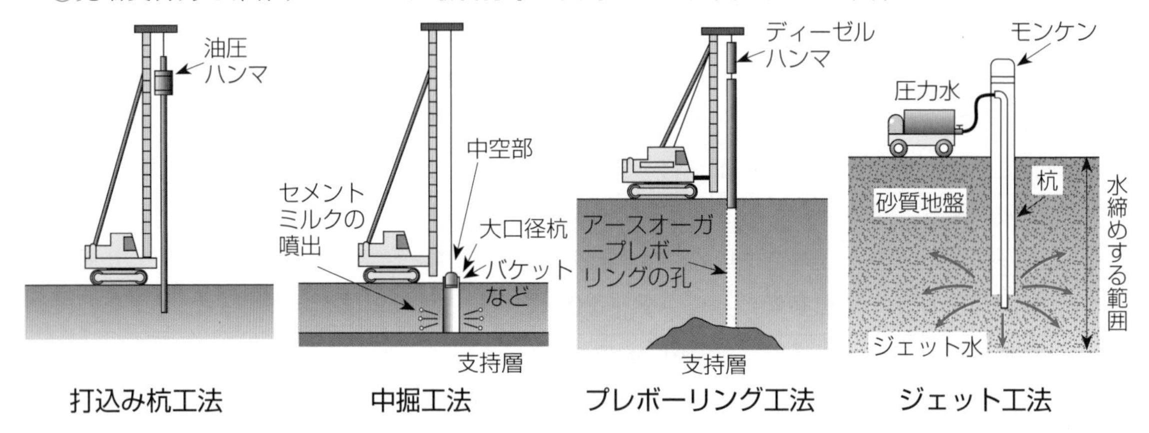

これが試験に出る!

既成杭の中では、打込み杭工法、中掘工法からの出題率が高い。工法の正誤を問うものが多いので、各工法の特徴や施工時の留意事項について理解しておく。

❷ 場所打ち杭

場所打ち杭とは、現場において直接地盤に孔をあけ、中にコンクリートを打ち込んで杭とするもので、**騒音・振動**が少なく市街地において最も多く用いられる工法である。

場所打ち杭の施工に関しては、主にオールケーシング工法、リバース工法、アースドリル工法、深礎（しんそ）工法の４つの工法に分類されており、「道路橋示方書・同解説　下部構造編」により留意点を整理する。

オールケーシング工法、リバース工法、アースドリル工法は専用の掘削機を用いますが、深礎工法は基本的には人力で掘削します。

【場所打ち杭の特徴等】

①掘削土より基礎地盤、支持層の土質状況を確認できる。

- **オールケーシング工法**：ハンマグラブにより掘削した土と土質調査試料とを比較。
- **リバース工法**：デリバリホースから排出された土砂と土質調査試料とを比較。
- **アースドリル工法**：バケットにより掘削した土と土質調査試料とを比較。

②施工時の騒音・振動が打込み杭に比べて**小さい**。ただし、リバース工法はあまり問題にならないが、オールケーシング工法は**ハンマグラブの衝突**により騒音が発生し、アースドリル工法は**掘削土をバケットから落とすとき**に騒音が発生するので注意が必要。

③場所打ち杭工法は、掘削した坑内に鉄筋コンクリート杭体を築造する工法なので、杭材料の運搬や長さの調節が比較的容易である。

④大口径の杭を施工することにより、大きな支持力が得られる。場所打ち杭工法の標準口径は**0.8～3.0m**であり、大口径の杭とすることで大きな支持力が得られる。

【掘削・排土方法及び孔壁保護方法】

場所打ち杭の各種工法における掘削・排土方法及び孔壁保護方法は下表のとおりである。

各種工法における掘削・排土方法及び孔壁保護方法

工　法	掘削・排土方法	孔壁保護工法
オールケーシング工法	チュービング装置によるケーシングチューブの揺動圧入とハンマグラブなどにより、チューブ内土砂の掘削・排土を並行、反復して行う。	掘削孔全長にわたるケーシングチューブと孔内水による。
リバース工法	回転ビットにより土砂を掘削し、孔内水を逆循環方式で排出する。	外水位＋２m以上の孔内水位を保つことにより孔壁を保護する。
アースドリル工法	回転バケットの回転により土砂を掘削し、バケット内部の土砂を地上に排出する。	安定液等によって孔壁を保護する。
深礎工法	掘削全長にわたる山留めを行いながら、主として人力により掘削する。	ライナープレートや波形鉄板等の山留め材を用いて保護する。

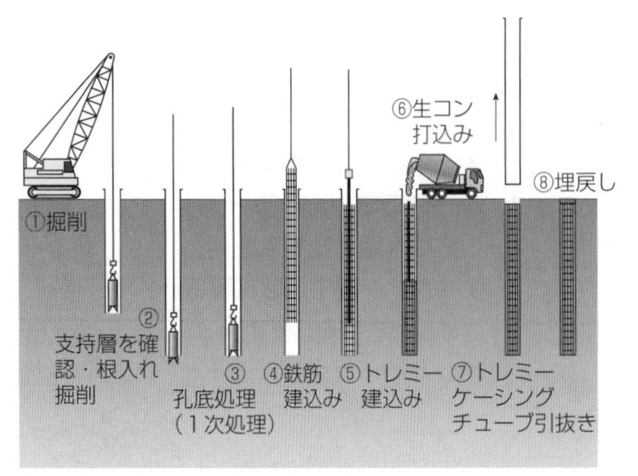

オールケーシング工法

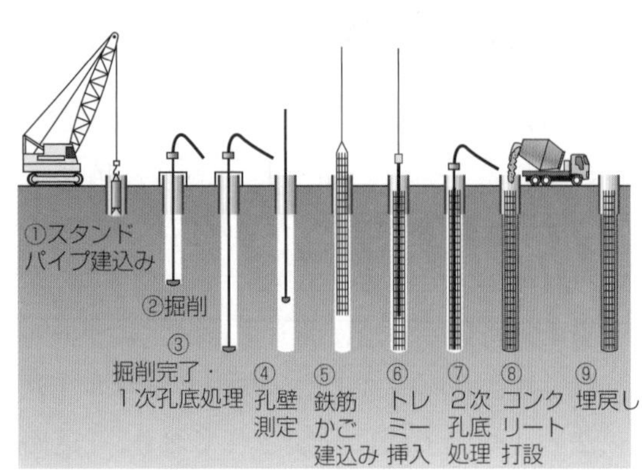

リバース工法

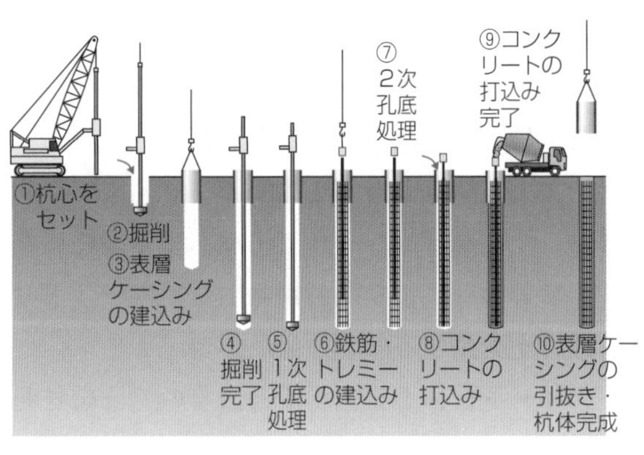

アースドリル工法

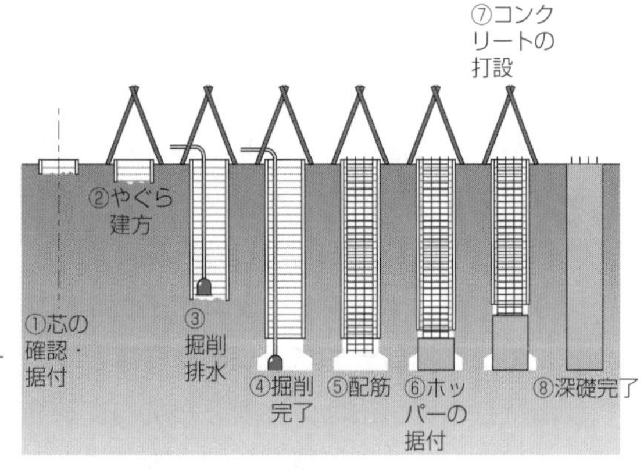

深礎工法

ワンポイント
アドバイス

全工法の比較的な問題がよく出題されるので、各工法の違いをよく理解しておくこと。

これが試験に出る!

第1次検定では、各工法の特徴、施工方法については「排土方法」「孔壁の保護方法」の違い等が出題される。

③ 直接基礎

直接基礎の施工に関しては、「道路橋示方書・同解説　下部構造編」により留意点を整理する。

【支持層の選定】

①砂層及び砂礫層においては、**N値が30程度以上**あれば良質な支持層とみなしてよい。

②粘性土においては、**N値が20程度以上**（一軸圧縮強度q_uが0.4N/㎟程度以上）あれば圧密のおそれのない良質な支持層と考えてよい。

③岩盤においては大きな支持力が期待できるが、岩盤に不連続面が存在したり、スレーキング等の影響を受けやすい場合には事前に検討する必要がある。

【安定性の検討】

①地盤の安定性を確保するために、支持、転倒及び滑動（かつどう）に対して所要の安全率を確保しなければならない。ただし、転倒に関して、浅い基礎形式に対しては、原則として照査が必要であるが、深い基礎形式に対しては不要である。

②地盤の支持力について、鉛直地盤反力は、基礎底面地盤の**許容鉛直支持力以下**とする。

③転倒に対する安定性については、合力の作用位置が、常時は底面の中心より底面幅の**1/6以内**、地震時は**1/3以内**とする。

④滑動に対する安定性については、基礎に作用する水平力を基礎底面のせん断地盤反力と基礎前面の水平地盤反力とで分担して抵抗する。

用語解説

- 滑動：構造物などが外力によりすべって動くこと。
- 安全率：不確定要因による影響に対する安全の程度を示す係数で、安全係数ともよばれる。数値が大きいほど安全といえるが、コストが高くなるため、適正な値を設定する必要がある。土木や建築だけでなく、自動車や航空機の耐久設計、電圧量、薬品の摂取量などさまざまな分野で取り入れられている。

【基礎底面の処理及び埋戻し材料】

①基礎底面が砂地盤の場合は、栗石や砕石とのかみ合いが期待できるようにある程度の**不陸**を残して基礎底面地盤を整地し、その上に栗石や砕石を配置する。

②基礎底面が岩盤の場合は、基礎地盤と十分かみ合う栗石を設けられない場合には、均しコンクリートにより、基礎地盤と十分かみ合うように、基礎底面地盤にはある程度の**不陸**を残し、平滑な面としない。

用語解説

不陸：平坦ではなく凹凸のある状態。

③底面処理としては、基礎が滑動する際のせん断面は、床付け面のごく浅い箇所に生じることから、施工時に**地盤の過度の乱れ**が生じないよう配慮する。

④滑動抵抗をもたせるために突起を付ける場合は、割栗石、砕石等で処理した層を貫いて十分に支持地盤に貫入させるものとする。

⑤基礎岩盤を切込んで、直接基礎を施工する場合、切込んだ部分の岩盤の**横抵抗**を期待するためには岩盤と同程度のもの、すなわち貧配合コンクリート等で埋戻す必要がある。掘削時に出たずり等で埋戻すと、ほとんど抵抗は期待できない。

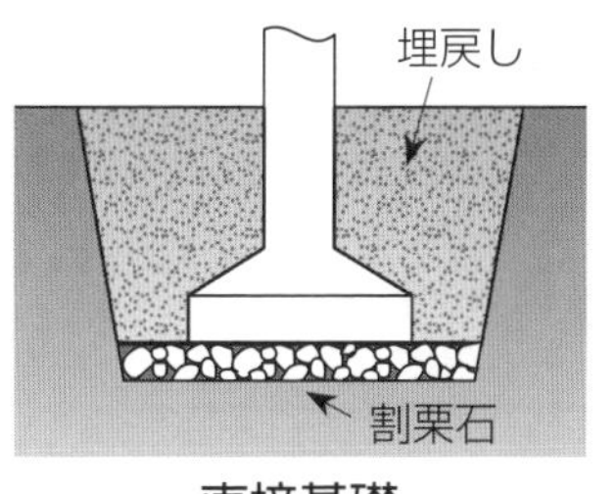

直接基礎

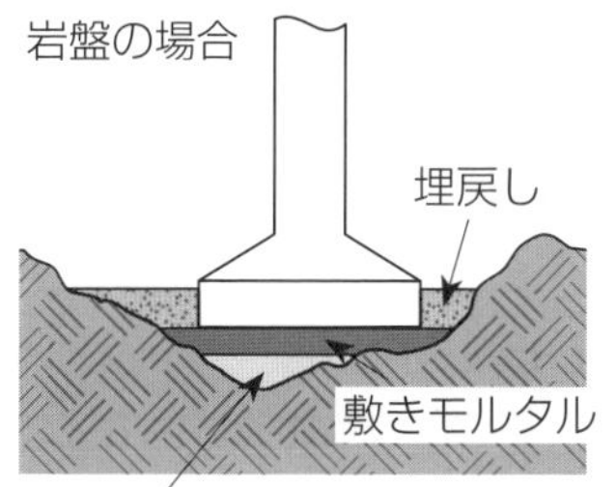

用語解説

ずり：掘削で生じた土砂や岩石等のこと。

これが試験に出る!

第1次検定では、基礎地盤面の評価、施工方法がよく出題される。

④ 土留め工法

土留め工法の施工に関しては、「建設工事公衆災害防止対策要綱」により留意点を整理する。

【工法の形式と特徴】

①土留工を設置するのは、土質に見合った勾配で掘削できる場合を除いて、掘削深さが**1.5 m**を超える場合には、土留め工を施工する。また、掘削深さが**4.0m**を超える場合には、親杭横矢板、鋼矢板を用いた土留工とする。

②**自立式**は、掘削側の地盤の抵抗（受動土圧）によって土留め壁を支持する工法であり、掘削側には支保工はなく、掘削は容易であるが土留め壁の変形は大きくなる。

③**切りばり式**は、切りばり、腹起し等の支保工と掘削側の地盤の抵抗によって土留め壁を支持する工法であり、支保工の数、配置等により、現場での変更が可能であるが、機械掘削の際には支保工が障害となる。

④**アンカー式**は、土留めアンカーと掘削側の地盤の抵抗によって土留め壁を支持する工法であり、掘削側に切りばりがないので機械掘削が容易であり、偏土圧が作用する場合や任意形状の掘削にも適応が可能である。

⑤**控え杭タイロッド式**は、控え杭と土留め壁をタイロッドでつなぎ、これと地盤の抵抗により土留め壁を支持する工法であり、自立式の変形が大きくなる場合に用いられる。

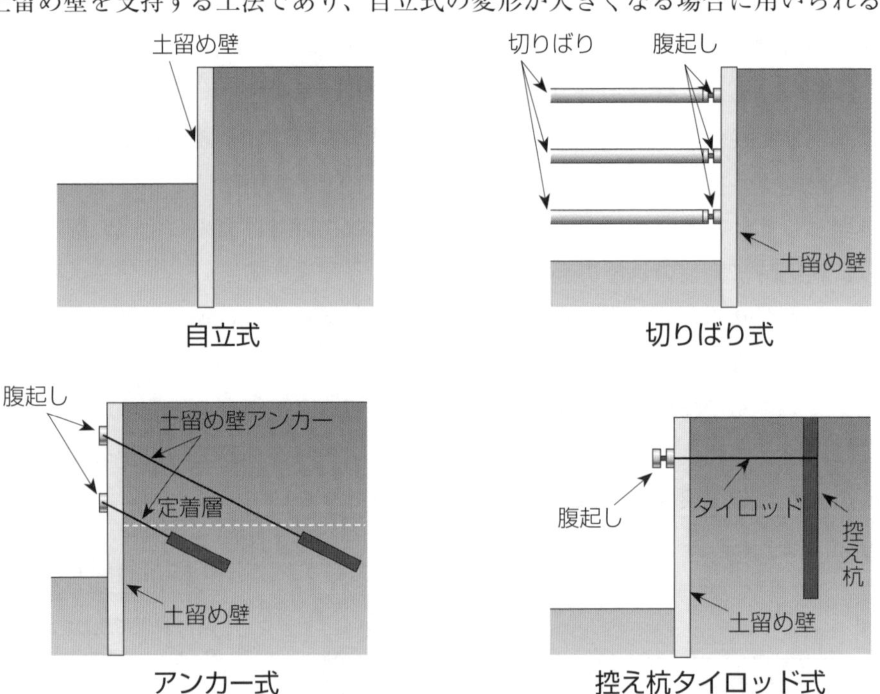

各工法の特徴と何が土留め壁を支持しているのかをしっかり理解しておく。

【杭、鋼矢板の根入れ長】

①根入れ長は、根入部の土圧及び水圧に対する安定計算、許容鉛直支持力の計算、ボイリング及びヒービングの計算による安定から決定する。ただし、杭の場合は**1.5m**、鋼矢板等の場合は**3.0m**を下回らない。

②**ボイリング**とは、地下水位の高い砂質土地盤の掘削の場合に、掘削面と背面側の水位差により、掘削面側の砂が湧きたつ現象で、土留め壁が崩壊するおそれがある。

③**ヒービング**とは、掘削底面付近に軟らかい粘性土がある場合に、土留め背面の土や上載荷重等により、掘削底面の隆起や土留め壁のはらみ、周辺地盤の沈下が生じる現象で、ボイリングと同様に土留め壁の崩壊のおそれがある。

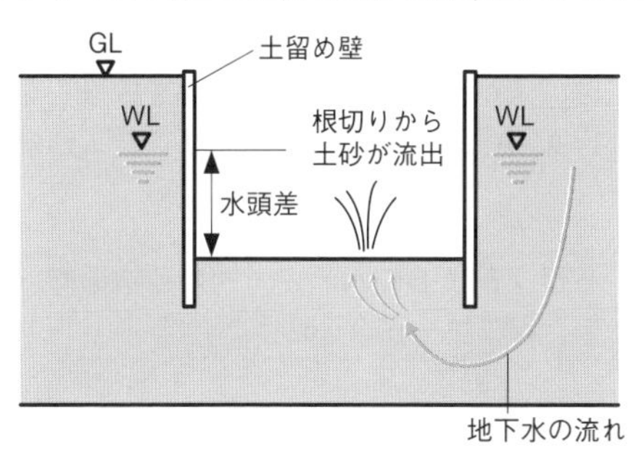

ボイリング

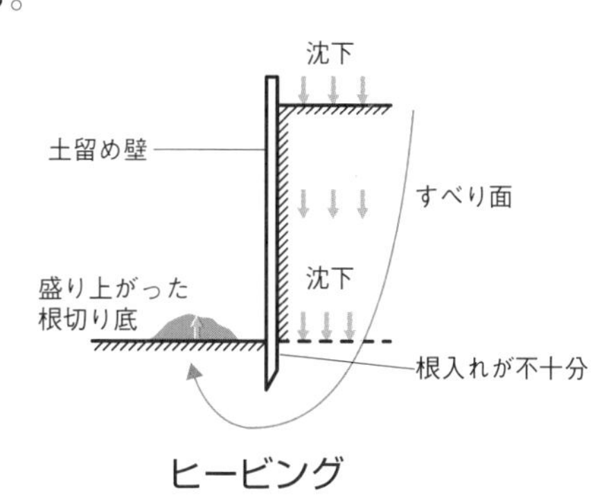

ヒービング

施工時の安全管理として、ボイリング、ヒービングはキーワードになるので現象の違いと対象土質（砂質土地盤はボイリング、粘性土地盤はヒービングのおそれがある）を理解しておく。

【土留め工法の各部材の構成】

土留め工法の各部材の構成は次のとおりである。

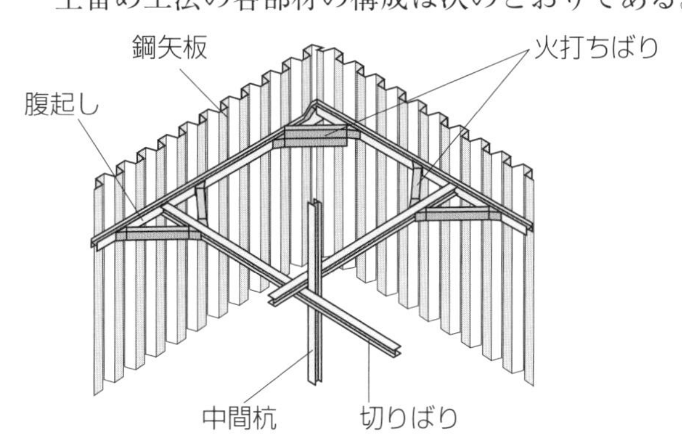

左の図では、土留め壁に該当するのが鋼矢板で、支保工に該当するのが腹起し、切りばり、火打ちばり、中間杭です。

これが試験に出る!

- 第1次検定では、土留め部材の名称や仮設工法の概要について出題される問題が多い。
- 第2次検定で基礎工は出題されていないが、選択問題の安全管理で「土留め支保工の安全対策について」などが出題されている。

例題演習 第1章 3 基礎工

【問題】次の文章を読み、正誤もしくは正しい選択肢を答えなさい。

1. 既製杭の施工

	問　　題	解　　説	
1	既製杭の施工について、1群の杭を打つときは、周辺部の杭から中心部の杭へと順に打ち込むようにする。	1群の杭を打つときは、地盤の締固め効果によって打込み抵抗が増大するため、**杭群の一方の隅から他方の隅へ打ち込んでいく**か、**杭群の中央部から周辺に向かって打ち込む**ようにする。	×
2	既製杭の施工について、打込み杭工法は、中掘工法に比べて施工速度が速く、支持層への貫入をある程度確認できる。	中掘工法は、スパイラルオーガで地盤を掘削しながら杭を沈設するので打込み杭工法よりも**施工速度が遅くなる。**	○
3	既製杭の施工について、杭の打込み精度とは、杭の平面位置、杭の傾斜、杭軸の直線性などの精度をいう。	**正しい。**トランシットによる**2方向から杭の傾斜をチェックする方法**が一般的である。	○
4	既製杭の施工について、打込み杭工法は、プレボーリング工法に比べて騒音・振動が大きい。	**正しい。**プレボーリング工法は、地盤をオーガ等で所定の深さまで掘削し、既製杭を挿入してハンマで打撃を加えて施工する工法である。打込み杭工法に比べて、あらかじめ掘削しているプレボーリング工法のほうが**そのレベルは低い。**	○
5	既製杭の施工について、打込み杭工法では、打止め管理式などにより簡易に支持力の確認が可能である。	**正しい。**打撃工法の打止め管理は、**杭の根入れ長さ、リバウンド量（動的支持力）、貫入量、支持層の状態**により判断する。	○

2. 場所打ち杭

	問　　題	解　　説	
1	場所打ち杭について、オールケーシング工法は、スタンドパイプを建込み、孔内水位を地下水位より2m以上高く保持し、孔壁に水圧をかけて崩壊を防ぐ。	オールケーシング工法は、杭の全長にわたり**ケーシングチューブを揺動圧入または回転圧入し、地盤の崩壊を防ぐ。**	×
2	場所打ち杭について、アースドリル工法は、表層ケーシングを建込み、孔内に注入した安定液の水位を地下水位以上に保ち孔壁の崩壊を防ぐ。	**正しい。**安定液には**ベントナイト溶液**等を使用する。	○
3	場所打ち杭について、リバース工法は、ライナープレート、モルタルライニングによる方法などによって、孔壁の土留めをしながら内部の土砂を掘削する。	リバース工法は、スタンドパイプを建込み、孔内水位を地下水位より2m以上高く保持し、**孔壁に水圧をかけて崩壊を防ぐ。**	×

	問題	解説	
4	場所打ち杭について、深礎工法は、杭の全長にわたりケーシングチューブを揺動圧入または回転圧入し、地盤の崩壊を防ぐ。	深礎工法は、ライナープレート、モルタルライニングによる方法などによって、**孔壁の土留めをしながら内部の土砂を掘削する。**	×
5	場所打ちコンクリート杭の特徴について、掘削土により基礎地盤の確認ができる。	次のように、**掘削土による基礎地盤の確認ができる。** **オールケーシング工法**：ハンマグラブにより掘削した土の土質と深度を設計図書及び土質調査試料と比較して支持層を確認する。 **リバース工法**：デリバリホースから排出される循環水に含まれた土砂を採取し設計図書及び土質調査試料と比較して支持層を確認する。 **アースドリル工法**：バケットにより掘削した土の土質と深度を設計図書及び土質調査試料と比較して支持層を確認する。	○
6	場所打ちコンクリート杭の特徴について、施工時の騒音・振動が打込み杭に比べて大きい。	場所打ちコンクリート杭の騒音・振動は、打込み杭に比べて**小さい**。なお、各種工法について次のような注意点がある。 • オールケーシング工法は、ハンマグラブの衝突により**騒音が発生する。** • リバース工法では、**騒音はさほど問題とならない。** • アースドリル工法は、掘削土をバケットから落とすとき**騒音が起こる。**	×
7	場所打ちコンクリート杭の特徴について、杭材料の運搬や長さの調節が比較的容易である。	現場で掘削した孔の中に、鉄筋コンクリート杭体を築造する工法なので、**杭材料の運搬や長さの調節が比較的容易である。**	○
8	場所打ちコンクリート杭の特徴について、大口径の杭を施工することにより、大きな支持力が得られる。	標準的な杭口径は0.8～3.0mであり、**大口径の杭**を施工することができる。	○

3. 直接基礎

	問題	解説	
1	直接基礎の施工について、砂地盤では、標準貫入試験によるN値が10以上あれば良質な基礎地盤といえる。	良質な基礎地盤とは、「砂層及び砂礫層においては十分な強度が得られる、**N値が30程度以上**」または「粘性土層では圧密のおそれのない、**N値が20程度以上**」の地盤である。	×
2	直接基礎の施工について、基礎地盤の支持力は、平板載荷試験の結果から確認ができる。	平板載荷試験で、**地盤反力係数や極限支持力を求めることができる。**	○
3	直接基礎の施工について、基礎地盤が砂地盤の場合は、栗石や砕石とのかみ合いが期待できるようにある程度の不陸を残して整地し、その上に栗石や砕石を配置する。	**正しい。**施工時の注意点は、湧水、雨水などにより**基礎地盤**が乱されないように**栗石や砕石の敷並べ作業**は素早く行うことである。	○

4	直接基礎の施工について、基礎地盤が岩盤の場合は、構造物底面がかみ合うように、基礎地盤面に均しコンクリートを施工する。	**正しい。**基礎地盤が岩盤の場合、**割栗石**や**砕石**を使用すると空隙ができて基礎底面が岩盤に**定着しない。**	○

4. 土留め工法

	問題	解説	
1	鋼矢板工法は、地中に鋼矢板を連続して構築し、鋼矢板の継ぎ手部のかみ合わせで止水性が確保される。	鋼矢板工法は、地中連続壁工法、鋼管矢板工法に比べて工事費が安価で**施工性**がよい。また、親杭横矢板工法に比べて**止水性**はよいが工事費が高価である。	○
2	親杭横矢板工法は、H型鋼の親杭と土留め板により壁を構築するもので、施工が比較的容易であるが止水性に期待ができない。	親杭横矢板工法は、施工が容易で比較的工事費が安価であるが、土留め板を用いているので**止水性に難がある。**	○
3	地中連続壁工法は、深い掘削や軟弱地盤において、土圧、水圧が小さい場合などに用いられる。	地中連続壁工法は、地下水が高く遮水性が必要な場合の土留め工法として開発されたもので、**土圧、水圧が大きい場合に用いられる。**	×
4	鋼管矢板工法は、地盤変形が問題となる場合に適し、深い掘削に用いられる。	鋼管矢板工法は、剛性や遮水性が大きく地盤変形が問題となる場合に適し、**深い掘削に用いられる**が、比較的工事費が高く、引き抜きが困難である。	○
5	掘削時の土留め仮設工について、土留め壁は、土圧や水圧などが作用するので鋼矢板などを用いてこれらを十分に支える構造としなければならない。	一般的に**鋼矢板、親杭横矢板壁など**を用いてこれらを十分に支える構造とする。	○
6	掘削時の土留め仮設工について、切りばりは、地盤の掘削時に土留め壁に作用する土圧や水圧などの外力を支えるための水平方向の支持部材として用いられる。	切りばりは、山留め壁が受けた土圧や水圧に対して、**腹起しを通して支える**支保工である。	○
7	掘削時の土留め仮設工について、土留めアンカーは、切りばりによる土留めが困難な場合や掘削断面の空間を確保する必要がある場合に用いる。	土留めアンカーを掘削地盤中に定着させ、掘削側の地盤抵抗によって土留め壁を支える工法で、**掘削断面の空間を確保できる。**	○
8	掘削時の土留め仮設工について、親杭横矢板土留め工法に用いる土留め板は、土圧を親杭に伝えるとともに止水を目的とするものである。	親杭横矢板土留め工法に用いる土留め板は、一般に木材を使うので**止水を目的としていない。**	×

第1部　第１次検定・第２次検定対策

第2章 専門土木

1 鋼構造物

第１次検定　第２次検定

学習のポイント

- 鋼材の種類、鋼材名と鋼材記号、力学的特性、機械的性質、試験方法、性質と用途、加工にあたっての留意点などを理解する。
- 鋼橋の架設工法の種類とその特徴、選定条件、適用される橋梁の形式、施工にあたっての留意点などを整理する。
- 鋼橋部材の連結などにおける高力ボルト継手の接合方式や機能、接合面の処理、締付け、検査などの方法を理解する。
- 鋼橋部材の連結などにおける溶接継手及び溶接方法の種類、溶接の施工時の留意点などについて整理する。

1 鋼材の種類、機械的性質及び加工

【鋼材の種類】

JIS規格では鋼材の種類別に機械的性質、化学組成等が決められており、鋼材の種類、規格、鋼材記号の例を下表に示す。

鋼材の類と規格の例

鋼材の種類	規格		鋼材記号
構造用鋼材	JIS G 3101	一般構造用圧延鋼材	SS400
	JIS G 3106	溶接構造用圧延鋼材	SM400、SM490、SM490Y、SM520、SM570
	JIS G 3114	溶接構造用耐候性熱間圧延鋼材	SMA400W、SMA490W、SMA570W
鋼管	JIS G 3444	一般構造用炭素鋼管	STK400、STK490
	JIS A 5530	鋼管矢板	SKY400、SKY490
	JIS A 5525	鋼管ぐい	SKK400、SKK490
接合用鋼材	JIS B 1186	摩擦接合用高力六角ボルト・六角ナット・平座金のセット	F8T、F10T
棒鋼	JIS G 3112	鉄筋コンクリート用棒鋼	SR235、SD295A、SD295B、SD345

【鋼材の機械的性質】

力学的特性など鋼材の機械的性質を確認するために、**引張試験**、シャルピー衝撃試験、曲げ試験、疲労試験などが行われる。

⑴引張強さ

鋼材に引張荷重を加え、引張強さ、降伏点、伸び率などを測定すると次のページの図①、②のような**応力－ひずみ曲線**が得られる。軟鋼は図①のような曲線となり、鋼材の強度は最大応力度点Mでの応力度、棒鋼の場合は上降伏点Cでの応力度で示される。図②のように、応力－

ひずみ曲線で降伏点が不明確な調質高張力鋼などの硬鋼のような場合は、0.2%永久ひずみが残る点Iを降伏点と同等に扱う。

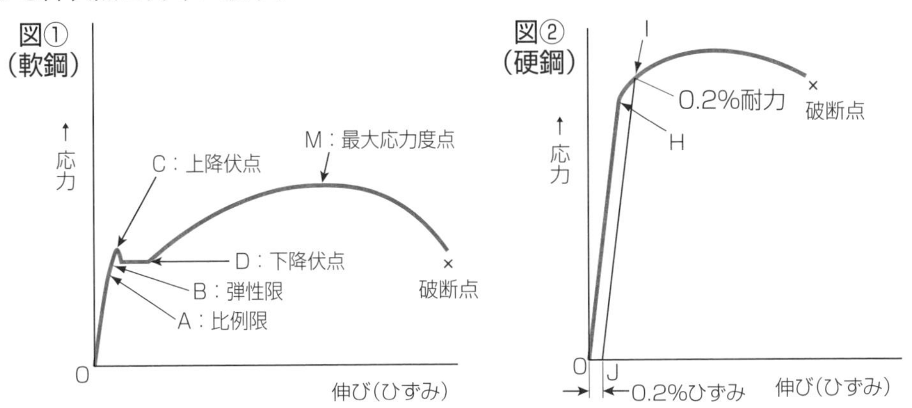

応力－ひずみ曲線

(2)応力－ひずみ曲線

応力－ひずみ曲線は鋼種によって異なり、SS400のような軟鋼材は、最大荷重になった後すぐに破断せず十分に伸びてから破断する形状を示す。図①に示された曲線の変化点には以下のような内容と名称がある。

①**点A**：応力度とひずみが直線的に比例する最大限度で、その応力を比例限という。その直線勾配を、弾性係数（ヤング率）という。

②**点B**：荷重を取り去ればひずみが0に戻る弾性変形の最大限度で、その応力を弾性限という。

③**点C**：応力度が一時急に下がり、ひずみが急激に増加し始める点で、その応力を上降伏点という。

④**点D**：その後、応力が一定のままひずみが増大して行き始める点で、その応力を下降伏点という。

⑤**点M**：応力度が最大となる点で、その最大応力を引張強さという。

比例限と弾性限は、「比例限度（比例限界）」「弾性限度（弾性限界）」ともよばれます。

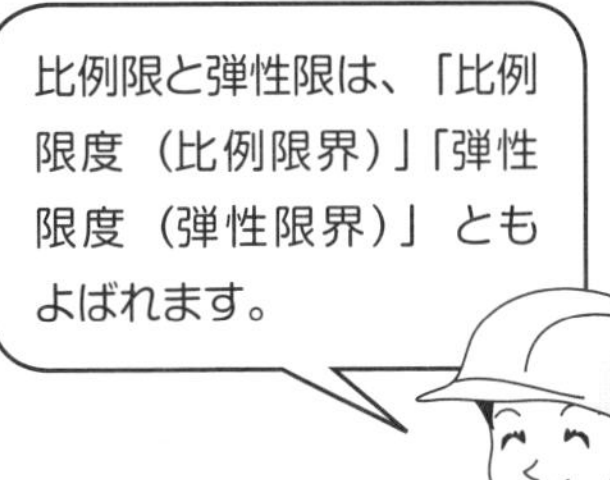

単に降伏点というと、上降伏点を指すことが多い。

(3)鋼材の種類と性質

鋼材には引張強さのほかに以下のような力学的な特性があり、鋼材の種類によっても違いがある。

①**延性破壊**：鋼材は一般に引張荷重が作用すると、伸びて延性を示す。鋼材の伸び・絞りを伴った塑性変形（そせいへんけい）後に破壊する通常の破壊を**延性破壊**という。

②**遅れ破壊**：高強度の鋼材が、静的荷重のもとである時間の経過後、外見上の変形をほとんど伴わずに、突然脆性（ぜいせい）的に破壊する**遅れ破壊**が生ずることがある。

用語解説

- 延性：引っ張ることで細長く伸びる性質。
- 塑性変形：荷重を取り去ってもひずみの残る変形。
- 脆性：一般に硬くてもろく、変形能の小さい性質。

③**疲労破壊**：繰返し荷重が作用すると、静的強さよりかなり小さい応力でも破壊する**疲労破壊**が生ずることがある。

④**靭性**：衝撃力に対して強くてもろくならず、割れの発生や伝播に対して抵抗する性質である。低温下や部材に鋭い切欠きがある場合などでは、鋼材は伸びを伴わず突然脆性的な破壊を示す。

⑤**リラクセーション**：高強度の鋼材に高い応力条件下で一定ひずみを与えておくと、時間経過とともに**応力度が低下**する現象である。

⑥**クリープ**：一定の持続荷重を与えておくと、時間経過に伴って**ひずみが増加**する現象である。

⑷鋼材の種類と用途の例

鋼の性質は、残留した元素あるいは、添加した元素により種々の影響を受ける。鋼材の分類や用途も多岐にわたる。

①**低炭素鋼**：低炭素鋼は、展性・延性に富み、溶接など加工性が優れているので橋梁などに広く用いられている。

展性：圧力や打撃により薄い箔や板に広がる性質。

②**高炭素鋼**：高炭素鋼は、炭素量の増加に伴って展性・延性・靭性が減少するが、引張強さ及び硬度が上昇するので、表面硬さが必要なキー、ピン、工具などに用いられている。

③**耐候性鋼**：炭素鋼に銅、クロム、ニッケルなどを添加し、大気中での耐食性を高めたもので、無塗装橋梁や塗装の補修費用を節減する橋梁などに用いられている。

鋼材の種類と性質、主な用途について整理しておきましょう。

④**ステンレス鋼**：JIS 規格ではクロム含有率を10.5%以上、炭素含有率を1.2%以下とした特殊用途鋼で、構造用材料としての使用は少ないが、耐食性が特に問題となる分野で用いられている。

⑤**鋳鋼品**：鋼を鋳型に流し込んで、所要形状にしたものである。温度の変化や荷重によって伸縮する橋梁の伸縮継手は、形状が複雑であり、鋳鋼などが用いられる。

⑥**硬鋼線材等**：吊り橋や斜張橋に用いられる線材には、炭素量の多い硬鋼線材で良質なピアノ線などが用いられる。

JIS規格では、炭素鋼は鉄と炭素の合金で、炭素含有率が通常0.02～約2%の範囲の鋼をいう。炭素含有量によって低炭素鋼、中炭素鋼、高炭素鋼、硬さによって極軟鋼、軟鋼、硬鋼と分類されることがある。鉄筋コンクリート構造物に用いられる鉄筋は、炭素成分の少ない軟鋼であり延性・展性が優れ、加工性に富む。

⑸鋼材の加工についての留意点

鋼材の加工については以下のような留意点がある。

①**長期保管**：鋼材の長期保管にあたっては、品質保持のため、鋼材の用途に応じて原板プラ

イマーを施すなど保管条件に十分配慮する。

②**けがき**：鋼材は、鋼板の表面に切断線を引いたり、ボルトを通す孔の位置を示すマーキングをしたり、鋼板の材質を記入したりする**けがきを行った後**に加工される。

③**鋼材の切断**：鋼材の切断は、切断線に沿って鋼材を切り取る作業で、切断法には、ガス切断法と機械切断によるせん断法などがあり、切断面の品質確保の面から、原則として主要部材は**自動ガス切断**で行う。

④**孔あけ**：鋼材の主要部材の孔あけは、自動加工孔あけ機を用いて行われ、ボルト孔の径はM20など**ボルトの呼び**で示される。

もっと知りたい 最近は、NC（数値制御）工作法が普及し、NCけがき機、NCガス切断機、NC孔あけ機等が用いられている。

⑤**熱間加工**：調質鋼のような焼き入れ、焼もどし処理の施された鋼材は、**熱間加工を行ってはならない**。

⑥**冷間加工**：冷間曲げ加工を行う場合には、曲げ加工の**内側半径**の大きさは板厚ｔの**15倍以上**とし、折曲げ部のエッジは、加工前に**0.1ｔ以上**の**面取り**を行うのを原則とする。

⑦**製作キャンバー**：鋼橋などの大型構造物の製作は、自重などによるたわみを考慮してあらかじめ製作キャンバーをつけておく。

高力ボルトを耐候性鋼橋梁に接合材料として用いる場合、そのボルトは、主要構造部材と同等以上の耐候性能を有する必要があります。

耐候性鋼材の黒皮処理：黒皮の付着が均質でないため、黒皮と錆とのむらの発生や錆の色むらが残ることがあり、無塗装使用する耐候性鋼材の表面は黒皮を除去するのを標準とする。

② 鋼橋の架設

【鋼橋の架設工法】

鋼橋の架設工法は、橋梁の形式、規模、現地の地形条件、橋下の状況などによって選定されるが、一般的に用いられる工法には、以下のようなものがある。

⑴ベント工法

継手が完成するまで桁下に設置した**支持台**（ベント、ステージング）で支持させて橋桁を架設する。**キャンバーの調整が容易**である。自走式クレーン等を用いて桁を吊りこむ。桁下高が高い箇所で、架設足場の支持力が不足するような基礎地盤条件では、施工に適していない。

最も一般的な架設工法はベント工法で、橋梁の下部空間が利用可能であればこの工法がとられる。

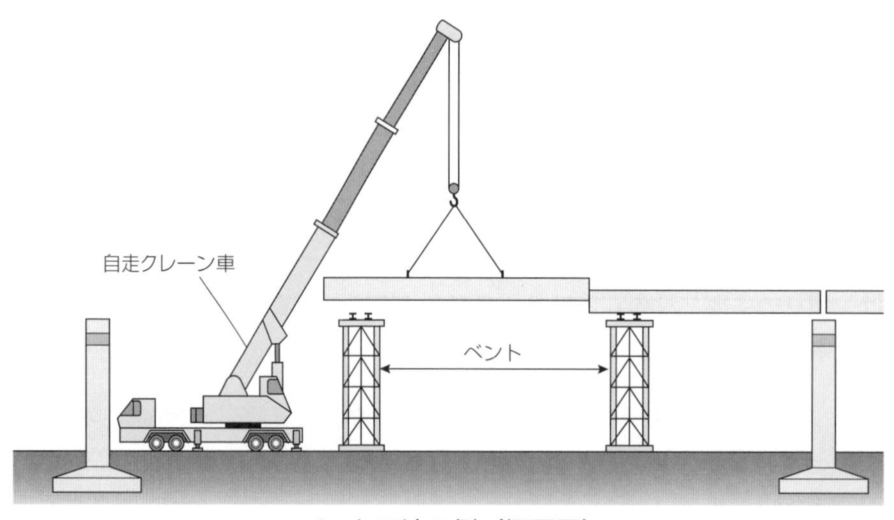

ベント工法の例（概要図）

⑵架設桁工法

架設場所が水上や軌道（P.180参照）上でベントが設置できない場所や、高い安定度が必要な**曲線橋**の場合に用いられる。あらかじめ架設桁を設置し、橋桁を吊込んで架設するクレーンガーター方式または台車を用いて架設する台車方式がある。

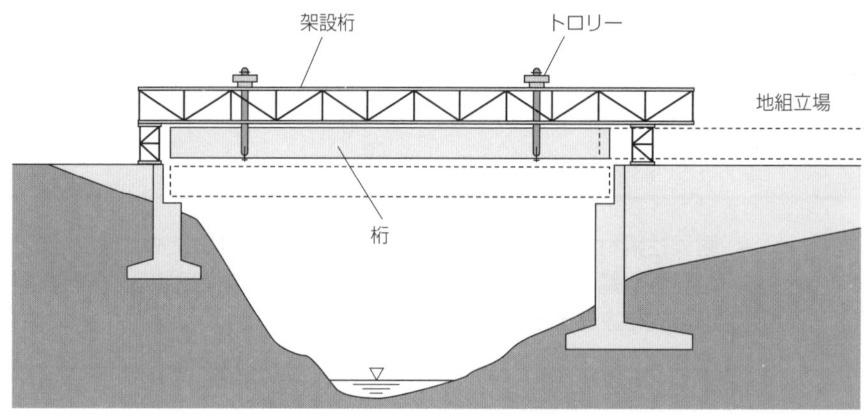

架設桁工法の例（概要図）

⑶送出し（引出し）工法

軌道や道路または河川と交差して架設するような、桁下空間の制約を受ける場合に用いられる。**手延機**等を用いて隣接場所で組み立てた部分または全体の橋桁を送り出して架設する方法で、ほかにカウンターウェイトや移動ベントによる方法、横取り工法等がある。

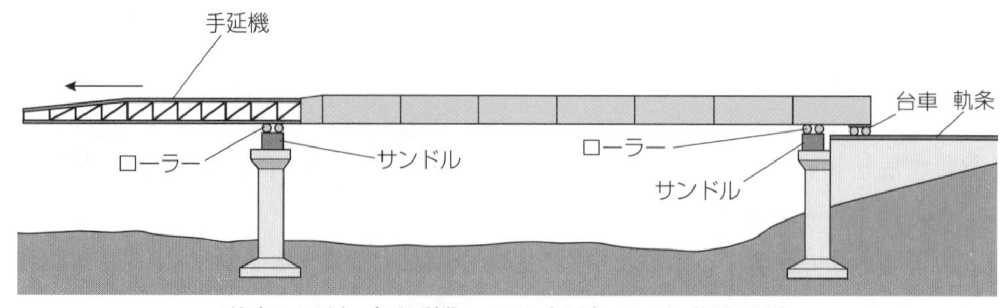

送出し工法（手延機による方法）の例（概要図）

⑷片持式工法

河川上や山間部で桁下空間が高くベントが組めない場合、仮設が制限される場合などに適用される。連続トラスの架設に用いられる場合が多い。すでに架設した桁上に架設用トラベラークレーンなどを設置し部材を吊って架設する。部材を張り出しながら架設するので、構造系が完成時と異なるため、架設途中の部材耐力が安全であるか十分な検討が必要である。

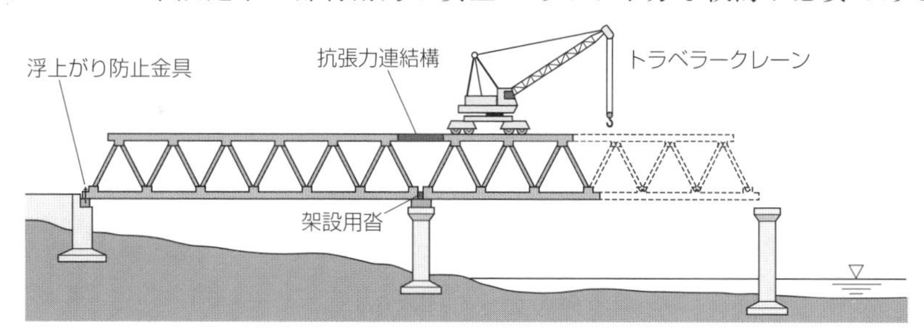

片持式工法の例（概要図）

⑸ケーブルエレクション工法

深い谷や河川などの地形で桁の下部が利用できない場所で用いられることが多い。ケーブルを張り、主索、吊索とケーブルクレーンで部材を吊り込み、受け梁上で橋桁を組み立てる。ケーブルの伸びによる変形のため**キャンバーの調整が難しく**、管理が必要である。また、ほかの架設方法に比べ支持設備等の架設構造物の規模が大がかりとなり、工期も長期間となる。

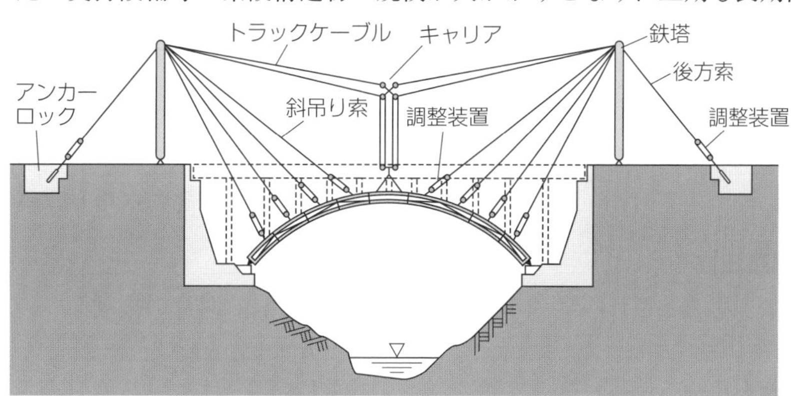

ケーブルエレクション工法の例（概要図）

⑹フローティングクレーン（一括架設）工法

海上または河川橋梁等で用いられ、地組ヤードや台船上で組み立てられた橋体の大ブロックを台船等で曳航（えいこう）（P.173参照）し、フローティングクレーンで吊り込んで架設する方法であり、適当な水深があり、かつ流れの弱い場所で使われる。

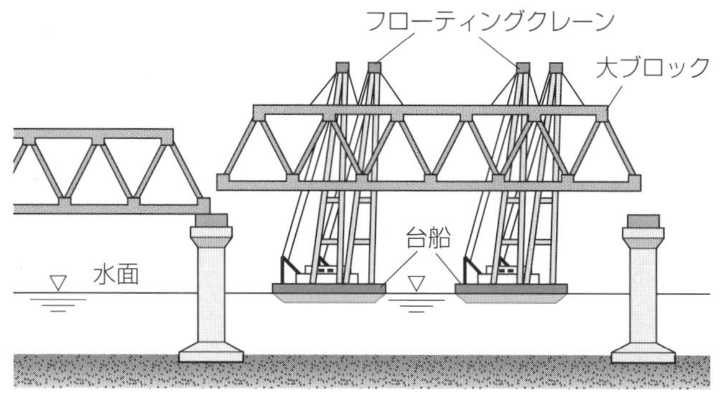

フローティングクレーン工法の例（概要図）

ワンポイント
アドバイス

架設時応力：実際の架設工法、架設順序を考慮したときに、本体構造物の設計時に計算された応力と架設時に生ずる応力が異なる場合があり、十分に安全を確認する必要がある。送出し工法、片持ち式工法及びケーブルエレクション工法の場合、設計時から検討しておく必要がある。

❸ 高力ボルトの施工

【高力ボルト接合方式】

高力ボルト接合の機能は、基本的にナットを回転させることにより、必要な軸力を得ることにある。継手の接合方式には、応力の伝達機構によって、以下のような３つの方式がある。

用語解説

高力ボルト：高張力の鋼でつくられた強度の高いボルトで、摩擦接合用高力六角ボルト・ナット・座金からなる。

⑴摩擦接合

ボルトで締め付けられた継手材間の**摩擦力**によって応力を伝達させる。

⑵支圧接合

ボルトの**せん断応力**、及び部材の孔とボルト軸部との**支圧抵抗**によって応力を伝達させる。

⑶引張接合

継手面に発生させた**接触圧力**を介して応力を伝達させる。

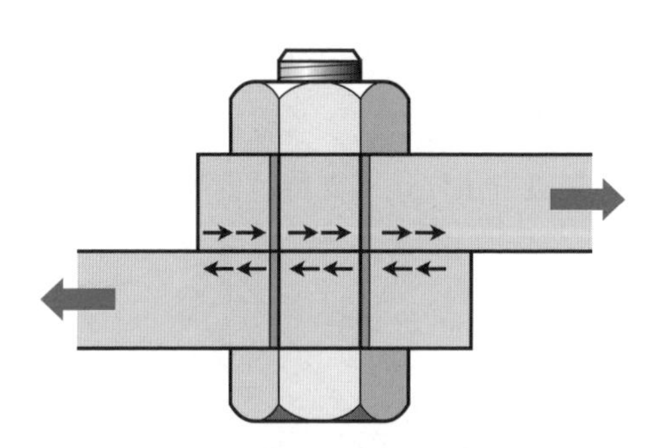
高力ボルト摩擦接合

【接合面の処理方法】

摩擦接合では、必要とされるすべり係数が得られるように、材片の接触面への適切な処理が必要になる。

⑴接触面に塗装をしない場合

接触面の**黒皮を除去して**粗面とし、締付けに際しては接触面の浮き錆、油、泥などの汚れを取り除く。

⑵接触面に塗装する場合

条件に従って、**厚膜型無機ジンクリッチペイント**を塗布する。

ワンポイント
アドバイス

黒皮を除去して粗面とすること、あるいは厚膜型無機ジンクリッチペイントを塗布することにより、0.4以上のすべり係数が得られると考えてよい。

高力ボルトの施工については、騒音問題と絡めて「環境保全対策」の分野で出題されることもあります。P.356も確認しておきましょう。

【ボルトの締付け方法】

摩擦接合継手におけるボルトの締付け方法は、軸力導入の管理方法によって**ナット回転法**、**トルク法**及び**耐力点法**に大別され、締付け完了後の検査方法も異なる。トルシア型高力ボルトの場合は、それらの方法とは別に専用の締付け機を用いて管理する。

高力ボルトの締付けは、ナットを回して行うのが原則で、ボルト頭を回して締め付ける場合は、トルク係数値についてキャリブレーションを行う必要があります。

⑴ナット回転法（回転法）

ボルトに導入する軸力は伸びによって管理し、伸びはナットの回転角度で表す。一般に**降伏点**を越えるまで軸力を与えるので、遅れ破壊を起こす危険性がありF8T及びB8Tのみに用いられる。締付け検査はボルト**全本数**について**マーキング**で外観検査する。

予備締め後のマーキング

⑵トルク法（トルクレンチ法）

事前にレンチのキャリブレーションを行い、導入軸力と締付けトルクの関係を調べておき、トルクを制御する。**60%導入の予備締め、110%導入の本締め**を行う。予備締め後マーキングし、**締付け検査はボルト群の10%**について行う。トルク法による場合の締付け検査は、締付け後長期間放置するとトルク係数が変わるため、締付け後速やかに行う。

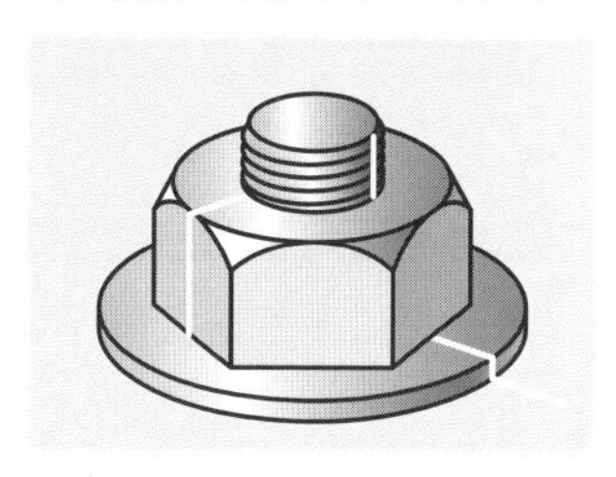

本締め後の適切な状態

⑶トルシア形高力ボルト

ピンテールの破断溝がトルク反力でせん断破壊する機構になっており、専用の締付け機を用いて締め付ける。締付け検査は**全数**について**ピンテールの破断とマーキング**の確認による。

⑷耐力点法

導入軸力とボルトの伸びの関係が弾性範囲を超えて非線形を示す点をセンサーで感知し、締付けを終了させる方法である。締付け検査は**全数マーキング**及び、ボルト**5組**についての**軸力平均**が所定の範囲にあるかどうかを検査する。

高力ボルトのボルトセットは、できるだけ工場包装のままで保管庫に収納し、包装は施工直前に解く。

⑸ボルトの締付け順序

ボルト群の締付けは、連結板の**中央から順次外側**に向かって行い、**2度締め**を行うことを原則とする。継手の外側から中央に向かうと連結板が浮き上がり密着性が悪くなる傾向がある。

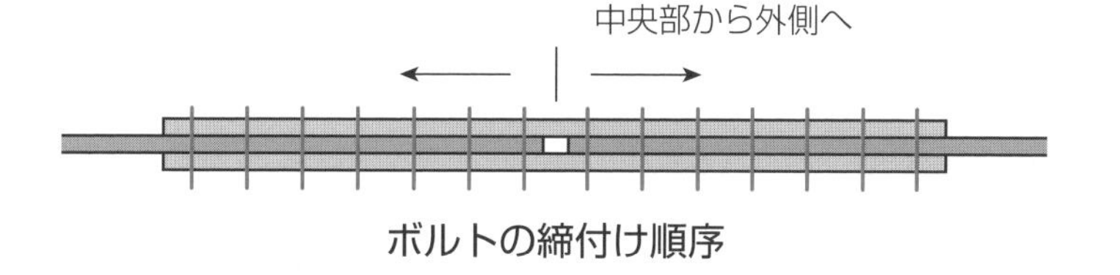

ボルトの締付け順序

溶接と高力ボルト摩擦接合とを併用する場合は、溶接に対する拘束を小さくするとともに、溶接変形によるすべり耐力の低下防止のために、溶接の完了後にボルトを締め付けるのが原則である。

❹ 溶接の施工

【溶接の種類】

溶接の種類には溶接部の形状によって**開先溶接**、**すみ肉溶接**、プラグ溶接、スロット溶接などがあり、主要部材には開先溶接とすみ肉溶接が用いられる。

⑴開先（グルーブ）溶接

接合する**部材間に間隙（グルーブ、開先）**をつくり、その部分に溶着金属を盛って溶接するもので、突合せ継手、T継手、角継手などに適用される。

⑵すみ肉溶接

ほぼ直交する２つの接合面（すみ肉）に溶着金属を盛って結合する三角形状の溶接で、T継手、重ね継手、角継手などに適用される。T継手などでは、片側溶接と両側溶接がある。

⑶応力を伝える溶接継手の種類

応力を伝える溶接継手には、**完全溶込み開先溶接**、**部分溶込み開先溶接**及び**連続すみ肉溶接**が用いられる。溶接線に直角な方向に引張応力を受ける継手には、完全溶込み開先溶接を用いるのを原則とし、部分溶込み開先溶接を用いることはできない。溶接継手の例と理論のど厚を以下に示す（図中のaは理論のど厚）。部材の厚さが異なる場合は、薄いほうの部材厚さとする。

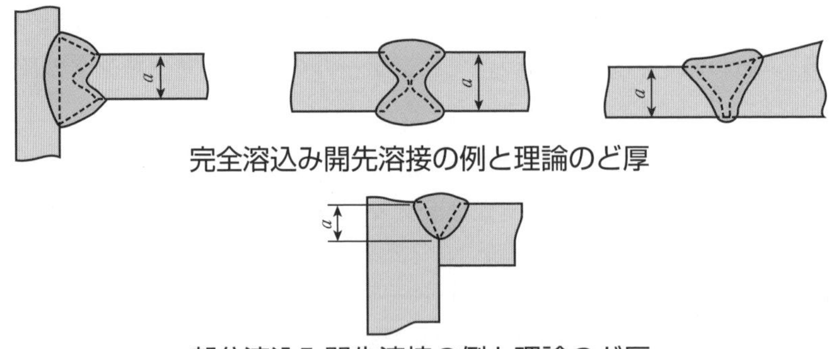

完全溶込み開先溶接の例と理論のど厚

部分溶込み開先溶接の例と理論のど厚

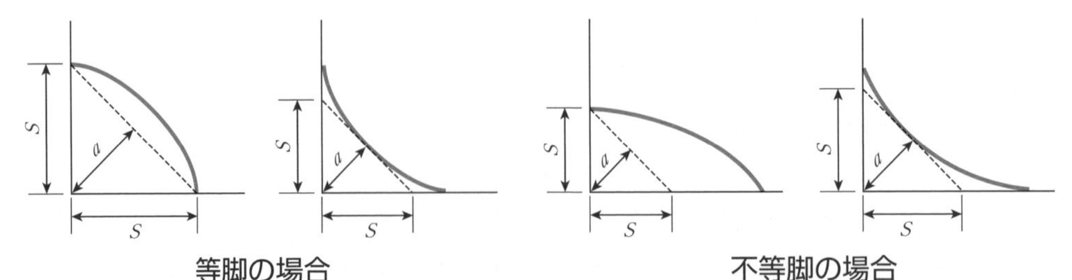

等脚の場合　　　　　　不等脚の場合

すみ肉溶接の例と理論のど厚

溶接部に作用する軸方向力及びせん断力に対する強さは、溶着金属部の**のど厚**と有効長で求められる。

【溶接方法の種類】

鋼橋の溶接では一般にアーク溶接が用いられる。溶接方法の種類には以下のようなものがあり、溶接作業者には**有資格者**をあてる必要がある。

⑴手溶接（被覆アーク溶接）

溶着金属の酸化、窒化を防ぐためのフラックスを被覆した溶接棒を用いて行う溶接である。軟鋼用溶接棒は割れのおそれのない場合に用いられるが、吸湿がはなはだしいと思わぬ欠陥が生じるので、**乾燥が重要**になる。

⑵半自動溶接（ガスシールドアーク溶接）

溶接ワイヤ（溶接棒）を自動的に供給し、炭酸ガスのシールドにより溶接アークと大気を遮断し、溶着金属の酸化、窒化を防ぐ方法で、**主に現場に適用**される。

⑶全自動溶接

サブマージアーク溶接が広く用いられており、溶接ワイヤの供給及びフラックスの散布と溶接機の走行まで自動化されており、**工場溶接**に適用される場合が多い。

【溶接施工上の留意点】

溶接の施工にあたっては、以下のような留意点がある。

⑴溶接部材の清掃と乾燥

溶接線近傍の黒皮、錆、油などはブローホールや割れなどの欠陥の発生原因となるので、溶接前の部材の**清掃と乾燥**を十分に行う必要がある。

⑵エンドタブ

開先溶接における溶接ビードの始端や終端には、溶接の乱れや溶接金属の溶込み不足などの欠陥が生じやすいので、**エンドタブ**を取り付け、溶接欠陥が溶接する部材上に入らないようにする。

⑶アーク溶接時の姿勢

アーク溶接の施工中は、溶融プールが液体状態であるため、できるだけ下向き姿勢で行うことが望ましい。

⑷溶接の検査方法

溶接の検査には、溶接完了後に肉眼または非破壊検査によるビード形状及び外観を検査する**外部きず検査**と、溶接完了後に完全溶込みの突合せ溶接継手に対して非破壊検査によって行う**内部きず検査**がある。

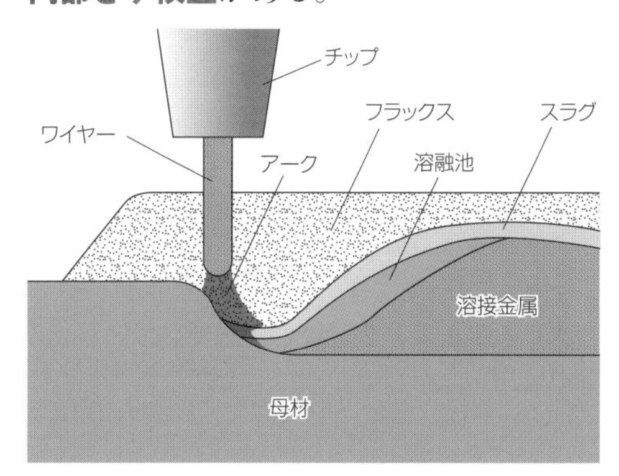

アーク周辺の状態

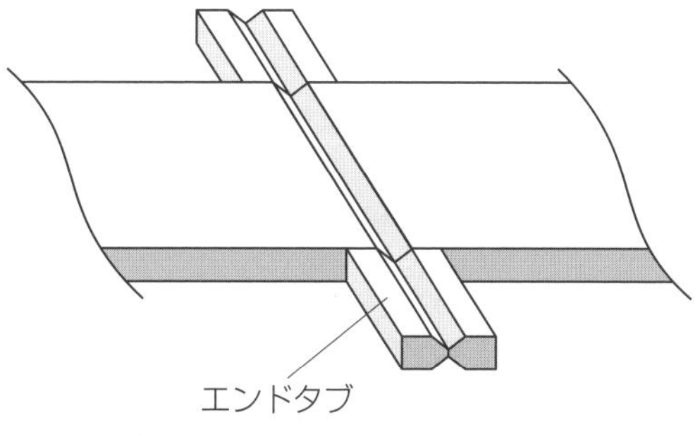

エンドタブ（突合せ溶接の場合の例）

例題演習 第2章 1 鋼構造物

【問題】次の文章を読み、正誤もしくは正しい選択肢を答えなさい。

1. 鋼材の種類、機械的性質及び加工

	問題	解説	
1	JISで定められている「鋼材名」と「鋼材記号」との組み合わせとして、次のうち誤っているものはどれか。 （1）一般構造用圧延鋼材：SS490 （2）溶接構造用圧延鋼材：SM490A （3）一般構造用炭素鋼管：STK490 （4）鋼管ぐい：SHK490	（1）一般構造用圧延鋼材：**SS490** （2）溶接構造用圧延鋼材：**SM490A** （3）一般構造用炭素鋼管：**STK490** （4）鋼管ぐい：**SKK490** よって、**（4）が正解**。 なお、**SHK**は**H形鋼ぐい**である。	（4）
2	下図は、鋼材の引張試験における応力とひずみの関係を示したものである。次の記述のうち適当でないものはどれか。 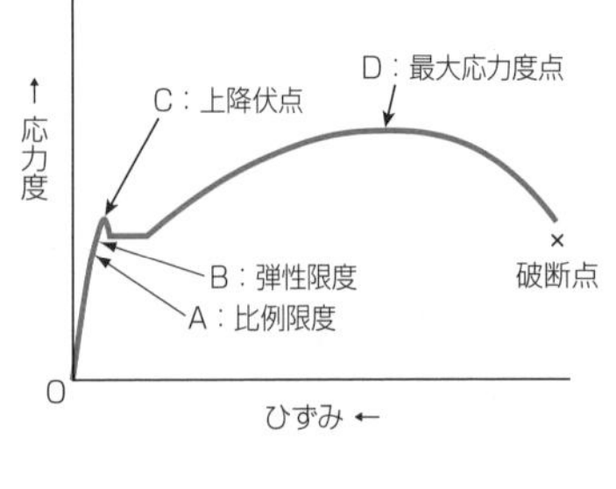 （1）点Aは、応力度とひずみが比例する最大限度で比例限度という。 （2）点Bは、荷重を取り去ればひずみが0に戻る弾性変形の最大限度で弾性限度という。 （3）点Cは、応力度が増えないのにひずみが急激に増加し始める点で上降伏点という。 （4）点Dは、応力度が最大となる点で破壊強さという。	（1）点Aは、応力度とひずみが比例する最大限度で**比例限度**という。 （2）点Bは、荷重を取り去ればひずみが0に戻る弾性変形の最大限度で**弾性限度**という。 （3）点Cは、応力度が増えないのにひずみが急激に増加し始める点で**上降伏点**という。 （4）点Dは、応力度が最大となる点で**最大応力点（引張強さ）**という。 よって、**（4）が正解**。	（4）
3	低炭素鋼は、展性、延性に富み、溶接など加工性が優れているので橋梁などに広く用いられている。	低炭素鋼は、**展性、延性**に富み、溶接など**加工性**が優れているので**橋梁**などに広く用いられている。	○
4	高炭素鋼は、炭素量の増加に伴って靭性が優れ硬度が得られるので、表面硬さが必要なキー、ピン、工具などに用いられている。	高炭素鋼は、炭素量の増加に伴って靭性が**減少する**ものの硬度が得られるので、表面硬さが必要なキー、ピン、工具などに用いられている。	×

	問題	解説	
5	吊り橋や斜張橋に用いられる線材には、炭素量の多い硬鋼線材などが用いられる。	吊り橋や斜張橋に用いられる線材には、炭素量の多い**硬鋼線材**などが用いられる。	○
6	無塗装橋梁に用いられる耐候性鋼材は、炭素鋼にクロムやニッケルなどを添加している。	無塗装橋梁に用いられる耐候性鋼材は、**炭素鋼**にクロムやニッケルなどを添加している。	○
7	鉄筋コンクリート構造物に使用される鉄筋は、炭素鋼で展性・延性が小さく加工が難しい。	鉄筋コンクリート構造物に使用される鉄筋は、**低炭素鋼で展性・延性に富み加工が容易である。**	×
8	鋼材の切断は、切断線に沿って鋼材を切り取る作業で、原則として主要部材は機械切断で行い、主要部材以外は自動ガス切断で行う。	鋼材の切断は、切断線に沿って鋼材を切り取る作業で、原則として主要部材は**自動ガス切断**で行い、主要部材以外は**機械切断**で行ってもよい。	×
9	鋼材の主要部材の孔あけは、自動加工孔あけ機を用いて行われ、ボルト孔の径はM20などボルトの呼びで示される。	鋼材の主要部材の孔あけは、**自動加工孔あけ機**を用いて行われ、**ボルト孔の径**はM20などボルトの呼びで示される。	○

2. 鋼橋の架設

	問題	解説	
1	ケーブル式架設工法は、橋桁をケーブル、鉄塔などの支持設備で支えながら架設する方法であり、ベントが不要で架設でき、一般に、ほかの架設方法に比べ支持設備の規模が小さくてすむ利点がある。	ケーブル式架設工法は、橋桁をケーブル、鉄塔などの支持設備で支えながら架設する方法であり、ベントが不要で架設できるが、一般に、ほかの架設方法に比べ支持設備の規模が**大きくなる難点**がある。	×
2	ベント式架設工法は、橋桁部材をベントで直接支えながら組み立てる方法であり、架設管理が容易で、桁下高が高い箇所で、架設足場の支持力が不足するような基礎地盤条件でも施工できる利点がある。	ベント式架設工法は、橋桁部材をベントで直接支えながら組み立てる方法であり、架設管理が容易であるが、桁下高が高い箇所で、架設足場の支持力が不足するような基礎地盤条件では**施工に適していない。**	×
3	片持式工法は橋脚や架設した桁を用いてトラベラークレーンなどで部材を吊りながら張り出して組み立てて架設する方式である。	片持式工法は、橋脚や架設した桁を用いてトラベラークレーンなどで**部材を吊りながら**張り出して組み立てて架設する方式である。	○
4	送出し工法は、組み立てられた部材を台船で現場まで曳航しフローティングクレーンで吊り込み架設する方式である。	**フローティングクレーン工法**は、組み立てられた部材を台船で現場まで曳航し、フローティングクレーンで吊り込み架設する方式である。	×

	問題	解説	
5	ケーブルクレーンによる直吊り工法は、部材をケーブルクレーンで吊り込み、受け梁上で組み立てる工法で、主に市街地の道路上で交通規制が困難な場所で使われる。	ケーブルクレーンによる直吊り工法は、部材をケーブルクレーンで吊り込み、受け梁上で組み立てる工法で、主に**深い谷や河川などの地形で桁の下部が利用できない場所**で使われる。	×
6	ケーブルクレーン工法は、橋桁を架設地点に隣接する箇所であらかじめ組み立てた後、所定の場所に縦送りし架設する方式である。	**送出し工法**は、橋桁を架設地点に隣接する箇所であらかじめ組み立てた後、所定の場所に縦送りし架設する方式である。	×

3. 高力ボルトの施工

	問　　題	解　　説	
1	ボルトの締付けは、連結版の端部のボルトから順次中央のボルトに向かって行い、2度締めを行う。	ボルトの締付けは、連結版の**中央**のボルトから順次**端部**のボルトに向かって行い、2度締めを行う。	×
2	トルク法による場合の締付け検査は、締付け後長期間放置するとトルク係数が変わるため締付け後速やかに行う。	トルク法による場合の締付け検査は、締付け後長期間放置すると**トルク係数が変わる**ため締付け後**速やかに行う**。	○

4. 溶接の施工

	問　　題	解　　説	
1	溶接は、できるだけ横向き姿勢で行う。	溶接は、できるだけ**下向き**姿勢で行う。	×
2	溶接の始点と終点は、溶接の乱れや溶接金属の溶込み不足などの欠陥が生じやすいので、エンドタブを取り付け、溶接欠陥が部材上に入らないようにする。	溶接の始点と終点は、溶接の乱れや溶接金属の溶込み不足などの欠陥が**生じやすい**ので、エンドタブを取り付け、溶接欠陥が部材上に**入らないようにする**。	○
3	軟鋼用被覆アーク溶接棒は、割れのおそれのない場合に使用されるが、乾燥すると欠陥が生じるので適度に吸湿させる。	軟鋼用被覆アーク溶接棒は、割れのおそれのない場合に使用されるが、**吸湿すると欠陥が生じるので乾燥して使用する**。	×
4	橋梁の溶接は、一般にスポット溶接が多く用いられる。	橋梁の溶接は、一般に**開先溶接**または**すみ肉溶接**が多く用いられる。	×
5	溶接部の強さは、溶着金属部ののど厚と有効長によって求められる。	溶接部の強さは、溶着金属部の**のど厚**と**有効長**によって求められる。	○

2 コンクリート構造物

第１次検定　第２次検定

学習のポイント

- 鉄筋コンクリート床版の施工、及び施工上の留意点を理解する。
- 鉄筋コンクリートの施工における、鉄筋加工及び継手の施工などについて整理する。
- コンクリート構造物についての耐久性照査項目及び耐久性向上対策について整理する。
- コンクリート構造物の劣化機構及び劣化対策について整理する。
- 一般的なコンクリート擁壁の種類と形状について整理する。

1 鉄筋コンクリート

【鉄筋コンクリート床版の施工】

道路橋の床版は、鋼橋構造部材として最も過酷な使用条件のもとに適用されるものとされ、鉄筋コンクリートの**ひび割れ**に対する配慮などが必要で、技術的な慎重さや確実な施工が要求される。床版施工にあたっては以下のような留意点がある。

⑴型枠工

型枠にコンクリートの水分を吸水するおそれのある部分は、コンクリートにひび割れが生じる危険性が高くなるので、あらかじめ**湿潤状態**にしておく。

⑵コンクリートの輸送管

コンクリートポンプを用いる場合、輸送管は圧送中に動くので、鉄筋あるいは型枠の上に直接配置しないで、**支持台**の上に配置し、鉄筋、型枠及び支保工に有害な振動や変形を与えないようにする。

⑶比較的小さい開口部の補強方法

設計図に示されていない鉄筋の継手は、原則として設けない。比較的小さい開口部を設けることによって、コンクリート床版の鉄筋を切断した場合には、切断された鉄筋量以上の**補強鉄筋**を両側に配置しなければならない。

⑷支承の機能と連結

支承は上部構造から伝達される荷重を確実に下部構造に伝達するもので、支承と下部構造との固定及びアンカーボルトの埋込みは**無収縮性モルタル**を用いる。

⑸伸縮装置

伸縮装置は、設計伸縮量として桁の温度変化、コンクリートのクリープ及び乾燥収縮、活荷重によって生じる桁の回転等の橋の移動量のほか、施工時の余裕量を考慮する。

用語解説

活荷重：橋梁などの構造物上を移動する自動車や列車等の荷重。動荷重ともよばれる。

⑹床版防水層

鉄筋コンクリート床版は、ひび割れに水分が侵入することによって著しく劣化が進行する傾向があるとされ、橋面舗装がアスファルト舗装の場合は、橋面より浸入した水が床版内部に浸透しないように床版防水層を設ける。床版防水層は、コンクリート床版の劣化防止として床版と橋面舗装の基層との間に設置する。

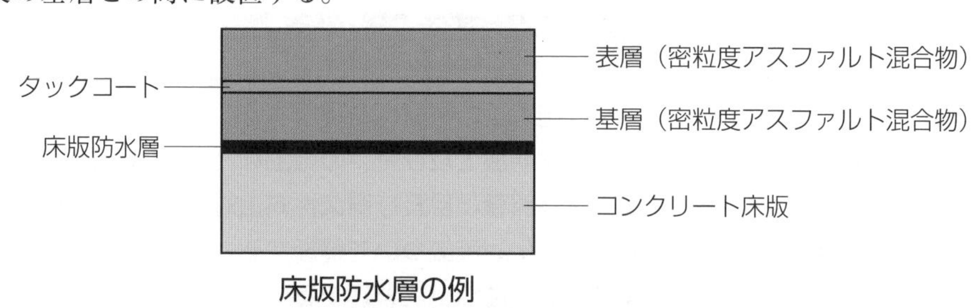

床版防水層の例

床版防水層はシート系と塗膜系に大別されるが、複合防水工法などの新しい工法がある。

【鉄筋コンクリートの鉄筋加工及び継手に関する施工上の留意点】

鉄筋の加工は原則として**常温**で行い、鉄筋の継手は通常鉄筋を重ねて結束する**重ね継手**が用いられる。断面形によりガス圧接継手、溶接継手、機械式継手などが適用されるが、これらの場合は継手としての所要の性能を満足するものでなければならない。鉄筋の加工及び継手の施工に関しては、以下のような留意点がある。

⑴標準フック

標準フックは下図に示す曲げ形状とし、鉄筋の曲げ内半径は表の数値以上とする。普通丸鋼の付着応力度は異形鉄筋と比べて小さく、普通丸鋼の鉄筋の定着には、鉄筋端部に半円形フックを設けなければならない。

標準フックの曲げ形状

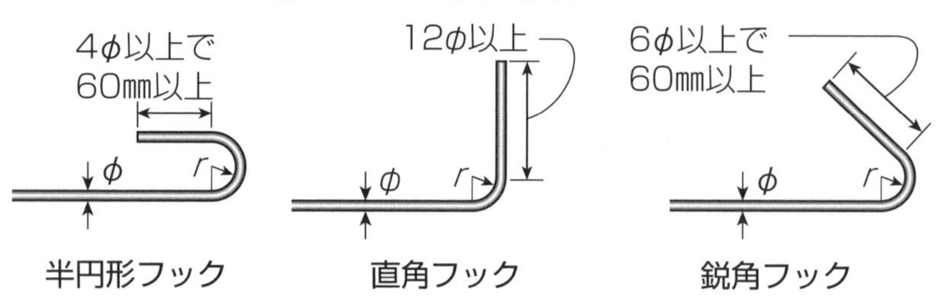

鉄筋の曲げ内半径

種類	記号	曲げ内半径(mm)	
		フック	スターラップ
丸鋼	SR235	2φ	1φ
異形棒鋼	SD295A、B	2.5φ	2φ
	SD345	2.5φ	2φ

⑵**重ね継手**

①**重ね継手の位置**：重ね継手の位置は、コンクリートの行き渡りが不十分とならないようにし、大きな引張応力を受ける場合は、なるべく応力の小さな部分に設ける。

②**重ね継手のずらし距離**：重ね継手は相互にずらし、同一断面に集めないようにする。軸方向にずらす距離は、継手の長さに鉄筋の**25倍**か**断面高さ**のどちらか大きいほうを加えた長さ以上を標準とする。

③**重ね継手の結束**：重ね継手を直径**0.8㎜以上**の焼きなまし線で結束する場合は、継手部の**数箇所**を強固に結束する。コンクリートと鉄筋との付着強度の面から、結束長は短いほうが望ましい。

鉄筋のかぶりは、普通丸鋼、異型鉄筋など鉄筋の種類に関係なく規定されている。

2 コンクリート構造物の耐久性照査

【構造物に対する要求性能】

一般の鉄筋コンクリート構造、プレストレストコンクリート構造及び鋼コンクリート合成構造による構造物に対しては、設計耐用期間内において、その使用目的に適合するために要求されるすべての性能を設定することとされている。一般に設定するものとして、**耐久性**、**安全性**、**使用性**、**復旧性**、**環境**及び**景観**などに関する要求性能があげられている。

用語解説

プレストレストコンクリート：PC鋼材を使用してコンクリート部材にあらかじめ圧縮力を与えておき、見かけの引張強度が発現するようにして引張部材や曲げ部材として使用する工法。

【構造物の耐久性に関する照査項目】

構造物の設計耐用期間にわたる耐久性能の確保を目的として、次のような耐久性照査項目があげられている。

⑴**設計段階で行う耐久性照査の項目**

鋼材腐食に対する照査としてコンクリート表面のひび割れ幅等の確認による**中性化**及び**塩害**に対する照査があげられ、コンクリートの劣化に対する照査として**凍害**に対する照査及び**化学的侵食**に対する照査があげられている。

⑵**施工段階での照査項目**

アルカリ骨材反応（アルカリシリカ反応）に対する照査及び練混ぜ時からコンクリート中に存在する**塩化物による塩害**に対する照査があげられている。

⑶**一般的な環境下における構造物のかぶりと最大水セメント比**

一般的な環境下におけるコンクリート構造物の建設では、ひび割れ幅が規定された限界値と次ページの表に示すかぶりと水セメント比を満足する場合、設計時の耐久性照査に合格するものとしてよいとしている。

標準的な耐久性を満足する構造物の最小かぶりと最大水セメント比

構造物	W/Cの最大値	かぶりcの最小値	施工誤差Δce
柱	50%	45㎜	±15㎜
梁	50%	40㎜	±10㎜
スラブ	50%	35㎜	±5㎜
橋脚	55%	55㎜	±15㎜

※想定設計耐用年数：100年
※使用セメント：普通ポルトランドセメント

❸ コンクリート構造物の劣化機構と対策

【劣化機構と劣化現象】

構造物の劣化機構には**中性化**、**塩害**、**凍害**、**化学的侵食**、**アルカリシリカ反応**等があり、想定される各種の劣化現象について照査を行うことになるが、劣化機構と劣化現象の例を以下に示す。

⑴中性化

二酸化炭素がセメント水和物と炭酸化反応を起こし、鋼材の腐食が促進され、コンクリートのひび割れや剥離、鋼材の断面減少を引き起こす劣化現象で、劣化要因は**二酸化炭素**である。

⑵塩害

コンクリート製造時に、海砂などによって塩化物イオンがコンクリートに混入したり、硬化後、外部から浸入した塩化物イオンによって、コンクリート中の鋼材の腐食が促進され、コンクリートのひび割れや剥離、鋼材の断面減少を引き起こす劣化現象で、劣化要因は**塩化物イオン**である。

⑶凍害

コンクリート中の水分が凍結融解作用を繰り返すことによって、コンクリート表面からスケーリング、微細ひび割れ及びポップアウトなどを示す劣化現象で、劣化要因は**凍結融解作用**である。

⑷化学的侵食

硫酸イオンや酸性物質との接触による、コンクリートの硬化体の分解や、化合物生成時の膨張圧によるコンクリートの劣化現象で、劣化要因は**硫酸イオン**や**酸性物質**である。

⑸アルカリシリカ反応

コンクリート中のアルカリ性水溶液と反応性骨材が長期にわたって化学反応し、コンクリートに異常膨張やひび割れを発生させる劣化現象で、劣化要因は**反応性骨材**である。

【耐久性確保と劣化防止対策】

構造物は想定される各種の劣化現象に対して照査を行うことになるが、一般的な環境下で建設される通常のコンクリート構造物においては、以下のような耐久性照査を満足させる対策や劣化防止あるいは劣化抑制対策がとられる。

(1)中性化

①**鉄筋のかぶり**：中性化による劣化防止対策としては、かぶりを大きくすることがあり、水セメント比との組み合わせを適切に選定するとよい。

②**水セメント比**：水セメント比は、中性化の進行における重要な要素として取り扱われていて、水セメント比を小さくすることが対策として有効である。

(2)塩害

①**鉄筋の防錆処置**：塩化物イオンの浸入に伴う鉄筋腐食の防止対策の1つとして、防錆処置（錆止め）を施した鉄筋を使用することがある。

②**水セメント比**：塩害対策として、水セメント比を小さくすることにより密実なコンクリートが得られ、有効である。

③**高炉セメント**：海水に対して耐久性のあるコンクリートに使用されるセメントには、高炉スラグ微粉末の含有量の多い高炉セメントが適しており、塩化物イオンの固定化能力も高い。

④**鉄筋のかぶり**：かぶりを大きくすると、外部からの塩化物イオンの浸透拡散の抑制、水分や酸素の供給抑制に大きな効果がある。

⑤**塩化物イオン総量規制**：外部から塩化物の影響を受けない環境条件の場合には、練混ぜ時にコンクリート中に含まれる塩化物イオンの**総量**が**0.3kg/㎥以下**であれば、塩害に対する照査は省略してもよいとされている。

(3)凍害

①**AEコンクリート**：コンクリートの耐久性の面から、コンクリートは、原則としてAEコンクリートとするとされている。AEコンクリートにすることは、耐凍害性の改善効果が非常に大きく、連行空気泡が内部水の凍結に伴って増大する水圧を緩和することによる。一般的に、AEコンクリートの標準的な空気量は、練上り時において４～７％である。

②**水セメント比**：水セメント比が小さくなると相対弾性係数が大きくなるので、環境条件に応じて、コンクリートの空気量と水セメント比の組み合わせを適切に選定するとよい。水セメント比が45％以下の場合は相対弾性係数が90％となるので、凍害に対する照査は行わなくてよい。

(4)化学的侵食

①**表面処理**：温泉環境や下水道環境などの化学的侵食作用が非常に激しい場合、コンクリート表面被覆や腐食防止処置を施した補強材などによる化学的侵食の**抑制対策**が望ましく、そのような対策をとった場合、その効果を適切な方法で**評価すること**によって照査に代えてよいとされている。

②**鉄筋のかぶり**：構造物の供用期間における化学的侵食深さより大きいかぶりを設定することにより、耐久性が向上する。

(5)アルカリシリカ反応

①**規定材料の使用**：コンクリート中の**アルカリ総量**の規制、アルカリシリカ反応抑制効果をもつ混合セメントの使用、アルカリシリカ反応性試験で**区分A「無害」**と判定された骨材のみの使用のいずれかを採用した場合は、コンクリートは照査を満足する。

用語解説

アルカリシリカ反応抑制効果をもつ混合セメント：高炉セメントB種またはC種、フライアッシュセメントB種またはC種、あるいは、高炉スラグやフライアッシュ等の混和剤をポルトランドセメントに混入した結合材で、アルカリシリカ反応抑制効果の確認された結合材。

⑹水密性

①**水セメント比及び単位水量**：コンクリートの耐久性から、均質で緻密なコンクリートになるように、充填性の許す範囲内で水セメント比を小さくし、単位水量を低減させることが有効である。

④ コンクリート擁壁工

【コンクリート擁壁工の種類と特徴】

一般的なコンクリート擁壁には、鉄筋コンクリート擁壁とコンクリート擁壁がある。

⑴控え壁式擁壁

たて壁の背面側に控え壁を設け、たて壁と底版の剛性を補った鉄筋コンクリート製の擁壁である。

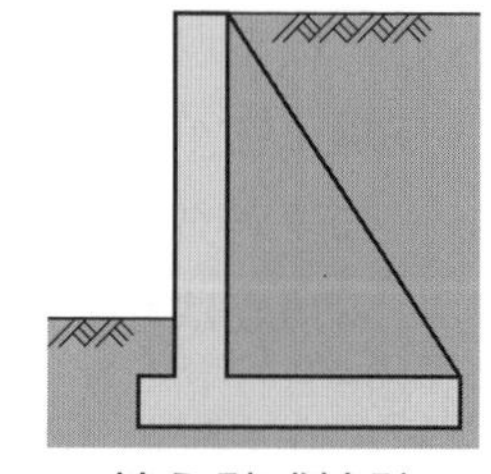
控え壁式擁壁

⑵片持ちばり式（逆T型）擁壁

たて壁と底版からなり、たて壁の位置により逆T型、L型、逆L型とよばれる鉄筋コンクリート製の擁壁である。

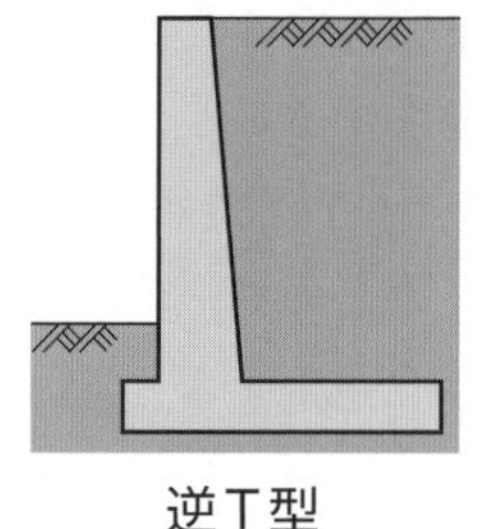
逆T型

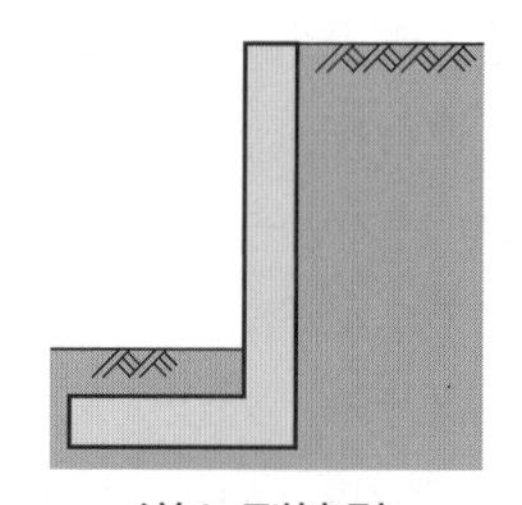
L型

逆L型擁壁

⑶もたれ式擁壁

裏込め土あるいは地山などに支えられて、自重によって土圧に抵抗する重力式擁壁で、一般的には無筋コンクリート製である。

⑷重力式擁壁

躯体(くたい)の自重により、土圧に抵抗する無筋コンクリート製の擁壁である。

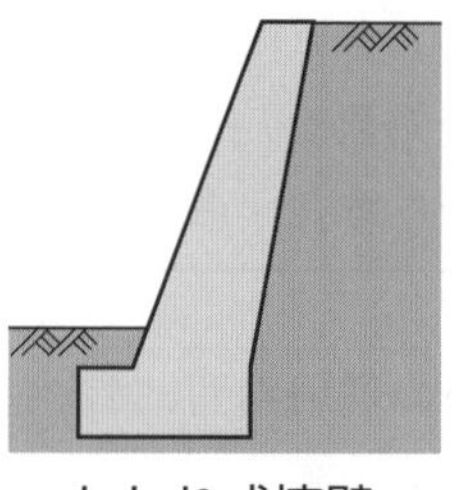
もたれ式擁壁

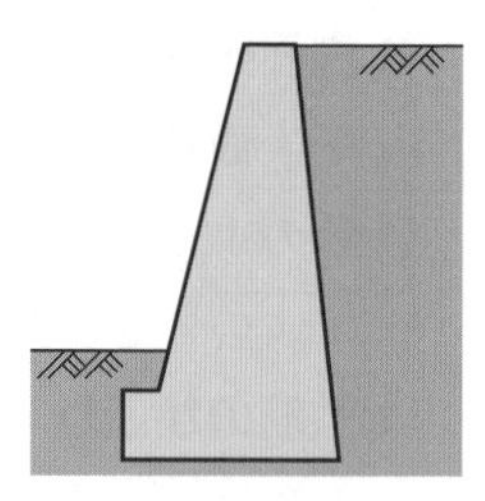
重力式擁壁

例題演習 第2章 2 コンクリート構造物

【問題】次の文章を読み、正誤もしくは正しい選択肢を答えなさい。

＊「4．コンクリート擁壁工」は例題演習はありません。

1．鉄筋コンクリート

	問題	解説	
1	シート系床版防水層は、コンクリート床版の劣化防止として橋面舗装の基層と表層の中間に設置する。	シート系床版防水層は、コンクリート床版の劣化防止として**床版と橋面舗装の基層**との中間に設置する。	×
2	コンクリート床版の鉄筋を切断した場合には、補強鉄筋を設置しなければならない。	コンクリート床版の鉄筋を切断した場合には、**補強鉄筋**を設置しなければならない。	○
3	鉄筋の重ね継手位置は、相互にずらし、同一断面に集めてはならない。	鉄筋の重ね継手位置は、**相互にずらし、同一断面に集めてはならない。**	○
4	異形鉄筋のかぶりは、普通丸鋼と比べて、一般に大きくしなければならない。	異形鉄筋のかぶりは、普通丸鋼と**同厚**で、**大きくする必要はない。**	×

2．コンクリート構造物の耐久性照査

	問題	解説	
1	コンクリート構造物の耐久性照査項目に該当しないものは次のうちどれか。 （1）凝結特性に関する照査 （2）凍結融解作用に関する照査 （3）化学的侵食に関する照査 （4）中性化に関する照査	**（1）「凝結特性に関する照査」**は耐久性照査項目に該当しない。**凝結特性**はコンクリートのワーカビリティーとして、充填性及びポンプ圧送性とともに扱われている。	(1)

3．コンクリート構造物の劣化機構と対策

	問題	解説	
1	一般的に、コンクリートの耐久性は、許容の範囲で水セメント比を小さくするほど向上する。	一般的に、コンクリートの耐久性は、許容の範囲で水セメント比を**小さく**するほど向上する。	○
2	中性化による劣化防止対策としては、かぶりを厚くする。	中性化による劣化防止対策としては、**かぶり**を厚くすることがある。	○
3	塩化物イオンの浸入に伴う鉄筋腐食の防止対策の１つとしては、防錆処置（錆止め）を施した鉄筋を使用する。	塩化物イオンの浸入に伴う鉄筋腐食の防止対策の１つとしては、**防錆処置（錆止め）**を施した鉄筋を使用する。	○

問題	解説	解答
4 コンクリート構造物の劣化機構とその要因の組み合わせのうち、適当でないものはどれか。 [劣化機構]　[劣化要因] （1）凍害……………………凍結融解作用 （2）化学的侵食…………反応性骨材 （3）中性化………………二酸化炭素 （4）塩害……………………塩化物イオン	[劣化機構]　[劣化要因] （1）凍害……………………**凍結融解作用** （2）化学的侵食…………**酸性物質、硫酸イオン** （3）中性化………………**二酸化炭素** （4）塩害……………………**塩化物イオン** **（2）「反応性骨材」**は、劣化機構**アルカリシリカ反応**の劣化要因である。	(2)
5 化学的侵食対策として、鉄筋のかぶりを多くとる。	化学的侵食対策として、鉄筋の**かぶり**を多くとる。	○
6 温泉地帯や酸性河川水により強い塩酸や硫酸の作用を受ける場合、コンクリートの劣化防止対策として、コンクリートの表面にライニングやコーティングを行うことが望ましい。	温泉地帯や酸性河川水により強い塩酸や硫酸の作用を受ける場合、コンクリートの**劣化防止**対策として、コンクリートの**表面**にライニングやコーティングを行うことが望ましい。	○
7 塩害対策として、水セメント比を大きくする。	塩害対策として、水セメント比を**小さく**する。	×
8 海水に対して耐久性のあるコンクリートに使用されるセメントには、高炉スラグ微粉末の含有量の多い高炉セメントが適している。	海水に対して耐久性のあるコンクリートに使用されるセメントには、高炉スラグ微粉末の含有量の多い**高炉セメント**が適している。	○
9 アルカリ骨材反応は、セメントなどに含まれるアルカリ分と骨材が長期にわたって起こす化学反応であり、コンクリートが異常に膨張し、ひび割れや破壊の原因となる。	アルカリ骨材反応は、セメントなどに含まれるアルカリ分と**骨材**が長期にわたって起こす化学反応であり、コンクリートが異常に膨張し、**ひび割れ**や破壊の原因となる。	○
10 アルカリ骨材反応対策として、水セメント比を小さくする。	アルカリ骨材反応対策として、水セメント比を小さ**くすることは有効ではない。**	×
11 アルカリ骨材反応の対策の1つとしては、早強ポルトランドセメントを用いるとともに、かぶりを大きくする方法がある。	アルカリ骨材反応の対策には、早強ポルトランドセメントを用いる方法及びかぶりを大きくする方法は**含まれない。** 対策には、**高炉セメント（B種またはC種）**あるいは**フライアッシュセメント（B種またはC種）**、もしくは混和材をポルトランドセメントに混入した結合材でアルカリ骨材反応抑制効果の確認されたものを使用する方法がある。	×
12 凍害に対するコンクリートの耐久性を高めるためには、コンクリート中の空気量を3％未満にする。	凍害に対するコンクリートの耐久性を高めるためには**AEコンクリート**とし、その場合のコンクリート中の標準的な空気量は**4〜7％**である。	×
13 凍結融解の繰返し作用を受ける凍害を防止するためには、一般的にはAE剤を使用しない配合とする。	凍結融解の繰返し作用を受ける凍害を防止するためには、一般的にはAE剤を**使用する**配合とする。	×

3 河川

第1次検定　第2次検定

学習のポイント

- 河川堤防の種類、構造、機能などについて理解する。
- 河川区域を構成する各部及び隣接地の名称、図示方法などを整理しておく。
- 堤防の施工における準備工、基礎地盤の処理、軟弱地盤対策、堤体材料等に関する留意点について整理する。
- 築堤にあたっての盛土材料の敷均し、締固め、法面施工、拡築等の施工及び管理方法並びに施工上の留意点等について理解する。
- 護岸の目的と計画、種類と名称、構造並びに各構成部分とその機能、護岸の施工に関する留意点などについて整理する。

1 河川工事と河川構造物

河川工事には土工（築堤、掘削、浚渫（しゅんせつ））、内水対策、河道改修、高潮対策、河川環境整備などがある。河川構造物には河川管理施設（堤防、護岸、水制、床止め）及び河川法の許可を得て設置される許可工作物がある。堰（せき）、水門・樋門、排水機場、閘門（こうもん）などは、管理施設の場合と許可工作物の場合がある。一般に、川裏の法尻（先）から対岸堤防の川裏側の法尻までを河川区域といい、標準的な断面を図に示す。

> **用語解説**
> - 浚渫：海や河川の水底の土砂を掘削して、運搬処分する作業。
> - 堰：取水や流水量調節などのために河川の流出口などに設置して流水をせき止める構造物。
> - 水門・樋門：流水や水量を調節するための構造物。堤防中の管渠に設置されるものを樋門という。
> - 閘門：水位差のある河川や運河、水路にて船舶を航行させるために水位を上下させる構造物。

河川の横断面図は、**上流から下流方向**を見た断面を表し、右岸、左岸とは、上流から下流を見て右側を右岸、左側を左岸という。また、河川の流水がある側を**堤外地**、堤防で守られる側を**堤内地**といい、堤防の法面は、河川の流水がある側を**表法面**、堤防で守られる側を**裏法面**という。

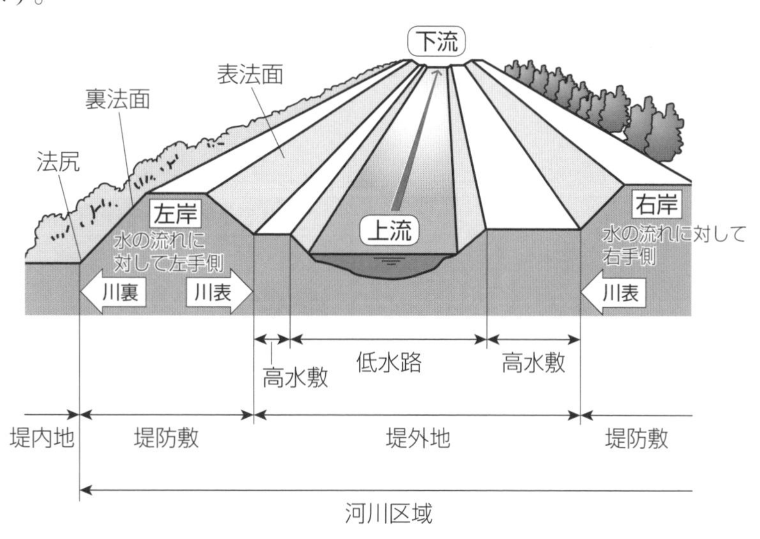

河川区域の概要

❷ 河川堤防

【河川堤防の種類】

河川堤防は目的、構造、機能などから分類されているが、代表的なものを以下に示す。

①**本堤**:堤内地への氾濫を防止するために、連続して河川の両岸に設ける。

②**副堤**：本堤の決壊に備える控え堤、または堤外地高水敷を守るための前堤がある。

③**かすみ堤**：急流河川で、洪水を一部堤内地に導き洪水調節をする機能がある。

④**導流堤**：河川の合流点、河口部などで、流れの方向を安定させるために設ける。

⑤**背割堤**：河川の合流点の堤防を下流に延ばし、水位差調整を図るために設ける。

⑥**輪中堤**：河川に囲まれた集落等を守るために設ける。

⑦**越流堤**：洪水調節を目的として、遊水池や分水路へ越流させるために設ける。

⑧**高規格堤防**：大都市の大河川の特定された区間で、洪水等による壊滅的被害の発生防止を目的とする。堤防の幅は高さの約30倍とし、堤内地側は市街地再開発などと一体整備を行い、土地利用の面で有効活用を図り、耐震性、耐浸透性、耐越水性に優れていると考えられており、スーパー堤防ともよばれる。

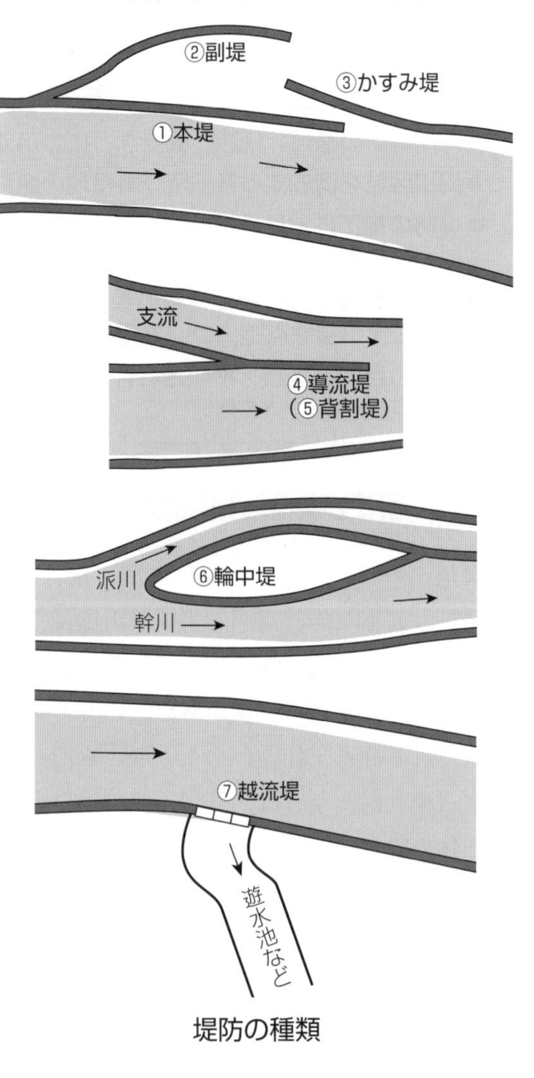

堤防の種類

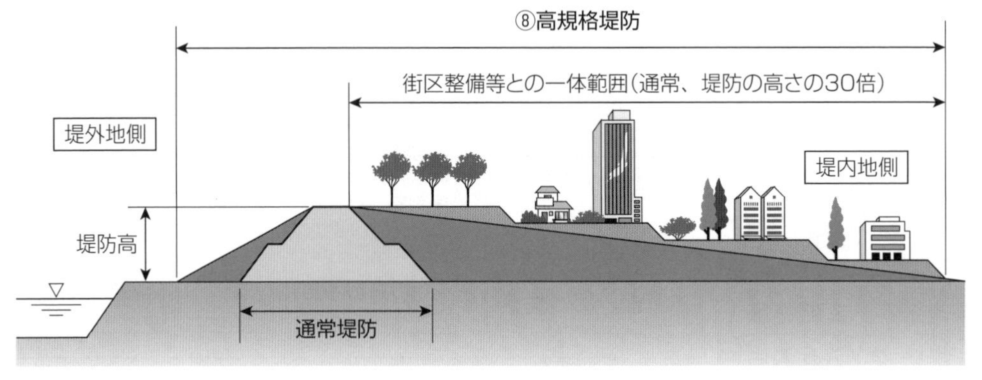

高規格堤防の概要

【河川堤防の構造】

堤防の標準的な断面と各部の名称を図に示す。

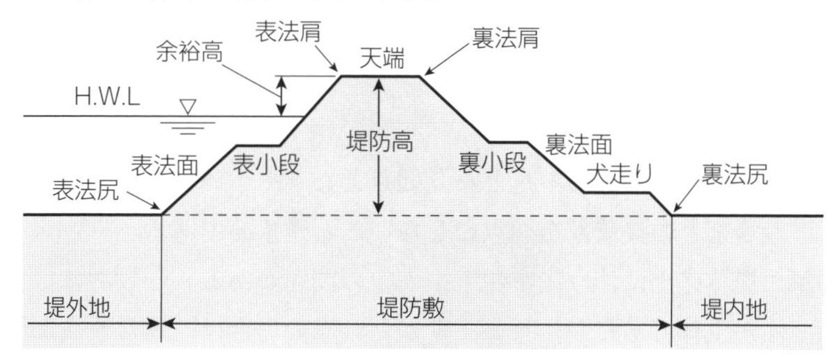

堤防断面と各部の名称

【堤防の機能】

堤防の盛土は耐荷性に対する要求度より耐水性に重点が置かれ、堤体には空隙が残らないようにし、縦断的、横断的に均一な盛土とすることが重要であり、堤防には次のような機能が必要になる。

①**耐侵食機能**：水の侵食作用に対して、安全性のあること。

②**耐浸透機能**：降雨や河川水の浸透抑制及び浸透水の速やかな排除並びにパイピングを発生させない構造であること。

耐震対策が必要な区間では、基礎地盤の液状化対策を行い、所要の安全性を備えた構造とする。

【望ましい堤体材料の要件】

堤体材料の品質は、施工性、盛土完成後の安定性などに与える影響が大きいので、できるだけ良質な土砂を使って入念な盛土・締固めを行い、流水による洗掘・浸透などがないようにする。堤体材料には、以下のような要件がある。

①吸水による**膨潤性**が低く、法面に**すべり**が起きにくいこと。

②水に**溶解する**成分及び木の根、草などの有害な**有機物**を含まないこと。

③掘削、運搬などにあたっての**施工性**がよく、締固めが**容易**であること。

④堤体の安定に支障を及ぼすような**圧縮変形**や**膨張性**がないこと。

⑤締固め後の透水係数が小さく、高い密度を得られる**粒度分布**であり、得られる**せん断強度**が大きいこと。

単独ではこれらの要件を満足しない場合でも、異種材料の混合によって、要件と安定性の確保が望めることがあり、検討が必要になる。

【河川堤防の施工段階と関連工程】

河川堤防の施工には準備・仮設、基礎地盤処理、築堤の3段階があり、関連工程には次のような要点がある。

⑴施工段階

①**準備・仮設**：測量、丁張り工、工事用道路、排水処理施設など。

②**基礎地盤処理**：地盤表面処理、排水処理、不陸整正など。

③**築堤**：盛土材料の敷均し・締固めなど。

⑵関連工程と要点

①**法面**：通常の方法では、締固め不足となり弱点となりやすい。

②**堤防拡築**：既設堤部との接着部を弱点にしないことが重要である。

③**軟弱地盤対策**：堤体盛土に伴う圧密沈下や安定の問題がある。一般的には緩速載荷工法や押さえ盛土工法が主体であるが、長い工期がとれない場合は、地盤改良工法などの対策工法を検討する必要がある。

河川砂防技術基準では、「新堤の築造は無堤部の新堤と狭窄部の引堤があるが、堤防法線計画上やむをえない場合を除き軟弱な地盤の箇所は極力避けた方がよい」とされている。

用語解説

引堤：**有堤部において、河幅を拡大するために現堤防の背後に新規に築く堤防。**

【法面及び堤防拡築の施工並びに軟弱地盤対策】

⑴法面の施工

法面及び法肩部は締固め不足となりやすい部分である。一方、降雨や洪水時には水流のエネルギーを直接受ける部分でもあり、**法面崩壊**を防ぐために締固めを十分に行うことが必要とされる。

①**丁張り**：法面仕上がりの丁張りは、法肩、法先に約**10m**間隔に杭を打ち、この丁張りを基準に仕上げる。曲線部など複雑な箇所は**5m**程度を標準とし、必要な場合はそれ以下とする。

②**表層の処理**：堤防法面が急な場合は、表層すべりを起こしやすいので、堤体と表層が一体になるように締め固める。

③**異質材料**：表層部の材料に堤体と異質な材料を使用するときは、両方の材料を適宜混合して締め固め、異層の境界を**はっきり残さないように**すり付ける必要がある。

④**法覆工**(のりふっこう)：盛土による堤防の法面が、降雨や流水などによる法崩れや洗掘に対して安全となるよう、芝等によって覆うものとする。

⑵堤防拡築の施工

拡築工事は既設堤防に腹付け及び嵩(かさ)上げを行って、堤体断面を増加するものである。

①**施工順序**：拡築工事では一般的に、腹付けを施工した後、嵩上げを行う。

②**腹付けと段切り**：腹付けを行う接着面は、旧堤防との接合を高めるため、旧堤防法面部を**最小幅1.0m**程度の階段状に段切りを行い、なじませるようにする。１段当たりの段切高は転圧厚の倍数で、**最小高で50㎝**程度とし、また、水平部分には２～５％で外向きの勾配を付すことが多い。

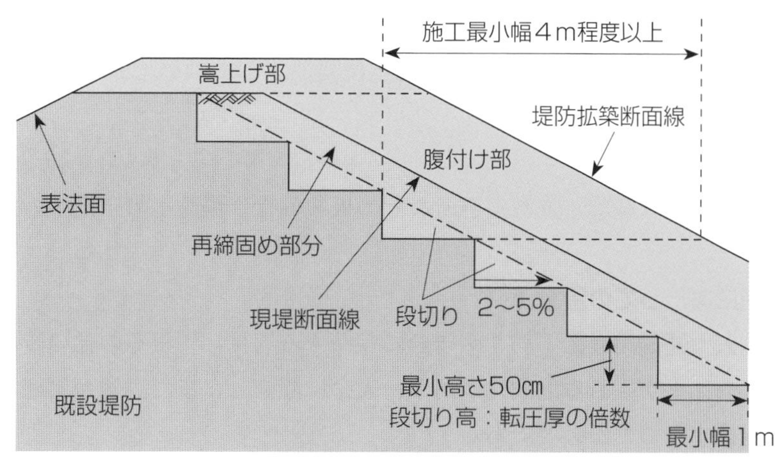

腹付けと段切り

③**転圧厚**：既設堤防に腹付けして堤防断面を大きくする場合は、築堤と同様、1層の締固め後の仕上がり厚さは**30cm以下**で施工する。

④**裏腹付け**：腹付けは一般に安定している表法面を生かして、旧堤防の**裏法面**に行うのが原則である。

(3)軟弱地盤対策と留意点

基礎地盤が軟弱地盤の場合、堤体盛土の施工に伴う圧密沈下や支持力不足による著しい破壊や変形を生じる危険性がある。軟弱地盤対策には、一般的な築堤工法を改良するものとして、**表層処理工法**、**緩速載荷工法**、**押さえ盛土工法**などがあり、軟弱層を改良する工法には、置換工法、圧密促進工法として**バーチカルドレーン工法**、締固め工法として**サンドコンパクションパイル工法**、固結工法として**深層混合処理工法**などがある。

用語解説
緩速載荷工法：盛土に伴う基礎地盤の圧密によるせん断強度の増加を期待するもので、基礎地盤がすべり破壊や側方流動を起こさない厚さで徐々に盛土を行う。

一般に、バーチカルドレーン工法は、載荷重工法よりも圧密沈下を早く促進させることができるが、表層処理工法やサンドコンパクションパイル工法と同様に盛土下に透水層をつくる工法なので、河川水の浸透に対しては好ましくなく、計画する場合は併せて、表法面側の基礎地盤の止水を充分に行う必要がある。

①**動態観測**：軟弱地盤上における盛土の施工にあたっては、沈下や変形などの挙動が予測されたものか照合し、予測外の場合は原因の究明とそれに対する対策を施す必要があるので、**動態観測**を行いながら工事を進めていく。

②**緩速盛土**：軟弱地盤上の盛土の施工においては、安定をはかるため、**徐々に**盛土を行うことによって、残留沈下を少なくすることが望ましい。

用語解説
動態観測：地盤の経時的な変状や挙動等のように、変動・活動しているものとしてとらえた状態を観測すること。

③**置換工法**：水田や草地などの湿地盛土を行う場合は、一般には事前に溝を掘って排水させるが、軟弱の程度に応じて土を**置き換える**などの検討が必要である。

【河川堤防の施工にあたっての留意点】

河川堤防の施工にあたっては、各施工段階及び関連工程について以下のような留意点がある。

⑴仮設にあたっての留意点

工事用道路、排水処理施設、重機退避所などの仮設備は、堤防工事工期中の出水を考慮して設置する。

⑵基礎地盤処理にあたっての留意点

①**障害物の除去**：**基礎地盤面下約１m以内**に存在する切株、竹根その他の障害物は、堤体に緩みや有害な沈下が生じる危険性があり、入念に除去し、また表層が腐植土などの場合は盛土材で置換することが必要である。

②**基礎地盤かき均し**：基礎地盤に極端な凹凸や段差がある場合は、できるだけ平坦にかき均し、均一な盛土を仕上げるようにする。

⑶築堤にあたっての留意点

①**築堤土の敷均し**：築堤土の敷均しは、締固め後の１層の仕上がり厚さは**30㎝以下**になるよう施工する。このときの敷均し厚さは**35～45㎝**としている。

②**締固めの方向**：締固めは堤体の法線に**平行**に行うことが望ましく、締固め幅が重複して施工されるように留意する必要がある。

③**タイヤローラの接地圧**：締固めに用いるタイヤローラは、一般に、砕石（礫混り土）の締固めには接地圧を**高く**して使用し、粘性土の場合には接地圧を**低く**して使用する。

④**二次運搬**：高含水比の粘性土を、荷下ろし箇所から盛土する箇所まで敷均し機械で押土する二次運搬では、一般に接地圧の**小さい**ブルドーザを使用する。二次運搬は敷均しを兼ねて行われ、普通の敷均し距離よりも押土距離が長くなり、こね返しによる強度低下が生じるおそれがある。

こね返し：何度も土をこねることで土の粒子同士の結合が壊れる現象で、強度低下の原因となる。

⑤**浚渫土の利用**：浚渫工事による土を築堤などに利用する場合は、高水敷などに仮置きし、水切りなどを十分行った後に運搬して締め固める。

⑥**降雨対策**：盛土施工中の雨水の集中流下を防ぐためには、堤防の**横断方向**に３～５％程度の勾配を施工面に設ける。

⑦**旧堤防の撤去**：現堤防の堤内地側に新堤防をつくった場合は、新堤防の完成後、新堤防が安定するまで、通常は３年間、必ず新旧両堤防を併存させる。

盛土法尻付近に人家や重要な構造物があり、軟弱層が厚く盛土高が大きい場合には、載荷重工法等の圧密促進工法よりも深層混合処理工法を採用するのが望ましい。

③ 河川護岸

【護岸の種類と護岸設計の基本】

⑴護岸の種類

護岸は設置箇所と機能によって3種類に分けられ、高水敷の洗掘防止と低水路の保護をする**低水護岸**、堤防法面と河岸を保護する**高水護岸**及び高水護岸で低水部を含めて設置されている**堤防護岸**がある。

⑵護岸設計の基本

護岸は、水制などの構造物や高水敷と一体となって、低水河岸や堤防を高水位以下の水位の流水の侵食作用から保護するための構造物である。また、低水護岸のように水際部に設置する護岸は、水際部が生物の多様な生息環境であることから、十分に自然環境を考慮した構造とすることを基本として設計する。

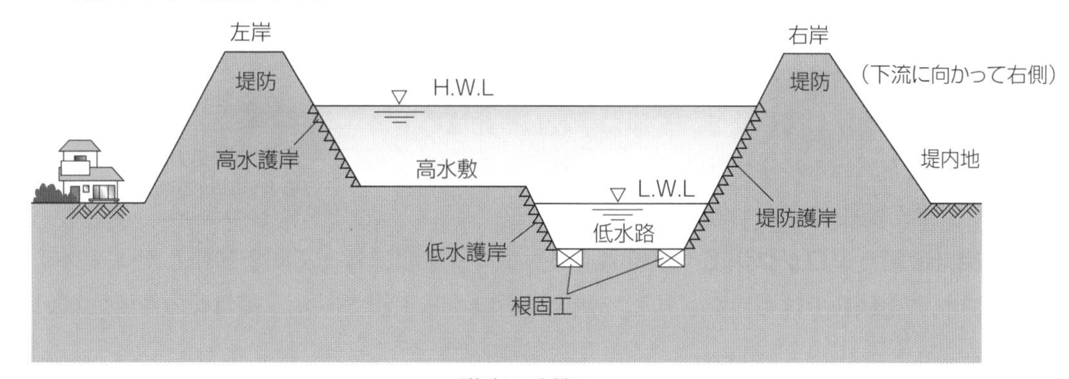

護岸の種類

【護岸の構造】

護岸は、**法覆工**、**基礎工（法留工）**及び**根固工**によって構成され、その他、すり付け工、小口工、天端工、天端保護工などがある。基礎工は、地盤が良好な場合は直接基礎とし、軟弱地盤では杭または矢板が用いられる。

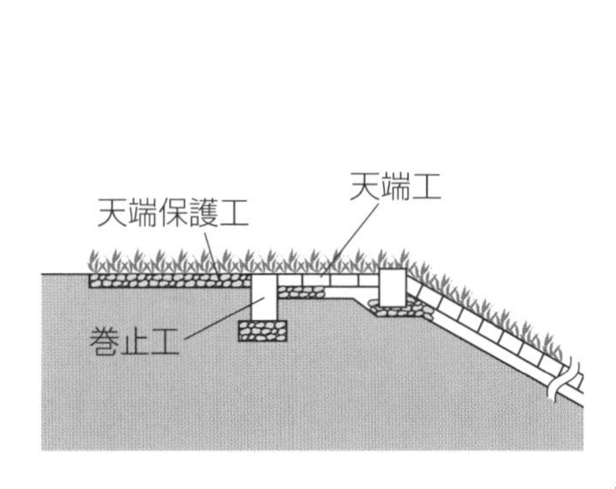

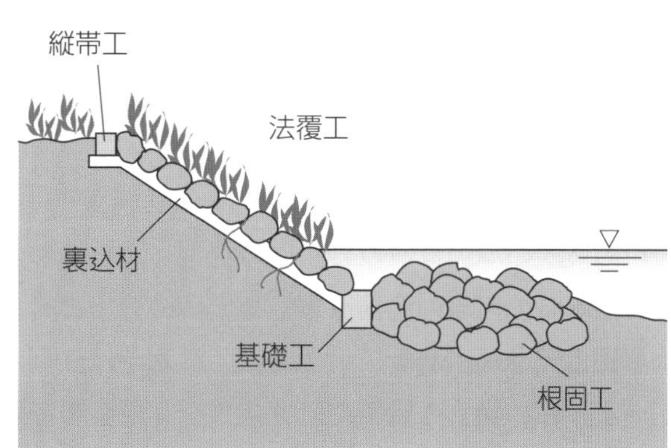

護岸の構造例

護岸の表面が平滑であると、流速が大きくなり基礎部洗掘や土砂の吸出しが生じやすくなるので、表面には適当な凹凸をつけることが必要である。

【護岸各部の機能と特徴、計画と施工に関する留意点】

護岸各部の機能と特徴、計画と施工に関する留意点などを以下に示す。

(1)法覆工

法覆工は、堤防及び河岸が直接流水に接して洗掘されるのを防止するために設置する。

①**コンクリートブロック張工**：コンクリートブロック張工は、**工場製品**のコンクリートブロックを法面に敷設する工法である。

②**ブロックの種類と適用**：コンクリートブロック張（積）工は、一般に、法勾配が**緩く**流速が**小さな**場所では、平板ブロックを使用し、法勾配が**急**で流速が**大きい**場所では、間知ブロックを使用する。

③**コンクリート法枠工**：コンクリート法枠工は、法面にコンクリートの格子枠をつくり、格子枠の中にコンクリートを打ち込む工法である。護岸の粗度を増すことができるが、通常は現場打ちとなるので、法勾配が急な場所での施工は困難で、２割以上の**緩勾配**の箇所で用いられる。

④**鉄線蛇籠工**：鉄線蛇籠工は、あらかじめ**工場で編んだ**鉄線を現場で籠状に組み立て、法面に敷設し、蛇籠の中に玉石などを詰める工法である。屈とう性、空隙があるため、生物に対して優しい護岸である。

> **用語解説**
> 屈とう性：応力を受けた際に、しなるように曲がる性質。

⑤**連結（連節）ブロック張工**：連結（連節）ブロック張工は、**工場で製作**したコンクリートブロックを鉄筋で珠数（じゅず）つなぎにして法面に敷設する工法であり、緩勾配の箇所で用いられる。

⑥**「多自然型川づくり」から「多自然川づくり」へ**：「多自然型川づくり」が見直され、「**多自然川づくり基本指針**」が新たに制定された。画一的な「型」から離れ、「自然環境と人間との調和がとれた川づくり」の推進が示されている。

護岸は出水等による被害を最も受けやすい部分であるので、局部的な破壊が直ちに全体に影響を及ぼさない等の観点から、法覆工が堤体、河岸の変形にある程度追随できる屈とう性構造となっているほうが望ましい。

(2)基礎工

護岸の破壊の原因は一般に基礎の洗掘によるものが多いため、基礎工や根固工の根入れの深さは、洪水時の河床の洗掘や裏込め土砂の流出に対して十分安全なものでなければならない。

①**基礎工天端高**：基礎工天端高は、洪水時に洗掘が生じても護岸基礎の浮き上がりが生じないように、過去の実績や研究成果を利用して**最深河床高**を評価することにより設定する。

②**最深河床高の評価高よりも高くする場合**：基礎工天端高の例を次のページに示す。最深河床高の評価高よりも天端高を高くし、洗掘に対しては前面の根固工で対処する場合（例：図ｂ）、あるいは基礎矢板等の根入れと前面の根固工で対処する場合（例：図ｃ）では、従来の計画河床高と**現況最深河床高**のうち低いほうより**0.5～1.5m**程度深くすることが多い。

基礎工天端高の例

a．天端高を最深河床高の評価高とする

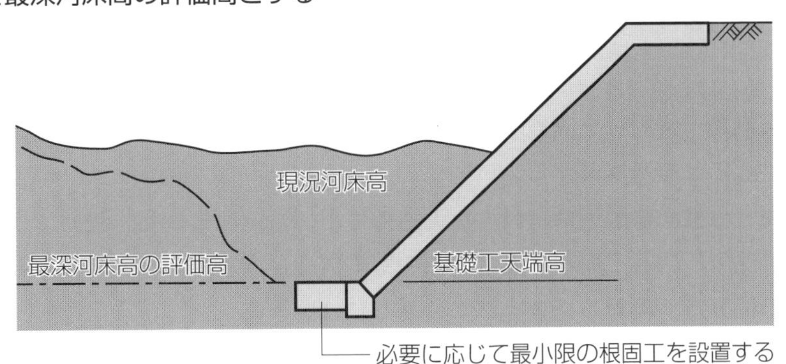

b．天端高を最深河床高の評価高より高くする（前面の根固工）

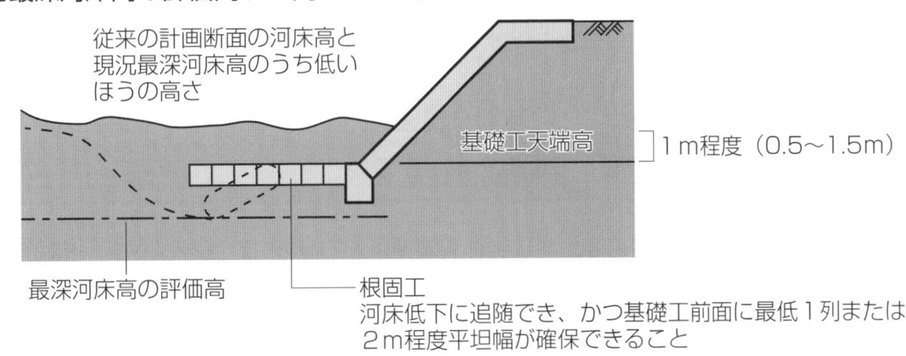

c．天端高を最深河床高の評価高より高くする（基礎矢板等の根入れと前面の根固工）

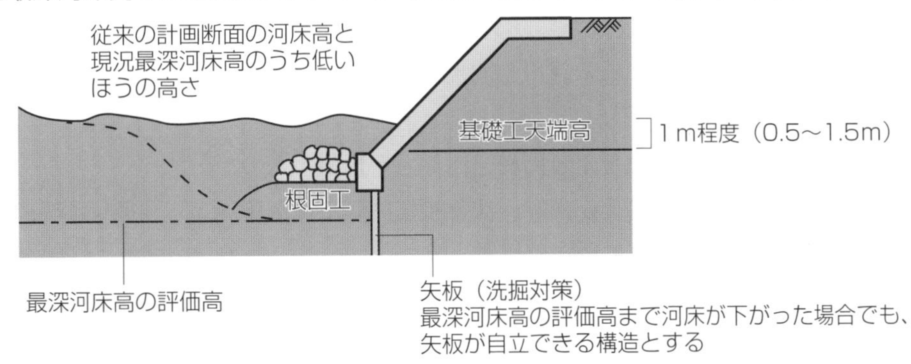

d．矢板支持基礎

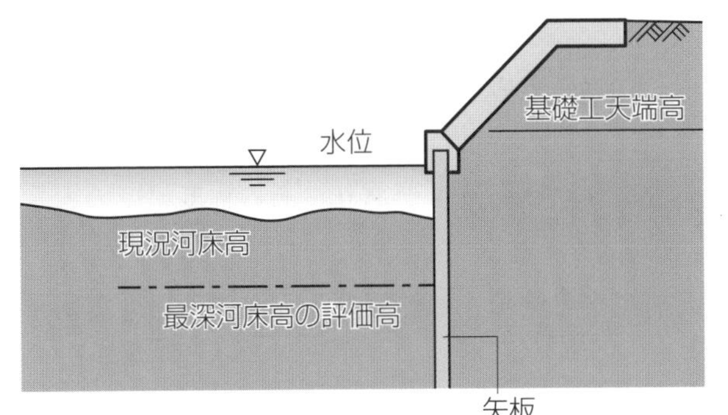

用語解説

矢板支持基礎：**水深が大きく基礎の根入れが困難な場合、自立可能な矢板で基礎を支える方法。**

⑶根固工

根固工は護岸前面に施工し、その地点の流勢を減じ、さらに河床を直接覆うことで河床の急激な洗掘を緩和し、基礎工や法覆工を保護するもので、特に急流河川や水衝部に設ける必要がある。

①**根固工の天端高**：根固工を設置する場合には、その敷設天端高は、**護岸基礎工天端高**と同じ高さとすることを基本とする。

②**根固工の屈とう性**：根固工は、大きな流速の作用による河床変化に追随できるよう根固めブロック、沈床、捨石工など、**屈とう性**のある構造とする。

③**ブロックの積み方**：根固めブロックの積み方には層積みと乱積みがあり、水深の浅い場合には**層積み**を基本とするが、水深が深い場合は水中作業となり施工が困難であり、一般には水深が1.5m以上になると**乱積み**とすることが多い。

④**据付け機械**：根固めブロックの据付け機械は、ブロック重量、現場条件等を考慮して機種を選定する。

用語解説

層積み・乱積み：層積みはブロックの向きを規則正しく噛み合わせて整然と積み上げる方法で、乱積みは不規則に積み上げる方法である。

根固工は、基礎工の安定をはかるために設けるもので、根固工の破壊が基礎工の破壊を引き起こさないように、基礎工と絶縁した構造とすることが必要である。

⑷天端工・天端保護工

天端工・天端保護工は、低水護岸が流水によって裏側から破壊しないよう保護するために設置する。

①**天端工**：天端工は、法覆工と同様、流体力が作用するので安全な構造とする必要があり、法覆工と同じ工種を用いることが望ましい。

②**天端保護工**：天端保護工は天端工と背後地の間からの侵食から保護するために設けるもので、屈とう性のある構造とし、流体力の作用に対し安全な厚さとする。

用語解説

流体力：水などの流れによって生じる応力（流れの中の物体が受ける抗力や揚力など）の総称。

⑸すり付け工

すり付け工は、護岸の上下流端部で侵食が生じた際にその影響を軽減し、護岸が上下流から破壊されることを防ぐために設置する。

①**工種**：すり付け工部で流速を緩和する機能もあり、屈とう性があり、ある程度粗度の大きな工種を用いることが望ましい。

②**施工幅**：すり付け工の施工幅は、最低限天端工から法覆工の範囲とし、河床面にも適切な幅の垂らし幅の確保が必要である。

⑹小口止工（こぐちどめこう）

小口止工は、法覆工の上下流端に施工して、護岸を保護するために設置する。

例題演習 第2章 3 河川

【問題】次の文章を読み、正誤もしくは正しい選択肢を答えなさい。

1. 河川工事と河川構造物

	問題	解説	
1	河川において、河川の流水がある側を堤内地、堤防で守られる側を堤外地という。	河川において、河川の流水がある側を**堤外地**、堤防で守られる側を**堤内地**という。	×
2	河川における右岸、左岸とは、上流から下流を見て右側を右岸、左側を左岸という。	河川における右岸、左岸とは、**上流**から**下流**を見て右側を右岸、左側を左岸という。	○
3	堤防の法面は、河川の流水がある側を表法面、堤防で守られる側を裏法面という。	堤防の法面は、河川の流水がある側を**表法面**、堤防で守られる側を**裏法面**という。	○

2. 河川堤防

	問題	解説	
1	堤体の安定性に支障を及ぼすような圧縮変形や膨張性がない材料がよい。	堤体の安定性に支障を及ぼすような**圧縮変形**や**膨張性**がない材料がよい。	○
2	締固めに対して、高い密度を得られる粒度分布で、せん断強度が小さい材料がよい。	締固めに対して、高い密度を得られる粒度分布で、せん断強度が**大きい**材料がよい。	×
3	旧堤拡築工事は、堤防の高さを増すかさ上げと断面積を増す腹付けがあり、腹付けは旧堤防の表法面に行うのが原則である。	旧堤拡築工事は、堤防の高さを増すかさ上げと断面積を増す腹付けがあり、腹付けは旧堤防の**裏法面**に行うのが原則である。	×
4	堤防拡築工事では、嵩上げを施工した後、腹付けを行うのが一般的である。	堤防拡築工事では、**腹付け**を施工した後、**嵩上げ**を行うのが一般的である。	×
5	現堤防の堤内地側に新堤防をつくった場合は、新堤防の完成後、直ちに旧堤防を撤去する。	現堤防の堤内地側に新堤防をつくった場合は、新堤防の完成後、**通常は3年間併存させた後**に旧堤防を撤去する。	×
6	軟弱地盤上の盛土の施工においては、安定をはかるため、急速な盛土を行うことによって、残留沈下を少なくすることが望ましい。	軟弱地盤上の盛土の施工においては、安定をはかるため、**緩速施工**で盛土を行うことによって、残留沈下を少なくすることが望ましい。	×

	問題	解説	
7	水田や草地などの湿地盛土を行う場合は、一般には事前に溝を掘って排水させるが、軟弱の程度に応じて土を置き換えるなどの検討が必要である。	水田や草地などの湿地盛土を行う場合は、一般には事前に**溝を掘って**排水させるが、軟弱の程度に応じて土を**置き換える**などの検討が必要である。	○
8	堤防法面の表層部の材料に堤体と異質な材料を使用するときは、異層の境界を残すようにする。	堤防法面の表層部の材料に堤体と異質な材料を使用するときは、異層の境界を**明瞭に残さない**ようにする。	×
9	法面仕上りの丁張りは、法肩、法先に約10m間隔に杭を打ち、この丁張りを基準に仕上げる。	法面仕上りの丁張りは、法肩、法先に約**10m**間隔に杭を打ち、この丁張りを基準に仕上げる。	○
10	ブルドーザを用いて堤防の締固めを行う場合は、堤防の法線に直角に行うことが望ましい。	ブルドーザを用いて堤防の締固めを行う場合は、堤防の法線に**平行**に行うことが望ましい。	×
11	一般に河川堤防では、1層当たりの締固め後の仕上がり厚さを30㎝以下となるように敷均しを行う。	一般に河川堤防では、1層当たりの締固め後の仕上がり厚さを**30㎝以下**となるように敷均しを行う。	○
12	既設堤防に腹付けして堤防断面を大きくする場合は、1層の締固め後の仕上がり厚さを50㎝で施工する。	既設堤防に腹付けして堤防断面を大きくする場合は、1層の締固め後の仕上がり厚さを**30㎝以下**で施工する。	×
13	盛土施工中の雨水の集中流下を防ぐためには、堤防の縦断方向に3～5%程度の勾配を施工面に設ける。	盛土施工中の雨水の集中流下を防ぐためには、堤防の**横断方向**に3～5%程度の勾配を施工面に設ける。	×

3. 河川護岸

	問題	解説	
1	護岸は、水制などの構造物や高水敷と一体となって堤防を保護するために施工する。	護岸は、水制などの構造物や**高水敷**と一体となって**堤防**を保護するために施工する。	○
2	護岸の破壊の原因は、一般に、基礎の洗掘によるものが多いため、基礎工や根固工の根入れの深さは、洪水時の河床の洗掘に対して、十分安全なものでなければならない。	護岸の破壊の原因は、一般に、**基礎**の洗掘によるものが多いため、**基礎工**や根固工の根入れの深さは、洪水時の河床の洗掘に対して、十分安全なものでなければならない。	○
3	水際部の低水護岸は、十分に自然環境を考慮した構造とすることを基本に設計し施工する。	水際部の低水護岸は、十分に**自然環境**を考慮した構造とすることを基本に設計し施工する。	○
4	法覆工は、堤防及び河岸を保護するもので、一般に法勾配が急で流速が速い場所には平板ブロックを使用する。	法覆工は、堤防及び河岸を保護するもので、一般に法勾配が急で流速が速い場所には**間知ブロック**を使用する。	×

❺ 篭マット護岸は、屈とう性、空隙があるため、生物に対して優しい護岸である。	篭マット護岸は、屈とう性、**空隙**があるため、**生物に対して優しい**護岸である。	○
❻ コンクリート法枠工は、護岸の粗度を増すことができ、法勾配が急な場所での施工に多く用いられる。	コンクリート法枠工は、護岸の粗度を増すことができ、法勾配が**緩やかな**場所での施工に多く用いられる。	×
❼ 鉄線蛇篭工は、あらかじめ工場で編んだ鉄線を現場で篭状に組み立て、法面に敷設し、蛇篭の中に玉石などを詰める工法である。	鉄線蛇篭工は、あらかじめ**工場で編んだ**鉄線を現場で篭状に組み立て、法面に敷設し、蛇篭の中に**玉石**などを詰める工法である。	○
❽ 連結（連節）ブロック張工は、工事現場で製作したコンクリートブロックを鉄筋で珠数つなぎにして法面に敷設する工法である。	連結（連節）ブロック張工は、**工場**で製作したコンクリートブロックを鉄筋で珠数つなぎにして法面に敷設する工法である。	×
❾ 基礎工天端高の決定にあたっては、一連区間における平均河床高を目安にすることが基本である。	基礎工天端高の決定にあたっては、一連区間における**計画河床高**と**現況最深河床高**を目安にすることが基本である。	×
❿ 根固工は護岸前面に施工し、河床の洗掘を防ぎ、基礎工・法覆工を保護するもので、特に急流河川や水衝部に設ける必要がある。	根固工は護岸前面に施工し、**河床の洗掘**を防ぎ、基礎工・法覆工を保護するもので、特に急流河川や**水衝部**に設ける必要がある。	○
⓫ 根固めブロックの積み方は、水深の浅い場合には乱積みを基本とする。	根固めブロックの積み方は、水深の浅い場合には**層積み**を基本とする。	×
⓬ 製作した根固めブロックには、数量等が確認できるよう一連番号をつける。	製作した根固めブロックには、数量等が確認できるよう**一連番号**をつける。	○
⓭ 根固工は、大きな流速の作用する場所に設置されるため、屈とう性構造としてはならない。	根固工は、大きな流速の作用する場所に設置されるため、**河床変化**に追随できるよう、**屈とう性構造**とする必要がある。	×
⓮ 天端保護工は、主に低水護岸が流水によって表側から破壊されないように保護するために設置する。	天端保護工は、主に低水護岸が流水によって**裏側**から破壊されないように保護するために設置する。	×
⓯ すり付け工は、護岸の上下流端部で侵食が生じた際にその影響を軽減し、護岸が上下流から破壊されることを防ぐために設置する。	すり付け工は、護岸の上下流端部で侵食が生じた際にその影響を軽減し、護岸が**上下流**から破壊されることを防ぐために設置する。	○
⓰ 小口止工は、法覆工の上下流端に施工して護岸を保護する。	小口止工は、**法覆工**の上下流端に施工して**護岸**を保護する。	○

4 砂防

第１次検定　第２次検定

学習のポイント

- 砂防えん堤の構造や機能、計画及び施工に関する留意点などを整理する。
- 渓流保全工（流路工）、床固工の構造と機能及び計画、施工についての留意点などについて整理する。
- 地すべり防止対策の抑制工及び抑止工に関する工種、及びそれらの計画や施工上の留意点などについて整理する。

1 砂防えん堤

砂防基本計画に基づく砂防施設配置計画の構成並びに使用される工種について、以下のように整理されている。

砂防施設配置計画と砂防の主な工種例

土砂生産・流送の場	砂防施設配置計画	砂防の工種
山腹	土砂生産抑制施設	山腹基礎工、山腹緑化工、山腹斜面補強工、山腹保育工
渓床・渓岸		砂防えん堤、床固工、帯工、護岸工、渓流保全工
渓流・河川	土砂流送制御施設	砂防えん堤、床固工、帯工、護岸工、水制工、渓流保全工、導流工、遊砂工

【砂防えん堤の目的、機能及び設置位置】

砂防えん堤の設置目的は、土砂生産抑制に土砂流送制御を加えて計画されることが多い。砂防えん堤の目的、機能及び原則的な設置位置の関係は、以下の表のようになっている。

設置目的区分	目的・機能	設置位置
土砂生産抑制	山脚固定による山腹崩壊などの発生または拡大の防止または軽減	崩壊のおそれがある山腹の直下流
	渓床の縦侵食の防止または軽減	縦侵食域の直下流
	渓床に堆積した不安定土砂の流出の防止または軽減	不安定な渓床堆積物の直下流
土砂流送制御	土砂の流出制御あるいは調節	その上流の谷幅が広がっている狭窄部（きょうさくぶ）、支川合流点直下流部など
	土石流の捕捉あるいは減勢	

土石流の補足あるいは減勢を目的とする砂防えん堤の場合、渓床勾配を緩和させることにより、土石流形態から掃流形態に変化させて減勢させる機能も有している。

【砂防えん堤の形式と構造】

砂防えん堤の形式には、**透過型**と**不透過型**がある。透過型砂防えん堤の場合は、格子構造により大粒径の石を固定して土砂流出を調節する機能や、土石流によって透過部を閉塞させて土石流を捕捉する機能がある。砂防えん堤の構造には重力式、アーチ式などがあり、材料にはコンクリート、鋼材、ソイルセメントなどがある。

【砂防えん堤の構造と計画】

砂防えん堤の計画にあたっては、設置目的に応じて規模、形式、構造などを選定し、計画する必要がある。一般的には、重力式コンクリートのものが多く、その構造と機能、計画と施工についての留意点等を以下に示す。

⑴重力式コンクリートえん堤の構造

堤体天端部には**水通し**及び**袖**を設け、堤体には必要に応じ**水抜き**を設ける。えん堤の下流部には**前庭保護工**を設ける。前庭保護工は、**副えん堤**と**水褥池**（すいじょくち）**（ウォータークッション）**による減勢工、**水叩き**、**側壁護岸**、**垂直壁**、**護床工**等から構成される。

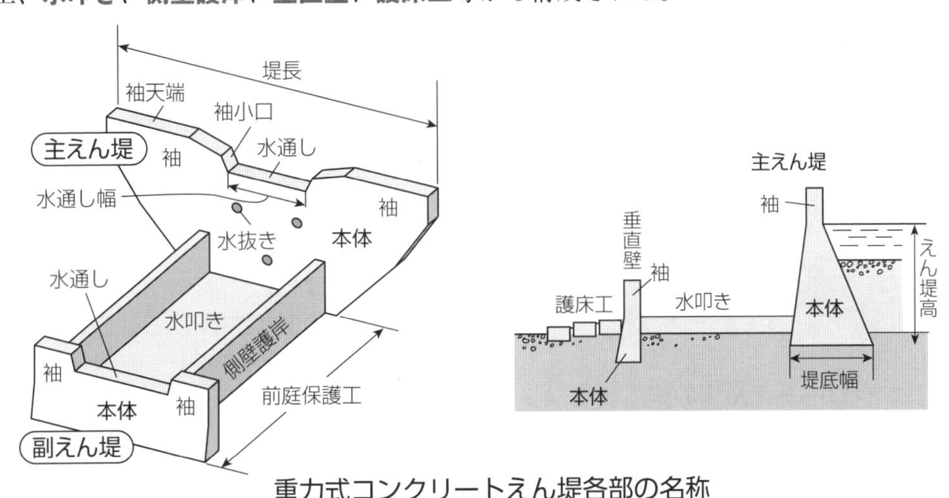

重力式コンクリートえん堤各部の名称

⑵各部の構造と機能、計画と施工についての留意点

①**水通しの機能**：水通しは、砂防えん堤の上流側からの水や土砂を安全に越流させるために設ける。

②**水通しの位置**：砂防えん堤の水通しの中心の位置は、原則として現河床の中央とし、基礎と両岸の地質が対象であれば、堤体の**中央部**に設けることが基本である。

③**水通しの断面**：水通し断面は、一般に**（逆）台形**で、対象流量を越流させるのに十分な大きさとする。

④**堤体の断面**：砂防えん堤の堤体下流の法勾配は、落下砂礫による衝撃や摩耗を考慮すると鉛直に近い形状とすることが望ましいが、一般に**1：0.2**を標準とする。

⑤**堤体の天端幅**：砂防えん堤の天端幅はえん堤付近の河床構成材料、流出土砂形態、対象流量等の要素を考慮して決め、一般に、河床構成材料が砂混じり砂利～玉石混じり砂利の場合**1.5～2.5m**、玉石～転石の場合**3.0～4.0m**としている。

⑥**堤体の根入れ**：主えん堤の基礎の根入れは、基礎地盤が岩盤の場合は**1m以上**とし、砂礫盤の場合は**2m以上**とする。

⑦**袖の機能と構造**：堤体の袖は、洪水を越流させないことを原則とし、土石などの流下による衝撃力で破壊されないように強固な構造とする。

⑧**袖の勾配**：えん堤の袖の勾配は、洪水が万一越流しても流水が両岸に向かわないように、原則として両岸に向かって**上り勾配**とする。

⑨**前庭保護工の機能**：前庭保護工は、えん堤を越流した落下水、落下砂礫による基礎地盤やえん堤下流部の洗掘を防止し、えん堤が破壊されないように設けられる構造物である。

これが試験に出る!

水通しの構造と機能、前庭保護工について、よく出題されている。

⑩**水褥地（ウォータークッション）**：本えん堤と前庭保護工の副えん堤との間にできる水褥地は、本えん堤から落下する水のエネルギーを**拡散・減勢**させるものである。

⑪**水叩き**：えん堤下流の洗掘を防止し、えん堤基礎の安定及び両岸の崩壊防止の機能がある。副えん堤を設けない場合は、水叩き下流端に**垂直壁**を設ける。

⑫**水抜き**：水抜きは、主に施工中の流水の切り替えや堆砂後の浸透水を抜いて、砂防えん堤にかかる水圧を軽減するために設ける。

⑬**えん堤の基礎地盤**：えん堤の基礎地盤は、原則として**岩盤**とする。やむを得ず**砂礫基礎**とする場合は、できる限りえん堤高を**15m未満**とし、均一な地層を選ぶことが原則である。

ワンポイントアドバイス

一般に副えん堤を設けることにより、水褥地を形成した減勢工を用いることが多い。砂礫基礎の場合は、副ダムと水叩きを併用して下流の保護を図ることが多い。

護床工は河床の洗掘を防止できる構造とし、副えん堤もしくは垂直壁の下流部に設置する。

【重力式コンクリートえん堤の施工（コンクリートの打設）】

⑴えん堤のブロック割り

コンクリートの打設にあたっては**ブロック割り**を行い、その規模はえん堤軸方向に横目地を兼ねて**9～15m**程度で計画し、１リフトの高さは硬化熱を考慮して通常**0.75～2.0m**としている。

⑵えん堤の施工順序

砂礫基礎で水叩き及び副えん堤併用の場合のコンクリート打設は、一般的に図のような順序で施工する。

施工順序：①えん堤本体基礎部➡②副えん堤➡③側壁護岸➡④水叩き➡⑤えん堤本体残部

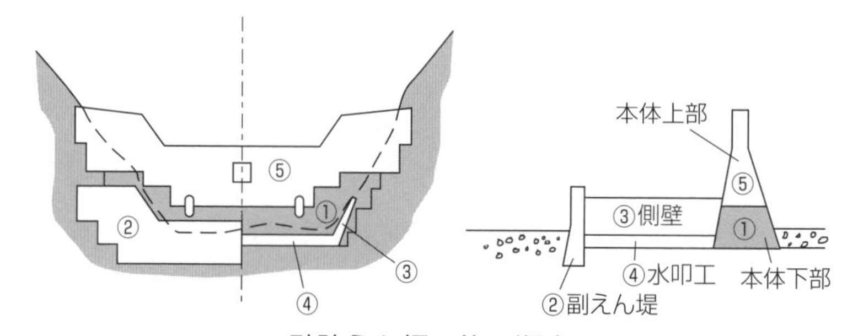

砂防えん堤の施工順序

❷ 渓流保全工（流路工）

【渓流保全工の目的と構成】

渓流保全工は、山間部の扇状地や平地を流下する渓流などにおいて、流路の是正による乱流や偏流を制御することにより、渓岸の侵食や崩壊などの発生を防ぐとともに、縦断勾配の規制による渓床及び渓岸の侵食などの防止を目的として設置するもので、**床固工**、**帯工**と**護岸工**、**水制工**などの砂防施設の組み合わせによって構成される。

> **用語解説**
> - 乱流：水などの流れについて、不規則に速度や圧力が変動すること。
> - 偏流：流水量に偏りが生じること。

「河川砂防技術基準同解説計画編」では、流路工は、その目的、機能等から渓流保全工に包含されている、としている。

【渓流保全工の計画及び施工上の留意点】

⑴計画上の留意点

渓流保全工は、渓流空間の多様性、生態系の保全及び自然の備えもつ土砂調節機能の活用の面から、拡幅部や狭窄部などの自然地形を活かし、必要に応じて砂防施設を配置するように計画するものとされている。

⑵渓流保全工の計画及び施工上の留意点

渓流保全工の計画及び施工については、以下のような留意点がある。

> 原則的には上流から下流に向かって施工しますが、人家などの保全対象が下流側にあり、下流部の河積の拡大を優先させなければならない場合には、下流から上流に向かって施工を進めることも考慮する必要があります。

①**渓流保全工の施工順序**：渓流保全工の施工は、**上流から下流**に向かって進めることを原則とし、着手の時期は上流の砂防工事が進捗して多量の流出土砂による埋塞の危険性がなくなる時期とする。

②**上流端処理**：渓流保全工計画区域の**上流端**には、万一の土砂流出に対応するため、原則として流出土砂抑制・調節機能をもつ、えん堤もしくは床固工を施工する。

③**横断構造物**：渓流保全工の施工にあたっては、橋梁、配水管等の横断構造物はなるべく少なくする。やむを得ず設置する場合は、上流からの流木等による破壊等を考慮して、河川としての余裕高に**0.5m**加えた高さをとることが望ましい。

④**流路工の三面張り**：流路工は、渓床勾配等で掃流力が抵抗力に勝る場合においても、勾配緩和等を検討しできるだけ三面張りは避けることとし、勾配緩和、河幅拡大等を考慮しても、なおかつ掃流力のほうが抵抗力より大きい場合は三面張りとすることを考慮する。

⑤**渓床勾配の変化**：渓床勾配を変化させる場合、上流部より下流部にかけて次第に緩勾配になるように施工するものとし、勾配変化の折点には床固工を計画して落差を設ける。

③ 床固工

【床固工の目的と構造】

床固工の設置目的は、渓流における縦侵食と河床堆積物の再移動を防止することによって**河床の安定**を図り、渓岸の**侵食または崩壊の防止**を図ることである。また、護岸等の工作物の基礎の洗掘を防止し、保護する機能もある。構造や安定計算に関しては、砂防えん堤に準じて行う。一般に重力式コンクリート型式が用いられるが、地すべり地や軟弱地盤では枠床固工、ブロック床固工、蛇籠床固工、鋼製等床固工が採用されることがある。

> **用語解説**
> 縦侵食：河床が流水によって削り取られて低下する現象。なお、流水によって側岸が削り取られる現象は横侵食とよばれる。

【床固工に関する計画及び施工上の留意点】

床固工についての計画及び施工に関しては以下のような留意点がある。

①**床固工の高さ**：床固工の計画にあたって、縦侵食を防止し、渓床を安定させる目的で設置区間を長くする場合には、床固工を階段状に設け、その高さは一般に**5m**程度以下となるようにする。

②**床固工の方向**：床固工の方向は、原則としてその計画箇所下流の**流心線に直角**とする。床固工を階段状に設ける場合、水通しの中心は直上流の流心線上とする。

床固工の例

④ 地すべり防止工

【地すべり防止工の分類】

地すべり防止工は**抑制工**と**抑止工**に大別され、地すべり災害の防止、あるいは軽減を目的として実施される。

①**抑制工**：地すべり発生地域の地形あるいは地下水位等の**自然条件を変化**させることにより、地すべり運動を止めるか、または緩和させる方法である。

②**抑止工**：地すべり発生地域に鋼管杭などの**構造物**を設置し、構造物が備えもつせん断強度等の**抵抗力**によって、地すべり運動の一部、または全部を停止させる方法である。

地すべり防止工の分類

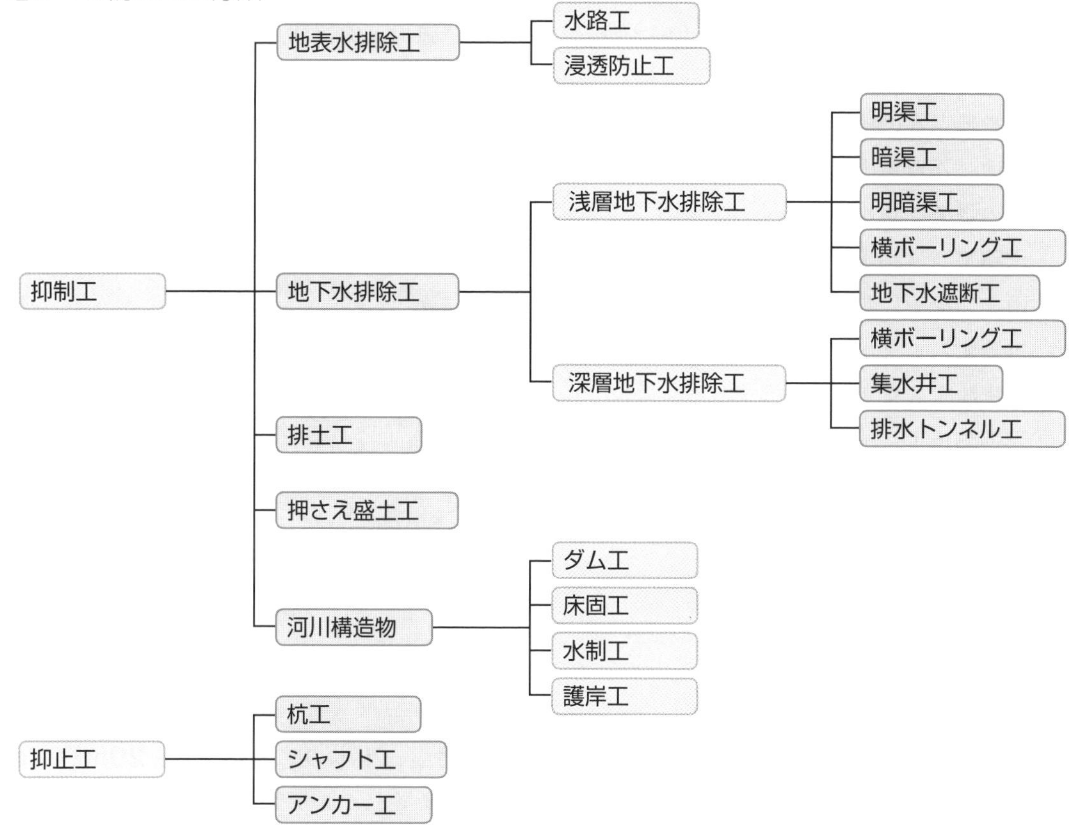

【抑制工、抑止工の選定にあたっての留意点】

地すべり防止工は、発生機構を勘案したものとし、特に降雨（融雪水）や地下水と地すべり運動との関連性、地形・地質、地すべりの規模、運動形態、運動速度、保全対策、経済性等を十分に考慮して選定するものとされている。また、地すべりの原因は、地形、地質、土質等の**素因**と降雨などの気象条件、地下水条件、地震、切土等の人為行為などの**誘因**とが組み合わされて生じる複雑な現象とされている。地すべり防止計画にあたっては、事前調査を十分に行い、地すべりの発生原因・機構、保全対象及びその位置関係等を明らかにして、適切な防止工法を選定し、配置する必要がある。また、抑制工、抑止工の選定にあたっては、以下のような留意点がある。

用語解説
- 素因：もともと存在していた原因のこと。
- 誘因：ある事象や作用を引き起こすきっかけとなる原因のこと。

①**抑制工と抑止工の組み合わせ**：抑制工及び抑止工それぞれの特性を、合理的に組み合わせた計画とし、一般に、抑止工だけの施工は避ける。

②**地すべり防止工法の主体**：地すべり防止工法の主体は地下水排除工などの**抑制工**による工事を基本とし、直接的に人家や公共施設等を守るために運動ブロックの安定化を図る場合は杭工等の抑止工を計画する。

③**抑止工の導入時期**：地すべり運動が継続している場合は、原則的に抑止工は先行しないことを原則とし、抑制工によって運動が緩和、または停止した後に抑止工を導入する。

【抑制工の種類と計画、及び施工上の留意点】

抑制工の主な工種について、以下のような計画、及び施工上の留意点がある。

⑴地表水排除工

降雨や地表水の浸透並びに湧水、水路、沼等、地すべり地域内外からの**再浸透**による地すべりの誘発を防止するために計画する。

①**水路工**：水路工は、地すべり地域内の降雨を速やかに集水して地すべり地域外に排除するようにし、地域外からの流入水も排除するように計画する。

②**浸透防止工**：浸透しやすい亀裂の発生箇所でのビニール被覆工法や、地下水の補給源となる沼地等を対象にした漏水防止工法などを計画する。

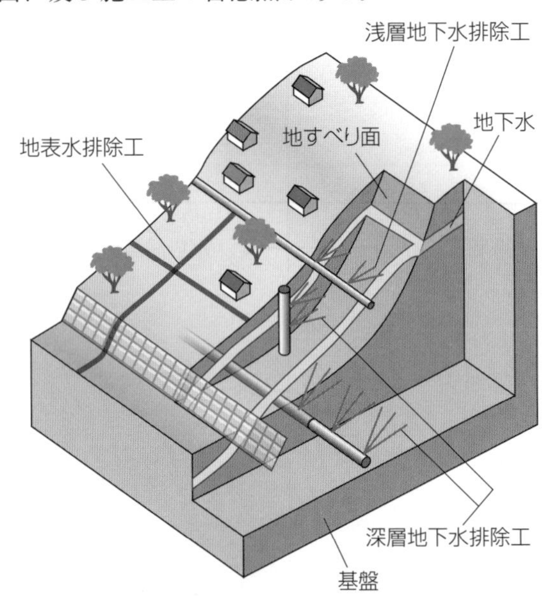

⑵浅層地下水排除工

浅層部に分布する地下水の排除によって、すべり面付近の地層への地下水供給を抑えるために計画する。

①**暗渠工、明暗渠工**：暗渠工は深さを地表から**2m程度**、１本の暗渠の長さを**20m程度**の直線とし、底には漏水防止のための防水シート等を敷設し、暗渠管の周囲並びに上部には土砂の吸出しによる陥没を防止するため吸出し防止材を敷設する。明暗渠工は、凹地で暗渠工と水路工を併用した構造としたものである。

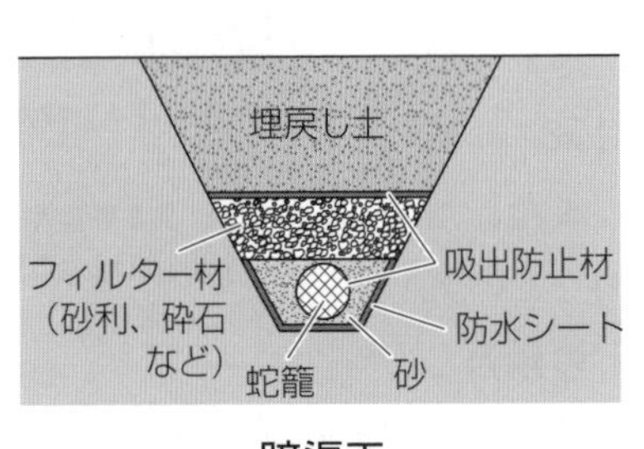

暗渠工

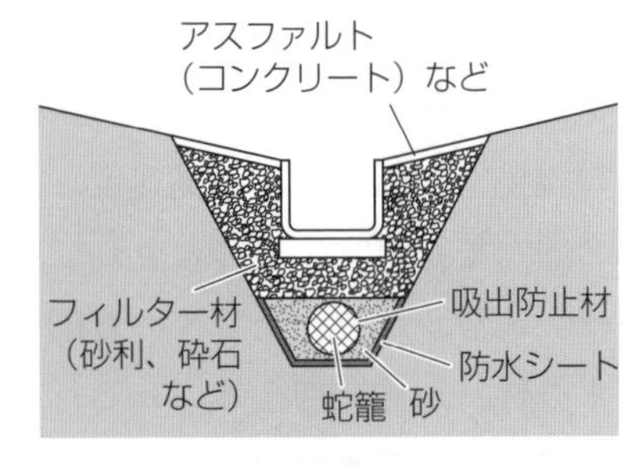

明暗渠工

②**横ボーリング工**：表層部の帯水層をねらって横ボーリングを行い、集水管を挿入して地下水を排水するもので、ボーリング先端の間隔が**5～10m**となるように放射状に配置する。

③**横ボーリング工の掘進角度**：掘進は**66㎜以上**の孔径で、集水した地下水が自然流下するように、おおむね仰角**5～10°**の勾配とする。

④**横ボーリング工の削孔長さ**：目的とする滞水層、またはすべり面からさらに**5m以上**先まで余裕をもった長さを標準とする。

横ボーリング工

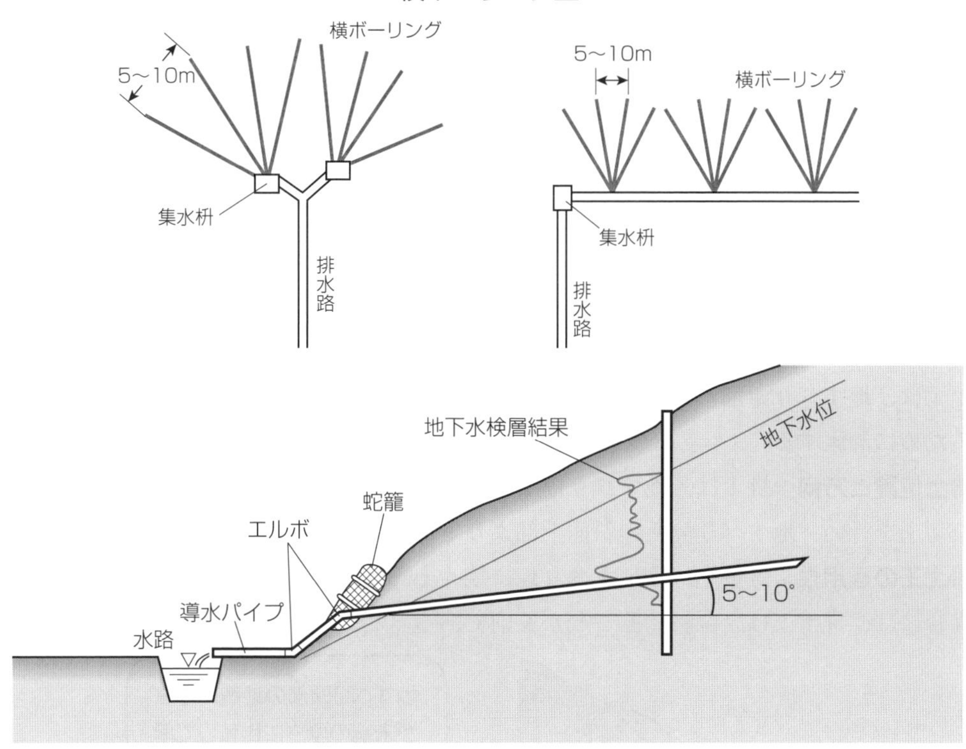

⑶深層地下水排除工

深層部に分布する地下水の排除により、すべり面付近の間隙水圧を低下させるために計画する。

①**横ボーリング工**：地すべり地の深部に存在する地下水を排除する場合に帯水層に向けて計画する。留意点は浅層地下水排除工の場合と同様であるが、削孔長さは**50m**程度までを標準とし、すべり面を貫いて**5～10m**の余掘りを計画する。

②**集水井工**：深い位置で集中的に地下水を集水しようとする場合、あるいは横ボーリングの削孔長さが長くなり過ぎる場合に計画する。

③**集水井工の機構**：比較的堅固な地盤に設置し、集水孔や横ボーリングによって地下水を集水し、原則として排水ボーリングにより自然排水する工法である。

④**集水井の形状**：集水井の形状は、円形の井筒であり、その内径は**3.5～4.0m**が標準である。

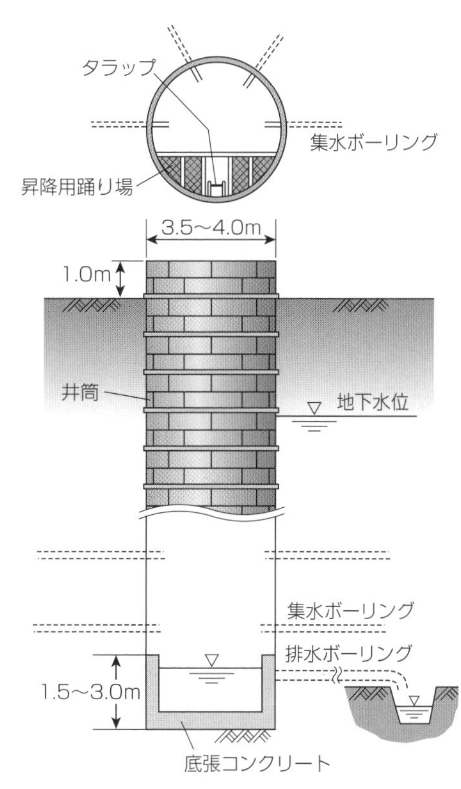

集水井工の例

⑤**集水ボーリング**：地下水の帯水層ごとに1～数段、放射状に配置する。削孔長さは**50m**程度までを標準とするが、**80～100m**の延長が必要な場合がある。

集水井の深さは、活動中の地すべり地域内では底部を2m以上地すべり面より浅くし、休眠中の地すべり地域では底部を2～3m程度基盤に貫入させるのが原則である。

⑷排水トンネル工

排水トンネル工は、**すべり面の下**にある安定した地盤にトンネルを設け、内部から帯水層への集水ボーリングを行い、トンネルを使って排水することを目的とする。

⑸排土工

排土工は、地すべり頭部に存在する不安定な土塊を排土することにより、地すべり推力を低減するために計画する。

①**排土位置と方向**：排土は、地すべり箇所全域にわたらず、**頭部域**においてほぼ**平行**に大きな切土を行い、地すべり箇所の斜面上部より下部に向かって行うことが原則である。

②**排土工の適用性**：対策を行う地すべり地に続く**上部斜面**に潜在性地すべりが分布している場合には、排土工は**見合わせる**ことが原則である。

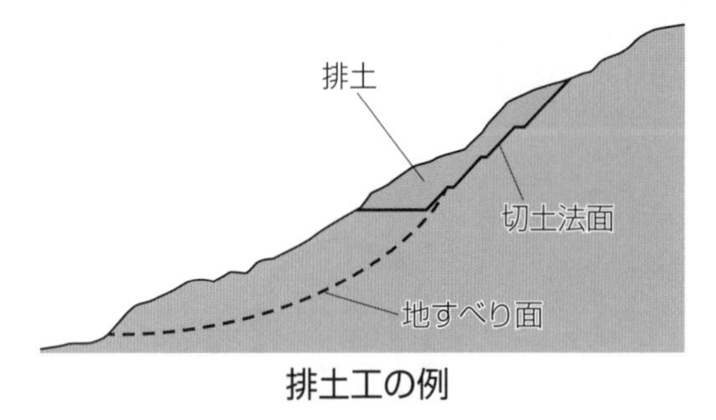

排土工の例

⑹押さえ盛土工

地すべりの滑動力に対する抵抗力を増加させるため、盛土を地すべり末端部に計画する。

【抑止工の種類と計画、及び施工上の留意点】

抑止工の主な工種について、以下のような計画、及び施工上の留意点がある。

⑴杭工

杭を不動地盤まで挿入することによって、**せん断抵抗力**や**曲げ抵抗力**を付加し、地すべりの滑動力に対して直接抵抗することを目的として計画する。杭材には、鋼管杭、H形鋼杭、RC杭、PC杭等がある。

①**杭の配列と方向**：抑止杭工の杭の配列は、地すべりの運動方向に対してほぼ**直角**に等間隔で行う。

②**計画位置**：杭の根入れ部となる基盤が強固で、地すべりブロックの**中央部より下部**で地盤反力が期待できる場所を選定することを原則とする。

⑵シャフト工

地すべり推力が大きく、杭工では所定の安全率が得られない場合で、基礎地盤が良好な場合に計画する。深礎工などにより直径**2.5～6.5m**程度の縦坑を不動地盤まで掘削し、そこに鉄筋コンクリートを充填したシャフトを抑止杭として地すべり滑動力に抵抗させる。

例題演習 第2章 4 砂防

【問題】次の文章を読み、正誤もしくは正しい選択肢を答えなさい。

1. 砂防えん堤

	問題	解説	
1	砂防えん堤の水通しの中心の位置は、原則として現河床の中央とする。	砂防えん堤の水通しの中心の位置は、原則として**現河床**の中央とする。	○
2	本堤の水通しは、基礎と両岸の地質が対象であれば、堤体の中央部に設けることが基本である。	本堤の水通しは、基礎と両岸の地質が対象であれば、堤体の**中央部**に設けることが基本である。	○
3	砂防えん堤の水通しは、一般に（逆）台形で対象流量を越流させるのに十分な大きさとする。	砂防えん堤の水通しは、一般に**（逆）台形**で対象流量を越流させるのに十分な大きさとする。	○
4	砂防えん堤の堤体下流の法勾配は、できるだけゆるやかにすることが原則であり、一般に1：0.5程度とする。	砂防えん堤の堤体下流の法勾配は、できるだけ**急勾配**にすることが原則であり、一般に**1：0.2**程度とする。	×
5	河床構成材料が砂混じり砂利の場合、砂防えん堤の天端幅は一般に3.0～4.0mとしている。	河床構成材料が砂混じり砂利の場合、砂防えん堤の天端幅は一般に**1.5～2.5m**としている。	×
6	堤体基礎部が岩盤の場合は、基礎の根入れをしないのが原則である。	堤体基礎部が岩盤の場合は、基礎の根入れを**1m以上とする**のが原則である。	×
7	砂防えん堤の袖は、土石などの流下による衝撃に対して強固な構造とする。	砂防えん堤の袖は、土石などの流下による**衝撃**に対して強固な構造とする。	○
8	砂防えん堤の袖の勾配は、洪水が万一越流しても流水が両岸に向かわないように、原則として水平とする。	砂防えん堤の袖の勾配は、洪水が万一越流しても流水が両岸に向かわないように、原則として両岸に向かって**上り勾配**とする。	×
9	前庭保護工は、本えん堤越流水による洗掘を防止するため、副えん堤下流部に設けられるコンクリート構造物である。	前庭保護工は、本えん堤越流水による洗掘を防止するため、**本えん堤**下流部に設けられる構造物である。	×
10	本えん堤と前庭保護工の副えん堤との間にできるウォータークッションは、本えん堤から落下する水のエネルギーを拡散・減勢するものである。	本えん堤と前庭保護工の**副えん堤**との間にできるウォータークッションは、本えん堤から落下する水のエネルギーを**拡散・減勢**するものである。	○
11	副えん堤を設けない場合は、水叩き下流端に垂直壁を設ける。	副えん堤を設けない場合は、水叩き下流端に**垂直壁**を設ける。	○

	問題	解説	
12	砂防えん堤に設ける水抜きは、施工中の流水の切り替えを目的として施工するので、えん堤本体を完成させた後に閉塞することを原則とする。	砂防えん堤に設ける水抜きは、施工中の流水の切り替えや**堆砂後**の浸透水を抜いて砂防えん堤にかかる**水圧を軽減する**ことを目的として施工する。	×
13	砂防えん堤の一般的施工順序は、本えん堤基礎部→副えん堤→本えん堤上部→水叩き→側壁護岸の順である。	砂防えん堤の一般的施工順序は、本えん堤基礎部→副えん堤→**側壁護岸**→水叩き→**本えん堤上部**の順である。	×

2. 渓流保全工（流路工）

	問題	解説	
1	渓流保全工は、一般に床固工と護岸工を併用して施工することを原則とする。	渓流保全工は、一般に**床固工**と護岸工を併用して施工することを原則とする。	○
2	渓流保全工計画区域の下流端には、原則としてえん堤もしくは床固工を施工する。	渓流保全工計画区域の**上流端**には、原則としてえん堤もしくは床固工を施工する。	×

3. 床固工

	問題	解説	
1	渓流保全工の床固工として、最も多く採用されているものは次のうちどれか。 （1）蛇籠床固工 （2）コンクリート床固工 （3）鋼製床固工 （4）枠床固工	最も多く採用されているものは、**コンクリート床固工**である。よって、正解は**（2）**である。	(2)

4. 地すべり防止工

	問題	解説	
1	地すべり防止工事は、抑止工と抑制工があるが抑止工による工事を基本とする。	地すべり防止工事は、抑止工と抑制工があるが**抑制工**による工事を基本とする。	×
2	抑止工は、地形、地下水の状態などの自然条件を変化させることによって、地すべり運動を緩和させることを目的とする。	**抑制工**は、地形、地下水の状態などの自然条件を変化させることによって、地すべり運動を緩和させることを目的とする。	×
3	地すべり抑制工として、地表水を排除する水路工は、降雨を速やかに集水して地すべり地域内の地中に浸透するよう施工する。	地すべり抑制工として、地表水を排除する水路工は、降雨を速やかに集水して地すべり**地域外に排除する**よう施工する。	×

	問題	解説	正誤
4	地すべり防止の抑制工には、水路工、横ボーリング工、排土工、押さえ盛土工などがある。	地すべり防止の抑制工には、水路工、横ボーリング工、**排土工**、押さえ盛土工などがある。	○
5	暗渠工、明暗渠工は浅層地下水排除工である。	暗渠工、明暗渠工は**浅層**地下水排除工である。	○
6	地下水排除のための横ボーリング工は、削孔が容易なように水平に施工する。	地下水排除のための横ボーリング工は、集水した地下水が**自然流下**するように、**上向き**に施工する。	×
7	集水井工は、比較的堅固な地盤に井筒を設け、集水孔や集水ボーリングによって地下水を集水し、原則として排水ボーリングにより自然排水する工法である。	集水井工は、比較的堅固な地盤に**井筒**を設け、集水孔や集水ボーリングによって地下水を集水し、原則として**排水ボーリング**により自然排水する工法である。	○
8	集水井工の形状は、円形の井筒であり、その内径は3.5～4.0mが標準である。	集水井工の形状は、**円形**の井筒であり、その内径は**3.5～4.0m**が標準である。	○
9	排水トンネル工は、地すべり土塊内にトンネルを設け、ここから滞水層に向けてボーリングを行い、トンネルを使って排水する。	排水トンネル工は、すべり面の下にある**安定した地盤**内にトンネルを設け、ここから滞水層に向けてボーリングを行い、トンネルを使って排水する。	×
10	排土工は、地すべり脚部に存在する不安定な土塊を排除し、地すべりの滑動力を減少させる工法である。	排土工は、地すべり**頭部**に存在する不安定な土塊を排除し、地すべりの滑動力を減少させる工法である。	×
11	押さえ盛土工は、地すべり末端部の盛土により、地すべり斜面を安定させるものである。	押さえ盛土工は、地すべり**末端部**の盛土により地すべり斜面を安定させるものである。	○
12	地すべり防止の抑止工には、杭工、シャフト工などがある。	地すべり防止の**抑止工**には、杭工、シャフト工などがある。	○
13	シャフト工は、直径2.5～6.5m程度の縦坑を不動地盤まで掘削し、そこに鉄筋コンクリートを充填して、地すべり抑止杭とする。	シャフト工は、直径2.5～6.5m程度の縦坑を**不動地盤**まで掘削し、そこに鉄筋コンクリートを充填して、地すべり**抑止杭**とする。	○
14	地すべり抑止工のシャフト工は、地すべり推力が小さく、基礎岩盤がもろい場合に施工する。	地すべり抑止工のシャフト工は、地すべり推力が**大きく**、基礎岩盤が**良好な**場合に施工する。	×
15	抑止工の杭工は、鋼管などの杭を地すべり面に挿入し、地すべりを抑止する工法である。	抑止工の杭工は、**鋼管**などの杭を地すべり面に挿入し、地すべりを抑止する工法である。	○
16	杭工は、その施工位置を地すべり土塊の上部付近とすることを原則とする。	杭工は、その施工位置を地すべり土塊の**中央部より下部**とすることを原則とする。	×

5 道路・舗装

第１次検定　第２次検定

学習のポイント

- 構築路床の各種工法並びに施工上の留意点などについて整理する。
- 安定処理工法等の路盤の築造工法の種類とその特徴及び、施工上の留意点などについて整理する。
- プライムコート及びタックコートのそれぞれの役割並びに散布量など、施工上の留意点について整理する。
- 表層及び基層の施工方法並びに施工上の留意点について整理する。
- 排水機能を有する舗装、透水機能を有する舗装等、各種の舗装に関する機能、並びに施工上の留意点について整理する。
- アスファルト舗装の補修工法の種類とその特徴及び補修目的に対する工法の適性について理解する。
- コンクリート舗装版の種類と特徴、構造、施工方法などについて理解する。

1 アスファルト舗装道路の構造と機能

アスファルト舗装道路には、一般的に以下のような構造と機能がある。

①**路体**：盛土における路床下部の土の部分で、舗装と路床を支持する機能がある。

②**路床**：舗装の下の部分で、厚さ約**1ｍ**のほぼ均質な層で、舗装を支える基盤としてその強度特性は構造計算に用いられる。路床は、舗装と一体となって交通荷重を支持し、さらに路床の下部にある路体に対して、交通荷重をほぼ一定に分散する役割がある。

③**路盤**：上層のアスファルト混合物層や、コンクリート舗装ではコンクリート版から伝達された荷重を分散させ、路床に伝達する機能がある。上層路盤と下層路盤の２層に分けて施工されるのが一般的である。

④**基層**：上層路盤の不陸を整正し、表層に作用する荷重を均一に路盤に伝達する機能をもつ層である。

⑤**表層**：交通荷重を分散して下層に伝達する機能がある。また、車両通行による摩耗、流動、ひび割れ等に対する抵抗性と、平坦性やすべりにくさなどを備えた安全、円滑、快適な交通を可能にする路面を確保する機能がある。

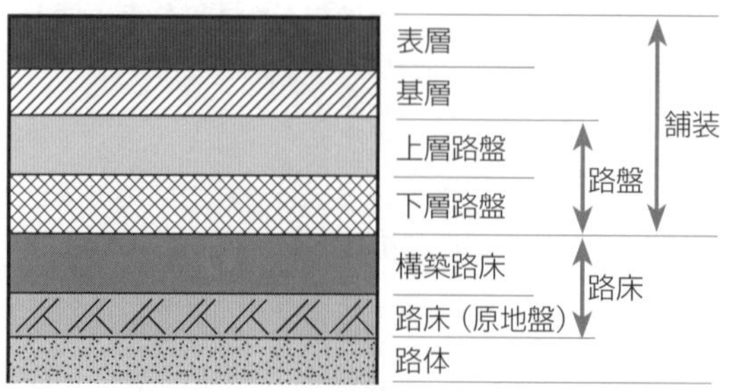

アスファルト舗装道路の構造例

舗装：アスファルト舗装では表層・基層、路盤までを舗装という。

❷ 路床

【路床の種類】

路床の種類には、**切土路床**と**構築路床**がある。地山に支持力が十分にあれば、切土部を路床とすることができ、これを切土路床という。構築路床は原地盤が軟弱で支持力が不足している場合、舗装の仕上がり高さが制限されている場合、路床の凍結融解の影響緩和対策が必要な場合等に原地盤を**改良**して構築するものである。

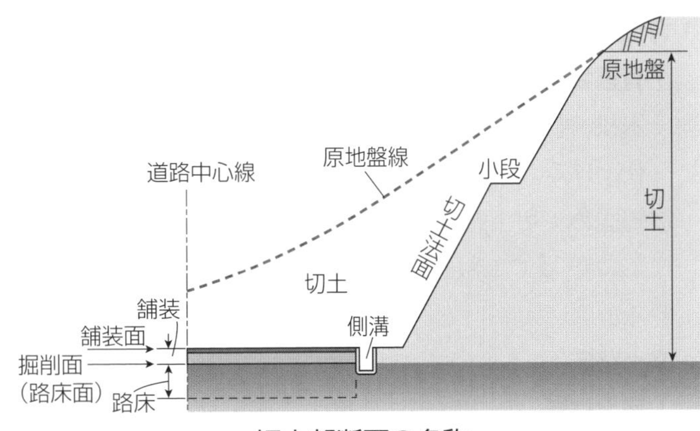

切土部断面の名称

【路床の施工】

⑴切土路床

切土路床は、原地盤の支持力低下を生じさせないように留意しながら掘削、整形及び締固めを行って仕上げる。

⑵構築路床の施工

構築路床の築造工法には盛土工法、置換え工法及び凍上抑制層、安定処理工法等があり、概要を以下に示す。

①**盛土工法**：盛土工法は、良質土を原地盤の上に盛り上げて構築路床を築造し、盛土路床を築造する。

②**置換え工法及び凍上抑制層**：置換え工法は、路床が切土で、軟弱な原地盤を所定の深さまで掘削し、その部分を良質土で置き換えて構築路床を築造する。凍上抑制層は、凍結深さから求めた必要な置換え深さと舗装の厚さを比べて、置換え深さが大きい場合に路盤の下部にその厚さの差だけ、凍上の生じにくい材料で置き換える。

③**安定処理工法**：現状路床土とセメントや石灰などの安定材を均一に混合し、締め固めて仕上げ、支持力を改善して構築路床を築造する。

ワンポイントアドバイス

路床の設計CBRが3未満の軟弱土の場合は、通常、安定処理をするか、良質土で置き換える。

用語解説

CBR：路床や路盤材料の支持力を示す指標（単位は%）で、数値が高いほど強度の高い良質土とされる。アスファルト舗装の厚さを決定する場合に必要な路床の支持力を設計CBRといい、路盤材料や盛土材料としての品質基準を表す指標を修正CBRという。

【路床に関する施工上の留意点】

路床に関しては、以下のような施工上の留意点がある。

(1)切土路床

①**有害物**：支持力低下を生じさせないように、切土の路床部分で表面から**30cm程度以内**に木根、転石その他路床の均一性を著しく損なうものがある場合には、それらを取り除いて仕上げる。

②**締固め**：切土路床が粘性土や高含水比の土の場合は、施工に際してこね返しや過転圧にならないように留意する。

> **用語解説**
> 過転圧：ローラーなどで過剰に締固めを行うことで、土などが細粒化し強度が劣化する現象。

(2)盛土路床

①**盛土材料**：盛土路床に使用する盛土材は、性質をよく把握したうえで均一に敷き均し、締め固める。

②**盛土路床の敷均し厚さ**：1層の敷均し厚さは、仕上がり厚さで**20cm以下**を目安とする。

③**降雨排水対策**：盛土路床施工後の降雨排水対策として縁部に仮排水溝を設けることが望ましい。

(3)安定処理工法

①**工法の適用**：安定処理工法は、現状路床土の有効利用を目的としてCBRが**3未満**の軟弱土に適用する場合と、舗装の長寿命化や舗装厚の低減等を目的としてCBRが**3以上**の良質土に適用する場合とがある。

②**安定処理材**：使用される安定処理材としては、一般に、**砂質土**にはセメントが、**粘性土**には石灰が有効である。

③**混合方式と締固め**：一般に**路上混合方式**で行い、所定の締固め度が得られることが確認できれば、全厚を**1層**で仕上げることができる。

④**石灰安定処理に使用する材料**：安定処理に**粒状の生石灰**を使用する場合は、必ず**2回**の混合を行うものとし、1回目の混合が終了した後、仮転圧して放置し、生石灰の消化を待ってから再び混合する。**粉状の生石灰**（粒径：0～5mm）を使用する場合は、**1回**の混合で済ませてもよい。

> **用語解説**
> 路上混合方式：安定処理材と土を混合させる方法の1つで、安定処理材を現場の路上に散布して混合させる。一方、工場などで混合させたうえで現場に搬入させる方法を中央混合方式という。

⑤**準備工**：安定処理を行う場合は、安定処理材の散布に先立って、現状地盤の不陸整正や必要に応じて仮排水溝の設置などを行う。

盛土材や置換え材料の敷均しには、一般に、ブルドーザやモーターグレーダを使用する。

③ 下層路盤・上層路盤

【下層路盤の築造工法と材料】

⑴築造工法

下層路盤の築造工法には、セメント安定処理工法、石灰安定処理工法及び粒状路盤工法がある。

⑵下層路盤材料

下層路盤材は、一般に施工現場近くで経済的に入手できるものが選択されるが、各工法に用いる路盤材料には品質規格が、また、安定処理に用いる骨材には品質の目安が規定されている。その概要を下表に示す。

下層路盤工法と材料（概要）

工　法	安定処理に用いる骨材の望ましい品質（目安）	下層路盤材料の品質規格
セメント安定処理	修正CBR：**10%以上** PI：**9以下**	一軸圧縮強さ（7日）：0.98MPa
石灰安定処理	修正CBR：**10%以上** PI：**6～18**	一軸圧縮強さ（10日）：0.7Mpa(アスファルト舗装の場合)
		一軸圧縮強さ（10日）：0.5MPa(コンクリート舗装の場合)
粒状路盤		修正CBR：**20%以上** PI：**6以下**
		修正CBR：**30%以上**（クラッシャラン鉄鋼スラグの場合） 水浸膨張比：**1.5%以下**（クラッシャラン鉄鋼スラグの場合）

用語解説

PI：塑性指数で、土の塑性の大小を表す。
PI＝液性限界（w_L）－塑性限界（w_P）

ワンポイントアドバイス

入手した材料が下層路盤材料の品質規格に入らない場合は、補足材やセメントまたは石灰などを添加し、規格を満足するようにして活用をはかることが望ましく、再生路盤材の有効利用をはかることも必要である。また、下層路盤材料は、粒径が大きいと施工管理が難しいので、最大粒径を50㎜以下とするが、やむを得ない場合は1層の仕上がり厚さの1／2以下で100㎜まで許容してよい。

【下層路盤の施工方法と特徴】

⑴セメント安定処理工法

セメント安定処理工法は、路盤材にセメントを添加することにより、路盤の強度を高めるとともに、路盤の不透水性を増し、乾燥、湿潤及び凍結などの気象作用に対して**耐久性**を向上させる効果がある。

⑵石灰安定処理工法

石灰安定処理工法は、骨材中の粘土鉱物と石灰との化学反応により安定させるもので、強度の発現は、セメント安定処理工法に比べて遅いが**長期的**には耐久性及び安定性が期待できる。

(3)粒状路盤工法

粒状路盤工法は、クラッシャラン、砂利あるいは砂などを用いる工法である。

【下層路盤の施工上の留意点】

下層路盤に関しては、以下のような施工上の留意点がある。

(1)セメント、石灰安定処理工法

①**仕上がり厚さ**：セメント、石灰安定処理工法では、１層の仕上がり厚さは**15～30㎝**を標準とし、一般に路上混合方式をとる。

②**敷均しと締固め**：路上混合方式により石灰安定処理路盤材の混合が終わった後、モーターグレーダ等で**粗均し**を行いタイヤローラで軽く締め固める。次に、再度モーターグレーダ等で整形し、舗装用ローラで締め固める。２種類以上の舗装用ローラで転圧すると効果的である。

③**セメントの種類**：セメント安定処理工法に用いるセメントは、ポルトランドセメント、高炉セメントなどいずれを用いてもよい。

④**施工継目**：路上混合方式により石灰安定処理路盤を施工する場合の横方向の施工目地は、前日の施工端部を**乱してから**新しい材料を打ち継ぐ。

⑤**路盤材料の製造**：一般には**路上混合方式**により製造するが、中央混合方式による場合もある。

(2)粒状路盤工法

①**仕上がり厚さ**：粒状路盤は、材料分離に留意しながら均一に敷き均し、１層の仕上がり厚さは**20㎝以下**を標準として施工する。

②**敷均し及び転圧機械**：粒状路盤の施工では、材料分離に留意し、敷均しは一般にモーターグレーダで行い、転圧は一般に**10～20ｔ**のロードローラと**８～20ｔ**のタイヤローラで行うが、これらと同等以上の効果がある振動ローラを用いてもよい。

③**含水比の調整（低含水比）**：粒状路盤材料が乾燥しすぎて最適含水比よりも低い場合には、適宜散水し、**最適含水比**付近の状態で締め固める。

④**含水比の調整（高含水比）**：粒状路盤材料が転圧前の降雨等により著しく水を含み締固めが困難な場合には、晴天を待って曝気（ばっき）乾燥を行う。また、少量の石灰またはセメントを散布、混合して転圧することもある。

用語解説
曝気乾燥：レーキドーザなどで土を掘り起こして日光や空気にさらして乾燥させること。

【上層路盤の築造工法と材料】

(1)築造工法

上層路盤工法には、セメント安定処理工法、石灰安定処理工法、瀝青（れきせい）安定処理工法及びセメント・瀝青安定処理工法及び粒度調整工法がある。

用語解説
瀝青：天然アスファルトやタール、ピッチなどの炭化水素化合物の総称。

(2)上層路盤材料

各安定処理に用いる骨材には品質の目安が、また、路盤材料には品質規格が規定されている。その概要を次ページの表に示す。

上層路盤工法と材料（概要）

工　法		安定処理に用いる骨材の望ましい品質（目安）	上層路盤材料の品質規格
セメント安定処理		修正CBR：**20%以上** PI：**9以下**	一軸圧縮強さ（7日）: 2.9MPa （アスファルト舗装の場合）
			一軸圧縮強さ（7日）: 2.0MPa （コンクリート舗装の場合）
石灰安定処理		修正CBR：**20%以上** PI：**6～18**	一軸圧縮強さ（10日）: 0.98MPa
瀝青安定処理		PI：**9以下**	安定度：3.43kN以上（加熱混合） フロー値：10～40(1/100㎝) 空隙率：3～12%
			安定度：2.45kN以上（常温混合） フロー値：10～40(1/100㎝) 空隙率：3～12%
セメント·瀝青安定処理		修正CBR：**20%以上** PI：**9以下**	一軸圧縮強さ：1.5~2.9MPa 残留強度率：65%以上
粒度調整工法	水硬性粒度調整鉄鋼スラグ		単位容積重量：1.50kg/ℓ以上 修正CBR：**80%以上** 一軸圧縮強さ（14日）: 1.2MPa 水浸膨張比：1.5%以下
	粒度調整鉄鋼スラグ		単位容積重量：1.50kg/ℓ以上 修正CBR：**80%以上** 水浸膨張比：1.5%以下
	粒度調整砕石		修正CBR：**80%以上** PI：**4以下**

セメント、石灰、瀝青及びセメント・瀝青の各安定処理に用いる骨材の品質の目安には、別途、粒度の規格がある。

安定処理に用いる骨材が、品質の目安をはずれる場合でも、上層路盤材量の品質規格を満足する安定処理が行える場合は、使用可能である。

【上層路盤の施工方法と特徴】

⑴粒度調整工法

粒度調整工法は、良好な粒度分布となるように調整した骨材を用いる工法であり、敷均しや締固めが容易である。

⑵セメント、石灰安定処理工法

上層路盤のセメント安定処理工法及び石灰安定処理工法の場合、安定処理路盤材料の製造は中央混合方式または路上混合方式で行われる。

⑶瀝青安定処理工法

瀝青材料を骨材に添加して安定処理する工法で、平坦性が良好でたわみ性や耐久性に富む。一般的に使用されている安定処理路盤材料は、アスファルトプラントにおいて加熱混合方式により製造された**加熱アスファルト**安定処理路盤材料である。

⑷セメント・瀝青安定処理工法

骨材にセメント及び瀝青材料を添加して安定処理する工法で、適度な剛性と変形に対する追従性を有する。

【上層路盤の施工上の留意点】

上層路盤に関しては、以下のような施工上の留意点がある。

⑴粒度調整工法

振動ローラ

①**仕上がり厚さ**：粒度調整路盤材は、材料分離に留意しながら均一に敷き均し締め固めて仕上げ、１層の仕上がり厚さは、**15㎝以下**を標準とするが、振動ローラを用いる場合は一般に上限**20㎝**としてよい。

②**締固め機械**：締固めは、粒状路盤の施工と同様、一般に**10～20ｔ**のロードローラと**８～20ｔ**のタイヤローラで行うが、これらと同等以上の効果がある振動ローラを用いてもよい。

⑵セメント、石灰安定処理工法

①**仕上がり厚さ**：セメント安定処理路盤及び石灰安定処理路盤の１層の仕上がり厚さは、**10～20㎝**を標準とするが、振動ローラを用いる場合**30㎝以下**で所要の締固め度が確保できる厚さとしてもよい。

②**締固め（セメント安定処理）**：セメント安定処理路盤材の締固めは、硬化が**始まる前**までに完了させることが重要である。

③**締固め（石灰安定処理）**：石灰安定処理路盤材料の締固めは、最適含水比よりやや**湿潤状態**で施工するとよい。

⑶瀝青安定処理工法

①**仕上がり厚さ**：加熱アスファルト安定処理路盤の場合、１層の仕上がり厚さを10㎝以下で行う**一般工法**と、それを超えた厚さで仕上げる**シックリフト工法**とがある。

②**敷均し機械**：瀝青安定路盤材の敷均しには、一般工法の場合、**アスファルトフィニッシャ**を用いる。シックリフト工法の場合は、アスファルトフィニッシャ以外にブルドーザやモーターグレーダを用いる場合がある。

④ プライムコート・タックコート

【プライムコートの施工】

⑴プライムコートの施工方法と材料

プライムコートの施工方法概要と使用材料を以下に示す。

①**施工方法**：プライムコートは不陸の整正、浮石、ごみ及びその他の有害物の除去を行って路盤を仕上げた後、速やかに**瀝青材料**を**路盤表面**に均一に散布して養生する。

②**使用機械**：散布にあたっての機械は、**アスファルトディストリビュータ**または**エンジンスプレーヤー**を使用する。

③**使用材料**：プライムコートには、通常、アスファルト乳剤（**PK-3**）を用いる。散布量は**1～2ℓ/㎡**を標準とし、路盤面が緻密な場合は少なめに、粗な場合は多めに用いられることがある。ほかに、路盤への浸透性を高めた、高浸透性乳剤（**PK-P**）を用いる場合もある。路盤が瀝青安定処理路盤の場合は、タックコートを施工する。

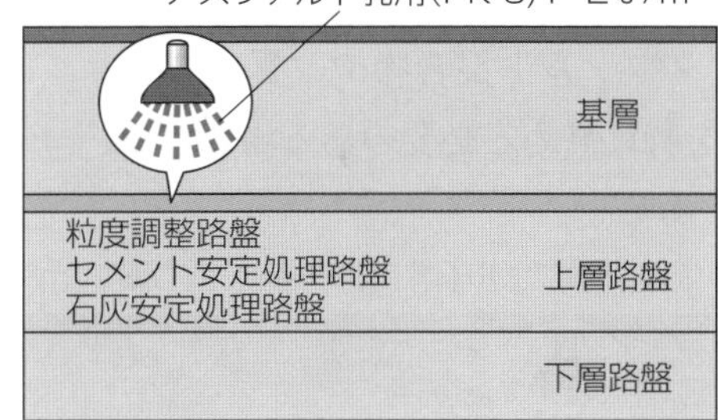

プライムコートの散布例

⑵プライムコートの機能

プライムコートには、以下のような機能がある。

①路盤上にアスファルト混合物を舗設する場合では、路盤と加熱アスファルト混合物層との**なじみをよくする**。

②降雨による路盤洗掘や表面水浸透などを**防止**する。

③路盤表面部に浸透しその部分を**安定**させる。

④路盤からの水の蒸発を**遮断**する役割がある。

⑤路盤上にコンクリートを舗設する場合では、打設したコンクリートからの水分の**吸収**を防止する。

⑶プライムコートの施工上の留意点

プライムコートには、以下のような施工上の留意点がある。

①**瀝青材料の厚い皮膜**：瀝青材料が路盤に浸透しないで厚い皮膜となるなど養生が不十分な場合は、上層の施工時にブリーディングを起こしたり、層の間でずれて上層にひび割れを生ずることがあるので、そのような部分には**砂を散布**し吸収させ取り除く。

②**車輪への付着防止**：上層を施工する前にやむを得ず交通開放する場合には、瀝青材料の車輪への付着を防止するため**砂を散布**するとよい。

③**寒冷期の施工**：寒冷期に施工する場合は、瀝青材料を散布しやすくするとともに養生期間を短縮するため、瀝青材料の性質に応じて**加温**して散布するとよい。

④**路盤への浸透**：プライムコートは、散布時に路盤の表面が適度に**湿っている**ほうが路盤への浸透がよい。

⑤**瀝青材料の製造遅**：プライムコート用瀝青材料は、製造後60日を経過したものは使用してはならない。

【タックコートの施工】

⑴タックコートの施工方法と材料

タックコートの施工方法概要と使用材料を以下に示す。

①**施工方法**：タックコートは散布する下層面の表面が乾燥していることを確認し、浮石、ご

みなどの清掃を行った後に施工する。

②**使用機械**：散布にあたっての機械は、**アスファルトディストリビュータ**または**エンジンスプレーヤー**を使用する。タックコート面の保護や乳剤による周辺の汚れ防止のために、乳剤散布装置搭載型のアスファルトフィニッシャを使用することがある。

③**使用材料**：タックコートには、通常、アスファルト乳剤（**PK-4**）を用いる。散布量は一般に**0.3～0.6ℓ/㎡**が標準である。開粒度アスファルト混合物や改質アスファルト混合物を使用する場合などにおいて、層間接着力を特に高める必要のある場合には、ゴム入りアスファルト乳剤（**PKR-T**）を用いることもある。

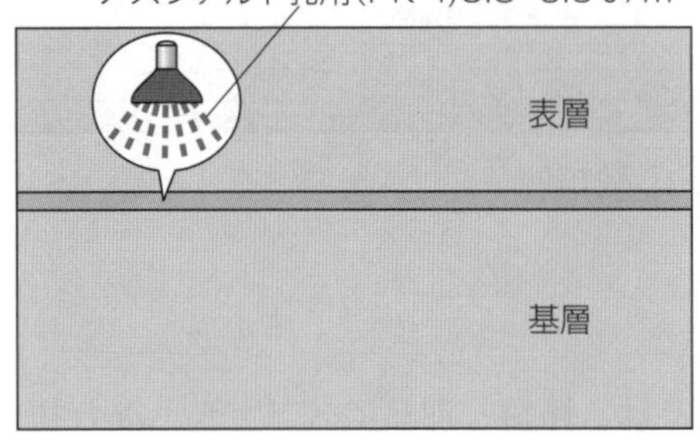

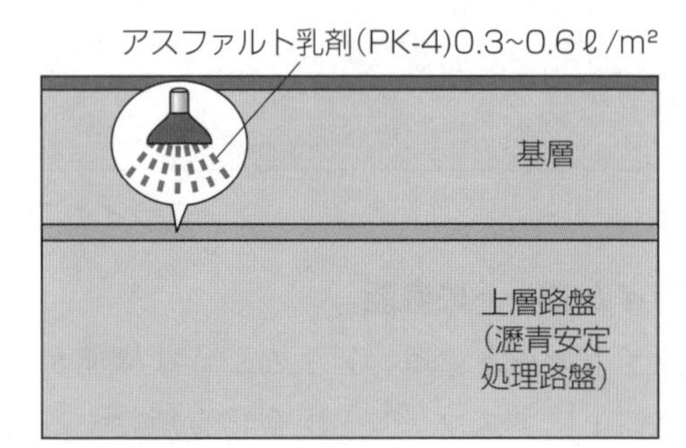

タックコートの散布例

⑵タックコートの機能

タックコートは、舗設する混合物層とその下層の瀝青安定処理層、中間層、基層との付着、及び継目部の**付着をよくする**ために行う。

⑶タックコートの施工上の留意点

タックコートには、以下のような施工上の留意点がある。

①**寒冷期の施工**：タックコートの寒冷期の施工や急速施工の場合は、瀝青材料を散布しやすくするとともに養生時間を短縮するために、瀝青材料の性質に応じて**加温**して散布する方法を採ることがある。また、アスファルト乳剤の所定散布量を**2回に分けて散布**する方法もある。

②**アスファルト乳剤の希釈**：タックコートの散布量が少ない場合は均一性を確保するため、アスファルト乳剤を水によって2倍程度に**希釈**して散布するとよい。

③**降雨時の施工**：施工中に降雨があった場合、アスファルト乳剤が流出する危険性があり、ただちに作業を中止する。

④**瀝青材料の製造**：タックコート用瀝青材料は、製造後60日を経過したものは使用してはならない。

5 アスファルトの表層・基層の施工

アスファルトの表層及び基層の施工では、所定品質が確保できるように配合設計され、製造された加熱アスファルトが用いられる。資源や発生材の有効活用の面では、再生加熱アスファルトの仕様が望まれ、環境や安全の観点からはポーラスアスファルトを用いた排水性舗装などの各種の舗装が施工されている。

【加熱アスファルト混合物の施工方法、温度管理及び施工上の留意点】

表層及び基層用混合物の舗設は、所定の温度で行い、所定の締固め度が得られるように転圧する必要がある。加熱アスファルト混合物の施工方法、温度管理及び施工上の留意点を以下に示す。

締固め効果の高いローラを用いる場合や、中温化技術により施工性を改善した混合物を使用する場合の転圧については、所定の締固め度が得られる範囲で、適切な転圧温度を設定することにより、従来よりも低い温度で締め固めることができる。

⑴加熱アスファルトの敷均し

①**敷均し機械と混合物の温度**：アスファルト混合物は、通常、**アスファルトフィニッシャ**によって敷均しを行い、敷均し時の混合物の温度は、アスファルトの粘度にもよるが、一般に**110℃**を下回らないようにする。

②**敷均し作業中の降雨**：混合物の敷均し作業中に雨が降り始めた場合には、敷均し作業を中止するとともに、敷均し済みの混合物を速やかに締め固めて仕上げる。

⑵加熱アスファルトの締固め

①**締固め作業の順序**：アスファルト舗装道路の施工におけるアスファルト混合物は、敷均し終了後、所定の密度が得られるように締め固める。締固め作業は、一般に**継目転圧**、**初転圧**、**二次転圧**、**仕上げ転圧**の順序で行う。

②**転圧方法**：締固めのローラは、一般にアスファルトフィニッシャ側に駆動輪を向けて、横断勾配の**低いほうから高いほう**へ向かい、順次幅寄せしながら低速かつ等速で転圧する。

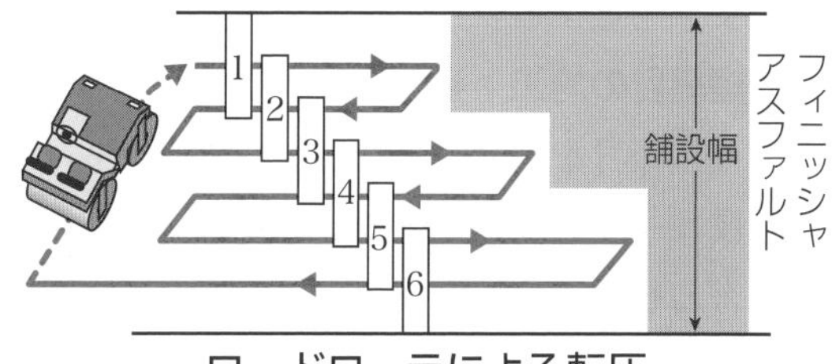

ロードローラによる転圧

③**初転圧**：加熱アスファルト混合物の初転圧においては、一般に**10～12 t**のロードローラで1往復（2回）程度行う。初転圧は、ヘアクラックが生じない限り高い温度で行うが、一般に**110～140℃**である。

用語解説

クラック：ひび割れのこと。髪の毛のように細い幅のひび割れをヘアクラックという。

もっと知りたい

ローラへのアスファルト混合物の付着防止のためには、ローラに少量の水、切削油乳剤の希釈液などを噴霧機等で薄く塗布するとよい。

④**二次転圧**：二次転圧は、一般に**8～20 t**のタイヤローラまたは**6～10 t**の振動ローラで行い、二次転圧の終了温度は一般に**70～90℃**である。

タイヤローラによる混合物の締固め作業では、交通荷重に似た締固め作用により、骨材相互のかみ合わせがよくなり、深さ方向に均一な密度が得やすい。

⑤**振動ローラによる二次転圧**：二次転圧において、荷重、振動数及び振幅が適切な振動ローラを使用する場合は、タイヤローラを用いる場合よりも少ない転圧回数で所定の締固め度を得ることができる。

⑥**仕上げ転圧**：仕上げ転圧は、不陸の修正、ローラマークの消去のために行うものであり、タイヤローラあるいはロードローラで2回（1往復）程度行う。二次転圧に振動ローラを用いた場合には、仕上げ転圧に**タイヤローラ**を用いることが望ましい。

タイヤローラ

ローラの線圧過大、転圧温度の高過ぎ、過転圧などの場合には、ヘアクラックが多くみられることがある。振動ローラによって転圧する場合には、転圧速度が速すぎると不陸や小波が発生する。

⑶継目の施工

①**継目の位置**：継目位置は、既設舗装の補修・延伸・拡幅の場合を除いて、下層の継目の上に上層の継目を重ねないようにする。

②**横継目の平坦性**：横継目の仕上がりの良否は、走行性に直接影響するので平坦に仕上げるよう注意する。

③**縦継目の施工**：道路舗装の加熱アスファルト混合物の縦継目部の施工は、レーキなどにより粗骨材を取り除いた混合物を、下図のように既設舗装に**5cm程度**重ねて敷き均し、直ちにローラの駆動輪を**15cm程度**かけて転圧する。表層の縦継目の位置は、レーンマークに合わせるのを原則とする。

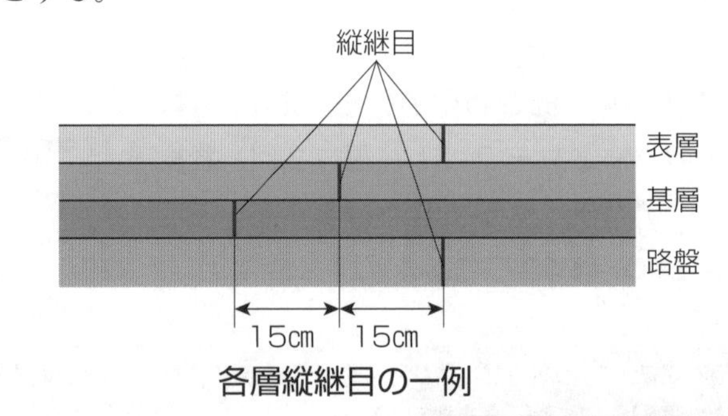

各層縦継目の一例

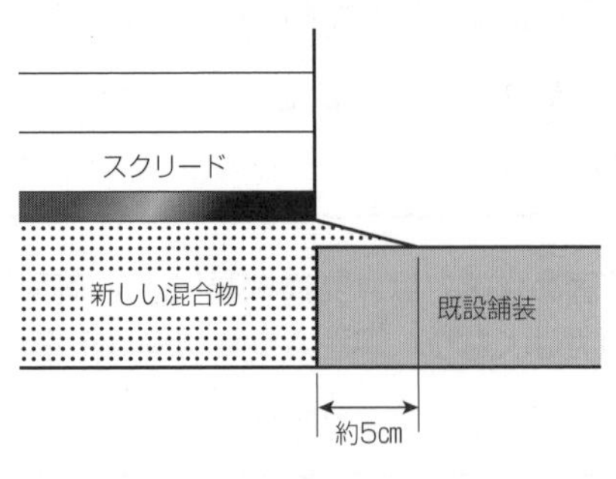

縦継目の重ね合わせ

縦継目の転圧

④**ホットジョイント**：道路のアスファルト舗装の施工におけるホットジョイントの締固めは、縦継目側の**5～10㎝**を転圧しないでおいて、この部分は後続の混合物を締め固めるときに同時に行う。

用語解説
ホットジョイント：アスファルトフィニッシャを2台併走させて、縦継目部の温度が高いうちに転圧して一体化させる施工方法。幅員の広いアスファルト舗装などでの施工に用いられる。

舗装の継目部は締固めが不十分となりがちで、弱点となりやすく、施工継目はなるべく少なくする。

⑷交通開放温度

道路のアスファルト舗装の施工における転圧終了後の交通開放時の舗装表面温度は、初期わだち掘れに大きく影響するのでおおむね**50℃以下**とする。舗装表面温度を**50℃以下**とすることによって、交通開放初期における舗装の変形を**小さくする**ことが可能になる。

用語解説
わだち：車両が通った際に地面等に残る車輪の跡。多くの車両の通行により、その荷重でわだちが生じる現象をわだち掘れという。

⑸寒冷期における舗設

寒冷期に加熱アスファルト混合物の施工を行う場合には、混合物温度の低下が早く、所定の締固め度が得られにくいので、特に温度管理に留意するとともに、必要に応じて混合物の保温対策などを講じる。

①**加熱アスファルト混合物の管理**：やむを得ず5℃以下の気温で舗設を行う場合は、混合物の**製造時温度**を少し上げたり、運搬トラックに**保温設備**を設けるなどの改善を行い、所定の締固め度が得られることを確認する。

②**瀝青材料の管理**：タックコートなどの瀝青材料を散布する場合は、散布しやすくするために瀝青材料の性質に応じて**加温**しておくことが望ましい。

加熱アスファルト混合物の運搬中の保温には、保温シートで覆うという手段もとられています。

⑹改質アスファルト混合物の舗設

改質アスファルト混合物の舗設は、通常の加熱アスファルト混合物に比べて高い温度で行う場合が多いので、特に温度管理に留意して速やかに敷均しを行い、締め固めて仕上げる。

6 各種の舗装

【各種の舗装の分類】

舗装技術の進歩や多様化、技術標準の性能規定化への転換、環境への配慮などを反映して、新技術を含めた多くの舗装技術が「各種の舗装」として位置付けられている。各種の舗装は、適用箇所、機能、材料及び構造の項目によって分類されている（舗装施工便覧：平成18年版）。

各種の舗装の分類と舗装の種類（例）

分　類	舗装の名称
適用箇所別	橋面舗装、トンネル内舗装、岩盤上の舗装、歩道・自転車道等の舗装
機　能　別	排水機能を有する舗装、透水機能を有する舗装、騒音低減機能を有する舗装、明色機能を有する舗装、色彩機能を有する舗装、すべり止め機能を有する舗装、凍結抑制機能を有する舗装、路面温度上昇抑制機能を有する舗装
材　料　別	半たわみ性舗装、グースアスファルト舗装、ロールドアスファルト舗装、フォームドアスファルト舗装、砕石マスチック舗装、大粒径アスファルト舗装、ポーラスアスファルト舗装、インターロッキングブロック舗装、保水性舗装、遮熱性舗装、瀝青路面処理、表面処理、プレキャストコンクリート版舗装、薄層コンクリート舗装、小粒径骨材露出舗装、ポーラスコンクリート舗装、土系舗装
構　造　別	フルデプスアスファルト舗装、サンドイッチ舗装、コンポジット舗装

これが試験に出る!

環境への関心の高まり及び多様なニーズの面から、道路の緑化や交通振動の低減を配慮した舗装技術が開発されている。各種の舗装については、出題件数は少ないが、基本的な事項を理解しておこう。

【各種の舗装の例と特徴】

各種舗装の代表的な例及びその特徴を以下に示す。

(1)橋面舗装

一般にアスファルト舗装を用いることが多く基層及び表層の２層とし、基層と床版の間には**防水層**や接着層を設ける。

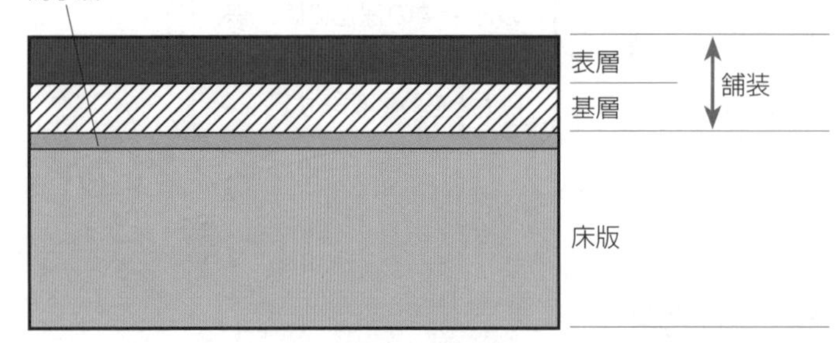

橋面舗装の例

(2)排水機能を有する舗装

排水性舗装が代表的で、空隙率の高い多孔質なアスファルト混合物を表層、または表・基層に用い、下層に不透水性の層を設けて雨水等を速やかに路面下に浸透させて排水させるもので、騒音の低減機能も期待できる。一般的には排水機能層として**ポーラスアスファルト混合物**を用いる場合が多く、ポーラスコンクリート舗装を用いることもある。

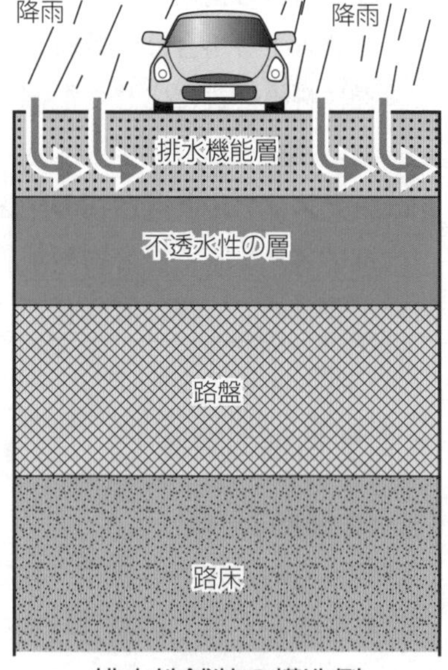

排水性舗装の構造例

⑶透水機能を有する舗装

> **用語解説**
> 地下水涵養効果：地表の水を地下水とする効果。揚水などによる地下水の不足は地盤沈下等の原因にもなるため、地下水涵養は重要である。

透水性のある材料を用いて、雨水を表層から基層及び路盤まで浸透させる構造としたもので、下水や河川への**雨水流出抑制効果**を有し、さらに路床浸透型のものでは**地下水涵養効果**も期待され、透水機能を有する舗装には透水性舗装のほか土系舗装や緑化舗装などがある。透水機能層には、**ポーラスアスファルト混合物**のような空隙率の多い材料を用いる例が多い。プライムコートは原則として**施工しない**。タックコートは、通常、構造物との接続部以外では行わないが、基層で路面を交通開放する場合などは透水性を損なわないように配慮し、アスファルト乳剤を**0.4ℓ/㎡以下**の量で使用するとよいとされている。

車道に透水性舗装を適用した場合は、雨水の路面下への浸透による水はね防止、ハイドロプレーニング現象防止、**騒音低減**などの付加的な効果がある。

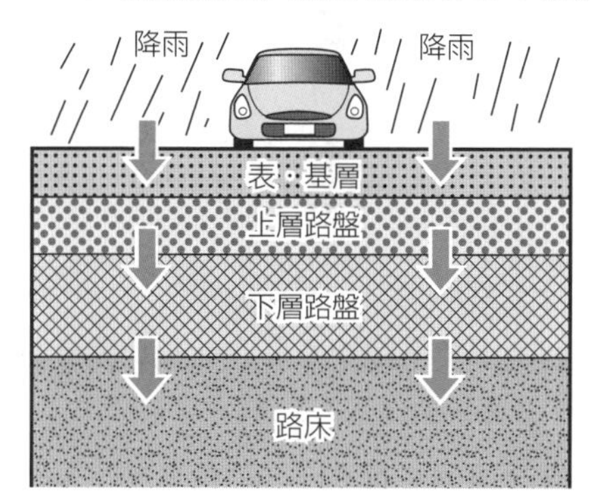

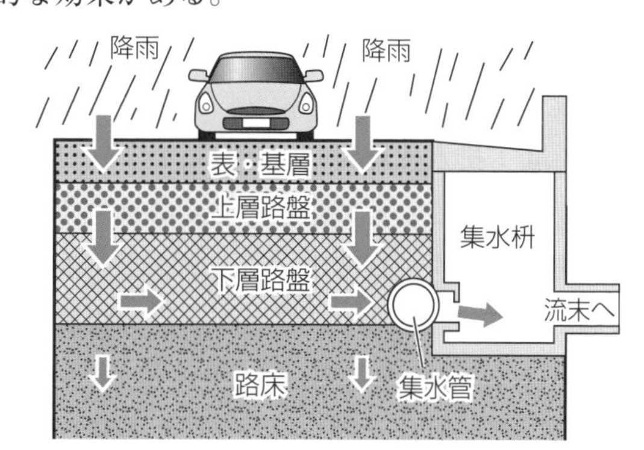

透水性舗装の構造例

【ポーラスアスファルト混合物の施工】

排水性舗装などに用いられるポーラスアスファルト混合物の施工には、以下のような特徴、仕様及び留意点がある。

⑴ポーラスアスファルト舗装

ポーラスアスファルト舗装は、ポーラスアスファルト混合物を表層あるいは表・基層などに用い、高い空隙率をもつことにより、**排水機能**や**透水機能**を有する舗装、**低騒音舗装**などに用いられる。

⑵ポーラスアスファルト混合物の仕様

一般的に使用されるポーラスアスファルト混合物（20、13）の仕様を以下の表に示す。

施工厚	4～5㎝
バインダ	ポリマー改質アスファルトH型
粗骨材の最大粒径	20もしくは13㎜
目標空隙率	20%程度

⑶ポーラスアスファルト混合物の舗設に関する留意点

ポーラスアスファルト混合物の舗設については、以下のような施工上の留意点がある。

①**敷均し機械**：敷均しは、**アスファルトフィニッシャ**を用いる。

②**タックコート**：タックコートは、原則として**ゴム入りアスファルト乳剤（PKR-T）**を用い、散布量は一般に**0.4～0.6ℓ/㎡**を標準とする。排水性舗装の場合のタックコートは、不透水性の下層の防水処理としての機能が期待される。

排水性舗装の場合、既設排水性舗装との継目部をタックコートにより密着すると、排水機能が損なわれることがあり、原則的に継目部にはタックコートは用いないことが望ましい。

③**混合物の温度低下**：ポーラスアスファルト混合物は温度低下が通常の混合物より早いため、敷均しはできるだけ速やかに行い、設定温度で締固めが行えるよう、初転圧は敷均し**終了後直ちに行う**。

④**継ぎ目の舗設**：継ぎ目の舗設に際しては、継目部をよく清掃したのちジョイントヒータで加温し、敷き均した新しい混合物を締め固め、相互に密着させるようにする。

用語解説

ジョイントヒータ：**継目部のひび割れを防止するための加温装置で、アスファルトフィニッシャに取り付けて使用する。**

⑤**切削くず**：排水性舗装では、**空隙づまり**が生じると排水機能が**低下**することになるので、排水性舗装の複数車線道路を１車線ずつ切削オーバーレイをする場合は、すでに施工したポーラスアスファルト混合物層を、切削くずで空隙づまりさせないよう施工する。

⑥**初転圧**：初転圧は一般に**10～12ｔ**のロードローラを用いて行う。

もっと知りたい

ポリマー改質アスファルトH型などの高粘度改質アスファルトを用いた場合の初期転圧温度は、一般的な舗装よりやや高い140～160℃である。

⑦**二次転圧**：二次転圧は初転圧に用いたローラによって行うが、６～10ｔの振動ローラを無振動で使用する場合もある。

⑧**仕上げ転圧**：仕上げ転圧は、ローラマーク消去のために行うが、空隙つぶれを防ぐため、一般に６～10ｔのタンデムローラあるいはタイヤローラを用いて施工し、転圧回数は２回（１往復）程度行う。

仕上げ転圧には、表面のきめを整えて、混合物の飛散を防止するという効果も期待できるタイヤローラを使用することが多い。

7 アスファルト舗装の補修

【補修の目的と補修工法】

舗装は、建設後の供用に伴って性能が低下するものであり、路面性能や舗装強度の低下程度に沿って維持・修繕を行う必要がある。

補修工事には維持工事と修繕工事があり、アスファルト舗装の補修工法には、機能的対策を目的としたものと構造的対策を目的としたものがある。補修にあたっては、状況に応じて路面設計や構造設計が必要になる場合がある。

(1)機能的対策

表層の補修工法で、予防的維持または応急的に行う対策も含まれている。

(2)構造的対策

全層に及ぶ補修工法で路床まで対象になる場合がある。構造設計が必要な工法には、打換え工法、局部打換え工法、路上路盤再生工法、表層・基層打換え工法及びオーバーレイ工法がある。主な補修工法の区分を下図に示す。

主な補修工法の区分

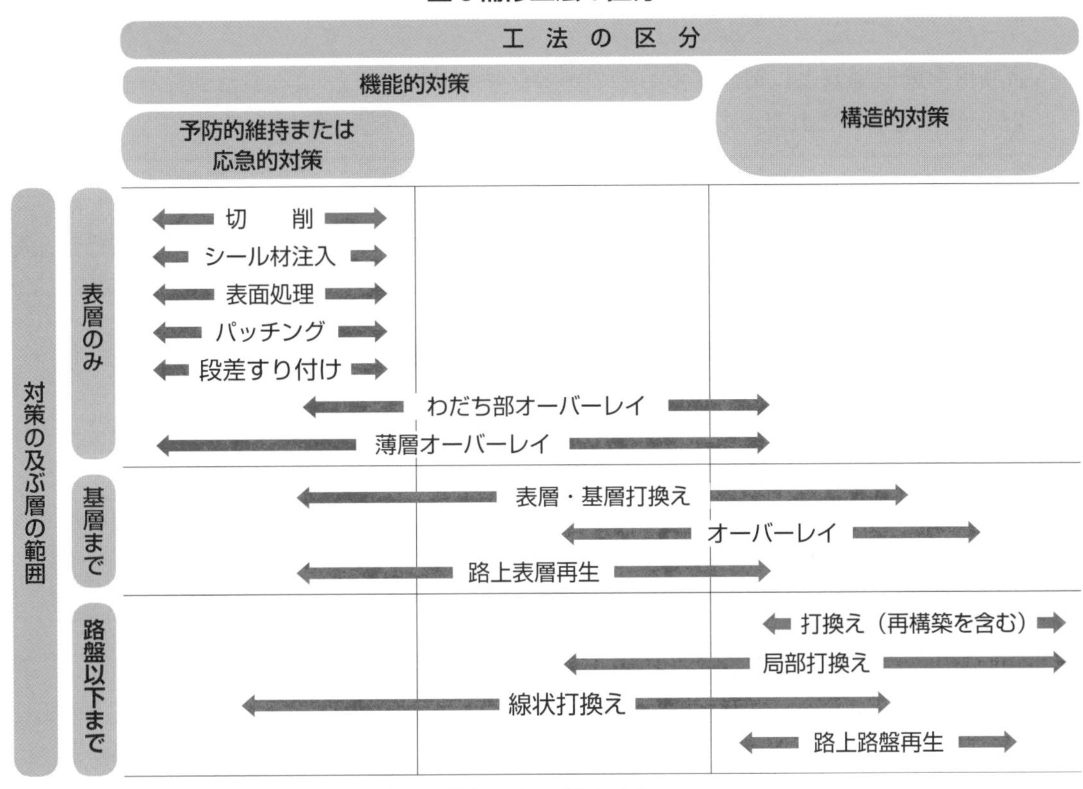

【補修工法の概要、補修工法の選定及び施工上の留意点】

(1)補修工法の概要

アスファルト舗装の補修工法についての概要を以下に示す。

①**切削工法**：路面の凸部等を切削除去し、**不陸や段差**を解消する工法で、オーバーレイ工法や表面処理工法の事前処理として行われることも多い。

②**シール材注入工法**：比較的幅の広いひび割れに注入目地材を充填する工法である。

③**表面処理工法**：既設舗装の表面上に、加熱アスファルト混合物以外の材料を用いて、**3cm未満**の封かん層を設ける工法である。

④**パッチング及び段差すり付け工法**：パッチング及び段差すり付け工法は、ポットホール、くぼみ、段差などを応急的に充填し補修するものである。

> **用語解説**
> ポットホール：舗装の表層が剥離してできた円形の穴。

⑤**わだち部オーバーレイ工法**：既設舗装のわだち掘れ部の

みを加熱アスファルト混合物で舗設する工法である。

⑥**薄層オーバーレイ工法**：既設舗装の上に、**3cm未満**の加熱アスファルト混合物層を舗設する工法である。

⑦**表層・基層打換え工法**：既設舗装の表層または基層まで打ち換える工法である。

⑧**路上表層再生工法**：現位置で既設アスファルト混合物層の加熱、かきほぐしを行い、これを材料とし必要に応じて新しいアスファルト混合物や再生用添加剤を加えて混合し、表層の再生構築を行う工法である。施工機械には、**再生用ヒータ**、**路上表層再生機械**等が含まれる。

用語解説
路上表層再生機械：1台で再生添加剤の散布や路面のかきほぐし、混合、敷均しまで行うことのできる機械。

⑨**オーバーレイ工法**：厚さ**3cm以上**の加熱アスファルト混合物層を既設舗装上に舗設するものである。オーバーレイ厚は、沿道条件などから最大**15cm程度**とし、これ以上の厚さが必要な場合はほかの工法を検討する。

オーバーレイ工法は、舗装表面にひび割れが多く発生するなど、応急的な補修では近い将来に全面的な破損にまで及ぶと考えられる場合などに行う。

⑩**打換え工法**：既設舗装の路盤もしくは路盤の一部までを打ち換えるものである。状況によっては路床の入れ換え、路床または路盤に対する安定処理を行うこともある。

⑪**路上路盤再生工法**：路上において既設のアスファルト混合物を破砕し、セメントやアスファルト乳剤などの安定材と既設の路盤材料等とともに混合、転圧して安定処理路盤を構築する工法である。施工機械には、**路上破砕混合機械**等が含まれる。

用語解説
路上破砕混合機械：既設のアスファルト混合物を破砕して、現位置での安定処理路盤を再構築するために用いる機械。ロードスタビライザともよばれる。

⑵舗装に見られる破損の種類例とその原因

舗装の維持・修繕の実施に際しては、舗装の破損状態を調査し、的確に把握することが大切であり、その原因を特定し、適切で効果的な維持・修繕工法を選定し、実施する必要がある。アスファルト舗装に見られる破損の種類とその原因には、以下のような例がある。

①**亀甲状ひび割れ**：路床・路盤の支持力低下や沈下及び混合物の劣化や老化により、亀甲状ひび割れが発生することがある。

②**コルゲーション**：表層と基層の接着不良などにより、交差点手前などに道路縦断方向の**波長の短い**波状の凹凸が発生することがあり、コルゲーションとよばれる。

③**わだち掘れ**：路床・路盤の沈下や表層混合物の塑性流動などにより、走行軌跡部にわだち掘れが発生することがある。

④**ヘアクラック**：初転圧時の混合物の過転圧などにより、主に表層にヘアクラックが発生することがある。

⑶補修工法の選定にあたっての留意点

補修工法の選定にあたっての留意点には、以下のようなものがある。

①**流動によるわだち掘れが大きい場合**：その原因となっている層を除去しないでオーバーレ

イ工法を行うと再び流動する可能性が高いので、オーバーレイ工法よりも**表層・基層打換え工法**を選定するとよい。

②**ひび割れの程度が大きい場合**：ひび割れの程度が大きい場合は、路床、路盤の破損の可能性が高いので、オーバーレイ工法よりも**打換え工法**を選定するとよい。

③**路面のたわみが大きい場合**：路床・路盤に破損が生じていると考えられるため、**路床、路盤などの調査**を開削して行い、その原因を把握したうえで補修工法の選定を行う。安易にオーバーレイ工法を選定せずに調査の状況によっては、**打換え工法**を選定するとよい。

補修時の各状況とそれぞれ適切な工法の組み合わせについて、整理しましょう。

補修工法の選定は、舗装発生材を極力少なくすることや既設の舗装構造を考慮して行う。

❽ コンクリート舗装

【コンクリート舗装の分類】

コンクリート舗装に一般的に用いられているコンクリート版の種類には、普通コンクリート版、連続コンクリート版及び転圧コンクリート版がある。その他、プレキャストコンクリート版があり、修繕工事等に適用されることがある。

⑴コンクリート舗装版の構造と役割

一般的なコンクリート舗装版として、以下のような構造例があり、コンクリート舗装はコンクリート版と路盤からなる。コンクリート版の役割は、交通荷重を支持し、路盤以下に荷重を分散させることである。路盤の最上部に路盤の耐水性、耐久性の向上などを目的としてアスファルト中間層を設けることがあり、路盤の上部に厚さ４cmを標準にしてアスファルト混合物を用いて構築する。中間層を設けた場合は、路盤厚さの低減ができる。

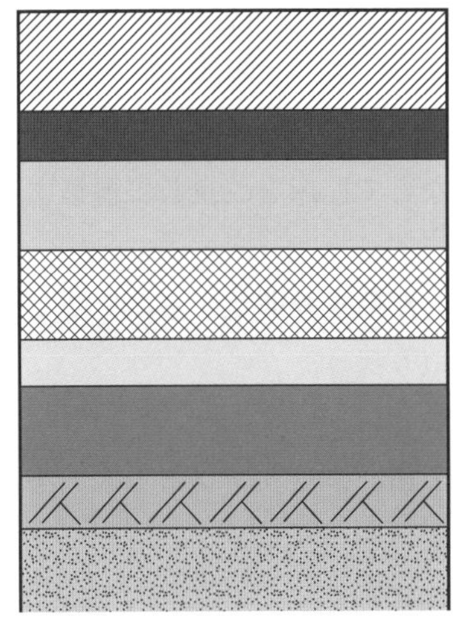

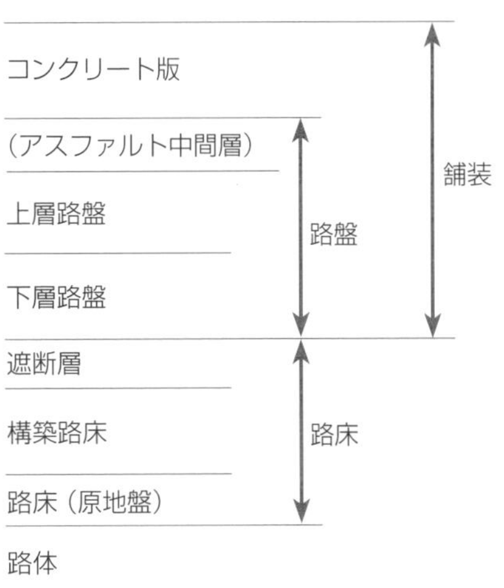

⑵**コンクリート舗装版の種類と概要**

一般的なコンクリート舗装版の種類と概要を以下の表に示す。

	普通コンクリート版	連続鉄筋コンクリート版	転圧コンクリート版
構造の概要	あらかじめ目地を設け、発生する**ひび割れを誘導**する。目地には荷重伝達装置としての**ダウエルバー**を用いる。原則として、**鉄網及び縁部補強鉄筋**を用いる。	普通コンクリート版の**横目地を省いた**構造で、横ひび割れは、**縦方向鉄筋で分散**させるもので、このひび割れ幅は狭い。横方向鉄筋とその上に縦方向鉄筋を連続的に設置しておく。	あらかじめ目地を設け、発生する**ひび割れを誘導**する。横収縮目地、膨張目地及び縦目地等は設けるが、一般的に、目地部には荷重伝達装置としての**ダウエルバーを設けない**。
コンクリート	フレッシュコンクリート	フレッシュコンクリート	単位水量の少ない、**硬練りコンクリート**
敷均し	スプレッダ	スプレッダ	アスファルトフィニッシャ
締固め	振動締固め	振動締固め	アスファルトの舗設用の**振動ローラ及びタイヤローラ**
施工工程	荷下ろし→敷均し→鉄網及び縁部補強鉄筋の設置→敷均し→締固め→荒仕上げ→平坦仕上げ→粗面仕上げ→養生	鉄筋の設置→荷下ろし→敷均し→締固め→荒仕上げ→平坦仕上げ→粗面仕上げ→養生	荷下ろし→敷均し→締固め→養生

ワンポイントアドバイス

コンクリート版の初期ひび割れを防ぐためには、単位セメント量及び単位水量をなるべく少なくする。

用語解説

スプレッダ：セットフォーム工法で用いられる敷均し用の機械。機械に装着したブレードを前後左右に旋回させながらレール上を走行することで、コンクリートを所定の高さに敷き均すことができる。

【コンクリート舗装の路床】

路床は、舗装の厚さを決めるもととなる部分で、路盤の下約**1 m**の土の部分であり、以下のような留意点がある。

⑴**路床の支持力**

路床の支持力は平板載荷試験によって判定し、路床土の強度特性は**CBR試験**によって判定する。

⑵**路床の構築**

路床土が軟弱な場合は、置換工法や安定処理工法などで路床を改良して構築する。

⑶**遮断層**

遮断層は、路床土が地下水とともに路盤に侵入し、路盤を軟弱化するのを防ぐため、路床の上部に設けられる**砂層**であり、構築した路床として取り扱う。

【コンクリート舗装版の施工方法と特徴】

コンクリート舗装版の施工方法はセットフォーム工法、スリップフォーム工法及び転圧工法に大別され、次のような特徴がある。

⑴セットフォーム工法

舗装版を舗設する路盤上または中間層の上にあらかじめ設置した**型枠内**に、コンクリートを施工する方法である。適用される舗装版は、普通コンクリート版及び連続鉄筋コンクリート版である。

一般的な機械編成は、コンクリートの荷下ろし機械、敷均し機械、締固め及び整形機械、平坦仕上げ機械である。また、必要に応じて粗面仕上げ機械及び打込み目地形成機械が編成される。荷下ろし機械以外は型枠上のレールを走行して施工する。以下に、縦取り型荷下ろし機械の例を示す。

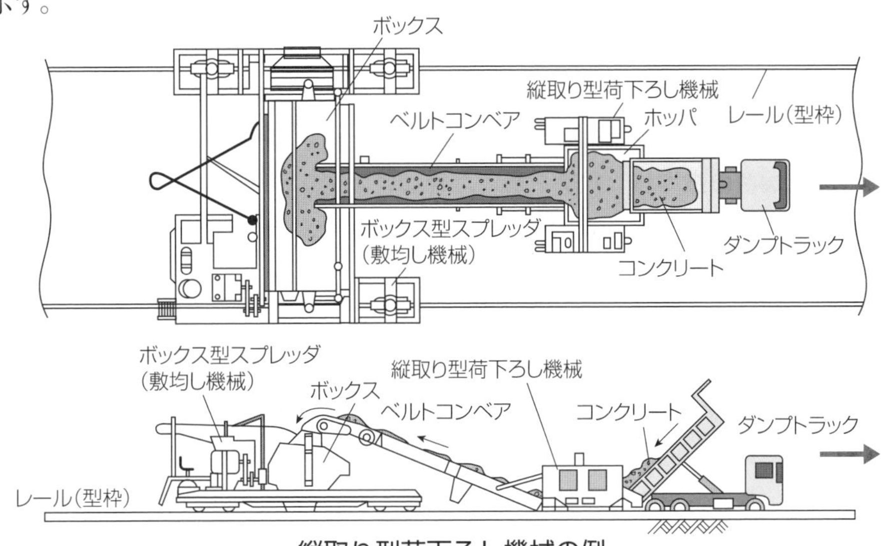

縦取り型荷下ろし機械の例

⑵スリップフォーム工法

スリップフォーム工法は、**型枠を設置せず**に専用の**スリップフォームペーバ**を用いて舗設する方法である。適用される舗装版は、普通コンクリート版及び連続鉄筋コンクリート版である。

一般的な機械編成は、コンクリートの荷下ろし機械、敷均し、締固め及び平坦仕上げの一連作業を行うスリップフォームペーバであり、必要に応じて粗面仕上げ機械が編成される。

⑶転圧工法

転圧工法は、高い締固め能力を有する強化型スクリードなどを備えた**舗設機械（アスファルトフィニッシャ）**によって敷き均し、**振動ローラ等**により締め固める方法である。適用される舗装版は、転圧コンクリート版である。

【普通コンクリート版の施工方法及び施工上の留意点】

普通コンクリート版の施工にはセットフォーム工法、スリップフォーム工法の両工法の適用が可能であるが、鉄網を用いる場合はセットフォーム工法で施工されることが多い。普通コンクリート版の施工方法及び施工上の留意点を以下に示す。

⑴準備工

コンクリート版の下層にアスファルト中間層及び瀝青安定処理路盤を用いる場合は、路盤表面に**石粉等**を塗付して付着を軽減させる。また、路盤が吸水性の場合は、打込み直前にこれを適切に**湿った**状態にしなければならない。

⑵コンクリートの運搬

コンクリートは、材料の分離を防ぐことができるような方法で運搬し、舗設位置でのスランプが**5㎝以上**の場合は、**アジテータトラック**を用い、スランプが**5㎝未満**の場合は、**ダンプトラック**を用いる。

⑶コンクリートの荷下ろし

荷下ろし機械を用いずにコンクリートをダンプトラックから直接荷下ろしをする場合は、できるだけ**何回にも分けて**荷下ろしし、材料分離を防ぐとともに敷均し作業を容易にする。

⑷コンクリートの敷均し

①**コンクリートの余盛**：コンクリートの敷均しは、スプレッダを用いて、全体ができるだけ均等な密度になるよう余盛(よもり)をつけて行う。コンクリートは締固め時に勾配の低いほうに流動することから、余盛厚さは横断勾配の高いほうを多くし、低いほうを少なくしておく。

②**鉄網を用いた場合の敷均し**：鉄網を用いた普通コンクリート版をセットフォーム工法で施工する場合、敷均しは鉄網を境にして下層及び上層の**2層**で行う。鉄網を用いない場合は、1層で敷き均す。

⑸鉄網及び縁部補強鉄筋の設置

①**鉄網の埋込み深さ**：鉄網の埋込み深さは、コンクリート版**上面から**版厚の**1/3**の位置を目標とし、舗装厚が15㎝の場合は、原則として版厚のほぼ**中央**とする。

②**鉄網の仕様**：鉄網は、通常**6㎜の異形鋼棒**を溶接によって格子状に加工（約3kg/㎡）したものを用い、目標位置の**±3㎝**の範囲に設置する。

③**鉄網の大きさ**：鉄網の大きさは、コンクリート版の縁部から**10㎝程度**狭くする。1枚の鉄網の長さは、重ね合わせる幅を**20㎝程度**とし、目地間隔の間に収まるようにする。

④**縁部補強鉄筋**：縁部補強鉄筋は、径13㎜の異形棒鋼3本を鉄網に焼きなまし線で結束する。

⑹コンクリートの締固めと荒仕上げ

①**コンクリートの締固め**：コンクリートの締固めは、鉄網等の設置の有無には係わらず**1層**で締め固める。敷き均されたコンクリートは、コンクリートフィニッシャを用いて締め固めて、所定の高さに**荒仕上げ**を行う。

②**打込み中止時の処置**：降雨等のため、やむを得ずコンクリートの打込みを中止する場合には、タイバーを用いた突合せ目地構造として区切り、ただちに締め固めて仕上げなければならない。

⑺平坦仕上げ及び粗面仕上げ

①**平坦仕上げ**：コンクリート版の表面は、平坦で所定の形状に仕上げた後、粗面に仕上げなければならない。平坦仕上げには、平坦仕上げ機械を用いる。

②**粗面仕上げ**：粗面仕上げ機械または人力によって粗面仕上げを行う。その種類には、ほうきめ仕上げ、タイングルービング仕上げ、骨材露出仕上げがある。

コンクリート版の仕上げは、荒仕上げ→平坦仕上げ→粗面仕上げの順に行うが、この一連の作業は、表面仕上げと総称する。

(8)目地の施工

目地は、コンクリート版の膨張、収縮、そり等をある程度自由に発生させることにより、作用する応力を軽減する目的がある。普通コンクリート版の場合、荷重伝達をはかるためのダウエルバーを用いた横膨張目地、横収縮目地及びタイバーを用いた縦目地を設ける。

①**横目地**:横収縮目地は、**ダウエルバー**を用いたダミー目地構造を標準とし、横膨張目地は、ダウエルバー、目地板、チェア及びクロスバーを組み立てて設置し、目地溝に目地材を注入する構造を標準とする。横収縮目地と横膨張目地の構造例を下図に示す。

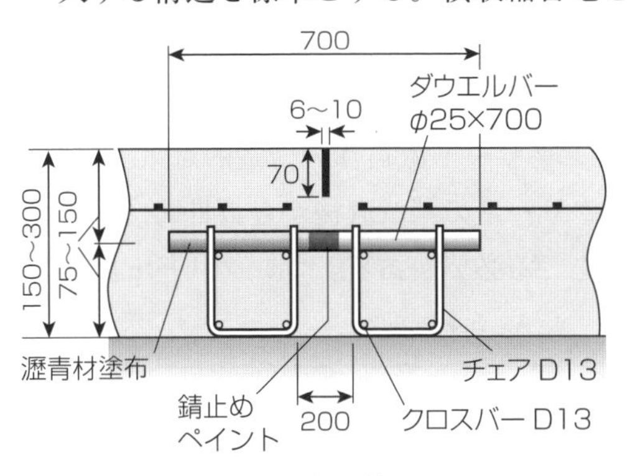

横収縮目地　　横膨張目地

②**縦目地**:縦目地は、2車線同時舗設する場合は**タイバー**を用いてダミー目地構造とし、1車線ずつの施工で新旧版を継ぐ場合はネジ付きタイバーを用いたバーアッセンブリを設置して、突合せ目地構造とする。ダミー目地及び突合せ目地とする縦目地の構造例を下図に示す。

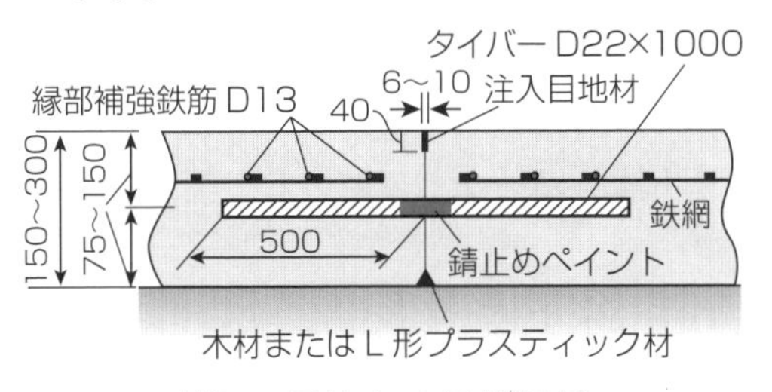

ダミー目地とする縦目地

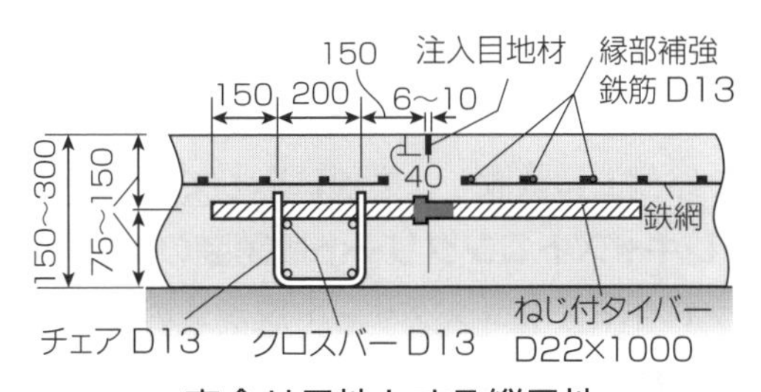

突合せ目地とする縦目地

用語解説

ダミー目地:コンクリート版の表面にカッタ切削などにより溝をつくり、ひび割れの発生を誘導する目地。

(9)養生

コンクリート版の養生には初期養生と後期養生がある。転圧コンクリート版の場合は、初期養生は行わない。

①**初期養生**：初期養生は、表面仕上げ終了後から、コンクリート版の表面を荒らさないで養生作業ができる程度にコンクリートが硬化するまでの間に行う養生であり、コンクリート表面の**急激な乾燥**を防止するために行う。

初期養生は、舗設したコンクリートの表面に養生剤を噴霧散布する方法が一般的である。

②**後期養生**：コンクリートの十分な硬化を目的として、水分の蒸発や急激な温度変化を防ぐために行う。養生期間中は、**養生マット**等でコンクリート版の表面を覆い、**散水**する。

③**養生期間**：養生期間を試験によって定める場合は、現場養生を行った供試体の曲げ強度が配合強度の**70%**以上に達するまで行わなければならない。

用語解説

配合強度：コンクリートの配合を定める際に、目標とする強度。

【コンクリート舗装の補修工法】

⑴補修工法の概要

コンクリート舗装の補修工法には、補修対象がコンクリート版自体の構造的対策工法及び、対象が表面部の機能的対策工法がある。また、コンクリートの舗設直後から数日間に発生する初期ひび割れに対しては、適切な防止対策及び処置をとる必要がある。コンクリート舗装の補修工法には以下のような種類がある。

コンクリート舗装の補修工法

工法区分	補修工法
構造的対策工法	打換え工法、局部打換え工法、オーバーレイ工法、バーステッチ工法、注入工法
機能的対策工法	粗面処理工法、グルービング工法、パッチング工法、表面処理工法、シーリング工法

コンクリート舗装の補修工法に関する出題はこれまでありませんが、概要を理解しておきましょう。

【プレキャストコンクリート版舗装】

プレキャストコンクリート版舗装は、あらかじめ工場で製作したプレキャストコンクリート版を路盤上に敷設し、必要に応じて相互のコンクリート版を**バー**などで結合して築造する。

【プレキャストコンクリート版舗装の概要】

プレキャストコンクリート版舗装の特徴の概要を以下に示す。

⑴交通開放

プレキャストコンクリート版敷設後は、早期に交通開放できるので修繕工事に適している。

⑵プレキャストコンクリート版の種類

プレキャストコンクリート版には、プレストレストコンクリート（PC）版及び鉄筋コンクリート（RC）版がある。

⑶コンクリート版舗装の適用

プレキャストコンクリート版舗装は、交通量の多い交差点等におけるわだち掘れ対策、あるいはトンネル内コンクリート舗装の打換えに適用される場合が多いとされている。

例題演習 第2章 5 道路・舗装

【問題】次の文章を読み、正誤もしくは正しい選択肢を答えなさい。

＊「1. アスファルト舗装道路の構造と機能」は例題演習はありません。

2. 路床

	問題	解説	
1	切土路床が粘性土や高含水比の土の場合は、締固め回数を多くして転圧する。	切土路床が粘性土や高含水比の土の場合は、強度低下を招かぬよう**過転圧**に注意する。	×
2	盛土路床材の1層の敷均し厚さは、仕上がり厚さで30㎝を目安としなければならない。	盛土路床材の1層の敷均し厚さは、仕上がり厚さで**20㎝以下**を目安としなければならない。	×
3	盛土路床施工後の降雨排水対策としては、盛土天端の縁部に仮排水溝を設けておくことが望ましい。	盛土路床施工後の降雨排水対策としては、**盛土天端**の縁部に**仮排水溝**を設けておくことが望ましい。	○
4	路床土や路盤材（瀝青安定処理路盤材を除く）の敷均しには、一般に、ブルドーザやモーターグレーダを使用する。	路床土や路盤材（瀝青安定処理路盤材を除く）の敷均しには、一般に、**ブルドーザ**や**モーターグレーダ**を使用する。	○
5	路床の安定処理を行う場合には、原則として中央プラントで混合する。	路床の安定処理を行う場合には、一般に**路上混合方式**で混合する。	×
6	路床が切土の場合は、路床表面から30㎝程度以内に木根、転石など路床の均一性を著しく損なうものがある場合にはこれらを取り除いて仕上げる。	路床が切土の場合は、路床表面から**30㎝**程度以内に木根、転石など路床の均一性を著しく損なうものがある場合にはこれらを**取り除いて**仕上げる。	○
7	路床土が軟弱な場合は、良質土で置換する工法やセメントまたは石灰などで安定処理する工法がある。	路床土が軟弱な場合は、良質土で**置換する**工法やセメントまたは石灰などで**安定処理**する工法がある。	○

3. 下層路盤・上層路盤

	問題	解説	
1	下層路盤材料は、粒径が大きいと施工管理が難しいので最大粒径を原則100㎜以下とする。	下層路盤材料は、粒径が大きいと施工管理が難しいので最大粒径を原則**50㎜以下**とする。やむを得ないときは、1層の仕上り厚さの1/2以下で**100㎜**まで許容してよい。	×
2	下層路盤での、路上混合方式による石灰安定処理路盤の1層の仕上がり厚さは、15～30㎝を標準とする。	下層路盤での、路上混合方式による石灰安定処理路盤の1層の仕上がり厚さは、**15～30㎝**を標準とする。	○

	問題	解説	
❸	路上混合方式により石灰安定処理路盤を施工する場合の横方向の施工目地は、施工端部を垂直に切り取り、新しい材料を打ち継ぐ。	路上混合方式により石灰安定処理路盤を施工する場合の横方向の施工目地は、前日の施工端部を**乱してから**新しい材料を打ち継ぐ。	×
❹	セメント安定処理の締固めは、安定処理材の硬化後に行う。	セメント安定処理の締固めは、安定処理材の硬化が**始まる前まで**に完了させる。	×
❺	石灰安定処理工法は、セメント安定処理工法よりも強度の発現は早く、耐久性、安定性も、より期待できる。	石灰安定処理工法は、セメント安定処理工法よりも強度の発現は**遅い**が、長期的には耐久性、安定性が期待できる。	×
❻	粒状路盤の転圧は、材料分離に注意し一般にモーターグレーダとタイヤローラを用いて行う。	粒状路盤の転圧は、材料分離に注意し一般に**ロードローラ**とタイヤローラを用いて行う。	×
❼	粒状路盤は、材料分離に留意しながら均一に敷き均し、1層の仕上がり厚さは20㎝以下を標準として施工する。	粒状路盤は、材料分離に留意しながら均一に敷き均し、1層の仕上がり厚さは**20㎝以下**を標準として施工する。	○
❽	粒状路盤材料が乾燥し過ぎて、最適含水比よりも低い場合には、そのまま速やかに締め固める。	粒状路盤材料が乾燥し過ぎて、最適含水比よりも低い場合には、**適宜散水**し、**最適含水比付近**の状態で締め固める。	×
❾	石灰安定処理路盤材の締固めは、最適含水比より乾燥状態で行う。	石灰安定処理路盤材の締固めは、最適含水比より**やや湿潤状態**で行う。	×
❿	セメント安定処理工法には、普通ポルトランドセメントを使用し、高炉セメントは使用してはならない。	セメント安定処理工法には、普通ポルトランドセメント、高炉セメントなどの**いずれを使用してもよく**、セメント系安定材（固化材）を用いる場合もある。	×

4. プライムコート・タックコート

	問題	解説	
❶	プライムコートは、路盤表面部に散布し、路盤とアスファルト混合物とのなじみをよくする。	プライムコートは、路盤表面部に散布し、路盤と**アスファルト混合物**との**なじみ**をよくする。	○
❷	プライムコートに用いるアスファルト乳剤の散布量は、一般に0.3～0.6ℓ/㎡が標準である。	プライムコートに用いるアスファルト乳剤の散布量は、一般に**1～2ℓ/㎡**が標準である。	×
❸	タックコートは、新たに舗設する混合物層と、その下層の瀝青安定処理層との透水性をよくする。	タックコートは、新たに舗設する混合物層と、その下層の瀝青安定処理層との**付着**をよくする。	×
❹	タックコートに用いるアスファルト乳剤の散布量は、一般に1～2ℓ/㎡とする場合が多い。	タックコートに用いるアスファルト乳剤の散布量は、一般に**0.3～0.6ℓ/㎡**とする場合が多い。	×

5. アスファルトの表層・基層の施工

	問題	解説	
1	混合物の敷均し時の温度は、アスファルト粘度にもよるが、一般的に110℃を下回らないようにする。	混合物の敷均し時の温度は、アスファルト粘度にもよるが、一般的に**110℃**を下回らないようにする。	○
2	敷均し終了後の締固め作業は、初転圧、二次転圧、継目転圧、仕上げ転圧の順序で行う。	敷均し終了後の締固め作業は、**継目転圧**、**初転圧**、**二次転圧**、仕上げ転圧の順序で行う。	×
3	ローラによる転圧は、一般に横断勾配の高いほうから低いほうへ向かって行う。	ローラによる転圧は、一般に横断勾配の**低いほう**から**高いほう**へ向かって行う。	×
4	締固め効果の高いローラを用いる場合の転圧は、所定の締固め度が得られる範囲で適切な転圧温度を設定する。	締固め効果の高いローラを用いる場合の転圧は、所定の締固め度が得られる範囲で適切な転圧温度を設定する。	○
5	初転圧の温度は、ヘアクラックを生じさせないよう90℃を標準とする。	初転圧の温度は、ヘアクラックを生じさせない限りできるだけ**高い温度**で行い、一般に**110～140℃**を標準とする。	×
6	初転圧時に、ロードローラへのアスファルト混合物の付着防止のため、ローラに水を多量に散布した。	初転圧時に、ロードローラへのアスファルト混合物の付着防止のため、ローラに水を**小量**散布した。	×
7	二次転圧は、一般に10～12ｔのロードローラで2回（1往復）程度転圧を行う。	二次転圧は、一般に**8～20ｔ**の**タイヤローラ**で行うが、6～10ｔの**振動ローラ**を用いることもある。	×
8	二次転圧で振動ローラを使用する場合は、荷重、振動数及び振幅が適切であればタイヤローラを用いるよりも少ない転圧回数で所定の締固め度が得られる。	二次転圧で**振動ローラ**を使用する場合は、荷重、振動数及び振幅が適切であればタイヤローラを用いるよりも少ない**転圧回数**で所定の締固め度が得られる。	○
9	仕上げ転圧に、10～12ｔのタンピングローラを使用した。	仕上げ転圧に、10～12ｔのタンピングローラは**使用せず**、**タイヤローラ**あるいは**ロードローラ**を用いる。	×
10	舗装表面温度が50℃となったので交通を開放した。	舗装表面温度が**50℃**となったので交通を開放した。	○
11	施工継目の横継目は、既設舗装の補修・延伸の場合を除いて、下層の継目と上層の継目の位置を合わせて施工する。	施工継目の横継目は、既設舗装の補修・延伸の場合を除いて、下層の継目と上層の継目の位置を**合わせずに**施工する。	×

6. 各種の舗装

	問題	解説	
1	排水性混合物は、温度の低下が通常の混合物よりも早いため、敷均し作業はできるだけ速やかに行う。	排水性混合物は、温度の低下が通常の混合物よりも**早い**ため、敷均し作業はできるだけ**速やかに**行う。	○
2	排水性舗装の場合タックコートには、ゴム入りアスファルト乳剤を使用してはならない。	排水性舗装の場合タックコートには、ゴム入りアスファルト乳剤を**使用すること**を原則とする。	×

7. アスファルト舗装の補修

	問題	解説	
1	オーバーレイ工法は、既設舗装の上に、厚さ3㎝以上の加熱アスファルト混合物層を舗設する工法である。	オーバーレイ工法は、既設舗装の上に、厚さ**3㎝以上**の加熱アスファルト混合物層を舗設する工法である。	○
2	パッチングは、既設舗装のわだち掘れ部を加熱アスファルト混合物で舗設する工法である。	**わだち部オーバーレイ工法**は、既設舗装のわだち掘れ部を加熱アスファルト混合物で舗設する工法である。	×
3	切削工法は、路面の凸部などを切削除去し不陸や段差を解消する工法で、オーバーレイ工法や表面処理工法などの事前処理として行われることが多い。	切削工法は、路面の**凸部**などを切削除去し不陸や段差を解消する工法で、オーバーレイ工法や表面処理工法などの**事前処理**として行われることが多い。	○
4	路面のたわみが大きい場合は、路床、路盤などを開削して調査し、その原因を把握したうえで補修工法の選定を行う。	路面のたわみが大きい場合は、路床、路盤などを開削して**調査**し、その**原因**を把握したうえで補修工法の選定を行う。	○
5	ひび割れの程度が大きい場合は、路床、路盤の破損の可能性が高いので、一般に打換え工法よりもオーバーレイ工法を選定する。	ひび割れの程度が大きい場合は、路床、路盤の破損の可能性が高いので、一般に**オーバーレイ工法**よりも**打換え工法**を選定する。	×
6	パッチング工法は、比較的幅の広いひび割れに注入目地材を充填する工法である。	**シール材注入工法**は、比較的幅の広いひび割れに注入目地材を充填する工法である。	×
7	表面処理工法は、既設舗装の表面に薄い封かん層を設ける工法である。	表面処理工法は、既設舗装の表面に薄い**封かん層**を設ける工法である。	○
8	表層と基層の接着不良などにより、交差点手前などに波長の長い道路縦断方向の凹凸が発生することがある。	表層と基層の接着不良などにより、交差点手前などに波長の比較的**短い**道路縦断方向の凹凸が発生することがあり、**コルゲーション**とよばれる。	×

8. コンクリート舗装

問題	解説	
1 コンクリート舗装に用いられるコンクリート版には、普通コンクリート版、連続鉄筋コンクリート版及び転圧コンクリート版がある。	コンクリート舗装に用いられるコンクリート版には、普通コンクリート版、**連続鉄筋コンクリート版**及び転圧コンクリート版がある。	○
2 路床は、舗装の厚さを決めるもととなる部分であり、路盤の下約1mの土の部分である。	路床は、舗装の厚さを決めるもととなる部分であり、路盤の下**約1m**の土の部分である。	○
3 遮断層は、路床土が路盤に侵入するのを防ぐため、路床の上部に粘性土で設ける。	遮断層は、路床土が路盤に侵入するのを防ぐため、路床の上部に設ける**砂層**である。	×
4 コンクリート版の初期ひび割れを防ぐためには、単位セメント量をなるべく多くする。	コンクリート版の初期ひび割れを防ぐためには、単位セメント量及び**単位水量**をなるべく**少なく**する。	×
5 普通コンクリート版は、コンクリート版にあらかじめ目地を設け、コンクリート版に発生するひび割れを誘導する。	普通コンクリート版は、コンクリート版にあらかじめ**目地**を設け、コンクリート版に発生する**ひび割れ**を誘導する。	○
6 普通コンクリート版の施工は、鉄網及び縁部補強鉄筋の設置、荷下ろし、敷均し、締固め、仕上げ、養生の順で行う。	普通コンクリート版の施工は、**荷下ろし、敷均し(下層)**、鉄網及び縁部補強鉄筋の設置、**敷均し(上層)**、締固め、仕上げ、養生の順で行う。	×
7 下図はコンクリート舗装の普通コンクリート版の横収縮目地(ダミー目地)の構造を示したものである(イ)(ロ)(ハ)の名称の次の組み合わせのうち、適当なものはどれか。	(イ)　(ロ)　(ハ) (1)注入目地材…クロスバー……チェア (2)チェア………ダウエルバー…クロスバー (3)チェア………クロスバー……ダウエルバー (4)注入目地材…ダウエルバー…チェア	
(図) 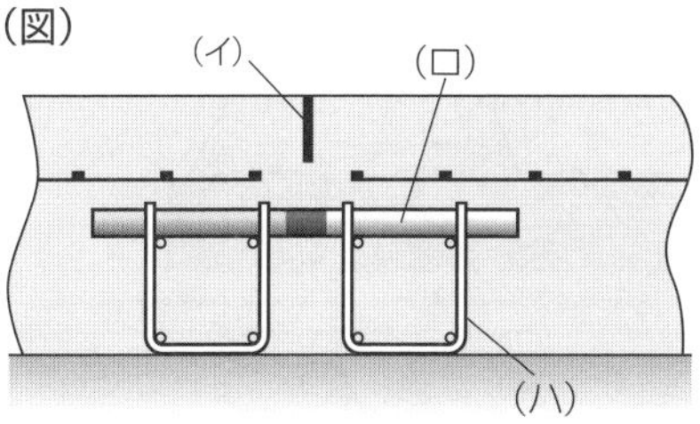 (イ)　(ロ)　(ハ)	(イ)は**注入目地材**、(ロ)は**ダウエルバー**、(ハ)は**チェア**である。	(4)
8 コンクリート版中に用いる鉄網の埋込み位置は、コンクリート版の底面から版厚の1/3とするのが望ましい。	コンクリート版中に用いる鉄網の埋込み位置は、コンクリート版の**上面**から版厚の1/3とするのが望ましい。	×
9 コンクリート版の表面は、最後にブラシ等により粗面に仕上げる。	コンクリート版の表面は、最後に**ブラシ**等により**粗面**に仕上げる。	○

6 ダム

第1次検定　第2次検定

学習のポイント

- ダム建設に関する全般的な知識を整理する。ダムの型式、河流処理の方法、ダム基礎掘削の施工及び特徴、並びに基礎処理のグラウチングの目的などについて理解する。
- コンクリートダムの施工及び施工上の留意点、在来の柱状工法とRCD工法、拡張レヤー（ELCM）工法などの面状工法の特徴などを理解する。

1 ダムの型式

【ダムの分類】

ダムは、築堤材料からはコンクリートダムとフィルダムの２種類に大分類される。コンクリートダムでは設計理論により、フィルダムでは築堤材料から、さらに細かく分類される。

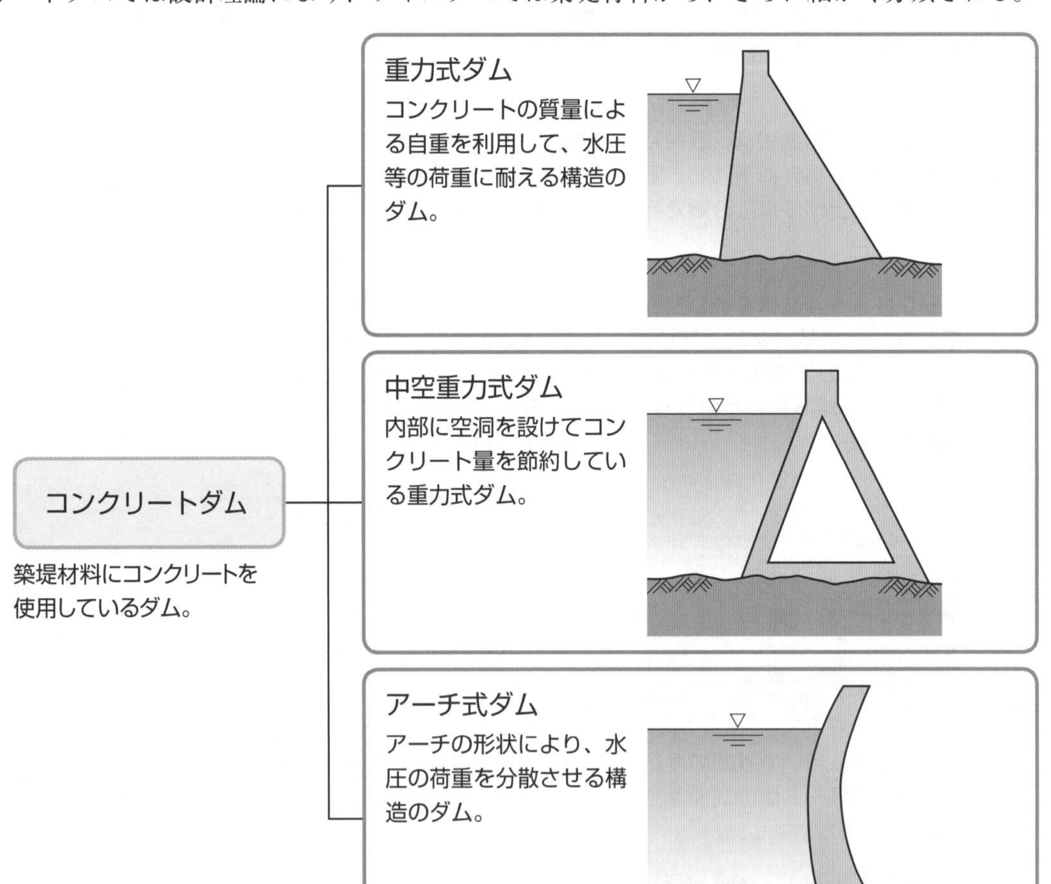

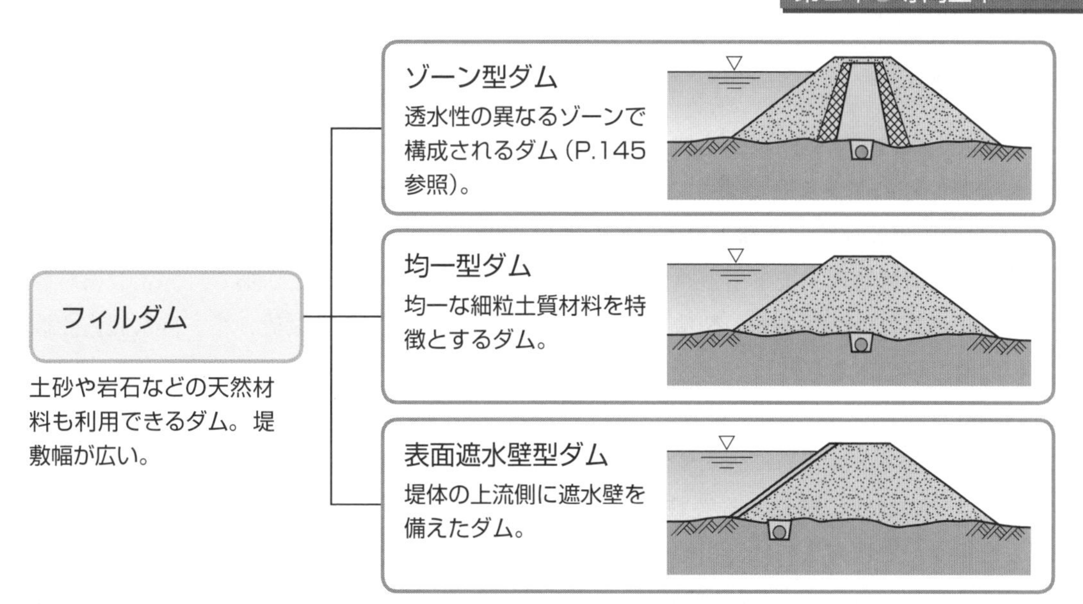

最近開発された工法である台形CSGダムでは、現地採取の岩石質材料を粒度調整や水洗をせず、セメントと水を混合した材料を用いる。

⑴コンクリートダム

コンクリートを築堤材料とするダムの総称。コンクリートダムは、ダムの力学的特性から重力式ダムとアーチ式ダムに分類される。

①**重力式コンクリートダム**：水圧等による水平荷重は、コンクリートダムの自重によって基礎岩盤に伝える構造で、荷重に対しては、堤体と岩盤との摩擦力と、岩盤のせん弾力で安定性を得る。

②**中空重力式コンクリートダム**：ダムの上流側に傾斜をつけ、ダムの内部に空洞を設けてコンクリート量を節約した重力式ダムである。堤体に作用する揚圧力が減少する長所はあるが、型枠面積の大きさ等の面から、**最近はほとんど採用されていない**。

③**アーチ式コンクリートダム**：水圧などによる力を、ダムのアーチ作用によって河床部岩盤と両岸部岩盤に伝える構造である。

⑵フィルダム

ダムサイト付近の天然材料の利用を可能とするダムの総称。堤体及び基礎地盤のすべり破壊に対する安定性と浸透流に対する安定を検討してつくられる。堤敷幅が広いので、基礎へ伝達される応力が小さく、**必ずしも堅硬（けんこう）な基礎岩盤を必要としない**。

ワンポイントアドバイス

コンクリートダム本体の主体的部分は、無筋コンクリートあるいは鉄筋コンクリートからなり、フィルダムは、全体あるいはほとんどの部分が土石及び岩石からなっている。

② 準備工事

　ダム建設工事は工事範囲が広く施工期間も長いので、施工計画にあたっては、周辺の自然条件や社会条件等の諸条件を考慮する必要がある。ダム本体建設関連工事には、本体工事、取水･放流設備工事及び管理設備工事のほか、準備工事、材料採取等工事及び雑工事などがある。準備工事には河流処理、工事用道路建設工事、施工設備設置工事などがある。施工設備設置工事は、骨材及びコンクリートの製造・運搬設備設置、濁水処理設備設置、給・排水設備設置などの仮設備工事である。

【河流処理】

　ダム工事を確実かつ容易に施工するため、堤体の基礎掘削前から工事期間を通して本体工事区域をドライの状態に維持する必要があり、当該箇所の河川水を転流等の河流処理によって、仮廻しを行う。処理方法には、川幅の広い河川で採用される**半川締切り方式**、河川水バイパス方式の**仮排水トンネル方式**及び**仮排水開水路方式**がある。方式の検討と決定にあたっては、事前に長期的な流量調査を行う必要があるが、仮排水トンネル方式が一般的である。

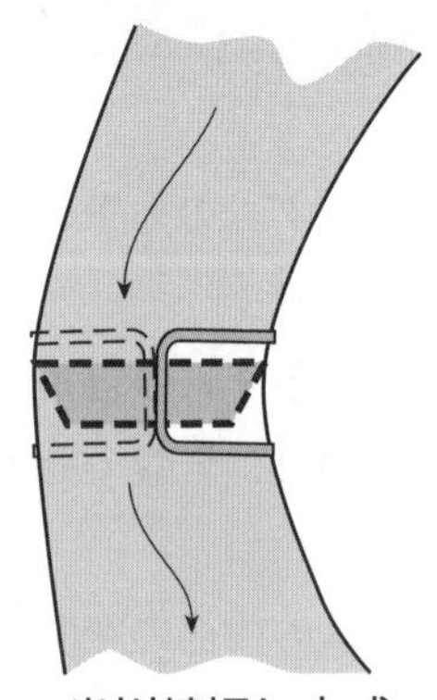

半川締切り方式

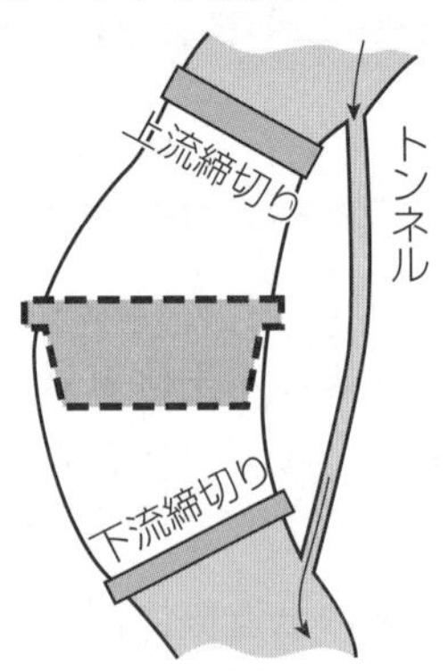

仮排水トンネル方式

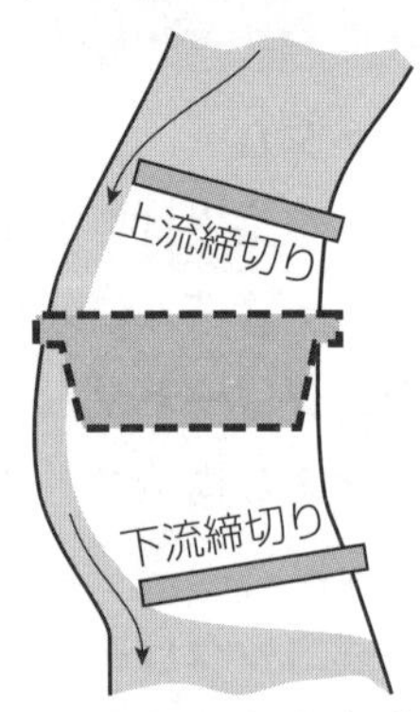

仮排水開水路方式

【濁水処理】

　ダム建設工事において発生する濁水は、主に以下の２種類がある。また、濁水処理において凝集沈降分離されたスラリーは、多量の水分を含んでいるので、一般に、**フィルタプレス**等を用いて加圧脱水した後に処分している。

> **用語解説**
> - スラリー：汚泥や鉱物などの固体粒子が液体中に混ざっているもの。泥漿（でいしょう）やスライムともよばれる。
> - フィルタプレス：汚泥などを脱水処理するための機械設備で、凝集沈殿させた汚泥水を濾板（ろばん）の間に圧入し、濾布（ろふ）を通して濾過（ろか）する。

⑴骨材製造プラントから発生する濁水

　骨材洗浄、分級及び製砂の過程で発生するもので、粘土、石粉を主体とした**浮遊物質（SS）**を多量に含んでいる。骨材プラントからの濁水量及びその性状は、ふるい分け設備と製砂設備における使用水量と製造過程でのダスト発生量から求める。

⑵ダムサイトからの濁水

　コンクリートプラントの洗浄水、コンクリート打設に伴う濁水、グラウチング（薬液注入）などの基礎処理作業から発生する濁水等がある。コンクリート打設面のグリーンカット、レイタンス処理などで発生したダムサイト濁水は**アルカリ性**が強いので、河川環境に悪影響を与えないように塩酸等で中和して処理する。

❸ 掘削と基礎処理

【掘削】

⑴計画掘削面

ダムの計画掘削面は、事前調査結果に基づいた岩盤状況から、ダム基礎に要求される設計条件を考慮して決められている。事前調査資料には不連続で間接的な要素があり、細部についての基礎岩盤の状態は、掘削施工中に観察しながら適切性を判断していかなければならない。その結果、基礎掘削工事の施工中に**計画掘削面を変更する**必要性が生じることがある。

⑵ダムの型式と基礎掘削

ダムの基礎岩盤に要求される条件はダムの型式によって異なり、ダム型式別に、以下のような基礎掘削についての要点がある。

①**重力式コンクリートダム**：あらかじめ定められた程度の堅岩が出れば、計画掘削面に達しなくてもそこで掘削を**止めてもよい**。

②**アーチ式コンクリートダム**：部分的な形状変更は堤体全体の応力状態に影響するので、一部に予想しない硬岩があっても断面の修正はせず、**計画掘削面**まで掘削する。

③**ゾーン型フィルダム**：岩盤基礎の場合、遮水ゾーン（コアゾーン）の基礎は、透水防止の面から、透水係数が堤体と同程度で十分遮水性が期待できる岩盤、あるいはグラウチング処理が可能な岩盤まで掘削することが必要である。

⑶基礎の掘削方法と工法

①**掘削方法（粗掘削と仕上げ掘削）**：基礎岩盤の掘削では、計画掘削面の**手前約50㎝**で止める**粗掘削**と、コンクリート打設またはコア盛り立て直前に、粗掘削で緩んだ岩盤や凹凸部を除去し、条件に適した良好な岩盤を露出させるための**仕上げ掘削**の２段階で行う。

②**基礎掘削の工法（ベンチカット工法）**：岩盤の基礎掘削は、大量掘削に適した**ベンチカット工法**が一般的に採用される。ベンチカット工法は最初に平坦なベンチ盤（作業盤）を造成し大型削岩機を用いて削孔を行い、階段状に切り下げる工法で、爆発力の調整によってずり処理に適した粒度調整が可能であり、岩盤を損傷することが少なく地形に対する適用性も高い工法である。

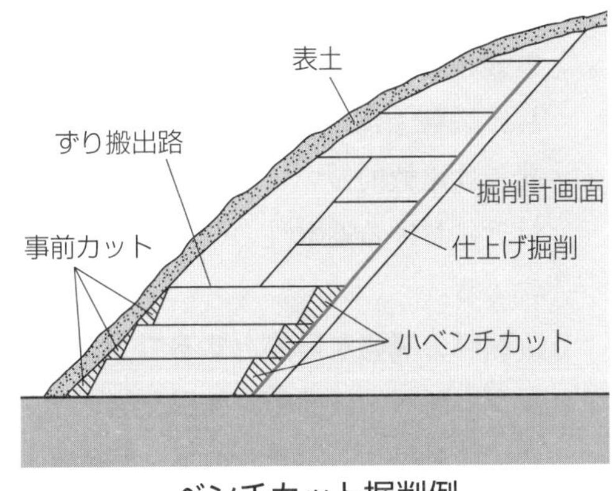

ベンチカット掘削例

ベンチカット工法は山岳トンネルの掘削工法にも同様の工法名が使用されているので、混同しないように注意。

❹ 基礎掘削の特色

ダム堤体の基礎掘削の施工の特色は、掘削量が大量であること、上下流締切りなどにより作業可能範囲が制約されること、上下位置での関連作業になること、掘削計画変更の可能性があること、基礎岩盤掘削面の保護が必要であること等がある。

【基礎岩盤の処理】

コンクリート打設前の基礎岩盤については、**仕上げ掘削**、**岩盤清掃**、**湧水処理**、**軟弱部・断層処理**等の処理が必要になり、それらの処理が適切に行われていることが確認されたうえで、コンクリートの打込みが可能になるので、基礎岩盤の処理施工後の入念な点検が必要になる。

⑴基礎岩盤の処理の施工

①**仕上げ掘削**：仕上げ掘削はピックハンマー、バール等を用いて、**人力**により丁寧に施工する。基礎掘削面を保護するための吹付けモルタルも、丁寧に除去する。

②**岩盤清掃**：仕上げ掘削終了後の岩盤は、コンクリートの打込み前にウォータージェット等を利用して、丁寧に**水洗い**し清掃する。

【基礎処理（グラウチング）】

基礎処理は、ダムの基礎地盤の遮水性の改良、弱部の補強を目的として行われ、**セメント**を主材としたグラウチングが最も一般的に行われている。その他、地下止水壁としての鉄筋コンクリートによる連続地中壁、断層等の著しい軟弱部での置換えコンクリート等がある。

⑴グラウチングの種類と目的

①**コンソリデーショングラウチング**：コンソリデーショングラウチングには以下のように、**遮水性の改良**を目的とするものと**弱部の補強**を目的とするものがある。

a．遮水性の改良を目的とするコンソリデーショングラウチング：コンクリートダム基礎の着岩部付近において、**浸透路長の短い部分**を対象にして、カーテングラウチングの効果と重複させて**遮水性**をより効果的に改良することを目的とし、**堤敷上流端から基礎排水孔までの間**にわたり行い、孔長は比較的短い。また、フィルダムの洪水吐き岩着部付近における遮水性の改良を目的としたグラウチングを含める。

b．弱部の補強を目的とするコンソリデーショングラウチング：断層・破砕帯、強風化岩、変質帯など、不均一な変形の発生するおそれのある**弱部を補強**することを目的とする。

②**ブランケットグラウチング**：ロックフィルダムの基礎地盤において、浸透路長が短いコアゾーン（遮水部）**着岩部付近**を対象にカーテングラウチングの効果と重複させて**遮水性**をより効果的に改良することを目的とし、孔長は比較的短い。基礎地盤におけるパイピングによる浸透破壊の防止、ダム本体の遮水材であるコア材の流出防止等の目的もある。

③**カーテングラウチング**：基礎地盤及び左右岸リム部の地盤における**遮水性の改良**が目的であり比較的孔長が長い。ダム基礎地盤における**浸透路長が短い部分**、及び**左右岸リム部**に

おける貯水池外へのみず道を形成するおそれのある高透水部を対象に、遮水性を改良する。

④**その他のグラウチング**：カーテングラウチングの施工を確実にするため、セメントミルクのリーク防止を目的として行う**補助カーテングラウチング**、基礎地盤とコンクリートダム堤体との間や基礎地盤とフィルダムの通廊などのコンクリートとの間に生じた間隙の閉塞を目的にして行う**コンタクトグラウチング**などがある。

> **用語解説**
> 通廊：ダム堤体の内部に設けられた通路で、監査廊ともよばれる。ダム完成後の監査や測定の実施、排水やグラウト作業、ゲートの操作などの際に使用される。

⑵グラウチングの施工方法の概要

グラウチングの施工方法の概要を、以下に示す。

①**施工順序**：グラウチングの施工は、改良状況の確認と追加孔の必要性の判断が容易にできる**中央内挿法**を標準とする。中央内挿法は、前の次数孔の中間に、その次の次数孔のグラウチングを行う方法なので、改良状況を確認しながら施工ができる。

図中の数字は孔の次数を表す

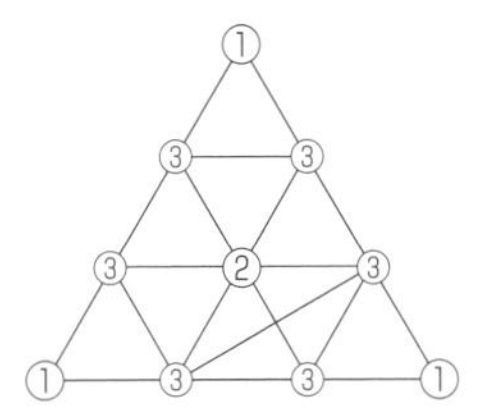

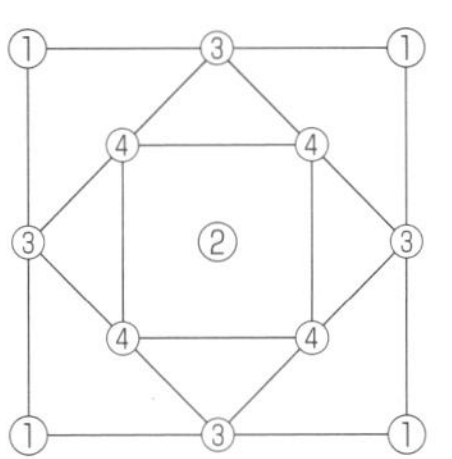

コンソリデーショングラウチング孔配置例
（平面図）

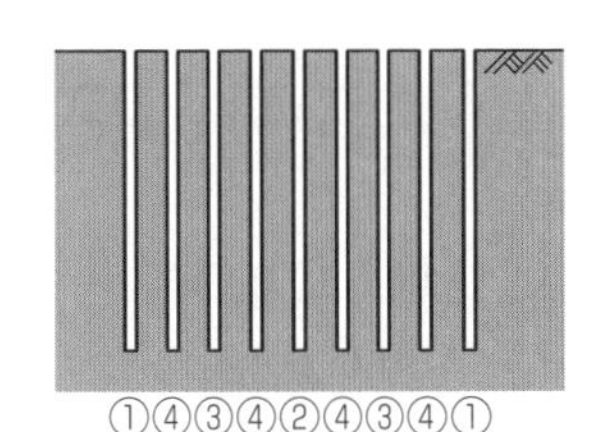

カーテングラウチング孔配置例
（断面図）

②**注入方式**：グラウチングの注入方式には、注入孔全長をステージに分割して削孔と注入を交互に行い、順次深部に向かって施工するステージ方式と、全長を削孔した後、最深部ステージからパッカーをかけながら注入し、順次上部に向かって施工するパッカー方式があるが、パッカー方式よりも孔壁の崩壊によるジャーミングの危険性が少ない**ステージ方式**を標準とする。

> **用語解説**
> ジャーミング：孔内にて、ボーリング機械の削孔ケーシングが拘束されて回転不能となり、削孔ができなくなる状態。

③**グラウチングの濃度の設定**：グラウチングは、セメントミルクの濃度の薄いものから開始し、順次濃度の濃いものに切り替えて行う。ただし初期配合は、ルジオンテストや水押し試験の**ルジオン値**に応じて適切に設定する。

> **用語解説**
> ルジオン値：地盤や岩盤の透水性の指標で、主にダム工事に使われる。

5 コンクリートダムの施工

【打設工法】

コンクリートダムは、コンクリートの打設方式から大分類して、従来型の柱状工法（ブロック工法）と面状工法がある。わが国においては、合理化施工の取り組みにより面状工法が主流になっている。

⑴柱状工法

収縮継目によって区切った隣接区画と高低差をつけ、分割されたブロックごとにコンクリートを打ち上げていく工法で、以下の２つの方式がある。

①**ブロック方式**：横継目と縦継目を設ける打込み方式（パイプクーリングを行う）

②**レヤー方式**：縦継目をつけず、横継目のみの打込み方式（パイプクーリングを行わない）

パイプクーリング：コンクリートの最高上昇温度を抑制する方法の1つで、あらかじめコンクリート内部に埋め込んだパイプに冷水や空気を流すことで冷却する。

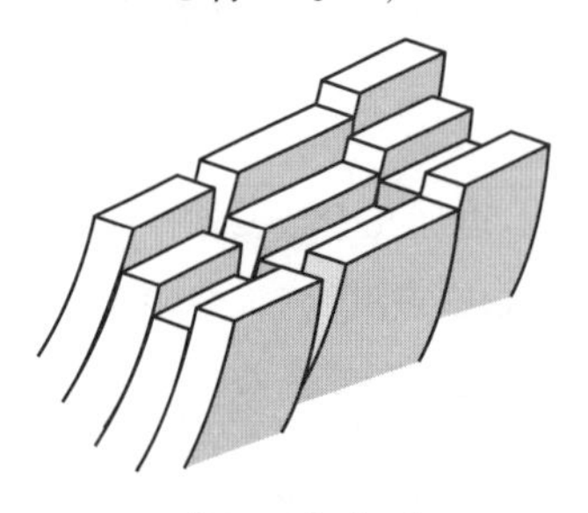

ブロック方式

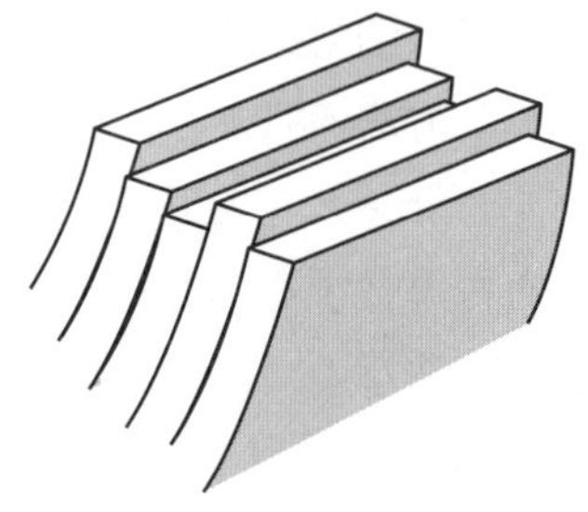

レヤー方式

⑵面状工法

柱状工法と比較して**低リフト**で**大区画**を対象に、一度に**大量のコンクリート**を打設するコンクリートダム合理化施工法で、代表的なものに**RCD工法**及び**拡張レヤー工法（ELCM工法）**がある。

【ダムコンクリートの特徴】

堤体に用いるダムコンクリートは、構造用コンクリートを除いて無筋コンクリートである。各工法によって配合と締固め方法に違いがあり、ここでは一般的な特徴を以下に示す。

⑴要求される基本的性質

ダムコンクリートに要求される基本的性質には、所要の**強度**を有すること、**耐久性**が大きいこと、品質のばらつきの少ないこと、経済性が高いこと、**容積変化**が小さいこと、**発熱量**が小さいこと、**単位重量**の大きいこと、**水密性**が高いこと、打込み性の優れていること等がある。

⑵コンクリートの配合

①**セメントの性質**：ダムはマスコンクリートであり、水和熱による温度ひび割れが生じるので、**水和熱の小さい**セメントを用い、作業が可能な範囲内で単位セメント量をできるだけ**少なくする**。場合によっては、セメントの一部を混和剤で置き換える。

②**セメントの種類**：水和熱の小さいものとしてダムコンクリートに一般に使用されるセメントは、**中庸熱ポルトランドセメント**、**高炉セメントB種**、または**フライアッシュセメントB種**または**C種**である。RCD工法や拡張レヤー工法では、中庸熱ポルトランドセメントを用いて、その質量の30%をフライアッシュで置換して水和熱を抑制している。

③**骨材の最大寸法**：粗骨材の最大寸法が**大きい**とコンクリート中の単位結合材（セメント）量を少なくすることができ、セメントの水和熱による温度上昇を抑制することができるので、施工性を考慮して定める。

④**単位水量**：単位セメント量が少ない状況で単位水量の多い軟練りの配合を用いると、水結

合材比が大きくなりコンクリートの耐久性や水密性が低下する危険性がある。ダムコンクリートは、確実に打込みが可能なワーカビリティーの範囲内で、できるだけ硬練りの配合とする。

(3)温度規制

水和熱に起因する温度ひび割れの発生防止のため、温度規制を計画することが重要である。

①**温度規制の方法**:**水和熱**の小さいセメントの使用、単位結合材量の**低減**、リフトスケジュール調整、収縮継目の設置、**パイプクーリング**、**プレクーリング**等がある。パイプクーリングはパイプに冷水を流して水和熱を取り去り、コンクリートの温度を低下させる方法で、**柱状工法**に用い、レヤー方式や面状工法では用いられない。

②**ブロック割り**:一定のブロック割りで施工することにより、あらかじめ堤体に**ひび割れ**を設けて、コンクリートの温度ひび割れの発生を防止しようとする工法で、**柱状工法**(ブロック工法)に該当する。

> **用語解説**
> - 水和熱に起因する温度ひび割れ:**硬化時に発生した水和熱がコンクリートに蓄積されてコンクリートの温度が上昇するが、硬化したコンクリートの温度が時間経過とともに降下する過程で、コンクリートの堆積変化が拘束を受けることにより、応力が発生し生じるひび割れ。**
> - プレクーリング:**ダムコンクリートの材料の一部または全部を冷却して混合し、打込み時のコンクリート温度を下げて、最高上昇温度を抑制する方法。**

【ダムコンクリートの打設】

ダムコンクリート打設の施工方法の特徴と施工上留意点等を以下に示す。

(1)コンクリート

柱状工法及び拡張レヤー工法の場合は、3cm程度の**有スランプ**コンクリートを使用し、RCD工法の場合は、温度ひび割れを制御するために、セメントなど**結合材料**の単位量及び**単位水量**を可能な限り**少なく**した**超硬練り**のコンクリートを用いる。

(2)コンクリートの運搬方法

①**柱状工法**:バケット、クレーン、運搬車の組み合わせによる方法が主である。

②**RCD工法**:バッチャープラントからコンクリート打設面上までは、ダンプトラック、ベルトコンベア、固定式ケーブルクレーン、バケット式ケーブルクレーン、インクライン等を用い、堤体内でのコンクリートの運搬は、ダンプトラックによって行うのが一般的である。

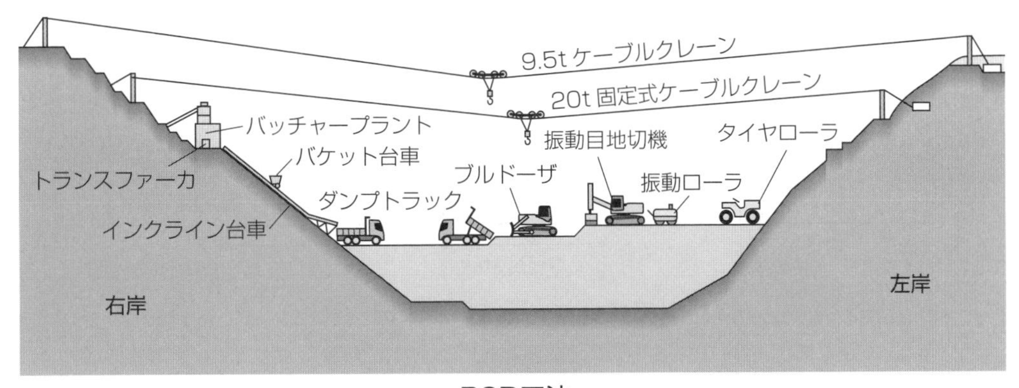

RCD工法

③**拡張レヤー工法**：バッチャープラントから堤体上まではベルトコンベア、ケーブルクレーン、タワークレーン、ジブクレーン、インクライン及びダンプトラック直送などで行い、堤体内はダンプトラックまたはバケットにより行う。

(3)打設準備

①**岩盤面処理**：清掃終了後の岩盤面付近にたまっている水は、スポンジ、バキュームなどで吸い取るが、適度な湿潤状態にさせておき、モルタル敷均しに対処する。

②**打継面処理（グリーンカット）**：打継目のグリーンカットは、コンクリートが**完全に固まる前**に、圧力水あるいは圧縮空気との混合水の吹付けによって行い、柱状工法では**粗骨材の表面**が現れる程度まで、面状工法ではレイタンスが除去されて**新鮮なモルタル**が現れ、粗骨材の表面がほとんど現れない程度にレイタンスを除去する。

グリーンカットは、あまり早期に行うと骨材をゆるめ、余分にコンクリートを取り除くおそれがあるので、試験施工により適切な時期を設定する。

③**モルタル敷均し**：コンクリート打設に先立って、清掃完了後の岩盤面及び打継面には、なじみをよくするためにモルタルを敷き均す。敷均し厚さは、一般的に岩着面で２cm程度、コンクリート打継面では1.5cm程度としている。

(4)コンクリート打設

①**コンクリートの打設区画**：柱状工法の場合は、収縮目地により区切られた隣接区画と高低差をつけて打ち上げていく。面状工法の場合は、コンクリートの養生、グリーンカット、型枠スライド等を考慮し、施工中の堤体を横断方向（ダム軸に直角方向）に、原則として、３打設区画以上に分割し、分割した区画内を一度に施工する。

②**リフト高**：リフト高は、コンクリートの自然熱放散、打設工程、打設面の処理等を考慮して決定するようにする。リフト高は、柱状工法の場合は一般に**1.5～2.0m**、岩着部などのハーフリフトの場合は0.75～1.0mを標準としている。面状工法の場合は、RCD工法では**0.75m**または**1.0m**、拡張レヤー工法では**0.75m**または**1.5m**を標準とし、1.5mリフト高の場合は、追跡２層打設とする。

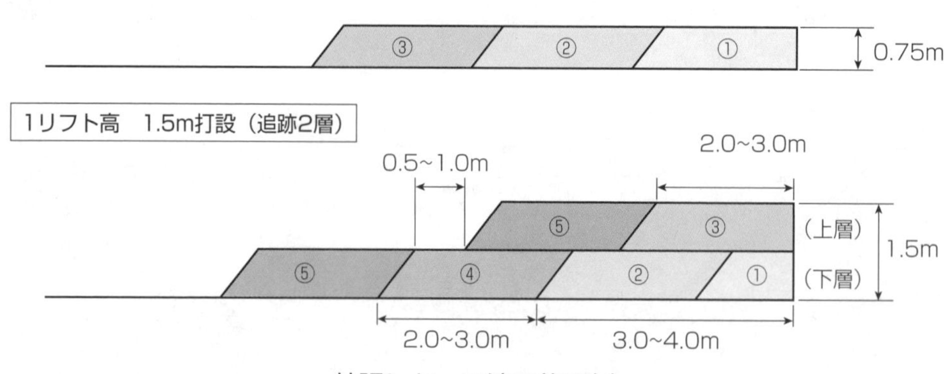

拡張レヤー工法の施工例

⑸敷均し・締固め

①**柱状工法**：コンクリート運搬用バケットの下端が打込み面上1m以下になるように下ろし、コンクリートを放出する。敷均しは、内部振動機の長さや能力によるが、締固め後の1層の厚さが50cm程度になるようにする。広い範囲で敷き均す場合は、ブルドーザを用いることが多い。コンクリートの締固めは内部振動機が用いられ、ブロック面積が大きい場合は搭載型内部振動機が用いられる。

②**RCD工法**：コンクリートの敷均しは、一般にブルドーザによる薄層敷均し方法により行い、骨材の分離防止とブルドーザの走行により転圧効果を高める。締固めは振動ローラを用いて行う。

用語解説
薄層敷均し：1リフトを3～4層の数層に分けて、ブルドーザを用いて薄層に敷き均す。

③**拡張レヤー工法**：コンクリートの敷均しは、ホイールローダ等により、1層の締固め後の厚さが0.75mとなるように整形し、締固めは、内部振動機を装着した搭載型内部振動機で行う。

⑹継目の設置

ダムコンクリートには、温度ひび割れの発生を防止するために、継目を設ける。

①**柱状工法**：ダム軸方向の縦継目（収縮継目）を間隔30～50m程度に、またダム軸と直角、上下流方向の横継目（収縮継目）を標準として15m間隔に設けるが、各ブロックの**型枠**によって造成される。コンクリートの温度が安定し継目が十分開いた段階で**継目グラウト**（ジョイントグラウト）を行い、堤体の水密性と一体性を確保する。

②**RCD工法**：一般に縦継目は設けない。横継目は、敷均し後の十分固まらないコンクリートに、振動目地切機を用いて造成する。ダム軸方向の間隔は15mを標準とする。

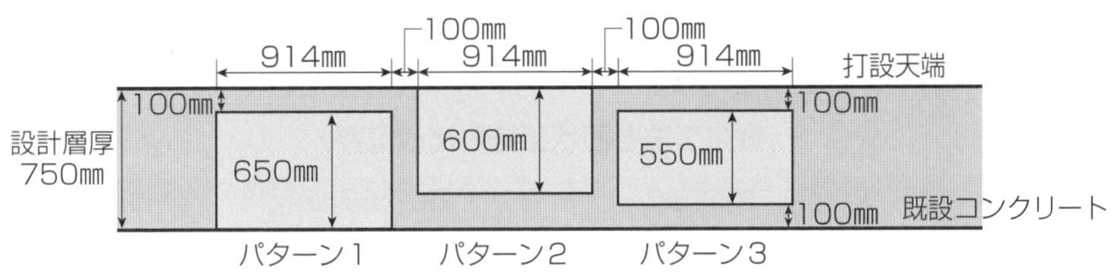

横継目の目地材挿入パターンの例（RCD工法）

③**拡張レヤー工法**：一般に縦継目は設けない。横継目は、コンクリート締固め後に振動目地切機を用いて造成する。ダム軸方向の間隔は、原則として15mとする。

⑺打設面の養生

①**柱状工法**：コンクリート打設終了後、**湛水養生**（たんすい）が標準的であり、湛水高さは約10cmである。山側ブロックの岩着コンクリートの打設が先行するなど休止期間が長くなる場合は、入念な養生が必要になり、打込み時期あるいは打込み箇所に応じて散水やシートで覆うなど適切に行う。

用語解説
湛水養生：コンクリートの上に水を張り、コンクリート面が常に水に浸っている状態に保つ養生方法で、直射日光での急激な温度変化を抑制する目的で用いられる。

②**面状工法**：面状工法の場合、コンクリート打設後の打設面上をダンプトラック等の走行作業があるので湛水養生ができず、スプリンクラーやホースによる**散水養生**を実施する。

【面状工法の特徴と施工上の留意点】

RCD工法及びに拡張レヤー工法については、以下のような特徴と施工上の留意点がある。

⑴RCD工法

①**工法の適用性**：RCD工法は、複数区画を同時に施工するので、打設面が広く、ダムの規模が大きいほど有利になる。

②**コンクリートの荷下ろし回数**：RCD用コンクリートは、超硬練りでペースト量が少ないコンクリートなので、材料分離をできるだけ少なくするために、荷下ろし回数を少なくする必要がある。

③**若材令コンクリート上の走行**：堤内コンクリート運搬での若材令コンクリート面上のダンプトラックの走行にあたっては、走行規制またはコンクリートの保護対策が必要である。

> **用語解説**
> 若材令コンクリート：**打設してから経過した期間の短いコンクリート。**

④**異種配合のコンクリートとの接合**：RCDコンクリートと外部コンクリートや打止め型枠際の有スランプコンクリート等、異種配合のコンクリートとの境界部は、配合や締固め方法が異なるため、接合を確実に**一体化**させる必要がある。

⑵拡張レヤー工法

①**工法の適用性**：有スランプコンクリートを使用するので、締固めなどの機械配置が単純で比較的狭いヤードでの効率がよく、中小規模のダムに適用性がある。

②**温度規制**：コンクリート温度規制の方法には、打上り速度の制限のほか、夏期の場合はプレクーリングや夜間打設などがあり、冬期の場合は昼間打設、プレヒーティング、上下流面の保温等を検討する。

③**若材令コンクリート上の走行**：堤内コンクリート運搬をダンプトラックで行う場合は、RCD工法と同様に走行規制またはコンクリートの保護対策が必要である。

従来工法と面状工法の比較概要

比較項目	在来工法	RCD工法	拡張レヤー工法
コンクリート	有スランプ（普通配合）	超硬練（貧配合）	有スランプ（普通配合）
冷却方法	パイプクーリング	プレクーリング	プレクーリング
打設方式	ブロック方式	全面レヤー方式	全面レヤー方式
横継目造成方法	型枠で造成	振動目地切機	振動目地切機
運搬手段	バケット	インクライン、ダンプトラック	タワークレーン、ダンプトラック
敷均し方法	人力	ブルドーザ	ホイールローダ等
締固め機械	振動棒（バイブレータ）	振動ローラ	搭載型内部振動機
試験方法（コンシステンシー）	スランプ試験	VC試験	スランプ試験

④**追跡2層打設**：追跡2層打設の場合、上層のコンクリート荷下ろし施工時には、ハイ・ダンプトラック等が必要になる。

⑥ ゾーン型フィルダムの施工

【ゾーン型フィルダムの各ゾーンの材料の性質】

ゾーン型ダムの堤体は、透水性材料、半透水性材料、遮水材料による３種類のゾーンによって形成されている。各ゾーンの材料は以下のような性質や特徴を有している。

透水性材料　遮水材料　半透水性材料

ゾーン型フィルダム断面図

⑴透水性材料

透水性材料はフィルダムの外側に配置され、ダムの安定性を確保する機能を受けもつ材料で、中央コア型フィルダムでは、半透水性ゾーンの上流側及び下流側に用いられ、以下のような望ましい性質がある。

①**堅硬**である。

②水の影響及び気象条件変化に対する**耐久性**がある。

③せん断強度が**大きく**、自由な**排水機能**が維持され阻害されない。

⑵半透水性材料

半透水性ゾーンには、遮水材料の流出防止及び浸透水の安全な流下をはかる機能、及び遮水ゾーンと透水ゾーンとの間の、材料と性質の急変を避けるためのフィルターゾーン及び遷移ゾーンとしての役割がある。中央コア型フィルダムでは、中央部の遮水ゾーンの上流側及び下流側に用いられる。半透水性材料には、以下のような性質が望まれる。

①締め固めた状態での所要の**粒度分布**、**排水性**、**せん断強度**を有する。

②締固めが**容易**で変形性が**小さい**。

⑶遮水材料

遮水ゾーン（コアゾーン）は、堤体内の浸透流を防止し、ダムによる貯水が下流に流出するのを防止するゾーンで、遮水材料は適切な粒度分布と締固め効果の面からの適切な含水比であることに加え、以下のような性質が必要になる。中央コア型フィルダムでは、堤体の中央部に用いられる。

①所要の**遮水性**をもつ。

②堤体の安定性のために、密度及びせん断強度が**大きい**。

③**膨張性**や**収縮性**がない。

④飽和状態でも軟泥化せず、**水溶性成分**を含まない。

⑷材料の採種と調整

フィルダムの施工上の特性として、現地の自然材料を使用することがあげられるが、品質が不安定な場合には所要の性質と量を満足させるために、**ストックパイル**の造成等による材料の調整が必要になる。

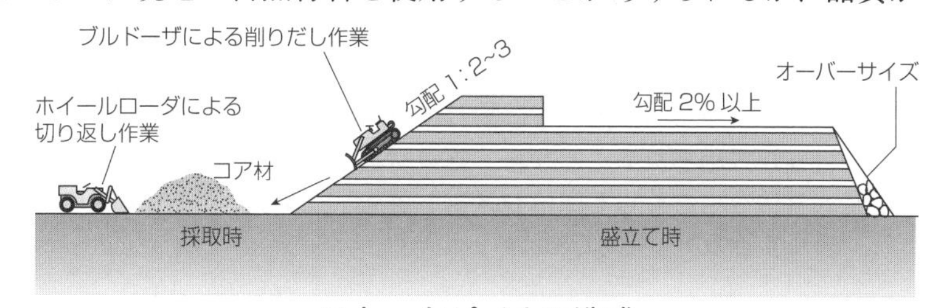

ストックパイルの造成

例題演習 第2章 6 ダム

【問題】次の文章を読み、正誤もしくは正しい選択肢を答えなさい。

＊「1．ダムの型式」は例題演習はありません。

2. 準備工事

	問題	解説	
1	転流工は、ダム工事を確実かつ容易に施工するために、工事期間中の河川の流れを一時迂回させる工事である。	転流工は、ダム工事を確実かつ容易に施工するために、工事期間中の**河川**の流れを一時**迂回**させる工事である。	○

3. 掘削と基礎処理

	問題	解説	
1	ダム基礎掘削には、基礎岩盤に損傷を与えることが少なく、大量掘削が可能なベンチカット工法が用いられる。	ダム基礎掘削には、基礎岩盤に**損傷**を与えることが少なく、大量掘削が可能な**ベンチカット**工法が用いられる。	

4. 基礎掘削の特色

	問題	解説	
1	ダムの基礎岩盤として不適当な部分の補強･改良及び基礎岩盤の浸透水の対策は、一般的にグラウチングにより行われる。	ダムの基礎岩盤として不適当な部分の**補強・改良**及び基礎岩盤の**浸透水**の対策は、一般的にグラウチングにより行われる。	○

5. コンクリートダムの施工

	問題	解説	
1	コンクリートダム堤体工のコンクリート打設方法には、柱状工法や面状工法（RCD工法等）があり、連続して大量施工ができるのは柱状工法である。	コンクリートダム堤体工のコンクリート打設方法には、柱状工法や面状工法（RCD工法等）があり、連続して大量施工ができるのは**面状工法**である。	
2	ダムコンクリートの品質として備えるべき重要な基本的性質には、水密性が高いこと、発熱量が小さいこと、単位重量が小さいこと、容積変化が大きいこと、耐久性が大きいことがある。	ダムコンクリートの品質として備えるべき重要な基本的性質には、水密性が高いこと、発熱量が小さいこと、単位重量が**大きい**こと、容積変化が**小さい**こと、耐久性が大きいことがある。	×
3	ダムコンクリートは、ひび割れ抵抗の性能が求められることから、粗骨材最大寸法を小さくして単位セメント量を多くするのが一般的である。	ダムコンクリートは、ひび割れ抵抗の性能が求められることから、粗骨材最大寸法を**大きく**して単位セメント量を**少なく**するのが一般的である。	

	問題	解説	
4	RCD工法は、コンクリートの運搬にダンプトラックなどを用い、ブルドーザで敷き均し、振動ローラで締め固めるものである。	RCD工法は、コンクリートの運搬に**ダンプトラック**などを用い、ブルドーザで敷き均し、**振動ローラ**で締め固めるものである。	○
5	コンクリートダムの水平打継目は、レイタンスなどを取り除き、モルタルを敷き均してからコンクリートを打設する。	コンクリートダムの水平打継目は、**レイタンス**などを取り除き、**モルタル**を敷き均してからコンクリートを打設する。	○
6	コンクリートを1回に連続して打設するリフト高さは、ブロック工法では0.75m～1.0m、RCD工法では1.5mが一般的である。	コンクリートを1回に連続して打設するリフト高さは、ブロック工法では**1.5m～2.0m**、RCD工法では**0.75m**または**1.0m**が一般的である。	×
7	コンクリートの締固めは、ブロック工法ではバイブロドーザなどの内部振動機を用い、RCD工法では振動ローラが一般に用いられる。	コンクリートの締固めは、ブロック工法ではバイブロドーザなどの**内部振動機**を用い、RCD工法では**振動ローラ**が一般に用いられる。	○
8	RCD工法では、セメントなど結合材料の単位量を少なくした超硬練りコンクリートを用いる。	RCD工法では、セメントなど結合材料の単位量を少なくした**超硬練り**コンクリートを用いる。	○
9	RCD工法の場合、コンクリートの敷均しは、ブルドーザにより1リフトを1回で行うのが一般的である。	RCD工法の場合、コンクリートの敷均しは、ブルドーザにより1リフトを**数層**に分けて**薄層**で行うのが一般的である。	×
10	RCD工法での横継ぎ目は、一般にダム軸に対して直角方向には設置しない。	RCD工法での横継ぎ目は、一般にダム軸に対して直角方向に15m間隔に**設置する**。	×
11	ダムのブロック工法におけるコンクリート運搬方法として、最も一般的なのはバケット、クレーン、運搬車の組み合わせによる方法である。	ダムのブロック工法におけるコンクリート運搬方法として、最も一般的なのは**バケット**、**クレーン**、運搬車の組み合わせによる方法である。	○
12	コンクリートダムでは、コンクリート硬化時に発熱して膨張し冷却に伴って発生するひび割れを防止するため、一定のブロック割りで施工する方法がある。	コンクリートダムでは、コンクリート硬化時に**発熱**して膨張し冷却に伴って発生する**ひび割れ**を防止するため、一定のブロック割りで施工する方法がある。	○

6. ゾーン型フィルダムの施工

	問題	解説	
1	中央コア型ロックフィルダムは、一般に堤体の中央部に遮水用の土質材料を上流側及び下流側に、それぞれ半透水性・透水性材料の砂礫や岩石などを用いて盛り立てる。	中央コア型ロックフィルダムは、一般に堤体の中央部に**遮水用**の土質材料を上流側及び下流側に、それぞれ半透水性・透水性材料の**砂礫や岩石**などを用いて盛り立てる。	○

7 トンネル

第1次検定　第2次検定

学習のポイント

- 山岳工法によるトンネルの支保工の特徴や各部の用途効果、施工方法などを理解する。
- 山岳工法によるトンネル工事における、掘削方式、掘削工法、ずり処理の方式などについて整理する。
- トンネル覆工コンクリートの特徴、山岳工法によるトンネル工事における覆工コンクリートの打設方法などを理解する。

1 山岳工法によるトンネルの支保工

主なトンネル工法には、山岳工法、シールド工法（P.190参照）、開削工法があり、山岳工法では、ロックボルトと吹付けコンクリートを主体とする工法が標準とされている。

【支保工の構成】

支保工は、トンネル掘削にあたって周辺地山の安定を図るのが目的で、周辺地山の有する支保機能が早期に発揮できるよう掘削後速やかに支保工と地山を一体化させる必要があり、支保工部材は**吹付けコンクリート**、**ロックボルト**、**鋼製（鋼アーチ）支保工**等で構成されている。

また、地山条件等が悪い場合には、覆工（ふくこう）コンクリートを支保工の一部として用いられることがある。在来の矢板工法は、掘削断面が小さく機械施工に制約がある場合、高圧で多量な湧水を伴い、かつ排水効果に問題があり、吹付けコンクリートの施工に支障があるような場合などが有効と考えられる。

【支保工の基本特性】

在来の矢板工法が地山を支保工で支持するという考え方に立っているのに対して、ロックボルトと吹付けコンクリートを主体とする支保工の場合は、地山を地山自体がもっている強度で支持させるという概念が含まれている工法で、**グランドアーチ構造**を素早く形成しトンネル支保工としての安定を得ようとするものである。主な支保工構成部材には、それぞれ、以下のような機能と作用効果がある。

⑴吹付けコンクリート

吹付けコンクリートは、一般的に、岩塊の局部的な脱落を防止し、緩みが進行するのを防ぎ、地山自身で安定が得られる効果があるほか、せん断抵抗による支保効果、内圧効果、リング閉合効果、外力配分効果などの作用効果がある。鋼製支保工がある場合の吹付けコンクリートは、コンクリートと鋼製支保工が**一体**となるように注意して吹付けすることが重要である。

⑵ロックボルト

ロックボルトは、岩盤を穿孔してボルトを挿入し、ナットを締めて定着するもので、定着力は定着材の充填や摩擦力で得る。縫付け効果、はり形成効果、内圧効果、アーチ形成効果、地山改良効果などの作用効果がある。

⑶鋼製（鋼アーチ）支保工

H型鋼材などを一定の間隔で建て込むもので、吹付けコンクリートの補強や切羽の早期安定などの目的で行う。自立性の悪い地山の場合に、吹付けコンクリートが十分な強度を発揮するまでの短期間に生じる緩みの対策として使用するほか、吹付け工と**一体化**することによる支保機能を高める作用効果がある。

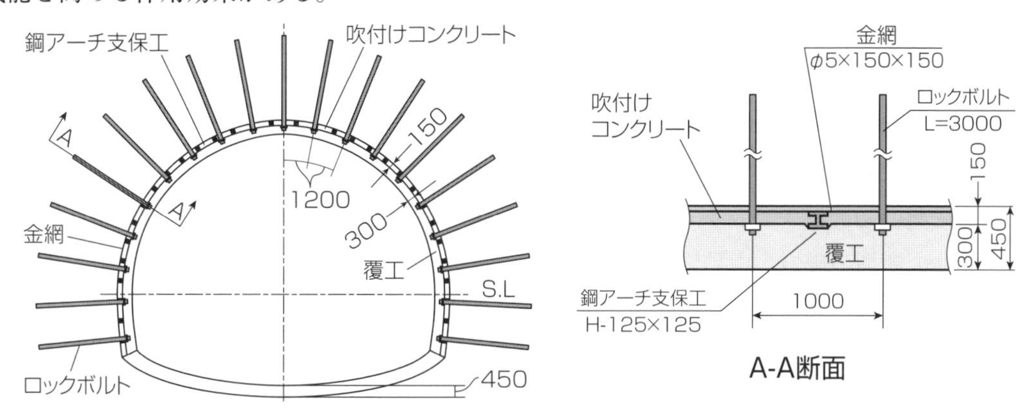

トンネルの支保工の例

【支保工の施工順序】

効果的な支保工とするために、支保部材の特性を考慮して単独または組み合わせて施工する必要がある。一般に、支保工の施工順序は、地山条件がよい場合には**吹付けコンクリート→ロックボルト**の順に、地山条件が悪い場合には**一次吹付けコンクリート→鋼製支保工→二次吹付けコンクリート→ロックボルト**の順で施工する。

【支保工の施工に関する留意点】

支保工の施工にあたって、以下のような施工上の留意点がある。

⑴吹付けコンクリートの施工

①**吹付けコンクリートの仕上がり面**：吹付けコンクリートは、円滑な地山応力伝達のために地山の凹凸を埋めるように行い、後工程の防水シートの破損を防ぐように、仕上がり面ができるだけ平滑となるようにする。吹付けは、ノズルと吹付け面との距離及び吹付け材料の衝突速度が適正となるようにする。

②**コンクリートの圧送方法**：湿式の吹付けコンクリートは、セメント、骨材及び水を練り混ぜたコンクリートを圧縮空気で圧送する方法で、乾式に比べ、コンクリートの品質管理は容易であるが、長距離の圧送には不適である。

③**吹付け厚の管理**：コンクリートの吹付け厚は、掘削面の凹凸、位置等によりばらつくことが多いので注意が必要であり、**吹付け厚表示用ピン**等を目安として設計厚になるように吹き付ける。

吹付けコンクリートは、吹付けノズルを吹付け面に直角に保たなければ、先に吹き付けられた部分が吹き飛ばされ、はね返り、剥離が多くなるので注意が必要である。

⑵ロックボルトの施工

ロックボルトは十分な定着力が得られるように、穿孔、定着材の混合、充填などがなされていることを確認する必要がある。

①**全面定着方式の場合の圧送ポンプ**：ロックボルトの全面定着方式で、定着材としてセメントモルタルを用いる場合の圧送ポンプは、練混ぜ用モルタルミキサーと一体化したものが、施工性がよい。

②**摩擦定着方式穿孔の場合の穿孔径**：穿孔によって孔径が所定以上に大きくなると**定着力不足**などが生じることがあり、摩擦定着方式のロックボルトの場合、セメントモルタル等の定着材を介さずにロックボルトと周辺地山の摩擦力で定着力を確保しなければならないので、特に注意が必要である。

③**穿工に用いる機械**：ロックボルトの穿工に用いるドリフタは、大型で穿孔能力は大きく、比較的大断面の硬岩、中硬岩地山、大孔径、長孔の穿孔に適している。小断面、作業空間が狭い場合は、レッグドリル、エアオーガーなどによる。

④**ベアリングプレート**：ベアリングプレートは吹付け面あるいは掘削面に十分密着して設置され、ロックボルトの軸力をトンネル壁面に十分伝達できることを確認する。

⑶鋼製支保工の施工

鋼製支保工の建込みは、所要の巻厚を確保するために、建込み誤差等を考慮したあげ越しや広げ越しをしておく必要がある。

❷ 山岳トンネルの掘削

山岳トンネルの掘削にあたっては、断面の大きさ、延長、地山条件、立地条件等を総合的に検討するとともに安全対策及び環境保全対策に十分配慮して掘削工法と掘削方式を計画することが必要である。

【掘削工法】

掘削工法には、**全断面工法、ベンチカット工法、中壁分割工法、導坑先進工法**などがある。全断面工法は、大型機械の使用が可能で切羽も１箇所であり、施工性の面では能率的といえるが、切羽の自立性などの面から断面を分割して掘削せざるを得ないことが多い。各掘削工法の概要を以下に示す。

⑴全断面工法

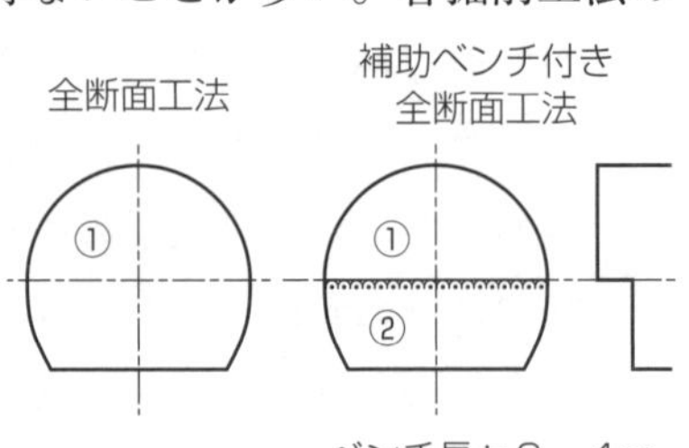

全断面を一挙に掘削する工法で、地山の地質が安定している場合や小断面のトンネル等に採用され、３m程度の短い**補助ベンチ**付き全断面工法が多くなっている。

⑵ベンチカット工法

上部半断面（上半）と下部半断面（下半）の２段に分割するのが一般的で、半断面であれば切羽を鉛直に保つことができる地質に用いられるが、３段以上に分割する**多段式ベンチカット工法**もある。ベンチの長さの違いによって、**ロングベンチカット工法、ショートベンチカット工法、ミニベンチカット工法**に分けられている。ベンチカット工法は、適用範囲が広く、特に、地山条件の変化によって全断面では切羽が安定しないような場合には有効で、地山の安定を図るためには、施工機械の配置などの施工性を考慮して、ベンチの長さをできるだけ**短く**とるようにして施工する。

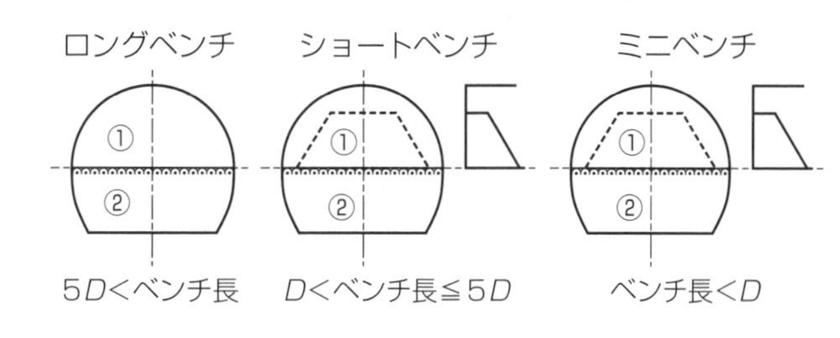

⑶中壁分割工法

大断面掘削の場合に多く用いられ、左右の片半断面のどちらかを先進掘削し残りを遅れて掘削する工法で、左右のトンネル間に中壁ができるので中壁分割工法とよぶ。中壁分割工法は、掘削途中でも左右各々のトンネルが閉合された状態で掘削されるため、トンネルの**変形**や**地表面沈下**の防止に有効な工法である。

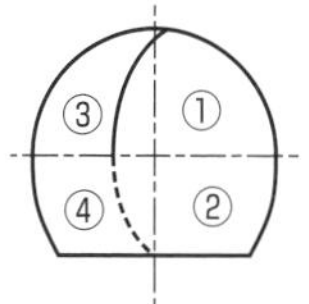

上半分のみ中壁分割する方法と、上下とも中壁分割する方法がある

⑷導坑先進工法

掘削地盤が悪く切羽の**自立が困難**な場合、土被りが小さい土砂地山で**地表面沈下**を防止する必要のある場合、ベンチカット工法では地盤支持力が不足する場合などに、**小断面トンネル**を先進させて地質や湧水の確認、地下水排除等を合わせて用いられる工法で、側壁導坑先進工法、上半部掘削前に側壁部分のコンクリートを打設する矢板工法による側壁導坑先進工法、TBMを用いた導坑先進工法などがある。

側壁導坑先進工法

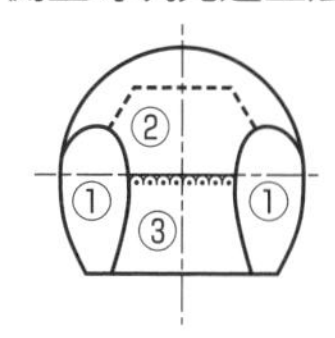

一般的な掘削工法は、よい地山条件から悪い地山条件に対応するものの順に並べると、全断面工法、ベンチカット工法、導坑先進工法となる。

【掘削方式】

トンネルの主な掘削方式には、**発破掘削**、**機械掘削**、**発破及び機械掘削の併用方式**等の手段がある。各掘削方式の分類と概要を以下に示す。

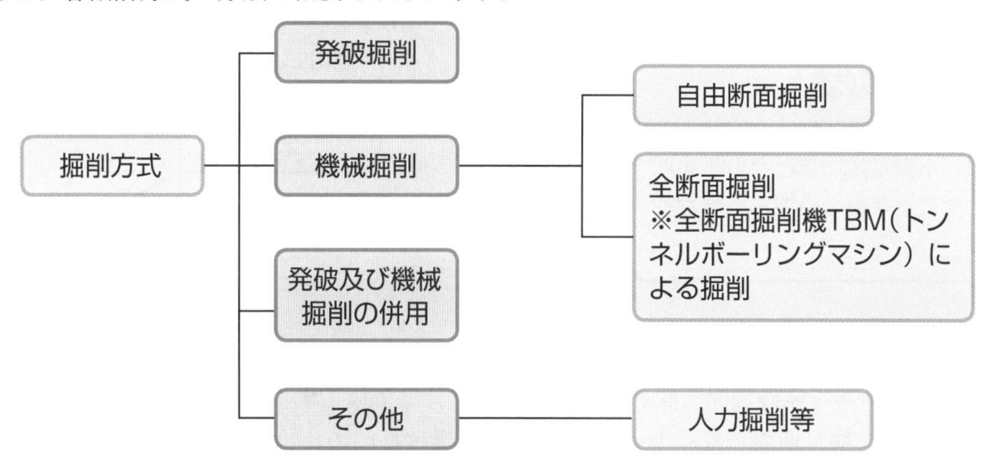

⑴発破掘削

発破掘削は、主に硬岩から中硬岩の地山に適用され、切羽の中心の一部を先に爆破し、新しい自由面を次の爆破に利用して掘削する。余掘りの少ない平滑な掘削面とする工法として、スムーズブラスティング工法などがある。

⑵機械掘削

機械掘削は主に中硬岩から軟岩及び土砂地山に適用される。機械掘削はブーム掘削機等による**自由断面掘削方式**と**全断面掘削機TBM**（トンネルボーリングマシン）による**全断面掘削方式**がある。発破掘削に比べ、騒音・振動が少なく、環境保全上の配慮が必要な区間に適した方式である

> **用語解説**
> 全断面掘削機TBM（トンネルボーリングマシン）：備え付けられた回転カッターを用いて、トンネルの全段面を一度に破砕あるいは切削して掘進する機械。

①**自由断面掘削方式**：自由断面掘削方式の掘削は**ブーム掘削機**等により行い、軟岩や土砂地山に適用されることが多い。近年は、周辺環境上の制約から、発破掘削に比べて騒音・振動が少ないので中硬岩から硬岩の地山にも多く適用されている。

②**全断面掘削方式（TBMによる掘削）**：中硬岩から硬岩、自由断面掘削よりも**硬質**な岩盤などに用いられる。TBMによる掘削は、地山が良好な場合高速掘進が可能であり、余掘りが少なくてすむなどの利点はあるが、初期投資が大きいこと、一般に掘削断面が円形であるため掘削径等の断面変更が困難なことなどの問題がある。また、掘進時にローリングが発生すると、施工能率の低下やベルトコンベアの作動に支障を生じさせることがあるので、注意が必要である。

> **用語解説**
> ローリング：トンネル掘削時に使用するTBMやシールド（P.190参照）が、円周方向に沿って回転すること。

③**その他の掘削機械**：バックホウ、大型ブレーカ、削岩機等が使用される場合がある。比較的強度の低い地山の下半部掘削などには、バックホウが一般に使用される。大型ブレーカは中硬岩までの破砕手段、硬岩破砕の補助等に使用される。これらの機械は、他の掘削機と併用することにより、掘削効率を上げることができる。

> **ワンポイントアドバイス**
> 人力掘削は、施工能率や安全面で劣り、不安定地山などで小断面掘削とせざるを得ない場合に限定される。

地山によって適用される掘削方式が異なるので、整理しましょう。

⑶発破及び機械掘削の併用

1本のトンネルを発破掘削区間と機械掘削区間に分けて施工する方式、発破により硬岩地山を緩ませた後に機械掘削を行う方式、TBMによる導坑掘削の後に発破掘削によって拡幅する方式等がある。

【切羽が自立しない場合の安定対策】

単位掘進長掘削後、支保工の施工が終了するまでの間、切羽の自立が得られない場合には、切羽の安定対策が必要になる。切羽の安定対策としては、一般的に、**単位掘進長の短縮**、**リングカット**、**一次閉合（仮インバート）**、適用された支保パターン内での変更（増し吹付け、増しボルト、斜めボルト等）などの方法が採られている。一次閉合（仮インバート）の例を以下に示す。

用語解説

リングカット：**トンネル掘削におけるリングカットは、上半切羽が自立不可能な場合に上部半断面の核（さね）の部分を残して、アーチ部分だけをリング状に掘削する方法。**

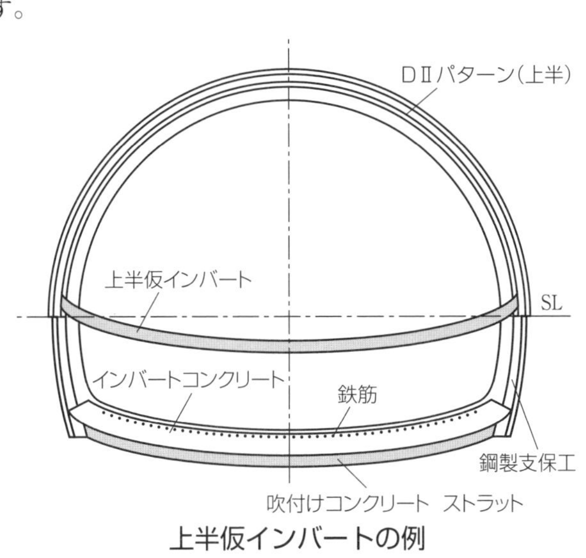

上半仮インバートの例

【ずり処理】

ずり処理は、トンネルの掘進速度を左右するもので、能率化することが重要である。ずり処理は、ずり積込み、ずり運搬、ずり捨てに分かれる。

⑴**ずり積み**

ずり積み機械は、掘削断面、岩質、掘削当たりのずり量などを考慮し、運搬機械とのバランスをとる必要がある。ずり運搬の方式によって異なるが、ずり積み機械には、**ホイールローダ**、バックホウ、クローラ式バックホウ等が用いられている。

⑵**ずり運搬**

ずり運搬の方式は、掘削工法、掘削断面、勾配、掘削延長等を考慮して、能率的になるようにする必要がある。ずり運搬の方式には、タイヤ方式、レール方式、コンテナ方式、コンベア方式などがある。

①**タイヤ方式**：ダンプトラック等の車両により、積替えすることなく坑内と坑外を運搬する方法である。坑内外の仮設備が少なく、比較的大断面のトンネルに適している。レール方式と比べて、トンネル勾配による制限が少なく、通常は15%程度まで許容される。

②**レール方式**：坑道に軌道を設け、ずり鋼車、台車等の車両を連結しバッテリーカーで牽引して運搬する方法である。タイヤ方式に比較して小断面のトンネルにも適用できるが、ある程度の敷地と設備が必要になり、**勾配制限**がある。２％程度以上の勾配があると逆走の危険性があり逆走防止対策が必要である。

❸ トンネル覆工

山岳トンネルの覆工は、永久構造物として長期間にわたって土圧等の荷重に耐え、亀裂、変形、崩壊等を起こさず、漏水等による侵食、強度減少等の少ない耐久性を備えたものである必要がある。覆工の構造及び施工に関して、以下のような要点がある。

【トンネル覆工の構造】

(1)トンネル覆工の区分

トンネルの覆工は**アーチ部**、**側壁部**及び**インバート部**を総称したもので、地山の状態が良好な場合にはアーチと側壁とを組み合わせて、インバートは用いないことがある。

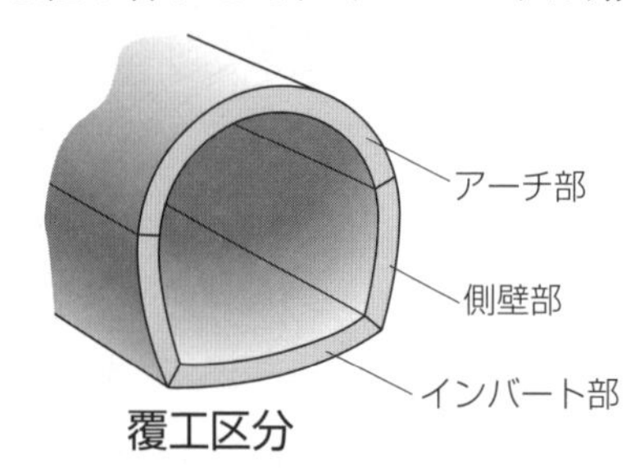

覆工区分

(2)覆工コンクリート材料

覆工コンクリートは、一般的に**無筋構造**とするが、坑口部など土被りの小さい場合や、膨潤性地山などで偏圧や大きな土圧、あるいは水圧等の付加荷重を受け、覆工に高い強度が必要な場合は、鉄筋コンクリート構造とすることがある。

覆工は、吹付けコンクリートなど、他の支保構造部材とともにトンネルの安定を確保する支保構造の一部を構成するほか、内装としての役割を果たす。

【トンネル覆工の施工】

(1)覆工の施工時期、打設順序

①**覆工の施工時期**：覆工の施工時期については、掘削後、トンネルの**内空変位の収束**を確認した後に施工することが原則とされている。

②**打設順序**：覆工の打設順序は、掘削工法を考慮して決めるが、覆工の方法は、通常、掘削完了後に**全断面打設で行う**のが一般的である。

> **用語解説**
> 内空変位：トンネル内空の変形の程度を指す。トンネルの安定状態を把握するために内空寸法を測定することを内空変位測定という。

③**インバートの施工時期**：インバート**先打ち方式**は、早期の閉合が必要な膨張性地山や大断面トンネルで用いられ、インバート**後打ち方式**は、変位による影響が少ないと想定される地山や小断面トンネルに用いられる。

④**膨張性地山の閉合**：膨張性地山で土圧が大きい場合、覆工は抗壁の変形がある程度進み土圧と支保反力が平衡し、ほぼ安定した状態になる時期に施工されることが多く、インバートを設けて全周を閉合する必要がある。

⑤**側壁導坑先進工法の場合**：側壁導坑先進工法の場合は、側壁コンクリートを先行して打設し、その後に全断面のコンクリートを打設する場合と先行する側壁コンクリートを仕上げ

面とする場合とがある。

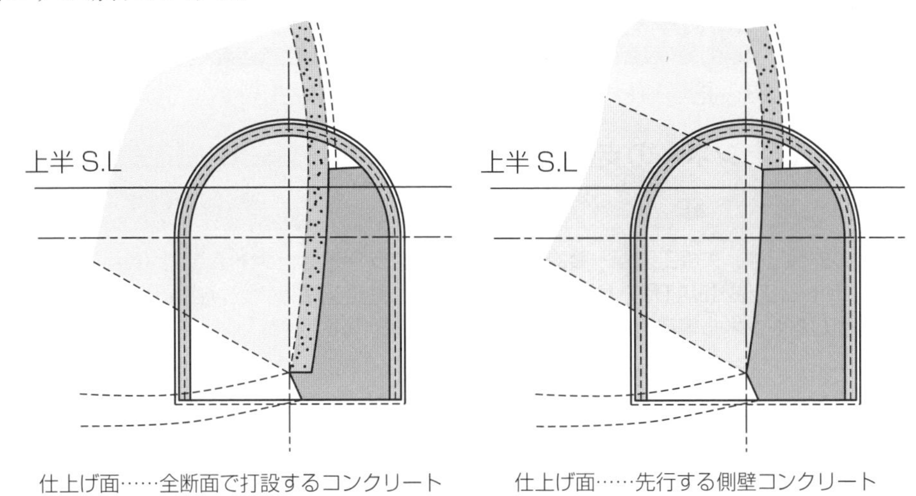

側壁導坑先進工法

⑵型枠工

覆工コンクリートに用いられる型枠には、移動式型枠と組立式型枠があり、通常は移動式型枠が用いられる。

覆工コンクリートに用いられるアーチ部の型枠は、セントルともよばれます。

①**組立式型枠**：坑口部の施工など、地山の安定対策上、覆工の早期打設が必要な場合や急曲線部、拡幅部等の特殊な部分に用いられる。

②**移動式型枠**：移動式型枠の長さは、一打設長を長くすると温度収縮や乾燥収縮でクラックが生じやすいので、一般的には**9～12m**のものが用いられ、長大トンネルでは**15～18m**のものが用いられる場合がある。

③**型枠の作業窓**：型枠の作業窓は、検測やコンクリートの打込み状況の確認のほか、バイブレータ作業、型枠清掃作業のため使用されるもので、型枠の強度を考慮して**可能な限り多く設ける**ことが望ましい。

⑶覆工コンクリートの打設

①**コンクリートの連続打設**：コンクリートの打設は、型枠に偏圧がかからないように、左右対称に、できるだけ水平にコンクリートを**連続して**打ち込む必要がある。

②**アーチ天端部の打込み方式**：覆工コンクリートの打込みは、型枠内を十分に充填する必要がある。特にアーチ天端の充填には注意が必要で、一般に**吹上げ方式**を採用している。

吹上げ方式：アーチ天端部の吹上げ口からポンプ圧送により打ち込む方法。

③**ひび割れ発生防止**：凹凸のある地山掘削面や吹付けコンクリートにシートを張り付けて覆工コンクリートを打設すると、コンクリートが硬化する際に拘束されず、覆工コンクリート面に細やかな亀裂が発生することを防止できる。

例題演習 第2章 7 トンネル

【問題】次の文章を読み、正誤もしくは正しい選択肢を答えなさい。

1. 山岳工法によるトンネルの支保工

	問題	解説	
1	トンネルの支保工は、矢板工法が一般的であり、ナトム工法（NATM）は大きな出水の生じるトンネル等特殊な場合に限定される。	トンネルの支保工は、**ナトム工法（NATM）**が一般的であり、**矢板工法**は大きな出水の生じるトンネル等特殊な場合に限定される。	×
2	山岳工法の主たる支保部材でないものは次のうちどれか。 （1）矢板 （2）吹付けコンクリート （3）ロックボルト （4）鋼製支保工	部材の**（1）「矢板」**は**矢板工法**の主たる支保部材で、山岳工法の支保部材ではない。	(1)
3	山岳工法の支保工において、鋼製支保工を用いる場合の一般的な施工順序は、鋼製支保工→一次吹付けコンクリート→二次吹付けコンクリート→ロックボルトである。	山岳工法の支保工において、鋼製支保工を用いる場合の一般的な施工順序は、**一次吹付けコンクリート**→**鋼製支保工**→二次吹付けコンクリート→ロックボルトである。	×
4	鋼製支保工がある場合の吹付けコンクリートは、コンクリートと鋼製支保工が一体となるように注意して吹付けする。	鋼製支保工がある場合の吹付けコンクリートは、コンクリートと**鋼製支保工**が**一体**となるように注意して吹付けする。	○
5	吹付けコンクリートは、吹付けノズルを吹付け面に斜めに向けノズルと吹付け面の距離を保って行う。	吹付けコンクリートは、吹付けノズルを吹付け面に**直角**に向け、ノズルと吹付け面との距離及び材料の衝突速度が**適正**となるように行う。	×
6	ロックボルトは、穿孔、定着材の混合、充填などがなされていることを確認する。	ロックボルトは、穿孔、**定着材**の混合、**充填**などがなされていることを確認する。	○

2. 山岳トンネルの掘削

	問題	解説	
1	全断面工法は、トンネルの全断面を一度に掘削する工法で、大きな断面のトンネルや、軟弱な地山に用いられる。	全断面工法は、トンネルの全断面を一度に掘削する工法で、**小さな**断面のトンネルや、**安定した**地山に用いられる。	×
2	ベンチカット工法は、一般にトンネルの断面を上半断面と下半断面に分割して掘進する工法である。	ベンチカット工法は、一般にトンネルの断面を**上半断面**と**下半断面**に分割して掘進する工法である。	○

No.	問題	解説	正誤
3	中壁分割工法は、大断面掘削の場合に多く用いられ、トンネルの変形や地表面沈下の防止に有効な工法である。	中壁分割工法は、**大断面掘削**の場合に多く用いられ、トンネルの**変形や地表面沈下**の防止に有効な工法である。	○
4	導坑先進工法は、地質や湧水状況の調査を行う場合や地山が軟弱で切羽の自立が困難な場合に用いられる。	導坑先進工法は、地質や湧水状況の**調査**を行う場合や地山が**軟弱**で切羽の自立が困難な場合に用いられる。	○
5	トンネル掘削方式のうち、側壁導坑先進工法を示した図は、次のうちどれか。なお、図中の丸数字は掘削の順序を示す。 （1）　（2）　（3）　（4）	（4）が側壁導坑先進工法である。	(4)
6	導坑先進工法は、地質が安定した地山で採用され、大型機械の使用が可能となり作業能率が高まる。	**全段面工法**は、地質が安定した地山で採用され、大型機械の使用が可能となり作業能率が高まる。	×
7	軟岩地山の自由断面掘削には、ブーム掘削機が一般に使用される。	**軟岩地山**の自由断面掘削には、**ブーム掘削機**が一般に使用される。	○
8	砂礫地山の掘削には、発破掘削が一般に用いられる。	**硬岩地山**の掘削には、発破掘削が一般に用いられる。	×
9	比較的強度の低い地山の下半部掘削などには、バックホウが一般に使用される。	比較的強度の低い地山の**下半部掘削**などには、**バックホウ**が一般に使用される。	○
10	自由断面掘削方式による機械掘削は、地質条件の適合性からだけでなく、発破掘削に比べて騒音・振動が比較的少ないので周辺環境上の制約がある場所でも適用される。	自由断面掘削方式による**機械掘削**は、地質条件の適合性からだけでなく、発破掘削に比べて**騒音・振動**が比較的少ないので**周辺環境上**の制約がある場所でも適用される。	○

3. トンネル覆工

No.	問　　題	解　　説	正誤
1	トンネルの覆工に用いる型枠方式は、移動式が一般的であり、組立式型枠は、急曲線部、拡幅部、坑口部等の特殊な部分に限定される。	トンネルの覆工に用いる型枠方式は、**移動式**が一般的であり、**組立式**型枠は、急曲線部、拡幅部、坑口部等の特殊な部分に限定される。	○

8 海岸

第2次検定

学習のポイント

- 海岸堤防の形式とその適用条件等の特徴、傾斜堤の構造と各部の機能と名称、堤防の根固め工の構造などを整理する。
- 消波工及び侵食対策施設について、それらの構造及び施工上の留意点について整理する。

① 海岸保全施設配置計画

海岸保全施設配置計画は、**侵食対策施設**、**高潮対策施設**及び**津波対策施設**の各配置計画からなる。海岸保全施設配置計画の構成並びに使用される工種について、以下のように整理されている。

海岸保全施設配置計画の構成

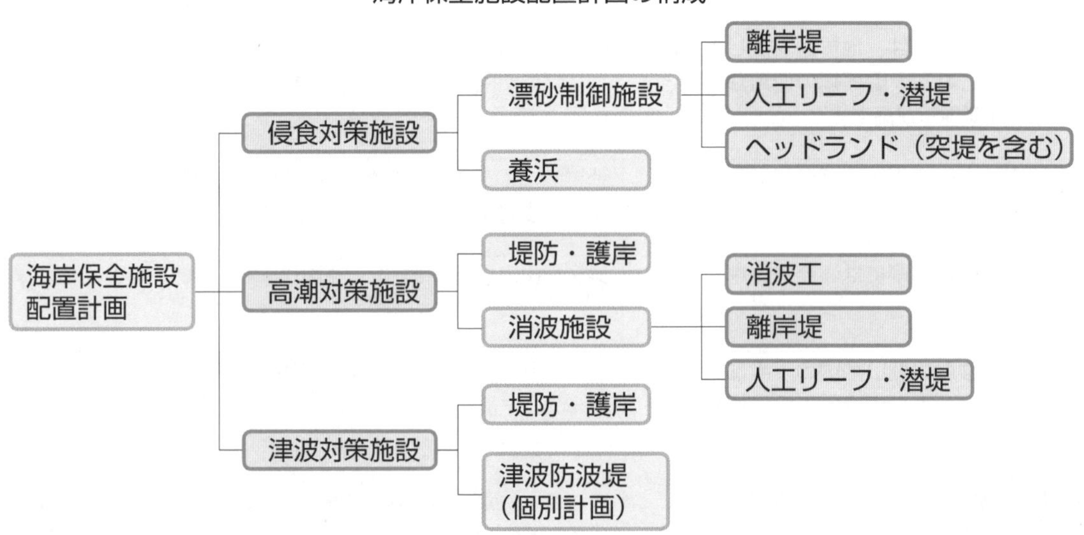

② 海岸堤防（護岸）

【海岸堤防の形式と特徴】

海岸堤防の形式は、**表法勾配**によって次のページのように**直立型**、**傾斜型**、**混成型**、**緩傾斜型**に分かれる。表法勾配が1割（1：1）未満のものを直立堤、それ以上のものを傾斜堤という。傾斜堤のうち3割（1：3）以上に緩いものを緩傾斜堤という。混成堤は、捨石マウンドのような緩傾斜構造物の上部に、ケーソンなどの直立型構造物を配置したものである。形式によって以下のような一

> **用語解説**
>
> ケーソン：海岸堤防や防波堤の基礎等として使用される大型の箱状の構造物。

般的な適用条件がある。

⑴**直立型堤防**

基礎地盤が比較的**堅固**な場合や、堤防用地が容易に**得られない**場合に適用される。堤防に作用する波圧が小さいと予測される場合は、直立型が水理的に有利である。

⑵**傾斜型堤防**

基礎地盤が比較的**軟弱**な場合や、堤防用地が容易に**得られる**場合、堤体用土が容易に得られる場合、**親水性**の要請が高い場合等に適用される。堤防直前で砕波(さいは)が起こる場合は、波力が強大となるので傾斜型とすることが水理的に有利である。

砕波：波が沖から岸へ向かってきた際に、波高が変化して前方へと崩れる現象。

⑶**混成型堤防**

直立型及び傾斜型の特性を生かして、基礎地盤があまり**堅固でなく**、基礎が海中で水深が**深く**施工が困難な場合等に適用される。

⑷**緩傾斜型堤防（緩傾斜堤）**

緩傾斜型堤防は、前浜が十分に広く、海底勾配が緩やかな海浜に新しく築堤する場合等に適用される。

海岸堤防の形式

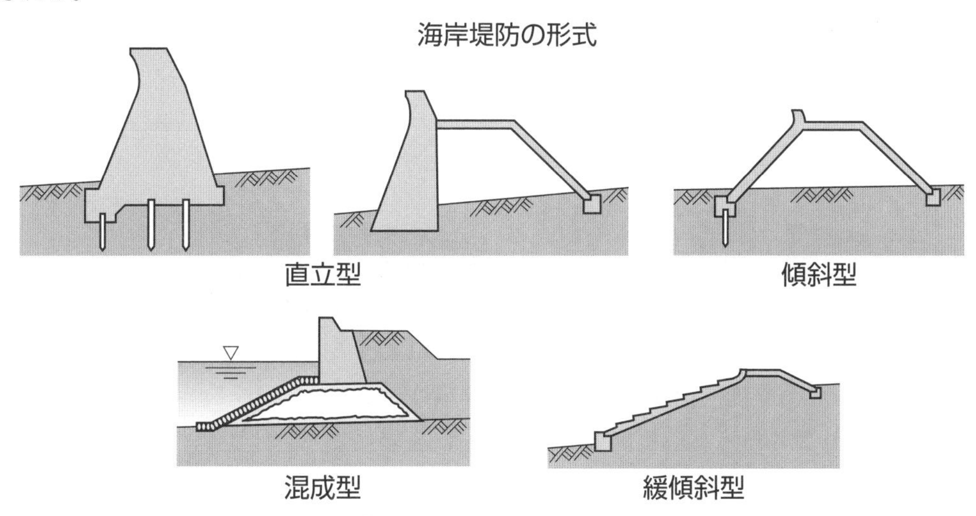

【海岸堤防の構造と施工上の留意点】

海岸堤防は**根固工、基礎工、堤体工、表法被覆工、波返工、天端被覆工、裏法被覆工、根留工、排水工**等の部分から構成され、これらの各部分が一体構造となり堤防として機能する。海岸堤防を構成する各部分には、次ページのような機能、構造及び施工上の留意点がある。

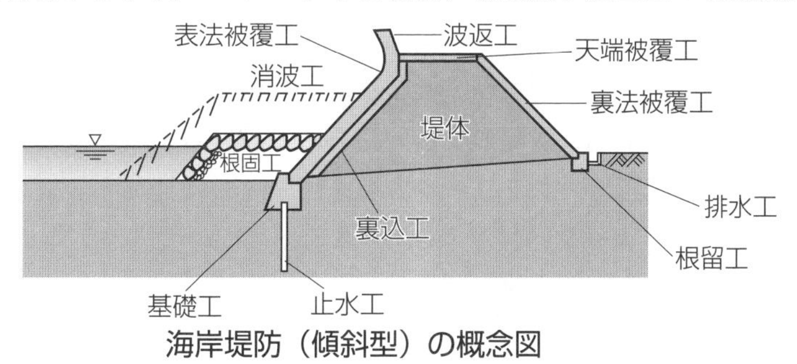

海岸堤防（傾斜型）の概念図

⑴**根固工**

①**根固工の構造**：根固工は、通常、表法被覆工または基礎工の前面に設けられるもので、基礎工や被覆工とは絶縁する。また、単独に**沈下**または**屈とう**できる構造としなければならない。

②**根固工の機能**：根固工は、波浪による表法前面地盤の洗掘防止、被覆工または基礎工の保護及び堤体の滑動防止を目的にして設置される。根固工に用いる捨石及びブロックは、十分重量を有し、波力に抵抗できるものでなければならない。

③**根固工の種類**：根固め工の種類には、**捨石根固工、コンクリートブロック根固工、方塊ブロック根固工**等があり、以下に図と概要を示す。

根固工に用いるコンクリートブロックや捨石の重量はハドソン公式によって検討する。

根固工の種類

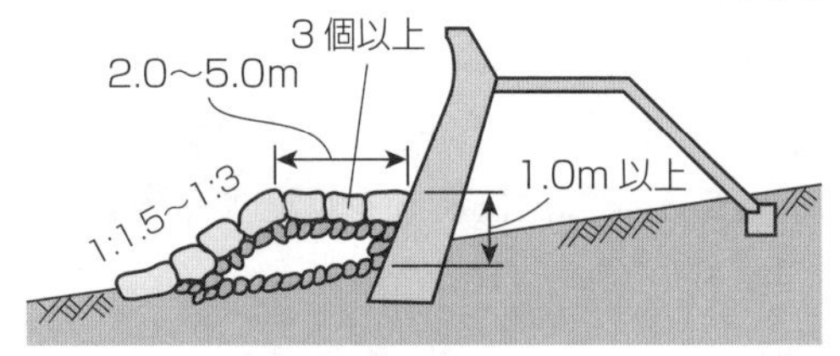

中詰を用いる場合

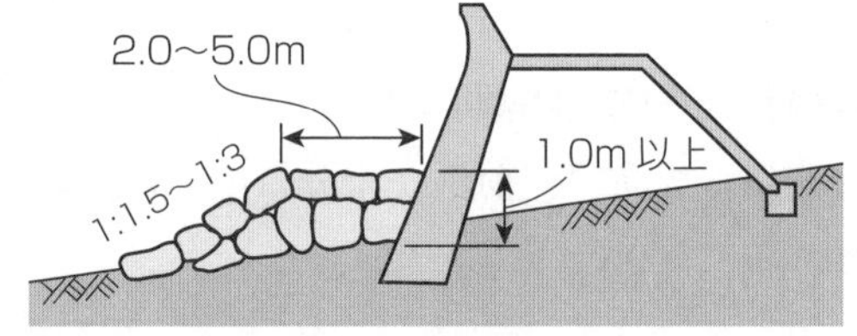

同重量の捨石を用いる場合

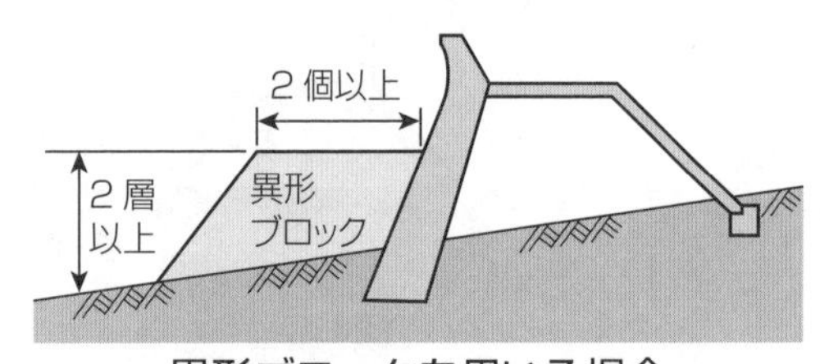

異形ブロックを用いる場合

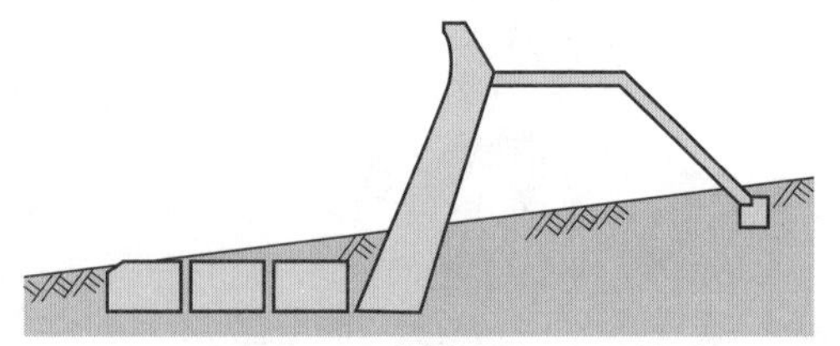
コンクリート方塊を用いる場合

a．**捨石根固工**：捨石根固工は、その捨込厚さを**1m以上**、天端幅を**2〜5m**程度、前法勾配を**1：1.5〜1：3程度**とする。中詰を行う捨石根固工では、捨石は表層に所要の質量のもの**3個並び以上**とし、内部に向かって次第に小さな石を捨て込み、中詰石の質量は表層捨石の**1/10〜1/20程度**とする。また、捨石根固工を汀線付近に設置する場合は、**1m以上**掘り込むか、もしくは、天端幅を広くとることが多い。

用語解説

汀線：海浜の砂浜等で陸地面と海水面との境界線で海岸線ともいう。満潮時の汀線を満潮汀線、干潮時は干潮汀線といい、常に変動し、通常は平均海面時の境界線を指す。

b．**コンクリートブロック根固工**：コンクリートブロックは、異形ブロックが多く用いられている。異形コンクリートブロック根固工の施工は、ブロックの適度のかみ合わせ効果を期待し、天端幅は最小限**2個並び**、層厚は最少**2層**とする。異形コンクリートブロックは空隙が大きく、その下部に空隙の少ない捨石層を設けることが望ましい。

c．**方塊ブロック根固工**：コンクリート方塊を法先地盤に被覆する根固工の場合、ブロックは表面の一辺の長さ**1〜2m**、厚さ**0.6〜1.0m**程度の大きさのものを用い、ブロック間は相互に鉄筋で連結することが望ましい。

⑵基礎工

表法被覆工等の上部構造物を安全に支えるために、滑動や沈下がなく、波による洗掘に耐え得る構造とする。

①**基礎工の種類**：基礎鋼の種類には、場所打ちコンクリート基礎工、捨石または捨ブロック基礎工、杭打ち基礎工等があり、特殊なものとしてウェル基礎工、ケーソン基礎工がある。

②**基礎工の根入れ**：堤防や護岸の基礎工は、波力による一時的な前面洗掘に耐えられるように、十分根入れをする必要がある。また、基礎地盤の透水性が大きい場合には、堤体あるいは表法被覆工の下からの吸出しを防止するためにコンクリートのカットオフ、矢板等による止水工を併設する。

⑶堤体工

堤体は波力、土圧等の外力に対し安定した構造とし、浸透をできるだけ抑制できる構造とする。

①**堤体工の余盛り**：堤体盛土は、十分締め固めても収縮及び圧密によって沈下するので、天端高、堤体の土質、基礎地盤の良否などを考慮して必要な余盛りを行う。

②**盛土材料**：堤体は一般に盛土で造成されるが、材料は締固めの面から、原則として多少粘土を含む砂質、または砂礫質のものを用いることとする。海岸の砂などを使用する場合は、特に**水締め**などを行い、十分に締固めを行う必要がある。

⑷表法被覆工

波浪による侵食や摩耗、堤体土砂の流失等を防止する機能があり、堤防の主要部分である。傾斜型表法被覆工の場合、**コンクリート被覆式**が最も一般的で、被覆工の厚さは標準**50cm以上**とする。

⑸波返工

波返工は、表法被覆工をはい上がってくる波浪などの高波を沖へ戻すために設けるものであり、堤内側に入り込む波やしぶきの量を減らす機能がある。

①**堤体との接続**：波返工は堤体と完全に連続して一体となるようにし、原則として鉄筋コンクリート構造で、通常は曲面構造である。

②**構造**：原則として、波返工が堤防天端から突出する部分の高さは**1m以下**とし、天端幅は**50cm以上**とする。

⑹天端被覆工及び裏法被覆工

天端被覆工及び裏法被覆工は、堤防を越波(えっぱ)した海水による堤体土の流失や堤体の破壊を防止することが目的である。

①**天端被覆工**：天端幅は、波返工等を除き原則として**3m以上**とする。ただし、直立型重力式堤防においては、**1m以上**とすることができる。天端被覆工は、排水のために陸側に**3～5%程度**の片勾配をつけるのがよいとされている。

②**裏法被覆工**：裏法の勾配は、裏のり被覆工の型式に従って堤体の安定を考慮したものとし、堤防の直高が**5m以上**の場合、または**5m未満**であっても特に必要な場合には、幅**1.5m以上**の裏小段を設けるようにする。

⑺根留工及び排水工

根留工及び排水工は堤防の**裏法尻**に設ける。

①**根留工**：裏法被覆工の基礎としての機能と、越波した海水による法尻洗掘防止の機能をもち、通常現場打ちコンクリートが用いられる。

②**排水工**：護岸の場合は天端工に設けられるが、堤防の場合は裏法尻に設け、原則として、計画越波量を対象として計画される。排水工が構造上の弱点となる危険性がない場合には、根留工と兼ねることは可能であるが、原則として、排水工とは分離することが望ましい。

根留工と排水工の例

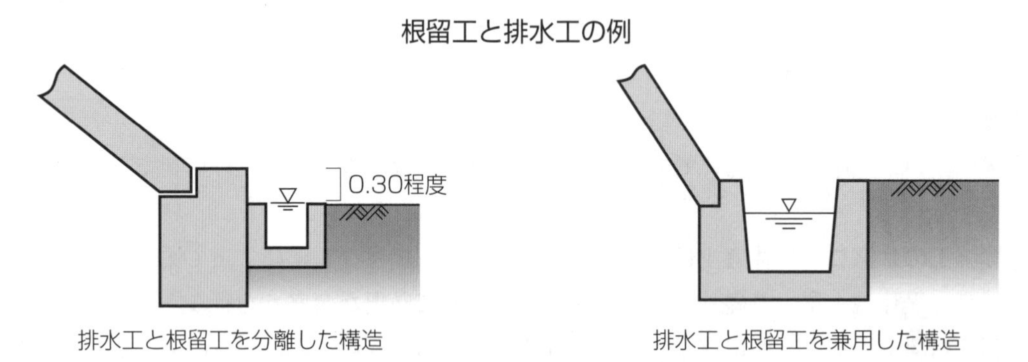

【緩傾斜堤】

緩傾斜堤は、前浜が十分に広く、海底勾配が緩やかな海浜において既設の直立護岸の前面に機能の補強、改良、改善目的で設置される場合などがある。また、越波量や波のうちあげ高を低減できることもあり、用地が容易に得られる場合には、海浜利用上、**親水性**の高い緩傾斜堤を選定することが望ましいとされている。

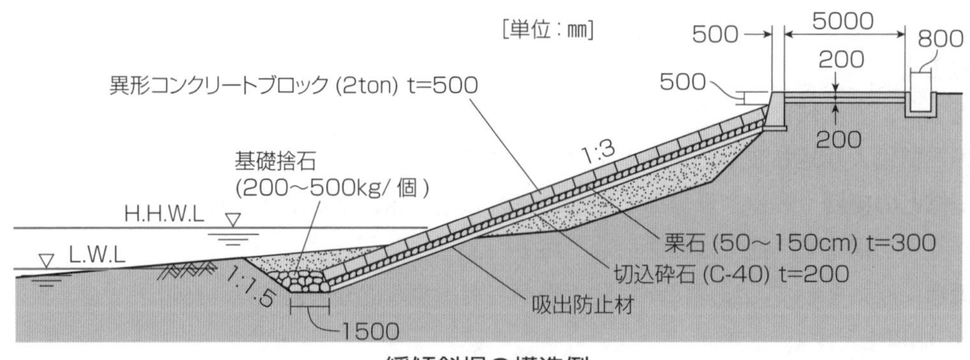

緩傾斜堤の構造例

❸ 消波工

【消波工の目的と概要】

堤防・護岸の前面に設けられる消波工は、**波のうちあげ高**、**越波量**、**衝撃砕波圧の低減**などを目的にしている。消波工は、通常捨石あるいは異形コンクリートブロックを用い、中詰石の上に数層のブロックを並べて築造する場合や全断面をブロックで築造する場合もある。

(1)消波工の構造と消波機能

消波工に沖からの波が当たると一部は反射され、一部は砕波し空中に飛び上がるが、残りは消波工の法面を這い上がって大部分の水塊は消波工の中の空隙に侵入し、空隙が満たされると消波工天端上を進んで堤防に衝突する。このような現象を通して水塊のエネルギーは消耗され、消波工の機能が得られることになり、消波工自体が**波力**に対して安定であることが必要である。

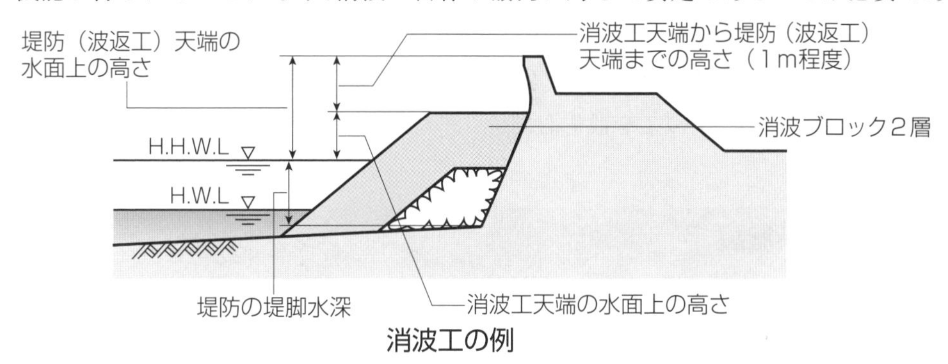

消波工の例

消波ブロックは、適度の大きさ、形状及び分布を有する空隙をもつように積むことが必要である。

(2)消波機能と消波工の構造及び施工に関する留意点

消波工の構造及び施工に関して以下のような留意点がある。

①**消波工の粗度**：消波工は、波のエネルギーを消耗させるため表面の**粗度**が大きく、波力に対して**安定**であること、適度の形、大きさ、分布のある**空隙**をもつこと等が必要条件とされている。

②**異形ブロックの積み方**：消波工の異形ブロックの積み方には、**乱積み**と**層積み**があり、その採用は海底変動の程度、施工の難易等を勘案して決定する。乱積みの場合は、一般に据付け直後は空隙が設計地より大きくなるが、荒天時の高波を受けるたびに沈下し、徐々にブロックのかみ合わせがよくなり、安定してくる。

③**異形ブロックの据付け**：ブロックの据付けは、現地の状況に応じ陸上作業か海上作業を決定するが、組み合わせる必要のある異形ブロックの場合は、海上からのクレーン船での作業が困難なことがあり、特に波の荒い海域では検討が必要である。海岸堤防や護岸における消波工の据付けの場合は、なるべく気象・海象の影響のない**陸上作業**で行うことが有利である。個々の異型ブロックは、相互のかみ合わせが得られるように据え付け、孤立したブロックがないようにする。

④**天端ブロックの据付け**：消波工天端部の異形コンクリートブロックの施工は、極端な凹凸を生じないようにかみ合わせよく据え付ける。

⑤**消波工の天端幅**：消波工の天端幅は、ブロック**2～3列分**の幅をとることが一般的であるが、前面水深の大きいところ、波高の大きいところ、周期の長い波が来襲するところなどでは3～5列、またはそれ以上に広くする。

⑥**消波工の天端高**：消波工の天端高が低すぎると消波工で砕けた波が堤防直立部に激突し、

過大な外力が作用するとともに、引き波でブロックが沖に引き出される可能性があり、天端はできるだけ高いことが望ましい。逆に、直立部の天端高より高すぎると天端のブロックが不安定になるため、一般に消波工の天端高は堤体直立部の**天端**に合わせる。

⑦**捨石マウンドの捨石重量**：異形ブロックの下部に捨石マウンドを設置する場合は、ブロック間隙からの吸い出し防止のため、ブロック重量の**1/10～1/25**程度の捨石を用い、表層に**2層以上**敷くのが普通とされている。

⑧**消波効果と堤防天端高**：堤防天端高が、背後及び堤防の利用形態などからみて高過ぎると考えられる場合は、消波工を設置して、消波効果相当分の天端高を**低く**することができる。

④ 侵食対策施設

海岸侵食は風、波、潮流などによる漂砂の収支の平衡状態が破れて、海岸が徐々に陸側に後退していく現象である。侵食対策施設には漂砂制御施設と養浜がある。侵食対策は、計画海浜形状の諸元確保と長期的な維持を目的とし、計画にあたっては漂砂制御施設と養浜の分担を決め、侵食対策施設の性能が発揮できるようにすることが望まれる。

> **用語解説**
> 漂砂：水位の変動、波及び流れによって沿岸領域における底質の移動現象あるいはその物質。漂砂方向の分類では、汀線と平行方向の砂移動を沿岸漂砂、汀線と直角方向の移動を岸沖（きしおき）漂砂としている。

【漂砂制御施設】

漂砂制御施設の種類には、**突堤**、**離岸堤**、**潜堤（人工リーフ）**、**ヘッドランド（人工岬）**などがあり、突堤はヘッドランドに含める場合がある。

⑴突堤

突堤は主に沿岸漂砂が卓越する海岸で、海岸から細長く突出して設置される堤体である。沿岸漂砂の制御によって、汀線の維持あるいは沖側への前進を図ることを目的とする。広範囲の土砂収支を考慮して、通常**複数**の突堤を配置して効果を発揮させようとする場合が多い。

突堤間の汀線形状

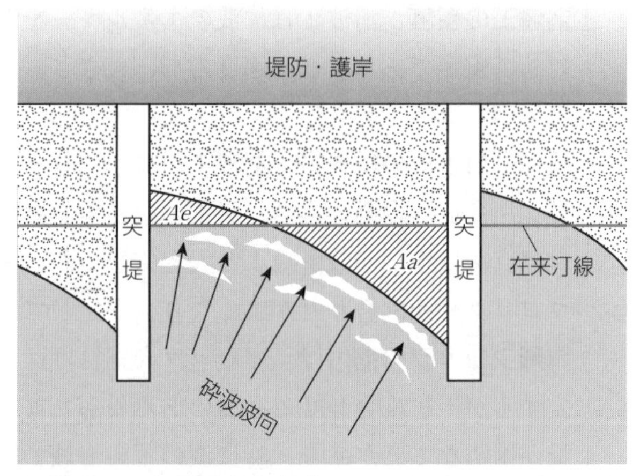

十分に長い不透過突堤の場合、Aa≒Aeとなるように汀線位置が決まる。

⑵離岸堤

離岸堤は汀線の沖側に、汀線の方向とほぼ平行に設置される構造物である。消波または波高減衰を目的とする場合と、背後に砂を蓄えて侵食防止や砂浜の造成を図ることを目的とする場合がある。沿岸漂砂の存在している海岸では、離岸堤の背後に**トンボロ**が形成され、沿岸漂砂の減少が期待できる。

特に、土砂供給が減少した海岸では離岸堤群により沿岸漂砂量を減少させるのは有効な対策とされている。ただし、漂砂下手への侵食等の影響には注意を要する。

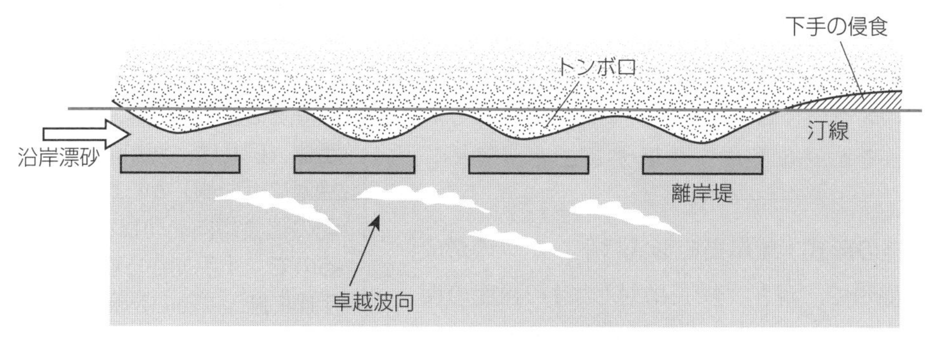

沿岸漂砂が存在する場合の地形変化

⑶潜堤（人工リーフ）

潜堤は、波浪の低減効果と背後に循環流を形成することによる**漂砂量低減効果**が期待でき、海岸環境や海岸利用に対する影響を考慮して計画する。概念的には海上に姿を見せない離岸堤に近いと考えられるが、天端幅が広く、一般的に天端幅を堤長よりも長くする必要があるとされている。

⑷ヘッドランド（人工岬）

ヘッドランドは、一般的に大型突堤先端に横堤部を設けた形状で、沿岸流がヘッドランドによって離岸流に変化し、下手側に土砂を流出させるのを防止し、さらに、遮蔽域の形成により汀線変動の**緩和効果**が期待できる。

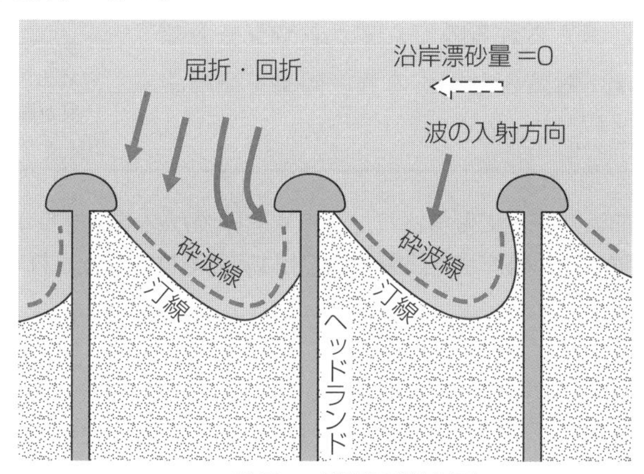

ヘッドランド配置概念図

【養浜】

養浜は、海岸に人工的に砂を供給することで、できあがった海浜は、**人工海浜**とよばれる。養浜は計画海浜形状の諸元確保のために行う場合と、漂砂制御施設の効果を考慮して計画海浜形状の諸元維持のために、場合によっては継続的に供給することがある。

【侵食対策施設の計画及び施工上の留意点】

侵食対策施設（主に離岸堤及び養浜）に関しては、以下のような計画及び施工上の留意点がある。

⑴離岸堤

①**離岸堤の選択**：沿岸漂砂の卓越方向が一定せず、また、**岸沖漂砂**の移動が大きいと思われるところでは、**突堤工法**よりも離岸堤工法を採用するべきである。

②**離岸堤の施工順序**：汀線が後退しつつある箇所において、護岸と離岸堤を新設しようとする場合は、なるべく**護岸**を施工する前に離岸堤を設置し、その後に護岸を設置することが望ましい。

ワンポイント
アドバイス

離岸堤の施工順序は、侵食区域の上手側（例えば、河川のような漂砂供給源に近い側）から着手すると下手側の侵食傾向を助長させることになるので、下手側から着手し、順次上手側に施工するのを原則とする。

③**離岸堤の形式**：離岸堤の形式はトンボロの形成を期待して、現在、堤長に対して1/2程度の開口部をもつ、施工性のよい透過型の**不連続堤**が多く用いられている。特に、背後地の消波効果を高める場合には不透過型が用いられる。

④**離岸堤の開口部**：離岸堤の開口部あるいは堤端部は、施工後の波浪によってかなり洗掘されることがあるので、計画の**1基分**はなるべくまとめて施工することが望ましい。

⑤**離岸堤の沈下と天端高**：海底変形や大幅な沈下が予想される大水深の離岸堤の施工にあたっては、容易に**補強**することや**嵩上げ**が可能な工法を選ぶなどの配慮が必要であり、大幅な沈下が予測される場合には、補強や嵩上げに代えて、あらかじめ離岸堤の天端を高くする方法もある。

⑥**離岸堤の沈下対策**：離岸堤を砕波帯付近に設置する場合は、沈下しやすいので**沈下対策**を講ずる必要がある。また、比較的**浅い水深**に設置する場合は、前面の洗掘がそれほど大きくないと考えられるので、**マットやシート類**などの基礎工が、沈下対策としてある程度効果を発揮するものと考えられる。

用語解説

砕波帯：波が浅海域に進行してくると、周期は変わらないが波長が短くなり、波高が高くなって波が変形し、さらに浅海を進むと砕波するが、その際に大きなエネルギーが放出され、流れの発生によって底質が激動する領域をいう。

ワンポイント
アドバイス

前浜が完全に侵食された海岸や漂砂源が枯渇した海岸では、前浜の復元は望めず、離岸堤を設置することは有効ではないとされている。

⑵養浜

①**養浜の材料と効果**：養浜の材料は、養浜場所に存在している砂に近い粒度組成をもつ材料を用いるのが基本であるが、養浜場所にある砂より粗い材料を用いた場合には、効率的に**汀線を前進**させることができ、**前浜の勾配**が従前より**急**になる。

養浜による生態系や環境への影響については、地方自治体でも調査などを実施しています。

②**養浜の材料の粒度組成と断面変化**：養浜材料の粒度組成が不均一な場合には、細かい粒径の土砂は沖へ流出し、粗い粒径の土砂は打ち上げられてバームを形成するなどして、養浜断面は変化する。

用語解説

バーム：前浜に形成される砂の堆積地形。汀線に対して平行に形成され、汀段ともよばれる。

③**養浜の材料の粒度組成と環境影響**：養浜材料の粒度組成は、養浜箇所の生物の生息に影響を与えるとともに、流出した土砂によって周辺海域にも影響を与えることがある。

例題演習 第2章 8 海岸

【問題】次の文章を読み、正誤もしくは正しい選択肢を答えなさい。

＊「1．海岸保全施設配置計画」は例題演習はありません。

2. 海岸堤防（護岸）

	問題	解説	
1	堤体の材料は、一般に土砂を使用し、締固めの点から、多少粘土を含む砂質または砂礫質のものを用いるので、海岸の砂は使用してはならない。	堤体の材料は、一般に土砂を使用し、締固めの点から、多少粘土を含む砂質または砂礫質のものを用いることを原則とし、海岸の砂を使用する場合は、**水締め**等により十分に**締固め**を行う必要がある。	×
2	堤内地への越波、しぶきなどを排出するための排水工は、原則として、天端肩や裏法の途中に設ける。	堤内地への越波、しぶきなどを排出するための排水工は、原則として、**裏法尻**に設ける。	×
3	根固工は、基礎工の前面に接続して設けるものであり、単独に沈下・屈とうしないよう基礎工と一体構造として施工する。	根固工は、基礎工の前面に接続して設けるものであり、単独に沈下・屈とう**できる**よう基礎工と**絶縁**構造として施工する。	×
4	捨石による根固工は、表層に所要の重量のものを用い、天端幅は2～5m程度とし、天端には3個以上並べる。	捨石による根固工は、表層に所要の**重量**のものを用い、天端幅は**2～5m程度**とし、天端には3個以上並べる。	○
5	異型ブロックによる根固工は、天端には最小限2個並び、層厚は2層以上とする。	異型ブロックによる根固工は、天端には最小限**2個並び**、層厚は**2層**以上とする。	○
6	根固工に用いる捨石、ブロックは、十分重量を有し、波力に抵抗できるものでなければならない。	根固工に用いる捨石、ブロックは、十分**重量**を有し、**波力**に抵抗できるものでなければならない。	○
7	基礎地盤が比較的軟弱な場合には、直立型が適している。	基礎地盤が比較的軟弱な場合には、**傾斜**型が適している。	×
8	堤防用地が容易に得られない場合には、直立型が適している。	堤防用地が容易に得られない場合には、**直立**型が適している。	○
9	下図は傾斜が高い岩堤防の構造を示したものである。図の（イ）～（ニ）に示す構造名称の組み合わせとして、次のうち適当なものはどれか。 （図）	（イ）…（ロ）…（ハ）…（ニ） （1）波返工………表法被覆工…根固工…基礎工 （2）裏法被覆工…根固工………波返工…基礎工 （3）波返工………表法被覆工…基礎工…根固工 （4）基礎工………裏法被覆工…波返工…根固工 （イ）は**波返工**、（ロ）は**表法被覆工**、（ハ）は**根固工**、（ニ）は**基礎工**。	（1）

⑩	親水性の要請が高い場合には、直立型が適している。	親水性の要請が高い場合には、**傾斜**型が適している。	×
⑪	堤防直前で砕波が起こる場合には、傾斜型が適している。	堤防直前で砕波が起こる場合には、**傾斜**型が適している。	○
⑫	波返工は、表法被覆工をはい上がってくる波浪などの高波を沖へ戻すために設けるものであり、表法被覆工と完全に連続して一体となるようにする。	波返工は、表法被覆工をはい上がってくる波浪などの高波を沖へ戻すために設けるものであり、**表法被覆工**と完全に連続して一体となるようにする。	○

3. 消波工

	問題	解説	
❶	異型コンクリートブロックの据付けは、安全上、起重機船による海上施工に限定されているため、堤体上からクレーンでの施工をしてはならない。	異型コンクリートブロックの据付けは、現地の状況に応じ**陸上作業**か**海上作業**を決定する。海岸堤防や護岸における消波工の据付けの場合は、なるべく**気象・海象**の影響のない**陸上作業**で行うことが有利である。	×
❷	据付けは、整積みと乱積みがあり、一般に整積みが多く用いられる。	異型コンクリートブロックの据付けは、整積みと乱積みがあり、その採用は**海底変動の程度**、**施工の難易等**を勘案して決定する。	×
❸	乱積みは、荒天時の高波を受けるたびに沈下し、徐々にブロックのかみ合わせが悪くなり不安定になってくる。	乱積みは、荒天時の高波を受けるたびに沈下し、徐々にブロックのかみ合わせが**よくなり安定して**くる。	×
❹	消波工の天端高は、直立部の天端高より高すぎると天端のブロックが不安定になるため、一般に堤体直立部の天端に合わせる。	消波工の天端高は、直立部の天端高より高すぎると天端のブロックが不安定になるため、一般に**堤体直立部**の天端に合わせる。	○

4. 侵食対策施設

	問題	解説	
❶	汀線が後退しつつある場合に、護岸と離岸堤を新設しようとするときは、離岸堤を設置する前に護岸を施工する。	汀線が後退しつつある場合に、護岸と離岸堤を新設しようとするときは、**護岸**を設置する前に**離岸堤**を施工する。	×
❷	離岸堤の開口部あるいは堤端部は、波浪によって洗掘されることがあるので計画の１基分はなるべくまとめて施工する。	離岸堤の**開口部**あるいは**堤端部**は、波浪によって洗掘されることがあるので計画の１基分はなるべく**まとめて**施工する。	○
❸	侵食区域の離岸堤の施工は、上手側（漂砂供給源に近い側）から着手し、順次下手側に施工するのを原則とする。	侵食区域の離岸堤の施工は、**下手側**から着手し、順次**上手側**（漂砂供給源に近い側）に施工するのを原則とする。	×

9 港湾

第１次検定　第２次検定

学習のポイント

- 防波堤の主な構造形式その特徴、施工方法及び施工上の留意点について整理する。
- 港湾工事におけるケーソン、水中コンクリート、基礎捨石、根固めなどの施工方法及び施工上の留意点について整理する。
- 浚渫船の種類と作業方法、特にグラブ浚渫船の施工方法について整理する。

1 防波堤及び港湾工事

【防波堤の主な構造形式と特徴】

港湾の防波堤はその構造形式により、**直立堤**、**傾斜堤**、**混成堤**、**消波ブロック被覆堤**及び**重力式特殊防波堤**が**重力式防波堤**として分類され、その他に杭式防波堤、浮防波堤及び軟弱地盤着底式防波堤などに分類されている。主な防波堤の構造形式と特徴を以下に示す。

⑴**直立堤**

直立堤は、波力を受ける前面が鉛直状態となるような壁体を海底に据え付けた構造である。直立堤には次のような特徴がある。

①波のエネルギーは、主に、直立壁で反射させようとするものであり、波の反射は大きい。

②**海底地盤が硬く**洗掘を受けるおそれのない場所で用いられる。基礎地盤が岩盤でない場所では、基礎が洗掘されやすいので、根固工を十分に施工する必要がある。

③直立堤の種類は**ケーソン式**、**コンクリートブロック式**、**コンクリート単塊式**等に分類される。ケーソン式防波堤は、水深が比較的大きい場所や波力の大きい場所等に用いられるが、ケーソンの製作・施工設備が必要で作業工程が多い。

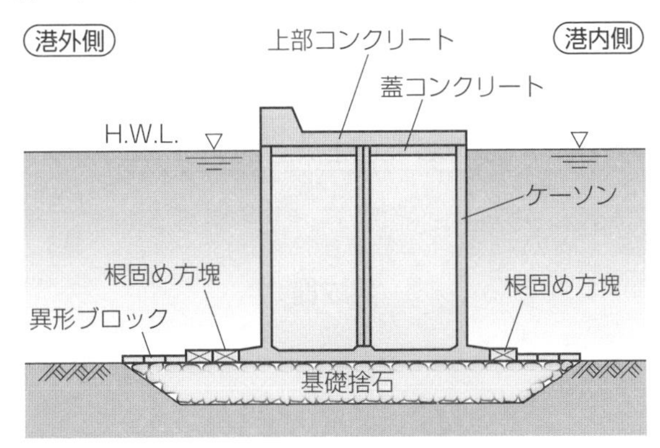

ケーソン式防波堤

⑵傾斜堤

コンクリートブロックや捨石を、台形状断面に捨て込んだ構造である。傾斜堤には次のような特徴がある。

①波のエネルギーは、斜面における砕波作用により散逸させようとするものであり、反射波は少ない。

②水深が大きくなると多量の材料が必要となり、比較的**水深の浅い**場所で小規模な防波堤に用いられる。

③海底地盤の凹凸に関係なく施工でき、軟弱地盤にも適用できる。

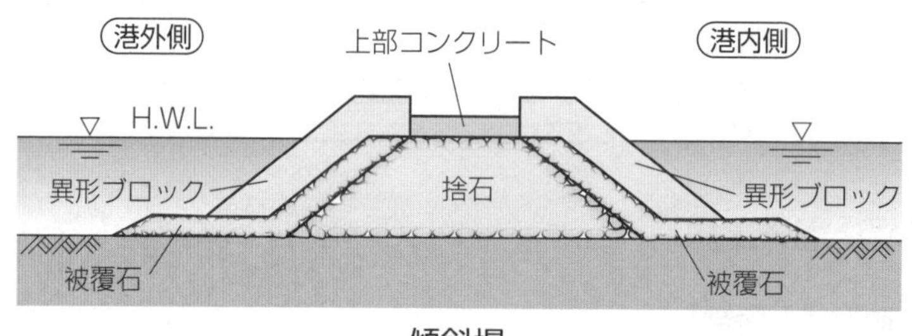

傾斜堤

⑶混成堤

直立堤と傾斜堤の混成で、直立壁を捨石部の上に設置した構造である。混成堤には次のような特徴がある。

①防波堤としての機能は、捨石部の天端が波高に対して深い場合には**直立堤**に近く、浅い場合には**傾斜堤**に近いとされている。

②海底地盤が比較的軟弱な場所や水深の大きい場所にも適用性がある。

③捨石部と直立壁の高さの割合を検討することにより経済的な断面とすることができる。防波堤は混成堤形式のものが最も多く、規模が大きい港湾においては主としてケーソン式混成堤が用いられる。

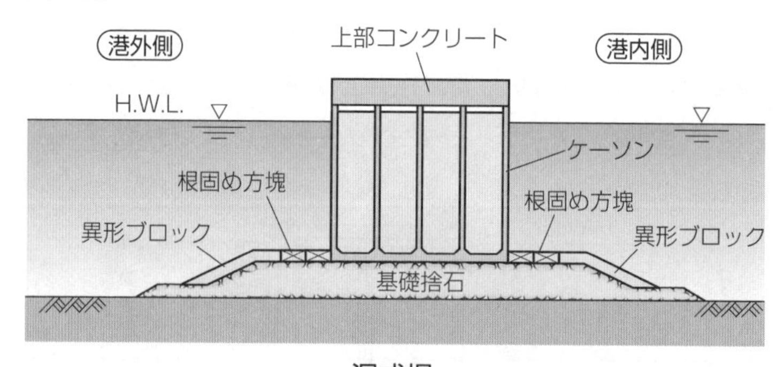

混成堤

⑷消波ブロック被覆堤

直立堤、あるいは混成堤の前面に消波ブロックを積み上げた構造である。波のエネルギーは消波ブロックにより散逸させ、反射波及び直立部に作用する波力を小さくするとともに、波の透過は直立部で抑える。

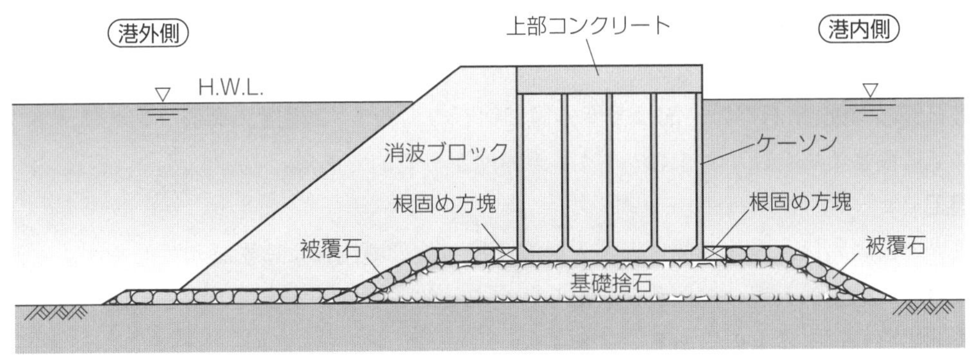

消波ブロック被覆堤

⑸重力式特殊防波堤

重力式特殊防波堤には、消波機能をもつ特殊なブロックを直積みとした**直立消波ブロック堤**、特殊な形状のケーソンを用いる形式のものとして消波効果を発揮させる**消波型ケーソン堤**、及び水平波力の減少と同時に波力を壁体の安定に作用させる**斜面型ケーソン堤**がある。一体構造の大型ブロックを除く直立消波ブロック堤は、一般に波高が比較的小さい**内湾**や**港内**での防波堤として用いられている。

⑹その他の形式

重力式防波堤以外には、カーテン式防波堤と鋼管防波堤に大別される杭式防波堤、軟弱地盤着底式防波堤及び浮防波堤に分類されている。

【基礎工】

防波堤や係船岸などの港湾構造物の基礎は、**海底**につくられるのが大部分である。**捨石**によって築造する基礎工が最も一般的であり、基礎地盤の応力条件によっては杭基礎や地盤改良を考慮する。基礎地盤が軟弱な場合は、基礎の安定や地震時の液状化を検討するとともに、**基礎置換工法**、**サンドドレーン工法**、**サンドコンパクション工法**、**深層混合処理工法**等の地盤改良工による対策が必要になる。

基礎工の施工方法、及び施工上の留意点に関する主要な事項を以下に示す。

⑴基礎置換工法

基礎地盤の支持力が不足する場合、軟弱土を浚渫によって除去し、良質土砂で埋め戻し、置換する方法である。

⑵捨石基礎

防波堤は、下部を基礎捨石とし、上部直立部にケーソンを設置した混成堤形式のものが多いとされている。基礎捨石工の目的は、主に基礎地盤の不陸整正、直立部など上部構造物からの**荷重分散**、地盤の**洗掘防止**、基礎天端高の確保などにある。

①**捨石材の投入区域の設定順序**：石材の投入区域の設定順序は、捨石法線の設定→法肩線、法尻線の設定→法肩、法尻の標識設置→標識位置の確認測量、の順に行う。

②**混成堤の捨石厚さ**：混成堤の捨石部の厚さは、直立部の荷重を広く分布させるとともに、直立部の据付け地盤を水平にするなどのため、**1.5m以上**を原則としている。

③**捨石マウンドの余盛**：捨石マウンドの施工天端高の決定にあたっては、予測される沈下量を見越した**余盛**も必要になる。

④**捨石部の勾配**：捨石部の勾配は、港外側で捨石の場合**1：2程度**、異形コンクリートブロックで被覆する場合は**1：1.3～1：1.5**程度が一般的である。

⑶根固工

混成堤の根固めは、堤体基部付近が入射波や反射波の噴流による影響が生じやすく、直立部基部における捨石部天端の洗掘及び吸出し防止を目的として、安定性のある根固ブロックで捨石部天端部を被覆するものである。

①**根固め工法**：コンクリート方塊を堤体に密着させて敷き並べる方法あるいは埋め込む方法、または異形ブロックを据え付ける方法等が一般的である。

②**混成堤の根固ブロック**：混成堤の根固ブロックはできるだけ大きいものが望ましく、一般的には波力及び施工能力を考慮し、**10～50t**程度の質量をもったブロックを用いる。

③**作業用船舶機械**：ブロックの海上の運搬や据付け作業に使用する船舶機械は、**起重機船**、**クレーン付台船**、**引船**、**潜水士船**等が一般に使用される。

> **用語解説**
> 潜水士船：潜水作業に必要な設備をもつ作業用船舶。

④**据付け手順**：波浪条件は、港内側に比べて港外側が厳しいので、ブロック据付け手順は、**港外側**より施工するのが一般的である。

⑤**根固工の設置時期**：根固ブロックは、直立部の港内側にも設置し、ケーソン等の直立部据付け後、できるだけ**早い**時期に行う。

⑥**目地間隔**：ブロック据付けにあたっては、捨石マウンドの均し状況及び堤体や既設ブロックの付着物の有無を確認し、堤体とブロック及びブロック相互の目地間隔を極力**小さく**なるよう行う。

⑷被覆工

被覆工は基礎の流出を防止するもので、被覆石及び被覆ブロックがあり、根固工及び被覆マットを含める場合がある。

①**被覆石工**：波力によって生じる基礎捨石の散逸を防止するため、一般に質量**1～2t/個**程度の被覆石を用いて捨石表面に敷き均して被覆する。

②**被覆ブロック工**：外海に面しているような防波堤では、港外側の被覆石上をさらに質量の大きい異形コンクリートブロックなどで被覆する方法が採られている。

【ケーソンの施工】

ケーソン式防波堤やケーソン式混成堤などの防波堤のほか、護岸、岸壁等の主要な港湾施設の構造物本体にケーソンが用いられることが多い。ケーソン本体の施工は、一般に、陸上またはドック等のケーソンヤードで製作したケーソンを、**進水→仮置き→曳航→据付け→中詰→蓋コンクリート→上部工**の順で施工する。

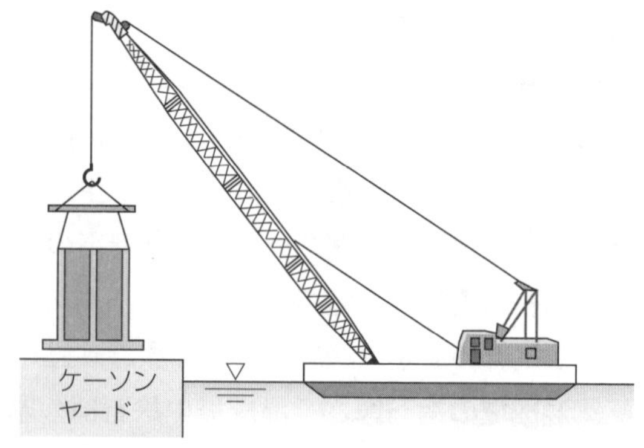

吊り下ろし方式によるケーソンの進水

(1)ケーソンヤード・進水

ケーソンヤードには、斜路式、ドック式、吊り下ろし方式等があり、最も一般的な斜路式の場合、ケーソンを進水台車に載せウィンチで巻き下ろして進水させる方法がとられている。

(2)ケーソンの構造

ケーソンの構造は、曳航、浮上、沈設を行うため、ケーソン内の水位を調整しやすいように、それぞれの隔壁に**通水孔**を設ける。

(3)ケーソンの曳航（回航）

一般に陸上で製作されたケーソンは、海上に浮上させ基礎捨石工の場所まで曳航して据え付ける場合が多い。

用語解説

- 曳航：航行距離が25浬(かいり)以下または1平水区域内の場合の航行。
- 回航：1平水区域内の場合を除いて、航行距離が25浬以上の場合の航行をいう。

①**気象、海象状況**：一般にケーソンの曳航は、据付け、中詰、蓋コンクリート等の連続した作業工程を後に伴うため、**気象・海象**状況をあらかじめ十分に調査して実施する。

②**仮置き**：仮置きが長期になる場合や、台風などによる波浪や風などの影響でケーソンの曳航直後の据付けが困難な場合には、**仮置場**を築造し仮置きする。仮置きマウンドは防波堤の基礎捨石と同様にするが、法面等への被覆の必要はない。

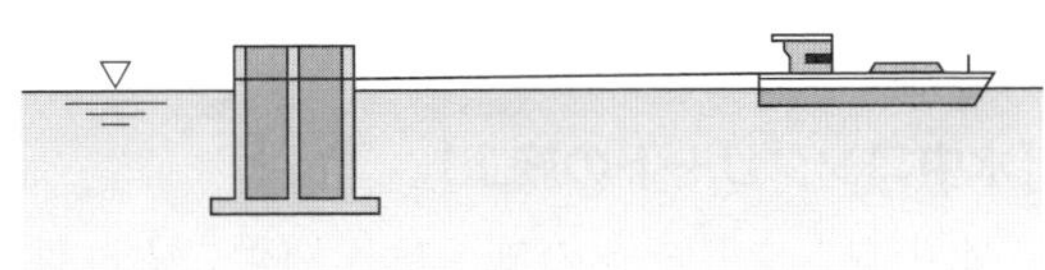
ケーソンの曳航

③**回航**：ケーソンに大廻しワイヤを回して回航する場合には、原則として**二重回し**とし、その取付け位置はケーソンの**吃水線**以下で浮心付近の高さに取り付ける。

(4)ケーソンの据付け

ケーソンの据付け方法は、函体を浮上状態で曳航して据え付ける方法と、函体を大型起重機船で吊り下げながら運搬して据え付ける方法がある。

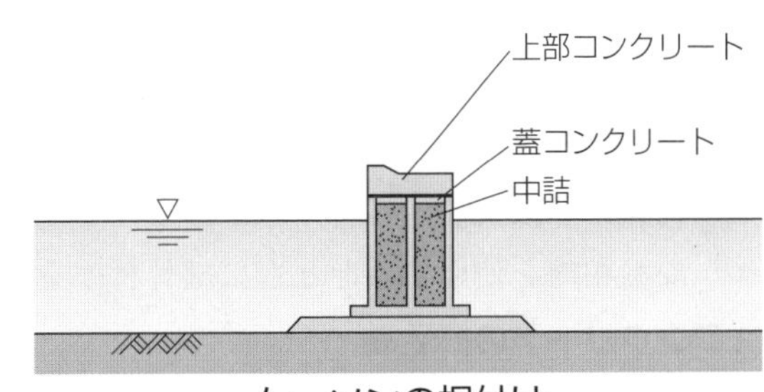

ケーソンの据付け

①**浮上・曳航して据え付ける方法**：ケーソンを据付け場所まで曳航し、起重機船や引船などを併用してワイヤ操作によってケーソンの位置を決めて注水しながら徐々に沈設する。

②**大型起重機船による据付け**：吊枠を使用し、注水したケーソンを大型起重機船で20～30cm吊上げ、所定の位置でケーソンを下ろして据付ける。

③**注水方法**：ケーソン据付け時の注水方法は、気象、海象の変わりやすい海上での作業を手際よく進めるために函体が所定の位置上にあることを確認し、各隔室に**平均的**に注水していく。

④**注水と据付け**：ケーソンの据付けにおいては、函体が基礎マウンド上に達する直前**10～20㎝**のところでいったん注水を**中止**し、最終的なケーソン引寄せを行い、据付け位置を確認、修正を行ったうえで一気に注水着底させる。

⑤**中詰工**：注入・据付け後のケーソンは軽いため、波浪の影響を受けやすく、据付け後**速や**

かにケーソン内部に中詰めを行って質量を増し、安定を高めなければならない。

⑥**中詰材**：中詰材には、砂及び砂利、雑石、割石、コンクリート、プレパックドコンクリートなどがあり、単位体積重量が決められている。

⑦**中詰コンクリート**：コンクリートは、函体の重量を増すことにより安定度を高めるためのものであり、所定の単位体積重量と施工性を満足すれば**貧配合**のもので十分である。

用語解説

プレパックドコンクリート：あらかじめ型枠内に粗骨材を詰めておき、隙間にモルタルを注入してつくるコンクリート。

⑧**蓋コンクリート**：蓋コンクリートは、上部工施工までの間、中詰材が波浪等によって流出するのを防止するため、中詰完了後、**速やかに**施工する必要がある。

⑨**上部コンクリート**：上部コンクリートは、堤体の安定上必要とされる重量、耐久性及び対候性が求められ、波高２m以上の場合は厚さ２m以上、波高２m以下の場合でも最小厚50cm以上を標準としている。また、上部コンクリートは、ケーソン本体と**一体**となるように施工する。

【水中コンクリートの施工】

水中コンクリートの施工は、種類により性能に差異があるので、材料、配合、適用箇所、打込み、施工機械等について十分配慮し、材料分離が生じないよう行う。水中コンクリートの施工及び施工上の留意点を以下に示す。

⑴コンクリートの配合

①**配合強度**：一般に、水中コンクリートの配合強度は、施工後の強度を標準供試体の強度の**0.6～0.8倍**とみなして設定される。

②**水中分離抵抗性**：一般に、水中コンクリートの水中分離抵抗性は、粘性に影響する水セメント比と単位セメント量によって設定される。

③**材料分離抵抗性**：材料分離を少なくするために、粘性の高い配合にする必要があり、適切な混和剤を使用するとともに細骨材率を適度に大きくする必要がある。

⑵コンクリートの打込み

①**トレミー管**：打込みは静水中で行い、セメントが水で洗い流されたり材料分離が生じたりしないように、原則としてトレミーもしくはコンクリートポンプを用いる。重要な構造物には底開き箱や底開き袋を用いてはならない。

②**トレミーの固定**：水中コンクリートの打込みは、水と接触する部分のコンクリートの材料分離を極力少なくするため、打込み中はトレミー及びポンプの先端を固定しコンクリートをかき乱さないようにしなければならない。

用語解説

底開き箱・底開き袋：底が開閉する構造の容器で、地上でコンクリートを充填したうえで水中に吊り下げて使用する。容器がすでに打ち込んだコンクリート面に達したときに排出口を開き、徐々に引き上げることでコンクリートが自重で流下する。トレミーなどを用いるよりも施工は簡単だが、品質は劣る。

③**トレミーの先端位置**：トレミーは、コンクリートの水中落下による材料分離が生じないように、打込み中管の先端が既に打設されたコンクリート中になければならない。

④**連続打設**：水中コンクリートの打込みは、打ち上がりの表面をなるべく水平に保ちながら

所定の高さまたは水面上に達するまで、連続して打ち込まなければならない。

コンクリートの打込みを中断した場合は、次のコンクリートを打つために表面のレイタンスを除かなければならないが、非常に困難な作業であり基本的に中断してはならない。

❷ 浚渫

【浚渫船とその特徴並びに施工方法】

浚渫船にはポンプ船、グラブ船、ディッパー船、ドラグサクション船、バケット船などがあるが、**ポンプ船**または**グラブ船**による方式が最も多く用いられている。主要な浚渫船とその特徴、作業方法、浚渫船の構造図を以下に示す。

⑴ポンプ浚渫船

ポンプ浚渫は一般に、カッターを取り付けた吸入管を海底に下ろし、カッターを回転させて切削し、切削土砂と海水をともにポンプで吸込み、排砂管を通して直接埋立地などに排送する方式である。

①**浚渫船の適性**：ポンプ浚渫船は**大量の浚渫**や埋立てに適しており、引船を必要とする非自航式ポンプ船と自分で航行できる自航式ポンプ船とに分けられる。

②**浚渫船の施工能力**：ポンプ浚渫船の施工能力は、排送距離や土質などの現場諸条件による変化が大きいので、試験工事や類似した工事などにおける過去の実績によって決定するのが、最良の方法とされている。

③**ポンプ浚渫船の船団構成（非自航式）**：標準的な船団構成は、非自航式ポンプ浚渫船、自航揚びょう船及び交通船である。

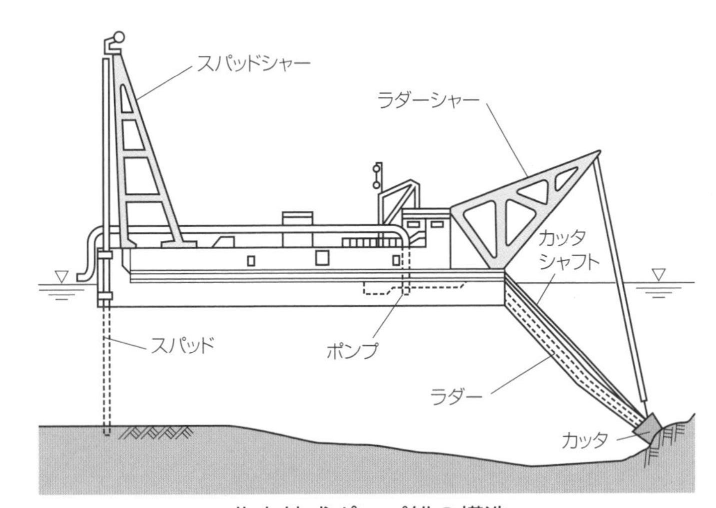

非自航式ポンプ船の構造

ワンポイント
アドバイス

ポンプ浚渫船は、一般的には非自航式ポンプ船が多く、カッタを使用することにより軟泥から軟質岩盤までの広い地盤適応性がある。

ポンプ浚渫船の船体の固定には、スパッドの代わりにワイヤーが用いられることもあります。このワイヤーは形状が似ていることから「クリスマスツリー」とよばれます。

⑵グラブ浚渫船

グラブ浚渫は、グラブバケットで土砂をつかんで浚渫する方法であり、自航式と非自航式に分けられる。

①**浚渫船の適性**：グラブ浚渫船は**中小規模**の浚渫に適し、適用範囲が極めて広く浚渫深度や土質の制限も少なく、岸壁など構造物前面の浚渫や**狭い場所**での浚渫も可能である。しかし、ポンプ浚渫船に比較すると、浚渫底面を平坦に仕上げるのが**困難**である。

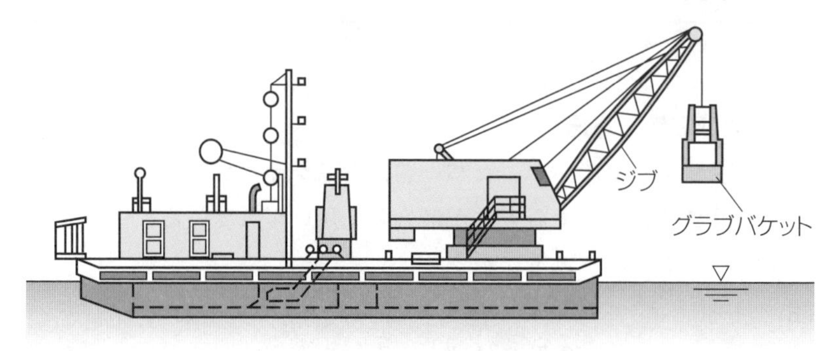

グラブ浚渫船の構造

②**グラブバケット**：クラムシェル型グラブは、対象土に応じて、プレート式、ハーフタイン式、ホールタイン式に分類され、軟質土にはプレート式が、硬土盤や岩石にはホールタイン式が使用され、ポリップ式は捨石投入、転石の浚渫などに使用される。

クラブバケットの種類と適用する土質を整理して覚えましょう。

グラブバケットの種類

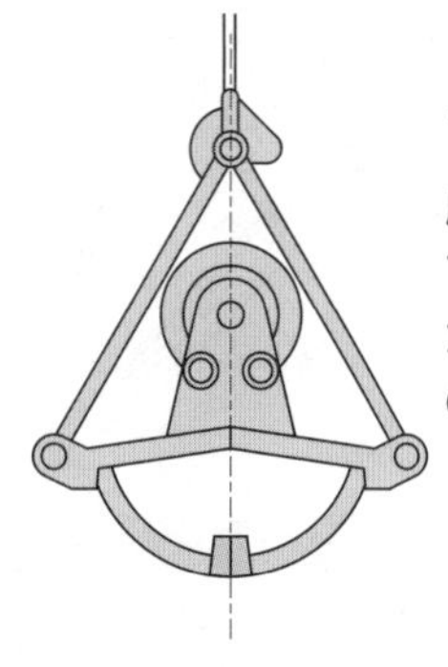

プレート式
底板や両側板が鋼板でできている。グラブの爪の部分が平刃で、N値4程度以下の軟泥に用いられる。

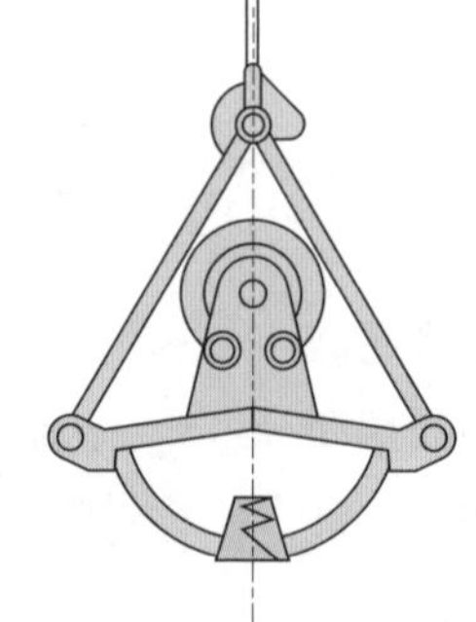

ハーフタイン式
プレート型に爪刃をつけたもので、半爪型ともいわれる。ライトタイプ（N値20程度以下の土質用）とヘビータイプ（N値20程度以上の硬い地盤に適している）がある。

ホールタイン式
一体型の堅固な筋鋼と爪刃を並べ、全爪型ともいわれる。重量も大きく、N値30以上の硬地盤に用いられる。

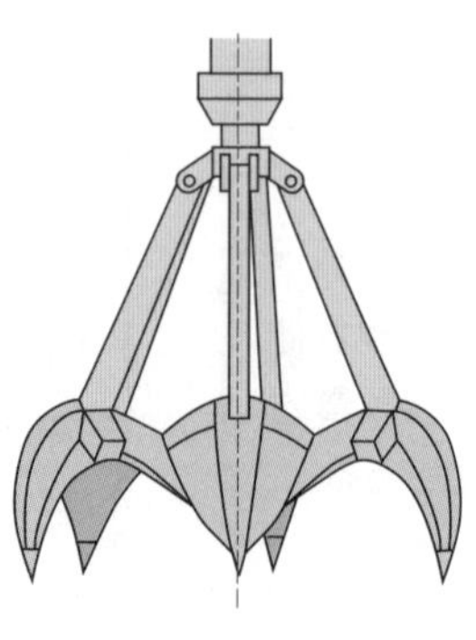

ポリップ式
オレンジピール型ともいわれるグラブ。土砂ではなく、大型の石などの浚渫に用いられる。

③**潮流が強い場合の浚渫**：潮の流れが強い場合の浚渫は、**流れと同じ方向**に向かって行い、グラブバケットや土運船からこぼれた土砂で、すでに浚渫した場所が再び埋まらないようにする。

浚渫時の土砂による水の濁りを軽減するタイプとして、密閉式のグラブバケットを用いた密閉グラブ浚渫船も運用されている。

④**グラブ浚渫船の船団構成**：標準的な船団構成は、グラブ浚渫船、引船、土運船及び揚びょう船である。

⑶その他の浚渫船

①**バケット浚渫船**：バケット浚渫船は、浚渫作業船のうち、比較的能力が大きく、**大規模**の浚渫に適している。自航式と非航式とに分けられるが、保有隻数は全国でも少ない。浚渫は、ラダーに繋がれた多数のバケットが回転し、土砂をすくい上げる方式で行われる。

バケット浚渫船は、軟土質から硬土質まで幅広い浚渫に適しているという特徴があります。港湾だけでなく、河川などの浚渫にも使われています。

②**ディッパー浚渫船**：ディッパー浚渫船は鋼製箱形の台船上に陸上で使用しているパワーショベルを搭載したものであり、非自航式で普通はアンカーを使わずスパッドで船の固定や移動を行いながら浚渫を行う形式で、**硬質地盤**に適している。

⑷出来形管理

浚渫作業の出来形確認測量は、原則として**音響測探機**によって行い、現場に浚渫船がいる間に実施する。

用語解説

音響測探機：主に海の深浅を測定するのに用いられる機器。船舶に設置された音響センサーから音波を発信し、海底に反射して戻ってくるまでの時間を測定することで水深を割り出す。

【浚渫工事の事前調査についての留意点】

浚渫工事に先立って行う事前調査に関して、以下のような留意点がある。

⑴磁気探査と爆発物の発見

浚渫前の磁気探査で一定値以上の磁気反応を示す地点においては、異常点を現地にプロットし、潜水探査を行い、爆発物を発見した場合は、速やかに所轄の港長等関係者に通報し、その爆発物の**処分**を依頼する。

⑵土質調査

浚渫工事の施工方法を検討するための土質調査では、事前に海底土砂の硬さや強さ、締まり具合、粒の粗さ等を把握する必要があり、それらは**粒度分析**、**比重試験**及び**標準貫入試験**によりほぼ必要なデータを得ることができる。

⑶海洋に捨土する場合の有害物質の事前確認

浚渫工事に伴って発生する海底土砂を海洋に捨土する場合は、法律によって規定される有害な水底土砂であるか否かの判定を行うため、浚渫に先立って試験を行い、有害物質等の有無及び濃度等を確認しなければならない。

例題演習 第2章 9 港湾

【問題】次の文章を読み、正誤もしくは正しい選択肢を答えなさい。

1. 防波堤及び港湾工事

	問題	解説	
1	直立堤は、軟弱な地盤に用いられ、傾斜堤に比べ使用する材料は多く、波の反射は大きい。	直立堤は、**堅固**な地盤に用いられ、傾斜堤に比べ使用する材料は**少なく**、波の反射は大きい。	×
2	傾斜堤は、水深が深い場所で大規模な防波堤として用いられる。	傾斜堤は、水深が**浅い**場所で**小規模な**防波堤として用いられる。	×
3	波浪や風などの影響でケーソンの曳航直後の据付けが困難な場合には、波浪のない安定した時期まで浮かせて仮置きする。	波浪や風などの影響でケーソンの曳航直後の据付けが困難な場合には、**仮置場**を築造し仮置きする。	×
4	ケーソン式混成堤のケーソンの中詰コンクリートは、一般に単位セメント量の大きなものを使用する。	ケーソン式混成堤のケーソンの中詰コンクリートは、一般に単位セメント量の**少ない**ものを使用する。	×
5	ケーソンは、据え付け後すぐにケーソン内部に中詰めを行って質量を増し、安定を高めなければならない。	ケーソンは、**据え付け後すぐに**ケーソン内部に中詰めを行って質量を増し、**安定を高めなければならない**。	○
6	防波堤の根固めブロック据付け手順は、港内側より施工するのが一般的である。	防波堤の根固めブロック据付け手順は、**港外側**より施工するのが一般的である。	×
7	水中コンクリート打込み中は、トレミーを固定してコンクリートをかき乱さないようにする。	水中コンクリート打込み中は、トレミーを**固定して**コンクリートを**かき乱さない**ようにする。	○

2. 浚渫

	問題	解説	
1	グラブ浚渫船は、岸壁など構造物前面の浚渫や狭い場所での浚渫にも使用できる。	グラブ浚渫船は、岸壁など構造物前面の浚渫や**狭い場所**での浚渫にも使用できる。	○
2	非航式グラブ浚渫船の標準的な船団は、グラブ浚渫船と土運船の２隻で構成される。	非航式グラブ浚渫船の標準的な船団は、グラブ浚渫船、**引船**、土運船及び**揚錨船**の**4**隻で構成される。	×
3	グラブ浚渫船は、ポンプ浚渫船に比べ、底面を平坦に仕上げるのが容易である。	グラブ浚渫船は、ポンプ浚渫船に比べ、底面を平坦に仕上げるのが**困難**である。	×

10 鉄道・地下構造物

第1次検定　第2次検定

学習のポイント

- 鉄道の土構造物の盛土及び路盤に関する設計標準、施工について整理する。
- 軌道変位の整正、道床交換などの軌道保守工事の施工について理解する。
- 在来線の線路内及び営業線近接工事の保安対策、線路下横断工事の施工について理解する。
- シールド工法における工法の種類と特徴、並びに施工上の留意点について整理する。

1 土構造物

鉄道の土構造物は、土、岩石等を材料として構築された構造物及びこれに接する構造物の総称で、路盤、盛土、切取、補強土、排水工、法面工及びこれらに類するものとされている。標準的な盛土及び切土の断面図を、以下に示す。

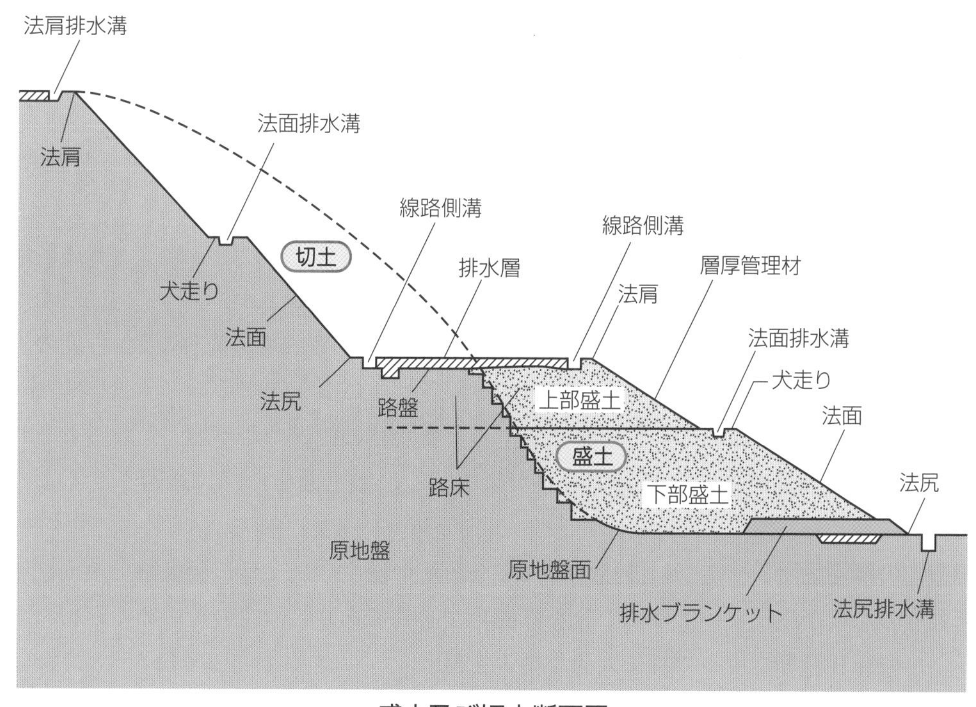

盛土及び切土断面図

国土交通省では従来の設計法を見直し、平成19年1月に新しく「鉄道構造物等設計標準（土構造物）」を定めた。鉄道総合技術研究所から、その設計標準に解説を加えた「鉄道構造物等設計標準・同解説（土構造物）」が発刊されている。

【盛土】

⑴盛土の種類と区分

鉄道の土構造物の盛土は、上部盛土と下部盛土に区分され、原地盤から施工基面までの高さが**3m以下**のものを**低盛土**という。盛土の施工基面から**3m**までの部分を**上部盛土**、その下にある盛土部分を**下部盛土**といい、上部盛土は路盤部分を含めない部分とする。

⑵盛土の計画及び施工上の留意点

盛土の計画及び施工上の留意点として以下のような事項がある。

①**小段**：盛土の法高に応じて小段を設けるが、上部盛土と下部盛土の境界及び**6m**ごとに設け、その幅は**1.5m**を標準とする。

②**排水勾配**：盛土天端及び小段には、排水に必要な勾配を設ける。

③**有害物の処理**：草木、雑物、氷雪など盛土にとっての有害物が、盛土と支持地盤との間に入らないように、これらを取り除いてから施工する。

④**段切りの施工**：施工地盤が傾斜している場合は、盛土と地盤との密着を図るため、連続して段切りを施工する。

⑤**盛土材料**：盛土材料は締固めの施工がしやすく、外力に対して安定を保ち、かつ有害な圧縮沈下が生じないものとする。

⑥**下部盛土の材料**：下部盛土には発生土の有効活用が望ましいが、膨張性をもつ土や岩、吸水膨張による風化の著しい岩及び高有機質土などの**圧縮性**の高い土は、原則として用いてはならない。

⑦**盛土の施工**：盛土の施工は、支持地盤の状態、盛土材料の種類、気象条件などを考慮し、安定、沈下などに問題が生じないようなものとする。

⑧**敷均し・締固め**：盛土の締固めにあたっては、盛土材料を一様に敷き均し、転圧各層の仕上がり厚さは**30㎝**程度を標準とする。

⑨**岩塊材料**：大きな岩塊は空隙をつくらないように広く分布させ、粒径**30㎝**程度の岩塊を使用する場合は、路床表面から**1m**以内に混入させないようにする。

⑩**運搬車通路**：運搬車両等の走行路を固定すると盛土体の締固めが不均一となるおそれがあり、運搬車両の通路は適宜**変更**するのが望ましく、盛土面を一様に通過させるようにする。

⑪**構造物の隣接箇所**：構造物に隣接する狭隘(きょうあい)な箇所の盛土の施工は、接続部で不同沈下や路床強度の急変が生じないように十分な締固めが必要であり、所要の締固め度が得られるよう、**小型転圧機**等を用いて特に入念な施工を行う。

⑫**降雨対策**：毎日の作業終了時には表面に**3%**程度の**横断勾配**を設け、降雨時に既設盛土が泥濘(でいねい)（ぬかるみ）化するのを防ぐようにする。また、水の集中しやすい箇所には仮排水工を設ける。

⑬**法面付近の締固め**：土羽土として盛土本体と異なる材料を用いる場合でも、法面付近の締固めや整形を行い盛土本体と同程度に締め固めるように施工する。

⑭**放置期間**：盛土沈下による路盤や軌道への影響を少な

用語解説

軌道：列車を走らせるための通路で、施工基面上に敷設された道床、まくらぎ、レールなどの総称である。

くするため、盛土の施工完了後に適当な**放置期間**を設ける。計測等により沈下の問題がないと判断される場合を除き、支持地盤、盛土材料ともに良好な場合でも**1ヵ月以上**の放置期間をとるのが望ましい。

⑮**締固め程度の管理**：列車荷重に影響の大きい上部盛土の締固め程度の管理は、**平板載荷試験**を用いて行うことを標準とし、締固めの程度は、平板載荷試験によるK_{30}値を70MN/m³以上とする。下部盛土は、盛土材料の細粒分含有率に応じて適切な管理方法を定めて所定の締固めの程度を確認する。

用語解説

K_{30}値：直径が30cmの載荷板を用いた場合の、道路の平板載荷試験方法（JIS A 1215）によって求められる沈下量1.2mmに対応する地盤反力係数。

【路盤】

鉄道の土構造物の路盤は、軌道を直接支持する層で、道床の下に位置する。

⑴路盤の種類

路盤の種類と構造の概要を以下の表と図に示す。また路盤の種類には、コンクリート構造物としてのものがある。

土構造物としての路盤の種類

路盤の種類（土構造物）			構造の概要
路盤	強化路盤	砕石路盤	**粒度調整砕石**または**粒度調整高炉スラグ砕石**を用いて締固め、上部に**アスファルトコンクリート**を施す。
		スラグ路盤	**水硬性粒度調整高炉スラグ砕石**のみを用いて締固めてつくる。
	土路盤		粒度その他を規制した**良質土**または**クラッシャラン**等を締め固めてつくる。
	その他の路盤：岩盤上の路盤		軟岩及び脆弱岩の場合は**強化路盤**、硬岩の場合は**切取岩盤**上にコンクリートを打設して路盤面とする。

土路盤及び強化路盤の構造

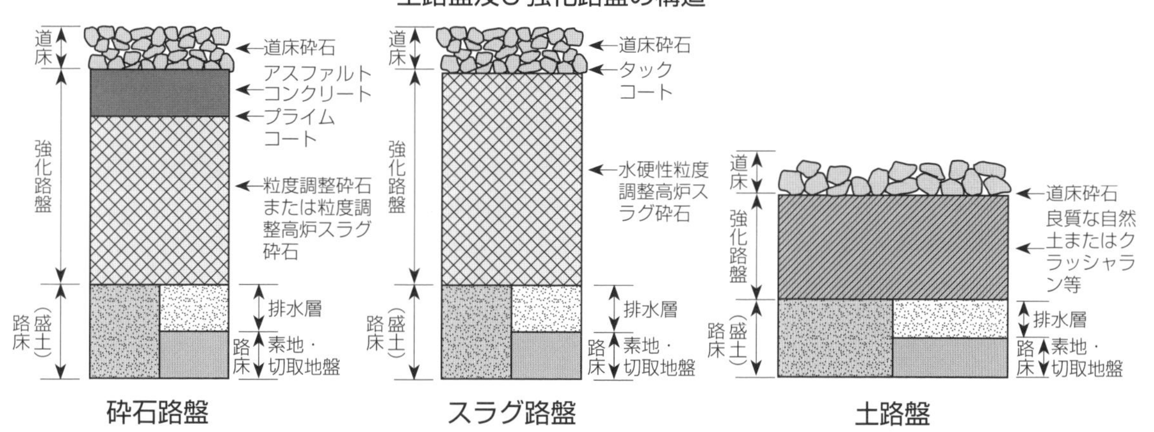

⑵路盤に関する新しい標準

路盤は、列車の走行安定の確保のため、均質性が考慮された良質な路盤材料で締め固め、軌道を十分強固に支持し、軌道に対し適切な剛性を有し、路床の軟弱化を防止し、路床へ荷重を分散伝達し、排水勾配を設けることにより雨水等を速やかに排除する等の機能を有するよう、均質な層に仕上げる。路盤の種類には、**コンクリート路盤**、**アスファルト路盤**及び**砕石路盤**があり、軌道の種類に適合した路盤を選定し構築する必要がある。また、その他の路盤として岩盤上の路盤がある。

路盤の名称（従来と新規）

従来の名称	新しい名称	軌道の種類
コンクリート路盤	コンクリート路盤	**省力化軌道**
アスファルト路盤	省力化軌道用アスファルト路盤	
強化路盤	有道床軌道用アスファルト路盤	**有道床軌道**
土路盤	砕石路盤	

新基準には省力化軌道用土構造物の内容が盛り込まれ、アスファルト路盤は、構造的に有道床軌道用アスファルト路盤（従来の強化路盤）と省力化軌道用アスファルト路盤に分類されている。

⑶軌道の種類と適合する路盤の種類

土構造物に用いられる軌道の種類には、**有道床軌道**と**省力化軌道**があり、それぞれに適合する路盤がある。軌道と路盤の機能及び特徴を以下に示す。

①**有道床軌道**：有道床軌道は、**道床バラスト**によってまくらぎを支持する構造で、定期的な保守作業が必要とされる。有道床軌道に適合する路盤には、**有道床軌道用アスファルト路盤**及び**砕石路盤**がある。

②**省力化軌道**：省力化軌道は、軌道スラブやまくらぎを**直接**路盤で支持する構造である。省力化軌道に適合する路盤には、**省力化軌道用アスファルト路盤**及び**コンクリート路盤**がある。

用語解説

省力化軌道：バラストを使用しない軌道構造物の総称で、導床突固め等の軌道保守量の低減を目的として開発され、近年は土構造物上にも敷設されている。主なものに、スラブ軌道、直結軌道、填充道床軌道などがある。

路盤の構造

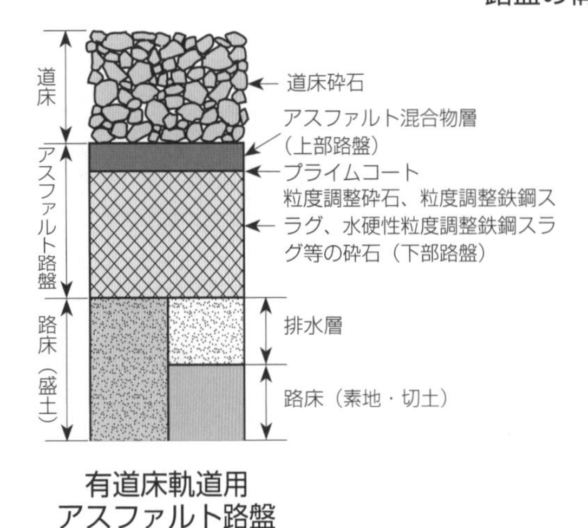

有道床軌道用
アスファルト路盤

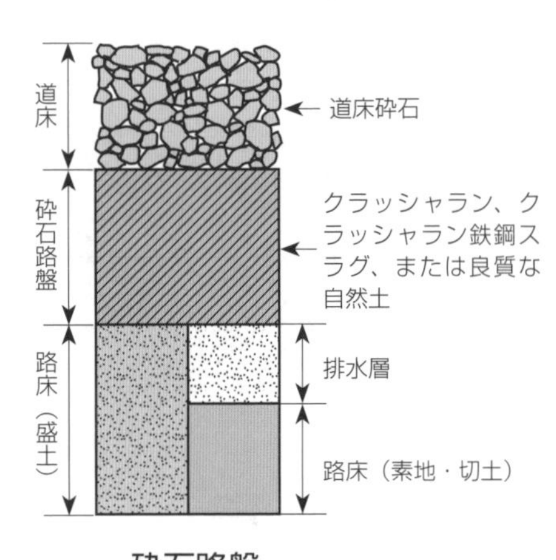

砕石路盤

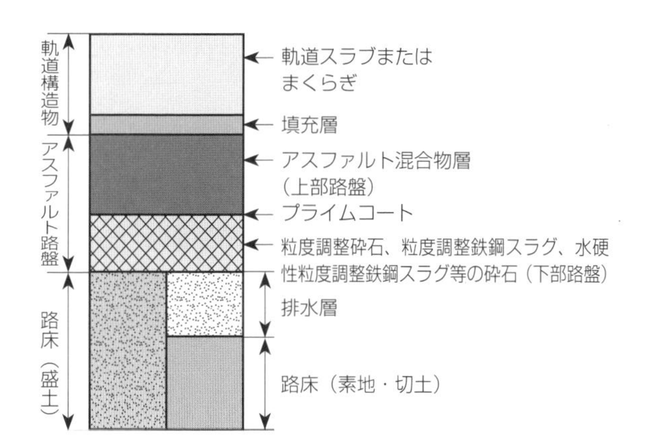

省力化軌道用
アスファルト路盤

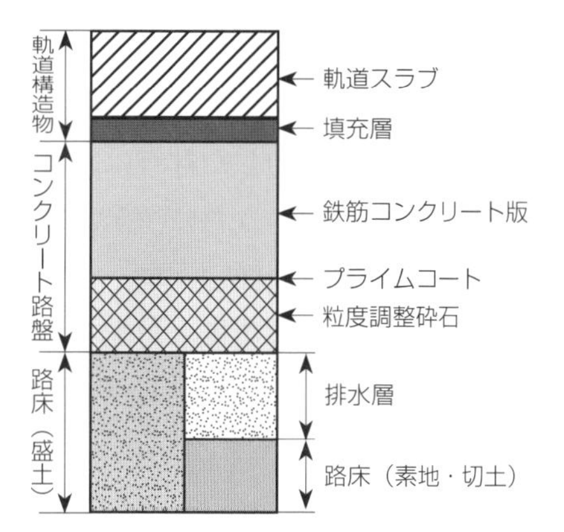

コンクリート路盤

③**砕石路盤**：砕石路盤は、支持力が大きく、圧縮性が小さく、噴泥が生じにくい材料による単一層からなる構造とする。材料には、クラッシャラン等の砕石または良質な自然土を用いる。

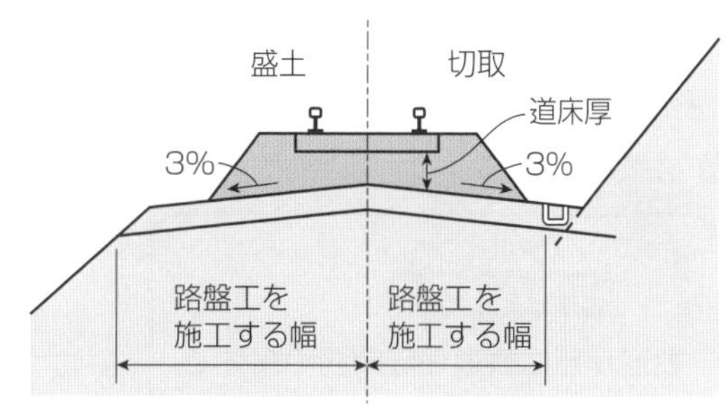

路盤を施工する幅の例（有道床軌道）

④**有道床軌道用アスファルト路盤**：有道床軌道用アスファルト路盤は、**下層路盤**には、噴泥発生原因となる細粒分を含まず、締固めによって大きな支持力と振動に対する安定性を得ることが可能な、粒度調整砕石類を使用する。**上層路盤**には耐摩耗性透水の浸透防止を考慮してアスファルト混合物を使用したものである。

⑤**省力化軌道用アスファルト路盤**：アスファルト混合物を使用した**上部路盤**と粒度調整砕石類を使用した**下部路盤**からなる。上部路盤のアスファルト混合物層は表層と基層からなる。表層には、まくらぎまたは軌道スラブからの荷重を下層に伝達すること、荷重による流動の防止、平坦な路盤面の確保等の役割があり、基層には下層路盤の不陸の整正、表層からの荷重を下部への伝達が主な役割である。基層を２層に分けた場合、上側の部分は中間層という。

⑥**コンクリート路盤**：省力化軌道に適用され、上部の鉄筋コンクリート版及び下部の粒度調整砕石層からなる。鉄筋コンクリート版には、列車荷重の支持及び下部への伝達、曲げ剛性による変位の抑制による平坦な路盤面の確保の役割がある。粒度調整砕石層には、鉄筋コンクリート版に支持、荷重の路床への分散伝達等の役割がある。

(4)砕石路盤の施工

砕石路盤の施工手順、及び施工上の留意点を以下に示す。

①**材料の混合**：材料は、運搬やまき出しにより粒度が片寄ることがないように十分混合して**均質**な状態で使用する。

②**材料の敷均し**：材料の敷均しは、モータグレーダ等の敷均し機械または人力で行い、１層の仕上がり厚さが**15㎝**程度になるようにする。

③**締固め**：締固めは、ローラで一通り軽く転圧した後、再び整形して、形状が整ったらロードローラ、振動ローラ、タイヤローラ等を併用して十分に締め固める。

④**降雨対策**：敷き均した材料は、降雨などにより適正な含水比に変化を及ぼさないよう、原則としてその日のうちに、**排水勾配**をつけ平滑に締固めを完了させる。

⑤**排水勾配**：路盤表面は、ローラによるわだち段差等が生じないよう全路盤面を平滑に仕上げ、**3%程度**の**横断**排水勾配をつける。

⑥**施工管理**：施工管理は、路盤の層厚、平坦性、所要の締固め度が確保できるよう留意する。

❷ 軌道の保守

軌道は、車両の走行などによって軌道を構成する各部の材料には変位、摩耗、変形、腐食等が生じるので、変位部分をもとに戻したり、交換、修理などを行う軌道保守作業及び維持管理が必要とされる。

ワンポイントアドバイス

軌道保守は軌道保守業務の総称で検査、保守作業の計画、軌道材料の補修や交換及び軌道変位の整正に分類されている。

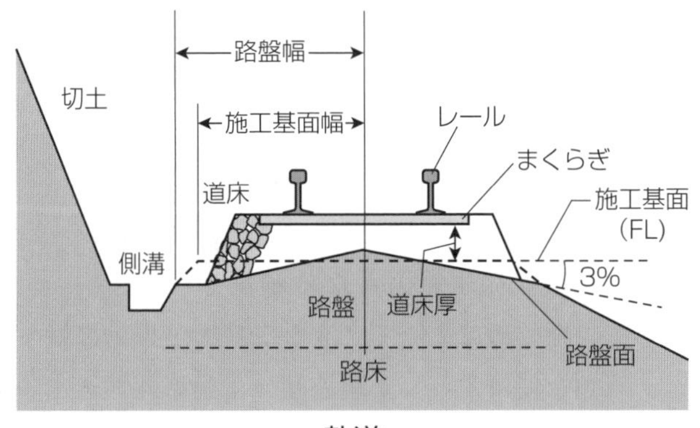

軌道

【線路】

安全な輸送及び安定的な輸送の確保を図るための、鉄道に関する技術上の基準を定める省令には、線路の軌間、線形についての規定が含まれている。

⑴軌間

レール走行面下方の所定位置における左右レールの最短距離で、JR在来線では1067㎜、新幹線では標準軌の1435㎜で標準軌より広い軌間を広軌、狭いものを狭軌という。設計最高速度等を考慮し、車両の安全で安定した走行を確保することができるものでなければならない。

⑵線形

①**曲線**：線路の曲線は、円曲線が最も合理的で、円曲線には単心曲線・複心曲線・反向曲線の3種類がある。本線路での曲線半径は、できるだけ大きいほうが望ましい。

曲線の種類

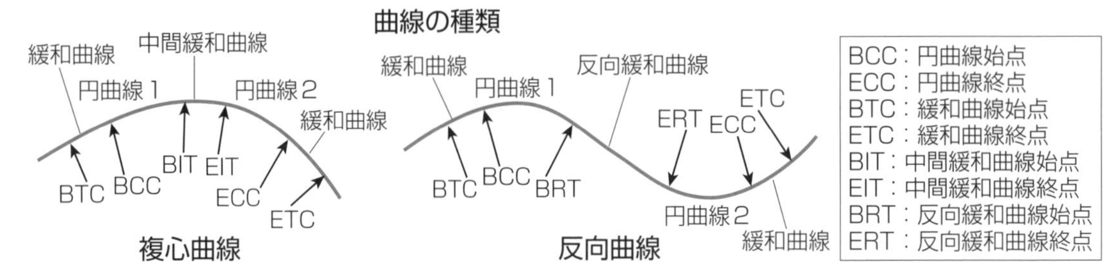

②**カント**：カントは、車両が曲線区間を走行するときに、遠心力により外方に転倒することを防止するために**外側レール**を内側レールより**高く**することをいう。カントは、一般に列車の通過速度が大きいほど、また曲線半径が小さいほど大きくつける。

③**カントの機能**：車両が曲線区間を走行するときの遠心力により乗客が外側に引かれる力を低減し、乗り心地を改善させること、車両が**曲線外方**へ転覆する危険性を低減させること、列車走行の抵抗を低減させること、外軌側レールに加わる輪重を低減させること等がある。

④**スラック**：曲線区間及び分岐器において走行を容易にするために、直線区間より軌間を多少**広げておく**必要があり、その寸法をスラックといい、曲線半径に応じて外側レールを基準にして内側に拡大する。

⑤**緩和曲線**：緩和曲線は、鉄道車両の走行を円滑にするために直線と円直線、曲線と曲線の間に設ける必要があり、曲率が連続的に変化する特殊線形である。カント、スラックともに緩和曲線内ですり付ける。

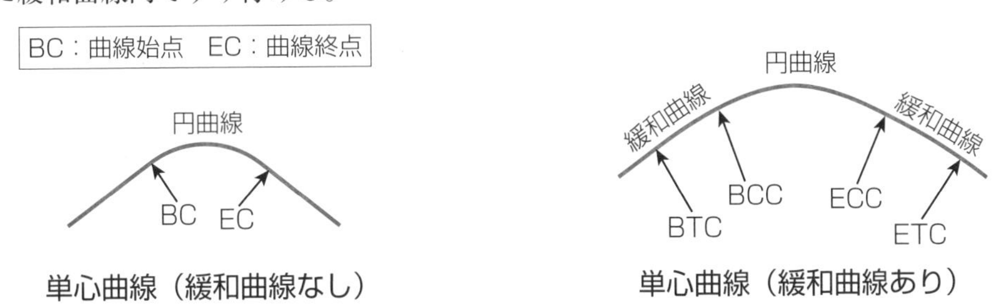

【軌道】

軌道の設計基準では、列車を直接支持し、列車を安全に誘導する施設とし、図のように定期的な補修を前提にした**バラスト軌道**と定期的な補修を前提にしない**直結系軌道**に分類している。

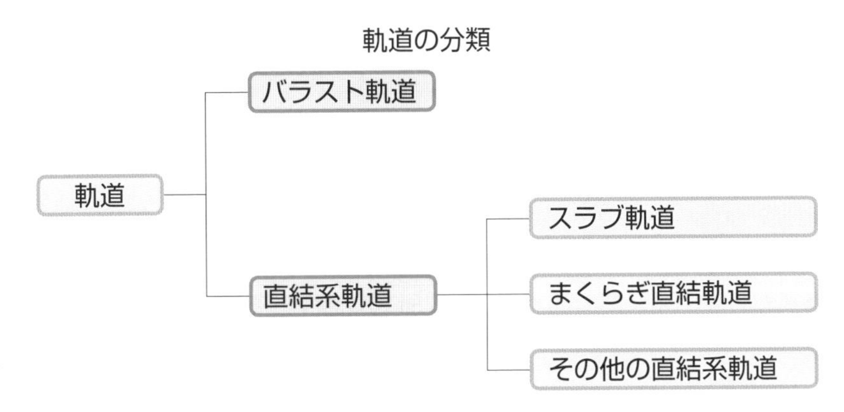

【軌道の種類と保守】

(1)バラスト軌道

主にバラスト、まくらぎ、レールから構成される一般的な軌道構造である。建設コストの面では経済性、施工性に優れ、補修も容易であるが、列車荷重の繰り返し作用によりバラストの沈下が生じ、軌道変位が進行していくため、定期的な**補修**を繰り返しながら維持管理する必要がある。有道床軌道ともいう。

⑵スラブ軌道

プレキャストのコンクリート版（軌道スラブ）を、コンクリートなどの路盤上に直接据え付けて固定後にレールを締結し、隙間調整と弾性付加のための填充層、水平方向移動を拘束する突起、コンクリート道床で荷重を支持する直結軌道である。

⑶直結系軌道

レールとまくらぎまたは軌道スラブを、コンクリート道床等で支持する軌道の総称で、省力化軌道ともいう。軌道保守量の低減を目的として開発された、**バラストを使用しない**構造である。

⑷軌道の保守作業

有道床軌道の場合、軌道変位の整正など、補修作業は容易である。省力化軌道ではレール締結装置の高低調整限界を超えるような変位が生じた場合は、大がかりな補修となる可能性がある。有道床軌道の保守作業には、レール交換及びまくらぎ交換、つき固めによる軌道変位整正、道床締固め、道床交換等があり、以下のような留意点がある。

①**線路こう上の施工**：線路こう上作業は、施工区間内で１回のこう上量が50㎜を超えるときは、**線路閉鎖**を必要とする。

②**道床つき固め**：道床つき固めは、原則として**タイタンパー**を使用し、まくらぎ端部及び中心部をつき固めないよう留意し、道床の交換箇所と未施工箇所との境界部分は、特に入念に行う。

③**バラストの補充**：道床バラストの補充が必要な場合、道床つき固めの施工は、新バラストの填充後、水準及び高低変位を検測しながら全区域にわたって入念に行う。

④**道床交換の工法**：道床交換の工法は、一般には間送りＡ法と間送りＢ法と採用されているが、線路閉鎖間合いが十分確保できる線区においては、こう上法を適用することもある。

⑤**レール交換**：レール交換は、施工に先立ち、新レールは建築限界を支障しないようレール受け台に配列し、仮止めをしておく。

⑸軌道変位

軌道変位は、上下方向については**高低変位**、**水準変位**及び**平面性変位**があり、左右方向については**軌間変位**及び**通り変位**がある。その他、貨車を対象にした通り変位と水準変位を組み合わせた複合変位がある。

①**高低変位**：高低変位は、レール頭頂面の長さ方向での凹凸をいう。手検測の場合、直線区間では線路の終点に向かって左側レールを、曲線区間では内軌側レールを測定する。

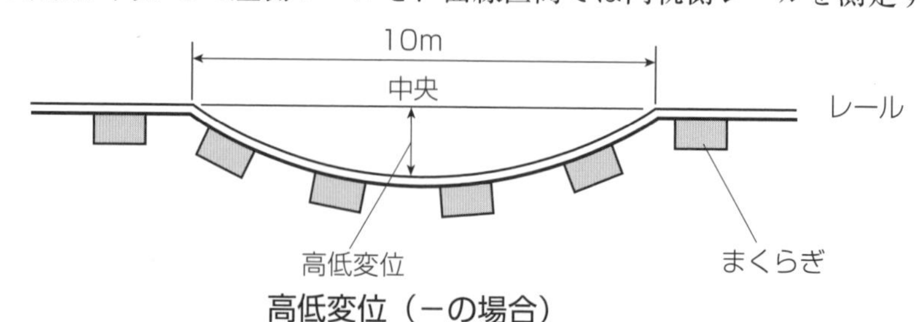

高低変位（－の場合）

②**水準変位**：水準変位は、軌間の基本寸法あたりの左右レールの高さの差をいう。曲線部でカントがある場合はカントからの増減量となり、スラックがある場合は通常より大きくな

る。直線区間では、線路の終点に向かって**左側レール**を基準とし、曲線区間では**内軌側レール**を基準としている。

水準変位（＋の場合）

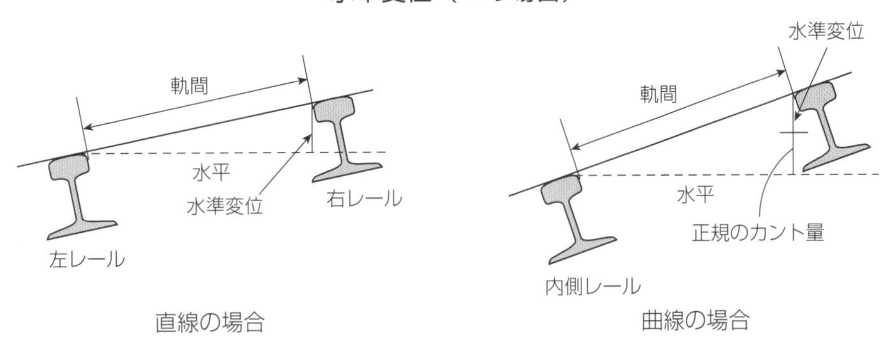

③**平面性変位**：平面に対する軌道のねじれの状態をいい、在来線では５mはなれた２点間の水準変化量の差で示す。緩和曲線部では、カント低減のための構造的な平面性変位量があるので、含めて考慮する。

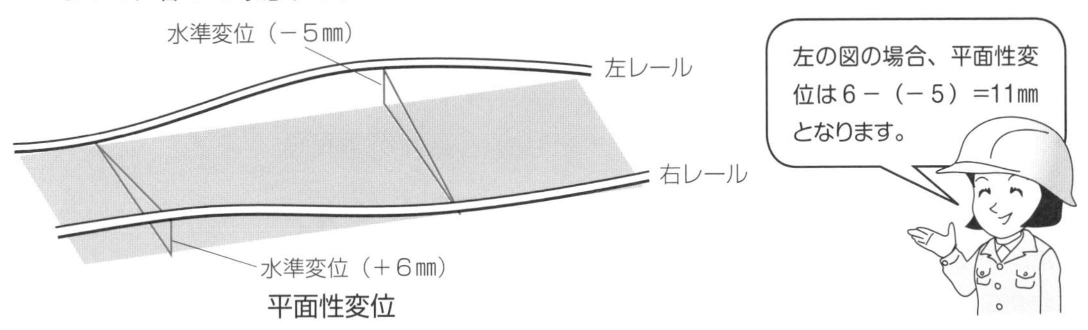

平面性変位

④**軌間変位**：軌間変位は、左右レール間隔の基本寸法に対する拡大、縮小の変化をいう。曲線部では、スラック量を加えて管理する。直線区間では、線路の終点に向かって**左側レール**を基準とし、曲線区間では**外軌側レール**を基準としている。

軌間変位（＋の場合）

⑤**通り変位**：通り変位は、レール側面の長さ方向への凹凸をいう。手検測の場合、直線区間では線路の終点に向かって左側レールを、曲線区間では外軌側レールを測定する。

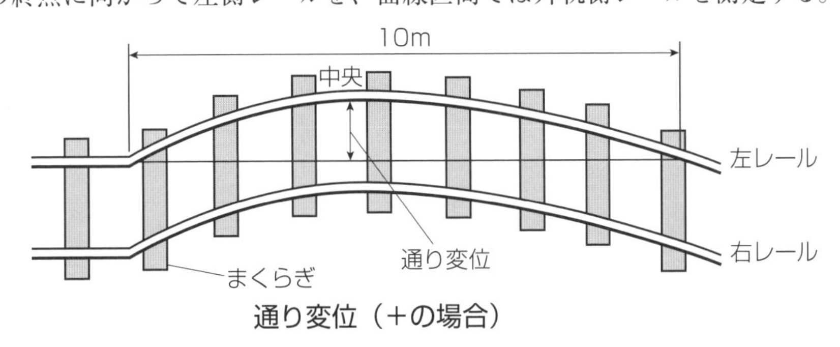

通り変位（＋の場合）

❸ 営業線近接工事等

【在来線の線路内及び営業線近接工事の保安対策】

在来線における営業線の線路内及び営業線近接工事の保安対策については、「営業線工事保安関係標準仕様書（在来線）」による。

(1)営業線近接工事の適用範囲

営業線近接工事の適用範囲について、JRの場合の例を以下に示す。

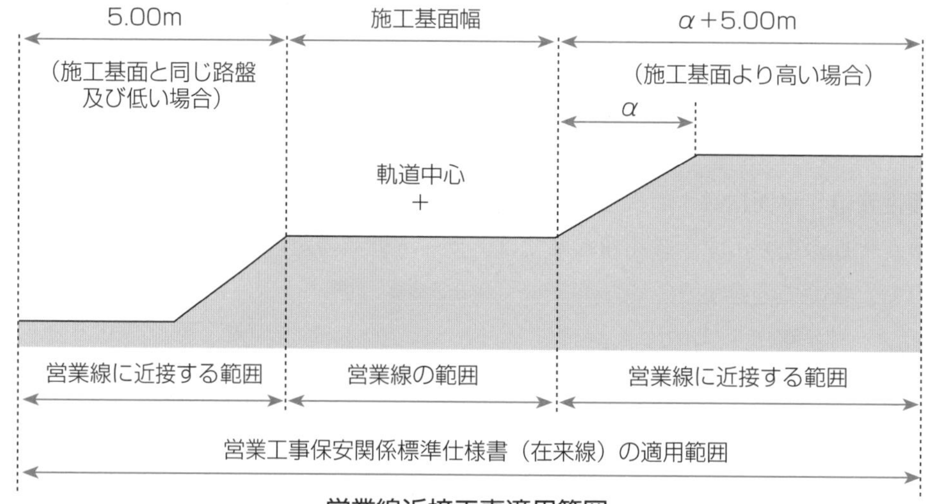

営業線近接工事適用範囲

(2)営業線近接工事の保安対策に関する規定

営業線近接工事に関しては、以下に保安対策についての規定の抜粋を示す。

①**事故防止対策**：施工者は、施工に先立ち、工事現場全般についての具体的な事故防止対策を定め、**監督員**に提出しなければならない。

②**列車見張員の任務**：指定された位置での専念見張り、列車等の進来、通過の監視、列車等接近の予告及び退避の合図、作業員等の待避後の安全確認及び列車乗務員等への退避完了の合図。

③**列車見張員の兼務**：列車見張員は、工事現場ごとに専任のものを配置し、必要に応じて複数配置するとされており、他の作業従事者が兼務することは**できない**。

④**列車見張員の増員**：列車見通しの不良箇所では、列車見通し距離を確保できるまで列車見張員を**増員**する。

⑤**複線区間作業での列車見張員**：列車見張員を配置して複線区間での作業を行う場合は、複線**すべての線**に対して列車見張員を配置する。

⑥**待避の時期**：待避が必要な位置で作業等を行う場合、列車見張員から列車接近合図を受けたとき、及び列車接近警報装置から列車接近情報を得たときは、**直ちに**相互に応答するとともに、支障物がないことを確認し、指定された待避箇所に**待避する**。

⑦**列車通過時の確認**：列車通過時の**建築限界**確認及び**待避**

> **用語解説**
>
> **建築限界**：列車と周囲の構造物の安全を保つために定められている建築許容範囲。車両にいかなるものも触れないよう、施設のいかなる部分も侵すことが許されない。

状況の確認は、軌道作業責任者が行う。

⑧**不安憂慮工事**：列車の振動・風圧等によって、不安定、危険な状態になるおそれがある工事、または乗務員に不安を与えるおそれのある工事は、列車の接近時から通過するまでの間、一時施工を**中止する**。

⑨**作業現場への往復**：作業現場への往復は、指定された通路を歩行する。やむを得ず営業線を歩行する場合は列車見張員を配置し、建築限界外の歩行を原則とする。また、複線区間では、列車の進行方向に対向して歩行することを原則とする。

⑩**駅構内の歩行通路**：作業員の線路内の移動については、駅構内の歩行通路が指定されている場合、列車見張員を省略できる。

⑪**線路の横断**：線路を横断するときには、指差し呼称をして、列車の進来を確認し、線路に対して**直角**に横断する。

⑫**単独作業の禁止**：列車見張員等を伴わない線路内での単独作業は禁止する。

⑬**材料、機械等の仮置場**：営業線及び旅客公衆等の通路に接近した場所に材料、機械等の仮置きをする場合は、場所、方法等について監督員等へ**届け出て**、その指示に従う。

⑭**作業表示票の建植**:作業表示票は、列車の**進行方向左側**で乗務員の見やすい位置に建植し、その際、列車の風圧等でそれが建築限界を侵さないように注意する。

⑮**作業表示票の建植の省略**：線路閉鎖工事または保守用車使用手続きにより作業を行う場合などには、作業表示票の建植を省略することができる。

⑯**軌道回路の短絡事故防止**：自動信号区間におけるレール付近では、スチールテープ等の電導体の接触により、軌道回路の短絡事故を発生させてはならない。

⑰**き電停止手続き**：き電線に接近するおそれのあるものは、所定の手続きによって電車等の停電手配後、または防護処理後に作業する。き電停止の作業を行う場合には、そのき電停止手続きは**停電工事責任者**が行う。

用語解説

き電停止：**電気鉄道において、電車線への電力供給を停止すること。通常、き電は電車線と平行に設置され、一定区間ごとにトロリ線に電力を供給する。**

⑱**地下埋設物の調査**：杭打ちにより、地下埋設物を損傷するおそれがある場合は、当該埋設物の管理者と立ち会いのうえ埋設物の位置を調査する必要がある。

⑲**簡易な安全設備**：工事の施工にあたっては、列車の運転保安及び旅客公衆などの安全確保のため指定されたもののほか、簡易な安全設備を必要に応じて設ける。

⑳**指定された安全設備**：指定された安全設備は、図面、強度計算書などを添えて監督員などに届け出て承諾を受ける。

㉑**支障構造物**：工事の施工に際して支障のおそれのある構造物については、監督員などの立ち会いを受けその防護方法を定める。

㉒**近接施設等の防護**：工事用重機械を電柱、タワー及び危険物に近接して使用するときは、それぞれに防護をする。

㉓**強風時の重機械防護**：強風時の工事用重機械等はその使用を**避ける**ほか、ブーム、ワイヤー等のふれ止め及び転倒防止のための防護を施す。

㉔**走行時の配慮**：工事用重機械等のダンプ荷台やクレーンブームはこれを下げたことを確認してから走行を開始する。

㉕**異常時の列車防護**：事故発生または発生のおそれがあり信号機等による停止信号を現示（げんじ）できない場合、列車見張員は速やかに支障箇所の外形600m以上隔てた地点まで、常時携帯する信号炎管または携帯用特殊信号発光機を現示しながら走行し、その地点に現示して列車防護を行う。

> **用語解説**
> 現示：現在の信号の内容を表示すること。

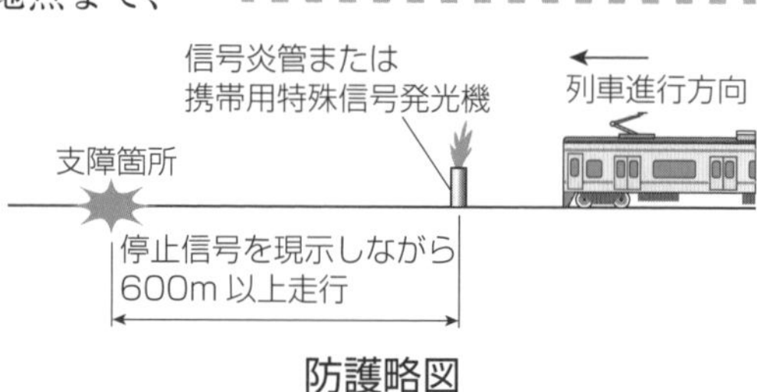

防護略図

㉖**事故発生時の措置**：工事現場において事故が発生した場合は、**直ちに**信号炎管または携帯用特殊信号発光機を使用し、適切な方法で列車防護の手配をとり、併発事故を未然に防止する。

④ 地下構造物（シールド工法）

地下構造物には、ビルの地階のように地上の構造物と一体になっているものと、地下鉄や共同溝のように地中埋設された構造物がある。都市における埋設構造物は、ほとんどが道路等の公共用地の地下を利用しているが、それらはトンネル工法で施工されている場合が多い。

トンネル工法には、山岳工法、シールド工法、開削工法があり、都市においては、各種の重要な埋設構造物による公共用地の利用が高度に進み、新規の埋設構造物は大深度化してきている。都市部においては、既設の埋設構造物の下越し、施工深度の増加、経済性、立地条件、工事の安全性、周辺環境などの条件から開削工法が困難になってきており、道路、鉄道、下水道、電力・通信、共同溝工事などでシールド工法が多く用いられている。ここでは、都市部で多く施工されているシールド工法について概要を記述する。

【シールド工法の施工概要】

シールド工法は、シールドを用いて切羽の土圧と水圧に対抗して切羽の安定を図りつつ、シールドを掘進させ、覆工（ふくこう）を組み立てて地山を保持するまでを、一連作業で行うトンネル構築工法である。施工手順の概要は、立坑の設置→シールドの発進→掘進・掘削・排土・覆工の繰り返し連続作業→到達であり、必要な場合には２次覆工を行う。

> **用語解説**
> 立坑：立坑は、シールドの投入・搬出、組み立て・解体、掘削土砂の搬出、方向転換、セグメントなどの資機材の搬入・搬出のために設置する。機能や目的によって、発進立坑、中間立坑、到達立坑等がある。

【シールドの形式】

シールド形式は、土質や地下水などの地山条件、周辺環境、シールドトンネルの施工延長、断面形状、線形、安全性、経済性等を十分検討のうえ選定する必要がある。シールド形式を下表に示すが、シールド形式は、切羽と作業室を分離する**隔壁構造を有する密閉型**、**有しない開放型**の２種類に大別され、密閉型の場合は補助工法が原則的に不要であり、密閉型シールド形式の採用実績が多い。

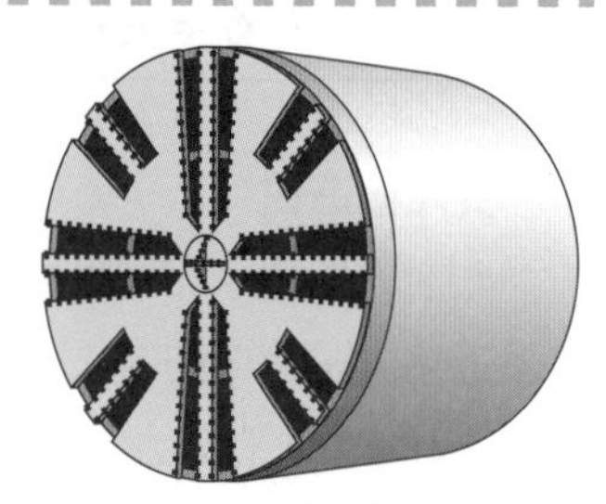

シールド

シールド形式の種類

シールドの形式			
シールド工法	密閉型（機械掘り式）	土圧式	土圧シールド
			泥土圧シールド
		泥水式シールド	
	開放型	部分開放型	ブラインド式シールド※
		全面開放型	手掘り式シールド
			半機械掘り式シールド
			機械掘り式シールド

※部分開放型のブラインド式シールドは、近年、施工実績がない。

掘削土を泥土化するための添加材の注入装置のないものを土圧シールド、あるものを泥土圧シールドという。

⑴**密閉型シールド**

密閉型シールドは、カッターチャンバー内の土砂や泥水への**加圧力を保持**させて切羽の安定を図る。**掘削と推進を同時に行う**ので、土砂の取り込み過ぎや、カッターチャンバー内の閉塞を起こさないように切羽の安定を図りながら、掘削と推進速度を同調させなければならない。

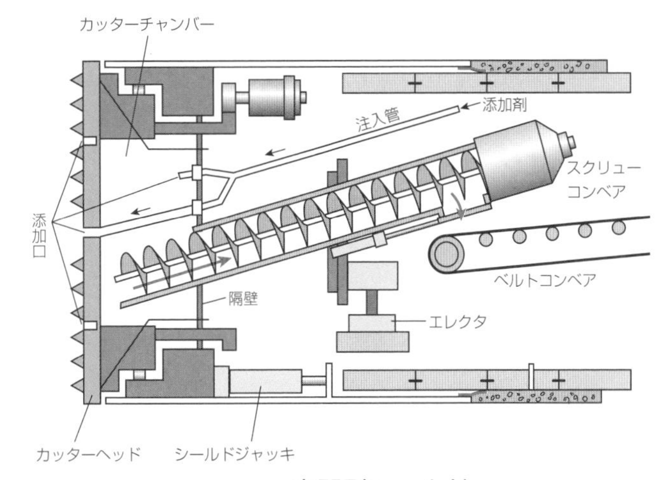

密閉型シールド

⑵**開放型シールド**

開放型シールドは、切羽が**自立性**のある地山に適用され、切羽の安定を損なわないようセグメントの組み立てが完了したならば、速やかに掘削、推進を行い、切羽の開放時間を少なくする。自立性のない切羽には**補助工法**の併用が必要である。

【密閉型シールドの構成及び特徴と機能】

⑴**密閉型シールドの構成**

シールドには、外側の鋼殻部分と内部の装置群がある。鋼殻部分はスキンプレートとその補強材からなり、外部からの荷重に対して内部を保護する。内部は、掘削、推進及び覆工機能をもつ装置群から構成されている。シールドは、前面の切羽面から後部に向かって**フード部**、**ガーター部**及び**テール部**に分けられる。構造や機能はシールドの形式によって異なるが、密閉型シールドの構成概要を以下に示す。

用語解説

カッターチャンバー：カッターヘッドとガーター部との隔壁で区切られている部屋で、密閉型シールドのフード部を形成する。切削した土砂などを取り込み、チャンバー圧管理によって、切羽の安定や地山の崩壊を防止する機能がある。

①**フード部**：密閉型シールドでは、フード部とガーター部は隔壁で仕切られ、フード内は掘削土砂や泥水を満たして切羽圧を保持するための空間であり、掘削土砂や泥水を排土装置へ移動する経路でもある。その空間が**カッ**

ターチャンバーである。

②**ガーター部**：ガーター部内の空間は、排土装置、カッターヘッド駆動装置、推進のためのシールドジャッキ等の機械装置が格納されている。

③**テール部**：最後部に止水目的の装置であるテールシールを配置し、エレクターを備えセグメントによる覆工作業を行う空間である。

⑵土圧式シールド

①**土圧式シールドの特徴**：カッターチャンバーとスクリューコンベアに充満した掘削土砂にシールド**掘進力による圧力**を加え、切羽の土圧と平衡を保って安定させる方式であり、切羽の安定するような土質、一般に**粘性土**に用いられることが多い。

②**土圧式シールドの切羽の安定管理**：切羽の安定を図るために行う管理は、泥土圧の管理、土の塑性流動性管理及び排土量管理を中心に総合的に行う。

③**添加材の注入**：地下水のある砂層、礫層からなる地山の掘削に際しては、掘削土砂に添加材を注入して土砂の塑性流動性を高め、粘着力が大きい硬質粘性土の掘削では、掘削土砂に添加材を注入してカッターチャンバー内やカッターヘッドへの付着防止を図る。

⑶泥水式シールド

①**泥水式シールドの特徴**：泥水式シールド工法は、水圧、土圧に対抗してチャンバー内に所要の圧力を与えた循環泥水を充満・加圧し切羽の安定を図る。含水比の高い軟弱地盤のように切羽の不安定な層など、土質に対する汎用性が高く、泥水処理施設が比較的規模が大きいが、大都市部で多く使用されている。

②**泥水処理**：泥水を循環させて掘削土を流体輸送する機構であり、送・排泥設備、泥水分離や性状調整のための調泥・泥水処理施設を備えた方式である。一般に、これらの施設は、発進立坑付近の地上部に設置されることが多い。

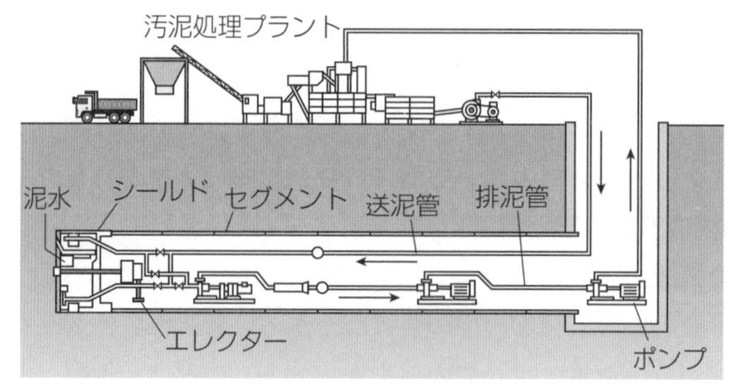

泥水式シールドの例

【シールドの施工方法及び施工上の留意点】

⑴シールドの掘進・切羽の安定

①**チャンバー圧管理**：土圧式シールドや泥水式シールドでは、切羽土圧や水圧に対しチャンバー圧が小さい場合には**地盤沈下**や**切羽の崩壊**、大きい場合には**地盤隆起**や**噴発**などを生じるので、切羽土圧や水圧に見合うチャンバー圧管理を入念に行う。

②**ジャッキの選択**：掘進にあたって、所定の計画線上を正確に進むために最も重要なことはシールドジャッキの適正な使用である。施工にあたっては、あらかじめ地山条件、勾配、

曲線などに配慮して、使用ジャッキの位置や本数を選択する必要がある。

③**シールドジャッキの使用数**：シールドの掘進にあたっては、セグメントの強度を考慮して、ジャッキ推力をなるべく抑えるようにすることが望ましく、1本あたりの推力を小さくするため、できるだけ**多くのジャッキ**を使用して所要推力を得るようにする。

④**シールドの方向制御**：シールド掘進中の蛇行修正は、地山を緩める原因となるので、周辺地山をできる限り乱さないように、**ローリング**や**ピッチング**等を少なくして行う。

用語解説

ピッチング：シールドの掘削方向に対して、上下方向に回転すること。掘削の精度に悪影響となる。

⑤**シールドの蛇行修正**：蛇行修正は、可能な限り早期に行うことが望まれ、蛇行量の小さなうちに修正する必要があり、相当の長さの区間で**徐々**に方向を修正することが望ましい。

⑵覆工

①**ジャッキの引き込み**：セグメントの組み立ては、シールドジャッキ全部を一度に引き込んで行うと切羽の泥土水圧や地山土水圧でシールドが押し戻される危険性があり、シールドジャッキを**数本ずつ**引き込んで行う必要がある。

②**セグメントの組み立て方式**：セグメントの組み立ては、**千鳥組み**で組み立てるのが一般的である。

③**鋼製セグメント**：覆工に用いられるセグメントは、一般に**鉄筋コンクリート製**または**鋼製**である。鋼製セグメントは、コンクリート系セグメントと比べると変形しやすく、土圧、裏込め注入圧、ジャッキ推力等による座屈に対する配慮する必要がある。

④**セグメントの補強**:セグメント等を損傷するおそれのあるような推力を必要とするときは、セグメントを**補強**することを基本とする。

⑶裏込め注入工

①**裏込め注入の管理**：一般に、裏込め注入工の施工にあたっては、**圧力管理**と**量管理**の両方法で総合的に管理するのが望ましい。

②**裏込め注入の時期**：テールボイドの発生及び裏込め注入が不足の場合には、地盤沈下の原因となるので、充填性と早期強度の発現性に優れた裏込め注入材を選定し、裏込め注入の時期はシールド掘進後速やかに施工する必要があり、できるだけシールド掘進と同時に行うことが望ましい。

用語解説

テールボイド：セグメントがシールド内で組み立てるので、セグメント外径はシールド外径よりも小さい。シールド推進に伴ってテール部がセグメントから抜け出すときに生じるセグメントと地山との空隙をいう。

③**裏込め注入材**：充填性と早期強度の発現性に優れた、ゲル時間や強度の調整可能な2液性の注入材が一般に用いられているが、地山が安定している土質の場合にはモルタルやセメントベントナイトが用いられることがある。

これが試験に出る!

シールド工法に関する問題は、過去6年間、毎年1題出題されている。

例題演習 第2章 10 鉄道・地下構造物

【問題】次の文章を読み、正誤もしくは正しい選択肢を答えなさい。

1. 土構造物

	問題	解説	
1	盛土材料は、締固めの施工がしやすく、外力に対して安定を保つものとし、特に上部盛土には高有機質土などの圧縮性の高い土を用いるのがよい。	盛土材料は、締固めの施工がしやすく、外力に対して安定を保つものとし、特に**下部**盛土には高有機質土などの圧縮性の高い土を**用いてはならない**。	×
2	施工地盤が傾斜している場合は、盛土と地盤との密着をはかるため、連続して段切を施工する。	施工地盤が傾斜している場合は、盛土と地盤との**密着**をはかるため、連続して**段切**を施工する。	○
3	構造物に隣接する盛土の締固めは、大型機械を用いて効率よく行う。	構造物に隣接する盛土の締固めは、所要の締固め度が得られるよう、**小型転圧機等**を用いて特に**入念**な施工を行う。	×
4	盛土は、所定の締固めの程度を満足するための仕上がり厚さは、60cm程度を標準とする。	盛土は、所定の締固めの程度を満足するための仕上がり厚さは、**30cm**程度を標準とする。	×
5	盛土の施工後には、路盤の施工開始までの間に盛土沈下の状況を考慮し、適切な放置期間を設けるものとする。	盛土の施工後には、路盤の施工開始までの間に**盛土沈下**の状況を考慮し、適切な**放置期間**を設けるものとする。	○
6	盛土の施工は、降雨対策のため毎日の作業終了時に表面を水平に均すようにする。	盛土の施工は、降雨対策のため毎日の作業終了時に表面に**3%**程度の**横断勾配**を設けるようにする。	×
7	盛土材料に粒径30cm程度の岩塊を使用する場合は、路床表面から50cm以内に混入させる。	盛土材料に粒径30cm程度の岩塊を使用する場合は、路床表面から**1m**以内に**混入させない**ようにする。	×
8	砕石路盤は、単一粒径の路盤材料を使用する。	砕石路盤は、粒度範囲の広い**クラッシャラン**や粒度配合の良好な**良質土**、あるいは**粒度調整砕石**などを、均質性に留意して使用する。	×
9	砕石路盤の敷均しは、モーターグレーダや人力により行い、層の仕上がり厚さが均等になるように敷き均す。	砕石路盤の敷均しは、**モーターグレーダ**や人力により行い、層の仕上がり厚さが**均等**になるように敷き均す。	○
10	砕石路盤の敷き均した材料は、降雨などにより適正な含水比に変化を及ぼさないよう、原則として水平・平滑に締固めをその日のうちに完了させる。	砕石路盤の敷き均した材料は、降雨などにより適正な含水比に変化を及ぼさないよう、原則として**排水勾配**をつけて、締固めをその日のうちに完了させる。	×

	問題	解説	
11	砕石路盤の締固めは、ローラで一通り軽く転圧した後、再び整形して、形状が整ったらロードローラ、振動ローラ、タイヤローラなどを併用して十分に締め固める。	砕石路盤の締固めは、**ローラ**で一通り軽く転圧した後、**再び整形**して、形状が整ったらロードローラ、振動ローラ、タイヤローラなどを併用して十分に締め固める。	○

2. 軌道の保守

	問題	解説	
1	平面曲線区間におけるカントに機能のひとつに、内軌側レールに加わる輪重を低減させることがある。	平面曲線区間におけるカントに機能のひとつに、**外軌**側レールに加わる輪重を低減させることがある。	×
2	軌間変位は、軌道の平面に対するねじれの状態をいう。	**平面**変位は、軌道の平面に対するねじれの状態をいう。	×
3	水準変位は、左右レールの高さの差をいう。	水準変位は、左右レールの**高さの差**をいう。	○
4	線路こう上作業は、施工区間内で1回のこう上量が50㎜を超えるときは、列車の徐行を行いながら施工する。	線路こう上作業は、施工区間内で1回のこう上量が50㎜を超えるときは、**線路閉鎖**を必要とする。	×
5	スラックとは、曲線区間及び分岐器において車両の走行を容易にするために軌間を外方に拡大することをいう。	スラックとは、曲線区間及び分岐器において車両の走行を容易にするために軌間を**内方**に拡大することをいう。	×
6	カントとは、車両が遠心力により外方に転倒することを防止するために外側レールを内側レールより高くすることをいう。	カントとは、車両が**遠心力**により外方に転倒することを防止するために**外側レール**を内側レールより**高く**することをいう。	○

3. 営業線近接工事等

	問題	解説	
1	施工者は、施工に先立ち、工事現場全般についての具体的な事故防止対策を定め、軌道工事管理者に提出しなければならない。	施工者は、施工に先立ち、工事現場全般についての具体的な事故防止対策を定め、**監督員**に提出しなければならない。	×
2	強風時の工事用重機械は、転倒防止のための防護を施したうえで使用する。	強風時の工事用重機械等は**使用を避ける**ほか、ブーム、ワイヤー等の**ふれ止め**及び転倒防止のための防護を施す。	×
3	列車見張員の任務のひとつに、列車通過時における建築限界の確認がある。	**軌道作業責任者**の任務のひとつに、列車通過時における建築限界の確認がある。	×

4	作業表示標は、運転者が見やすいように原則として列車進行方向左側に設置する。	作業表示標は、**運転者**が見やすいように原則として列車進行方向**左側**に設置する。	○
5	線路閉鎖での作業を行う場合には、作業表示標の建植を行わなければならない。	線路閉鎖での作業を行う場合には、作業表示標の建植は**省略する**ことができる。	×
6	列車ダイヤを確認すれば、列車見張員等を伴わない線路内の単独作業を行うことができる。	列車見張員等を伴わない線路内の単独作業は**禁止する**。	×
7	作業現場までの歩行は、建築限界外を原則とし、また、複線区間では、列車と対向して歩行することを原則とする。	作業現場までの歩行は、**建築限界外**を原則とし、また、複線区間では、列車と**対向して**歩行することを原則とする。	○
8	乗務員に不安を与えるおそれのある工事は、列車の接近時から通過するまでの間、注意して作業を行う。	乗務員に不安を与えるおそれのある工事は、列車の接近時から通過するまでの間、一時施工を**中止する**。	×
9	営業線の通路に接近した場所に材料の仮置きをする場合は、監督員などへの届け出は不要である。	営業線の通路に接近した場所に材料の仮置きをする場合は、監督員などへ**届け出て**、その指示に従う。	×
10	工事の施工により支障のおそれのある構造物については、監督員などの立ち会いを受けその防護方法を定める。	工事の施工により支障のおそれのある**構造物**については、監督員などの立ち会いを受けその**防護方法**を定める。	○
11	工事箇所に見通しの確保ができない曲線区間がある場合には、触車事故防止のため列車見張員を１名配置する。	工事箇所に見通しの確保ができない曲線区間がある場合には、触車事故防止のため列車見張員を**増員**配置する。	×
12	営業線近接工事の従事員の任務のひとつに、列車接近合図を受けたら、安全を確認しながら作業することがある。	営業線近接工事の従事員の任務のひとつに、列車接近合図を受けたら、指定された待避箇所に**待避する**ことがある。	×

4. 地下構造物（シールド工法）

	問　　題	解　　説	
1	シールド工法は、開削工法が困難な都市の下水道、地下鉄、道路工事などで多く用いられている。	シールド工法は、**開削工法**が困難な都市の下水道、地下鉄、道路工事などで多く用いられている。	○
2	セグメントを組み立ててシールド推進後は、セグメントの外周に空隙が生じるため速やかにモルタルなどの裏込材を注入する。	セグメントを組み立ててシールド推進後は，セグメントの外周に**空隙**が生じるため速やかにモルタルなどの**裏込材**を注入する。	○

問題	解説	正誤
❸ シールド工法は、土砂を掘削しながらトンネル空間を確保していくため、一般に覆工はコンクリートや鋼材などでつくったセグメントを使用する。	シールド工法は、土砂を掘削しながらトンネル空間を確保していくため、一般に**覆工**はコンクリートや**鋼材**などでつくったセグメントを使用する。	○
❹ シールドの推進に関する下記の文章の（イ）、（ロ）に当てはまる適切な語句の組み合わせとして、次のうち適当なものはどれか。 シールドマシンは、フード部・ガーター部・テール部の３つに区分される。 フード部には切削機構、ガーター部にはシールドを推進させる（イ）、テール部には（ロ）を用いて覆工作業ができる機構を備えている。	（イ）　（ロ） （1）ジャッキ …………… モルタル吹付け （2）ジャッキ …………… セグメント （3）カッター …………… モルタル吹付け （4）カッター …………… セグメント シールドマシンは、フード部・ガーター部・テール部の３つに区分される。 フード部には切削機構、ガーター部にはシールドを推進させる**（イ）ジャッキ**、テール部には**（ロ）セグメント**を用いて覆工作業ができる機構を備えている。	(2)
❺ シールド工法は、シールド機械の搬入や土砂の搬出などのために一般に立坑が必要である。	シールド工法は、シールド**機械の搬入**や**土砂の搬出**などのために一般に立坑が必要である。	○
❻ シールドマシンは、カッターで切削を行うフード部とジャッキでシールドを推進させるガーダー部の２つに区分される。	シールドマシンは、カッターで切削を行うフード部とジャッキでシールドを推進させるガーダー部、及びセグメントによる**覆工作業を行うテール部**の３つに区分される。	×
❼ 掘進のための推力は、１本当たりのジャッキ推力を大きくし、なるべく少ないジャッキを使用して所要の推力を得るのが望ましい。	掘進のための推力は、１本当たりのジャッキ推力を**小さく**し、なるべく**多くの**ジャッキを使用して所要の推力を得るのが望ましい。	×
❽ 土圧式シールド工法と泥水式シールド工法の切羽面の構造は、開放型シールドである。	土圧式シールド工法と泥水式シールド工法の切羽面の構造は、**密閉型**シールドである。	×
❾ 密閉型シールド工法は、フード部とガーダー部が隔壁で仕切られている。	密閉型シールド工法は、**フード部**とガーダー部が**隔壁**で仕切られている。	○
❿ 泥水式シールドは、泥水を循環させ切羽の安定を保つと同時に、カッターで切削された土砂を泥水とともに坑外まで流体輸送する。	泥水式シールドは、泥水を**循環**させ切羽の安定を保つと同時に、カッターで切削された土砂を泥水とともに坑外まで**流体輸送**する。	○
⓫ 泥水式シールド工法は、地上に大規模な泥水処理施設が必要で都市部では使用が制約されるため、多くは山岳トンネルに使われる。	泥水式シールド工法は、地上に大規模な泥水処理施設が必要であるが、都市部では開削工法が制約されることなどから、都市部で**多く使われている。**	×
⓬ 土圧式シールドは、カッターで掘削時の切羽の安定を保持するため一般的には圧気工法が用いられる。	土圧式シールドは、カッターで掘削時の切羽の安定を保持するため一般的には**掘削土砂に加えられた圧力**が用いられるので、圧気工法は用いられない。	×

11 上・下水道

第1次検定　第2次検定

学習のポイント

- 上水道配水管の布設に関する埋設深さなどの道路法に関連する規定及び施工上の留意点を整理する。
- 下水道管渠（かんきょ）の埋設にあたって、管渠の種類、土質の性状及び基礎工の種類との組み合わせ、管渠の接合方法とその特徴、適用性などについて整理する。
- 推進工法及び小口径管推進工法の方式と特徴について整理する。
- 土留め工の種類と特徴及びその適用性を整理する。

1 上水道の施工

上水道のための取水施設、貯水施設、導水施設、浄水施設、送水施設及び配水施設を**水道施設**とし、需要者に水を供給するために配水管から分岐して設置された給水管及びこれに直結する給水用具を**給水装置**としている。

【配水管の種類と特徴】

(1)配水管の種類

配水管の種類には**鋼管**、**ダクタイル鋳鉄管**、**ステンレス鋼管**、**硬質塩化ビニル管**、**水道配水用ポリエチレン管**などがある。

> **用語解説**
> ダクタイル鋳鉄：鋳鉄に含まれた黒鉛を球状化させたもので、強度、延性、靱性等に優れ、製品精度が良好で防水性に優れる性質をもち、球状黒鉛鋳鉄ともいう。

(2)各配水管の特徴

①**鋼管**：強度が大きく、耐久性及び靭性に富み、衝撃に強い。溶接継手により一体化でき、地盤の変動には長大なラインとして追従できるが、電食に対する配慮が必要である。

②**ダクタイル鋳鉄管**：強度が大きく、耐久性及び靭性に富み衝撃に強い。これに用いるメカニカル継手は**伸縮性**や**可とう性**があり、地盤の変動に**追従できる**が、重量が比較的重い。

> **用語解説**
> - 可とう性：物質の弾性変形のしやすさを指す。
> - メカニカル継手：主に配水管で用いられる継手の1つ。パッキンやナットによる接続を特徴としていて、溶接などを必要としない。差込継手ともよばれる。
> - ライニング：摩耗や腐食を防ぐ目的で、管の内側に防食材の貼付やコーティングを施すこと。

③**ステンレス鋼管**：強度が大きく、耐久性及び靭性に富み、衝撃に強い。耐食性に優れライニングや塗装を必要としないが、異種金属と接続させる場合には絶縁処理を必要とする。

④**硬質塩化ビニル管**：耐食性に優れ重量が軽く施工性がよいが、低温時において耐衝撃性が低下する。

⑤**水道配水用ポリエチレン管**：耐食性に優れ重量が軽く施工性がよいが、熱と紫外線に弱い。

【配水管（導水管）の布設にあたっての施工上の留意点】

配水管の布設にあたっては、次のような施工上の留意点がある。

⑴試掘調査

工事の施工に先立ち地下埋設物の位置を確認するため行う試掘は、原則として**人力掘削**により行い、掘削中は地下埋設物に十分注意し、損傷を与えないようにする必要がある。

⑵配水管の埋設位置及び深さ

①**配水管の布設場所**：配水管は、維持管理の面から、**公道**に布設することを原則とする。公道に布設する場合は、道路法及び関係法令によるとともに道路管理者との協議によって行い、公道以外に布設する場合でも、当該管理者からの使用承認を得る必要がある。

②**配水管の布設位置**：配水本管は道路の**中央寄り**に布設し、配水支管は一般に道路幅員が広くない場合は道路の**片側**に、かなり広い場合は**両側の歩道**または**車道の両側**に布設する。

③**配水管の土被り厚さ**：道路法施行令では、水管の本線を埋設する場合においては、その頂部と路面との距離（土被り厚）は**1.2m**（工事実施上やむを得ない場合は**0.6m**）以下としない、と規定されている。

④**鋼管を埋設する場合の土被り厚さ**：管径300㎜以下の鋼管を埋設する場合、水道管の頂部と路面との距離は、当該水道管を設ける道路の**舗装厚さに0.3m**を加えた値以下としない。ただし、当該値が0.6mに満たない場合は**0.6m以下**としない、と規定されている。

⑤**他の埋設物との距離**：配水管を他の地下埋設物と交差または近接して埋設するときは、維持補修の便利性や事故発生の防止のため、少なくとも**30㎝**以上の間隔を保つ必要がある。

⑶伸縮継手

軟弱地盤や構造物との取合い部など不等沈下のおそれのある箇所には、たわみ性の大きい伸縮継手を設ける。

⑷配水管の基礎

ダクタイル鋳鉄管の基礎は、原則として**平底溝**とし、通常は特別な基礎は必要としない。鋼管の基礎は、掘削底が硬い岩盤の場合や玉石等を含む地盤の場合は管体保護のため、管断面方向の応力や変形の低減を目的に、サンドベッド（砂基床工）を用いる。硬質塩化ビニル管及び水道配水用ポリエチレン管の場合は、掘削溝底に0.1m以上の砂または良質土を敷くようにする。

⑸軟弱地盤での布設

軟弱地盤などに布設する場合は、地盤状態及び管路の沈下量を検討し、適切な**管種**、**継手**及び施工方法をとるようにする。不同沈下対策としては、サンドベッドの他に胴木基礎工、コンクリート基礎工、杭基礎工等がある。導水管の場合は、沈下抑制のため必要に応じて地盤改良、杭打ち等の措置を講じる。

⑹液状化対策

導水管の場合は、砂質地盤で地下水位が高く、地震時に液状化の可能性が高いと判定される場所では、適切な**管種**、**継手**を選定するほか、必要に応じて**地盤改良**などを行う。

⑺異形管防護

ダクタイル鋳鉄管及び硬質塩化ビニル管の異形管防護は、原則としてコンクリートブロックによる防護か、離脱防止継手を用いる。

⑻管の明示

埋設管には、管の誤認を避けるため、道路法施行規則の規定により原則として道路占用物件の名称（業種別名）、管理者名（事業者名）、埋設した年（布設年次）等を明示する**テープ**を貼り付けなければならない。

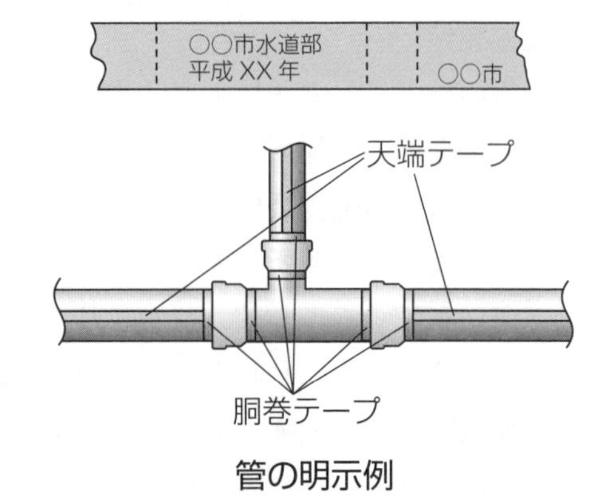

管の明示例

⑼水圧試験

水圧試験は、管路布設後に管路の水密性と安全性を確認するために実施する。水圧試験にあたっては、時間をかけて管路に充水を行い、水圧試験は、充水後**一昼夜程度**経過してから行うことが望ましい。試験では、試験水圧まで加圧した後、一定時間保持し、その間の管路の異状の有無、圧力の変化を調査する。

⑽配水管の布設

①**管体検査**：管の据付け施工に先立ち、十分に管体検査を行い、亀裂その他の欠陥がないことを確認する。

②**高低差がある場合の管の布設**：管の布設は、原則として**低所から高所**に向け行い、受口のある管は受口を高所に向け配管する。

③**曲げ配管**：直管と直管の継手箇所で角度をとる曲げ配管は行ってはならないとされ、弱点とならないようにする。

④**管の吊り下ろし**：管を掘削溝内に吊り下ろす場合は、溝内の吊り下ろし場所に作業員を立ち入らせないで施工する。

⑤**管体の表示記号**：管の据付けにあたっては、管体の表示記号を確認するとともに、ダクタイル鋳鉄管の場合には、受口部分にある表示記号のうち、管径、年号の記号を上に向けて据え付ける。

⑥**日作業完了後の処理**：１日の布設作業完了後は、管内に土砂、汚水等などが流入しないように木蓋などで管端部をふさぎ、管内には作業用品や工具類を忘れないようにする。

⑦**切りばりの補強**：管の吊り下ろし時に土留の切りばりを一時的に取り外す必要がある場合は、必ず適切な補強を施し安全を確認のうえ施工する。

⑧**埋戻し**：埋戻しは、片埋めにならないように注意し、厚さ20cm以下に敷均しを行い、現地盤と同程度以上の密度となるように締固めを行う。

⑾管の切断

①**切断方向**：管の切断は、管軸に対して直角に行う。

②**鋳鉄管の切断**：鋳鉄管の切断する場合は、切断機で行うことを原則とし、異形管部は**切断しない**。

⑿水管橋及び橋梁添架管

①**水道管の橋梁添架**：水道管を橋梁に添架する場合、温度変化による橋桁の伸縮に対応し、管にも伸縮可とう継手を設けるのが安全であり、必要に応じて伸縮継手を橋梁の**可動端**の位置に合わせて設けるようにする。

②**橋台付近の埋設管防護**：水管橋や水道管を橋梁に添架する場合、橋台付近の埋設管には**たわみ性**のある**伸縮継手**を設け、屈曲部には所要の防護工を施す。

③**空気弁と排泥弁**：水管橋や橋梁添架管では管の最も**高い位置に空気弁**を、低い位置に排泥弁を設ける。

⒀管の屈曲部の防護

管の屈曲部及び異形管では、管内の水圧による水平方向力が作用するのでコンクリートブロックによる**防護工設置**や、**離脱防止継手**を用いる必要がある。

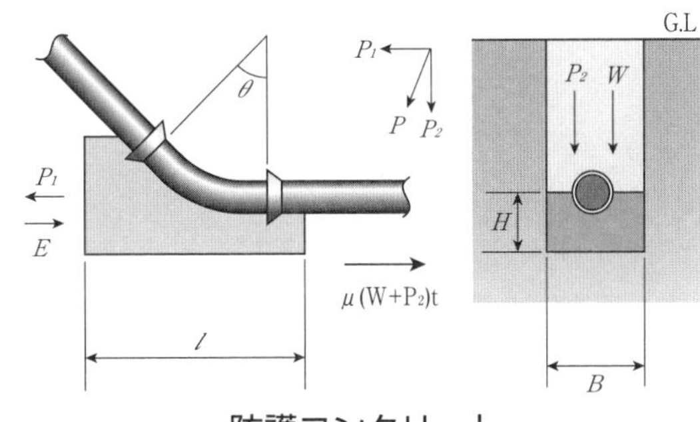

防護コンクリート

⒁伏越し（ふせこし）

配水管を伏越しする場合、伏越し管前後の取付管の配管はできるだけ**緩勾配**とし、必要に応じて屈曲部はコンクリート支台に定着させ、その付近にはたわみ性の大きな伸縮継手を挿入する。

用語解説

伏越し：河川や水路、軌道及び移動不可能な地下埋設物の下などに管渠を通すこと。

⒂付属施設

①**消火栓の設置位置**：消火栓は、消火の都合上、沿線の建築物の状況に配慮し、**100～200m**間隔に設置することとし、消防利水上から求められる場所以外に、管路の凸部及び凹部にも設置することが望ましい。

②**排水設備の設置箇所**：配水管の排水設備は、配水本管路の低部で河川、用水路、下水管渠の付近を選んで設けるようにする。

③**人孔**：人孔は、口径800㎜以上の管路について、施工及び維持管理上の要所に設ける。布設施工中は、作業員の出入口、材料・機材の搬入出口などとして使用される。

⒃不安定な場所での導水管の布設

①**傾斜面に沿った布設**：急勾配の道路または傾斜面に沿って管を布設する場合には、管体の**滑動防止**及び降雨による埋戻し土の流失防止のために、コンクリートブロックを設けるか、階段状基礎工、止水壁等を設ける。

②**等高線に沿った布設**：傾斜地などの斜面部において、ほぼ等高線に沿って管を布設する場合には、法面防護、法面排水などに十分配慮する。

❷ 下水道の施工

【管渠の基礎】

管渠の基礎は、使用する管渠の種類、土質、地耐力、荷重条件、施工方法などを考慮して決定するが、剛性管渠の基礎工と可とう性管渠の基礎工に大別される。

> **ワンポイント アドバイス**
> 管体の補強と不同沈下の防止を兼ね、実際の管路では、これらを合成した基礎となる場合がある。

⑴剛性管渠の基礎工の種類と特徴

剛性管渠の基礎工は下表のように分類され、以下のような特徴がある。

剛性管の種類と基礎の分類

地盤／管種	硬質土及び普通土	軟弱土	極軟弱土
鉄筋コンクリート管 レジンコンクリート管	砂基礎 砕石基礎 コンクリート基礎	砂基礎 砕石基礎 はしご胴木基礎 コンクリート基礎	はしご胴木基礎 鳥居基礎 鉄筋コンクリート基礎
陶管	砂基礎 砕石基礎	砕石基礎 コンクリート基礎	

剛性管渠の基礎工の種類

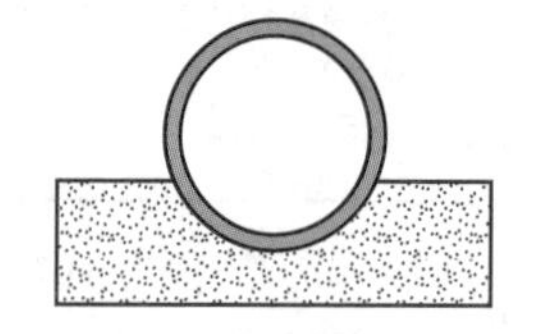
砂基礎

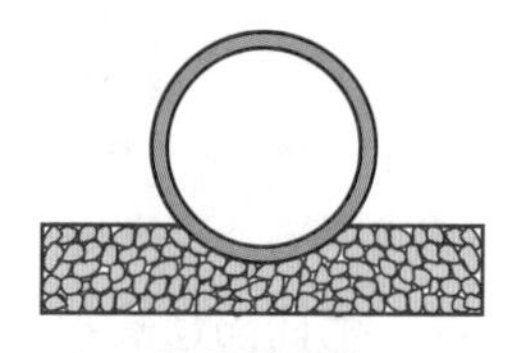
砕石基礎

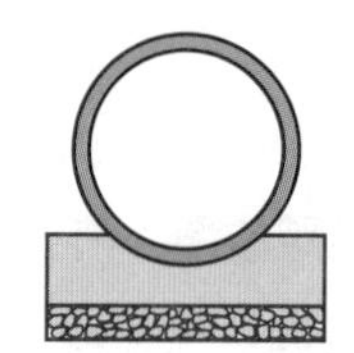
コンクリート基礎

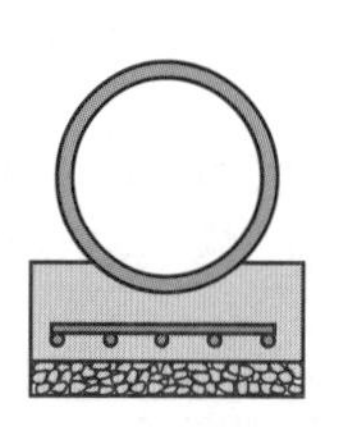
鉄筋コンクリート基礎

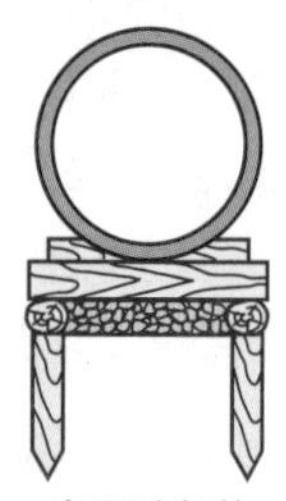
鳥居基礎

はしご胴木基礎

①**砂基礎または砕石基礎**：砂または砕石基礎は、比較的地盤がよい場所に採用され、砂または細かい砕石を管渠下部にまんべんなく密着するように締め固めて管渠を支持する。管渠設置場所が**岩盤**の場合は必ずこの形式の基礎が用いられ、その場合、基床厚は一般の地盤より多少厚めとするほうが安全になる。管の下部を包む基礎の**支承角度**が大きいほど耐荷力を増す。

> **用語解説**
> 支承角度：基礎が管渠に接して、荷重を支持する部分の角度を指す。

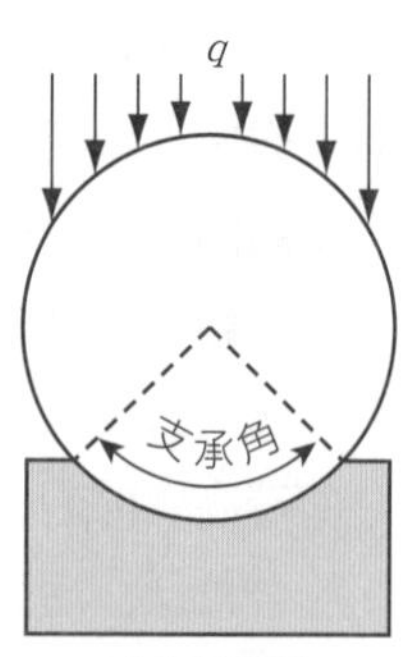

支承角度

②**コンクリート基礎及び鉄筋コンクリート基礎**：コンクリート基礎及び鉄筋コンクリート基礎は、地盤が軟弱な場所や管渠に働く外圧が大きい場合に採用し、管渠の底部をコンクリートで巻き立てて支持し、支承角度が大きいほど耐荷力を増す。

③**はしご胴木基礎**：はしご胴木基礎は、地盤が**軟弱**な場合または地質や上載荷重が**不均質**な場合に用いられる基礎であり、はしご状の構造により支持する。砂、砕石等の基礎と併用されることが多い。

④**鳥居基礎**：鳥居基礎は、**極軟弱地盤**で、ほとんど地耐力を期待できない場合に採用し、はしご胴木の下部を杭で支持する。

用語解説

自由支承：荷重などによる管渠の変形に追随して基礎が変形し、支障角が変化する現象。

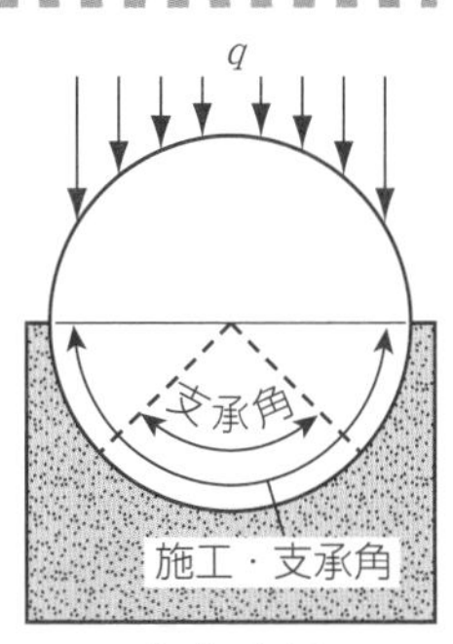

自由支承

⑵可とう性管渠の基礎工の種類と特徴

可とう性管渠の基礎工は下表のように分類されるが、原則として**自由支承**の砂または砕石基礎とし、地盤の条件によっては**ソイルセメント工法**、**ベットシート工法**等を採用し、管体側部の土の受働抵抗力を確保するようにする。

可とう性管の種類と基礎の分類

管種＼地盤	硬質土及び普通土	軟弱土	極軟弱土
硬質塩化ビニル管 ポリエチレン管	砂基礎	砂基礎 ベットシート基礎 ソイルセメント基礎	ベットシート基礎 ソイルセメント基礎 はしご胴木基礎 布基礎
強化プラスティック複合管	砂基礎 砕石基礎		
ダクタイル鋳鉄管 鋼管	砂基礎	砂基礎	砂基礎 はしご胴木基礎 布基礎

可とう性管渠の基礎工の種類

砂基礎／砕石基礎／ソイルセメント基礎

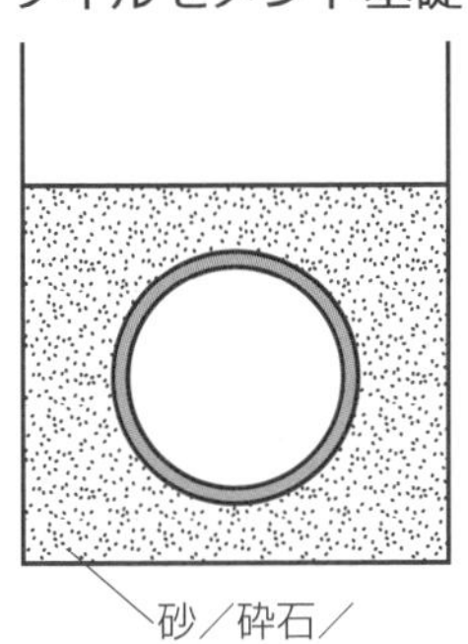

ベットシート基礎

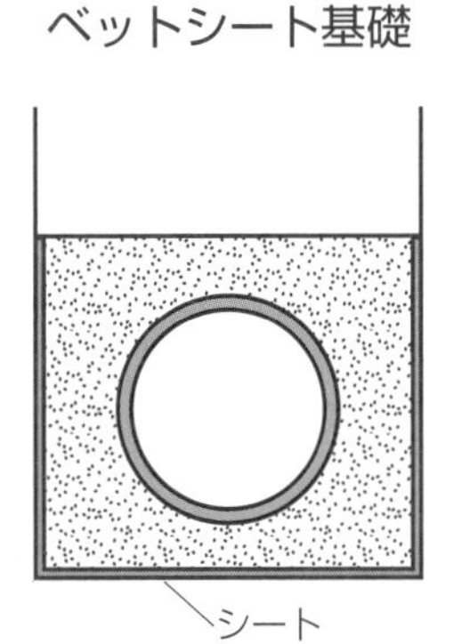

はしご胴木基礎

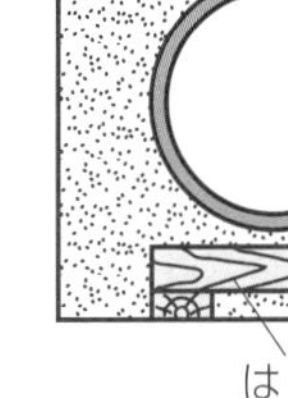

布基礎

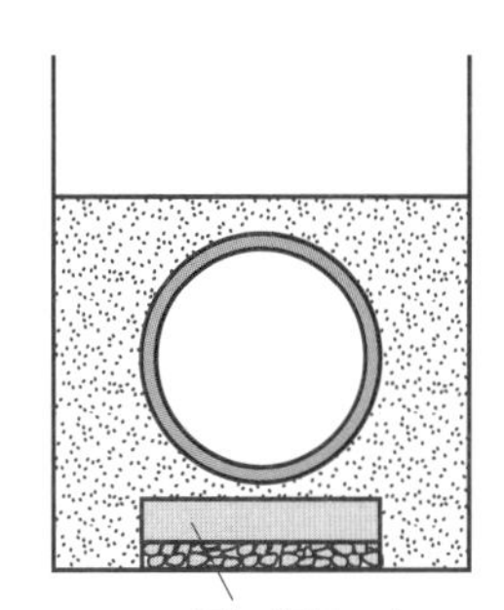

①**布基礎**：布基礎は、支持層が極めて深く、杭の打込みが不経済になる場合に用いられ、**コンクリート床版**を打設することによって荷重分散を図り、地盤沈下を防止する。

②**砂基礎等との併用**：はしご胴木基礎等と砂基礎を併用する際には胴木と管体との間は十分に砂を敷き均し、突き固めるようにする。

【下水管渠の接合】

下水管渠の径、方向または勾配が変化する箇所、並びに管渠が合流する箇所にはマンホールを設置して接合する。

⑴管渠の接合にあたっての考慮事項

管渠の接合は、次のような項目を考慮して決定する。

①**管渠の径変化または合流の場合**：管渠径が変化する場合または２本の管渠が合流する場合は、原則として**水面接合**または**管頂接合**とする。

②**地表勾配が急な場合**：地表勾配が急な場合には、管渠径の変化に係わらず、原則として地表勾配に応じ、**段差接合**または**階段接合**とする。

③**合流する場合の中心交角と曲線半径**：２本の管渠が合流する場合の中心交角は、原則として**60°以下**とし、曲線をもって合流する場合の曲線半径は、内径の**５倍以上**とする。

⑵管渠の接合方法の種類、特徴及び留意点

管渠の接合方法には以下のような種類、特徴及び留意点がある。

①**水面接合**：水面接合は、水理学的に良好であり、おおむね上下流管の**計画水位**を一致させて接合する方法である。

②**管頂接合**：上下流管の**管頂の高さ**を合致させる方法である。流水は円滑となり水理学的には安全な方法であるが、管渠の埋設深さが増すので工費がかかり、ポンプ排水の場合には、ポンプの揚程が増加する。

③**管底接合**：上下流管の**管底の高さ**を合致させる方法である。管の埋設深さが減ずるので工費が軽減でき、ポンプ排水の場合は有利になるが、上流部において動水勾配線が管頂より上昇するおそれがある。

管渠が合流する場合の中心交角と曲線半径

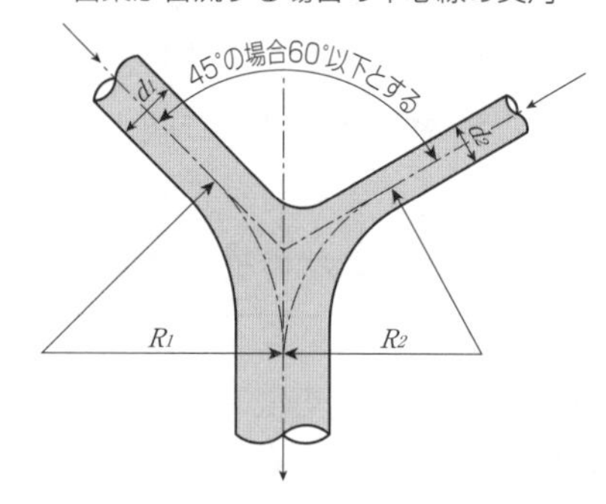

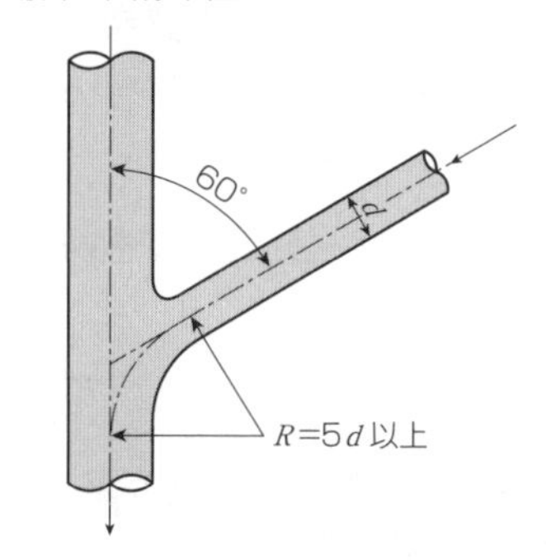

管渠の接合方法の種類

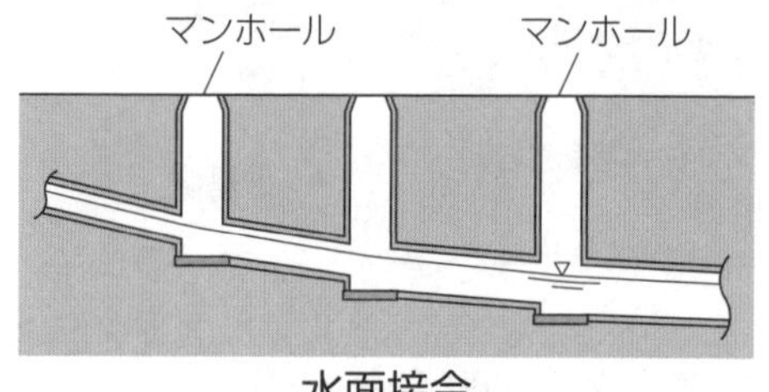

水面接合

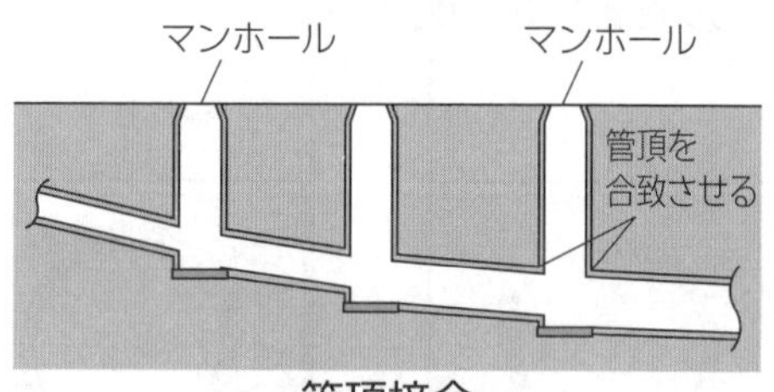

管頂接合

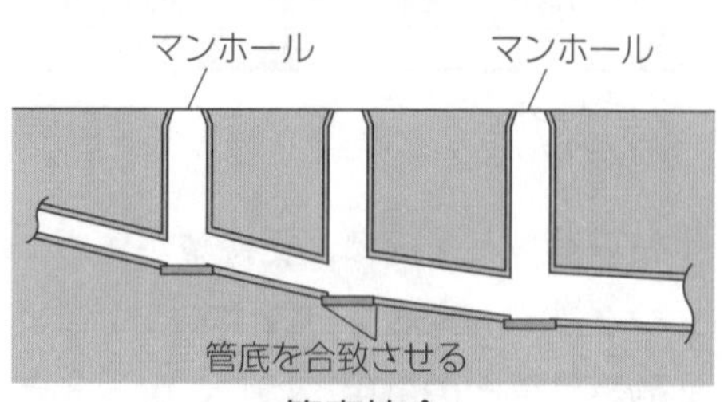

管底接合

④**管中心接合**：上下流管の**中心**を合致させる方法である。水面接合と管頂接合の中間的な方法で、計画下水量に対応する水位の計算を必要としない。

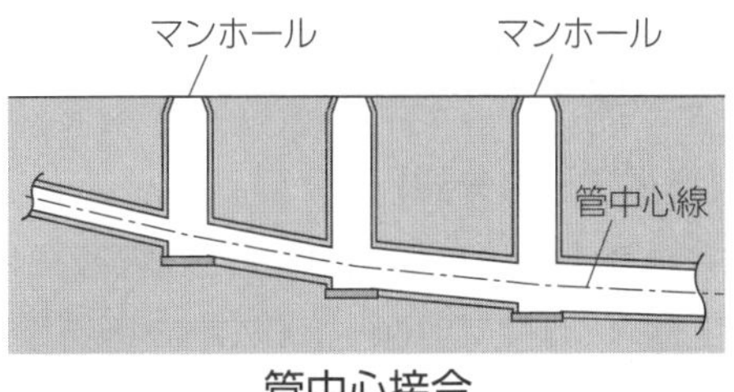

管中心接合

⑤**段差接合**：地表面勾配が急な場合に用い、地表面勾配に従って、適当な間隔でマンホールを設け、マンホール内で段差をつける。段差は、1箇所あたり**1.5m以内**が望ましく、**0.6m**以上となる場合は原則として**副管**を設ける。

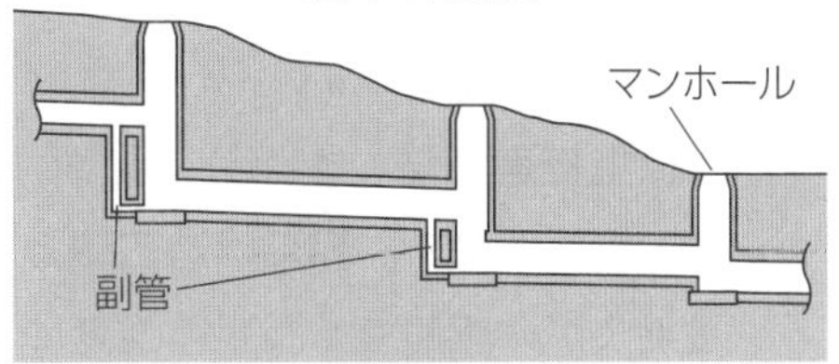

段差接合

⑥**階段接合**：地表面勾配が急な場合で、大口径の管渠または現場打ちの管渠に用いる。1段あたりの階段の高さは、0.3m以内とすることが望ましいとされている。

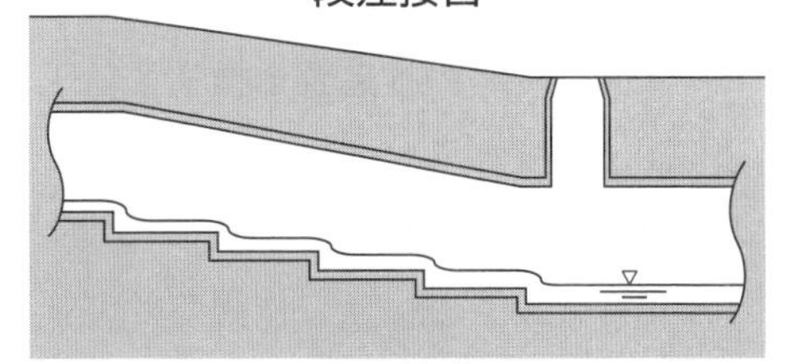
階段接合

【伏越し】

伏越しには、以下のような特徴及び計画上の留意点がある。

⑴伏越し管渠の複数設置

伏越し管渠は、管渠の閉塞時対応、清掃時の下水の排水対策等を考慮して、一般に複数を設置するとともに、橋台等の構造物の荷重や不同沈下の影響を受けないようにする。

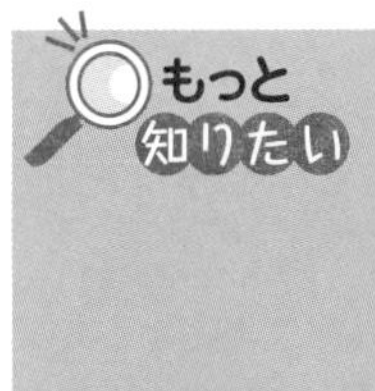

下水道管渠の伏越しでは、伏越しの箇所を逆サイフォン圧力管として構築する。なお、伏越しの施工は困難であるとともに、維持管理上の問題もあり、できる限り伏越しは避けるようにする。

⑵伏越しの構造

伏越しの構造は、障害物の両側に垂直な伏越し室を設け、簡便さや清掃の容易さを考慮して、これらを水平または下流が低くなるように伏越し管渠で結ぶ。

⑶伏越し室の構造

伏越し室には、ゲートまたは角落としのほか、伏越し管渠内に土砂、汚泥等が堆積するのを防ぐために、深さ0.5m程度の泥だめを設ける。

⑷伏越し管渠内の流速

伏越し管渠内の流速は、断面を縮小し、上流管渠内の流速より20～30%増しとし、伏越し管渠内に土砂、汚泥等が堆積するのを水勢によって防ぐようにする。

⑸非常放流管渠

伏越しは、異物により閉塞しやすい構造であることなどにより、合流管渠または雨水管渠による河川等の伏越しの場合で、上流に雨水吐き室のないときは、災害防止のために非常放流管渠を伏越しの上流側に設けることが望ましい。

【開削工法による管渠布設工】

開削工法による下水道管渠布設工の施工手順の概要は、掘削→管基礎の施工→管の吊り下ろし→管布設→管接合→埋戻しである。

❸ 推進工法

【推進工法の分類】

推進工法には、使用する推進管の口径の大きさによって、呼び径800〜3,000の**中大口径推進工法**と、呼び径150〜700の**小口径管推進工法**がある。切羽の状態、掘削土砂の排出方法、使用する推進管種等により分類される。

⑴中大口径推進工法

①**開放型推進工法**：推進管の先端に先導体として刃口を用い、切羽は開放型で人力掘削によって施工する。**刃口推進工法**とよばれることもあり、切羽面の自立が重要である。元押し工法が一般的で、長距離推進の場合は中押し工法がとられる。

●**元押し工法**：発進立抗内に設置した元押しジャッキを用い、後部の支圧壁を反力受けとして、最後尾の推進管を推進する工法である。推進延長は推進管の径によって異なるが50〜70m程度とされている。

●**中押し工法**：推進管の間に中押し装置（ジャッキ）を取り付け、装置前方の管を推進し、元押し装置と交互に作動させて推進する工法である。

②**密閉型推進工法**：推進管先端に、先導体として先端部が隔壁で密閉された推進機（シールド機）を取り付けて推進する工法である。圧力バランスなど切羽の安定のため及び切削土砂の排出に用いる材料とシステムによって、泥水式推進工法、土圧式推進工法、泥濃式推進工法等に分類される。**セミシールド工法**ともよばれ、適用土質の範囲が広く、シールド機を用いて掘進した後に管を推進すること、中押し装置を複数段設置することなどにより長距離推進工事に適用されることが多い。

⑵小口径管推進工法

小口径推進管先端、あるいは誘導管先端に先導体を取り付けて推進する工法であり、推進管の種類によって３方式に分類される。

①**高耐荷力方式**：鉄筋コンクリート管のような**高耐荷力管**を推進管として用い、推進力を直接管端に負荷して推進する方式である。

②**低耐荷力方式**：硬質塩化ビニル管のような**低耐荷力管**に先導体を取り付けて、低耐荷力管には周面抵抗力のみを負担させ、先導体の推進に必要な推進力に対する先端抵抗は推進力伝達ロッドなどに作用させて推進する方式である。

③**鋼製さや管方式**：鋼製管の先端に先導体を取り付け、直接鋼製管に推進力を伝達して推進する方式である。到達した鋼製管をさや管として用い、管内に塩化ビニル管等の本管を布設する方式である。土質に対しての適用範囲が広く、木杭やコンクリート等の障害物の切削が可能である。

⑶小口径管推進工法の掘削及び排土方式による分類

小口径管推進工法は推進管の種類による分類のほかに掘削及び排土方式によって次のように分類され、さらに管の布設方法によって**一工程式**と**二工程式**に分類される。

①**圧入方式**：二工程式の場合、第一工程として先導体及び誘導管を圧入し、第二工程として拡大カッタを接続し、誘導管をガイドにして推進管を推進する。鋼製さや管方式の場合は

一工程式で、主に空気衝撃ハンマ·ラム式がとられ、**衝撃力**によって鋼管を推進する方式である。

②**オーガ方式**：オーガ方式は、先導体内にオーガヘッド及びスクリューコンベアを装着し、この回転により掘削排土を行いながら推進管を推進する方式で、一般に一工程式である。

③**泥水方式**：泥水式先導体を推進管または誘導管先端に取り付け、カッタ回転による掘削、泥水による切羽安定及び泥水循環による排土を行いながら推進する方式で一工程式と二工程式がある。

④**泥土圧方式**：泥土圧方式は、推進管の先端に泥土圧式先導体を装着し、掘削土砂の**塑性流動化**を促進させるための添加材注入と止水バルブの採用により、切羽の安定を保持しながら掘削を行う方式で、一般に一工程式である。

⑤**ボーリング方式**：超硬切削ビットを鋼製管の先端に取り付け、鋼管本体を回転させながら推進する**一重ケーシング方式**、及び鋼製管埋部のスクリュー付き内管を回転させながら推進する**二重ケーシング方式**があり、**鋼製さや管方式**に適用される方式である。

小口径管推進工法の分類

推進管の種類による分類	掘削及び排土方式及び管の埋設方法				
	圧入方式	オーガ方式	泥水方式	泥土圧方式	ボーリング方式
高耐荷力方式（高耐荷力管）	二工程式	一工程式	一工程式 二工程式	一工程式	―
低耐荷力方式（低耐荷力管）	二工程式	一工程式	一工程式	一工程式	―
鋼製さや管方式（鋼管）	一工程式	一工程式	―	一工程式	一重ケーシング方式 二重ケーシング方式

※一工程式、二工程式は適用される管の埋設方法を示す。

4 土留め工法

【土留め工法の種類】

土留め工には以下のような種類があり、主な支保工の形式には、自立式、切りばり式、アンカー式及び控え杭体ロッド式がある。

①**簡易土留め**：木矢板工法と軽量鋼矢板工法の２種類がある。

②**親杭横矢板工**：親杭として鋼H杭が多く用いられる。

③**鋼矢板工**：軽量鋼矢板、普通鋼矢板、鋼管矢板の３種類がある。

④**コンクリート矢板工法**

⑤**場所打ちコンクリート壁**：柱列杭と連続地下壁の２種類がある。

【土留め工法の特徴と適用性】

道路土工－仮設構造物指針では、構造形式として、一般に用いられている土留め支保工と掘削深さ３m以浅の小規模土留め支保工の２つに適用範囲を分けている。ここでは、下水道管路工事などで用いられている比較的小規模な土留め工について、特徴と適用を示す。

⑴木矢板工法

木矢板工法は、小規模工事で、掘削深度が浅く、土質が良好で土圧が小さく、地下水位が低い場合に用いることができる。

⑵軽量鋼矢板工法

軽量鋼矢板工法の例
（溝掘削と建込み）

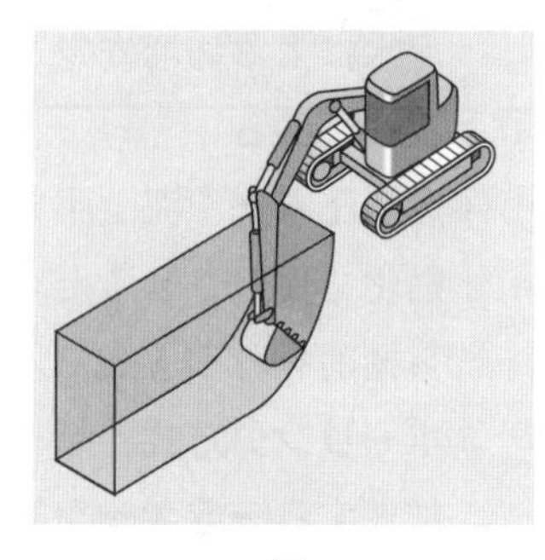

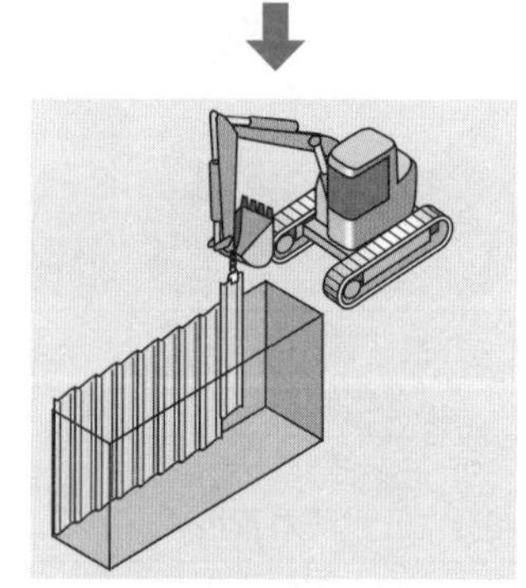

①**適用**：地山が比較的良好で小規模工事の場合は、一般に、**反復使用**が可能であり、軽量で取扱いが簡単な軽量鋼矢板を使用する。

②**止水性**：軽量鋼矢板工法は、掘削深さが比較的浅い小口径管渠工事の土留めに適するが、継手の遊間が鋼矢板よりも大きく止水性が**期待できない**ので、地下水位の高いところでは使用できない。

③**腹起しの落下防止**：軽量鋼矢板の使用に際して、その特性や十分な余掘りが不可能な事情などにより腹起しブラケットの溶接を完全に行うことが難しい場合、腹起しの落下防止のために、ワイヤーロープ等で土留め壁から腹起しを吊る等の措置が必要である。

⑶親杭横矢板工法

湧水のおそれがなく、掘削深さが深く、鋼矢板が打ち込めない固い地盤では、親杭横矢板工法による土留めが適している。

⑷鋼矢板工法

鋼矢板工法は、掘削深度が深く軽量鋼矢板では対応できない場合に採用されるが、遮水性を期待できるので地下水位の高い軟弱地盤でも使用できる。

⑸建込み簡易土留め工法

建込み簡易土留め工法は、土留め矢板と切りばりをセットにした既製横矢板工法で、工期が短く、騒音、振動が少なく、掘削完了と同時に土留めが完了するので比較的小規模な土留めとして用いられる。

下水管渠の土留め工法としては、自立式に比べて変位量が少ない切りばり式の土留め工法が一般に使用されている。

【建設工事公衆災害防止対策要綱による規定】

建設工事公衆災害防止対策要綱では、掘削深さが1.5mを超える場合には原則として土留め工を施すものとされ、掘削深さが４mを超える場合は重要な仮設工事として、親杭横矢板、鋼矢板等を用いた確実な土留め工を施さねばならないとされ、土留め工及び支保工についての構造細目、留意点等が規定されている。

【小規模下水道に関する技術指針】

下水道法施行令が改正されたのを機に、中小都市に限らず小規模下水道を有する各方面を対象にして、「小規模下水道計画・設計・維持管理指針と解説　2004年版」が、公益社団法人日本下水道協会から発行されている。

例題演習 第2章 11 上・下水道

【問題】次の文章を読み、正誤もしくは正しい選択肢を答えなさい。

1. 上水道の施工

	問題	解説	
1	ダクタイル鋳鉄管は、靭性に富み衝撃に強いが、これに用いるメカニカル継手は伸縮性や可とう性がないため地盤の変動に追従できない。	ダクタイル鋳鉄管は、靭性に富み衝撃に強いが、これに用いるメカニカル継手は伸縮性や可とう性が**あり**、地盤の変動に追従**できる**。	×
2	配水管は、維持管理の容易性に配慮し、原則として道路（公道）に布設する。	配水管は、維持管理の**容易性**に配慮し、原則として**道路（公道）**に布設する。	○
3	配水管は、他の地下埋設物との間隔を、少なくとも10cm以上を保つように布設する。	配水管は、他の地下埋設物との間隔を、少なくとも**30cm**以上を保つように布設する。	×
4	配水管には、原則として、管の誤認を避けるために企業者名、布設年次、業種別名を明示するテープを取り付ける。	配水管には、原則として、管の**誤認**を避けるために企業者名、布設年次、業種別名を明示する**テープ**を取り付ける。	○
5	管路布設後の水圧試験では、管路に充水後速やかに試験水圧まで加圧して、管路の異状、水圧の変化を調査する。	管路布設後の水圧試験では、管路に充水後**一昼夜程度経過**してから試験水圧まで加圧して、管路の異状、水圧の変化を調査する。	×
6	管の布設は、原則として高所から低所に向けて行う。	管の布設は、原則として**低所**から**高所**に向けて行う。	×
7	ダクタイル鋳鉄管を切断する場合は、異形管部を切断することを原則とする。	ダクタイル鋳鉄管を切断する場合は、異形管部は**切断しない**。	×
8	橋梁添架管には、必要に応じて橋梁の固定端の位置に合わせて伸縮継手を設ける。	橋梁添架管には、必要に応じて橋梁の**可動端**の位置に合わせて伸縮継手を設ける。	×
9	配水管を伏越しする場合は、伏越し管前後の取付管の布設を急勾配にしなければならない。	配水管を伏越しする場合は、伏越し管前後の取付管の布設を**緩勾配**にしなければならない。	×

2. 下水道の施工

	問題	解説	
1	管頂接合は、流水は円滑となり水理学的には安全な方法であるが、管渠の埋設深さが他の接合方法に比べて大きい。	管頂接合は、流水は円滑となり水理学的には安全な方法であるが、管渠の**埋設深さ**が他の接合方法に比べて大きい。	○
2	管中心接合は水理学的に概ね計画水位を一致させて接合する方法である。	**水面接合**は水理学的に概ね計画水位を一致させて接合する方法である。	×

	問題	解説	
3	管渠径が変化する場合または２本の管渠が合流する場合の接合方式は、原則として段差接合とする。	管渠径が変化する場合または２本の管渠が合流する場合の接合方式は、原則として**水面接合**または**管頂接合**とする。	×
4	地表勾配が急な場合には、管渠径の変化の有無に係わらず、原則として地表勾配に応じ、管頂接合とする。	地表勾配が急な場合には、管渠径の変化の有無に係わらず、原則として地表勾配に応じ、**段差接合**または**階段接合**とする。	×
5	下水道管渠の鳥居基礎は、地盤が強固で地耐力が期待できる場合に用いる。	下水道管渠の鳥居基礎は、地盤が**極軟弱地盤**でほとんど地耐力が**期待できない**場合に用いる。	×
6	伏越し管渠内の流速は、断面を大きくし上流管渠内の流速より遅くする。	伏越し管渠内の流速は、断面を**縮小し**上流管渠内の流速より**速く**する。	×

3. 推進工法

	問題	解説	
1	中押し推進工法は、元押し推進用のジャッキと、管と管の間に中押し用のジャッキを設けてこれを交互に用いて地山に圧入する工法である。	中押し推進工法は、**元押し**推進用のジャッキと、**管と管の間**の中押し用のジャッキを設けてこれを交互に用いて地山に圧入する工法である。	○
2	セミシールド工法は、動力で駆動するシールド機を用いて掘削するもので、シールド機が掘削する前に管を推進する工法である。	セミシールド工法は、動力で駆動するシールド機を用いて掘削するもので、シールド機が**掘削した後**に管を推進する工法である。	×
3	小口径管推進工法における鋼管さや管方式のみに用いられる掘削及び排土方式は、泥水方式である。	小口径管推進工法における鋼管さや管方式のみに用いられる掘削及び排土方式は、**ボーリング方式**である。	×

4. 土留め工法

	問題	解説	
1	湧水のおそれがなく、鋼矢板が打ち込めない固い地盤では、親杭横矢板工法による土留めが適している。	**湧水**のおそれがなく、鋼矢板が打ち込めない**固い地盤**では、親杭横矢板工法による土留めが適している。	○
2	軽量鋼矢板工法は、掘削深さが比較的浅い小口径管渠工事の土留めに適し、軽量鋼矢板は遮水性に優れているが、繰り返し使用することが困難である。	軽量鋼矢板工法は、掘削深さが比較的浅い小口径管渠工事の土留めに適し、軽量鋼矢板は遮水性を**期待できない**が、繰り返し使用することは**可能**である。	×
3	軟弱地盤で地下水位の高い場合は、鋼矢板継手のかみ合わせで湧水などの止水ができる水密性の高い鋼矢板を使用する。	軟弱地盤で**地下水位**の高い場合は、鋼矢板継手のかみ合わせで湧水などの**止水ができる**水密性の高い鋼矢板を使用する。	○

第1部　第1次検定・第2次検定対策

第3章

法規

1. 労働基準法 1次
2. 労働安全衛生法 1次
3. 建設業法 1次
4. 道路関係法 1次
5. 河川関係法 1次
6. 建築基準法 1次
7. 火薬類取締法 1次
8. 騒音規制法 1次
9. 振動規制法 1次
10. 港則法／海洋汚染等及び海上災害の防止に関する法律（海洋汚染防止法） 1次

1 労働基準法

第１次検定　第２次検定

学習のポイント

- 労働条件の原則を理解する。
- 労働契約に関する、契約期間、労働条件の明示、解雇制限、解雇の予約等を整理する。
- 賃金に関する支払い、非常時払い、休業手当、出来高制の保障給について理解する。
- 労働時間、休憩時間、休日、時間外労働や休日労働、深夜労働について整理する。
- 年少者、女性の就業制限を覚える。
- 災害補償、就業規則を理解する。

1 総則

【労働条件の決定（労働基準法第２条）】

労働条件は、労働者と使用者が、**対等の立場**において決定すべきものである。労働者及び使用者は、労働協約、就業規則及び労働契約を遵守し、誠実に各々その義務を履行しなければならない。

> **用語解説**
> 労働協約：労働組合と使用者またはその団体との間で取り決めた労働条件等を書面に作成し、両当事者が署名または記名押印したもの。

使用者は、暴行、脅迫、監禁その他精神または身体の自由を不当に拘束する手段によって、労働者の意思に反して労働を強制してはならない（強制労働の禁止）。

【均等待遇（労働基準法第３条）】

使用者は、労働者の**国籍**、**信条**または**社会的身分**を理由として賃金、労働時間その他の労働条件について、差別的取扱いをしてはならない。

【男女同一賃金の原則（労働基準法第４条）】

使用者は、労働者が女性であることを理由として、**賃金**について、男性と差別的取扱いをしてはならない。

労働条件は、労働者と使用者が、対等の立場で決定する

【定義（労働基準法第９条、第10条、第11条、第12条）】

①**労働者**とは、職業の種類を問わず、事業または事務所（以下、「事業」という）に使用される者で、賃金を支払われる者をいう。

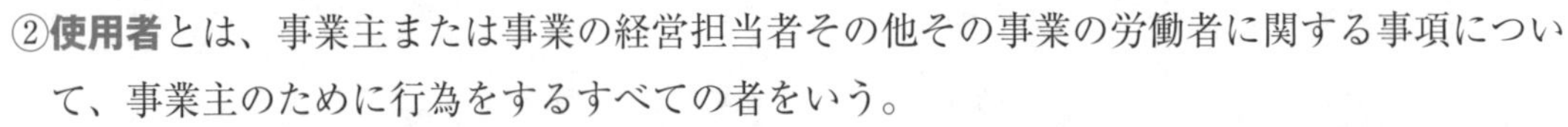

②**使用者**とは、事業主または事業の経営担当者その他その事業の労働者に関する事項について、事業主のために行為をするすべての者をいう。

③**賃金**とは、賃金、給料、手当、賞与その他名称の如何を問わず、労働の対償として使用者が労働者に支払うすべてのものをいう。

④**平均賃金**とは、これを算定すべき事由の発生した日以前３ヵ月間にその労働者に対して支

払われた賃金の総額を、その期間の総日数で除した金額をいう。

② 労働契約

【労働契約の締結（労働基準法第13条）】

この法律で定める基準に達しない労働条件を定める労働契約は、その部分については**無効**とする。この場合、無効となった部分は、この法律で定める基準による。

もっと知りたい　何人も、法律に基づいて許される場合のほか、業として他人の就業に介入して利益を得てはならない（中間搾取の排除）。

【契約期間（労働基準法第14条）】

①労働契約は、一定の事業の完了に必要な時間を定めるほかは、**3年**を超える期間について締結してはならない。

②高度な知識、技術等を有する労働者との労働契約や60歳以上の者については、契約期間の上限を**5年**とすることができる。

【労働条件の明示（労働基準法第15条、労働基準法施行規則第５条）】

①使用者は、労働者に対して賃金、労働時間その他労働条件を**明示**しなければならない。

②上記その他の事項は下記のとおりである。

- **労働契約の期間**に関する事項
- **就業の場所**及び**従事すべき業務**に関する事項
- **退職**に関する事項（**解雇の事由**を含む）

③労働者は、使用者より明示された労働条件が事実と相違する場合においては、**即時に労働契約を解除すること**ができる。

ワンポイントアドバイス
労働者派遣事業において派遣元の使用者は、派遣労働者に対して労働基準法による労働条件の明示を行わなければならない。

【賠償予定の禁止（労働基準法第16条）】

使用者は、労働契約の不履行について違約金を定め、または損害賠償額を予定する契約をしてはならない。

【前借金相殺の禁止（労働基準法第17条）】

使用者は、前借金その他労働することを条件とする前貸しの債権と賃金を相殺してはならない。

用語解説
前借金：賃金などから前借りをした金銭や、雇用契約を結ぶ際に返済を約束して借りる金銭のこと。

【強制貯金（労働基準法第18条第１項）】

使用者は、労働契約に付随して貯蓄の契約をさせ、または貯蓄金を管理する契約をしてはならない。

【解雇制限（労働基準法第19条）】

使用者は、次の期間においては、労働者を解雇してはならない。

①業務上の負傷、疾病により療養のため**休業する期間**及び**その後30日間**

②産前産後の**休業期間**及び**その後30日間**

なお、負傷、疾病による休業期間が**3年**を超えて打切り補償（平均賃金の**1,200日分**）を支払う場合は、この限りでない。

【解雇の予告（労働基準法第20条、第21条）】

解雇については、**30日前**に予告しなければならない。予告しない場合は、**30日分以上の平均賃金**を支払わなければならない。ただし、天災事変その他やむを得ない事由のために事業の継続が不可能となった場合または労働者の責に帰すべき事由に基づいて解雇する場合においては、この限りでない。

また、この規定は、次に該当する労働者については適用しない。

ワンポイントアドバイス

解雇予告を行った後、その予告期間満了前にその労働者が業務上負傷し、療養のため休業を要する場合には、原則として休業期間及びその後の30日間に予告期間が満了しても、満了日にその労働者を解雇することはできない。

①日々雇い入れられる者

②**2ヵ月以内**の期間を定めて使用される者

③季節的業務に**4ヵ月以内**の期間を定めて使用される者

④試みの使用期間中の者

ただし、①に該当する者が1ヵ月を超えて引き続き使用されるに至った場合、②もしくは③に該当する者が所定の期間を超えて引き続き使用されるに至った場合、④に該当する者が14日を超えて引き続き使用されるに至った場合においては、この限りでない。

【金品の返還（労働基準法第23条）】

使用者は、労働者の死亡または退職の場合において、権利者の請求があった場合においては、**7日以内**に賃金を支払い、積立金、保証金、貯蓄金その他どのような名称であっても関係なく、労働者の権利に属する金品を返還しなければならない。

③ 賃金

【賃金の支払い（労働基準法第24条）】

①賃金は、**通貨**で、直接**労働者**に、その**全額**を支払わなければならない。

②賃金は、毎月**1回**以上、一定の**期日**を定めて支払わなければならない。

【非常時の支払い（労働基準法第25条）】

労働者や家族の災害、疾病、出産、葬儀、婚礼または1週間以上にわたって帰省する場合に請求があれば、支払い期日前であっても、既往の労働に対する賃金を支払わなければならない。

【休業手当（労働基準法第26条）】

使用者の責に帰すべき事由による休業の場合は、休業期間中当該労働者に、その平均賃金の**100分の60以上**の手当を支払わなければならない。

【出来高払制の保障給（労働基準法第27条）】

出来高払制その他の請負制で使用する労働者については、使用者は、労働時間に応じて一定額の賃金の保障をしなければならない。

④ 労働時間・休憩・休日・年次有給休暇

【1日8時間、1週40時間労働の原則（労働基準法第32条の1）】

使用者は、労働者に、休憩時間を除き1週間について**40時間**、1日について**8時間**を超えて労働させてはならない。

【1ヵ月単位の変形労働時間制（労働基準法第32条の2）】

使用者は、労働者に上述の「1日8時間、1週40時間労働の原則」にかかわらず、**特定の日**に8時間以上、**特定の週**に40時間を超えて労働させることができる（就業規則等の定めがある場合のみ）。ただし、1ヵ月以上を平均して1週間の労働時間が**40時間**を超えてはならない。

【災害等による臨時の必要がある場合の時間外労働等（労働基準法第33条）】

災害その他避けることのできない事由によって、臨時の必要がある場合には、使用者は、**行政官庁**の許可を受けて、その必要の限度において労働時間の延長または休日に労働させることができる。

【休憩（労働基準法第34条）】

使用者は、労働時間が6時間を超える場合は**45分**、8時間を超える場合には**1時間**の休憩時間を労働時間の途中に一斉に与えなければならない（ただし、行政官庁の許可を受けた場合はこの限りではない）。また、休憩時間の利用は、労働者の自由とする。

【休日（労働基準法第35条）】

使用者は、労働者に対して、毎週少なくとも**1回**の休日を与えるか、または4週間を通じて**4日以上**の休日を与えなければならない。また、休日労働をさせる場合の取扱いは、時間外労働の場合と同じである。

【時間外、休日及び深夜の割増賃金（労働基準法第37条、労働基準法施行規則第20条）】

使用者が、労働時間を延長し、または休日労働をさせた場合は、**2割5分以上5割以下**の範囲内で、深夜労働時間（午後10時から午前5時の間）については、**2割5分以上**の割増賃金を支払わなければならない。

ワンポイント **アドバイス**

女性の時間外、休日及び深夜労働についても、原則として、男性と同様にこれらの労働をさせることができる。

監督もしくは管理の地位にある労働者については、労働時間、休憩及び休日に関する規定は適用されませんが、深夜労働をさせた場合には深夜業の割増賃金を支払う必要があります。

【年次有給休暇（労働基準法第39条）】

①使用者は、雇入れの日から換算して**6ヵ月間**継続勤務し全労働日の**8割以上**出勤した労働者に対して、継続または分割した**10労働日**の有給休暇を与えなければならない。

②使用者は、**1年6ヵ月以上**継続勤務した労働者に対しては、次のページの表の左欄に掲げる6ヵ月経過日から起算した継続勤務年数の区分に応じて、同表の右欄に掲げる労働日を加算した有給休暇を与えなければならない。

6ヵ月経過日から起算した継続勤務年数	1年	2年	3年	4年	5年	6年以上
労働日	1労働日	2労働日	4労働日	6労働日	8労働日	10労働日

5 年少者の就業制限

【最低年齢（労働基準法第56条）】

使用者は、児童が**満15歳に達した日**以後の最初の**3月31日**が終了するまでは使用してはならない。

最低年齢に満たない児童を労働させるのは法律違反である

18歳未満の者を採用するときは、年齢を証明する戸籍証明書を用意させなければならない。

【未成年者の労働契約（労働基準法第58条～第59条）】

①**親権者**または**後見人**は、未成年者に代わって労働契約を締結してはならない。

②未成年者は独立して賃金の請求ができるが、**親権者**または**後見人**は未成年者に代わって賃金を受け取ってはならない。

未成年者に代わって、親が雇用契約を結んではいけません。また、給料を受け取ることも禁止されています。一方、未成年者にとって不利な状態に置かれていると判断できる場合には、親や労働基準監督署が雇用契約の解除をすることは認められています。

用語解説

- 親権者：未成年である子を監護・教育し、子の財産を管理する立場の者で、父母のこと。
- 後見人：財産等に関して、未成年者や成年被後見人などを監護する立場の者。

【青少年者の深夜業（労働基準法第61条）】

使用者は、満18歳に満たない者を**午後10時から午前5時までの間**において使用してはならない。ただし、交替制によって使用する満16歳以上の男性については、この限りでない。

【危険有害業務の就業制限（労働基準法第62条）】

①使用者は、満18歳に満たない者を、運転中の機械もしくは動力伝導装置の危険な部分の掃除、注油、検査もしくは修繕をさせ、運転中の機械もしくは動力伝導装置にベルトもしくはロープの取り付けもしくは取り外しをさせ、動力によるクレーンの運転をさせ、その他**厚生労働省令で定める危険な業務**に就かせ、または**厚生労働省令で定める重量物を取り扱う業務**に就かせてはならない。

用語解説

動力伝導装置：産業機器に必要な動力を得るために、原動機（モーター、エンジン等）の回転力を変換して産業機器へ伝える装置。

②使用者は、満18歳に満たない者を、**毒劇薬、毒劇薬物その他有害な原料もしくは材料を取り扱う業務**、著しく塵埃もしくは粉末を飛散し、もしくは有害ガスもしくは有害放射線を発散する場所または高温もしくは高圧の場所

18歳に満たない者を坑内で労働させることも禁止されています。

において業務その他安全、衛生または福祉に有害な場所における業務に就かせてはならない。

【満18歳未満者の就業制限と業務範囲（年少者労働基準規則第7条、第8条）】

①重量物を取り扱う業務

次の表内の重量以上のものを取り扱う業務は禁止されている。

性別と年齢		断続作業の重量	継続作業の重量
男	満16歳未満	15kg以上	10kg以上
	満16歳以上満18歳未満	30kg以上	20kg以上
女	満16歳未満	12kg以上	8kg以上
	満16歳以上満18歳未満	25kg以上	15kg以上

例えば15歳の男子の場合、断続作業や継続作業を問わず30kgの重量物の運搬は禁止

満18歳未満の者については、次の②～⑮の業務は禁止されている。

②クレーン、デリック（起重機）または揚貨装置の運転業務。

③最大積載荷重**2t以上**の人荷共用、荷物用のエレベーターまたは高さが**15m以上**のコンクリート用エレベーターの運転業務。

④乗り合い自動車または最大積載量が**2t以上**の貨物自動車の運転業務。

⑤クレーン、デリック（起重機）または揚貨装置（P.229参照）の玉掛業務（2人以上の者によって行う玉掛業務の補助作業は除く）。

⑥動力により駆動される土木建築機械または船舶荷扱用機械の運転業務。

⑦手押しかんな盤または単軸面取り盤の取扱い業務。

⑧土砂が崩壊するおそれのある場所または深さが**5m以上**の地穴における業務。

⑨高さが**5m以上**の場所で墜落のおそれのある業務。

⑩足場の組み立て、解体または変更の業務（地上または床上における補助作業の業務は除く）。

⑪胸高直径が**35cm以上**の立木の伐採の業務。

⑫危険物の製造または取扱い業務で、爆発、発火、引火のおそれのあるもの。

⑬土石、獣毛の塵埃、粉末を著しく飛散する場所での業務。

⑭削岩機、びょう打ち機など身体に著しい振動を与える機械器具を用いて行う業務。

⑮多量の高熱物体や低熱物体を取り扱う業務。

6 女性、妊産婦等の就業制限

女性の労働基準に関しては、次のような就業制限が定められている。

①**坑内労働**の原則禁止（労働基準法第64条の2）

②妊産婦等に関わる**危険有害業務**の就業制限（労働基準法

> **用語解説**
> 坑内労働：炭坑やトンネルなどでの労働。

第64条の３）

③産前**６週間**産後**８週間**以上の女性の就業の制限（労働基準法第65条）

④妊産婦に対する時間外及び休日労働の制限（労働基準法第66条）

> **ワンポイントアドバイス**
>
> 男女雇用機会均等法による男女差別に該当する事項は次のとおりである。
>
> ①女性であることを理由として、女性労働者を排除したり、女性労働者のみを対象とすること。
>
> ②婚姻したこと、一定の年齢に達したこと、子を有していること等を理由として、女性労働者を排除したり、男性労働者と異なる取扱いをすること。
>
> ③募集、採用にあたり、男女別の募集、採用人員を設定すること。
>
> ④昇進にあたり、出勤率、勤続年数等の条件を付す場合に、男性労働者と異なる条件を付すこと。
>
> ⑤配置・昇進試験等について、男性労働者と異なる取扱いをすること。
>
> ⑥独身者に対して住宅の貸与が男性のみとされている場合に、女性に住宅を貸与せず住宅手当を支給すること。
>
> ⑦厚生年金の支給開始年齢に差があることを理由として、定年年齢に差をつけること。
>
> ⑧女性労働者の婚姻、妊娠または出産を退職理由にすると定めること。

7 災害補償

労働者が業務上の負傷や疾病にかかった場合は、使用者は次の補償をしなければならない。

①**療養補償**（労働基準法第75条）：労働者が業務上負傷し、または疾病にかかった場合には、その費用で必要な療養を行い、または必要な療養の費用を負担しなければならない。なお、療養補償を受ける労働者が、療養開始後**３年**を経過しても負傷または疾病が治らない場合には、使用者は、**平均賃金の1,200日分**の打切り補償を行うことで、その後は労働基準法の規定による補償を**行わなくてもよい**（労働基準法第81条）。

②**休業補償**（労働基準法第76条）：労働者が療養のために労働ができない場合、**平均賃金の100分の60**の休業補償を行わなければならない。

休業補償

③**障害補償**（労働基準法第77条）：労働者が業務上負傷し、または疾病にかかり、身体に障害が残ったときは、その障害の程度に応じて障害補償を行わなければならない。

※②と③に関しては、労働者が**重大な過失**によって業務上負傷し、または疾病にかかり、かつ使用者がその過失について**行政官庁の認定**を受けた場合においては、休業補償または障害補償を**行わなくてもよい**（労働基準法第78条）。

④**遺族補償**（労働基準法第79条）：労働者が業務上死亡した場合は、遺族に対して**平均賃金の1,000日分**の遺族補償を行わなければならない。

⑤**葬祭料**（労働基準法第79条）：労働者が業務上死亡した場合は、葬祭を行う者に、平均賃

金の**60日分**の葬祭料を支払わなければならない。

⑧ 就業規則

【作成及び届出の義務（労働基準法第89条）】

常時**10人以上**の労働者を使用する使用者は、次の事項について就業規則を作成し、**行政官庁**に届け出なければならない。同じく変更した場合も同様とする。

①**始業**及び**終業**の時刻、**休憩時間**、**休日**、**休暇**並びに労働者を２組以上に分けて交替に就業させる場合は**就業時転換**に関する事項。

②**賃金**の決定、計算及び支払いの方法、賃金の締切り及び支払いの時期並びに**昇給**に関する事項。

③**退職**に関する事項（**解雇の事由**を含む）。

④退職手当の定めをする場合は、適用される労働者の範囲、退職手当の決定、計算及び支払いの方法並びに退職手当の支払いの時期に関する事項。

⑤臨時の賃金等及び最低賃金額の定めをする場合は、これに関する事項。

⑥労働者に食事、作業用品その他の負担の定めをする場合は、これに関する事項。

⑦安全及び衛生に関する定めをする場合は、これに関する事項。

⑧職業訓練に関する定めをする場合は、これに関する事項。

⑨災害補償及び業務外の傷病扶助に関する定めをする場合は、これに関する事項。

⑩表彰及び制裁の定めをする場合は、その種類及び程度に関する事項。

⑪上記の①～⑩のほか、当該事業場の労働者のすべてに適用される定めをする場合は、これに関する事項。

作業用品について労働者に費用負担をさせる場合、就業規則に記載が必要

【作成の手続（労働基準法第90条）】

使用者は、就業規則の作成または変更について、当該事業場に、労働者の過半数で組織する労働組合がある場合にはその労働組合、労働者の過半数で組織する労働組合がない場合には労働者の過半数を代表する者の**意見をきかなければならない**。

【法令及び労働協約との関係（労働基準法第92条）】

①就業規則は、法令または当該事業場について適用される**労働協約**に反してはならない。

②**行政官庁**は、法令または労働協約に抵触する就業規則の変更を命ずることができる。

これが試験に出る!

本節について、過去10年間の本試験でよく出題された内容の1～3位は次のとおりである。

1位：休憩時間について

2位：1週間の労働時間について

3位：満18歳未満の男性の就業制限について

例題演習 第3章 1 労働基準法

【問題】次の文章を読み、正誤もしくは正しい選択肢を答えなさい。

1. 総則

	問題	解説	
1	労働基準法での賃金とは、賞与を含まない賃金、給料、手当など使用者が労働者に支払うものをいう。	**賃金**とは、賃金、給料、手当その他名称の如何を問わず、労働の対償として使用者が労働者に支払うすべてのものをいう。**賞与**も含まれる。	×
2	労働基準法で使用者とは、事業主または事業の経営担当者のほか、その事業の労働者に関する事項について、事業主のために行為をする者をいう。	**使用者**とは、事業主または事業の経営担当者その他その事業の労働者に関する事項について、事業主のために行為をするすべての者をいう。	○
3	平均賃金とは、これを算定すべき事由の発生した日以前３ヵ月間にその労働者に対して支払われた賃金の総額を、その期間の労働日数で除した金額をいう。	**平均賃金**とは、これを算定すべき事由の発生した日以前３ヵ月間にその労働者に対し支払われた賃金の総額を、その期間の総日数で除した金額をいう。	○

2. 労働契約

	問題	解説	
1	労働基準法で定める基準に達しない労働条件を定める労働契約は、その部分のみが無効となる。	労働基準法で定める基準に達しない労働条件を定める労働契約は、その部分については**無効**とする。	○
2	やむを得ない事由のために事業の継続が不可能になった場合以外は、業務上の負傷で３年間休業している労働者を解雇してはならない。	使用者は、労働者が業務上負傷し、または疾病にかかり、**療養のために休業する期間**及び**その後30日間**は、解雇してはならない。ただし、**負傷や疾病による休業期間が３年を超える場合、打切り補償（平均賃金の1,200日分）を支払うことで解雇することができる。**	×
3	やむを得ない事由のために事業の継続が不可能になった場合以外は、産前産後の女性を休業期間及びその後30日間は解雇してはならない。	使用者は、産前産後の女性が**休業する期間**及び**その後30日間**は、解雇してはならない。	○
4	労働者の責に帰すべき事由に基づいて解雇する場合においては、少なくとも30日前に予告しなければ解雇してはならない。	使用者は、労働者を解雇しようとする場合には、少なくとも**30日前**にその予告をしなければならない。ただし、**天災事変その他やむを得ない事由のために事業の継続が不可能となった場合**または**労働者の責に帰すべき事由に基づいて解雇する場合**は、この限りでない。	×

5 日々雇い入れられる者や期間を定めて使用される者など、雇用契約条件の違いにかかわりなく、予告をしないで解雇してはならない。	**日々雇い入れられる者、2ヵ月以内の期間を定めて使用される者、季節的業務に4ヵ月以内の期間を定めて使用される者、試みの使用期間中の者**については解雇の予告は適用しない。	×

3. 賃金

問題	解説	
1 使用者は、使用者の責に帰すべき事由による休業の場合においては、休業期間中当該労働者に定められた休業手当を支払わなければならない。	使用者の責に帰すべき事由による休業の場合は、休業期間中当該労働者に、その平均賃金の**100分の60以上の休業手当**を支払わなければならない。	○
2 使用者は、未成年者の賃金を、親権者または後見人に支払わなければならない。	賃金は、通貨で、直接**労働者**に、その全額を支払わなければならない。**未成年者に代わって親権者や後見人が賃金を受け取ることは禁じられている。**	×
3 使用者は、労働者が災害を受けた場合に限り、支払期日前であっても労働者が請求した既往の労働に対する賃金を支払わなければならない。	使用者は、労働者が**出産、疾病、災害その他厚生労働省令で定める非常の場合の費用に充てるために請求する場合**には、支払期日前であっても、既往の労働に対する賃金を支払わなければならない。	×
4 賃金を支払う一定期日以外の日に賞与を支払うことについては、労働者の同意が必要である。	賃金を支払う一定期日以外の日に賞与を支払うことについては、**労働者の同意は不要である。**	×
5 賃金を毎月1回以上、一定の期日を定めて支払うことについては、労働者の同意が必要である。	賃金を毎月1回以上、一定の期日を定めて支払うことについては、**労働者の同意は不要である。**	×
6 賃金を労働者の預金口座へ振り込むことについては、労働者の同意が必要である。	賃金を労働者の預金口座へ振り込むことについては、**労働者の同意が必要である。**	○
7 賃金から所得税及び社会保険料を控除して支払うことについては、労働者の同意が必要である。	賃金から所得税及び社会保険料を控除して支払うことについては、**労働者の同意は不要である。**	×

4. 労働時間・休憩・休日・年次有給休暇

問題	解説	
1 使用者は、労働者に、1週間について、休憩時間を除き40時間を超えて労働させてはならない。	使用者は、労働者に、1週間について、休憩時間を除き**40時間**を超えて労働させてはならない。	○

	問題	解説	正誤
2	使用者は、労働者に対して、原則として毎週少なくとも１回の休日を与えなくてはならない。	使用者は、労働者に対して、原則として毎週少なくとも**１回**の休日を与えなくてはならない。または、４週間を通じて**４日以上**の休日を与えなくてはならない。	○
3	使用者は、労働者を代表する者等と協定がある場合に限り、休憩時間を一斉に与えなければならない。	休憩時間は、**一斉に与えなければならない**。ただし、当該事業場に、労働者の過半数で組織する労働組合がある場合にはその労働組合、労働者の過半数で組織する労働組合がない場合には労働者の過半数を代表する者との書面による協定があるときは、**この限りでない**。	×
4	使用者は、１週間の各日については、労働者に、休憩時間を除き１日について８時間を超えて労働させてはならない。	使用者は、１週間の各日については、労働者に、休憩時間を除き１日について**８時間**を超えて労働させてはならない。	○
5	使用者は、その雇い入れの日から起算して６ヵ月間継続勤務したすべての労働者に対して、有給休暇を与えなければならない。	使用者は、雇入れの日から換算して６ヵ月間継続勤務し、**全労働日の８割以上出勤した**労働者に対して、継続または分割した**10労働日**の有給休暇を与えなければならない。	×
6	災害その他避けることのできない事由によって臨時の必要がある場合、使用者は、制限なく労働時間を延長することができる。	災害その他避けることのできない事由によって臨時の必要がある場合、使用者は、**行政官庁の許可**を受けて、その**必要の限度において**労働時間を延長し、または休日に労働させることができる。ただし、**事態急迫のために行政官庁の許可を受けることが困難な場合には、事後に遅滞なく届け出ればよい**。	×
7	原則として、労働時間が６時間を超える場合には少なくとも45分、８時間を超える場合は少なくとも１時間以上の休憩時間が、労働時間の途中に与えられる。	使用者は、労働時間が６時間を超える場合には少なくとも**45分**、８時間を超える場合は少なくとも**１時間**の休憩時間を労働時間の途中に一斉に与えなければならない。	○
8	坑内労働については、労働者が坑口に入った時刻から坑口を出た時刻までの時間を、休憩時間を含めて労働時間とみなす。	坑内労働については、労働者が**坑口に入った時刻から坑口を出た時刻までの時間**を、休憩時間を含めて労働時間とみなす。	○
9	使用者は、削岩機、びょう打ち機等の使用によって身体に著しい振動を与える業務の労働時間の延長は、労働者に一切させてはならない。	坑内労働その他厚生労働省令で定める健康上特に有害な業務の労働時間の延長は、**１日につき２時間を超えてはならない**。	×
10	使用者は、労働者が労働時間中に、選挙権その他公民としての権利を行使するために必要な時間を請求した場合、権利の行使に妨げがない限り、請求された時間を変更できる。	使用者は、労働者が労働時間中に、選挙権その他公民としての権利を行使し、または公の職務を執行するために必要な時間を請求した場合においては、拒んではならない。ただし、権利の行使または公の職務の執行に**妨げがない限り**、請求された時刻を**変更することができる**。	○

5. 年少者の就業制限

	問題	解説	
1	使用者は、満16歳に達した男性を交替制によって使用する場合、午後10時以降でも使用することができる。	使用者は、原則的に、満18歳に満たない者を**午後10時から午前5時までの間**において使用してはならない。ただし、**交替制によって使用する満16歳以上の男性**については、この限りでない。	○
2	使用者は、満18歳に達しない者に動力駆動の土木用機械を運転させてはならない。	使用者は、満18歳に達しない者に**動力により駆動される土木建築機械または船舶荷扱用機械**の運転業務に就かせてはならない。	○
3	使用者は、満15歳に達した児童について、学校の卒業式が終了すれば土木工事に使用することができる。	使用者は、児童が**満15歳に達した日以後の最初の3月31日が終了するまで**は使用してはならない。	×
4	使用者は、満18歳に満たない男性に20kg以上の重量物を継続的に取り扱う業務に就かせてはならない。	使用者は、満18歳に満たない男性に**20kg以上**の重量物を**継続的**に取り扱う業務に就かせてはならない。	○
5	労働基準法上、トンネルの坑内でロックボルトを打設する補助作業は、満16歳以上満18歳に満たない年少者の就業規則に違反とならない作業である。	労働基準法上、**土砂が崩壊するおそれのある場所における作業**は、満16歳以上満18歳に満たない年少者の就業規則に違反する作業である。	×
6	労働基準法上、満16歳以上満18歳に満たない年少者の作業に関して、橋梁工事の現場で行う足場の組み立て及び解体での地上または床上における補助作業は、違反とならない作業である。	労働基準法上、満16歳以上満18歳に満たない年少者の作業に関して、**橋梁工事の現場で行う足場の組み立て及び解体での地上または床上における補助作業**は、違反とならない作業である。	○
7	労働基準法上、満16歳以上満18歳に満たない年少者の作業に関して、火薬(ダイナマイト)の装填作業は、違反とならない作業である。	労働基準法上、危険物の製造または取扱い業務で、**爆発、発火、引火のおそれのある作業**は、満16歳以上満18歳に満たない年少者の就業規則に違反する作業である。	×
8	労働基準法上、満16歳以上満18歳に満たない年少者の就業規則において、根切りのため深さ6mの地穴での人力による掘削作業は、違反とならない作業である。	労働基準法上、**深さが5m以上の地穴における業務**は、満16歳以上満18歳に満たない年少者の就業規則に違反する作業である。	×

6. 女性、妊産婦等の就業制限

	問題	解説	
1	使用者は、本人が了解しない限り、満18歳以上の女性を坑内で行われる人力による掘削の業務に就かせてはならない。	使用者は、満18歳以上の女性を、**坑内で行われる業務のうち、人力により行われる掘削の業務**に就かせてはならない。**了解事項ではない。**	×

2	使用者は、妊娠中の女性及び産後１年を経過しない女性を、定められた重量以上の重量物を取り扱う業務に就かせてはならない。	使用者は、妊娠中の女性及び産後１年を経過しない女性を、**重量物を取り扱う業務、有害ガスを発散する場所における業務その他妊産婦の妊娠、出産、保育等に有害な業務**に就かせてはならない。	○
3	使用者は、満20歳の女性にダンプトラックやブルドーザの運転をさせてはならない。	満20歳の女性のダンプトラックやブルドーザの運転に関して**就業制限はない。**	×

7. 災害補償

	問題	解説	
1	労働者が業務上の負傷による療養のために賃金を受けない場合には、使用者は、労働者の療養中には負傷した時の賃金の全額を休業補償として支払わなければならない。	労働者が業務上の負傷による療養のため、労働することができないために賃金を受けない場合には、使用者は、労働者の療養中に**平均賃金の100分の60**の休業補償を行わなければならない。**賃金の全額ではない。**	×
2	労働者が業務上負傷した場合には、使用者は、その費用で必要な療養を行い、または必要な療養の費用を負担しなければならない。	労働者が業務上負傷した場合には、使用者は、**その費用で必要な療養**を行い、または**必要な療養の費用**を負担しなければならない。	○
3	労働者が業務上負傷した場合、使用者がその負傷が労働者の重大な過失によるものと行政官庁の認定を受けた場合、使用者は休業補償を行わなくてもよい。	労働者が業務上負傷した場合、使用者がその負傷が労働者の重大な過失によるものと**行政官庁の認定**を受けた場合、使用者は休業補償を**行わなくてもよい。**	○
4	療養補償を受ける労働者が、療養開始後３年を経過しても負傷が治らない場合には、使用者は、打切り補償を行うことで、その後は労働基準法の規定による補償を行わなくてもよい。	療養補償を受ける労働者が、療養開始後３年を経過しても負傷が治らない場合には、使用者は、**平均賃金の1,200日分の打切り補償**を行うことで、その後は労働基準法の規定による補償を行わなくてもよい。	○
5	労働者が保証を受ける権利は、労働者の退職によって消滅する。	労働者が補償を受ける権利は、**労働者の退職によって変更されることはない。**	×

8. 就業規則

	問題	解説	
1	就業規則とは、始業及び就業の時刻、休憩時間、賃金、退職に関する事項などを定めるものである。	**就業規則**とは、始業及び就業の時刻、休憩時間、賃金、退職に関する事項などを定めるものである。	○
2	常時10人以上の労働者を使用する使用者が、就業規則に必ず記載しなければならない事項として、安全及び衛生に関する事項がある。	安全及び衛生に関する事項は、**安全及び衛生に関する定め**をする場合に限り、**就業規制に記載する。**	×

2 労働安全衛生法

第1次検定 第2次検定

学習のポイント

- 安全衛生管理体制を理解するとともに、各管理者、責任者の業務内容を理解する。
- 作業主任者の選任を必要とする作業を整理する。
- 安全衛生教育における特別教育を必要とする業務について理解する。
- 労働基準監督署長への届出工事を理解する。

1 安全衛生管理体制

【個々の事業場単位の安全衛生管理組織】

①**総括安全衛生管理者**：常時**100人以上**の労働者を使用する事業所にて選任

②**安全管理者・衛生管理者**：常時**50人以上**の労働者を使用する事業所にて選任

③**安全衛生推進者**：常時**10人以上50人未満**の労働者を使用する事務所にて、総括安全衛生管理者に代わり選任

④**産業医**：常時**50人以上**の労働者を使用する事業所にて選任

ワンポイントアドバイス

ここでの労働者とは、同居の親族のみを使用する事業または事務所に使用される者及び家事使用人を除く労働者をいう。

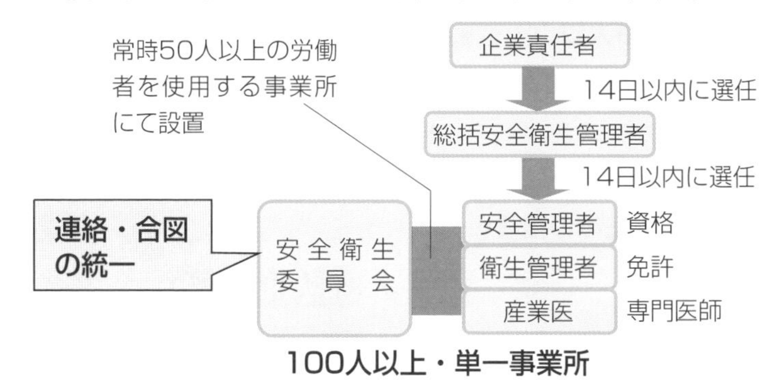

100人以上・単一事業所

単一事業で常時100人以上の労働者を使用する事業所では、総括安全衛生管理者を選任しなければならない

用語解説

安全衛生委員会：毎月1回の開催が義務付けられている委員会。議案には、「労働者の健康管理」や「労働安全衛生管理の検討」を盛り込まなければならない。

常時50人以上の労働者を使用する事業所にて設置

企業責任者

14日以内に選任

安全衛生委員会

安全管理者

衛生管理者

産業医

50人以上100人未満・単一事業所

単一事業で常時50人以上100人未満の労働者を使用する事業所では、総括安全衛生管理者を選任する必要はない

【下請混在現場における安全衛生管理組織】

①**統括安全衛生責任者**：常時**50人以上**を使用する混在事業所にて選任

②**元方安全衛生管理者**：統括安全衛生責任者を選任した事業所にて選任

③**安全衛生責任者**：統括安全衛生責任者を選任した事務所以外の請負人で、当該仕事を自ら行う者は選任

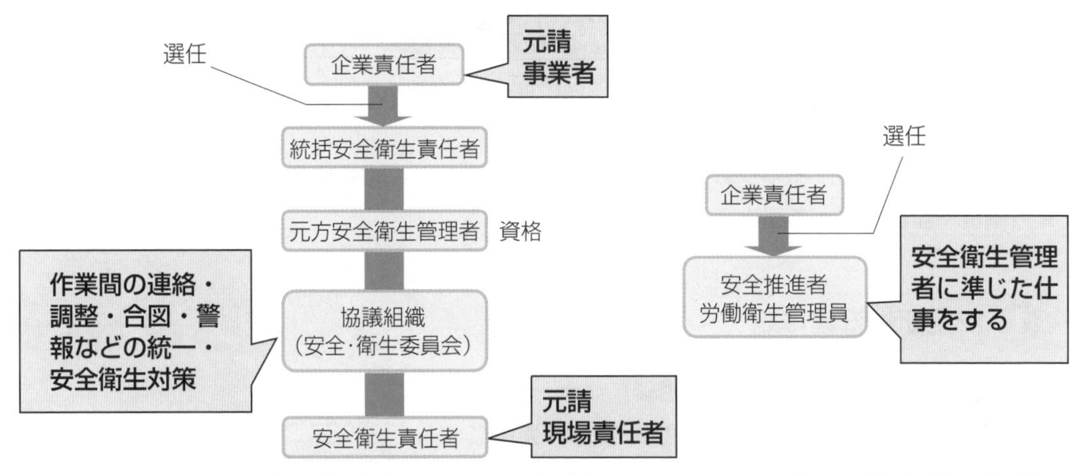

50人以上・複数事業所（元請・下請が混在）

複数事業（混在事業）で常時50人以上の労働者を使用する事業所では、統括安全衛生責任者を選任しなければならない

50人未満の事業所（行政指導）

複数事業（混在事業）で常時50人未満の労働者を使用する事業所では、安全推進者、労働衛生管理員を選任しなければならない

【安全衛生管理組織（労働安全衛生法第10条～第19条）】

⑴総括安全衛生管理者

建設業を営む事業者は、事業場で常時**100人以上**の労働者を使用する場合、総括安全衛生管理者を選任しなければならない。選任すべき事由が発生した日から**14日以内**に選任すること（労働安全衛生法第10条）。

総括安全衛生管理者に次の業務を統括管理させなければならない。

①労働者の**危険または健康障害を防止するための措置**に関すること。

②労働者の**安全または衛生のための教育の実施**に関すること。

③**健康診断の実施その他健康の保持増進のための措置**に関すること。

④**労働災害の原因の調査及び再発防止**に関すること。

用語解説

労働災害：労働者の就業に関わる建設物、設備、原材料、ガス、蒸気、粉じん等により、または作業行動等が原因で、労働者が負傷や発病、または死亡することをいう。

⑵安全管理者

建設業を営む事業者は、事業場で常時**50人以上**の労働者を使用する場合、安全管理者を選任しなければならない。選任すべき事由が発生した日から**14日以内**に選任すること（労働安全衛生法第11条）。

原則として、選任すべき安全管理者の数については規定されていない。しかし、事業場の規模、作業の態様等の実態に即して、必要な場合には2人以上の安全管理者を選任するように努めなければならない。また、安全管理者の作業場等巡視の頻度は、具体的に規定されていないが、必要に応じて巡視し、安全という性格から常時巡視すると考えるべきである。

⑶衛生管理者

建設業を営む事業者は、事業場で常時**50人以上**の労働者を使用する場合、衛生管理者を選任しなければならない。選任すべき事由が発生した日から**14日以内**に選任すること（労働安全衛生法第12条）。

⑷安全衛生推進者

建設業を営む事業者は、事業場で常時**10人以上50人未満**の労働者を使用する場合、安全衛生推進者を選任しなければならない。選任すべき事由が発生した日から**14日以内**に選任すること（労働安全衛生法第12条の２）。

⑸産業医

建設業を営む事業者は、事業場で常時**50人以上**の労働者を使用する場合、医師のうちから産業医を選任しなければならない。選任すべき事由が発生した日から**14日以内**に選任すること（労働安全衛生法第13条１項）。

⑹統括安全衛生責任者

建設業を営む事業者は、１つの場所において元請、下請混在する事業場で常時**50人以上**の労働者を使用する場合、統括安全衛生責任者を選任しなければならない。ずい道等の建設の仕事、橋梁の建設の仕事または圧気工法による作業を行う仕事においては常時**30人以上**である。

「総括」と「統括」を混同しないように、総括安全衛生管理者と統括安全衛生責任者の違いを整理すること。

その者に元方安全衛生管理者の指揮をさせるとともに、第30条第１項各号の事項を統括管理させなければならない（労働安全衛生法第15条）。

⑺元方安全衛生管理者

統括安全衛生責任者を選任した建設業を営む事業者は、厚生労働省令で定める資格を有する者のうちから、元方安全衛生管理者を選任しなければならない（労働安全衛生法第15条の２）。

⑻店社安全衛生管理者

建設業を営む元方事業者は、主要構造部が鉄骨造または鉄骨鉄筋コンクリート造である建築物の建設事業場で常時**20人未満**の労働者を使用する場合、またはその他の建築物の建設事業場で常時**50人未満**の労働者を使用する場合、厚生労働省令で定める資格を有する者のうちから、店社安全衛生管理者を選任しなければならない（労働安全衛生法第15条の３）。

⑼安全衛生責任者

統括安全衛生責任者を選任した事業以外の請負人で、当該仕事を自ら行うものは、安全衛生責任者を選任しなければならない（労働安全衛生法第16条）。

⑽安全衛生委員会

建設業を営む事業者は、事業場で常時50人以上の労働者を使用する場合、安全委員会及び衛生委員会、またはこれらを１つにした安全衛生委員会を毎月１回以上開催し、重要な記録を、３年間保存する（労働安全衛生法第17条～第19条）。

安全委員会や衛生委員会の招集、議事の決定、専門委員会の設置、委員会規定の改正等運営に必要な事項は、委員会が自ら定める。またこれら委員会の会議時間は労働時間とみなす。

【作業主任者（労働安全衛生法第14条、労働安全衛生法施行令第６条）】

作業主任者は、都道府県労働局長の免許を受けた者または都道府県労働局長の登録を受けた者が行う技能講習を修了した者から選任する。

作業主任者が疾病や事故その他やむを得ない事由によって職務を行うことができないときは、事業者は代理者を選任しなければなりません。

作業主任者の選任を必要とする作業

作業主任者	作業内容
高圧室内作業主任者（免）	高圧室内作業
ガス溶接作業主任者（免）	アセチレン溶接装置またはガス集合溶接装置を用いて行う金属の溶接、溶断または加熱の作業
コンクリート破砕器作業主任者（技）	コンクリート破砕器を用いて行う破砕の作業
地山の掘削作業主任者（技）	掘削面の高さが２m以上となる地山の掘削作業
土止め支保工作業主任者（技）	土止め支保工（土留め支保工）の切りばりまたは腹起しの取り付けまたは取り外しの作業
ずい道等の掘削等作業主任者（技）	ずい道等の掘削の作業またはこれに伴うずり積み、ずい道支保工の組み立て、ロックボルトの取り付けもしくはコンクリート等の吹付けの作業
ずい道等の覆工作業主任者（技）	ずい道等の覆工の作業
型枠支保工の組立等作業主任者（技）	型枠支保工の組み立てまたは解体の作業
足場の組立等作業主任者（技）	吊り足場（ゴンドラの吊り足場を除く）、張出し足場または高さが５m以上の構造の足場の組み立て、解体または変更の作業
鉄骨の組立等作業主任者（技）	建築物の骨組みまたは塔で、金属製の部材により構成されるもの（その高さが５m以上であるものに限る）の組み立て、解体または変更の作業
コンクリート造の工作物の解体等作業主任者（技）	コンクリート造の工作物（その高さが５m以上であるものに限る）の解体または破壊の作業
コンクリート橋架設等作業主任者（技）	橋梁の上部構造であって、コンクリート造のもの（その高さが５m以上あるもの、または当該上部構造のうち橋梁の支間が30m以上である部分に限る）の架設または変更の作業
鋼橋架設等作業主任者（技）	橋梁の上部構造であって、金属製の部材により構成されるもの（その高さが５m以上あるもの、または当該上部構造のうち橋梁の支間が30m以上である部分に限る）の架設または変更の作業
酸素欠乏危険作業主任者（技）	酸素欠乏危険場所における作業

※（免）：免許を受けた者、（技）：技能講習を修了した者

【安全衛生教育（労働安全衛生法第59条第３項、労働安全衛生規則第36条）】

事業者は、危険または有害な業務で、厚生労働省令で定めるものに労働者を就かせるときは、厚生労働省令で定めるところにより、当該業務に関する安全または衛生のための特別の教育を行わなければならない。特別教育を必要とする業務は次のとおりである。

> **用語解説**
> 特別教育：危険または有害な業務に労働者を従事させる場合に、その作業や運転等に関して事業者が行う教育。

①**アーク溶接機**を用いて行う金属の**溶接**、**溶断**等の業務（労働安全衛生規則第36条３号）

②最大荷重**１ｔ未満**の**フォークリフト**の運転（道路上を走行させる運転を除く）の業務（労働安全衛生規則第36条５号）

③最大荷重**１ｔ未満**の**ショベルローダ**または**フォークローダ**の運転（道路上を走行させる運転を除く）の業務（労働安全衛生規則第36条５号の２）

④最大積載量が**１ｔ未満**の**不整地運搬車**の運転（道路上を走行させる運転を除く）の業務（労働安全衛生規則第36条５号の３）

⑤制限荷重**５ｔ未満**の**揚貨装置**の運転の業務（労働安全衛生規則第36条６号）

> **用語解説**
> 揚貨装置：船舶に取り付けられたデリックやクレーン型の運搬機械。主に港湾での荷役作業で用いられる。

⑥次に掲げるクレーン（移動式クレーンを除く）の運転の業務（労働安全衛生規則第36条15号）

- 吊り上げ荷重が**５ｔ未満**のクレーン
- 吊り上げ荷重が**５ｔ以上**の跨線(こせん)テルハ

跨線テルハは、かつて駅の構内において荷役作業に用いられていた運搬装置である。上空に設置された吊り上げ機で手荷物を積載した手押し車等を吊り、レールを伝って線路を超えて他のホームに運搬していた。現在の駅ではほとんど使われていない。

⑦吊り上げ荷重が**１ｔ未満**の**移動式クレーン**の運転（道路上を走行させる運転を除く）の業務（労働安全衛生規則第36条16号）

⑧吊り上げ荷重が**５ｔ未満**の**デリック**の運転の業務（労働安全衛生規則第36条17号）

⑨**建設用リフト**の運転の業務（労働安全衛生規則第36条18号）

⑩吊り上げ荷重が**１ｔ未満**のクレーン、移動式クレーンまたはデリックの**玉掛業務**（労働安全衛生規則第36条19号）

⑪ずい道等の**掘削**の作業またはこれに伴うずり、資材等の**運搬**、覆工のコンクリートの**打設**等の作業（当該ずい道等の内部において行われるものに限る）に関わる業務（労働安全衛生規則第36条30号）

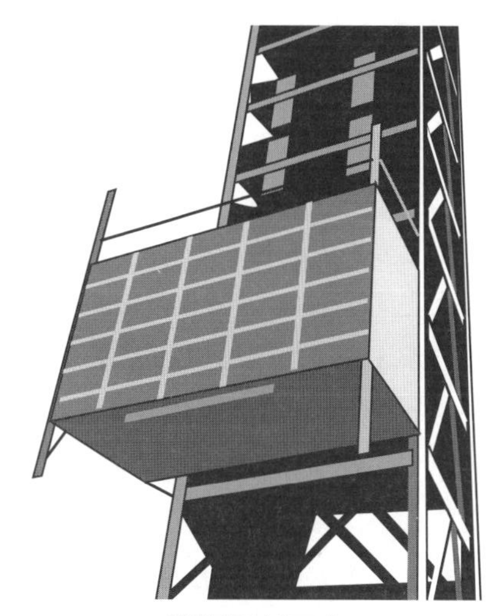

建設用リフト

❷ 監督等

【計画の届出を要する設備と機械（労働安全衛生法第88条、同法規則第86条、同法規則別表第7ほか）】

事業者は、当該事業場の業種及び規模が政令で定めるものに該当する場合において、当該事業場に関わる建設物もしくは機械等を設置し、もしくは移転し、またはこれらの主要構造部分を変更しようとするときは、その計画を当該工事の開始の日の**30日前**までに、**労働基準監督署長**に届け出なければならない。

①**アセチレン溶接装置**（移動式のものを除く）
②**軌道装置**の設置（移動、新築、構造変更も含む）
③**型枠支保工**（支柱の高さが**3.5m以上**のもの）
④**架設通路**（高さ及び長さがそれぞれ**10m以上**のもの）
⑤**足場**（吊り足場、張出し足場以外の足場にあっては、高さが**10m以上**の構造のもの）
⑥次の機械類の設置

- **3 t 以上**のクレーン
- **2 t 以上**のデリック
- **1 t 以上**のエレベーター
- **18m以上**のガードレールをもつ建設用リフト
- ゴンドラ
- ボイラ
- 第1種圧力容器

用語解説

- アセチレン溶接装置：アセチレンと酸素を混合させた酸素アセチレンガスによる溶接装置。
- 軌道装置：軌道（線路）及び車両、動力車、巻き上げ機（ウインチ）等を含む一切の装置を、動力を用いてレール（軌条）により労働者または荷を運搬するために使用されるもの（鉄道営業法や鉄道事業法、軌道法が適用されるものは除く）。

【厚生労働大臣に届け出る工事（労働安全衛生法第88条第2項、同法規則第89条）】

事業者は、建設業に属する事業の仕事のうち重大な労働災害を生ずるおそれがある特に大規模な仕事で、次のものを開始しようとするときは、その計画を当該仕事の開始の日の**30日前**までに、**厚生労働大臣**に届け出なければならない。

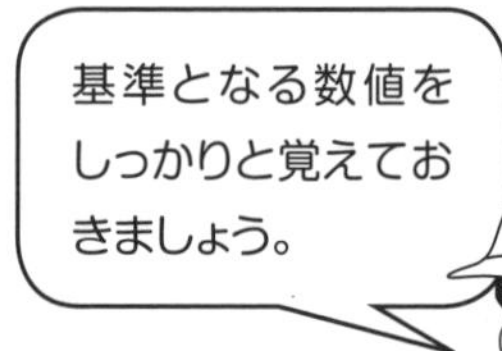

①高さが**300m以上**の塔の建設の仕事
②堤高（基礎地盤から堤頂までの高さをいう）が**150m以上**のダムの建設の仕事
③最大支間**500m**（吊り橋にあっては**1,000m**）以上の橋梁の建設の仕事
④長さが**3,000m以上**のずい道等の建設の仕事
⑤長さが**1000m以上3000m未満**のずい道等の建設の仕事で、深さが**50m以上**のたて坑（通路として使用されるものに限る）の掘削を伴うもの
⑥ゲージ圧力が**0.3メガパスカル以上**の圧気工法による作業を行う仕事

圧気工法：湧水を阻止して作業場を安定させるため、坑道内の圧力を圧縮空気の供給によって地下水圧と等しくする工法。

【労働基準監督署長に届け出る工事（労働安全衛生法第88条第３項、同法規則第90条）】

事業者は、建設業その他政令で定める業種に属する事業の仕事で、次の工事を開始しようとするときは、その計画を当該仕事の開始の日の**14日前**までに、労働基準監督署長に届け出なければならない。

①高さ**31m**を超える建築物または工作物（橋梁を除く）の建設、改造、解体または破壊の仕事
②最大支間**50m以上**の橋梁の建設等の仕事
③最大支間**30m以上50m未満**の橋梁の上部構造の建設等の仕事
④**ずい道**等の建設等の仕事
⑤掘削の高さまたは深さが**10m以上**である地山の掘削（ずい道等の掘削及び岩石の採取のための掘削を除く）の作業（掘削機械を用いる作業で、掘削面の下方に労働者が立ち入らないものを除く）を行う仕事
⑥**圧気工法**による作業を行う仕事
⑦掘削の高さまたは深さが**10m以上**の土石の採取のための掘削の作業を行う仕事
⑧**坑内掘り**による土石の採取のための掘削の作業を行う仕事

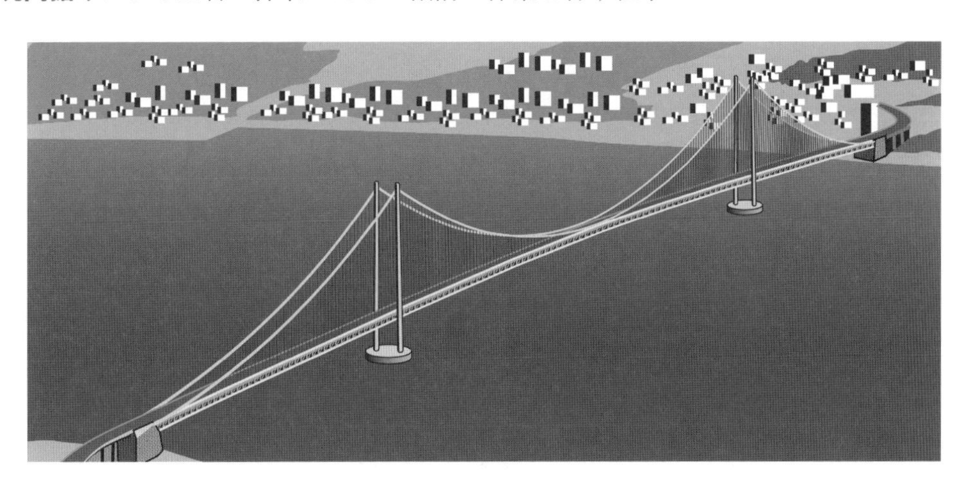

圧気工法による作業について、通常の届出先は労働基準監督署長であるが、ゲージ圧力が0.3メガパスカル以上の作業の場合には厚生労働大臣へ届け出る必要があることに注意。

これが試験に出る!

本節について、過去10年間の本試験でよく出題された内容の1～3位は次のとおりである。
1位：作業主任の選任を必要とする既成コンクリート杭の杭打ちの作業について
2位：作業主任の選任を必要とする型枠支保工の組み立て、解体作業等について
3位：労働基準監督署長への届出を必要とする掘削の高さまたは深さがある地山の掘削作業について

例題演習 第3章 2 労働安全衛生法

【問題】次の文章を読み、正誤もしくは正しい選択肢を答えなさい。

1. 安全衛生管理体制

	問題	解説	
1	労働安全衛生法上、統括安全衛生責任者との連絡のために、下請負人が選任しなければならないものは、元方安全衛生責任者である。	労働安全衛生法上、統括安全衛生責任者との連絡のために、関係請負人が選任しなければならないものは、**安全衛生責任者である。**	×
2	ブルドーザの掘削、押土の作業は、作業主任者の選任を必要としない。	ブルドーザの掘削、押土の作業は、**作業主任者の選任を必要としない。**	○
3	アスファルト合材の転圧の作業は、作業主任者の選任を必要としない。	アスファルト合材の転圧の作業は、**作業主任者の選任を必要としない。**	○
4	土止め支保工の切りばり、腹起しの取付け作業は、作業主任者の選任を必要としない。	土止め支保工の切りばり、腹起しの取付け作業は、**作業主任者を選任しなければならない。**	×
5	既成コンクリート杭の杭打ちの作業は、作業主任者の選任を必要としない。	既成コンクリート杭の杭打ちの作業は、**作業主任者の選任を必要としない。**	○
6	圧気工法で行われる高圧室内の作業は、作業主任者の選任を必要としない。	圧気工法で行われる高圧室内の作業は、**作業主任者の選任を必要とする。**	×
7	型枠支保工の組み立て、解体作業等は、作業主任者の選任を必要としない。	型枠支保工の組み立て、解体作業等は、**作業主任者を選任しなければならない。**	×
8	事業者は、酸素欠乏危険作業などの危険または有害業務を行うときは、当該業務の安全または衛生のための特別な教育を、その作業者に行わなければならない。	事業者は、**酸素欠乏危険作業などの危険または有害業務を行うとき**は、当該業務の安全または衛生のための特別な教育を、その作業者に行わなければならない。	○
9	吊り上げ能力が1t以上の移動式クレーンの運転の資格を得た運転手は、その資格で一般道の走行が可能である。	移動式クレーンは、**公道、海、鉄道などを移動（走行）するための運転免許（資格）**及び**荷を吊り上げる操作をするためのクレーン免許（資格）**が必要である。吊り上げ能力が1t以上の移動式クレーンの運転の資格を得た運転手は、**その資格だけで一般道の走行はできない。**	×
10	作業主任者は、都道府県労働局長の免許を受けた者または登録教習機関が行う技能講習を修了した者のうちから、事業者が作業区分ごとに選任した者である。	作業主任者は、**都道府県労働局長の免許を受けた者**または**登録教習機関が行う技能講習を修了した者**のうちから、事業者が作業区分ごとに選任した者である。	○

2. 監督等

	問題	解説	
1	労働安全衛生法上、掘削の深さが5mである掘削の作業を行う仕事は、労働基準監督署長に工事開始の14日前までに届け出る必要がある。	**掘削の高さまたは深さが10m以上である地山の掘削の作業を行う仕事の場合**は、労働基準監督署長に工事開始の14日前までに届け出る必要がある。しかし、**5mである掘削の作業を行う仕事は、届出の必要はない。**	×
2	労働安全衛生法上、ずい道の内部に労働者が立ち入る長さ2,000mのずい道の建設の工事は、労働基準監督署長へ工事開始の14日前までに届け出る必要がある。	ずい道等の建設等の仕事は、**労働基準監督署長へ工事開始の14日前までに届け出る必要がある。**	○
3	労働安全衛生法上、高さ35mの建築物の建設の仕事は、労働基準監督署長へ工事開始の14日前までに届け出る必要がある。	**高さ31mを超える建築物または工作物（橋梁を除く）の建設、改造、解体または破壊の仕事**は、労働基準監督署長へ工事開始の14日前までに届け出る必要がある。	○
4	労働安全衛生法上、ゲージ圧力が0.16MPaの圧気工法による作業を行う仕事は、労働基準監督署長へ工事開始の14日前までに届け出る必要がある。	**圧気工法による作業を行う仕事**は、労働基準監督署長へ工事開始の14日前までに届け出る必要がある。	○
5	労働安全衛生法上、土石流が発生するおそれのある場所での砂防えん堤工事は、労働基準監督署長への工事計画の届出を必要とする建設工事である。	土石流が発生するおそれのある場所での砂防えん堤工事は、**労働基準監督署長への工事計画の届出を必要としない**建設工事である。	×
6	労働安全衛生法上、酸素欠乏症にかかるおそれのある暗渠管路内の改修工事は、労働基準監督署長への工事計画の届出を必要とする建設工事である。	酸素欠乏症にかかるおそれのある暗渠管路内の改修工事は、**労働基準監督署長への工事計画の届出を必要としない**建設工事である。	×
7	労働安全衛生法上、最大支間が50mの橋梁建設工事は、労働基準監督署長への工事計画の届出を必要とする建設工事である。	最大支間50m以上の橋梁の建設等の仕事は、**労働基準監督署長への工事計画の届出を必要とする**建設工事である。	○
8	労働安全衛生法上、最大支間が25mの橋梁の上部構造の建設の工事は、労働基準監督署長への工事計画の届出を必要とする建設工事である。	最大支間**30m以上50m未満**の橋梁の上部構造の建設等の仕事は、**労働基準監督署長への工事計画の届出を必要とする**建設工事である。**25mは不要である。**	×
9	0.5メガパスカルの圧気工法による基礎工の建設工事は、厚生労働大臣へ工事計画の届出を必要とする建設工事である。	ゲージ圧力が0.3メガパスカル以上の圧気工法による作業を行う仕事は、**厚生労働大臣への工事計画の届出を必要とする**建設工事である。	○

3 建設業法

第１次検定　第２次検定

学習のポイント

- 請負契約書の作成と記載すべき内容、元請負人の義務について理解する。
- 施工技術の確保として、主任技術者・監理技術者の設置及び、専任の主任技術者・監理技術者を置かなければならない工事について理解する。

❶ 建設工事の請負契約

【請負契約書の作成と記載すべき内容（建設業法第18条、第19条）】

①請負契約の当事者は、**おのおのの対等な立場における合意**に基づいて公正な契約を締結し、真義に従って誠実にこれを履行しなければならない。

②請負契約の当事者は、契約の締結に際して次に掲げる事項を書面に記載し、署名または記名捺印をして相互に交付しなければならない。変更の場合も同様とする。

- **工事内容**
- **請負代金**の額
- **工事着手**の時期及び**工事完成**の時期
- 請負代金の**全部または一部の前金払い**または**出来形部分に対する支払い**の定めをするときは、その支払いの時期及び方法
- 設計変更、工事着手の延期、工事の全部もしくは一部の中止の申出があった場合における**工期**の変更、**請負代金の額**の変更または**損害**の負担及びそれらの額の算定方法
- **天災その他不可抗力**による工期の変更または損害の負担及びその額の算定方法
- **価格等の変動もしくは変更**に基づく請負代金の額または工事内容の変更
- 工事の施工により**第三者**が損害を受けた場合における賠償金の負担
- 注文者が工事に使用する**資材**を提供し、または**建設機械その他の機械**を貸与するときは、その内容及び方法
- 注文者が工事の全部または一部の完成を確認するための**検査**の時期及び方法並びに**引渡し**の時期
- 工事完成後における**請負代金の支払い**の時期及び方法

建設業法における建設業とは、元請、下請その他いかなる名義をもってするかを問わず、建設工事の完成を請け負う営業をいい、建設業者とは、国土交通大臣または都道府県知事の許可を受けて建設業を営む者をいう。

ワンポイント アドバイス

建設業者と請負契約を締結した発注者が規定に違反した場合、特に必要があると認められるときは、当該建設業者の許可をした国土交通大臣または都道府県知事は、当該発注者に対して勧告することができる。

- 瑕疵担保責任またはその責任の履行に関して講ずべき**保証保険契約**の締結その他の措置に関する定めをするときは、その内容
- 履行の遅滞その他債務不履行の場合における**遅延利息**、**違約金**その他の**損害金**
- 契約に関する**紛争**の解決方法

③請負契約の当事者は、相手方の承諾を得て、**電子情報処理組織**を使用する方法等によって、契約を行うことができる。

用語解説
電子情報処理組織：業務の情報処理を支えるためのコンピューター等によるシステムなどと定義付けられていて、一般的なものとしてはパソコンやインターネットなどが挙げられる。

【建設工事の見積り等（建設業法第20条第１項～第３項、同法施行令第６条第１項）】

建設業者は、建設工事の請負契約を締結するに際して、工事内容に応じて、工事の種別ごとに材料費、労務費その他の経費の内訳を明らかにして、建設工事の**見積り**を行うよう努めなければならない。また、建設業者は、建設工事の注文者から請求があったときは、請負契約が成立するまでの間に、建設工事の**見積書**を提示しなければならない。

建設業法第20条第３項に規定する見積期間は、次のとおりである。ただし、やむを得ない事情があるときは、次の②及び③の期間は、**５日以内**に限り短縮することができる。

①工事一件の予定価格が**500万円に満たない**工事については、**１日以上**。
②工事一件の予定価格が**500万円以上5,000万円に満たない**工事については、**10日以上**。
③工事一件の予定価格が**5,000万円以上**の工事については、**15日以上**。
④国が**入札**の方法により競争に付する場合は、予算決算及び会計令第74条の規定による期間を見積期間とみなす。

【一括下請負の禁止（建設業法第22条）】

建設業者は、その請け負った建設工事を、いかなる方法をもってするかを問わず、一括して他人に請け負わせてはならない。

【下請代金の支払い（建設業法第24条の３第１項）】

元請負人は、請負代金の出来形部分に対する支払いまたは工事完成後における支払いを受けたときは、建設工事を施工した下請負人に対して、元請負人が支払いを受けた金額の出来形に対する割合及び当該下請負人が施工した出来形部分に相応する下請代金を、支払いを受けた日から**１ヵ月以内のできる限り短い期間内**に支払わなければならない。

特定建設業者が注文者となった下請契約において、下請代金の支払期日が定められなかったときは申出の日から起算して50日を経過する日が下請代金の支払期日と定められたものとみなす。

用語解説
特定建設業者：発注者から直接請け負った工事１件について、下請金額が4,500万円を超える場合を指す。4,500万円を超えない場合や直営で行う場合は一般建設業者となる。

【着手費用の支払い（建設業法第24条の３第3項）】

元請負人は、前払金の支払いを受けたときは、下請負人に対して、資材の購入、労働者の募集その他建設工事の着手に必要な費用を、**前払金**として支払うように適切な配慮をしなければならない。

【完了検査（建設業法第24条の４第１項）】

元請負人は、下請負人が請け負った建設工事の完成の通知を受けたときは、通知を受けた日から**20日以内のできる限り短い期間内**に**検査**を完了させなくてはならない。

【引渡し（建設業法第24条の４第２項）】

元請負人が完成を確認した後、下請負人が引渡しを申し出たときは、元請負人は**直ちに引渡しを受けなければならない**。なお、下請契約で工事完成の時期から20日を経過した日以前の一定の日に引渡しを受ける旨の特約されている場合は、**特約された日**が引渡し日となる。

【特定建設業者の下請代金の支払期日（建設業法第24条の6第1項）】

工事検査完了後、元請負人は、下請負人が目的物の引渡しを申し出た日から**50日以内のできる限り短い期間内**に下請代金を支払わなければならない。

【下請負人に対する工事に関わる法律や労働規定などの指導（建設業法第24条の7第1項）】

元請負業者である特定建設業者は、下請負人に対しての**指導・助言**に努めなければならない。

【施工体制台帳及び施工体系図の作成等（建設業法第24条の8）】

①特定建設業者は、発注者から直接建設工事を請け負った場合に、当該建設工事を施工するために締結した下請契約の請負代金の額（当該下請契約が２件以上あるときは、それらの請負代金の額の総額）が建築一式工事にあたっては**7,000万円以上**の金額、それ以外の建設工事にあたっては**4,500万円以上**の金額（監理技術者を置く場合）になるときは、建設工事の適正な施工を確保するため、当該建設工事について、下請負人の商号または名称、当該下請負人に関わる建設工事の内容及び工期その他の国土交通省令で定める事項を記載した**施工体制台帳**を作成し、工事現場ごとに備え置かなければならない。

施工体制台帳と施工体系図については、「施工管理」の分野にて出題されることもあります。P.302も併せて確認しておきましょう。

用語解説

施工体制台帳：下請、孫請など工事施工を請け負うすべての業者名、各業者の施工範囲、各業者の技術者氏名等を記載した台帳。

②建設工事の下請負人は、その請け負った建設工事を他の建設業を営む者に請け負わせたときは、特定建設業者に対して、当該他の建設業を営む者の商号または名称、当該者の請け負った建設工事の内容及び工期その他の国土交通省令で定める事項を**通知**しなければならない。

③特定建設業者は、発注者から請求があったときは、**施工体制台帳**を、その発注者の閲覧に供しなければならない。

④特定建設業者は、国土交通省令で定めるところにより、当該建設工事における各下請負人の施工の分担関係を表示した**施工体系図**を作成し、これを当該工事現場の見やすい場所に掲げなければならない。

用語解説

施工体系図：作成された施工体制台帳に基づいて、各下請負人の施工分担関係が一目で分かるようにした図。工事に携わる関係者全員が工事における施工分担関係を把握することができる。

② 施工技術の確保

【主任技術者・監理技術者の設置】

①建設業者は、その請け負った建設工事を施工するときは、当該建築工事に関して、その工事現場における建設工事の技術上の管理をつかさどるものとして**主任技術者**を置かなければならない（建設業法第26条第１項）。主任技術者とは、外注総額**4,500万円未満**（建築一式工事の場合は**7,000万円未満**）の元請工事現場及び下請負に入る建設業者が現場に配置しなければならない技術者である。

②発注者から直接建設工事を請け負った特定建設業者は、当該建設工事を施工するために締結した下請契約の請負代金の総額が建築工事業で**7,000万円以上**、その他の業種で**4,500万円以上**となる場合は、主任技術者に代えて**監理技術者**を置かなければならない（建設業法第26条第２項）。

主任技術者・監理技術者の設置基準と資格要件

許可区分	一般建設業（29業種）	特定建設業（29業種）		
		特定建設業（29業種）	指定建設業以外（22業種）	指定建設業（7業種）
工事請負の方式	①元請（発注者からの直接請負）下請金額が建築工事業で**7,000万円未満**、その他業種で**4,500万円未満** ②下請 ③自社施工	①元請（発注者からの直接請負）下請金額が建築工事業で**7,000万円未満**、その他業種で**4,500万円未満** ②下請 ③自社施工	①元請（発注者からの直接請負）下請金額が**4,500万円以上**	①元請（発注者からの直接請負）下請金額が建築工事業で**7,000万円以上**、その他業種で**4,500万円以上**
現場に置くべき技術者	**主任技術者**	**主任技術者**	**監理技術者**	**監理技術者**
上記技術者の資格要件	（法第７条２号イ、ロ、ハ）	（法第７条２号イ、ロ、ハ）	（法第15条２号イ、ロ、ハ）	（法第15条２号イ、ハ）
	＊一般建設業と特定建設業の許可基準で営業所に置く専任の技術者と同じ			

特定建設業・指定建設業・一般建設業については、以下のように区分されている。

- 特定建設業：発注者から直接請け負う1件の建設工事につき、その工事の全部または一部の下請代金の額（下請契約が2件以上ある場合はその総額）が建築工事業の場合は7,000万円以上、その他の業種の場合は4,500万円以上となる下請契約を締結して施工しようとするもの。
- 指定建設業：特定建設業のうち、総合的な施工技術を必要とするものとして政令で指定するもので、土木工事業、建築工事業、電気工事業、管工事業、鋼構造物工事業、舗装工事業、造園工事業の7業種が該当する。
- 一般建設業：特定建設業に以外のすべての建設工事が該当する。

③主任技術者及び監理技術者は、工事現場における建設工事を適正に実施するため、当該建設工事の**施工計画**の作成、**工程管理**、**品質管理**その他の**技術上の指導監督**の職務を誠実に行わなければならない（建設業法第26条の３第１項）。

④工事現場における建設工事の施工に従事する者は、主任技術者または監理技術者がその職務として行う指導に従わなければならない（建設業法第26条の４第２項）。

【専任の主任技術者・監理技術者を置かなければならない工事（建設業法第26条）】

建設業者は、次の要件に該当する工事を施工するときは、元請、下請にかかわらず、工事現場ごとに専任の**主任技術者**または**監理技術者**を置かなければならない。

⑴専任の主任技術者・監理技術者を置く工事

公共性のある施設もしくは工作物または多数の者が利用する施設もしくは工作物に関する重要な建設工事（下記①～④のいずれかに該当する場合）で、工事１件の請負代金が建築一式工事で**8,000万円以上**、その他の工事で**4,000万円以上**のもの。

①**国または地方公共団体**が注文者である施設または工作物に関する建設工事

②**鉄道、軌道、索道、橋、護岸、堤防、道路、ダム、河川**に関する工作物、**砂防**用工作物、**飛行場、港湾施設、漁港施設、運河、上下水道**等の工事

③**電気、ガス**事業用施設の工事

④学校、図書館、工場等**公衆または不特定多数**が使用する施設の工事

用語解説

索道：空中を渡したロープに吊り下げた輸送用機器による交通機関で、ロープウェイやスキー場のリフトなどが該当する。

⑵監理技術者資格者証が交付されている監理技術者を専任で置く工事

国、地方公共団体、政令で定める公共法人が発注する工事を直接請け負い、下請代金が建築工事業で**7,000万円以上**、その他業種で**4,500万円以上**となる下請契約を締結して施工する場合。なお、発注者から請求があったときは**監理技術者資格者証**を提示しなければならない。

【主任技術者の資格要件（建設業法第７条）】

主任技術者の資格要件は次のとおりである。

①許可を受けようとする建設業に関わる建設工事に関して、高等学校もしくは中等教育学校を卒業した後**５年以上**または大学もしくは高等専門学校を卒業した後**３年以上**実務の経験を有する者のうち、在学中に国土交通省令で定める学科を修めた者。

②許可を受けようとする建設業に関わる建設工事に関して**10年以上**実務の経験を有する者。

③国土交通大臣が上記①または②の者と同等以上の知識及び技術または技能を有すると認定した者。

これが試験に出る!

本節について、過去10年間の本試験でよく出題された内容の1～3位は次のとおりである。

１位：工事現場における建設工事を適正に実施するための、主任技術者及び監理技術者の業務の内容について

２位：施工技術を確保するための、現場代理人と主任技術者または監理技術者の兼務について

３位：公共性のある施設での、工事1件の請負代金による専任の主任技術者または監理技術者の確保について

例題演習 第3章 3 建設業法

【問題】次の文章を読み、正誤もしくは正しい選択肢を答えなさい。

1. 建設工事の請負契約

	問題	解説	
1	元請負人は、前払金の支払いを受けたときは、下請負人に対して、資材の購入など建設工事の着手に必要な前払金として支払わなければならない。	元請負人は、前払金の支払いを受けたときは、下請負人に対して、**資材の購入、労働者の募集その他建設工事の着手に必要な費用を前払金として支払う**ように適切な配慮をしなければならない。	○
2	施工体制台帳を作成する特定建設業者は、当該建設工事における施工の分担関係を表示した施工体系図には、一次下請負人のみ記入しなければならない。	施工体制台帳を作成する特定建設業者は、国土交通省令で定めるところにより、当該建設工事における**各下請負人の施工の分担関係を表示した施工体系図を作成**し、これを当該工事現場の見やすい場所に掲げなければならない。**二次下請負以下についての省略規定はない。**	×
3	建設業者は、建設工事の請負契約の締結に際して、工事の種別ごとに材料費などの内訳を明らかにして工事の見積りを行うように努めなければならない。	建設業者は、建設工事の請負契約の締結に際して、工事内容に応じて、工事の種別ごとに材料費、労務費その他の経費の内訳を明らかにして、**建設工事の見積りを行う**ように努めなければならない。	○
4	特定建設業者は、発注者から直接土木一式工事を請け負った場合、その下請契約の請負代金の総額が4,500万円以上となるときは、施工体制台帳を作成し、工事現場ごとに備えておかなければならない。	特定建設業者は、発注者から直接土木一式工事を請け負った場合、その下請契約の請負代金の総額が**4,500万円以上**の金額（監理技術者を置く場合）になるときは、**施工体制台帳**を作成し、工事現場ごとに備えておかなければならない。	○
5	建設工事を請け負った建設業者は、原則としてその工事を一括して他人に請け負わせてならない。	建設業者は、原則として、請け負った建設工事を**一括して**他人に請け負わせてならない。	○
6	元請負人は、下請負人が請け負った工事の完成通知を受けたときは、その通知を受けた日から30日以内に、完成確認のための検査を行わなければならない。	元請負人は、下請負人が請け負った建設工事の完成通知を受けたときは、**通知を受けた日から20日以内**で、かつ、**できる限り短い期間内**に検査を完了させなくてはならない。	×

2. 施工技術の確保

	問題	解説	
1	特定建設業者のうち、工事現場ごとに専任の監理技術者を置かなければならないのは、下請け契約の請負代金の額が5,000万円以上の場合である。	特定建設業者が元請として下請契約の請負代金の額が**4,500万円（建築一式工事の場合は、7,000万円）以上**の工事は、工事現場ごとに専任の監理技術者を置かなければならない。	×

2	主任技術者及び監理技術者は、契約の履行に関し、技術上の管理及び請負代金額の変更等契約業務を誠実に行わなければならない。	主任技術者及び監理技術者は、工事現場における建設工事を適正に実施するため、**当該建設工事の施工計画の作成、工程管理、品質管理その他の技術上の指導監督の職務を誠実に行わなければならない**と規定されている。**請負代金額の変更等契約業務は含まれない。**	×
3	主任技術者は、現場代理人の職務を兼ねることができる。	現場代理人を置くことは、建設業法上の義務規定ではないが、建設工事の請負契約の標準として用いられる**公共工事標準請負契約約款、民間建設工事標準請負契約約款、建設工事標準下請契約約款**においては、現場代理人の選任を規定している。現場代理人は、**主任技術者または監理技術者と兼任することができる。**	○
4	実務経験が10年以上あるものは、その経験のある業種に限って主任技術者となることができる。	一般建設業の許可基準を満たす技術者で、一般建設業の技術者の許可基準として、許可を受けようとする建設業に関わる建設工事に関して**10年以上**実務の経験を有する者は、主任技術者として置くことができる。	○
5	元請負人が主任技術者を置いた建設工事の下請負人は、主任技術者を置く必要はない。	元請負人が主任技術者を置いた建設工事であっても、**下請負人は主任技術者を置く必要がある。**元請、下請にかかわらず、**主任技術者を置かなければならない。**	×
6	公共工事における専任の監理技術者は、発注者から請求があったときは、監理技術者資格者証を提示しなければならない。	公共工事における専任の監理技術者は、発注者から請求があったときは、**監理技術者資格者証を提示しなければならない。**	○
7	特定建設業者は、発注者から直接土木一式工事を請け負った場合、その下請契約の請負代金の総額が4,500万円以上になるときは、主任技術者を置かなければならない。	発注者から直接建設工事を請け負った特定建設業は、当該建設工事を施工するために締結した下請契約の請負代金の総額が建築工事業で**7,000万円以上**、その他の業種で**4,500万円以上**となる場合は、**主任技術者に代えて監理技術者を置かなければならない。**	×
8	下請負人となる建設業者は、監理技術者を置く必要はない。	下請負人となる建設業者は、**監理技術者を置く必要はない。**	○
9	民間企業から鉄道等の公共施設の建設工事を請け負う場合には、監理技術者は他の工事現場と兼任することができる。	民間企業から鉄道等の公共施設の建設工事を請け負う場合には、監理技術者は他の工事現場と**兼任することができない。**	×
10	建設業者が、主任技術者を置くべき建設工事において主任技術者を置かなかった場合であっても、事故が起きなければ、監督処分の対象とならない。	建設業者が、主任技術者を置くべき建設工事において主任技術者を置かなかった場合、**監督処分の対象となる。事故の有無は関係ない。**	×

4 道路関係法

第1次検定　第2次検定

学習のポイント

- 道路及び道路の付属物の定義を理解する。
- 道路台帳、道路の構造基準について理解する。
- 道路占用と使用の許可について理解する。
- 通行の禁止または制限において、車両の幅等の最高制限を理解する。

1 用語の定義

【道路（道路法第２条の１）】

道路とは、**一般交通の用に供する道**をいい、トンネル、橋、渡船施設、道路用エレベーター等道路と一体となってその効用をまっとうする施設または工作物及び道路の付属物で当該道路に付属して設けられているものを含むものとする。

ワンポイント **アドバイス**

道路の種類としては次のものがある。
- 高速自動車国道
- 一般国道
- 都道府県道
- 市町村道

【道路の付属物（道路法第２条の２）】

道路の付属物とは、道路の構造の保全、安全かつ円滑な道路の交通の確保その他道路の管理上必要な施設または工作物で、次に掲げるものをいう。

①道路上の**柵**または**駒止**

②道路上の**並木**または**街灯**で道路管理者の設けるもの

③**道路標識**、**道路元標**または**里程標**

④**道路情報管理施設**（道路上の道路情報提供装置、車両監視装置、気象観測装置、緊急連絡施設その他これらに類するものをいう）

⑤道路に接する**道路の維持または修繕**に用いる機械、器具または材料の常置場

⑥**自動車駐車場**または**自転車駐車場**で道路上に、または道路に接して道路管理者が設けるもの

⑦共同溝の整備等に関する特別措置法に規定する道路管理者の設ける**共同溝**または**電線共同溝**

⑧上記の①～⑦に掲げるものを除くほか、**政令**で定めるもの

用語解説

共同溝・電線共同溝：共同溝は、電話線や電線、ガス管、上下水道管等をまとめて収容するための施設。主に道路の地下に設置される。その中でも特に電線や光ファイバー類のみを収容するものを電線共同溝という。

2 道路の管理者・道路の構造

①道路管理者は、その管理する**道路台帳**を調製し、これを保管しなければならない（道路法

第28条）。

②道路の構造に関する技術的基準は、**道路構造令**で定められている（道路法第30条）。

用語解説

- 道路台帳：道路管理者が作成する道路に関する調書・図面で、作成が義務付けられている。図面は道路法施行規則では縮尺1/1000以上と規定されており、一般的には縮尺1/500で作成されることが多い。
- 道路構造令：道路の新設または改築をする場合における道路の構造の一般的技術的基準を定めた政令。

❸ 道路の占用と使用

【道路占用の許可（道路法第32条）】

①道路に次のいずれかに掲げる工作物、物件または施設を設け、継続して道路を使用しようとする場合においては、**道路管理者**の許可を受けなければならない。

- **電柱、電線、変圧塔、郵便差出箱、公衆電話所、広告塔**その他これらに類する工作物
- **水管（水道管）、下水道管、ガス管**その他これらに類する物件
- **鉄道、軌道**その他これらに類する施設
- **歩廊、雪よけ**その他これらに類する施設
- **地下街、地下室、通路、浄化槽**その他これらに類する施設
- **露店、商品置場**その他これらに類する施設
- 上記に掲げるものを除くほか、道路の構造または交通に支障を及ぼすおそれのある工作物、物件または施設（**工事用板囲、足場、詰所、看板**その他の工事用施設）

歩廊：一般的にはアーケードや駅のプラットホーム等を指す。

ワンポイントアドバイス

水道管またはガス管の本線を地下に設ける場合、その頂部と路面との距離は1.2m以上とし、やむを得ないときは0.6m以上とする。一方、下水道管の本管を地下に設ける際は3m以上、やむを得ない場合は1m以上とする。

②道路占有の許可を受けようとする者は、次に掲げる事項を記載した申請書を**道路管理者**に提出しなければならない。

- 道路の**占用の目的**
- 道路の**占用の期間**
- 道路の**占用の場所**
- 工作物、物件または施設の**構造**
- 工事**実施の方法**
- **工事の時期**
- 道路の**復旧方法**

【道路使用の許可（道路交通法第77条、第78条）】

①道路の使用許可を受けようとする者は、申請書を**所轄警察署長**に提出しなければならない。当該行為に関わる場所を管轄する警察署長の許可を受けなければならない。

②使用許可に係る行為が占用許可の規定の適用を受けるものであるときは、道路管理者に許可申請書を提出し、道路管理者から**警察署長**に当該許可申請書を送付してもらうことができる（道路交通法第78条第２項）。

【水道、電気、ガス等のための道路占用の特例（道路法第36条）】

水道法、下水道法、鉄道事業法、ガス事業法、電気事業法などの規定に基づく、上下水道管、公衆の用に供する鉄道、ガス管または電柱、電線もしくは公衆電話所（電話ボックス）などを道路に設けようとする者は、これらの工事を実施しようとする日の**1ヵ月前**までに、あらかじめ当該工事の計画書を**道路管理者**に提出する。

ただし、**災害による復旧工事その他緊急を要する工事または政令で定める軽易な工事**を行う必要が生じた場合においては、この限りでない。基準に適合する場合には、**道路管理者**は道路の占用を許可しなければならない。

④ 道路の保全

【通行の禁止または制限（道路法第47条）】

道路の構造を保全し、または交通の危険を防止するため、道路との関係において必要とされる車両の**幅**、**重量**、**高さ**、**長さ**及び**最小回転半径**の最高限度が定められている。

道路管理者は、車両の構造または車両に積載する貨物が特殊であるためやむを得ないと認めるときは、当該車両を通行させようとする者の申請に基づいて、**通行経路**、**通行時間**等について、道路の構造を保全し、または交通の危険を防止するため必要な条件を付して、特殊車両の通行を許可することができる。この申請が道路管理者の異なる２つ以上の道路に関わるものであるときは、**1つの道路の道路管理者**が行うものとする。

> **用語解説**
> 特殊車両：特殊な構造の車両や特殊な貨物を輸送する車両。また、高さ、総重量等が一般制限値や橋、高架道路、トンネル等の制限値を超える車両。

【車両の幅等の最高限度（車両制限令第３条）】

①幅：**2.5m以下**

②重量：総重量　**20ｔ以下**（高速道路等**25ｔ以下**）

　　　　軸量　**10ｔ以下**、輪荷重　**５ｔ以下**

③高さ：**3.8m以下**、道路管理者が道路の構造の保全及び交通の危険の防止上支障がないと認めて指定した道路を通行する車両にあっては**4.1m以下**

④長さ：**12m以下**

⑤最小回転半径：車両の最外側のわだちについて**12m以下**

> **用語解説**
> 車両制限令：道路の構造を保全し、または交通の危険を防止するため、通行できる車両の幅、重量、高さ、長さ及び最小回転半径の制限を定めた政令。

車両制限令における道路とは、道路法上の道路を指すため、港湾道路、農道、林道、私道などには、車両制限令は適用されません。

これが試験に出る！

本節について、過去10年間の本試験でよく出題された内容の1～3位は次のとおりである。
1位：車両制限令で定められている車両の長さと幅について
2位：車両制限令で定められている車両の輪荷重について
3位：車両制限令で定められている車両の最小回転半径、車両の最外側のわだちについて

例題演習 第3章 4 道路関係法

【問題】次の文章を読み、正誤もしくは正しい選択肢を答えなさい。

1. 用語の定義

	問題	解説	
1	道路法上の道路は、高速自動車国道、一般国道、都道府県道及び市町村道の種類に区分される。	道路法上の道路は、**高速自動車国道**、**一般国道**、**都道府県道**及び**市町村道**の種類に区分される。	○
2	道路案内標識などの道路情報管理施設は、道路付属物に該当しない。	道路案内標識などの道路情報管理施設は、**道路付属物に該当する。**	×
3	道路標識の設置は、すべて道路管理者が行う。	道路標識には、道路管理者が設置する標識と**都道府県公安委員会が設置する標識がある。**	×

2. 道路の管理者・道路の構造

	問題	解説	
1	道路の構造の技術基準は、道路の種類ごとに道路構造令で定められている。	道路の構造の技術基準は、道路の種類ごとに**道路構造令**で定められている。	○
2	一般国道には、国が管理する区間と、都道府県または政令指定都市が管理する区間がある。	一般国道には、**国**が管理する区間と、**都道府県または政令指定都市**が管理する区間がある。	○
3	道路管理者は、道路台帳を作成しこれを保管しなければならない。	道路管理者は、**道路台帳**を作成しこれを保管しなければならない。	○

3. 道路の占用と使用

	問題	解説	
1	道路法上、道路に工作物または施設を設け、継続して道路を使用する行為のうち、当該道路の道路情報提供装置を設置する場合、占用の許可を必要としない。	道路法上、道路に工作物または施設を設け、継続して道路を使用する行為のうち、当該道路の道路情報提供装置を設置する場合、**占用の許可を必要としない。**	○
2	道路法上、道路に工作物または施設を設け、継続して道路を使用する行為のうち、電柱、電線、郵便差出箱、広告塔を設置する場合、占用の許可を必要としない。	道路法上、道路に工作物または施設を設け、継続して道路を使用する行為のうち、電柱、電線、郵便差出箱、広告塔を設置する場合、**占用の許可を必要とする。**	×

	問題	解説	
3	道路法上、道路に工作物または施設を設け、継続して道路を使用する行為のうち、水管、下水管、ガス管を埋設する場合、占用の許可を必要としない。	道路法上、道路に工作物または施設を設け、継続して道路を使用する行為のうち、水管、下水管、ガス管を埋設する場合、**占用の許可を必要とする。**	×
4	道路法上、道路に工作物または施設を設け、継続して道路を使用する行為のうち、高架の道路の路面下に事務所、店舗を設置する場合、占用の許可を必要としない。	道路法上、道路に工作物または施設を設け、継続して道路を使用する行為のうち、高架の道路の路面下に事務所、店舗を設置する場合、**占用の許可を必要とする。**	×
5	道路法上、歩行者等の通行の妨げにならないようにして、道路上に工事用板囲を設置する場合は、道路管理者の許可等を受けなくてもよい。	道路法上、歩行者等の通行の妨げにならないようにして、道路上に工事用板囲を設置する場合は、**道路管理者の許可等を受ける必要がある。**	×
6	道路法上、工事用搬入路として、道路の歩道を切り下げる場合は、道路管理者の許可等を受けなくてもよい。	道路法上、工事用搬入路として、道路の歩道を切り下げる場合は、**道路管理者の許可等を受ける必要がある。**	×
7	道路法上、工事用車両の出入り口付近の道路を清掃する場合は、道路管理者の許可等を受けなくてもよい。	道路法上、工事用車両の出入り口付近の道路を清掃する場合は、**道路管理者の許可等を受けなくてもよい。**	○

4. 道路の保全

	問題	解説	
1	車両制限令で定められている車両の長さの最高限度は11mで、幅の最高限度は2.3mである。ただし、高速自動車国道を通行するセミトレーラ連結車、フルトレーラ連結車を除くものとする。	車両制限令で定められている車両の長さの最高限度は**12m**で、幅の最高限度は**2.5m**である。**例外はない。**	×
2	車両制限令に定められている車両の最小回転半径の最高限度は、車両の最外側のわだちについて14mである。	車両制限令に定められている車両の最小回転半径の最高限度は、車両の最外側のわだちについて**12m**である。	×
3	車両制限令に定められている車両の高さの最高限度は、道路管理者が道路の構造の保全及び交通の危険の防止上支障がないと認めて指定した道路を通行する車両にあっては、4.1mである。	車両制限令に定められている車両の高さの最高限度は、道路管理者が道路の構造の保全及び交通の危険の防止上支障がないと認めて指定した道路を通行する車両にあっては、**4.1m**である。	○
4	車両制限令に定められている制限値を超える車両の走行は、労働基準監督署長の許可が必要である。	車両制限令に定められている制限値を超える車両の走行は、**道路管理者**の許可が必要である。	×
5	車両制限令に定められている車両の高さは3.8m以下である。	車両制限令に定められている、車両の高さは**3.8m以下**である。	○

5 河川関係法

第１次検定　第２次検定

学習のポイント

- 河川、河川管理施設、１級河川、２級河川の定義を理解する。
- 河川区域内の使用及び規則について理解する。
- 河川保全区域内における行為で、許可が必要なものと不要なものについて整理する。

1 定義

【河川法の目的（河川法第１条）】

河川法は、河川について、洪水、津波、高潮等による災害の発生が防止され、河川が適正に利用され、流水の正常な機能が維持され、及び河川環境の整備と保全がされるようにこれを総合的に管理することにより、国土の保全と開発に寄与し、もって公共の安全を保持し、公共の福祉を増進することを目的とする。

【河川及び河川管理施設（河川法第３条）】

①**河川**：**１級河川**及び**２級河川**をいい、これらの河川に関わる**河川管理施設**を含む。

②**河川管理施設**：ダム、堰、水門、堤防、護岸、床止め、樹林帯、その他河川の流水によって生ずる公利を増進し、または公害を除却し、もしくは軽減する効用を有する施設をいう。ただし、**河川管理者**以外の者が設置した施設については、当該施設を河川管理施設とすることについて**河川管理者**が権原に基づき当該施設を管理する者の同意を得たものに限る。

用語解説

権原：民法上、ある行為をすることを正当とする法律上の原因。権利の原因。

【１級河川と２級河川（河川法第４条、第５条）】

①**１級河川**：国土保全上または国民経済上特に重要な水系で、政令で指定したものに関わる河川（公共の水流及び水面をいう）で**国土交通大臣**が指定したものをいう。

②**２級河川**：１級河川水系以外の水系で、公共の利害に重要な関係があるものに関わる河川で**都道府県知事**が指定したものをいう。

【堤内地と堤外地】

堤内地とは、堤防によって洪水から守られている区域のことをいう。これと反対に、堤防の内側（川側の区域）を**堤外地**という。また、川の上流から下流に向かって、左側を**左岸**、右側を**右岸**という。

ワンポイントアドバイス

堤内地と堤外地の定義を整理しておくこと。反対に覚えないように。

【河川区域】

一般に、堤防の川裏の法尻から対岸の堤防の川裏の法尻までの間の河川としての役割をもつ土地を**河川区域**という。河川区域は洪水など災害の発生を防止するために必要で、**河川法が適**

用される。

❷ 河川の管理

①１級河川の管理は、**国土交通大臣**が行う。国土交通大臣が指定する区間（指定区間）内の１級河川に関わる国土交通大臣の権限に属する事務の一部は、政令で定めるところにより、当該１級河川の部分の存する都道府県を統轄する**都道府県知事**が行うことができる（河川法第９条）。

②２級河川の管理は、当該河川の存する都道府県を統轄する**都道府県知事**が行う。ただし、２級河川のうち指定都市の区域内に存する部分であって、当該部分の存する都道府県を統括する都道府県知事が当該指定都市の長が管理することが適当であると認めて指定する区間の管理は、**当該指定都市の長**が行う（河川法第10条）。また、境界に関わる２級河川の管理の特例として、２級河川の２つ以上の都府県の境界に関わる部分については、関係都府県知事は、協議して別に管理の方法を定めることができる（河川法第11条）。

③１級河川及び２級河川以外の法定外河川のうち、市町村長が指定し管理する河川を**準用河川**という。

④１級河川、２級河川、準用河川のいずれでもない河川を**普通河川**といい、河川法の適用・準用を受けない。必要性に応じて市町村長が条例を策定して管理する。

準用河川については、2級河川の規定を準用すると河川法第100条で規定されています。

❸ 河川の使用及び河川に関する規則

【流水の占用許可（河川法第23条）】

河川の**流水を占用しようとする者**は、国土交通省令で定めるところにより、河川管理者の許可を受けなければならない。なお、現場練りコンクリートで**少量の水を使用する**場合等は含まれない。

> **用語解説**
> 流水の占用：河川の流水を排他的独占的に継続して使用すること。

【土地の占有の許可（河川法第24条）】

河川区域内の**土地を占用しようとする者**は、国土交通省令で定めるところにより、河川管理者の許可を受けなければならない。なお、工事用道路とするために**土地の占用をする**場合や、低水路に**仮設桟橋を設ける**場合にも適用される。

> **ワンポイントアドバイス**
> 河川法で定める許可は、河川区域内の地上、地下及び空中に及ぶ。

【土石等の採取の許可（河川法第25条）】

河川区域内の土地において**土石（砂を含む）を採取しようとする者**は、国土交通省令で定めるところにより、河川管理者の許可を受けなければならない。

なお、河川区域内の土地において**土石以外の河川の産出物（竹木、あし、かや、笹、埋れ木、じゅんさいなど）**を採取しようとする者も河川管理者の許可を受けなければならない。また、河川区域内で河川管理者以外の者が行う工事の際に、掘削によって発生した土砂等を**他の工事に使用する**場合も適用される。

【工作物の新築等の許可（河川法第26条）】

河川区域内の土地において**工作物を新築し、改築し、または除却しようとする者**は、国土交通省令で定めるところにより、河川管理者の許可を受けなければならない。また、河川の河口付近の海面において河川の流水を**貯留し、または停滞させるための工作物**を新築し、改築し、または除却しようとする者も、河川管理者の許可を受けなければならない。

なお、河川管理者の許可を得て工作物を新築するための**土地の掘削**については、工作物の新築と一体として許可条件とするため、あらためて河川管理者の許可を受ける必要はない。一方、河川区域内に設置する**現場事務所**及び資機材を荷揚げするための**桟橋**等は、一時的な仮設の工作物であっても河川管理者の許可が必要である。

【土地の掘削等の許可（河川法第27条）】

河川区域内の土地において、土地の**掘削**、**盛土**もしくは**切土**その他**土地の形状を変更する行為**、または竹木の**栽植**もしくは**伐採**をしようとする者は、国土交通省令で定めるところにより、河川管理者の許可を受けなければならない。ただし、**耕うん**及び河川管理者が指定した**軽易な行為**は除く。

耕うん：田や畑を耕して農作物をつくること。

なお、上記のとおり、竹林の伐採は許可対象であるが、**特別に指定した区域外**の竹林の伐採は軽易な行為に該当するため、河川管理者の許可を受ける必要はない。また、取水施設または排水施設の機能を維持するために行う取水口または排水溝の付近に積もった**土砂の排除**なども軽易な行為に該当するため、河川管理者の許可を受ける必要はない。

【竹木の流送等の禁止、制限または許可（河川法第28条）】

河川における**竹木の流送**または**船もしくはいかだの通航**については、１級河川については政令で、２級河川については都道府県の条例で、河川管理上必要な範囲内において、これを**禁止**、**制限**または**河川管理者の許可を受けさせることができる**。

【河川の流水等に関して河川管理上支障を及ぼすおそれのある行為の禁止、制限または許可（河川法第29条）】

河川の流水の方向、清潔、流量、幅員または深浅等に関して、河川管理上支障を及ぼすおそれのある行為に対しては、政令で**禁止**、**制限**または**河川管理者の許可を受けさせることができる**。なお、２級河川に関しては、政令で定めている行為について都道府県の条例で同様に規定することができる。

④ 河川保全区域

【河川保全区域（河川法第54条）】

①河川管理者は、河岸または河川管理施設を保全するため必要があると認めるときは、河川

区域に隣接する一定の区域を**河川保全区域**として指定することができる。

②国土交通大臣は、河川保全区域を指定しようとするときは、あらかじめ、**関係都道府県知事**の意見をきかなければならない。これを変更し、または廃止しようとするときも、同様とする。

③河川保全区域の指定は、当該河岸または河川管理施設を保全するため必要な**最小限度**の区域に限ってするものとし、かつ、河川区域の境界から**50m**を超えてしてはならない。ただし、地形、地質等の状況により必要やむを得ないと認められる場合においては、**50m**を超えて指定することができる。

【河川保全区域における行為の制限】

河川保全区域内において、次の行為をしようとする者は、河川管理者の許可を受けなければならない（河川法第55条）。

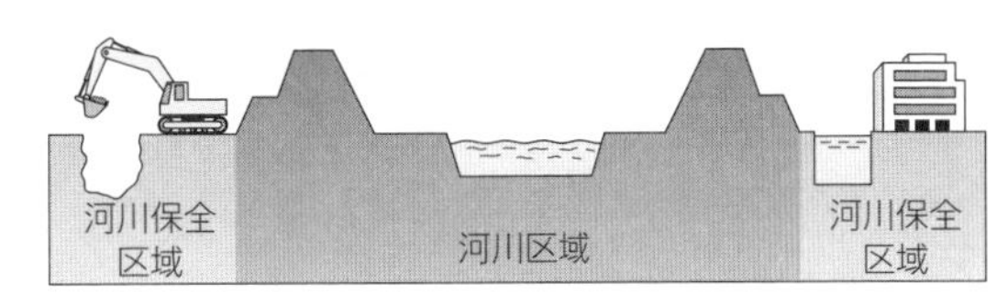

河川保全区域での土地の掘削や工作物の新築などには、河川管理者の許可が必要

①土地の**掘削**、**盛土**または**切土**その他**土地の形状を変更する行為**

②工作物の**新築**または**改築**

一方、河川保全区域内における行為で許可を有しないものは次のとおりである（河川法施行令第34条）。

①**耕うん**

②堤内の土地における地表から高さ**3m以内**の盛土（堤防に沿って行う盛土で堤防に沿う部分の長さが**20m以上**のものを除く）

③堤内の土地における地表から深さ**1m以内**の土地の掘削または切土

④堤内の土地における工作物（コンクリート造、石造、れんが造等の堅固なもの及び貯水池、水槽、井戸、水路等の水が浸透するおそれのあるものを除く）の**新築**または**改築**

⑤上記の①～④のほか、河川管理者が河岸または河川管理施設の保全上影響が少ないと認めて指定した行為

ワンポイント アドバイス

「土砂の採取」という言葉が使われる場合は、掘削や切土が含まれるため、深さ1m以上での土砂の採取には許可が必要となる。

これが試験に出る!

本節について、過去10年間の本試験でよく出題された内容の1～3位は次のとおりである。

1位：河川区域内の土地における新築、改築、除去についての河川の使用及び河川に関する規制

2位：河川区域内の土地における掘削、盛土、切土、竹林の植栽・伐採についての河川の使用及び河川に関する規制

3位：1級河川、2級河川以外の河川の管理について

例題演習 第3章 5 河川関係法

【問題】次の文章を読み、正誤もしくは正しい選択肢を答えなさい。

1. 定義

	問題	解説	
1	洪水防御を目的とするダムは、河川管理施設に該当しない。	洪水防御を目的とするダムは、**河川管理施設に該当する。**	×
2	河川法の目的は洪水防御と水利用の2つであり、河川環境の整備と保全はその目的に含まれていない。	河川法は、**洪水、津波、高潮等による災害の発生の防止、河川の適正な利用、流水の正常な機能の維持、**及び**河川環境の整備と保全**を目的としている。	×
3	河川区域とは、河川の流水が継続して存在する土地に限られている。	一般に、**堤防の川裏の法尻から対岸の堤防の川裏の法尻までの間の河川としての役割をもつ土地**を河川区域という。河川区域は洪水など災害の発生を防止するために必要な区域であり、**流水が継続して存在する土地に限らない。**	×
4	堤外地とは、堤防から見て流水のある側の土地であり、その反対側を堤内地という。	堤外地とは、**堤防から見て流水のある側の土地**であり、その反対側を**堤内地**という。	○

2. 河川の管理

	問題	解説	
1	1級河川及び2級河川以外の準用河川については、市町村長が管理する。	1級河川及び2級河川以外の準用河川については、**市町村長が管理する。**	○
2	1級河川の管理は都道府県が行い、2級河川の管理は市町村が行う。	1級河川の管理は**国**が行い、2級河川の管理は**都道府県**が行う。	×
3	1級河川の河川区域内の土地における占用許可は、国土交通大臣の指定を受けて都道府県知事が管理する指定区間においても、すべて国土交通大臣が行う。	国土交通大臣が指定する区間（指定区間）内の1級河川に関わる国土交通大臣の権限に属する事務の一部は、政令で定めるところにより、**当該1級河川の部分の存する都道府県を統轄する都道府県知事が行うことができる。**	×
4	河川法による規制を受けない河川に普通河川がある。	**普通河川**は河川法による規制を受けない。**1級河川、2級河川、準用河川**は規制を受ける。	○

3. 河川の使用及び河川に関する規則

	問題	解説	
1	河川区域内における下水処理場の排水溝の付近に積もった土砂の排除は、許可が必要でない。	河川区域内における下水処理場の排水溝の付近に積もった土砂の排除は、**許可が必要でない。**	○

	問題	解説	
2	河川の上空に送電線を新たに架設する場合は、許可が必要である。	河川区域内の土地において工作物を新築し、改築し、または除去しようとする者は、国土交通省令で定めるところにより、**河川管理者の許可を受けなければならない**。河川区域内において河川法は**地上、地下及び空中**に及ぶため、**許可が必要である**。	○
3	河川区域内の土地において竹林の植栽・伐採は、許可が必要でない。	河川区域内の土地において土地の掘削、盛土もしくは切土その他土地の形状を変更する行為または竹木の栽植もしくは伐採をしようとする者は、**国土交通省令で定めるところにより、河川管理者の許可を受けなければならない**。	×
4	河川区域内の土地において土砂を採取しようとする者は、許可が必要である。	河川区域内の土地において土石（砂を含む）を採取しようとする者は、国土交通省令で定めるところにより、**河川管理者の許可を受けなければならない**。	○
5	河川区域内の土地では、工作物の新築、改築または除去しようとする者は河川管理者の許可を必要としない。	河川区域内の土地において工作物を新築し、改築し、または除去しようとする者は、**国土交通省令で定めるところにより、河川管理者の許可を受けなければならない**。	×
6	河川の地下を横断して下水道のトンネルを設置する場合は、河川管理者の許可を必要とする。	河川区域内の土地において河川の地下を横断して下水道のトンネルを設置する場合は、**河川管理者の許可を必要とする**。河川区域内において河川法は**地上、地下及び空中**に及ぶため、**許可が必要である**。	○
7	河川法上、河川区域内で河川管理者以外のものが、工事材料置き場を設置する行為は、河川管理者の許可が必要である。	河川法上、河川区域内で河川管理者以外のものが、工事材料置き場を設置する行為は、**河川管理者の許可が必要である**。	○
8	道路橋脚工事を行うため、河川区域内に工事用仮設現場事務所を新たに設置する場合は河川管理者の許可が必要である。	河川区域内に設置する現場事務所及び資機材を荷揚げするための桟橋等は、一時的な仮設の工作物であっても**河川管理者の許可が必要である**。	○

4. 河川保全区域

	問題	解説	
1	河川保全区域は、河川管理施設を保全するために河川管理者が指定した区域である。	河川保全区域は、河川管理施設を保全するために**河川管理者**が指定した区域である。	○
2	河岸または河川管理施設を保全するために河川管理者によって指定される河川保全区域は、両岸の堤防に挟まれた区域である。	河川管理者は、河岸または河川管理施設を保全するため必要があると認めるときは、**河川区域に隣接する一定の区域を河川保全区域として指定することができる**と規定されており、**両岸の堤防に挟まれた区域とは限らない**。	×

6 建築基準法

第１次検定　第２次検定

学習のポイント

- 建築基準法の用語の定義、その他の規定を覚える。
- 仮設建築物に対する建築基準法の主な適用除外と適用規定を理解する。

① 定義

【建築基準法の目的（建築基準法第１条）】

建築基準法は、建築物の敷地、構造、設備及び用途に関する最低限の基準を定めて、国民の生命、健康及び財産の保護を図り、もって公共の福祉の増進に資することを目的とする。

【建築物（建築基準法第２条第１項）】

建築物とは、土地に定着する工作物のうち、屋根及び柱もしくは壁を有するもの、これに付属する門もしくは塀、観覧のための工作物または地下もしくは高架の工作物内に設ける事務所、店舗、興行場、倉庫その他これらに類する施設（鉄道及び軌道の線路敷地内の運転保安に関する施設並びに跨線橋、プラットホームの上家、貯蔵槽その他これらに類する施設を除く）をいい、**建築設備**を含むものとする。

【建築設備（建築基準法第２条第３項）】

建築設備とは、建築物に設ける電気、ガス、給水、排水、換気、暖房、冷房、消火、排煙もしくは汚物処理の設備または煙突、昇降機もしくは避雷針をいう。

【都市計画区域等における道路（建築基準法第42条）】

都市計画区域等における道路とは、原則として幅員**４m以上**のものをいう。

【敷地等と道路の関係（建築基準法第43条）】

都市計画区域内の建築物の敷地は、原則として道路に**２m以上**接しなければならない。

【道路内の建築制限（建築基準法第44条）】

建築物または敷地を造成するための擁壁は、道路内に、または道路に突き出して**建築**し、または**築造**してはならない。

【敷地面積】

敷地面積の算定は、敷地の**水平投影面積**による。

【容積率（建築基準法第52条）】

容積率とは、建築物の**延べ面積（延べ床面積）の敷地面積に対する割合**をいう。

容積率＝（建築物の延べ面積／敷地面積）×100

【建ぺい率（建築基準法第53条）】

建ぺい率とは、**建築物の建築面積の敷地面積に対**

> **用語解説**
> - 水平投影面積：真上から見た場合に敷地等が占有している面積。敷地に凹凸や斜面などが存在していてもそれらは考慮せず、水平であるという前提で算出する。
> - 延べ面積：建築物の各階の床面積を合計した面積。
> - 建築面積：建築物の外壁または柱の中心線で囲まれた部分の水平投影面積。軒やひさし、バルコニーなどが1m以上はね出している場合は、その先端から1mの部分は建築面積から除かれる。

する割合をいう。 建ぺい率＝（建築面積／敷地面積）×100

【建築物が防火地域または準防火地域の内外にわたる場合の措置（建築基準法第67条）】

建築物が防火地域及び準防火地域にわたる場合においては、その**全部**について防火地域内の建築物に関する規定を適用する。

❷ 仮設建築物に対する建築基準法の適用除外と適用規定

【仮設建築物に対する建築基準法（建築基準法第85条第2項）の主な適用除外（緩和）と適用規定】

次に該当する場合については、建築基準法の**緩和規定**がある。

①**災害**により破損した建築物の応急の修繕または国・地方公共団体または日本赤十字社が**災害救助**のために建築する場合。

②被災者が自ら使用するために建築し、延べ面積が**30㎡以内**のものに該当する応急仮設建築物の建築であり、その災害が発生した日から**1ヵ月以内**にその工事に着手する場合。

③災害があった場合に建築する停車場や官公署、その他これらに類する公益上必要な用途のための**応急仮設建築物**、または工事を施工するために現場に設ける事務所・下小屋・材料置き場等に該当する**仮設建築物**。

店舗や事務所などの老朽化による建替えなどは、その竣工するまでの間、臨時の建築物が必要となる。このような建築物は短期間しか存続しないため安価で簡易な建築物とすることの方が効率的である。そこで建築基準法並びに各市区町村が規定する許可基準により仮設建築物を指定し、制限を緩和している。

用語解説

仮設建築物：一定期間経過後に撤去されることを前提として、建築基準法で定められている制限基準を緩和して適用される建築物。

建築基準法が適用されない規定と適用される規定

条文	内容
⑴建築基準法のうち適用されない主な規定	
第6条	建築確認申請手続
第7条	建築工事の完了検査
第15条	建築物を新築または除去する場合の届出
第19条	建築物の敷地の衛生及び安全に関する規定
第43条	建築物の敷地は道路に2m以上接すること。
第52条	延べ面積の敷地面積に対する割合（容積率）
第53条	建築面積の敷地面積に対する割合（建ぺい率）
第55条	第1種低層住居専用地域等の建築物の高さ
第61条	防火地域内の建築物
第62条	準防火地域内の建築物
第63条	防火地域または準防火地域内の屋根の構造（50㎡以内）
第3章	「集団規定（第41条の2～第68条の9）」 都市計画区域、準都市計画区域内の建築物の敷地、構造、建築設備に関する規定

⑵建築基準法のうち適用される主な規定	
第５条の４	建築士による建築物の設計及び工事監理
第20条	建築物は、自重、積載荷重、積雪、風圧、地震等に対する安全な構造とする。
第28条	事務室等には採光及び換気のための窓の設置
第29条	地階における住宅等の居室の防湿措置
第32条	電気設備の安全及び防火

⑶防火地域内及び準防火地域内に50m²を超える建築物を設置する場合

建築基準法第63条の規定が適用されるので、建築物の屋根の構造は次のいずれかとする。
- 不燃材料でつくるかまたはふく。
- 準耐火構造の屋根（屋外に面する部分を準不燃材料で造ったもの）
- 耐火構造の屋根の屋外面に断熱材及び防水材を張ったもの

用語解説

居室：居住や作業、執務、集会、娯楽その他これらに類する目的のために継続的に使用する部屋。

ワンポイントアドバイス

建設基準法の緩和規定が適用される仮設建築物については、次の建築物及び建築の許可期間が定められている。

主要用途	許可期間
モデルルーム（共同住宅の売買に関わるものに限る）	建築物の販売完了までの期間（１年以内）用途については、事務所（モデルルーム）とすること。
仮設興行場・博覧会建築物等	１年以内
仮設店舗	建替工事に必要な期間
住宅展示場（管理棟を除く）	１年以内
仮設校舎	建替工事に必要な期間
選挙事務所	必要な期間
仮設現場事務所・寄宿舎	本工事の施工に必要な期間（現場に設けるものを除く） ※現場に設けるとは、相当の距離的、機能的な関係にあるものとして、支障ないと判断できる場合をいう。
その他これらに類するもの	１年以内

これが試験に出る!

本節について、過去10年間の本試験でよく出題された内容の1～3位は次のとおりである。
１位：都市計画区域等の道路の幅員と道路に接する建築物の敷地について
２位：建ぺい率、容積率について
３位：現場に設ける仮設建築物に関する建築主事への確認申請の有無について

例題演習 第3章 6 建築基準法

【問題】次の文章を読み、正誤もしくは正しい選択肢を答えなさい。

1. 定義

	問題	解説	
1	建ぺい率は、建築物の延べ面積の敷地面積に対する割合をいう。	建ぺい率は、**建築面積の敷地面積に対する割合**をいう。	×
2	土地に定着する屋根及び柱もしくは壁を有する工作物は、建築物である。	土地に定着する屋根及び柱もしくは壁を有する工作物は、**建築物である**。	○
3	建築物の敷地は、原則として区画街路等の道路に２ｍ以上接していなければならない。	建築物の敷地は、原則として区画街路等の道路に**2m以上**接していなければならない。	○
4	建築物に設ける電気、消火もしくは排煙の設備は、建築設備である。	建築物に設ける電気、消火もしくは排煙の設備は、**建築設備である**。	○
5	敷地を造成するための擁壁は、道路の構造に影響を与えなければ、道路内または道路に突き出して築造できる。	建築物または敷地を造成するための擁壁は、**道路内に、または道路に突き出して建築し、または築造してはならない**。	×
6	容積率とは、建築面積の敷地面積に対する割合をいう。	容積率とは、**建築物の延べ面積の敷地面積に対する割合をいう**。	×
7	都市計画区域等の道路とは、原則として幅員４ｍ以上のものをいう。	都市計画区域等の道路とは、原則として幅員４m以上のものをいう。	○
8	敷地面積の算定は、敷地の水平投影面積による。	敷地面積の算定は、**敷地の水平投影面積**による。	○
9	敷地が防火地域と準防火地域にわたる場合の建築物は、準防火地域の規定がその敷地の全部に適用される。	敷地が防火地域と準防火地域にわたる場合の建築物は、防火地域の規定が**その敷地の全部に適用される**。	×
10	高架の工作物内に設ける事務所、倉庫その他これらに類する施設は、法に定められている建築物に該当しない。	高架の工作物内に設ける事務所、倉庫その他これらに類する施設は、**法に定められている建築物に該当する**。	×
11	建築基準法は、建築物の敷地、構造、設備及び用途に関する最高限度を示す基準を定めたものである。	建築基準法は、**建築物の敷地、構造、設備及び用途に関する最低の基準**を定めたものである。	×
12	建築設備とは建築物に設ける電気、ガス、給水、排水、換気、暖房、冷房、消火、排煙もしくは汚物処理の設備をいい、煙突や昇降機、避雷針は含まれない。	建築物に設ける電気、ガス、給水、排水、換気、暖房、冷房、消火、排煙、汚物処理の設備だけでなく、**煙突や昇降機、避雷針も建築設備に含まれる**。	×

2. 仮設建築物に対する建築基準法の適用除外と適用規定

	問題	解説	
1	工事を施工するために現場に設ける仮設建築物は、建築物の大きさにかかわらず、建築基準法の適用についてはすべて除外される。	仮設建築物であっても、**構造規定、衛生規定などは適用される。すべて除外されるわけではない。**	×
2	工事を施工するために現場に設ける仮設事務所は、自重、積載荷重、風圧及び地震等に対して安全な構造としなければならない。	仮設事務所は、**自重、積載荷重、風圧及び地震等に対して安全な構造としなければならない。**	○
3	仮設建築物は、建築物の建築面積の敷地面積に対する割合（建ぺい率）の規定が適用される。	仮設建築物は、建築物の建築面積の敷地面積に対する割合（建ぺい率）の規定は**適用されない。**	×
4	仮設建築物について、建築主は、建築物の工事完了にあたり、建築主事への完了検査の申請は必要としない。	仮設建築物について、建築主は、建築物の工事完了にあたり、建築主事への完了検査の申請は**必要としない。**	○
5	50㎡を超える仮設建築物において、防火地域に設ける建築物の屋根の構造については、政令で定める基準が適用される。	50㎡を超える仮設建築物において、防火地域に設ける建築物の屋根の構造については、**政令で定める基準が適用される。**	○
6	現場に設ける仮設建築物において、工事着手前に建築主事への確認の申請書を提出しなければならない。	現場に設ける仮設建築物において、工事着手前に建築主事への確認の申請書の提出は**必要としない。**	×
7	現場に設ける仮設事務所について、構造、規模にかかわらず、除去する場合は、都道府県知事に届け出なければならない。	現場に設ける仮設事務所について、構造、規模にかかわらず、除去する場合は、**都道府県知事に届け出る必要はない。**	×
8	現場に設ける延べ面積が50㎡を超える仮設建築物において、準防火地域に設ける建築物の屋根の構造については、政令で定める基準が適用される。	現場に設ける延べ面積が50㎡を超える仮設建築物において、準防火地域に設ける建築物の屋根の構造については、**政令で定める基準が適用される。**	○
9	現場に設ける仮設建築物は、建築物の延べ面積の敷地面積に対する割合（容積率）の規定が適用される。	現場に設ける仮設建築物については、建築物の延べ面積の敷地面積に対する割合（容積率）の規定は**適用されない。**	×
10	延べ面積が50㎡を超える仮設建築物を防火地域内に建築する場合、屋根が耐火構造または準耐火構造でないものは、屋根の構造方法は不燃材料でつくるか、またはふかなければならない。	延べ面積が50㎡を超える仮設建築物を防火地域内に建築する場合、屋根が耐火構造または準耐火構造でないものは、屋根の構造方法は**不燃材料でつくるか、またはふかなければならない。**	○

7 火薬類取締法

第1次検定　第2次検定

学習のポイント

- 火薬類の貯蔵、運搬、制限、破棄を理解する。
- 火薬類の消費、取扱い・火薬類取扱所、火工所・火薬類の発破、不発等の規定を理解する。
- 保安責任者等の責務を整理する。

1 火薬類の貯蔵、運搬、制限、破棄等

【火薬類の貯蔵（火薬類取締法第11条）】

火薬類の貯蔵は、火薬庫にてしなければならない。ただし、**経済産業省令**で定める数量以下の火薬類については、この限りでない。

用語解説

火薬庫：火薬類を一時的に貯蔵や保管するための倉庫。

【貯蔵上の取扱い（火薬類取締法施行規則第21条第1項4号）】

火薬庫内に入る場合には、鉄類もしくはそれらを使用した器具または携帯電灯以外の**灯火**をもち込んではならない。

【火薬庫（火薬類取締法第12条）】

火薬庫を設置し、移転しまたはその構造もしくは設備を変更しようとする者は、経済産業省令で定めるところにより、**都道府県知事**の許可を受けなければならない。

【完成検査（火薬類取締法第15条）】

火薬類の**製造施設**の設置または**火薬庫**の設置もしくは移転の工事をした場合には、経済産業省令で定めるところにより、製造施設または火薬庫につき**経済産業大臣**または**都道府県知事**が行う完成検査を受け、技術上の基準に適合していると認められた後でなければ、これを使用してはならない。

ワンポイントアドバイス

火薬類の製造所または火薬庫においては、製造業者または火薬庫の所有者もしくは占有者の指定する場所以外の場所での喫煙や火気の取扱いは禁止されている。また、製造業者または火薬庫の所有者もしくは占有者の承諾を得ないで、発火しやすい物を携帯して火薬類の製造所または火薬庫への立ち入りも禁止である。

【運搬（火薬類取締法第19条）】

火薬類を運搬しようとする場合は、その荷送人は、その旨を**出発地を管轄する都道府県公安委員会**に届け出て、届出を証明する文書（運搬証明書）の交付を受けなければならない。

【火薬類の取扱いの制限（火薬類取締法第23条）】

18歳未満の者は、火薬類の取扱いをしてはならない。

【廃棄（火薬類取締法第27条）】

火薬類を廃棄しようとする者は、経済産業省令で定めるところにより、**都道府県知事**の許可を受けなければならない。

❷ 火薬類の消費、取扱い・火薬類取扱所、火工所・火薬類の発破、不発等

【消費の許可申請（火薬類取締法施行規則第48条）】

火薬類の消費の許可を受けようとする者は、火薬類消費許可申請書に火薬類消費計画書を添えて、**消費地を管轄する都道府県知事**に提出しなければならない。

【火薬類の取扱い規定（火薬類取締法施行規則第51条）】

①火薬類を収納する容器は、**木その他電気不良導体でつくった丈夫な構造**のものとし、内面には**鉄類**を表してはならない。

②火薬類を存置し、または運搬するときは、火薬、爆薬、導爆線または制御発破用コードと火工品とは、**それぞれ異なる容器に収納**しなければならない。

③火薬類を運搬するときは、**衝撃等に対して安全な措置**を講じなければならない。この場合、工業雷管、電気雷管もしくは導火管付き雷管またはこれらを取り付けた薬包を坑内または隔離した場所に運搬するときは、背負袋、背負箱等その他の運搬専用の安全な用具を使用する。

④電気雷管を運搬する場合には、**脚線が裸出しないような容器**に収納し、運搬する。

用語解説

- 存置：物などを残しておくこと。
- 発破：爆薬やダイナマイトなどの爆発力を利用して、岩石や鉱石を破砕すること。
- 火工品：火薬または爆薬を利用して爆発反応の生起、伝達、その他の目的に適合するように加工したもので、工業雷管や電気雷管、導火線、コンクリート破砕機、爆弾、自動車のエアバッグなどが該当する。

⑤凍結したダイナマイト等は、**摂氏50度以下**の温湯を外槽に使用した融解器により、または**摂氏30度以下**に保った室内に置くことにより融解すること。ただし、裸火、ストーブ、蒸気管その他**高熱源**に接近させてはならない。

用語解説

裸火：炎の周囲に覆いや囲いがなく、露出して燃えている状態。

⑥固化したダイナマイト等は、**もみほぐす**。

⑦使用に適しない火薬類は、その旨を明記したうえで、火薬類取扱所、火工所もしくは、火薬庫に**返送**しなければならない。

⑧導火線は、**導火線ばさみ**等の適当な器具を使用して保安上適当な長さに切断し、工業雷管に電気導火線または導火線を取り付ける場合には、**口締器**を使用しなければならない。

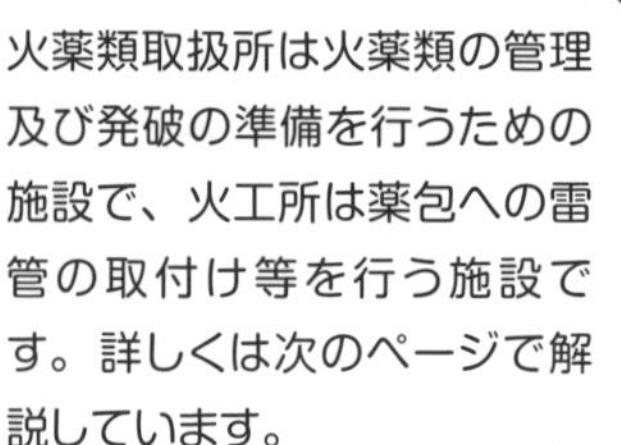

⑨消費場所においては、やむを得ない場合を除き、**火薬類取扱所**、**火工所**または**発破場所**以外の場所に火薬類を存置してはならない。

⑩消費場所においては、火薬類消費計画書に火薬類を取り扱う必要のある者として記載されている者が火薬類を取り扱う場合には、腕章を付ける等**他の者と容易に識別できる措置**を講じなければならない。

【火薬類取扱所の規定（火薬類取締法施行規則第52条）】

①消費場所においては、火薬類の管理及び発破の準備をするために、**火薬類取扱所**を設けなければならない。

②火薬類取扱所は、１つの消費場所について**１箇所**とする。

③火薬類取扱所は、通路、通路となる坑道、動力線、火薬庫、火気を取り扱う場所、人の出入りする建物等に対して**安全**で、かつ、**湿気の少ない**場所に設けなければならない。

④火薬類取扱所には建物を設け、その構造は、火薬類を存置するときに見張人を常時配置する場合を除き、**平家建ての鉄筋コンクリート造り、コンクリートブロック造り**またはこれと同等程度に**盗難**及び**火災**を防ぎ得る構造としなければならない。

⑤火薬類取扱所の建物の屋根の外面には、金属板、スレート板、瓦その他の**不燃性物質**を使用すること。

⑥火薬類取扱所の建物の内面は、**衝撃または摩擦を緩和**する建築材料を使用し、床面にはできるだけ**鉄類**を表さないこと。

⑦火薬類取扱所の建物の入口の扉は、火薬類を存置するときに見張人を常時配置する場合を除き、**盗難**及び**火災**を防止するための措置を講じなければならない。

⑧火災類取扱所に暖房設備を設ける場合には、火薬類の**爆発**または**発火**を防止するための措置を講ずるとともに、燃焼しやすい物と隔離すること。

⑨火薬類取扱所に照明設備を設ける場合は、火薬類の**爆発**または**発火**を防止するための措置を講ずること。

⑩火薬類取扱所の周囲には、適当な**境界柵**を設け、かつ、「火薬」「立入禁止」「火気厳禁」等と書いた**警戒札**を掲示すること。

⑪火薬類取扱所内には、見やすい場所に火薬類の取扱いに必要な**法規**及び**注意事項**を掲示しなければならない。

⑫火薬類取扱所の境界内には、**爆発**し、**発火**し、または**燃焼**しやすい物を堆積しないこと。

⑬火薬類取扱所には、**定員**を定め、定員内の作業者または特に必要がある者のほかは、立ち入ってはならない。

⑭火薬類取扱所において存置することのできる火薬類の数量は、**１日の消費見込量以下**としなければならない。

⑮火薬類取扱所には、**帳簿**を備え、責任者を定めて、火薬類の受払い及び消費残数量をそのつど明確に**記録**させなければならない。

⑯火薬類取扱所の内部は、整理整頓し、火薬類取扱所内における作業に必要な器具以外の物を置いてはならない。

⑰火薬類取扱所において存置することのできる火薬類の数量は、**１日の消費見込量以下**としなければならない。

【火工所の規定（火薬類取締法施行規則第 52 条の２）】

①消費場所においては、薬包に工業雷管、電気雷管もしくは導火管付き雷管を取り付け、またはこれらを取り付けた薬包を取り扱う作業をするために、**火工所**を設けなければならない。

②火工所は、通路、通路となる坑道、動力線、火薬類取扱所、他の火工所、火薬庫、火気を取り扱う場所、人の出入りする建物等に対し**安全**で、かつ、**湿気の少ない場所**に設けなければならない。

③火工所として建物を設ける場合には、適当な**換気の措置**を講じ、床面にはできるだけ鉄類を表さず、その他の場合には、**日光の直射**及び**雨露**を防ぎ、安全に作業ができるような措置を講じなければならない。

④火工所に火薬類を存置する場合には、**見張人**を常時配置しなければならない。

⑤火工所の周囲には、適当な**柵**を設け、かつ、「立入禁止」「火気厳禁」等と書いた**警戒札**を掲示すること。

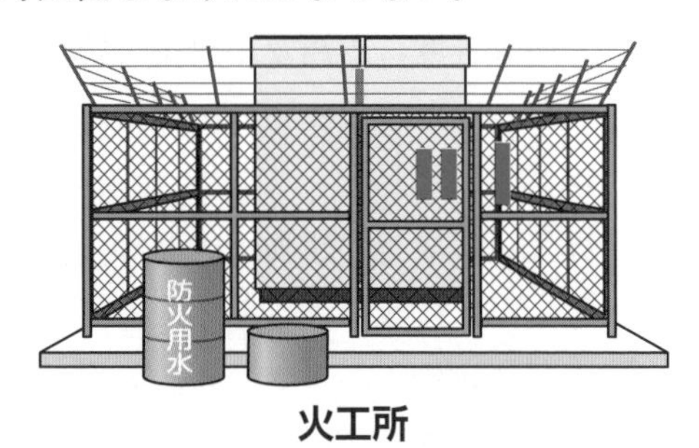

火工所

⑥火工所以外の場所においては、**薬包に工業雷管、電気雷管または導火管付き雷管を取り付ける**作業を行ってはならない。

⑦火工所には、薬包に工業雷管、電気雷管または導火管付き雷管を取り付けるために必要な火薬類以外の火薬類を**もち込んではならない**。

火薬類取締法施行規則第52条第1項にて火薬類取扱所を設けないことのできる条件が明記されており、この場合、火工所において火薬類の管理及び発破の準備を行うことができると第52条の2にて定められている。その場合には、⑦に関して、薬包に工業雷管、電気雷管または導火管付き雷管を取り付けるために必要な火薬類以外の火薬類を火工所へもち込むことが認められる。

【発破の規定（火薬類取締法施行規則第53条）】

①発破場所に携行する火薬類の数量は、当該作業に使用する**消費見込量**を超えてはならない。

②発破場所においては、責任者を定め、火薬類の**受渡し数量**、**消費残数量**及び**発破孔または薬室に対する装填方法**をそのつど記録させなければならない。

③装填が終了し、火薬類が残った場合には、直ちに元の**火薬類取扱所**または**火工所**に返送しなければならない。

④装填前に**発破孔または薬室の位置**及び**岩盤等の状況**を検査し、適切な装填方法により装填を行わなければならない。

⑤発破による飛散物により人畜、建物等に損傷が生じるおそれのある場合には、損傷を防ぎ得る**防護措置**を講じなければならない。

⑥前回の発破孔を利用して、**削岩**または**装填**してはならない。

⑦火薬または爆薬を装填する場合には、その付近で**喫煙**し、または**火気**を使用してはならな

い。

⑧水孔発破の場合には、使用火薬類に**防水の措置**を講じなければならない。

⑨火薬類を装填する場合には、発破孔に砂その他の**発火性または引火性のない込め物**を使用し、かつ、**摩擦、衝撃、静電気**等に対して安全な装填機または装填具を使用しなければならない。

用語解説
水孔発破：水が排出される孔で、火薬類を使って爆破すること。

【電気発破（火薬類取締法施行規則第54条）】

①発破をしようとする場所に**漏洩電流**がある場合には、電気発破をしてはならない。

②電気発破器及び乾電池は、**乾燥**したところに置き、使用前に**起電力**を確かめなければならない。

③発破母線は、日本産業規格C三三〇七（二〇〇〇）「**600ボルトビニール絶縁電線**（IV）」に適合する電線またはこれと同等以上の絶縁効力のある電線であって、**30m以上**の機械的に強力なものを使用し、使用前に**断線の有無**を検査すること。

④発破母線は、点火するまでは点火器に接続する側の端を短絡させて置き、発破母線の電気雷管の脚線に接続する側は、短絡を防ぐために心線の長短を不ぞろえにしておかなければならない。

⑤発破母線を敷設する場合には、電線路その他の**充電部**または**帯電するおそれの多いもの**から隔離しなければならない。

⑥多数斉発（せいはつ）に際しては、電圧並びに電源、発破母線、電気導火線及び電気雷管の**全抵抗**を考慮した後、電気雷管に**所要電流**を通じなければならない。

用語解説
多数斉発：多くの火薬などを同時に起爆させること。

⑦動力線または電灯線を電源にするときは、電路の**開閉**は確実にし、当該作業者のほかは開閉できないようにし、かつ、電路には**電気雷管が確実に爆発する**ための適当な電流が流れるようにすること。

⑧電気発破器には、**点火作業に従事する者以外の者が点火できない**よう措置を講ずること。

⑨点火回路は、点火する前に導通または抵抗を試験し、かつ、試験は、作業者が安全な場所に退避したことを確認した後、火薬類の装填箇所から**30m以上**離れた安全な場所で実施すること。ただし、電気雷管が爆発するおそれがない電流により試験する場合、または電子雷管のみを使用した点火回路を点火機能のない導通試験器を用いて試験する場合については、この限りでない。

【不発の場合の規定（火薬類取締法施行規則第55条第１項）】

①ガス導管発破の場合には、ガス導管内の爆発性ガスを不活性ガスで完全に**置換**し、かつ、**再点火**ができないように措置を講ずること。

②電気雷管によった場合には、**発破母線**を点火器から取り外し、その端を短絡させておき、かつ、**再点火**ができないように措置を講ずること。

③ガス導管発破の場合には、①の措置を講じた後でなければ、火薬類装填箇所に接近せず、かつ、他の作業者を接近させてはならない。また、半導体集積回路を組み込んでいない電気雷管によった場合には、②の導火管発破の場合には再点火できないような措置を講じた後それぞれ**５分以上**、半導体集積回路を組み込んだ電気雷管によった場合には、②の措置を講じた後**10分以上**、その他の措置を講じた場合には、点火後**15分以上**を経過した後でなければ火薬類装填箇所に接近せず、かつ、他の作業者を接近させてはならない。

【発破終了後の措置（火薬類取締法施行規則第56条）】

発破を終了したときは、当該作業者は、発破による有害ガスによる危険が除去された後、岩盤、コンクリート構造物等についての**危険の有無を検査**し、安全と認めた後（坑道式発破にあっては、発破後**30分**を経過して安全と認めた後）でなければ、何人も発破場所及びその付近に立ち入らせてはならない。

❸ 保安

【保安責任者、副保安責任者（火薬類取締法第30条、火薬類取締法施行規則第68条、第69条）】

①製造業者は、**火薬類製造保安責任者**及び**火薬類製造副保安責任者**または**製造保安責任者**を選任し、製造保安責任者及び製造副保安責任者の職務を行わせなければならない。

②火薬庫の所有者もしくは占有者または経済産業省令で定める数量以上の火薬類を消費する者は、**火薬類取扱保安責任者**及び**火薬類取扱副保安責任者**または**取扱保安責任者**を選任し、取扱保安責任者または取扱副保安責任者の職務を行わせなければならない。

【保安責任者の責務（火薬類取締法第32条、火薬類取締法施行規則第70条の２）】

製造保安責任者または取扱保安責任者は、火薬類の製造または貯蔵もしくは消費に関わる**保安**に関して**経済産業省令**で定める職務を行わなければならない。火薬庫の構造等または貯蔵上の取扱いの状況、保安教育の実施状況等の**監督**、特に盗難防止に関する事項及び火薬類一時置場における無煙火薬の存置に関する事項については、注意しなければならない。

これが試験に出る!

本節について、過去10年間の本試験でよく出題された内容の1～3位は次のとおりである。
１位：火薬類の取扱いができる年齢制限について
２位：火薬類を収納する容器の構造について
３位：装填が完了し、火薬類が残った場合の措置について

例題演習 第3章 7 火薬類取締法

【問題】次の文章を読み、正誤もしくは正しい選択肢を答えなさい。

1. 火薬類の貯蔵、運搬、制限、破棄等

	問題	解説	
1	火薬庫に入る場合には、原則として鉄類もしくはそれらを使用した器具及び携帯電灯以外の灯火はもち込んではならない。	火薬庫内に入る場合には、**鉄類もしくはそれらを使用した器具または携帯電灯以外の灯火**をもち込んではならない。	○
2	火薬庫を設置した場合は、都道府県知事または経済産業大臣が指定する者（指定完成検査機関）等の完成検査を受け、技術上の基準に適合していると認められた後でなければ火薬庫を使用してはならない。	火薬類の製造施設の設置または火薬庫の設置もしくは移転の工事をした場合には、経済産業省令で定めるところにより、製造施設または火薬庫について、**経済産業大臣**または**都道府県知事**が行う完成検査を受け、技術上の基準に適合していると認められた後でなければ、これを使用してはならない。	○
3	火薬類を陸上輸送する場合は、発送地を管轄する都道府県公安委員会に届け出て、運搬証明書の交付を受けなければならない。	火薬類を運搬しようとする場合は、その荷送人は、その旨を**出発地を管轄する都道府県公安委員会**に届け出て、届出を証明する文書（運搬証明書）の交付を受けなければならない。	○
4	19歳の未成年者に火薬類の取扱いをさせることは法律違反となるので、作業に就かせなかった。	**18歳未満の者**は、火薬類の取扱いをしてはならない。よって、**19歳の者には取扱いをさせることができる。**	×
5	火薬類の運搬にあたって、他の物と混包して運搬を行った。	火薬類は、**他の物と混包して運搬してはならない。**	×
6	火薬類を破棄しようとする者は、特定の場合を除き経済産業省で定めるところにより、都道府県公安委員会の許可を受けなければならない。	火薬類を廃棄しようとする者は、経済産業省令で定めるところにより、**都道府県知事**の許可を受けなければならない。**公安委員会ではない。**	×

2. 火薬類の消費、取扱い・火薬類取扱所、火工所・火薬類の発破、不発等

	問題	解説	
1	火薬類を消費する場合は、労働基準監督署長から火薬類の消費許可を受けなければならない。	火薬類の消費の許可を受けようとする者は、火薬類消費許可申請書に火薬類消費計画書を添えて**消費地を管轄する都道府県知事**に提出しなければならない。よって、**許可を受ける相手は、労働基準監督署長ではない。**	×

No.	問題	解説	正誤
2	消費場所において火薬類消費計画書に火薬類を取り扱う必要のある者として記載された者は、腕章をつける等他の者と容易に識別できる措置を講じなければならない。	消費場所にて、火薬類消費計画書に火薬類を取り扱う必要のある者として記載されている者が火薬類を取り扱う場合には、**腕章を付ける等他の者と容易に識別できる措置**を講じなければならない。	○
3	電気雷管を運搬する場合には、脚線が裸出しないように背負袋に収納すれば、乾電池や動力線と一緒に携行することができる。	電気雷管を運搬する場合には、脚線が裸出しないような容器に収納し、**乾電池その他電路の裸出している電気器具を携行せず**、電灯線、動力線その他漏電のおそれのあるものにできるだけ接近しないようにする。	×
4	工業雷管に電気導火線または導火線を取り付けるときは、口締器を使用しなければならない。	工業雷管に電気導火線または導火線を取り付ける場合には、**口締器**を使用する。	○
5	消費場所において使用に適さないと判断された火薬類は、その旨を明記して、火薬類取扱所、火工所もしくは火薬庫に返送する。	使用に適しない火薬類は、その旨を明記したうえで、**火薬類取扱所、火工所もしくは火薬庫に返送しなければならない。**	○
6	凍結したダイナマイトをストーブから十分離れた位置で摂氏28度に保った部屋で融解させた。	凍結したダイナマイト等は、**摂氏50度以下**の温湯を外槽に使用した融解器、または**摂氏30度以下**に保った室内に置くことにより融解する。なお、裸火、ストーブ、蒸気管その他**高熱源に接近させてはならない。**	○
7	ダイナマイトを収納する容器は、木のような電気不良導体でつくられた丈夫な構造のものとする。	火薬類を収納する容器は、**木その他電気不良導体でつくられた丈夫な構造**のものとし、内面には**鉄類を**表さないようにする。	○
8	ダイナマイトと電気雷管は、管理を一元化するため、原則として、同一の容器に収容しなければならない。	火薬類を存置し、または運搬するときは、**火薬、爆薬、導爆線または制御発破用コードと火工品とは、それぞれ異なる容器に収納しなければならない。**	×
9	火工所は、火薬取扱所から消費場所に運搬してきた火薬類を貯蔵するための施設である。	火工所は、消費場所において、**薬包に工業雷管、電気雷管もしくは導火管付き雷管を取り付け、またはこれらを取り付けた薬包を取り扱う作業**をするための施設である。	×
10	発破作業は、前回の発破孔を利用して削岩し、またはダイナマイトを装填したりしてはならない。	発破作業は、前回の発破孔を利用して、**削岩または装填してはならない。**	○
11	火薬類の装填にあたっては、発破孔に砂その他の発火性または引火性のない込め物を使用し、かつ、摩擦、衝撃、静電気等に対して安全な装填機または装填具を使用する。	火薬類を装填する場合には、発破孔に砂その他の**発火性または引火性のない込め物**を使用し、かつ、**摩擦、衝撃、静電気等に対して安全な装填機または装填具**を使用しなければならない。	○

	問題	解説	
⑫	装填が完了し火薬類が残った場合には、直ちに元の火薬類取扱所または火工所に返送する。	装填が終了し、火薬類が残った場合には、直ちに**元の火薬類取扱所または火工所**に返送しなければならない。	○
⑬	電気雷管を使用したにもかかわらず、装填された火薬類が爆発しないときは、点火後3分経過した後でなければ、火薬類の装填箇所に接近してはならない。	電気雷管を使用した際に装填された火薬類が爆発しないときは、発破母線を点火器から取り外し、その端を短絡させておき、かつ、再点火ができないように措置を講じた後**5分以上**を経過した後でなければ、火薬類装填箇所に接近してはならない。	×
⑭	発破を終了したときは、有毒ガスの危険が除去された後に、岩盤などを検査し、安全と認めた後でなければ、何人も発破場所に立ち入らせてはならない。	発破を終了したときは、当該作業者は、発破による有害ガスによる危険が除去された後に、**岩盤、コンクリート構造物等についての危険の有無を検査し、安全と認めた後（坑道式発破にあっては、発破後30分を経過して安全と認めた後）でなければ、何人も発破場所及びその付近に立ち入らせてはならない。**	○
⑮	電気発破において発破母線を敷設する場合は、既設電線路を利用して敷設するものとする。	発破母線を敷設する場合には、**電線路その他の充電部または帯電するおそれが多いものから隔離しなければならない**。よって、**既設電線路の利用は不可である**。	×

3. 保安

	問　　題	解　　説	
①	火薬庫の所有者等は、火薬類取扱保安責任者及び火薬類取扱副保安責任者を選任し、火薬類の取扱事故防止にあたらせなければならない。	火薬庫の所有者等は、**火薬類取扱保安責任者**及び**火薬類取扱副保安責任者**または**取扱保安責任者**を選任し、火薬類の製造または貯蔵もしくは消費に関わる保安に関して経済産業省令で定める職務を行わなければならない。	○
②	月あたり１ｔ以上の火薬または爆薬を消費する者は、甲種火薬類取扱保安責任者免状を有する者のうちから火薬類取扱保安責任者を選任し、法に定める職務を行わせなければならない。	月あたり１ｔ以上の火薬または爆薬を消費する者は、甲種火薬類取扱保安責任者免状を有する者のうちから**火薬類取扱保安責任者**を選任し、法に定める職務を行わせなければならない。	○
③	取扱保安責任者は、火薬類の製造または貯蔵もしくは消費に係る保安に関して経済産業省令で定める職務を行わなければならない。	**製造保安責任者**または**取扱保安責任者**は、火薬類の製造または貯蔵もしくは消費に関わる保安に関して経済産業省令で定める職務を行わなければならない。	○

8 騒音規制法

第１次検定　第２次検定

学習のポイント

- 特定施設、規制基準、特定建設作業の定義を理解する。
- 特定建設作業に関する規制基準を理解する。
- 特定建設作業の届出について理解する。

❶ 定義と地域の指定

【特定施設（騒音規制法第２条第１項、騒音規制法施行令第１条、別表第１抜粋）】

工場または事業場に設置される施設のうち、著しい騒音を発生する次の施設を**特定施設**という。

①**金属加工機械**（製管機械、ブラスト）

②**空気圧縮機**及び**送風機**（原動機の定格出力が**7.5kw以上のもの**）

③**土石用または鉱物用の破砕機、摩砕機、ふるい**及び**分級機**（原動機の定格出力が**7.5kw以上**のもの）

④**建設用資材製造機械**

- コンクリートプラントで混練容量が**0.45㎥以上**のもの
- アスファルトプラントで混練重量が**200kg以上**のもの

⑤**木材加工機械**（ドラムバーカー、帯のこ盤、丸のこ盤、かんな盤）

用語解説

- 分級機：ふるいでは分類が困難な細かい粒を選別するための機械。
- ドラムバーカー：多原木をドラムの中に入れて回転させて、木材同士の摩擦やドラム内壁の工具との衝撃によって樹皮を剥ぐ木材加工機械。

ワンポイントアドバイス

騒音規制法の目的は、工場及び事業場における事業活動並びに建設工事に伴って発生する相当範囲にわたる騒音について必要な規制を行うとともに、自動車騒音に関わる許容限度を定めること等により、生活環境を保全して、国民の健康の保護を図るものである。なお、次節で取り上げる振動規制法についても、同様の目的で振動を規制している。

【規制基準（騒音規制法第２条第２項）】

特定施設を設置する工場または事業場（以下「特定工場等」という）において発生する騒音の特定工場等の敷地の境界線における大きさの許容限度を**規制基準**という。

市町村長は、勧告を受けた者がその勧告に従わないで特定建設作業を行っているときは、期限を定めて、事態を除去するために必要な限度において、騒音の防止の方法の改善または特定建設作業の作業時間の変更を命ずることができる。

【特定建設作業（騒音規制法第2条第3項、騒音規制法施行令第2条、別表第2）】

建設工事として行われる作業のうち、著しい騒音を発生する次の作業を**特定建設作業**という。ただし、当該作業が**その作業を開始した日に終わるもの**を除く。

①**杭打ち機**（もんけんを除く）、**杭抜き機**または**杭打ち杭抜き機**（圧入式杭打ち杭抜き機を除く）を使用する作業（杭打ち機をアースオーガーと併用する作業を除く）

②**びょう打ち機**を使用する作業

③**削岩機**を使用する作業（作業地点が連続的に移動する作業にあっては、1日における当該作業に関わる2地点間の最大距離が**50m**を超えない作業に限る）

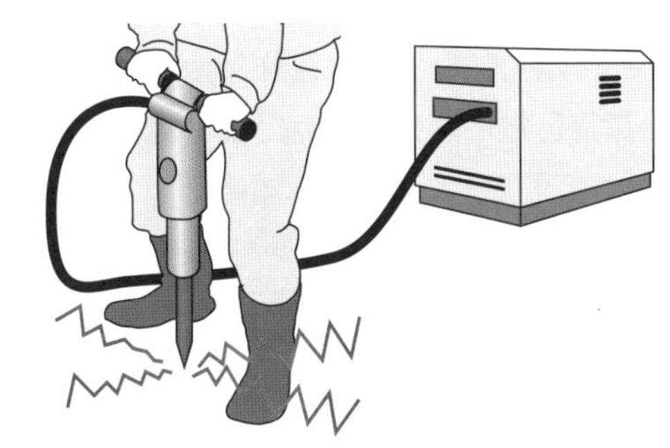
削岩機

④**空気圧縮機**（電動機以外の原動機を用いるものであって、その原動機の定格出力が**15kw以上**のものに限る）を使用する作業（削岩機の動力として使用する作業を除く）

⑤**コンクリートプラント**（混練機の混練容量が**0.45㎥以上**のものに限る）または**アスファルトプラント**（混練機の混練重量が**200kg以上**のものに限る）を設けて行う作業（モルタルを製造するためにコンクリートプラントを設けて行う作業を除く）

⑥**バックホウ**（一定の限度を超える大きさの騒音を発生しないものとして環境大臣が指定するものを除き、原動機の定格出力が**80kw以上**のものに限る）を使用する作業

⑦**トラクタショベル**（一定の限度を超える大きさの騒音を発生しないものとして環境大臣が指定するものを除き、原動機の定格出力が**70kw以上**のものに限る）を使用する作業

⑧**ブルドーザ**（一定の限度を超える大きさの騒音を発生しないものとして環境大臣が指定するものを除き、原動機の定格出力が**40kw以上**のものに限る）を使用する作業

【区域の指定（騒音規制法第3条）】

都道府県知事は、住居が集合している地域、病院または学校の周辺の地域その他の騒音を防止することにより住民の生活環境を保全する必要があると認める地域を、**特定工場等において発生する騒音**及び**特定建設作業に伴って発生する騒音**について規制する地域として指定しなければならない。

❷ 特定建設作業に関する規定

【特定建設作業の実施の届出（騒音規制法第14条）】

指定地域内において特定建設作業を伴う建設工事を施工しようとする者は、当該特定建設作業の開始の日の**7日前**までに、次の事項を**市町村長**に届け出なければならない。ただし、災害その他非常の事態の発生により特定建設作業を緊急に行う必要がある場合、この限りでない。

①**氏名**または**名称**及び**住所**並びに**法人の場合はその代表者の氏名**
②建設工事の目的に関わる**施設または工作物**の種類
③特定建設作業の**場所**及び**実施の期間**
④騒音の**防止の方法**
⑤**特定建設作業**の種類と**使用機械**の名称・形式
⑥作業の**開始及び終了時間**
⑦添付書類（特定建設作業の工程が明示された**建設工事の工程表**と作業場所付近の**見取り図**）

【指定区域と区分別規制時間（騒音規制法第15条第1項に基づく基準）】

指定区域	作業禁止時間帯	1日あたりの作業時間	連続日数	日曜日・その他休日作業
第1号区域	午後7時～翌午前7時	10時間	6日以内	作業禁止
第2号区域	午後10時～翌午前6時	14時間	6日以内	作業禁止

特定建設作業が、**1日**で終わる場合、災害その他非常事態の発生により**緊急に行う必要**がある場合及び**人の生命または身体に対する危険**を防止するために行う必要がある特定建設作業の時間帯は制約されない。ただし、当該敷地の境界線において**規制騒音85デシベル**を超えてはならない。

用語解説
指定区域：特定工場等及び特定建設作業に伴って発生する騒音が規制される地域。特定工場等は、第1種～第4種に区分し、特定建設作業は第1号区域、第2号区域に区分し規制基準を設ける。

特定建設作業とは別に、特定工場等に関わる騒音の規制基準として、第1種から第4種の区域ごとに、昼間、朝夕、夜間の区分ごとに基準値が設定されている。

- 第1種区域：良好な住居環境を保全するため、特に静穏の保持を必要とする区域
- 第2種区域：住居に用いられているため、静穏の保持を必要とする区域
- 第3種区域：商業や工業等に用いられていて、区域内の住民の生活環境を保持するために、騒音の発生を防止する必要がある区域
- 第4種区域：主に工場等に用いられていて、区域内の住民の生活環境を悪化させないために、著しい騒音の発生を防止する必要がある区域

これが試験に出る！

本節について、過去10年間の本試験でよく出題された内容の1～3位は次のとおりである。

1位：杭打ち機（もんけん、圧入式杭打ち機以外）のディーゼルハンマによる特定建設作業
2位：騒音規制法で特定建設作業の対象となるものについて
3位：指定区域内において特定建設作業を伴う建設工事の届出について

騒音規制法及び次節の振動規制法の内容は、「環境保全対策」の分野にて出題されることもあります。P.355も併せて確認しましょう。

例題演習 第3章 8 騒音規制法

【問題】次の文章を読み、正誤もしくは正しい選択肢を答えなさい。

1. 定義と地域の指定

	問題	解説	
1	ディーゼルハンマを使用する杭打ち作業は、騒音規制法に定められている特定建設作業に該当する。ただし、当該作業がその作業を開始した日に終わるものは除かれる。	ディーゼルハンマを使用する杭打ち作業は、**騒音規制法に定められている特定建設作業に該当する**。なお、**もんけん、圧力式杭打ち機を使用する場合**は除かれる。	○
2	混練容量2.0㎥の仮設コンクリートプラントを設けて行うコンクリート舗装作業は、騒音規制法に定められている特定建設作業に該当する。ただし、当該作業がその作業を開始した日に終わるものは除かれる。	混練容量2.0㎥の仮設コンクリートプラントを設けて行うコンクリート舗装作業は、**騒音規制法に定められている特定建設作業に該当する**。なお、コンクリートプラントで混練容量が**0.45㎥以上**のものが該当する。	○
3	舗装版破砕機を使用して行う舗装打ち換え作業は、騒音規制法に定められている特定建設作業に該当する。ただし、当該作業がその作業を開始した日に終わるものは除かれる。	舗装版破砕機を使用して行う舗装打ち換え作業は、**騒音規制法に定められている特定建設作業に該当しない**。	×
4	定格出力20kwのエンジンを原動力とする空気圧縮機を使用するモルタルの吹付け作業は、騒音規制法に定められている特定建設作業に該当する。ただし、当該作業がその作業を開始した日に終わるものは除かれる。	定格出力20kwのエンジンを原動力とする空気圧縮機を使用するモルタルの吹付け作業は、**騒音規制法に定められている特定建設作業に該当する**。なお、空気圧縮機及び送風機（原動機の定格出力が**7.5kw以上**のもの）が該当する。	○
5	騒音規制法上、指定区域内において行われる特定建設作業の騒音の測定場所は、特定建設作業の場所の敷地の中心地である。	騒音規制法上、指定区域内において行われる特定建設作業の騒音の測定場所は、**特定建設作業の場所の敷地の境界線である**。	×
6	騒音規制法上、吹付け用モルタルを製造するためにコンクリートプラントを設けて行う作業は、市町村長に届出が必要な特定建設作業である。ただし、当該作業がその作業を開始した日に終わるものは除かれる。	コンクリートプラント（混練機の混練容量が0.45㎥以上のものに限る）を設けて行う作業は、特定建設作業に該当するが、**モルタルを製造するためにコンクリートプラントを設けて行う作業は除かれる**。	×
7	一定規模以上のトラッククレーン車を使用する作業は、特定建設作業と定められている。	トラッククレーン車を使用する作業は、**特定建設作業ではない**。	×

	問題	解説	正誤
8	騒音規制法上、油圧ブレーカを使用してコンクリートを撤去する作業は、市町村長に届出が必要な特定建設作業である。ただし、当該作業がその作業を開始した日に終わるものは除かれる。	油圧ブレーカを使用してコンクリートを撤去する作業は、**市町村長に届出が必要な特定建設作業である。**	○
9	騒音規制法上、定格出力が40kwのバックホウを使用した掘削作業は、市町村長に届出が必要な特定建設作業である。ただし、当該作業がその作業を開始した日に終わるものは除かれる。	定格出力が40kwのバックホウを使用した掘削作業は、**市町村長に届出は不要である。**原動機の定格出力が**80kw以上**のものが、届出の必要な特定建設作業である。	×
10	国土交通大臣は、特定建設作業に伴って発生する騒音の規制地域として、住居が集合している地域等を指定しなければならない。	**都道府県知事**は、住居が集合している地域、病院または学校の周辺の地域その他の騒音を防止することにより住民の生活環境を保全する必要があると認める地域を、特定工場等において発生する騒音及び特定建設作業に伴って発生する騒音について規制する地域として指定しなければならない。**国土交通大臣ではなく、都道府県知事である。**	×
11	騒音規制法でクローラクレーンは特定建設作業の対象とはならない。	騒音規制法でクローラクレーンは**特定建設作業の対象とはならない。**	○
12	騒音規制法でバックホウ、トラクタショベル、ブルドーザは特定建設作業の対象である。	騒音規制法でバックホウ、トラクタショベル、ブルドーザは**特定建設作業の対象である。**	○
13	騒音規制法上、電動機を原動機として用いる空気圧縮機を使用する作業は、特定建設作業に該当する。ただし、当該作業がその作業を開始した日に終わるものは除かれる。	電動機を原動機として用いる空気圧縮機を使用する作業は、**特定建設作業に該当しない。**	×
14	騒音規制法上、圧入式杭抜き機の作業は、特定建設作業に該当する。ただし、当該作業がその作業を開始した日に終わるものは除かれる。	圧入式杭抜き機の作業は、**特定建設作業に該当しない。**	×
15	騒音規制法上、作業地点が移動しない場所で削岩機を使用する作業は、特定建設作業に該当する。ただし、当該作業がその作業を開始した日に終わるものは除かれる。	作業地点が移動しない場所で削岩機を使用する作業は、**特定建設作業に該当する。**	○
16	市町村長は、騒音を防止することにより住民の生活環境を保全する必要があると認める地域を、特定建設作業に伴って発生する騒音について規制する地域として指定しなければならない。	**都道府県知事**は、住居が集合している地域、病院または学校の周辺の地域その他の騒音を防止することにより住民の生活環境を保全する必要があると認める地域を、特定工場等において発生する騒音及び特定建設作業に伴って発生する騒音について規制する地域として指定しなければならない。	×

2. 特定建設作業に関する規定

	問題	解説	
1	騒音規制法上、指定地域内において特定建設作業を伴う建設工事を施工しようとする者は、氏名または名称及び住所を市町村長に届け出なければならない。	指定地域内において特定建設作業を伴う建設工事を施工しようとする者は、**氏名または名称及び住所を市町村長に届け出なければならない。**なお、法人の場合には、代表者の氏名を届け出なければならない。	○
2	騒音規制法上、指定地域内において特定建設作業を伴う建設工事を施工しようとする者は、建設工事の目的に関わる施設または工作物の種類を市町村長に届け出なければならない。	指定地域内において特定建設作業を伴う建設工事を施工しようとする者は、**建設工事の目的に関わる施設または工作物の種類を市町村長に届け出なければならない。**	○
3	騒音規制法上、指定地域内において特定建設作業を伴う建設工事を施工しようとする者は、特定建設作業の施工実績を市町村長に届け出なければならない。	指定地域内において特定建設作業を伴う建設工事を施工しようとする者は、**特定建設作業の施工実績を市町村長へ届け出る必要はない。**	×
4	騒音規制法上、指定地域内において特定建設作業を伴う建設工事を施工しようとする者は、特定建設作業の場所及び実施の時期を市町村長に届け出なければならない。	指定地域内において特定建設作業を伴う建設工事を施工しようとする者は、**特定建設作業の場所及び実施の時期を市町村長に届け出なければならない。**	○
5	騒音規制法上、指定区域内において特定建設作業を伴う建設工事を施工しようとする者は、当該特定建設作業の開始の日の5日前までに、市町村長に届け出なければならない。	指定区域内において特定建設作業を伴う建設工事を施工しようとする者は、**当該特定建設作業の開始の日の7日前までに、市町村長に届け出なければならない。**	×
6	特定建設作業を伴う建設工事を施工する場合の届出は、発注者が行わなければならない。	特定建設作業を伴う建設工事を施工する場合の届出は、**施工しようとする者が行わなければならない。**	×
7	市町村長が改善勧告のできる騒音規制法の規制基準値は、作業場所の敷地、境界線において85デシベルを超えるものと規定されている。	市町村長が改善勧告のできる騒音規制法の規制基準値は、作業場所の敷地、境界線において**85デシベルを超えるもの**と定められている。	○
8	騒音規制法に基づき、指定区域内で特定建設作業を伴う建設工事を行う場合、特定建設作業に係る工事規模及び概算工事費は、市町村長に届け出る事項として該当する。	騒音規制法に基づき、指定区域内で特定建設作業を伴う建設工事を行う場合、特定建設作業に関わる工事規模及び概算工事費は、市町村長に届け出る事項として**該当しない。**	×
9	市町村長は、特定建設作業を伴う建設工事を施工する者に対し、特定建設作業の状況その他必要な事項の報告を求めることができる。	市町村長は、特定建設作業を伴う建設工事を施工する者に対し、特定建設作業の状況その他必要な事項の報告を**求めることができる。**	○

9 振動規制法

第１次検定　第２次検定

学習のポイント

- 特定施設、規制基準、特定建設作業の定義を理解する。
- 特定建設作業に関する規制基準を理解する。
- 特定建設作業の届出、改善勧告及び改善命令を整理する。

① 定義と地域の指定

【特定施設（振動規制法第２条第１項、振動規制法施行令第１条、別表第１抜粋）】

工場または事業場に設置される施設のうち、著しい振動を発生する次の施設を**特定施設**という。

①**金属加工機械**（油圧プレス、機械プレス）

②**圧縮機**（原動機の定格出力が**7.5kw以上**のもの）

③**土石用または鉱物用の破砕機、摩砕機、ふるい**及び**分級機**（原動機の定格出力が**7.5kw以上**のもの）

④**コンクリートブロックマシン**（原動機の定格出力の合計が**2.95kw以上**のものに限る）並びに**コンクリート管製造機械**及び**コンクリート柱製造機械**（原動機の定格出力の合計が**10kw以上**のものに限る）

⑤**木材加工機械**など

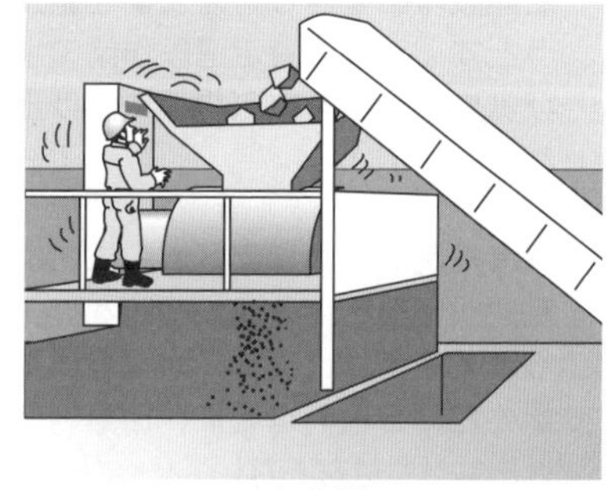

破砕機

【規制基準（振動規制法第２条第２項）】

特定施設を設置する工場または事業場（以下「特定工場等」という）において発生する振動の特定工場等の敷地の境界線における大きさの許容限度を**規制基準**という。

【特定建設作業（振動規制法第２条第３項、振動規制法施行令第２条、別表第２）】

建設工事として行われる作業のうち、著しい振動を発生する次の作業を**特定建設作業**という。ただし、当該作業がその作業を開始した日に終わるものを除く。

①**杭打ち機**（もんけん及び圧入式杭打ち機を除く）、**杭抜き機**（油圧式杭抜き機を除く）または**杭打ち杭抜き機**（圧入式杭打ち杭抜き機を除く）を使用する作業

②**鋼球**を使用して建築物その他の工作物を破壊する作業

③**舗装版破砕機**を使用する作業（作業地点が連続的に移動する作業の場合は、１日における当該作業に関わる２地点間の最大距離が**50m**を超えない作業に限る）

④**ブレーカ**（手動式のものを除く）を使用する作業（作業地点が連続的に移動する作業の場合は、１日における当該作業に関わる２地点間の最大距離が**50m**を超えない作業に限る）

【区域の指定（振動規制法第3条）】

都道府県知事は、住居が集合している地域、病院または学校の周辺の地域その他の地域で振動を防止することにより住民の生活環境を保全する必要があると認めるものを指定しなければならない。なお、指定をしようとするときは、関係町村長の意見を聴かなければならない。これを変更または廃止しようとするときも同様である。また、指定をするときは、環境省令で定めるところにより**公示**しなければならない。これを変更または廃止するときも同様である。

【指定区域における区分】

⑴第1号区域

①良好な住居の環境を保全するため、**特に静穏の保持を必要とする**区域

②住居の用に供されているため、**静穏の保持を必要とする**区域

③住居の用に合わせて商業、工業等の用に供されている区域であって、相当数の住居が集合しているため、**振動の発生を防止する必要がある**区域

④学校、保育所、病院及び診療所（ただし、患者の収容設備を有するもの）、図書館並びに特別養護老人ホームの敷地の周囲**おおむね80m**の区域

⑵第2号区域

指定区域のうち上記⑴以外の区域

特定建設作業とは別に、特定工場等に関わる振動の規制基準として、第1種と第2種の区域ごとに昼間、夜間の区分ごとに基準値が設定されている。

- 第1種区域：良好な住居の環境を保全するため、特に静穏の保持を必要とする区域及び住居に用いられているため、静穏の保持を必要とする区域
- 第2種区域：商業や工業等に用いられていて、区域内の住民の生活環境を保持するために、振動の発生を防止する必要がある区域及び、主に工業等に用いられていて、区域内の住民の生活環境を悪化させないために、著しい振動の発生を防止する必要がある区域

❷ 特定建設作業に関する規定

【特定建設作業の実施の届出（振動規制法第14条）】

指定地域内において特定建設作業を伴う建設工事を施工しようとする者は、当該特定建設作業の開始の日の**7日前**までに、次の事項を**市町村長**に届け出なければならない。ただし、災害その他非常の事態の発生により特定建設作業を緊急に行う必要がある場合、この限りでない。

①**氏名**または**名称**及び**住所**並びに**法人の場合はその代表者の氏名**

②建設工事の目的に関わる**施設または工作物**の種類

③特定建設作業の**場所**及び**実施の期間**

④振動の**防止の方法**

⑤**特定建設作業**の種類と**使用機械**の名称・形式

ワンポイント **アドバイス**

下請負人が特定建設作業を実施する場合は、その下請負人の氏名または名称、住所の届出が必要。また、法人の場合は代表者、届出人、現場責任者の氏名と連絡先も必要となる。

⑥作業の**開始及び終了時間**

⑦添付書類（特定建設作業の工程が明示された**建設工事の工程表**と作業場所付近の**見取り図**）

【指定区域と区分別規制時間（振動規制法第15条第1項に基づく基準）】

指定区域	作業禁止時間帯	1日あたりの作業時間	連続日数	日曜日・その他休日作業
第1号区域	**午後7時～翌午前7時**	**10時間**	**6日以内**	**作業禁止**
第2号区域	**午後10時～翌午前6時**	**14時間**	**6日以内**	**作業禁止**

特定建設作業が、**1日**で終わる場合、災害その他非常事態の発生により**緊急に行う必要**がある場合及び**人の生命または身体に対する危険**を防止するために行う必要がある特定建設作業の時間帯は制約されない。ただし、当該敷地の境界線において**規制振動75デシベル**を超えてはならない。

指定区域での規制振動は75デシベルで、規制騒音の85デシベル（P.268）と混同しないように気をつけましょう。

【改善勧告及び改善命令（振動規制法第15条）】

市町村長は、指定地域内において行われる特定建設作業に伴って発生する振動が、**環境省令**で定める基準に適合しないことにより、その特定建設作業の場所の周辺の生活環境が著しく損なわれると認めるときは、当該建設工事を施工する者に対し、期限を定めて、その事態を除去するために必要な限度において、振動の**防止の方法**を改善し、または特定建設作業の**作業時間を変更すべき**ことを勧告することができる。

用語解説

改善勧告：特定施設の設置者に対して、期限を設定したうえで、振動の防止方法を改善し、または施設の使用方法や配置を変更するように説きすすめること。

【報告及び検査（振動規制法第17条）】

市町村長は、特定施設を設置する者もしくは特定建設作業を伴う建設工事を施工する者に対し、特定施設の状況、特定建設作業の状況その他必要な事項の**報告**を求め、またはその職員に、特定施設を設置する者の特定工場等もしくは特定建設作業を伴う建設工事を施工する者の建設工事の場所に立ち入り、特定施設その他の物件を**検査**させることができる。

これが試験に出る！

本節について、過去10年間の本試験でよく出題された内容の1～3位は次のとおりである。

1位：振動規制法で定められている規制基準の測定位置と振動の大きさについて

2位：指定区域内で特定建設作業に伴って発生した振動が周辺の生活環境が著しく損なわれた場合、誰が誰に対して勧告できるかについて

3位：学校や病院の敷地に近接した区域での特定建設作業の禁止時間帯について

例題演習 第3章 9 振動規制法

【問題】次の文章を読み、正誤もしくは正しい選択肢を答えなさい。

1. 定義と地域の指定

	問題	解説	
1	振動規制法に定められている特定建設作業の規制基準に関する測定位置は特定建設作業の中心部で、振動の大きさは85デシベルを超えないことである。	振動規制法に定められている特定建設作業の規制基準に関する測定位置は**特定建設作業の場所の敷地の境界線**で、振動の大きさは**75デシベルを超えないこと**である。	×
2	都道府県知事は住居が集合している地域、病院または学校の周辺の地域その他の地域で振動を防止することにより住民の生活環境を保全する必要があると認められるものを指定しなければならない。	**都道府県知事**は、住居が集合している地域、病院または学校の周辺の地域その他の地域で**振動**を防止することにより住民の生活環境を保全する必要があると認めるものを指定しなければならない。	○
3	特定建設作業とは、建設工事として行われる作業のうち、著しい振動を発生する作業であって、政令で定めるものをいう。	特定建設作業とは、**建設工事として行われる作業のうち、著しい振動を発生する作業であって、政令で定めるものをいう。**	○
4	ジャイアントブレーカは、振動規制法に定められている特定建設作業の対象となる建設機械である。ただし、当該作業がその作業を開始した日に終わるものや、1日における当該作業に係る地点間の最大移動距離が50mを超える作業は除かれる。	ジャイアントブレーカは、**振動規制法に定められている特定建設作業の対象となる建設機械である。**	○
5	ディーゼルハンマは、振動規制法に定められている特定建設作業の対象となる建設機械である。ただし、当該作業がその作業を開始した日に終わるものは除かれる。	ディーゼルハンマは**杭打ち機**の一種であり、杭打ち機（もんけん及び圧入式杭打ち機を除く）、杭抜き機（油圧式杭抜き機を除く）または杭打ち杭抜き機（圧入式杭打ち杭抜き機を除く）は、**振動規制法に定められている特定建設作業の対象となる建設機械である。**	○
6	舗装版破砕機は、振動規制法に定められている特定建設作業の対象となる建設機械である。ただし、当該作業がその作業を開始した日に終わるものや、1日における当該作業に係る地点間の最大移動距離が50mを超える作業は除かれる。	舗装版破砕機は、**振動規制法に定められている特定建設作業の対象となる建設機械である。**	○

	問題	解説	
7	振動ローラは、振動規制法に定められている特定建設作業の対象となる建設機械である。	振動ローラは、**振動規制法に定められている特定建設作業の対象とならない建設機械である。**	×

2. 特定建設作業に関する規定

	問題	解説	
1	指定区域内において、特定建設作業を伴う建設工事を施工しようとする者は、原則として特定建設作業開始の日の5日前までに、工事工程表、振動防止の対策方法などを都道府県知事に届け出なければならない。	指定区域内において、特定建設作業を伴う建設工事を施工しようとする者は、**当該特定建設作業の開始の日の7日前までに、所定の事項を、市町村長に届け出なければならない。**	×
2	指定地域内において特定建設作業を伴う建設工事が災害その他非常の事態の発生により緊急に行う必要がある場合は、環境省令で定めるところの必要事項の届出は必要ない。	指定地域内において特定建設作業を伴う建設工事が災害その他非常の事態の発生により緊急に行う必要がある場合、**当該特定建設作業の開始の日の7日前までに届け出る必要はないが、速やかに、市町村長に届け出なければならない。**	×
3	市町村長は、指定地域内での特定建設作業に伴って発生する振動が環境省令で定める基準に適合しないことにより周辺の生活環境が著しく損なわれると認めたときは、工事施行者に対し、期限を定めて振動の防止方法を改善し、または作業時間を変更すべきことを勧告できる。	市町村長は、指定地域内での特定建設作業に伴って発生する振動が環境省令で定める基準に適合しないことにより周辺の生活環境が著しく損なわれると認めたときは、**工事施行者に対し、期限を定めて振動の防止方法を改善し、または作業時間を変更すべきことを勧告できる。**	○
4	振動規制法上、学校や病院の敷地に近接した区域で特定建設作業を行う場合、規制項目として連続作業の制限があり、同一場所において連続6日以内に規制される。	振動規制法上、学校や病院の敷地に近接した区域で特定建設作業を行う場合、**第1号区域に該当するため、同一場所において連続6日以内に規制される。**	○
5	振動規制法上、学校や病院の敷地に近接した区域で特定建設作業を行う場合、規制項目として夜間・深夜作業の禁止時間帯があり、午後8時から翌日の午前8時までの作業は禁止される。	振動規制法上、学校や病院の敷地に近接した区域で特定建設作業を行う場合、**第1号区域に該当するため、午後7時から翌日の午前7時までの作業は禁止される。**	×
6	振動規制法上、学校や病院の敷地に近接した区域で特定建設作業を行う場合、規制項目として1日の作業時間の制限があり、1日あたり12時間までと規制される。	振動規制法上、学校や病院の敷地に近接した区域で特定建設作業を行う場合、**第1号区域に該当するため、1日あたり10時間までと規制される。**	

10 港則法／海洋汚染等及び海上災害の防止に関する法律（海洋汚染防止法）

第1次検定 第2次検定

学習のポイント

- 港則法の航路及び航法、危険物を積載する船舶の航行、工事等の許可を理解する。
- 海洋汚染等及び海上災害の防止に関する法律（海洋汚染防止法）の規制基準を理解する。

1 港則法

【港則法の目的】

港則法は、**港内における船舶交通の安全**及び**港内の整とん**を図ることを目的とする。

【入出港及び停泊】

①船舶は、特定港に**入港**したときまたは特定港を**出港**しようとするときは、国土交通省令の定めるところにより、**港長**に届け出なければならない（港則法第4条）。

②特定港内（びょう地）に停泊する船舶は、国土交通省令の定めるところにより、各々その**トン数**または**積載物の種類**に従い、当該特定港内の**一定の区域内**に停泊しなければならない（港則法第5条第1項）。

③特定港内においては、汽艇等以外の船舶を**修繕**し、または**係船**しようとする者は、その旨を**港長**に届け出なければならない（港則法第7条）。

用語解説

- 特定港：喫水（水に浮かんでいる船舶の水面から船体最下部までの距離）の深い船舶が出入りできる港または外国船舶が常時出入りする港で、政令で定められている。
- びょう地：船が停泊をする場所。その際は、いかりを下ろして停泊する。
- 汽艇等：汽艇（総トン数20t未満の汽船）、はしけ及び端舟その他ろかいのみで運転する、または主としてろかいで運転する船舶をいう。
- 係船：港や岸壁などに船をつなぎとめること。

現在、政令で定められている特定港は、函館港、京浜港、大阪港、神戸港、関門港、長崎港、佐世保港である。

特定港内での漁労や、汽艇等やいかだ等の係船は禁止されてはいません。ただし、「みだりに漁労や係留してはならない」とされています。

【航路及び航法】

⑴航路（港則法第11条、第12条）

①汽艇等以外の船舶は、特定港に**出入り**し、または特定港を**通過**するには、国土交通省令で定める**航路**によらなければならない。ただし、**海難**を避けようとする場合その他やむを得ない事由のある場合は、この限りでない。

②船舶は、航路内においては、次の場合を除いては、**投**

用語解説

- 航路：船舶などが海上または河川を航行するための通路。
- 投びょう：船が停泊などのために、いかりを下ろすこと。

びょうし、または**曳航している船舶**を放してはならない。

- **海難**を避けようとするとき
- **運転の自由**を失ったとき
- **人命**または**急迫した危険のある船舶**の救助に従事するとき
- 港長の許可を受けて**工事**または**作業**に従事するとき

⑵航法（港則法第13条～第18条）

①航路外から航路に入り、または航路から航路外に出ようとする船舶は、**航路を航行する他の船舶の進路**を避けなければならない。

②船舶は、航路内においては、**並列して**航行してはならない。

③船舶は、航路内において、他の船舶と行き合うときは、**右側**を航行しなければならない。

④船舶は、航路内においては、他の船舶を**追い越してはならない**。

⑤汽船が港の防波堤の入口または入口付近で他の汽船と出会うおそれのあるときは、入航する汽船は、**防波堤の外側**で出航する汽船の進路を避けなければならない。

⑥船舶は、港内及び港の境界付近においては、**他の船舶に危険を及ぼさないような速力**で航行しなければならない。

⑦帆船は、港内では、**帆を減らし**、または**引船を用いて**航行しなければならない。

⑧船舶は、港内においては、防波堤、埠頭その他の工作物の突端または停泊船舶を右舷（うげん）に見て航行するときは、**できるだけこれに近寄り**、左舷（さげん）に見て航行するときは、**できるだけこれに遠ざかって**航行しなければならない。

> **用語解説**
> 右舷・左舷：右舷は船尾から船首に向かって右側の方向を指し、左舷は左側の方向を指す。

⑨汽艇等は、港内においては、**汽艇等以外の船舶**の進路を避けなければならない。

⑩総トン数が500ｔを超えない範囲内において国土交通省令で定めるトン数以下である船舶であって汽艇等以外のもの（小型船）は、国土交通省令で定める船舶交通が著しく混雑する特定港内においては、**小型船及び汽艇等以外の船舶**の進路を避けなければならない。

⑪小型船及び汽艇等以外の船舶は、船舶交通が著しく混雑する特定港内を航行するときは、定められた様式の**標識**をマストに見やすいように掲げなければならない。

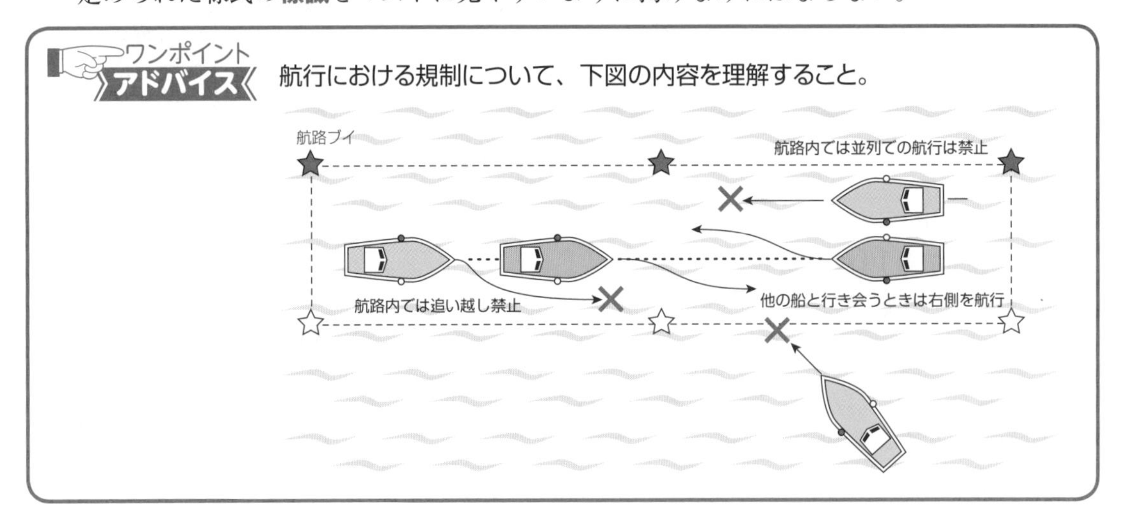

【危険物を積載する船舶の航行（港則法第20条〜第22条）】

①爆発物その他の危険物を積載した船舶は、特定港に入港しようとするときは、港の境界外で**港長**の指揮を受けなければならない。

②危険物を積載した船舶は、特定港においては、びょう地の指定を受けるべき場合を除いて、**港長の指定した場所**でなければ停泊または停留してはならない。

③船舶は、特定港において危険物の**積込み**、**積替え**または**荷卸し**をするには、港長の許可を受けなければならない。

④船舶は、特定港内または特定港の境界付近において危険物を**運搬**しようとするときは、港長の許可を受けなければならない。

【灯火等（港則法第27条、第28条）】

①船舶は、港内においては、みだりに**汽笛**または**サイレン**を吹き鳴らしてはならない。

②特定港内において使用すべき**私設信号**を定めようとする者は、港長の許可を受けなければならない。

【火災警報（港則法第 29 条）】

特定港内にある船舶において汽笛またはサイレンを備えるものは、当該船舶に火災が発生したときは、航行している場合を除き、火災を示す警報として**汽笛**または**サイレン**をもって**長音**を**5回**吹き鳴らさなければならない。警報は適当な間隔をおいて**繰り返さなければならない**。

【工事等の許可及び進水等の届出（港則法第31条）】

特定港内または特定港の境界付近で**工事**または**作業**をしようとする者は、港長の許可を受けなければならない。

【灯火の制限（港則法第36条）】

何人も、港内または港の境界付近において、船舶交通の妨げとなるおそれのある**強力な灯火**をみだりに使用してはならない。

ワンポイントアドバイス

特定港における港長の許可・届出の有無は、次のとおり整理して押さえておくとよい。

①特定港内で港長の許可を要するもの
- 夜間入港　●指定されたびょう地からの移動　●危険物の荷役
- 危険物の運搬　●竹木材の荷卸し　●工事または作業
- 端艇競争その他の行事　●私設信号の使用など

②特定港、特定港内で港長に届出を要するもの
- 入出港　●係留施設への係留　●船舶の修繕
- 定められた長さ以上の船舶の進水など

③手続きの必要がないもの
- 総トン数20ｔ未満の船舶などの入出港　●緊急避難等の場合の措置

② 海洋汚染等及び海上災害の防止に関する法律（海洋汚染防止法）

【海洋汚染等及び海上災害の防止（海洋汚染防止法第２条）】

何人も、船舶、海洋施設または航空機からの油、有害液体物質等または廃棄物の排出、油、有害液体物質等または廃棄物の海底下廃棄、船舶からの排出ガスの放出その他の行為により**海洋汚染等**をしないように努めなければならない。

【船舶からの油の排出の禁止（海洋汚染防止法第４条）】

何人も、海域において、船舶から**油を排出**してはならない。ただし、次に該当する油の排出については除かれる。

①船舶の**安全**を確保し、または**人命を救助**するための油の排出。

②船舶の損傷その他やむを得ない原因により油が排出された場合において、引き続く油の排出を防止するための可能な一切の措置をとったときの当該油の排出。

海難事故などでの油の流出による海洋汚染で生じた損害の責任や賠償等については、船舶油濁損害賠償保障法で規定されています。

【油による海洋の汚染の防止のための設備等（海洋汚染防止法第５条）】

船舶所有者は、船舶に、ビルジ等の**排出防止設備**（船舶内に存在する油の**船底への流入の防止**またはビルジ等の船舶内における**貯蔵**もしくは**処理**のための設備）を設置しなければならない。

ビルジ：船底にたまった水や油の混合物。

【船舶からの廃棄物の排出の規制（海洋汚染防止法第10条）】

何人も、海域において、船舶から**廃棄物を排出**してはならない。ただし、次に該当する廃棄物の排出については除かれる。

①船舶の**安全**を確保し、または**人命を救助**するための廃棄物の排出。

②船舶の損傷その他やむを得ない原因により廃棄物が排出された場合において、引き続く廃棄物の排出を防止するための可能な一切の措置をとったときの当該廃棄物の排出。

③当該船舶内にある船員その他の者の日常生活に伴い生ずるふん尿もしくは汚水またはこれらに類する廃棄物の排出。

これが試験に出る!

本節について、過去10年間の本試験でよく出題された内容の1～3位は次のとおりである。

１位：航路内において、他の船舶と行き合うときの航行について

２位：船舶の港内における、防波堤、不当その他の工作物の突端または停泊船舶の右舷または左舷を見ての航行について

３位：船舶の航路内における追い越しについて

例題演習 第3章 10 港則法／海洋汚染防止法

【問題】次の文章を読み、正誤もしくは正しい選択肢を答えなさい。

1. 港則法

	問題	解説	
1	港則法は、港湾工事を円滑に実施することを目的とした法律である。	港則法の目的は、**港内における船舶交通の安全及び港内の整とんを図ることである。**	×
2	特定港内に停泊する船舶は、各々そのトン数または積載物の種類に従い、当該特定港内の一定の区域内に停泊しなければならない。	特定港内に停泊する船舶は、国土交通省令の定めるところにより、**各々そのトン数または積載物の種類に従い、当該特定港内の一定の区域内に停泊しなければならない。**	○
3	汽艇等以外の船舶は、特定港に出入りするには、原則として定められた航路によらなければならない。	汽艇等以外の船舶は、特定港に出入りし、または特定港を通過するには、**国土交通省令で定める航路によらなければならない。**	○
4	船舶は、航路内においては、原則として投びょうし、または曳航している船舶を放してはならない。	船舶は、航路内においては、**原則として投びょうし、または曳航している船舶を放してはならない。**	○
5	船舶が、航路内で人命救助のために投びょうすることは、港則法上禁止されていない行為である。	船舶が、航路内で人命救助のために投びょうすることは、**港則法上禁止されていない行為である。**	○
6	船舶は、特定港で危険物の荷御しをするときには、港長の許可を受けなければならない。	船舶は、特定港で危険物の積込み、積替えまたは荷御しをするときには、**港長の許可を受けなければならない。**	○
7	航路内において他の船舶を追い越すときは、汽笛を鳴らしながら右側を追い越さなければならない。	船舶は、航路内においては、**他の船舶を追い越してはならない。**	×
8	航路外から航路に入りまたは航路から航路外に出ようとする船舶は、航路を航行する他の船舶の進路を避けなければならない。	航路外から航路に入り、または航路から航路外に出ようとする船舶は、**航路を航行する他の船舶の進路を避けなければならない。**	○
9	船舶は、航路内において、他の船舶と行き合うときは、右側を航行しなければならない。	航路内において、他の船舶と行き合うときは、**右側を航行しなければならない。**	○
10	船舶は、航路内においては、並列して航行してはならない。	航路内においては、**並列して航行してはならない。**	○
11	汽船が、港の防波堤の入口で他の汽船と出会うおそれのあるときは、出航する汽船は、防波堤の内側にて入港する汽船の進路を避けなければならない。	汽船が、港の防波堤の入口または入口付近で他の汽船と出会うおそれのあるときは、**入航する汽船は、防波堤の外側にて出航する汽船の進路を避けなければならない。**	×

12	船舶は、港内及び港の境界付近においては、他の船舶に危険を及ぼさないような速力で航行しなければならない。	船舶は、港内及び港の境界付近においては、**他の船舶に危険を及ぼさないような速力で航行しなければならない。**	○
13	船舶は、港内においては、防波堤、埠頭その他の工作物の突端または停泊船舶を右舷に見て航行するときは、できるだけこれに遠ざかって、左舷に見て航行するときは、できるだけこれに近寄って航行しなければならない。	船舶は、港内においては、防波堤、埠頭その他の工作物の突端または停泊船舶を右舷に見て航行するときは、**できるだけこれに近寄り**、左舷に見て航行するときは、**できるだけこれに遠ざかって**航行しなければならない。	×
14	小型船は、船舶交通が著しく混雑する特定港内においては、小型船及び汽艇等以外の船舶の進路を避けなければならない。	小型船は、国土交通省令で定める船舶交通が著しく混雑する特定港内においては、**小型船及び汽艇等以外の船舶の進路を避けなければならない。**	○
15	小型船及び汽艇等以外の船舶は、船舶交通が著しく混雑する特定港内を航行するときは、定められた様式の標識をマストに掲げなければならない。	小型船及び汽艇等以外の船舶は、船舶交通が著しく混雑する特定港内を航行するときは、**定められた様式の標識をマストに掲げなければならない。**	○
16	船舶は、特定港において危険物の荷卸しをするには、港長の許可を受けなければならない。	船舶は、特定港において**危険物の積込み、積替えまたは荷卸しをするには、港長の許可を受けなければならない。**	○
17	特定港内で工事または作業をしようとする者は、港長の許可を受けなければならない。	特定港内または特定港の境界付近で工事または作業をしようとする者は、**港長の許可を受けなければならない。**	○
18	港内または港の境界付近において、船舶の交通の妨げとなるおそれのある強力な灯火は、みだりに使用してはならない。	何人も、港内または港の境界付近における船舶交通の妨げとなるおそれのある強力な灯火を**みだりに使用してはならない。**	○

2. 海洋汚染等及び海上災害の防止に関する法律（海洋汚染防止法）

	問題	解説	
1	海洋汚染防止法上、船舶から大量に重油や潤滑油の排出があった場合には、船長は直ちに最寄りの海上保安機関に通報しなければならない。	海洋汚染防止法上、船舶から大量に重油や潤滑油の排出があった場合には、**船長は直ちに最寄りの海上保安機関に通報しなければならない。**	○
2	海洋汚染防止法上、海上災害を防止するためであっても、油、有害液体物質を船舶から海洋に排出することは法律により規制されている。	海域において、原則的には船舶から廃棄物を排出してはならない。ただし、**船舶の安全を確保し、または命を救助するための廃棄物の排出の場合などには除外され、「海上災害の防止」はこれに該当する。**	×

第1部　第１次検定・第２次検定対策

第4章 共通分野

1 測量

学習のポイント

- 近年の測量機器の種類、特徴をまとめてみる。
- 衛星測位システムの内容を理解する。
- 水準測量における基本的事項を学習する。
- 実際に地盤高の計算を行ってみる。

① 測量機器の種類

これまではレベル、トランシットが基本的な測量機器であったが、近年これらに代わり高度な機能を備えた測量機器の利用も増えている。主な機器の概要を以下で示す。

これが試験に出る!

測量機器の種類と内容に関する出題頻度が高い。

【高低差を測る測量器械】

高低差を測る水準測量器械の総称を**レベル**という。レベルには**自動レベル**と**電子レベル**がある。

①**自動レベル**は、レベル本体内部に備え付けられた**自動補正機構**により、レベル本体が傾いても補正範囲内において視準の十字線が**自動的に水平を確保する**機能をもつ水準器である。

②**電子レベル**は、観測者が標尺の目盛りを読み取る代わりに、バーコード標尺を**自動的に**読み取り、パターンを解読することにより**設定値**が表示され、**標尺までの距離**も同時に表示される。

レベル

【測角と測距の測量器械】

測角を行う測量器械の総称を**トランシット**もしくは**セオドライト**という。また、測距を行う測量器械に**光波測距儀**がある。さらに、測角と測距の両方をできる器械を**トータルステーション**という。

土木施工現場においては、丁張りの高さ測定においてはレベル、基準点測定においてはトランシットが利用される。

①**セオドライト**は、**水平角**と**鉛直角**を正確に測定する回転望遠鏡付き測角器械の一種で、近年**トランシット**を含めた名称となっている。

②**光波測距儀**は、測距儀から測点に向けて**光波**を発振し、測点に設置した反射プリズムで反射し、その光波を測距儀が感知し、発振した回数から**距離を測定**する器械で、１～２㎞までが測定可能範囲である。

③**トータルステーション**は、光波測距儀の**測距機能**とセオドライトの**測角機能**の両方を備えた測量器械であり、電子的に観測する**自動システム**で器械と反射プリズム位置の相対的三次元測量である。

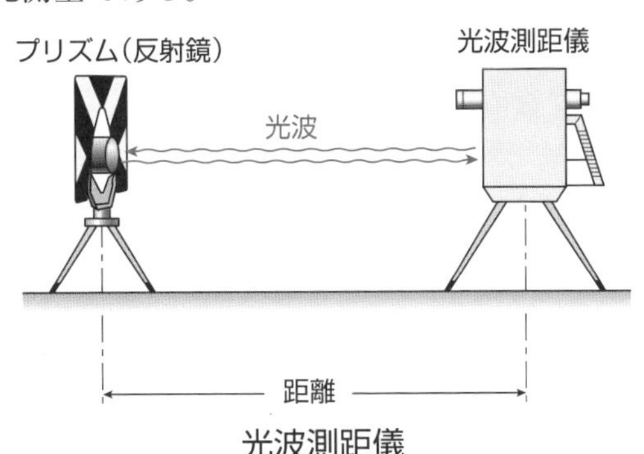

光波測距儀

トータルステーション

【衛星測位システム】

①**GPS測量機**は、汎地球測位システムといわれるGPS(Global Positioning System)を利用する測量方法で、**人工衛星の電波**を受信することにより緯度、経度を測定し、**相対的な位置関係**を把握することができる。

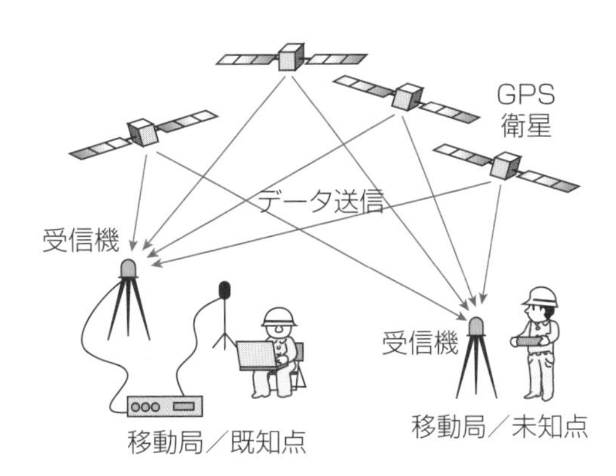

GPS測量機

②**GNSS測量機**（旧GPS測量）は、衛星測位システムのことで、複数の航法衛星（人工衛星の一種）が**航法信号**を地上の不特定多数に向けて電波送信し、それを受信することにより、自分の位置や進路を把握する仕組みである。地上で測位が可能とするためには、**可視衛星**（空中の見通せる範囲内の航法衛星）を**４機以上**必要とする。

GPSは測量機器以外にも広く利用されていて、主なものに航空機、船舶、カーナビゲーション、携帯端末、登山用等一般の用途がある。

❷ 水準測量

地表面の**高低差**を求める測量で、一般的には**レベル**を用いて直接高低差を求める直接水準測量のことをいう。

用語解説

直接水準測量：レベルと標尺を用いて高低差を求める方法。なお、トランシット等により距離及び角度を求め、計算により高低差を求める方法を間接水準測量という。

【基本的事項】

水準測量での基本的事項は次のとおりである。

①レベルと標尺間の距離のことを**視準距離**といい、最大距離が水準測量の種類ごとに規定されている。

種類	視準距離	種類	視準距離
１級水準測量	50m	３・４級水準測量	70m
２級水準測量	60m	簡易水準測量	80m

②標尺の読みとり位置について、標尺の下端は**かげろう**が発生し、上端はゆれの影響によって**誤差**が生じやすくなる。なるべく**中間部分**を視準するようにレベルの高さを調整して据え付ける。

③直射日光によるレベルの膨張等の影響を防ぐために、日傘等を用いて**直射日光**を避けるようにする。

用語解説
かげろう：直射日光の強い日などに遠方の物体が揺らめいて見える現象。

④気象条件が同じときの誤差を防止するためには、往復の観測を**午前と午後の２回**行い、その**平均**をとる。

⑤標尺を読み取るときには、標尺をもつ者に、前後左右にゆっくりと動かすように指示し、**最も少ない値**を読み取るようにする。

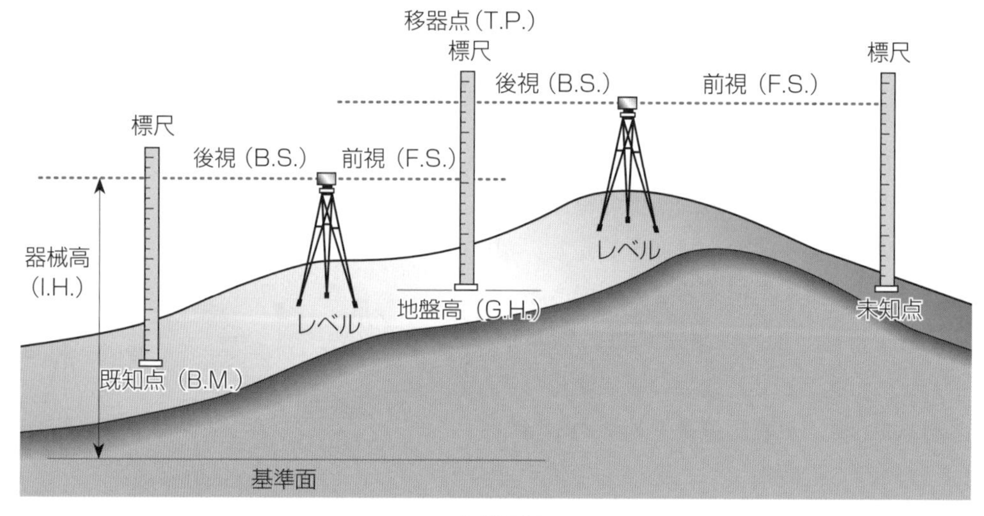

水準測量

用語解説

- 既知点：水準測量の出発点となる基準点のことで、ベンチマークや与点ともよばれる。
- 未知点：既知点からの測量により位置や高さを求める対象の点のことで、求点ともよばれる。
- 後視：既知点側の標尺を視準すること。
- 前視：未知点側の標尺を視準すること。
- 移器点：長距離の場合や障害物が存在する場合により、既知点と未知点の高低差を直接比較できないときに、既知点と未知点の両方を計測できる箇所に設ける点で、ターニングポイントや盛換え点ともよばれる。この地点で標尺を盛り換えて既知点と未知点の高低差を測ることで、既知点と未知点の高低差を割り出すことができる。
- 器械高：基準面からレベルの望遠鏡部までの高さ。

【レベルの器械的誤差の消去】

レベルによる水準測量において生ずる誤差の種類と消去方法について示す。

①標尺間の視準間距離の差により発生する誤差を**視準軸誤差**といい、**視準間距離を等しくする**ことにより消去される。

②標尺の下端が正しく零になっていないための誤

ワンポイントアドバイス
レベルの器械的誤差の消去方法について、正位・反位の観測値の平均により消去されるものと、されないものについて整理しておく。

差を**零点目盛誤差**といい、**観測を偶数回にする**ことにより消去される。

③地球の丸味や大気の影響による誤差を**球差**及び**気差**といい、**標尺間の視準間距離を等しくする**ことにより消去される。

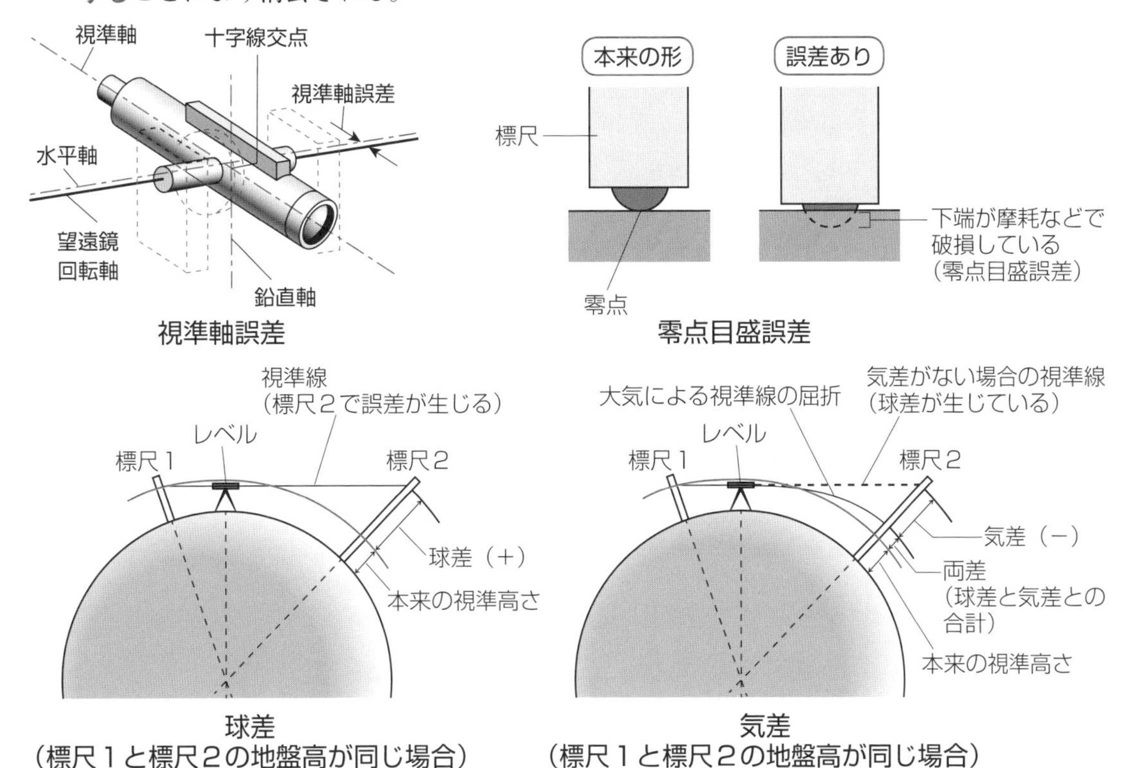

【水準測量と地盤高の計算】

水準測量と地盤高の計算例として、下表の場合でのNo.４の地盤高を算出する流れを示す。

測点	後視(m)	前視(m)	高低差		地盤高(m)
			昇(＋)	降(−)	
No.1					30.000
No.2	2.000	0.555	1.445		31.445
No.3	2.300	0.245	2.055		33.500
No.4	0.400	1.900		1.500	
合計	4.700	2.700	3.500	1.500	

①No.１を**既知点**として、No.４の**地盤高**を求める。

②標高差は、**後視の合計**と**前視の合計**の差により求める。

よって、No.４（地盤高）＝**30.000＋（4.700−2.700）＝32.000**(m）となる。

これが試験に出る!

実際に地盤高の計算を行う問題がよく出る。

例題演習 第4章 1 測量

【問題】次の文章を読み、正誤もしくは正しい選択肢を答えなさい。

1. 測量機器の種類

問題	解説	
❶ 主として地上で水平角、高度角、距離を電子的に観測する自動システムで器械と鏡の位置の相対的三次元測量であり、1回の視準で測距、測角が同時に測定できる測量機器は、トータルステーションである。	**光波測距儀の測距機能とセオドライトの測角機能**を一体化して電子的に観測する自動システムで、器械と鏡の位置の相対的三次元測量は、**トータルステーション**である。	○
❷ 測量現場において、1回の視準で水平角、鉛直角及び斜距離の測定が可能なものは、GPS測量機である。	GPS測量は、観測点の位置を**人工衛星の電波**を利用して測定するもので、1回の視準で水平角、鉛直角及び斜距離の測定が可能なものは、**トータルステーション**である。	×

2. 水準測量

問題 / 解説

❶ 測点No.2の地盤高を求めるため、測点No.1を出発点として水準測量を行い下表の結果を得た。No.2の地盤高は次のうちどれか。

番号	距離(m)	後視(m)	前視(m)	地盤高(m)
測点No.1				5.000
1	40	1.230	2.300	
2	40	1.500	1.600	
3	40	2.010	1.320	
測点No.2	20	1.510	1.630	
合計		6.250	6.850	

(1) 4.100m
(2) 4.400m
(3) 5.100m
(4) 5.600m

標高差は、**後視の合計**と**前視の合計**の差により求める。
よって、No.2の地盤高は、**5.000+（6.250−6.850）=4.400m**

(2)

番号	距離(m)	後視(m)	前視(m)	地盤高(m)
測点No.1				5.000
1	40	1.230	2.300	3.930
2	40	1.500	1.600	3.830
3	40	2.010	1.320	4.520
測点No.2	20	1.510	1.630	4.400
合計		6.250	6.850	

2 B.M.(標高6.600m）と測点No.１間の水準測量を行い下表の結果を得た。測点No.１の地盤高は次のうちどれか。

番号	後視(m)	前視(m)	地盤高(m)
B.M.			6.600
T.P.1	1.802	1.303	
T.P.2	1.988	1.078	
測点No.1	1.326	1.435	

（1）5.300m
（2）6.900m
（3）7.900m
（4）9.700m

標高差は、**後視の合計**と**前視の合計**の差により求める。
後視の合計は、**1.802＋1.988＋1.326＝5.116m**
前視の合計は、**1.303＋1.078＋1.435＝3.816m**
よって、No.1の地盤高は、**6.600＋（5.116－3.816）＝7.900m**

(3)

番号	後視(m)	前視(m)	地盤高(m)
B.M.			6.600
T.P.1	1.802	1.303	7.099
T.P.2	1.988	1.078	8.009
測点No.1	1.326	1.435	7.900
合計	5.116	3.816	

	問題	解説	正誤
3	公共測量に使用される測量機器のうち、最も精密な高低差の測定が可能なものは、セオドライト（トランシット）である。	セオドライトは、水平角と鉛直角を正確に測定する回転望遠鏡付き測角器械であり、**高低差は測定しない。精密な高低差の測定が可能なのは電子レベルである。**	×
4	レベルを用いて２点間の高低差を求める水準測量において、２点間のほぼ中点にレベルを設置した。	レベルによる水準測量では、各種の誤差を除く目的で、**視準距離をできる限り等しくする**ために２点間の**ほぼ中点**にレベルを設置する。	○
5	レベルを用いて２点間の高低差を求める水準測量において、レベルを設置した後、地面からレベルまでの高さを読み取った。	レベルによる水準測量では、**既知点の後視**により器械の高さを求めるので、**地面からレベルまでの高さを求める必要はない。**	×
6	水準測量の誤差に関して、かげろうの影響による誤差は、器械的誤差に該当する。	地表または水面上で、日光の熱の影響を受け、その水分の蒸発により水蒸気流（かげろう）が発生し、そこを通過する光線が屈折異常を起こす現象により誤差が生じる。これは**自然現象による誤差**であり、**器械的誤差には該当しない。**	×
7	水準測量の誤差に関して、レベルの視準軸誤差は、器械的誤差に該当する。	レベルの視準軸誤差は、調整が不完全なために視準線と気泡管軸が平行になることで生じる誤差で、**器械的誤差に該当する。**	○

2 契約

第2次検定

学習のポイント

- 「公共工事標準請負契約約款」の主な規定の内容を整理する。
- 「公共工事の入札及び契約の適正化の促進に関する法律」の主な規定の内容を整理する。

1 公共工事標準請負契約約款

【公共工事標準請負契約約款】

契約は、**発注者と請負者が対等な立場で行う**もので、契約書に基づき、設計図書に従い契約を履行する。約款の主な規定を下表に示す。

ワンポイントアドバイス

発注者と請負者は常に対等な立場であるということが、契約の基本条件である。

条	項目	内容
第4条	契約の保証	**契約保証金**の納付あるいは保証金に代わる**担保**の提供等を行う。
第6条	一括下請負の禁止	第三者への**一括委任**または**一括下請負**を禁止する。
第8条	特許権等の使用	**特許権、実用新案権、意匠権、商標権**等の使用に関する責任を負う。
第9条	監督職員	発注者から請負者へ監督職員の**通知**及び監督職員の**権限**を行使する。
第10条	現場代理人及び主任技術者	**現場代理人、主任技術者**等は兼ねることができる。
第11条	履行報告	請負者から発注者へ**契約の履行**についての報告を行う。
第13条	工事材料の品質及び検査等	品質が明示されない材料は**中等の品質**のものとする。
第17条	設計図書不適合の場合の改造義務及び破壊検査等	工事が設計図書と不適合の場合の**改造義務**及び発注者側の責任の場合の発注者側の**費用負担の義務**がある。
第18条	条件変更等	図面・仕様書・現場説明書の不一致、設計図書の不備・不明確、施工条件と現場との不一致の場合の**確認請求**ができる。

用語解説

- 契約保証金：契約の履行を保証する名目で請負者に納めさせる保証金。会計法の規定に基づくもので、請負者が契約を履行しなかった場合、納めた保証金は没収される（国庫に帰属される）。
- 特許権：新規かつ進歩性のある発明に対する排他的独占権。
- 実用新案権：新規かつ進歩性の考案（自然法則を利用した技術的思想の創作であって、物品の形状、構造または組み合わせに関わるもの）に対する排他的独占権。
- 意匠権：物品あるいは物品の部分における形状・模様・色彩に関して、新規かつ創作性の高いデザインへの排他的独占権。
- 商標権：取り扱う商品・役務（サービス）を他者のものと区別するために使用するマークやネーミングについての排他的独占権。

もっと知りたい

第13条での「中等の品質」とは、JIS規格に適合したもの、またはこれと同等以上の品質を有するもののことを指している。

第19条	設計図書の変更	設計図書の変更の際の**工期あるいは請負金額の変更**及び**補償**を行う。
第27条	一般的損害	引渡し前の損害は、発注者側の責任を除き**請負者**が負担する。
第28条	第三者に及ぼした損害	施工中における第三者に対する損害は、発注者側の責任を除いて**請負者**の負担とする。
第29条	不可抗力による損害	請負者は、引渡し前に天災等による不可抗力により生じた損害は、発注者に通知し、**費用の負担**を請求できる。
第31条	検査及び引渡し	発注者は、工事完了通知後**14日以内**に完了検査を行う。
第44条	瑕疵（かし）担保	発注者は請負者に、**瑕疵の修補**及び**損害賠償**の請求ができる。

- 瑕疵：欠陥や過失などを意味する法律上の概念。
- 修補：修理等を意味する。

契約は発注者と請負者の両方の合意により成立する。

契約では、工事内容や工期、請負代金の額、支払いの時期・方法などの必要事項を契約書に記載し、署名または記名押印のうえ、発注者・請負者の相互に交付します。

これが試験に出る!

「公共工事標準請負契約約款」の主要な規定に関する問題は必ず出る。

【設計図書】

設計図書とは、**仕様書**、**設計図**、**現場説明書**、**質問回答書**のことであり、それぞれに以下の内容が含まれる。

用語解説

仕様書：官公庁等が工事に共通な事項をまとめた共通仕様書と、該当工事だけに適用する指定事項を明示する特別仕様書がある。

設計図書	内容
仕様書	共通仕様書及び特別仕様書で示される。
設計図	一般平面図、縦横断図、構造図、配筋図、施工計画図、仮設図等工事に必要な図面が示される。
現場説明書	工事範囲、工事期間、工事内容、施工計画、提出書類、質疑応答により現場説明が行われる。
質問回答書	現場説明書の質問に対する回答書を添付する。

設計図書に含まれるものとその内容について整理して理解しましょう。

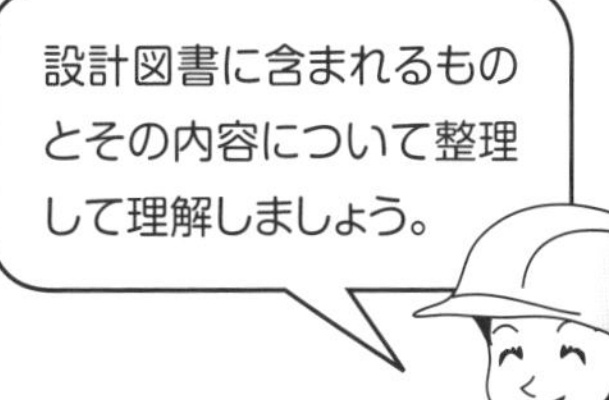

❷ 公共工事の入札及び契約の適正化の促進に関する法律

国、地方公共団体、特殊法人が行う公共工事の入札及び契約の際に、その適正化の基本について定めたものであり、主な規定を下表に示す。

条	項目	内容
法第3条	基本事項	①入札及び契約に関して**透明性**が確保されること。 ②**公正な競争**が促進されること。 ③談合その他の**不正行為の排除**が徹底されること。 ④公共工事の**適正な施工**が確保されること。
法第4条～第7条	情報の公表	国、地方公共団体、特殊法人は、毎年度、公共工事の**発注見通し**に関する事項及び**入札及び契約の過程**、内容に関する事項を公表する。
法第10条	不正行為の事実の通知	入札談合等の事実があるときには**公正取引委員会**へ通知する。
法第11条		建設業法違反の事実があるときには**国土交通大臣**または**都道府県知事**へ通知する。
法第12条	一括下請負の禁止	公共工事については建設業法第22条3項の規定（**発注者の承諾を得た場合の例外規定**）は適用しない。
法第13条	施工体制台帳提出	作成した**施工体制台帳**の写しを発注者に提出する。
法第14条	各省庁の責務	工事現場での**施工体制**との合致の点検及び措置を講じる。
法第15条～第18条	適正化指針	国は**適正化指針**を定めるとともに必要な措置を講じる。
法第19条	情報の収集、整理及び提供等	国は**情報の収集、整理及び提供**に努めるとともに、関係職員及び建設業者に対し**知識の普及**に努める。

用語解説

公正取引委員会：内閣総理大臣の所轄の下で設置されている行政機関の1つで、独占禁止法に基づき、企業の私的独占や入札談合、価格カルテルなどの摘発を行っている。

施工体制台帳については、建設業法でも規定されています。P.236を参照してください。

用語解説

適正化指針：「公共工事の入札及び契約の適正化の促進に関する法律」に基づき作成される、入札や契約を適正に実施するための指針。

入札にかける公共工事の内容は事前に公示される。入札への参加には審査があり、参加が認められた者は入札手続きを進めることができる。

近年は電子入札を導入している発注機関も増えています。電子入札では、左のイラストのように発注元で直接確認せずとも、インターネットを通じて工事情報や関連文書の入手、入札の過程や結果の確認等が可能です。

入札・契約方式には競争入札、随意契約、プロポーザル、総合評価落札方式等があり、近年は価格競争（競争入札や随意契約）から技術提案型（プロポーザルや総合評価落札方式）に移行しつつある。

例題演習 第4章 2 契約

【問題】次の文章を読み、正誤もしくは正しい選択肢を答えなさい。

1. 公共工事標準請負契約約款

問題	解説	
❶ 工期の変更については、原則として発注者と受注者の協議は行わずに発注者が定め、受注者に通知する。	工期の変更については、約款（第23条）において、「**原則として発注者と受注者が協議して定める**」と規定されている。	×
❷ 受注者は、天候の不良など受注者の責めに帰すことができない事由により工期内に工事を完成することができないときは、発注者に工期の延長変更を請求することができる。	約款（第21条）において、「受注者は、天候の不良など受注者の責めに帰すことができない事由により工期内に工事を完成することができないときは、**発注者に工期の延長変更を請求することができる**」と規定されている。	○
❸ 受注者は、必要に応じて工事の全部を一括して第三者に請け負わせることができる。	約款（第６条）において、「**受注者は工事の全部または主たる部分について、一括して第三者に請け負わせてはならない**」と規定されている。	×
❹ 工事の仮設方法は、契約書や設計図書に特に定めがない場合、受注者の自己責任において自由に定めることができる。	約款（第１条第３項）において、「仮設、施工方法等については、特別の定めがある場合を除き、**受注者がその責任において定める**」と規定されている。	○

2. 公共工事の入札及び契約の適正化の促進に関する法律

問題	解説	
❶ 「公共工事の入札及び契約の適正化の促進に関する法律」の目的に該当しないものは次のうちどれか。 （１）情報の公表 （２）秘密保持義務 （３）施工体制の適正化 （４）不正行為等に対する措置	（１）情報の公表…**法第２章**に規定されているので**正しい**。 （２）秘密保持義務…**建設業法第27条の７**に規定されているので**誤り**。 （３）施工体制の適正化…**法第４章**に規定されているので**正しい**。 （４）不正行為等に対する措置…**法第３章**に規定されているので**正しい**。	(2)
❷ 「公共工事の入札及び契約の適正化の促進に関する法律」に定められている公共工事の入札及び契約の適正化の基本となるべき事項に該当しないものは、次のうちどれか。 （１）談合その他不正行為の排除の徹底 （２）工事契約の効率化による工事コストの低減 （３）入札契約の公正な競争の促進 （４）入札及び契約過程の内容の透明性の確保	（１）談合その他不正行為の排除の徹底…**法第３条第３項**で規定されているので**正しい**。 （２）工事契約の効率化による工事コストの低減…**同法には規定がないので誤り**。 （３）入札契約の公正な競争の促進…**法第３条第２項**で規定されているので**正しい**。 （４）入札及び契約過程の内容の透明性の確保…**法第３条第１項**で規定されているので**正しい**。	(2)

3 設計

学習のポイント

- 土木設計図の読み方を学習する。
- 設計図における形状表示記号を理解する。
- 溶接部における記号と溶接内容について整理する。

1 土木設計図の読み方

土木設計図において留意すべき主な点を示す。

①配筋図面

- 引張り応力に対抗するための鉄筋を**主筋**といい、その他に**配力筋**、**温度鉄筋**、**用心鉄筋**を配置する。
- 鉄筋のかぶりとは、**鉄筋の表面とコンクリート表面**の最短距離をいう。
- 鉄筋のあきとは、**平行して並ぶ鉄筋の表面間**の最短距離をいう。

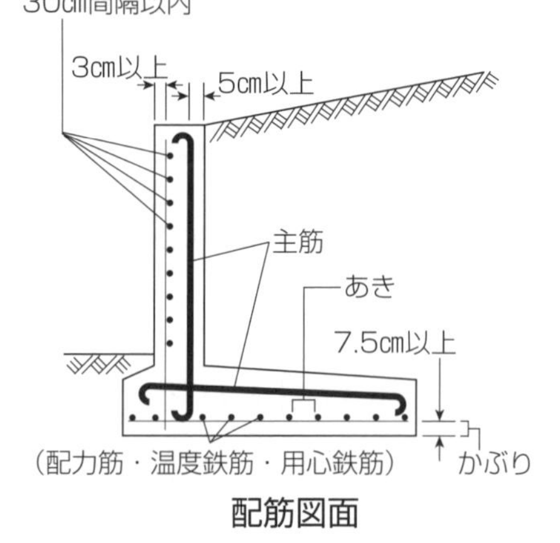

配筋図面

これが試験に出る!

配筋図面に関して、特に主筋の位置を問う問題が多い。

②道路図面

- **起点**から**終点**に向かい測点をつける。
- 起点から終点に向かって右側、左側となる。

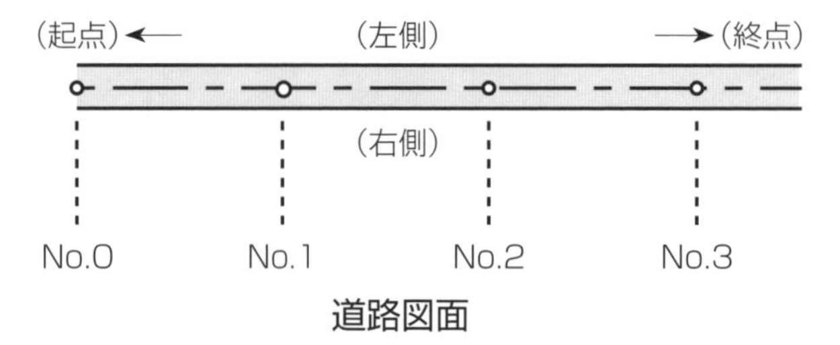

道路図面

③河川・水路図面

- 下流が**起点**となり、上流に向かい測点をつける。
- 上流から下流に向かって右側(右岸)、左側(左岸)となる。

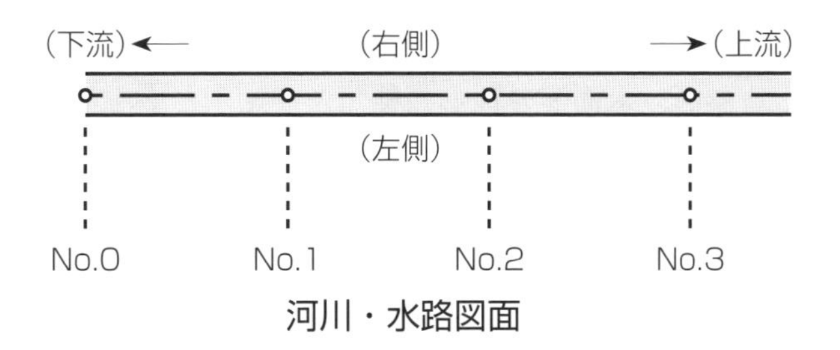

河川・水路図面

各種の土木設計図に見慣れていることが重要である。

❷ 設計図における形状表示記号

設計図で表示する記号等は、JISにおいて定められることが多い。

【材料の断面形状及び寸法表示】

主な材料の断面形状及び寸法表示は下表のとおりである。

種　類	断面形状	種　類	断面形状
鉄　筋 (普通丸鋼)	A	平　鋼	A, B
寸法表示：普通$\phi A-L$		寸法表示：▭$B\times A-L$	
鉄　筋 (異形棒鋼)	A	鋼　板	A, B
寸法表示：$DA-L$		寸法表示：PL　$B\times A\times L$	
等辺山形鋼	A, t, B	H　形　鋼	H, t_1, t_2, B
寸法表示：∟$A\times B\times t-L$		寸法表示：H$H\times B\times t_1\times t_2-L$	
不　等　辺 山　形　鋼	A, t, B	角　鋼	H, t_1, B
寸法表示：∟$A\times B\times t-L$		寸法表示：□$B\times H\times t-L$	
溝　形　鋼	t_2, H, t_1, B	鋼　管	A, t
寸法表示：[$H\times B\times t_1\times t_2-L$		寸法表示：$\phi A\times t-L$	

【地形の記号】

土木設計図における地盤面、水面等の地形の種類及び切土、盛土等、土工の状況を表す表示記号は、下表のとおりである。

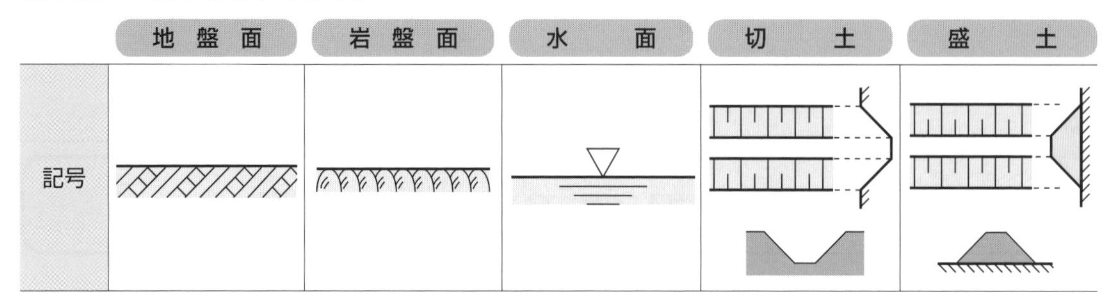

③ 溶接部における記号と溶接内容

溶接関係で表示する記号等は、JISにおいて定められることが多い。主な溶接内容及び実形は下表のとおりである。

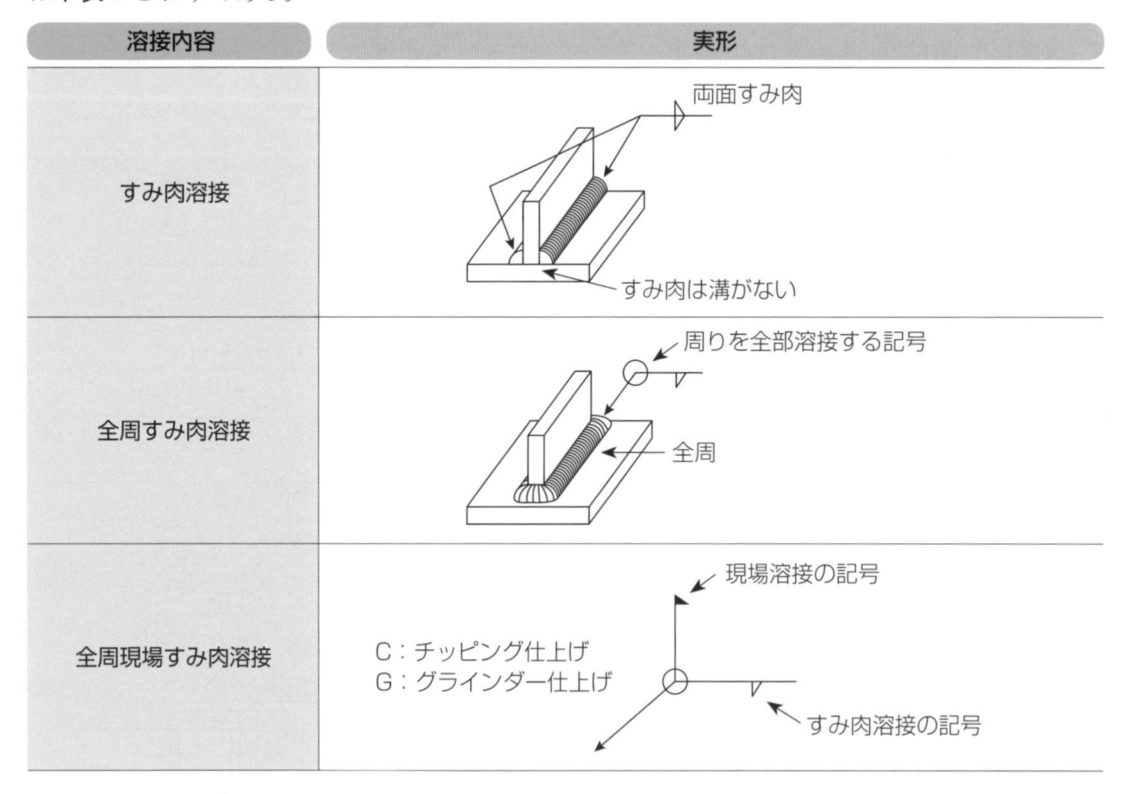

計量法の改正に伴い、土木工学として正式に使う単位は、CGS単位（旧単位系）からSI単位系（国際単位系）へと移行している。（例：kg→N）

例題演習 第4章 3 設計

【問題】次の文章を読み、正誤もしくは正しい選択肢を答えなさい。

1. 土木設計図の読み方

問題	解説

1 下図は、海岸堤防の形式を示したものであるが、図のA～Dのうち傾斜型はどれか。

A　B　C　D

（1）A
（2）B
（3）C
（4）D

解説　**（1）**

図における、それぞれの記号の堤防形式は下記のとおりである。

（1）A：**傾斜型**
（2）B：**直立型**
（3）C：**緩傾斜型**
（4）D：**混成型**

よって、**（1）が正解。**

2 下図は、道路の横断面図を示したものである。図の㋑～㋥で、現地盤高を示しているものはどれか。

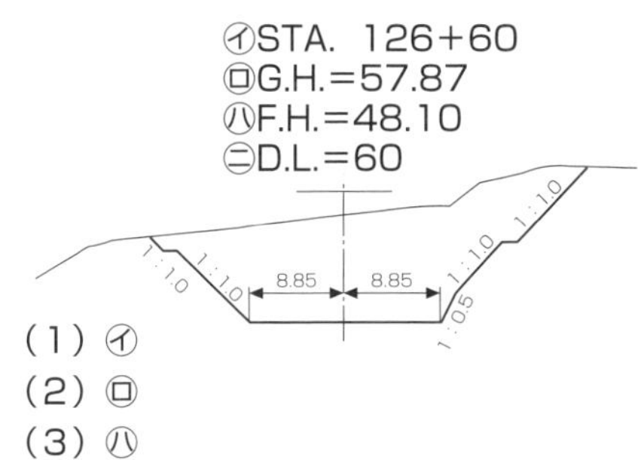

（1）㋑
（2）㋺
（3）㋩
（4）㋥

解説　**（2）**

図における、それぞれの記号は下記を表す。

（1）㋑：STA.（**測点**）
（2）㋺：G.H.（**現地盤高**）
（3）㋩：F.H.（**計画地盤高**）
（4）㋥：D.L.（**基準高**）

よって、**（2）が正解。**

3 下図は、河川堤防の横断面を示したものであるが、図のA～Dのうち、表小段はどれか。

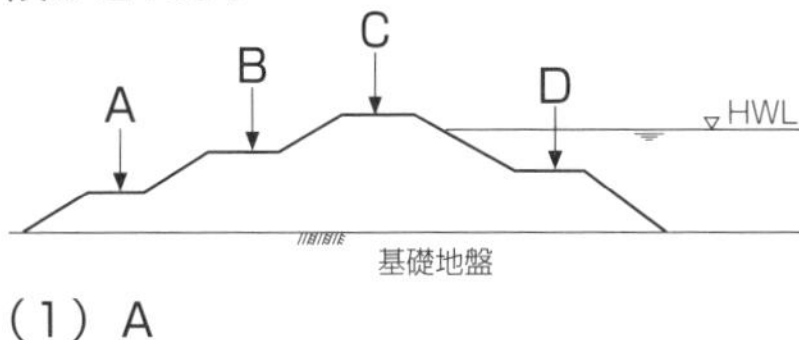

（1）A
（2）B
（3）C
（4）D

解説　**（4）**

図における、それぞれの記号は下記を表す。

（1）A：**犬走り**
（2）B：**裏小段**
（3）C：**天端**
（4）D：**表小段**

よって、**（4）が正解。**

なお、河川堤防の場合、表とは河川を示す。

2. 設計図における形状表示記号

問　題	解　説
1 下図は、鋼橋の設計図の一部を示したものである。図中の（1）～（4）に示す鋼材の部材の説明として、次のうち適当でないものはどれか。 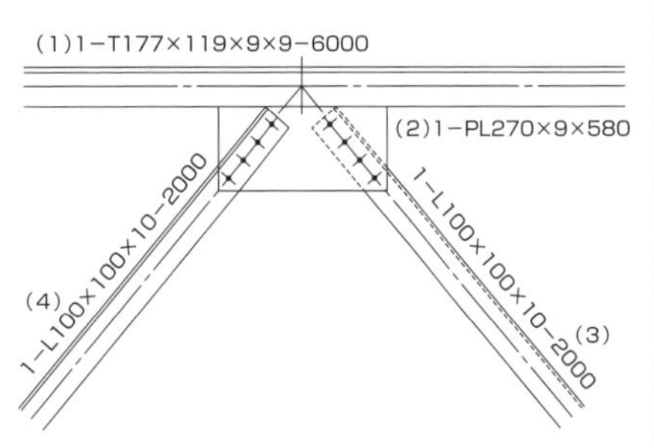 （1）T形鋼で、長さが6,000㎜の部材 （2）球平形鋼で、幅が270㎜の部材 （3）等辺山形鋼で、厚さが10㎜の部材 （4）等辺山形鋼で、辺の幅が100㎜の部材	（1）**T形鋼で、幅177㎜、高さ119㎜、厚さ9㎜、長さ6,000㎜**の部材を示す。**正しい。** （2）**鋼板で、幅270㎜、厚さ9㎜、長さ580㎜**の部材を示す。**誤り。** （3）**等辺山形鋼で、1辺の幅100㎜、厚さ10㎜、長さ2,000㎜**の部材を示す。**正しい。** （4）**上記（3）のとおりで正しい。** よって、**（2）が正解。** **(2)**
2 土木工事の設計図に用いられる「材料の表示」と「説明」との組み合わせとして、次のうち適当なものはどれか。 「材料の表示」　「説明」 （1）□*B*×*A*−*L*　…………角鋼 （2）⊏*H*×*B*×t_1×t_2−*L*　…等辺山形鋼 （3）∟*A*×*B*×*t*−*L*　………溝形鋼 （4）*DA*−*L*…………………異形丸鋼	（1）**平鋼**の表示である。角鋼は「□*B*×*H*×*t*−*L*」で表す。**誤り。** （2）**溝形鋼**の表示である。等辺山形鋼は「∟*A*×*B*×*t*−*L*」で表す。**誤り。** （3）**（不）等辺山形鋼**の表示である。溝形鋼は「⊏*H*×*B*×t_1×t_2−*L*」で表す。**誤り。** （4）**異形丸（棒）鋼**の表示である。なお、普通丸鋼は「*φ*」で表す。**正しい。** よって、**（4）が正解。** **(4)**

3. 溶接部における記号と溶接内容

問　題	解　説
1 下図の溶接部の表示記号（イ）及び（ロ）の意味の組み合わせとして、次のうち適当なものはどれか。 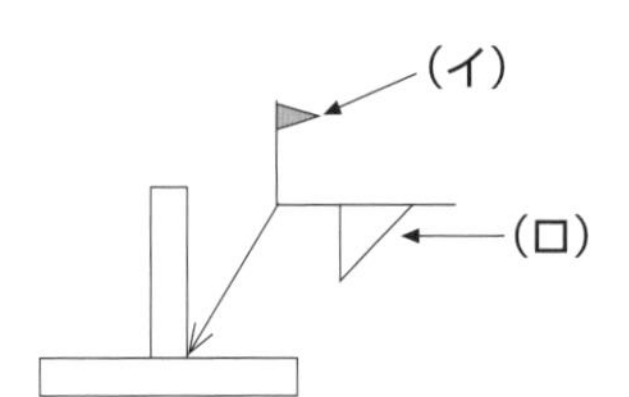 	（イ）　　　　（ロ） （1）現場溶接 ……… 矢の反対側のすみ肉溶接 （2）現場溶接 ……… 矢の側のすみ肉溶接 （3）工場溶接 ……… 矢の側のすみ肉溶接 （4）工場溶接 ……… 矢の反対側のすみ肉溶接 （イ）は「**現場溶接**」を表し、（ロ）は「**矢の側のすみ肉溶接**」を表す。 よって、**（2）が正解。** **(2)**

第1部　第1次検定・第2次検定対策

第5章 施工管理

❶ 施工計画 1次 2次
❷ 建設機械 1次
❸ 工程管理 1次 2次
❹ 安全管理 1次 2次
❺ 品質管理 1次 2次

1 施工計画

第1次検定　第2次検定

学習のポイント

第1次検定

- 施工計画作成における留意事項を整理する。
- 施工体制台帳、施工体系図の作成における基本事項を理解する。
- 仮設備計画における種類、内容を整理する。
- 建設機械計画における、作業能力の計算式を理解しておく。
- 契約条件の事前調査及び現場条件の事前調査検討事項の区別、内容を理解する。

第2次検定

- 語句や数値の記述、計算が主な出題内容であるため、正しい語句や数値、計算を押さえる。

1 施工計画作成の基本事項

【基本的事項】

施工計画とは、構造物の建設について、工期内に安全や環境、品質に配慮しつつ、経済的に施工する条件や方法を策定することであり、基本的事項を下記に示す。

①施工計画の目標とするところは、工事の目的物について、**設計図書**及び**仕様書**に基づき、所定の工事期間内に最小の費用で、かつ環境や品質に配慮しながら安全に施工できる条件を策定することである。

②施工計画策定にあたり、特に重要な課題は次の事項である。

- 発注者との**契約条件**
- **現地**の条件
- **全体工程表**
- 施工**方法**と施工**順序**
- **施工機器類**の選定
- **仮設備**の設計と**配置**計画

③施工計画決定にあたり、特に重要な課題は次の事項である。

- 施工計画の決定には、**過去の経験**を踏まえつつ、常に**改良**を試みて、新工法や新技術の採用に心掛ける。
- **現場担当者**のみに頼らず、できるだけ社内の組織を活用して、関係機関及び全社的な**高度な技術水準**で検討する。また、必要な場合には、**研究機関**にも相談し、技術的な指導を受けることも重要である。

- ●契約工期は、施工者にとって、手持ち資材や機材、作業員等の社内的状況によっては必ずしも**最適工期**とはならず、契約工期の範囲内でさらに**経済的な工程**を探し出す。
- ●１つの計画だけでなく、**複数の代案**を作成し、経済性を含めた長所や短所を比較検討して最適な計画を採用する。

④施工計画の作成手順としては下記のとおりである。

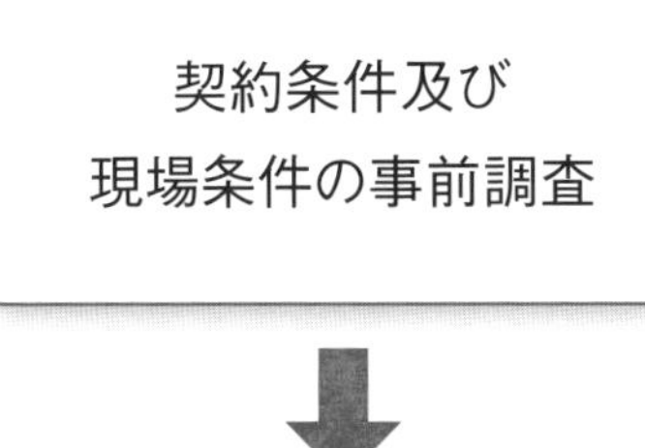

契約条件及び現場条件の事前調査

↓

施工順序・施工方法等の技術的検討、経済的比較による基本方針の決定

機械選定、作業員配置計画、作業量、作業手順等の詳細作業計画の樹立

→

労務・機械・材料等の調達・使用計画、輸送計画の樹立

原価管理計画、安全管理計画等の諸計画作成

施工計画の決定

これが試験に出る!

施工計画作成の一般的な手順に関する問題がよく出る。

❷ 事前調査検討事項

建設工事は自然を対象とするもので、現場の**自然状況**及び**立地条件**などを事前に調査して十分に把握することが重要である。事前調査検討事項には、**契約条件**と**現場条件**についての事前調査がある。

【契約条件の事前調査検討事項】

事前調査としてまずすべきことは、契約書や設計図書などから、目的とする構造物に要求されている事項を調査することであり、下記の内容による。

①**請負契約書の内容**：工事内容、工期、請負代金の額、支払方法、検査の時期及び方法、引渡しの時期、工事の変更・中止による損害の取扱い、不可抗力による損害の取扱い、物価

変動に基づく変更の取扱い

②**設計図書の内容**：設計内容・数量の確認、図面と仕様書の確認、図面と現場の適合の確認、現場説明事項の内容・仮設における規定の確認

③**その他**：監督者の指示・承諾・協議事項についての確認

【現場条件の事前調査検討事項】

施工現場における現場条件を調査して、その現場における最適な施工計画を策定するもので、下記のようなチェックリストにして表すとよい。

現場条件の事前調査検討事項チェックリスト

項目	内容
地形	工事用地、測量杭、高低差、地表勾配、危険防止箇所、土取場、土捨場、道水路状況、周辺民家
地質	土質、地層、支持層、柱状図、トラフィカビリティー、地下水、湧水、過去の災害事例
気象・水文	降雨量、降雨日数、積雪、風向、風力、気温、日照、波浪、洪水
電力・水	工事用電源、工事用取水、電力以外の動力の必要性
輸送	搬入搬出道路、鉄道、船舶
環境・公害	騒音・振動、交通、廃棄物処理、地下水汚染、相隣関係
用地・利権	境界、地上権、水利権、漁業権、林業権、採取権、知的所有権
労力・資材	地元、季節労働者、下請業者、価格、支払い条件、発注量、納期
施設・建物	事務所、宿舎、病院、機械修理工場、警察、消防
支障物	地上障害物、地下埋設物、隣接構造物、文化財

❸ 施工体制台帳、施工体系図の作成

特定建設業者の義務として、「建設業法第24条の7」により施工体制台帳及び施工体系図の作成が規定されている。

①下請契約の請負金額が**4,500万円以上**となる場合には、適正な施工を確保するために施工体制台帳を作成する（建設業法第24条の7第1項）。

②施工体制台帳には**下請人の名称**、**工事の内容**、**工期**等を記載し、**工事現場**ごとに備え置く（建設業法24条の7第1項）。

③**発注者**から請求があったときは、施工体制台帳を閲覧に供さなければならない（建設業法24条の7第3項）。

④各下請負人の施工の分担関係を表示した**施工体系図**を作成し、現場の見やすい場所に掲示しなければならない（建設業法24条の7第4項）。

ワンポイントアドバイス

建設工事の着手の際に施工者が提出する書類と提出先については、関係法令に定められている。

施工体制台帳の例

令和○年○月○日

施 工 体 制 台 帳

［会 社 名］○○建設株式会社

［事業所名］○○○○作業所

建設業の許可	許可業種	許可番号		許可（更新）年月日
	土木 工事業	大臣 特定 知事 一般	○第 ○○号	令和○年○月○日
	工事業	大臣 特定 知事 一般	第 号	年 月 日

項目	内容		
工事名称及び工事内容	○○○○道路改良工事 延長○m、舗装工○㎡		
発注者及び住所	○○県○○土木事務所		
工期	自 令和○年○月○日 至 令和○年○月○日	契約日	令和○年○月○日

契約営業所	区分	名称	住所
	元請契約	○○○○	○○県○○市○○○○○○
	下請契約	○○○○	○○県○○市○○○○○○

発注者の監督員名	○○○○	権限及び意見申出方法	工事請負契約書第○条記載のとおり文書による

監督員名	○○○○	権限及び意見申出方法	下請負基本契約書第○条記載のとおり文書による
現場代理人名	○○○○	権限及び意見申出方法	工事請負契約書第○条記載のとおり文書による
監理技術者名	○○○○	資格内容	○○○○
専門技術者名	○○○○	専門技術者名	○○○○
資格内容	○○○○	資格内容	○○○○
担当工事内容	○○○○	担当工事内容	○○○○

施工体系図の例

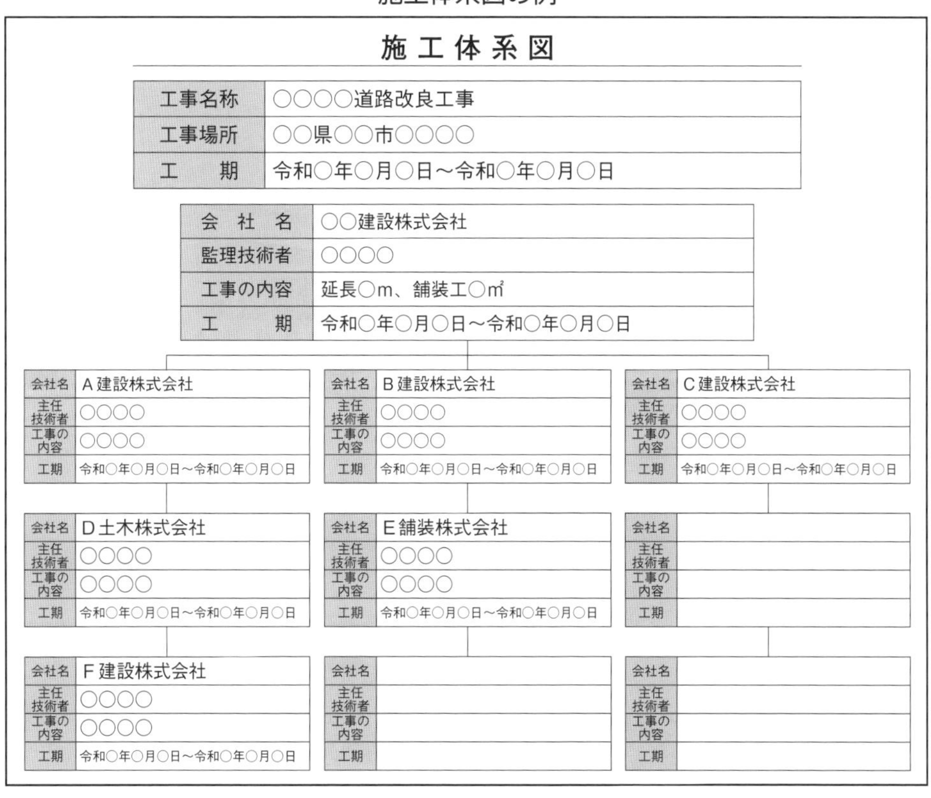

施 工 体 系 図

工事名称	○○○○道路改良工事
工事場所	○○県○○市○○○○
工　期	令和○年○月○日～令和○年○月○日

会 社 名	○○建設株式会社
監理技術者	○○○○
工事の内容	延長○m、舗装工○㎡
工　期	令和○年○月○日～令和○年○月○日

会社名	A建設株式会社
主任技術者	○○○○
工事の内容	○○○○
工期	令和○年○月○日～令和○年○月○日

会社名	B建設株式会社
主任技術者	○○○○
工事の内容	○○○○
工期	令和○年○月○日～令和○年○月○日

会社名	C建設株式会社
主任技術者	○○○○
工事の内容	○○○○
工期	令和○年○月○日～令和○年○月○日

会社名	D土木株式会社
主任技術者	○○○○
工事の内容	○○○○
工期	令和○年○月○日～令和○年○月○日

会社名	E舗装株式会社
主任技術者	○○○○
工事の内容	○○○○
工期	令和○年○月○日～令和○年○月○日

会社名	
主任技術者	
工事の内容	
工期	

会社名	F建設株式会社
主任技術者	○○○○
工事の内容	○○○○
工期	令和○年○月○日～令和○年○月○日

会社名	
主任技術者	
工事の内容	
工期	

会社名	
主任技術者	
工事の内容	
工期	

④ 仮設備計画

仮設備とは、構造物をつくるための手段として一時的に設置されるもので、工事完了後は基本的には撤去されるものである。

【仮設備計画の基本事項】

①仮設備には、発注者が指定する**指定仮設**と施工者の判断に任せる**任意仮設**の２種類がある。

- 指定仮設は、契約により**工種**、**数量**、**方法**が規定されており、契約変更の**対象となる**。
- 任意仮設は、施工者の技術力により**工事内容や現地条件に適した計画**を立案するもので、契約変更の**対象とならない**。ただし、図面などにより示された施工条件に大幅な変更があった場合には**設計変更**の対象となりうる。

仮設備計画の内容及び条件を整理しておくこと。

②仮設備に使用する材料は、**一般の市販品**を使用して可能な限り**規格**を統一し、使用後も**転用**可能にする。

③仮設備の設計においては、仮構造物であっても、使用目的や期間に応じて**構造設計**を行い、労働安全衛生法はじめ各種基準に合致した計画とするが、短期扱いとして**安全率**を多少割り引いて設計する。

【仮設備の内容】

仮設備計画には、工事用道路、支保工、安全施設等の本工事施工のために必要な直接仮設と、現場事務所、駐車場等の共通仮設に分類される。

①**直接仮設**：工事用道路、軌道、給排水設備、給換気設備、電気設備、安全設備、プラント設備、土留め、締切設備、設備の維持、撤去、後片づけ等

②**共通仮設**：現場事務所、宿舎、倉庫、駐車場、機械室等

直接仮設

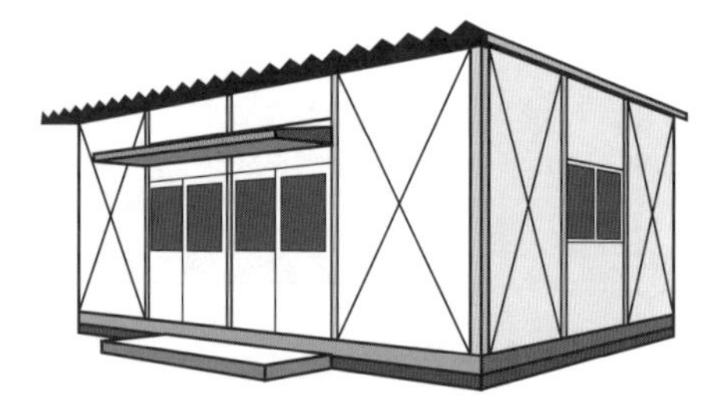
共通仮設

⑤ 建設機械計画

建設機械の選択・組み合わせと作業能力は、**施工計画**に対して大きく左右する。

これが試験に出る!

建設機械計画に関しては、出題頻度が高い。

【建設機械の選択及び組み合わせ】

建設機械は主機械と従機械の組み合わせにより

選択し、決定する。

①**主機械**とは、土工作業における掘削、積込み機械等のように**主作業を行うための中心となる機械**のことで、**最小の施工能力**を設定する。

②**従機械**とは、土工作業における運搬、敷均し、締固め機械等のように**主作業を補助するための機械**のことで、主機械の能力を最大限に活かすため、**主機械の能力より高めの能力**を設定する。

建設機械の選択・組み合わせ

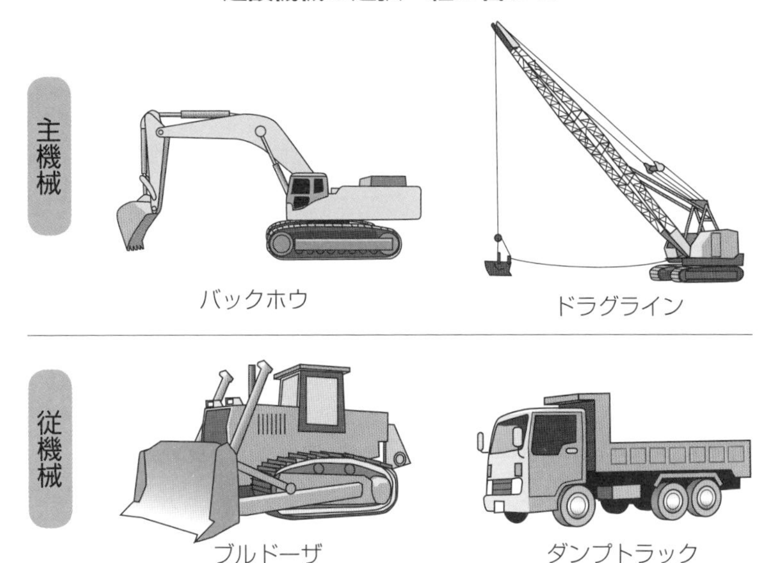

【建設機械の作業能力の算定】

運転時間あたり作業量の一般式は次のとおりである。

$$Q = q \times n \times f \times E \quad または \quad Q = \frac{60 \times q \times f \times E}{Cm}$$

建設機械の作業能力の算定式については、公式をしっかりと覚えましょう。

Q：１時間あたり作業量（m³／h）
q：１作業サイクルあたりの標準作業量
n：時間あたりの作業サイクル数
Cm：サイクルタイム（min）
f：土量換算係数（土量変化率Ｌ及びＣから決まる）
E：作業効率（現場条件により決まる）

建設機械の作業能力の算定は実際に計算をよく行っておく必要がある。

例題演習 第5章 1 施工計画

【問題】次の文章を読み、正誤もしくは正しい選択肢を答えなさい。

1. 施工計画作成の基本事項

	問題	解説	
1	環境保全計画は、法規に基づく規制基準に適合するように計画することが主な内容である。	環境保全計画は、騒音規制法や振動規制法、廃棄物処理法等の各種法規に基づく**規制基準に適合するように計画を策定しなければならない。**	○
2	調達計画は、労務計画や資材計画、安全衛生計画が主な内容である。	調達計画は、労務計画や資材計画が主な内容であり、**安全衛生計画は安全管理計画に含まれる。**	×
3	施工計画は、過去の同種工事を参考として、できるだけ従来の方法を踏襲し、新しい方法や改良を行わずに策定する。	施工計画の決定には、過去の同種工事を参考にするとともに、**常に改良を試み、新しい工法や技術の採用についても検討を行う。**	×
4	施工計画は、十分な予備調査によって慎重に立案するだけでなく、工事中においても常に計画と対比し、計画とずれが生じた場合には適切な是正措置をとる。	施工計画は、**事前調査**により慎重に立案するとともに、工事中においても常に**PDCAサイクル**に基づき、計画とずれが生じた場合には**適切な是正処置をとる。**	○
5	全体工期、全体工費に及ぼす影響の小さい工種を優先して施工手順の検討事項として取り上げる。	全体工期、全体工費に及ぼす影響の**大きい工種を優先して**、施工手順の検討として取り上げる。	×

2. 事前調査検討事項

	問題	解説	
1	施工計画の事前調査に関して、近隣環境の把握のため、現場用地の状況、近接構造物、地下埋設物などの調査を行う。	近隣環境の把握のために、現場事前調査として、**現場用地の状況、地下埋設物、地上障害物、隣接構造物等の支障物件の調査を行う。**	○
2	施工計画の事前調査に関して、工事に伴う公害の把握のため、土地の価格の確認を行う。	工事に伴う環境問題の事前調査として、**騒音、振動等の公害問題**について調査を行うが、**土地価格の確認は含まれない。**	×
3	施工計画を作成するための事前調査検討事項には、契約条件と現場条件がある。次のうち現場条件に該当しないものはどれか。 （1）地形、地質、気象、水文、海象 （2）工事用資材及び労務の調達先、運搬経路 （3）地下埋設物、地上障害物、隣接構造物 （4）不可抗力による損害の取扱い	（1）、（2）、（3）は現場条件の事前調査検討事項である。 **（4）「不可抗力による損害の取扱い」**は、契約条件の事前調査検討事項である。	(4)

	問題	解説	
4	施工計画を作成するための、契約条件の事前調査検討事項に該当しないものは、次のうちどれか。 （1）機械、資材、労務の調達に関する事項 （2）工事材料の品質及び検査に関する事項 （3）不可抗力による損害に関する事項 （4）条件変更、設計図書の変更に関する事項	（2）、（3）、（4）は契約条件の事前調査検討事項である。 **（1）「機材、資材、労務の調達に関する事項」**は、現場条件の事前調査検討事項である。	（1）

3. 施工体制台帳、施工体系図の作成

	問題	解説	
1	施工体制台帳には、下請負人に関する事項も含め工事内容、工期及び技術者名などについて記載してはならない。	建設業法第24条の7において、「施工体制台帳には、**下請負人の名称、建設工事の内容及び工期等を記載し**、工事現場に備え置かなくてはならない」と規定されている。	×
2	施工体制台帳の記載事項または添付書類に変更があったときは、遅滞なく施工体制台帳を変更しなければならない。	施工体制台帳の記載事項または添付書類に変更があった場合は、**施工体制台帳を速やかに変更しなければならない**（建設業法第24条の7）。	○
3	発注者から直接建設工事を請け負った特定建設業者は、総額3,000万円以上の下請契約を締結する場合は、施工体制台帳を作成する。	特定建設業者は、発注者から直接建設工事を請け負った場合において、下請契約の請負代金の額が**4,500万円以上**のときは、建設工事の内容や工期等を記載した施工体制台帳を作成し、工事現場に備え置かなければならない（建設業法第24条の7）。	×
4	施工体系図には、一次下請けの建設業者名、技術者名の記載があれば、二次下請け以降の記載は省略できる。	建設業法施工規則第14条の6において、「施工体系図は、下請負人ごとに施工の分担関係が明らかとなるよう系統的に表示して作成しなければならない」と規定され、**二次下請け以降の記載も必要である。**	×

4. 仮設備計画

	問題	解説	
1	仮設構造物は、その使用目的や期間に応じて、構造計算を行い、労働安全衛生規則などの基準に合致しなければならない。	仮設構造物の設計は、使用目的、使用期間及び重要度に応じて構造計算を行い、**労働安全衛生規則などの基準に合致しなければならない。**ただし、安全率に関しては、**本体構造物とは異なる安全率を採用してもよい。**	○
2	指定仮設及び任意仮設は、どちらも契約変更の対象にならない。	任意仮設は請負者に一任するもので、契約変更の対象とはならないが、**指定仮設は、契約により工種、数量、方法が規定されるもので、契約変更の対象となる。**	×

	問題	解説	
3	指定仮設は、発注者が設計図書でその構造や仕様を指定するが、構造や仕様が変更になっても契約変更の対象とならない。	指定仮設とは、発注者との契約により工種、数量、方法等が規定されており、**契約変更の対象となる。**	

5. 建設機械計画

問題	解説

1 土工工事における掘削から締固めまでの作業と建設機械の主な組み合わせに関する次の記述のうち、適当でないものはどれか。

	作業内容	建設機械の組み合わせ
(1)	伐開、除根、積込み、運搬	ブルドーザ+バックホウ+ダンプトラック
(2)	敷均し、締固め	モータグレーダ+タイヤローラ+マカダムローラ
(3)	掘削、積込み、運搬	ブルドーザ+ダンプトラック
(4)	掘削、積込み、運搬、まき出し	自走式スクレーパ+プッシャ(後押し用トラクタ)

(3)について、**ブルドーザは、掘削や積込みには適さない。**この場合の建設機械としては、**バックホウ**が望ましい。

(3)

---

2 0.6㎥級のバックホウと11tダンプトラックの組み合わせによる作業において、以下の条件の場合のダンプトラックの所要台数(N)は、次のうちどれか。

[条件]
0.6㎥級のバックホウの運転1時間あたりの作業量…Qs=44㎥/h
11tダンプトラックの運転1時間あたりの作業量…Qd(㎥/h)
ダンプトラックの所要台数…N=Qs/Qd
ただし

$$Qd=\frac{q\times f\times E\times 60}{Cm}\ ㎥/h$$

- 11tダンプトラック積載土量…q=7.2㎥
- ダンプトラックのサイクルタイム…Cm=24.0min
- 土量変化率…L=1.20
- 土量換算係数…f
- 作業効率…E=0.9

(1) 3台
(2) 4台
(3) 5台
(4) 6台

解説

ダンプトラックの作業能力は下式で表される。

$$Qd=\frac{q\times f\times E\times 60}{Cm}$$

(Q:1時間あたり作業量(㎥/h)、f:土量換算係数=1/L)
Qd=**7.2×1/1.2×0.9×60/24=13.5㎥/h**
ダンプトラックの所要台数(N)は、
N=Qs/Qd=44/13.5=**3.3**より、**4台**である。
よって、**(2)が正解。**

(2)

第2次検定（学科記述）演習 第5章 1 施工計画

施工計画作成にあたっての留意すべき基本的事項について、次の文章の［　　］に当てはまる適切な語句を、下記の語句から選び解答欄に記入しなさい。

(1) 発注者の［（イ）］を確保するとともに、安全を最優先にした施工を基本とした計画とする。

(2) 施工計画の決定にあたっては、従来の経験のみで満足せず、常に改良を試み、［（ロ）］工法、［（ロ）］技術に積極的に取り組む心構えが大切である。

(3) 施工計画は、［（ハ）］を立てその中から最良の案を選定する。

(4) 施工計画の検討にあたっては、関係する［（ニ）］に限定せず、できるだけ会社内の他組織も活用して、全社的な高度の技術水準を活用するよう検討すること。

(5) 手持資材や労働力及び機械類の確保状況などによっては、発注者が設定した工期が必ずしも［（ホ）］工期であるとは限らないので、さらに経済的な工程を検討すること。

［語句］
支払条件　　指定　　事業損失　　新しい　　単一案　　材料メーカー　　複数案
難しい　　固定案　　現場技術者　　限界　　リース会社担当者　　最適
要求品質　　易しい

〈解答欄〉

（イ）	（ロ）	（ハ）	（ニ）	（ホ）

解答

（イ）	（ロ）	（ハ）	（ニ）	（ホ）
要求品質	**新しい**	**複数案**	**現場技術者**	**最適**

解説

施工計画作成にあたっての留意すべき基本的事項に関しては、「学習のポイント」等を参考に記述する。

2 建設機械

第１次検定　第２次検定

学習のポイント

- 建設機械の規格及び性能表示について整理しておく。
- 建設機械の近年の動向についても学習しておく。
- 建設機械の作業別の特徴と用途について整理しておく。

1 建設機械全般

【建設機械の規格及び性能表示】

建設機械は、その機械の種類によって性能の表示方法が異なる。例えば、掘削系の機械は**容量（㎥）**、締固め機械は**質量（ｔ）**で表し、機械名称ごとの性能表示は下表のようになる。

用語解説

- 山積みバケット容量：バケットに山盛りに入れた土砂の安息角を1：1としたときの容量。
- 平積みバケット容量：バケットに入れた土砂を平らにしたときの容量。

機械名称	性能表示方法	機械名称	性能表示方法
パワーショベル	機械式：**平積みバケット容量(㎥)**	ブルドーザ	**全装備（運転）質量(ｔ)**
バックホウ	油圧式：**山積みバケット容量(㎥)**	ダンプトラック	**車両総質量(ｔ)**
クラムシェル	**平積みバケット容量(㎥)**	モーターグレーダ	**ブレード長(m)**
ドラグライン	**平積みバケット容量(㎥)**	ロードローラ	**質量(バラスト無ｔ～有ｔ)**
トラクタショベル	**山積みバケット容量(㎥)**	タイヤ・振動ローラ	**質量(ｔ)**
クレーン	**吊下荷重(ｔ)**	タンピングローラ	**質量(ｔ)**

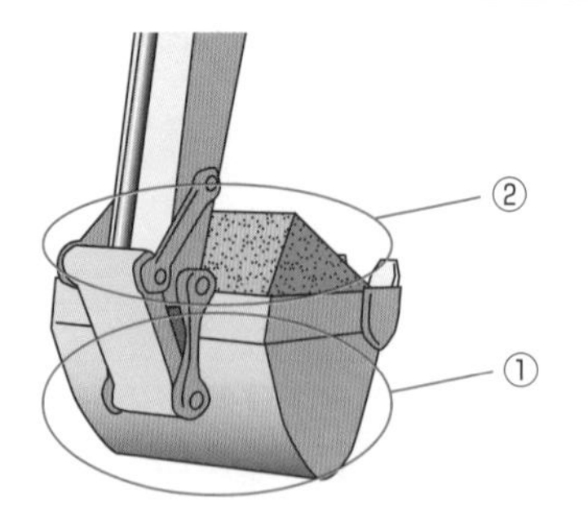

山積みバケット容量：(①＋②)〔㎥〕
平積みバケット容量：(①)〔㎥〕

【建設機械の近年の動向】

建設機械の近年の動向としては、**環境保全**を目的として次のような傾向にある。

①**低騒音、低振動**型の建設機械を利用する。

②都市土木工事においては、機械の**小型化**が進展している。

③**排出ガス規制**が厳しくなっており、「特定特殊自動車排出ガスの規制等に関する法律（オフロード法）」により、建設用機械も適用されている。

例：ブルドーザ、バックホウ(ホイール型･クローラ型)、クローラクレーン、トラクタショベル（ホイール型・クローラ型)、ホイールクレーン（ラフテレーンクレーン）等

❷ 建設機械の特徴と用途

建設機械は、工事の種類別、作業別にそれぞれ特徴と用途が整理される。

掘削、積込み、締固め及び運搬に使用する建設機械の種類と特徴を整理しておく。

【掘削機械の種類と特徴】

①**バックホウ**は、アームに取り付けたバケットを手前に引く動作により、**地盤より低い場所の掘削**に適し、**力強い掘削**と**正確な作業**ができる。

②**ショベル**は、バケットを前方に押す動作により、**地盤より高い場所の掘削**に適する。

③**クラムシェル**は、開閉式のバケットを開いたまま垂直下方に降ろし、それを閉じることにより土砂をつかみ取るもので、**深い基礎掘削**や**孔掘り**に適する。

④**ドラグライン**は、ロープで懸垂された爪付きのバケットを落下させて、別のロープで手前に引き寄せることにより土砂を掘削するもので、**河川等の広くて浅い掘削**に適する。

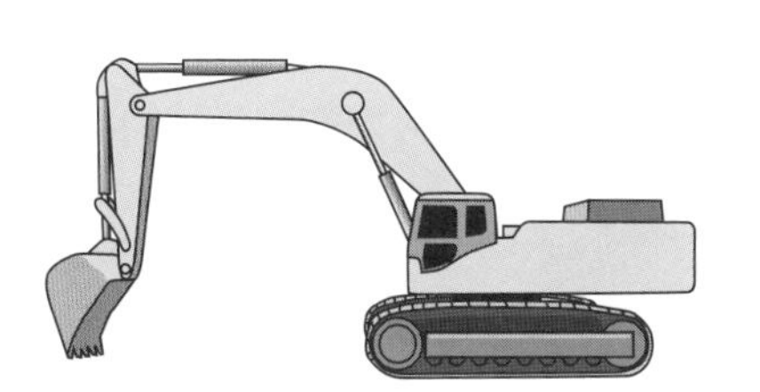

バックホウ

ショベル

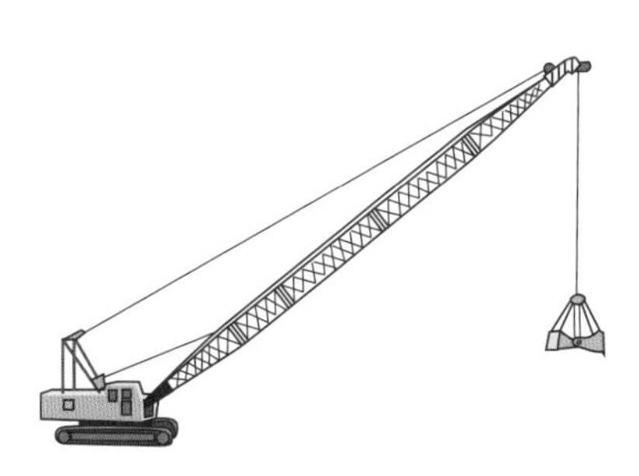

クラムシェル

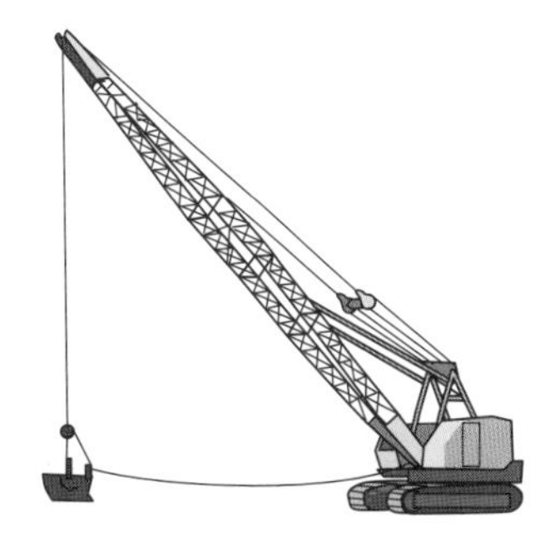

ドラグライン

建設機械のエンジンにはガソリンエンジンとディーゼルエンジンがあり、ガソリンエンジンは主にタンパ、コンパクタ等の小型機械に多く利用され、一般の建設機械の多くはディーゼルエンジンが利用されている。

【積込み機械の種類と特徴】

①**クローラ（履帯）式トラクタショベル**は、履帯式トラクタに積込み用バケットを装着したもので、**履帯接地長**が長く**軟弱地盤の走行**に適するが**掘削力は劣る**。

②**ホイール（車輪）式トラクタショベル**は、車輪式トラクタにバケット装着したもので、**走行性**がよく**機動性**に富む。

履帯式：一般的にキャタピラとよばれる。これは、無限軌道を足回りに使用した履帯式トラクタを世界で初めて製品化したキャタピラ社の商標である。

③**積込み方式**には２方式があり、**V形積込み**はトラクタショベルが動き、ダンプトラックは停車し、**I形積込み**はトラクタショベルが後退、ダンプトラックも移動する。

【締固め機械の種類と特徴】

①**ロードローラ**は、静的圧力により締め固めるもので、最も一般的な締固め機械である。**マカダム型・タンデム型**の２種がある。

②**タイヤローラ**は、空気圧の調節により各種土質に対応可能で、**路床、路盤の転圧**から**アスファルト混合物の舗装転圧**まで広範囲に利用される。

③**振動ローラ**は、起振機により振動を与えて締固めを行うもので、**礫、砂質土**に適する。

マカダム型とタンデム型はそれぞれ「マカダムローラ」「タンデムローラ」ともよばれます。

④**タンピングローラ**は、突起（フート）により締固めを行うもので、**硬い粘土**や**厚い盛土**の締固めに適する。

⑤**振動コンパクタ**は、起振機を平板上に取り付けたもので、**人力作業で狭い場所**に適する。

ロードローラ　　タイヤローラ　　振動ローラ

タンピングローラ

振動コンパクタ

【運搬機械の種類と特徴】

①**ブルドーザ**は、トラクタに土工板を取り付けたもので、以下の種類に分類される。

- **ストレートドーザ**：固定式土工板を付けた基本的なもので、**重掘削作業**に適する。
- **アングルドーザ**：正面以外に土工板の角度が左右に25°前後に変えられるもので、**重掘削には適さない**。
- **チルトドーザ**：土工板の左右の高さが変えられるもので、**溝掘り、硬い土**に適する。
- **Uドーザ**：土工板がU形となっており、**押土**の効率がよい。
- **レーキドーザ**：土工板の変わりにレーキを取り付けたもので、**抜根**に適する。
- **リッパドーザ**：リッパ（爪）をトラクタ後方に取り付けたもので、**軟岩掘削**に適する。
- **スクレープドーザ**：ブルドーザにスクレーパ装置を組み込んだもので、**前後進の作業**や**狭い場所の作業**に適する。

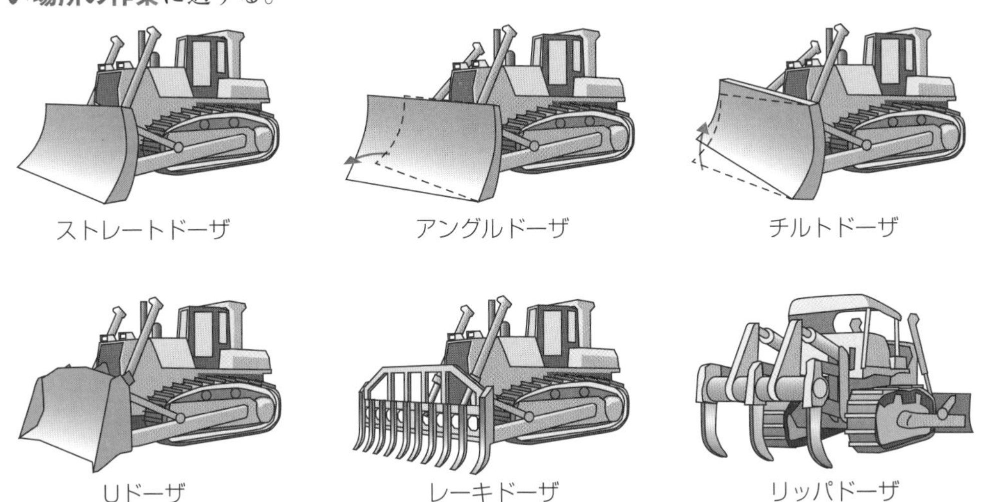

②**ダンプトラック**は、建設工事における資材や土砂の運搬に最も多く利用され、次の2種類に分けられる。

- **普通ダンプトラック**：最大総質量**20 t 以下**で、一般道路走行が**できる**。
- **重ダンプトラック**：最大総質量**20 t 超**で、普通条件での一般道路走行は**できない**。

これが試験に出る!

工事の種類別、作業別に使用する建設機械の特徴と用途に関する問題がよく出る。

例題演習 第5章 2 建設機械

【問題】次の文章を読み、正誤もしくは正しい選択肢を答えなさい。

1. 建設機械全般

	問題	解説	
1	近年の建設機械の動向に関して、油圧ショベルの軽量化をはかるため、近年、カウンターウェイトの重量を減らし、後方への張出しを大きくした機種が増えている。	油圧ショベルでは、作業機の作業範囲が広く機械の作業時のバランスを確保するために、機械の作業スペースの点からも、カウンターウェイトは**できるだけコンパクトで重くなるよう比重の高い素材が使われる。**	×
2	排出ガスによる大気汚染について、自動車全体に対する建設機械の排出寄与率が高まっていることから、建設機械の排出ガスについて規制がかかるようになった。	建設機械の年間排出ガス総量は自動車等排出総量の**15%**を占めており、排出ガスを削減することにより**現場環境及び大気環境改善**を図るため、**排出ガス基準値**を定めて規制を図っている。	○
3	次の建設機械のうち、性能が質量（t）以外で表示されるものはどれか。 （1）タイヤローラ （2）ブルドーザ （3）バックホウ （4）振動ローラ	性能の表示方法は次のとおりである。 （1）タイヤローラ：**運転質量（t）** （2）ブルドーザ：**運転質量（t）** （3）バックホウ：**バケット容量（㎥）** （4）振動ローラ：**運転質量（t）**	(3)

2. 建設機械の特徴と用途

	問題	解説	
1	モーターグレーダは、不陸整正及び締固めに適する。	モーターグレーダは、道路、グラウンドなどを平滑にするために、**敷均しや不陸整正**に利用されるが、**締固めには適さない。**	×
2	トラクタショベル（ローダ）は、土砂の掘削、運搬などに適する。	トラクタショベルは、トラクタにバケットが装着されたもので、**土砂の積込み及び集積**などに適するが、**掘削や運搬には適さない。**	×
3	バックホウは、硬い地盤の掘削ができ、垂直掘りや底ざらいなど正確に掘れるので基礎の掘削や溝掘りなどに使用される。	バックホウは、バケットを手前に引く動作により掘削するもので、**機械の位置より低い場所の掘削**に適し、**硬い地盤、基礎の掘削や溝掘り**などに用いられる。	○
4	ドラグラインは、硬い地盤の掘削に適し、機械の位置より低い場所の掘削に使用される。	ドラグラインは、掘削場所にバケットを落下させて、ロープで引き寄せるもので、**機械の位置より低い場所の掘削**に適し、**軟らかい地盤の水路掘削**に用いられる。	×

3 工程管理

第１次検定　第２次検定

学習のポイント

第１次検定

- 工程管理における基本事項を整理する。
- 工程・原価・品質の関連性について理解する。
- 各種工程表の種類とそれぞれの特徴をまとめて整理する。
- ネットワーク式工程表の用語と内容を覚える。
- ネットワーク式工程表における日数の計算を行ってみる。

第２次検定

- 工種別の作業日数により、実際に工程表を作成する訓練をしておく。

1 工程管理一般

工程管理に関する基本的な留意事項を下記に示す。

【工程管理の基本事項】

①工程管理とは、**品質**、**経済性**、**安全性**を確保しつつ、**所定の工期内**につくりあげることであり、安全、品質、原価管理を含めた**総合的管理手段**である。

②工程管理は、各工程の単なる進度管理ではなく、施工全般について**総合的**に検討する。

③工程管理は、下記の**PDCAサイクル**を回す手順で行う。

用語解説
PDCAサイクル:計画（Plan）、実施（Do）、検討（Check）、処置（Action）の順序で繰り返し実施する工程管理・品質管理活動の流れを指す。デミングサークルともいう。

Plan（計画）: 工程計画を作成する。

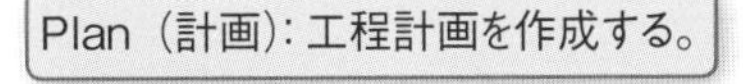

Do（実施）: 工事を実施し、実績をつくりあげる。

Check（検討）:計画と実施を比較し、差異を算定する。

Action（処置）: 差異がある場合に工程を修正する。

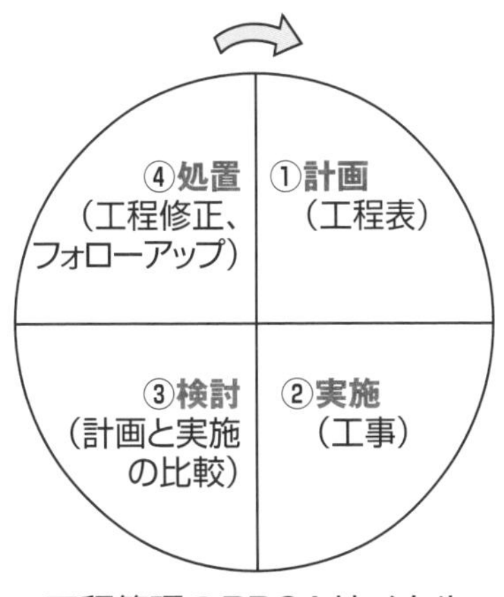

工程管理のPDCAサイクル

④工程計画の作成は次の手順で行う。

↓

各工程に適切な施工期間を決定する。

↓

工期内に全工事が完了するように、工種別工程の相互調整を行う。

↓

全作業期間を通じて、忙しさの程度の均等化を図る。

↓

工期内完了に向けての工程表を作成する。

⑤稼働率低下の主な要因としては、**悪天候や災害、地質悪化等の不可抗力的要因、作業段取り、材料の待ち時間、作業員の病気、事故による休業、機械の故障**等が挙げられる。

さまざまな要因が稼働率の低下へとつながります。工程管理に重大な影響を及ぼすため、各要因への対策が重要です。

⑥作業能率向上の方策としては、**機械の適正管理、施工環境の改良、作業員の教育**等がある。

【工程・原価・品質の関係】

施工管理における工程・原価・品質の関係をグラフに表すと、下のようになる。

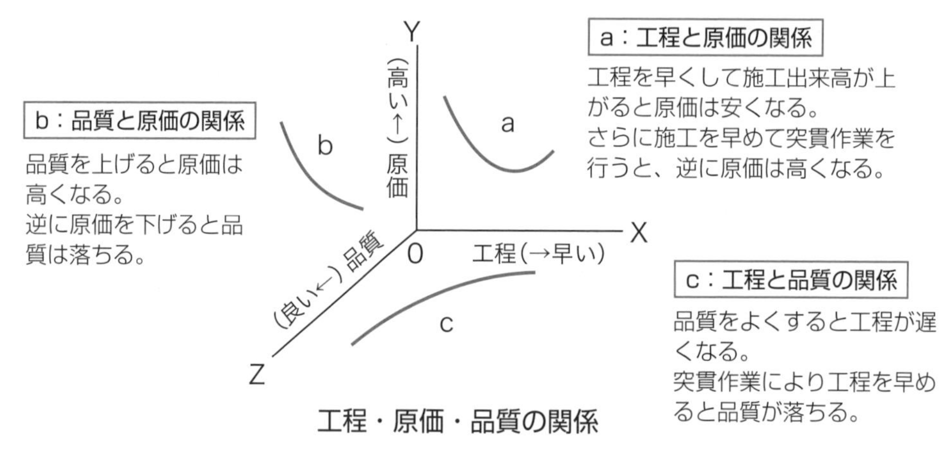

工程・原価・品質の関係

上記のように品質・工程・原価には相反関係や相乗関係があるので、これらの関係をもとに調整して、できるだけ原価を下げたうえで品質や工期を守った施工計画を立て、計画どおりに施工することが重要となる。

工程・原価・品質の関係をグラフで表して理解できるようにする。

❷ 工程表

【各種工程表の種類と特徴】

工程表の種類及び特徴を整理して下記に示す。

これが試験に出る!

第1次検定では、各種工程図表の比較がほぼ毎年出題されている。

①ガントチャート工程表（横線式）

縦軸に**工種（工事名、作業名）**、横軸に**作業の達成度**を％で表示する。**各作業の必要日数**がわからず、**工期に影響する作業**は不明である。

用語解説

ガントチャート：アメリカ人の機械工学者・経営コンサルタントのヘンリー・ガントによって考案された図表で、作業の進捗状況を視覚的に示した図である。

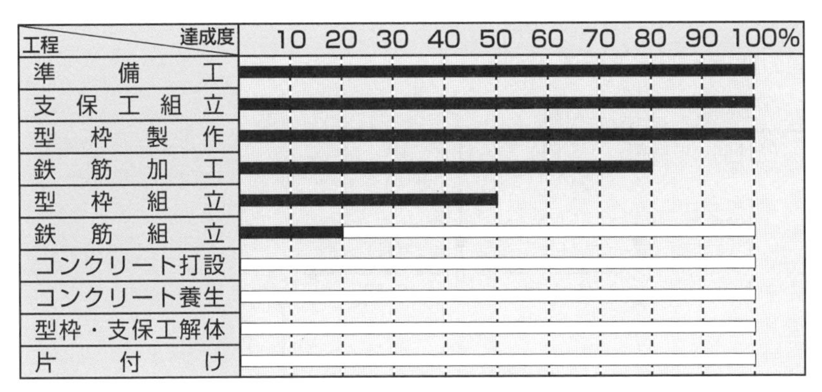

②バーチャート工程表（横線式）

ガントチャートの横軸の達成度を**工期**に設定して表示する。漠然とした作業間の関連は把握できるが、**工期に影響する作業**は不明である。

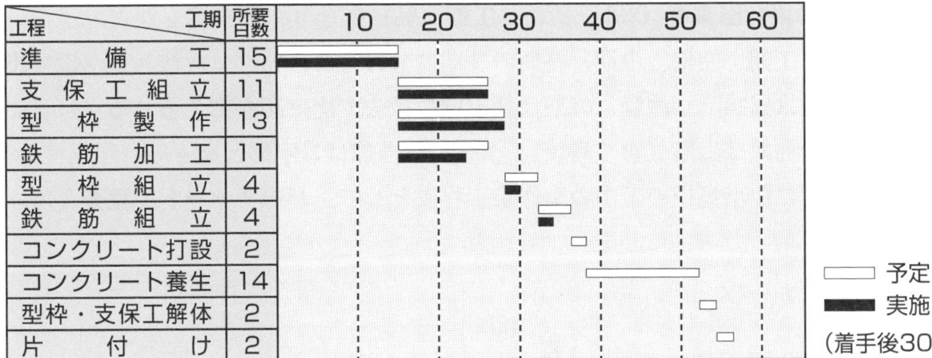

これが試験に出る!

第2次検定の学科記述問題では、工種別作業日数によってバーチャート工程表を作成する出題が多い。

③斜線式工程表

縦軸に**工期**を、横軸に**距離**をとり、作業ごとに１本の斜線で、作業期間、作業方向、作業速度を示す。トンネル、道路、地下鉄工事のような線的な工事に適しており、**作業進度**が一目でわかるが、**作業間の関連**は不明である。

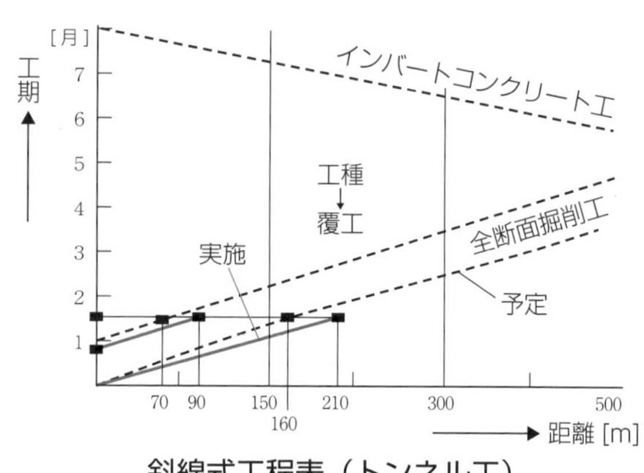

斜線式工程表（トンネル工）

④ネットワーク式工程表

各作業の**開始点（イベント）**と**終点（イベント）**を矢印で結び、矢印の上に作業名、下に作業日数を書き入れたものを**アクティビティ**といい、全作業のアクティビティを連続的にネットワークとして表示したものである。**作業進度**と**作業間の関連**も明確となる。

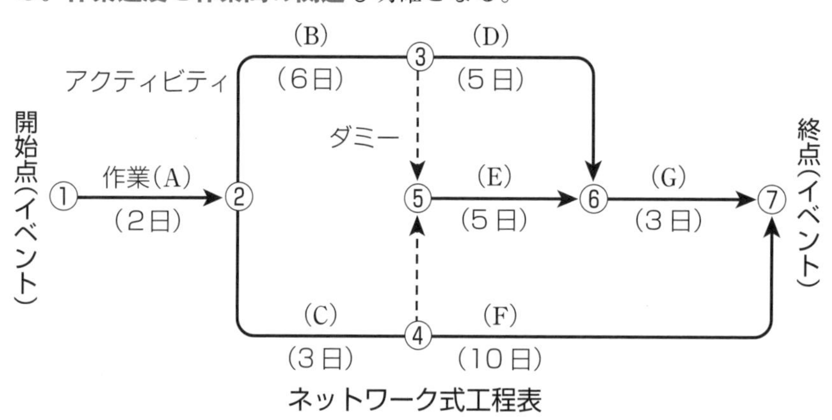

ネットワーク式工程表

⑤累計出来高曲線工程表

縦軸に**工事全体の累計出来高（%）**、横軸に**工期（%）**をとり、**出来高**を曲線で示す。作業全体から見ると、工期を初期、中期、終期の３期に分けられ、初期は段取りや準備で**出来高が抑えられ**、中期は**出来高が伸び**、終期は仕上げや撤去で**出来高が抑えられる**。毎日の出来高と工期の関係の曲線は**山形（釣り鐘状）**、予定工程曲線は**S字形**となるのが理想である。

この工程表は、主に中小規模の工事の全作業工程表として、**バーチャート工程表**と組み合わせて用いられる。

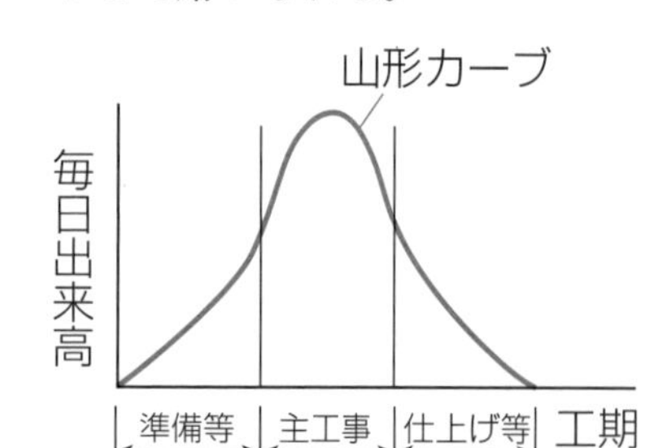

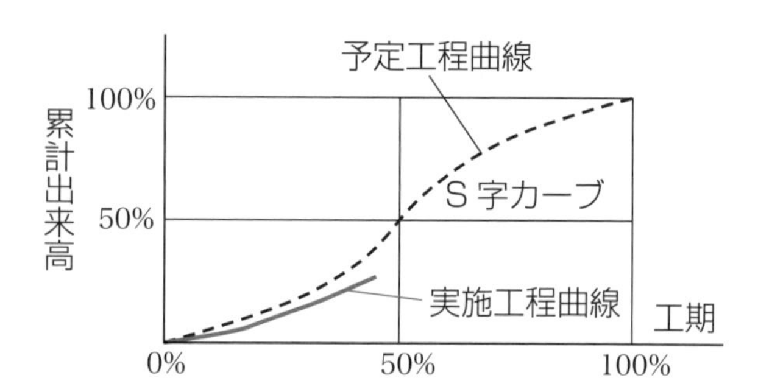

累計出来高曲線工程表

⑥**工程管理曲線工程表（バナナ曲線）**

工程曲線について、許容範囲として**上方許容限界曲線**と**下方許容限界曲線**を示したものである。実施工程曲線が上限を超えると、工程に**ムリ**、**ムダ**が発生しており、下限を超えると、**突貫工事**を含め工程を見直す必要がある。

> **用語解説**
> 突貫工事：貫き通すことを意味し、短期間で一気に仕上げることで、経済速度（経済的な施工速度）を超える施工速度をいい、単位施工量あたりの原価は高くなる。

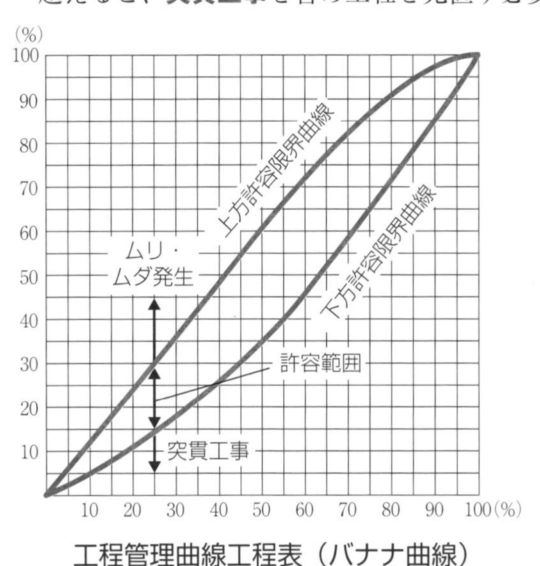

工程管理曲線工程表（バナナ曲線）

> **用語解説**
> 上方許容限界曲線・下方許容限界曲線：計画していた工程に対するずれを許容できる限度（適正限界）を表す曲線。実施工程が上方許容限界曲線を上回っている場合、計画よりも工程が大幅に進んでいることを示しており、作業の精度に問題が生じている可能性がある。一方、下方許容限界曲線を下回っている場合には大幅な遅れが生じていることを意味するため、突貫工事を含めた施工の見直しを検討する必要がある。

⑦各種工程表の特徴

ガントチャート、バーチャート、曲線（累計出来高曲線、工程管理曲線）・斜線式、ネットワーク式の工程表についての特徴を下表に示す。

項目	ガントチャート	バーチャート	曲線・斜線式	ネットワーク式
作業の手順	不明	漠然	不明	判明
作業に必要な日数	不明	判明	不明	判明
作業進行の度合い	判明	漠然	判明	判明
作業間の関連	不明	漠然	不明	判明
工期に影響する作業	不明	不明	不明	判明
図表の作成	容易	容易	やや複雑	複雑
適する工事	短期、単純工事	短期、単純工事	短期、単純工事	長期、大規模工事

その他の工程表として、グラフ式工程表がある。これは、横軸に日数（工期）をとり、縦軸に各作業の完成率（%）を表示した工程表で、予定と実績の差をグラフ化して直視的に表現することができる。

上記の各種工程表の特徴については、整理して覚えておきましょう。

【ネットワーク式工程表】

下のネットワーク式工程表を例に用いて、工程に関する計算を行う。

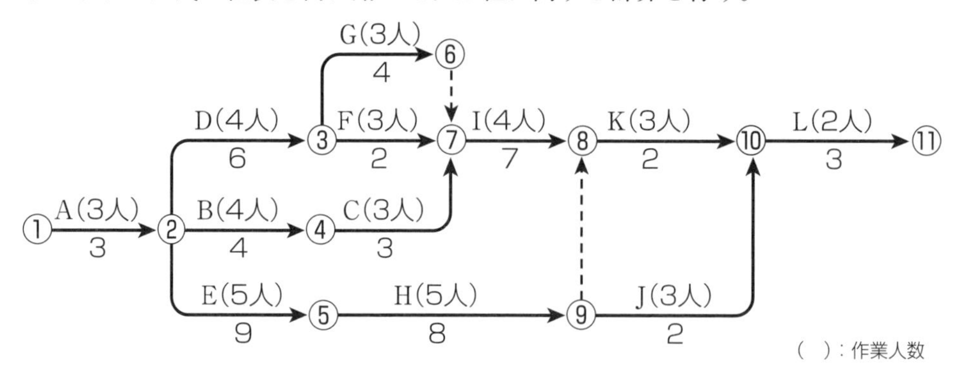

ダミー:所要時間ゼロの擬似作業で、**破線**で表す。

⑥→⑦及び⑨→⑧の破線

クリティカルパス:作業開始から終了までの経路の中で、所要日数が**最も長い**経路である(トータルフロートがゼロとなる線を結んだ経路)。

①→②→③→⑥→⑦→⑧→⑩→⑪の経路で日数は3＋6＋4＋7＋2＋3＝25日となる

最早開始時刻:作業を**最も早く**開始できる時刻(イベントに到達する**最大値**)。

例:イベント④における最早開始時刻　3＋4＝7日

最遅開始時刻:作業を遅くとも始めなければならない最後の時刻(ネットワークの最終点から逆算したイベントまでの**最小値**)。

例:イベント④における最遅開始時刻　25－3－2－7－3＝10日

トータルフロート:最早開始時刻と最遅開始時刻の**最大**の余裕時間。

例:イベント④におけるトータルフロート　10－7＝3日

フリーフロート:遅れても他の作業に**まったく影響を与えない**余裕時間。

例:イベント④におけるフリーフロート　10－7＝3日

これが試験に出る!

第1次検定では、ネットワーク式工程表において、所要日数の算定の出題頻度が高い。

ネットワーク式工程表は、例題演習などを繰り返し解いて、計算の方法を覚えましょう。

例題演習 第5章 3 工程管理

【問題】次の文章を読み、正誤もしくは正しい選択肢を答えなさい。

1. 工程管理一般

	問題	解説	
1	工程管理では、実施工程が計画工程よりもやや下回るように管理する。	工程管理においては、経済的な工期内において、**実施工程が計画工程よりやや上回るように管理する。**	×
2	計画工程と実施工程の間に生じた差を修正する場合は、労務・機械・資材及び作業日数など、あらゆる方面から検討する。	計画工程と実施工程の間に生じた差を修正するには、**その原因となる労務・機械・資材及び作業日数等を含めたあらゆる内容について検討して修正を行う。**	○
3	工程管理では、計画工程と実施工程を比較検討し、その間に差が生じた場合は区切りのよい工程まで終了させてから、新たな工程計画を作成する。	工程管理の一般的な手順として、**PDCAサイクルを回す方法**で常に計画工程と実施工程を比較検討し、その間に差が生じた場合には、**原因を追及して工程修正等の改善処置を行う。**	×
4	工程の進行状況を全作業員に周知徹底させることが望ましい。	作業能率を高めるには、**全作業員が実施工程の進行状況を把握すること**により、能率低下の要因を排除するように努めるべきである。	○
5	工事の進捗管理は、一般に施工計画の立案、施工の実施、改善の処置、計画と実績の評価の順に行う。	工事の進捗管理は、**一般的に施工計画の立案**（Plan）、**施工の実施**（Do）、**計画と実績の評価**（Check）、**改善の処置**（Action）の順に行う。	×
6	工程計画は、品質及び工期について契約の条件を満足しつつ、最も効率的にかつ経済的な施工を計画するものである。	工程計画は、**品質、工期及び経済性**についての条件を満足しつつ、**最も効率的に施工**を計画するものである。	○

2. 工程表

	問題	解説	
1	斜線式工程表は、横軸に日数（工期）をとり、縦軸に各作業の完成率（%）を表示した工程表で、予定と実績との差を直視的に比較するのに便利である。	斜線式工程表は、縦軸に**工期**、横軸に**延長**をとり、作業ごとに1本の斜線で、**作業期間、作業方向、作業速度**を示すものである。**設問の工程表はグラフ式工程表を指している。**	×
2	横線式工程表（バーチャート）は、縦軸に各作業を並べ、横軸に工期をとり、各作業の開始時点から終了時点までの日数を棒線で表した工程表であり、各作業の開始日、終了日、所要日数が明らかになり、簡潔で見やすく、使いやすい。	横線式工程表（バーチャート）は、縦軸に**工種（工事名、作業名）**、横軸に**達成度**を日数に設定して表示するもので、作成も容易で見やすく使いやすい。	○

	問題	解説	解答
3	ガントチャートは、縦軸に出来高比率、横軸に時間経過比率をとり、実施工程の上方限界と下方限界を表した図表である。	ガントチャート工程表は、縦軸に**工種**、横軸に**作業の達成度**を%で表示する。各作業の必要日数はわからず、工期に影響する作業は**不明である。設問の工程表は工程管理曲線工程表（バナナ曲線）を指している。**	×
4	ネットワーク式工程表は、ネットワーク表示により工事内容が系統立てて明確になり、作業相互の関連や順序、施工時期などが的確に判断できるようにした図表である。	ネットワーク式工程表は、各作業の**開始点**と**終点**を矢印で結び、矢印の上に**作業名**、下に**作業日数**を書き入れたもので、全作業の関連を連続的にネットワークとして表示したものである。**作業進度と作業間の関連**も明確となる。	○
5	曲線式工程表では、ガントチャートと重ねて書くことにより各工種の月ごとの出来高を累計し、工事全体を表す曲線が得られる。	曲線式工程表は、縦軸に工事全体の累計出来高（%）、横軸に日数をとり、出来高を曲線に示す手法である。**バーチャートが横軸に日数を表示するので、重ねて書くことにより出来高曲線が得られる。**	×
6	曲線式工程表は、工事開始に先立って予定工程曲線をつくり、作業の進み具合に伴って実施出来高の曲線を入れ、両者を比較対照して工程を管理するのに使われる。	曲線式工程表は、**予定工程曲線と出来形曲線が作成**でき、作業の進行度合が容易に判明し、**予定と実施を比較対照して工程を管理するのに使われる。**	○
7	累計出来高曲線は、縦軸に出来高比率、横軸に工期をとって、工事全体の出来高比率の累計を曲線で表した図表である。	累計出来高曲線は、縦軸に工事全体の**累計出来高（%）**、横軸に**工期（%）**をとり、**出来高**を曲線で示す。毎日の出来高と工期の関係の曲線は**山形**、予定工程曲線は**S字形**となるのが理想である。	○
8	次に示す施工管理項目のうち、「バナナ曲線」を利用するものはどれか。 （1）原価管理　（2）工程管理 （3）品質管理　（4）環境管理	バナナ曲線とは、バーチャート工程表との組み合わせで工程曲線を作成し、許容範囲として上方許容限界線と下方許容限界線を示したものである。**工程管理曲線工程表**ともいい、**工程管理に利用される。**	(2)
9	グラフ式工程表は、縦軸に出来高または工事作業量比率、横軸に日数をとり、工種ごとの工程を斜線で表した図表である。	グラフ式工程表は、横軸に**日数（工期）**をとり、縦軸に**各作業の完成率（%）**を表示した工程表で、予定と実績の差をグラフ化して直視的に表現できる。	○
10	ネットワーク式工程表において、クリティカルパスは、総余裕日数が最大の作業の結合点を結んだ一連の経路を示す。	クリティカルパスは、**トータルフロート（総余裕日数）がゼロとなる線を結んだ一連の経路**で、所要日数が最も長い経路である。	×
11	ネットワーク式工程表において、結合点番号（イベント番号）は、同じ番号が2つ以上あってもよい。	イベント番号は、各作業の開始点、終点を○で表す番号で、**同じ番号は2つ以上あってはならない。**	×
12	ネットワーク式工程表において、結合点（イベント）は、○で表し、作業の開始と終了の接点を表す。	イベントは、**各作業の開始点、終点を○の番号で表す。**	○

13 動式擁壁工事のネットワーク式工程表において、下記の作業日数を要する場合、準備工からコンクリートの打込みを完了させるまでの所要日数として次のうち、正しいものはどれか。

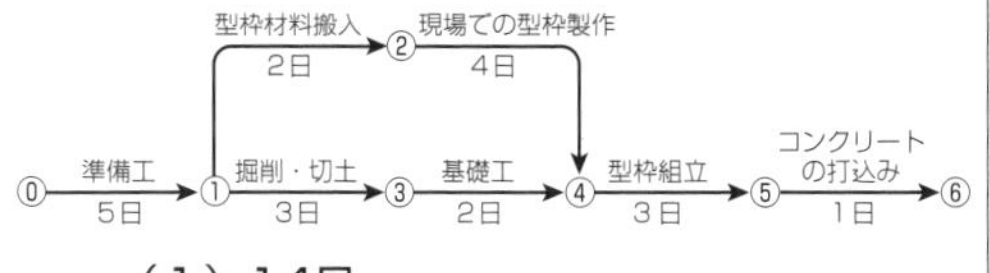

（1）14日
（2）15日
（3）18日
（4）20日

工程表のすべてのルートに対する作業と日数を計算する。

ルート	日数
⓪→①→②→④→⑤→⑥	**5+2+4+3+1=15日**
⓪→①→③→④→⑤→⑥	**5+3+2+3+1=14日**

所要日数の**多い**ルートがクリティカルパスとなるので、**15日のルート**がクリティカルパスとなる。
よって、（2）が正解。

（2）

14 下図のネットワーク式工程表に示す工事に必要な日数として、適当なものは次のうちどれか。ただし、図中のイベント間のA～Hは作業内容、数字は作業日数を示す。

（1）17日
（2）18日
（3）19日
（4）20日

工程表のすべてのルートに対する作業と日数を計算する。

ルート	作業	日数
⓪→①→④→⑤→⑥	**A+D+E+H**	**3+5+6+5=19日**
⓪→①→③→⑤→⑥	**A+C+F+H**	**3+5+5+5=18日**
⓪→①→②→③→⑤→⑥	**A+B+F+H**	**3+7+5+5=20日**
⓪→①→②→⑥	**A+B+G**	**3+7+7=17日**

所要日数の**多い**ルートが必要日数となるので、**20日のルート**が適当である。
よって、（4）が正解。

（4）

15 下図のネットワークを説明する図において、結合点⑤における最早開始時刻と最遅完了時刻を表す適当なものは次のうちどれか。ただし、図中の数字は作業日数を表す。

（1）最早開始時刻5日　　最遅完了時刻8日
（2）最早開始時刻13日　　最遅完了時刻13日
（3）最早開始時刻18日　　最遅完了時刻18日
（4）最早開始時刻20日　　最遅完了時刻23日

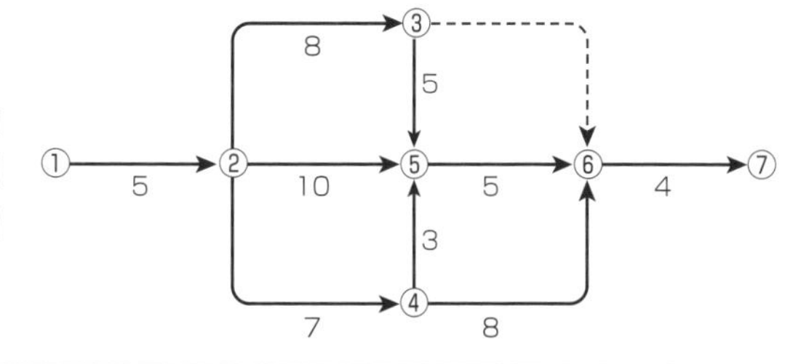

ネットワーク図におけるクリティカルパスのルートは、①→②→③→⑤→⑥→⑦となり日数は、**5+8+5+5+4=27日**である。
結合点⑤はクリティカルパスのルート上にあり、最早開始時刻は①→②→③→⑤となり、日数は**5+8+5=18日**となる。
同様に最遅完了時刻は**27−4−5=18日**となる。
よって、（3）が正解。

（3）

下図のような管渠を築造する場合、施工手順に基づき横線式工程表（バーチャート）を作成し、その所要日数を求め解答欄に記入しなさい。

ただし、各工種の作業日数は下記の条件とする。

［条件］

基礎工４日、床掘工６日、型枠組立工２日、コンクリート打込み工１日、養生工７日、型枠取外し工１日、埋戻し工２日、管渠布設（据付け）工３日とし、基礎工については床掘工と２日の重複作業で行うものとする。

なお、管渠布設（据付け）工は、スペーサーなどを用いて基礎工のコンクリートの打込み前に行うものとする。

また、解答欄の手順③⑦⑧については決められた施工手順とする。

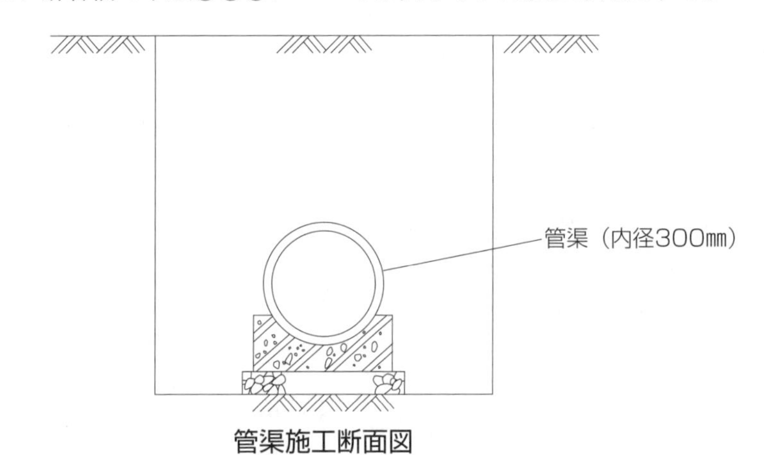

管渠施工断面図

〈解答欄〉

番号	工種＼作業日数（日）	1	2	3	4	5	6	7	8	9	10	11	12	13	14	15	16	17	18	19	20	21	22	23	24	25
①																										
②																										
③																										
④																										
⑤																										
⑥																										
⑦																										
⑧																										

所要日数	

解答

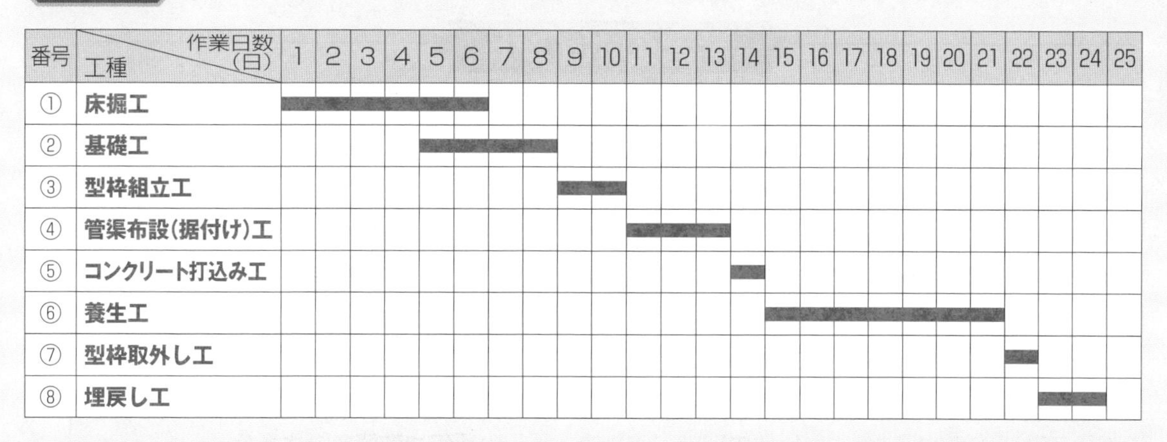

番号	工種 ＼ 作業日数（日）	1	2	3	4	5	6	7	8	9	10	11	12	13	14	15	16	17	18	19	20	21	22	23	24	25
①	床掘工	■	■	■	■	■	■																			
②	基礎工					■	■	■	■																	
③	型枠組立工									■	■															
④	管渠布設(据付け)工											■	■	■												
⑤	コンクリート打込み工														■											
⑥	養生工															■	■	■	■	■	■	■				
⑦	型枠取外し工																						■			
⑧	埋戻し工																							■	■	

所要日数	**24日**

解説

施工手順としては下記のとおりとする。

①床堀工
②基礎工
③型枠組立工
④管渠布設（据付け）工
⑤コンクリート打込み工
⑥養生工
⑦型枠取外し工
⑧埋戻し工

縦軸に工種を①から⑧の順に書き入れ、横軸に設問の日数をとりバーチャートを作成する。ただし、床堀工と基礎工は**2日**の重複作業をとる。

設問の条件で「管渠布設（据付け）工は、スペーサーなどを用いて基礎工のコンクリートの打込み前に行うものとする」とあるため、管渠布設（据付け）工はコンクリート打込み工よりも前の施工となります。指定されている条件を見逃さないように注意しましょう。

4 安全管理

第１次検定　第２次検定

学習のポイント

第１次検定

- 作業主任者の職務等の安全衛生管理体制を把握する。
- 足場工における安全対策及び墜落危険防止について整理する。
- 型枠支保工及び土止め支保工（土留め支保工）における安全対策を理解する。
- 車両系建設機械のうち特に土工関係の建設機械における安全対策を整理する。
- クレーン作業及び掘削作業における安全対策は特に重要項目である。
- 公衆災害防止対策の基本事項についても整理しておく。

第２次検定

- 語句及び数値の記述が主な出題内容であるため、正しい語句や数値を押さえる。

1 安全衛生管理体制

【作業主任者を選任すべき作業】

「労働安全衛生法第14条」において作業主任者の選任が定められており、「労働安全衛生法施行令第６条」において作業主任者を選任すべき主な作業が定められている。

作業主任者	作業内容	資　　格
地山の掘削及び土止め支保工作業主任者	**２m以上**の地山掘削及び土止め支保工作業	**技能講習を修了した者**
型枠支保工の組立等作業主任者	型枠支保工作業	**技能講習を修了した者**
足場の組立等作業主任者	吊り、張出、**５m以上**の足場組立	**技能講習を修了した者**
鋼橋架設等作業主任者	鋼橋（高さ**５m以上**、スパン30m以上）架設	**技能講習を修了した者**
コンクリート造の工作物の解体等作業主任者	コンクリート造の工作物（高さ**５m以上**）の解体	**技能講習を修了した者**
コンクリート橋架設等作業主任者	コンクリート橋（高さ**５m以上**、スパン**30m以上**）架設	**技能講習を修了した者**
コンクリート破砕器作業主任者	コンクリート破砕器作業	**技能講習を修了した者**
高圧室内作業主任者	高圧室内作業	**免許を受けた者**
ガス溶接作業主任者	アセチレン・ガス溶接	**免許を受けた者**

【作業主任者の職務】

作業主任者の職務については次の４点が定められている。

①**材料の欠点**の有無を点検し、**不良品**を取り除くこと。

②**器具、工具、安全帯及び保護帽**の機能を点検し、**不良品**を取り除くこと。

③**作業の方法**及び**労働者の配置**を決定し、**作業の進行状況**を監視すること。

④**安全帯及び保護帽の使用状況**を監視すること。

> **用語解説**
> 安全帯：高所作業に使用する命綱のことであり、ロープ部分と、それを支持するためのフック及び墜落時に人体を保持するためのベルトで構成されている。

【現場における安全活動】

現場における安全の確保のために、具体的な安全活動について以下に整理する。

①**安全通路**の確保、**工事用設備**の安全化、**工法**の安全化等の作業環境の整備を検討する。

②作業開始前に**ツールボックスミーティング**を行い、その日の作業内容、作業手順等の話し合いをする。

③工事用設備、機械器具等の点検責任者による**安全点検**の実施を行う。

④外部での**講習会**、**見学会**及び内部における**研修会**を開催する。

⑤**ポスター**、**注意事項**の掲示、**安全標識**類の表示及び**安全旗**の掲揚を行う。

> **用語解説**
> ツールボックスミーティング：朝礼後などに、その日の作業内容や作業手順等について5～10分程度の短時間で話し合うミーティング方法。ツールボックス（工具箱）に座りながら打ち合わせるというイメージが名前の由来となっている。

⑥**責任**と**権限**の明確化、安全競争・表彰、安全放送等の**安全活動**等を実施する。

⑦**整理（Seiri）**、**整頓（Seiton）**、**清潔（Seiketu）**、**清掃（Seisou）**の４Ｓを励行する。

⑧作業者の錯覚、誤判断、誤操作等を防止し、作業の安全性を高めるために、**指差し呼称**を行う。

> **用語解説**
> 指差し呼称：作業の対象や標識、機器類等に指を差し、大きな声で名称と状態を確認すること。作業者の集中力や危険意識を高めることで、錯覚や誤判断、誤操作等の防止に効果があり、土木・建築や鉄道、医療など幅広い分野で取り入れられている。

> **これが試験に出る!**
> 第1次検定では、現場における労働災害防止のための留意点がよく出題される。

❷ 仮設工事の安全対策

【足場工の安全対策】

「労働安全衛生規則第570条～」により足場工の安全対策について以下に整理する。

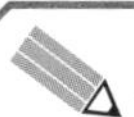

> **これが試験に出る!**
> 第1次検定では、足場工及び墜落防止に関する出題頻度が高い。

⑴鋼管足場（パイプサポート）について

①滑動または沈下防止のために、ベース金具や敷板等を用いて**根がらみ**を設置する。

②鋼管の接続部または交差部には付属金具を用いて、確実に**緊結**する。

⑵単管足場について

①建地の間隔は、桁行方向**1.85m以下**、梁間方向**1.5m以下**とする。

②建地間の積載荷重は**400kg**を限度とする。

③地上第１の布は**2m以下**の位置に設ける。

④最高部から測って**31m**を越える部分の建地は**2本組**とする。

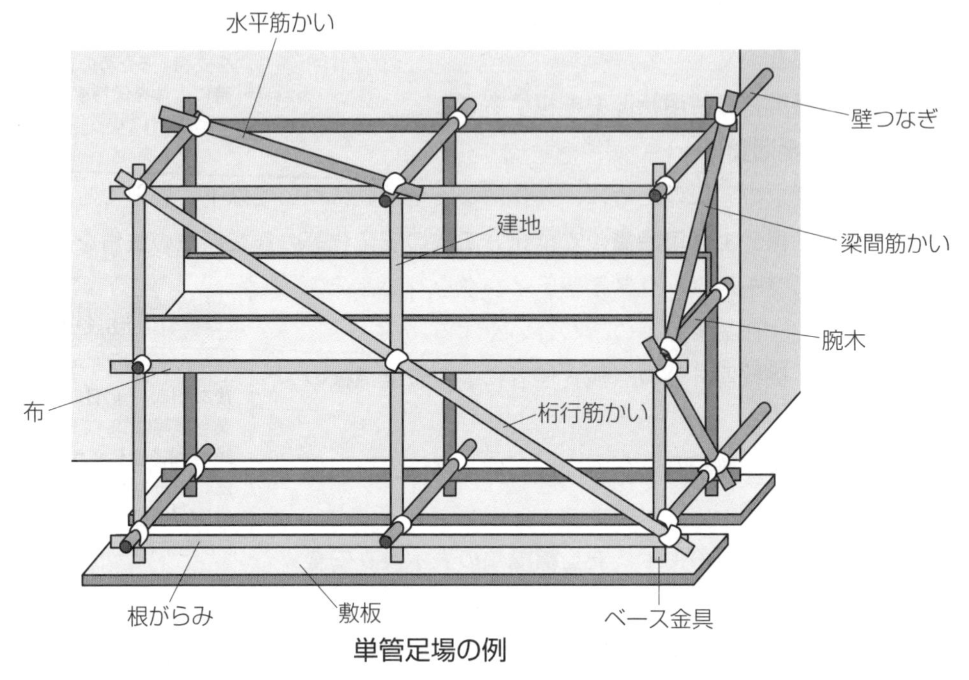

単管足場の例

⑶枠組足場について

①**最上層**及び**5層以内ごと**に水平材を設ける。

②梁枠及び持送り枠は、**水平筋かい**により横ぶれを防止する。

③高さ**20m以上**のとき、主枠は高さ**2.0m以下**、間隔は**1.85m以下**とする。

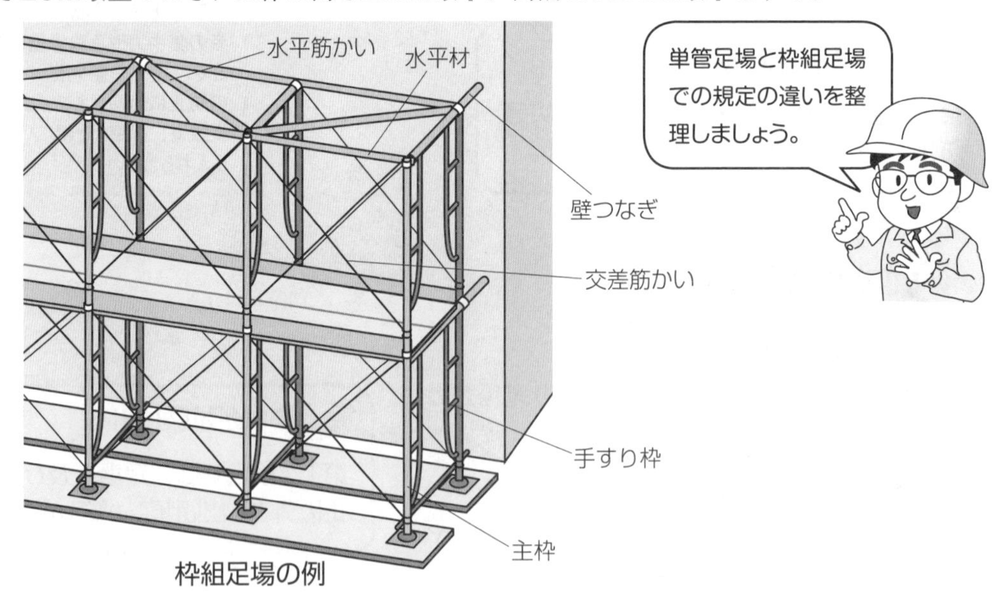

枠組足場の例

【墜落危険防止】

「労働安全衛生規則第518条～」により墜落危険防止について、以下に整理する。

①高さ**2m以上**で作業を行う場合、足場を組み立てる等により**作業床**を設け、また、作業床の端や開口部等には囲い、高さ**85cm以上**の手すり、中さん（高さ**35cm以上50cm以下**）、

高さ**10cm以上**の巾木及び覆い等を設けなければならない。

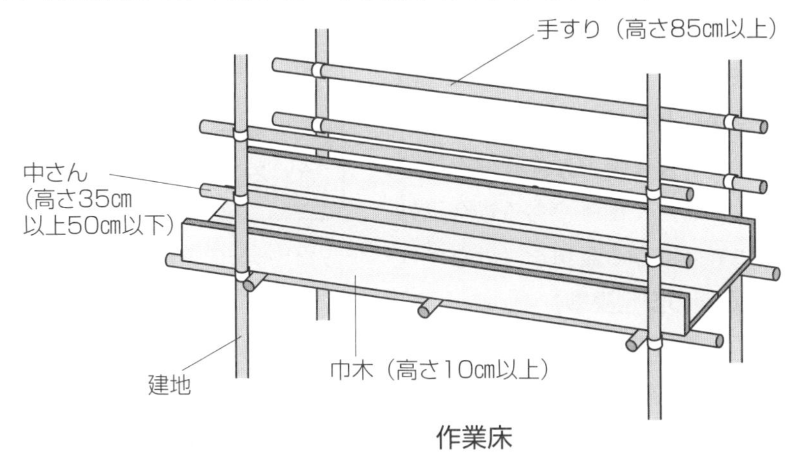

作業床

②架設通路については、次の設備を設ける（労働安全衛生規則第552条）。

- 高さ**85cm以上**の手すり
- 高さ**35cm以上50cm以下**のさん、または同等以上の設備

③単管足場については、次の設備を設ける（労働安全衛生規則第563条３号ハ）。

- 高さ**85cm以上**の手すり
- 高さ**35cm以上50cm以下**のさん、または同等以上の設備

④枠組足場については、次の設備を設ける（労働安全衛生規則第563条３号イ、ロ）。

- 交差筋かい
- 高さ**15cm以上40cm以下**のさん、もしくは高さ**15cm以上**の巾木または同等以上の設備
- 手すり枠

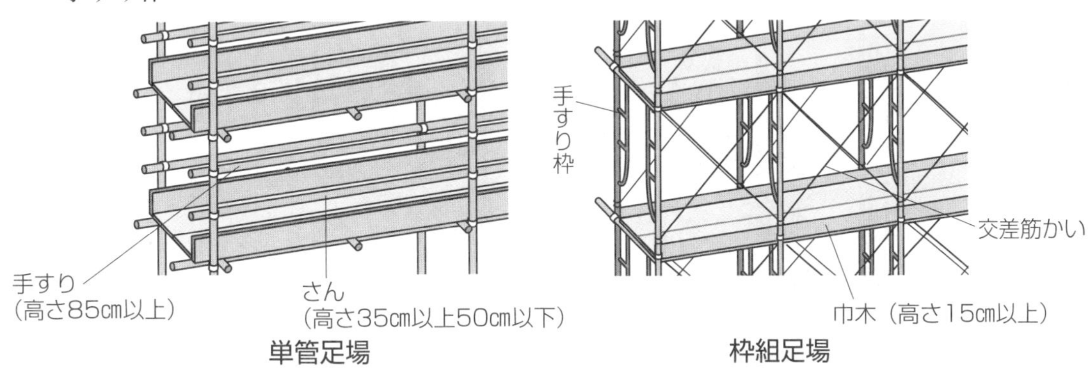

単管足場　　枠組足場

⑤作業中に物が落下して労働者に危険を及ぼすおそれのあるときは、高さ**10cm以上**の巾木、メッシュシートもしくは防網または同等以上の設備を設ける。

メッシュシート
防網
巾木（高さ10cm以上）

物の落下の防止設備

⑥高さ**2m以上**で作業を行う際に、**85cm以上**の手すり、覆い等を設けることが著しく困難な場合やそれらを取り外す場合には、**安全帯**が取り付けられる設備を準備して、労働者に安全帯を使用させる等の措置をして、墜落による労働者の危険を防止しなければならない。

⑦強風、大雨、大雪等の悪天候のときは危険防止のため、高さ**2m以上**での作業をしてはならない。

⑧高さ**2m以上**で作業を行う場合、安全作業確保のため、必要な**照度**を保持しなければならない。

⑨高さ**1.5m以上**で作業を行う際、昇降設備を設けることが作業の性質上著しく困難である場合以外は、労働者が安全に昇降できる設備を設けなければならない。

これが試験に出る!

第2次検定の学科記述では、墜落防止の安全対策についての語句、数値の記述問題が多く出題される。

【手すり先行工法による足場の安全基準】

手すり先行工法とは、建設工事において足場の組み立て等の作業を行うにあたり、労働者が足場の作業床に乗る前に、作業床の端となる箇所に適切な手すりを先行して設置し、かつ、最上層の作業床を取り外すときは、作業床の端の手すりを残して行う工法である。次の３つの方式があり、「手すり先行工法に関するガイドライン」によって足場工の安全管理がまとめられている。

①**手すり先送り方式**：足場の最上層に床付き布枠等の作業床を取り付ける前に、最上層より１層下の作業床上から、建枠の脚注に沿って**上下可能**な手すりまたは手すり枠を設置する方式。

②**手すり据置き方式**：足場の最上層に床付き布枠等の作業床を取り付ける前に、最上層より１層下の作業床上から、**据置型**の手すりまたは手すり枠を設置する方式。

③**手すり先行専用足場方式**：鋼管足場の適用除外が認められた枠組足場で、最上層より１層下の作業床上から、手すりの機能を有する部材を設置することができる、**手すり先行専用のシステム足場**による方式。

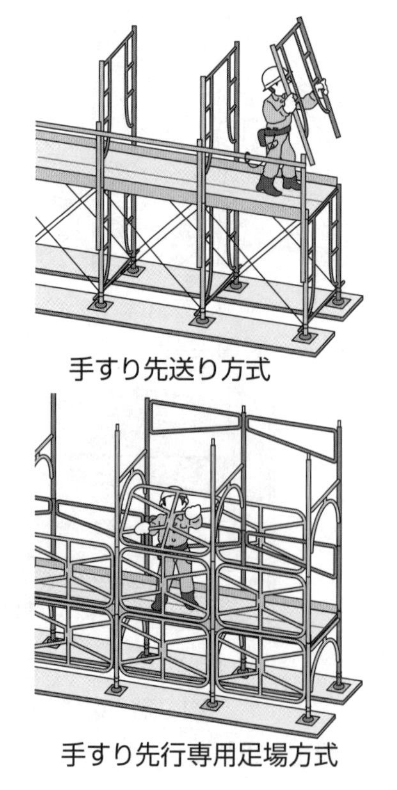

手すり先送り方式

手すり先行専用足場方式

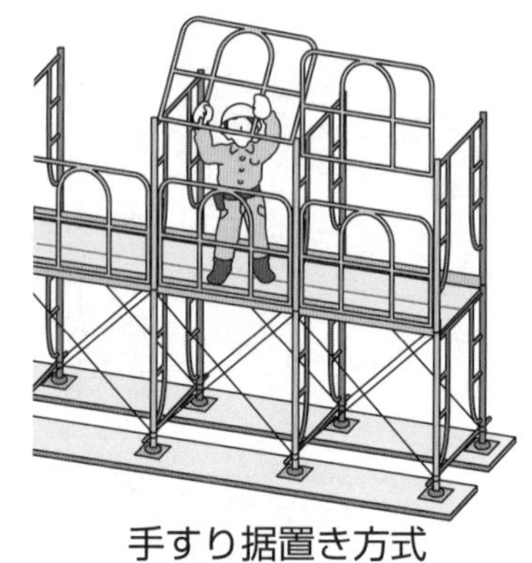

手すり据置き方式

手すり先行工法は足場の組み立て作業での主流になりつつあるので、３つの方式はしっかり理解しておきましょう。

【型枠支保工の安全対策】

「労働安全衛生規則第237条～」により型枠支保工の安全対策について、以下に整理する。

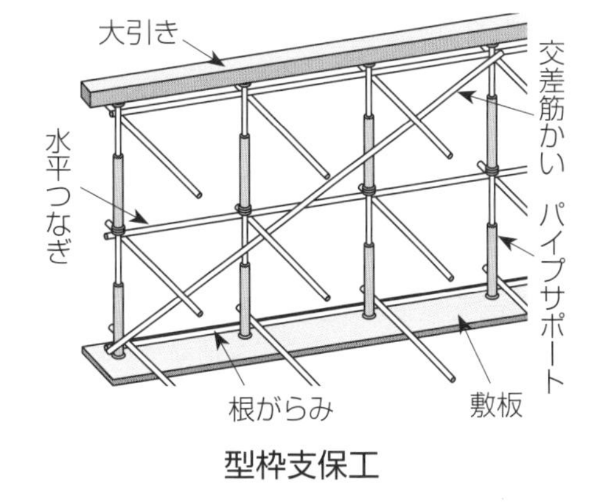

型枠支保工

①型枠支保工を組み立てるときは、**組立図**を作成し、支柱、梁、つなぎ、筋かい等の**部材の配置**、**接合の方法**及び**寸法**を明示する。

②沈下防止のため、**敷角**の使用、**コンクリート**の打設、**杭**の打込み等の措置を講ずる。

③滑動防止のため、**脚部**の固定、**根がらみ**の取り付け等の措置を講ずる。

④支柱の継手は、**突合せ継手**または**差込み継手**とする。

⑤鋼材の接続部または交差部はボルトやクランプ等の金具を用いて、**緊結**する。

⑥高さが**3.5m**を超えるとき、**2m以内ごと**に2方向に**水平つなぎ**を設ける。

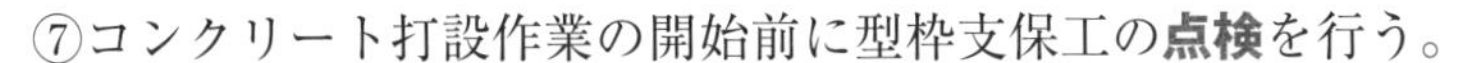

⑦コンクリート打設作業の開始前に型枠支保工の**点検**を行う。

⑧作業中に異常を認めた際には、作業中止のための措置を講じておくこと。

【土止め支保工の安全対策】

「労働安全衛生規則第368条～」により、土止め支保工（土留め支保工）の安全対策については、以下に整理する。

①切りばり及び腹起しは、脱落を防止するため、**矢板**や**杭**等に確実に取り付ける。

②圧縮材の継手は、**突合せ継手**とする。

③切りばりまたは火打ちの接続部及び切りばりと切りばりの交差部は**当て板**をあて、ボルト締めまたは溶接などで堅固なものとする。

④切りばり等の作業においては、関係者以外の労働者の立ち入りを**禁止**する。

⑤材料、器具、工具等を上げ下ろすときは**吊り綱**、**吊り袋**等を使用する。

⑥7日を超えない期間ごと、中震以上の地震の後、大雨等により地山が急激に軟弱化するおそれのあるときには、部材の損傷、変形、変位及び脱落の有無、部材の接続部や交差部の状態について点検し、異常を認めたときは直ちに補強または補修をする。

火打ち　矢板（t=3cm以上）　継手　腹起し　切りばり　中間杭

土止め支保工（土留め支保工）

⑦土止め支保工は、掘削深さ**1.5m**を超える場合に設置するものとし、**4m**を超える場合は親杭横矢板工法または鋼矢板とする。

⑧根入れ深さは、杭の場合は**1.5m**、鋼矢板の場合は**3.0m以上**とする。

⑨親杭横矢板工法における土留杭は**H－300以上**、横矢板最小厚は**3㎝以上**とする。

⑩腹起しにおける部材は**H－300以上**、継手間隔は**6.0m以上**、垂直間隔は**3.0m以内**とする。

⑪切りばりにおける部材は**H－300以上**、継手間隔は**3.0m以上**、垂直間隔は**3.0m以内**とする。

❸ 車両系建設機械の安全対策

車両系建設機械：動力を用い、かつ、不特定の場所に自走できるものをいい、整地・運搬・積込み用機械、掘削用機械、解体用機械、基礎工事用機械の総称である。

「労働安全衛生規則第152条～」により車両系建設機械の安全対策について、以下に整理する。

①照度が保持されている場所を除いて、**前照灯**を備える。

②岩石の落下等の危険が生じる箇所では堅固な**ヘッドガード**を備える。

③転落等の防止のために、運行経路における**路肩の崩壊**の防止、**地盤の不同沈下**の防止、**必要な幅員**の確保を図る。

④接触の防止のために、接触による危険箇所への労働者の**立入禁止**及び**誘導者**の配置を行う。

⑤一定の合図を決め、誘導者に合図を行わせる。

⑥運転位置から離れる場合には、バケット、ジッパー等の作業装置を**地上**に降ろし、原動機を止め、走行ブレーキをかける。

⑦移送のための積卸しは**平坦な場所**で行い、道板は十分な長さ、幅、強度、適当な勾配で取り付ける。

⑧パワーショベルによる荷の吊り上げ、クラムシェルによる労働者の昇降等の主たる用途以外の使用を**禁止**する。

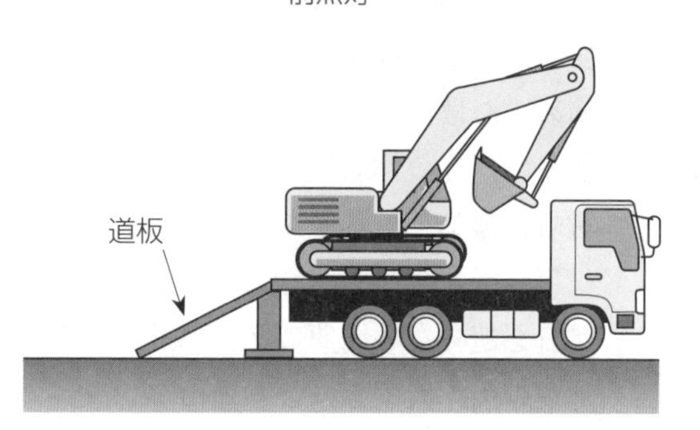

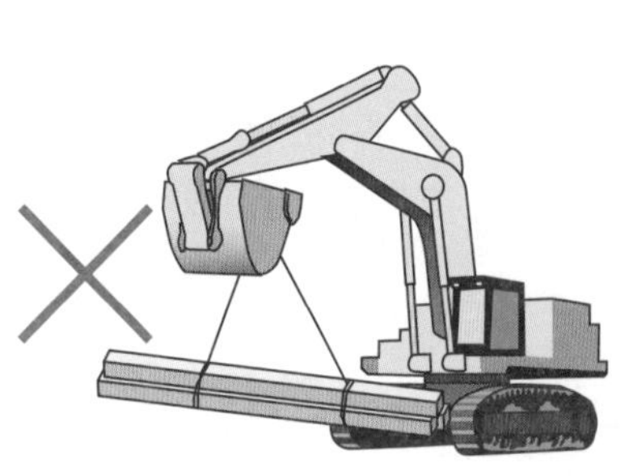

パワーショベルによる荷の吊り上げやクラムシェルによる労働者の昇降等の使用は禁止

④ 各種土木工事の安全対策

【クレーン作業安全対策】

「クレーン等安全規則」により、移動式クレーンの安全対策について以下に整理する。

⑴配置据付について

①作業範囲内に**障害物**がないことを確認し、もし障害物がある場合はあらかじめ作業方法の検討を行う。

②設置する**地盤**の状態を確認し、地盤の支持力が不足する場合は、地盤の改良、鉄板等により、吊り荷重に相当する地盤反力を確保できるまで補強する。

③機体は**水平**に設置し、アウトリガーは作業荷重によって**最大限**に張り出す。

④荷重表で**吊上げ能力**を確認し、**吊上げ荷重**や**旋回範囲**の制限を厳守する。

⑤作業開始前に、負荷をかけない状態で、巻過防止装置、警報装置、ブレーキ、クラッチ等の機能について**点検**を行う。

> **用語解説**
> アウトリガー：クレーン車や高所作業車、杭打ち機などでアームを伸ばしたり資材を吊ったりする際に、車体横に張り出して接地させ車体を安定させる装置である。

作業開始前には点検を行うこと

⑵作業について

①運転開始後しばらく経ったらアウトリガーの状態を確認し、異常があれば調整する。

②クレーン、移動式クレーン、デリックで、吊り上げ荷重が**0.5 t 未満**のものは適用を除外する。

③転倒等による労働者の危険防止のために以下の事項を定める。

- 移動式クレーンによる**作業**の方法
- 移動式クレーンの**転倒を防止**するための方法
- 移動式クレーンの作業に関わる**労働者の配置**及び**指揮の系統**

④吊り上げ荷重が**1 t 未満**の移動式クレーンの運転をさせるときは特別教育を行う。

⑤移動式クレーンの**運転士免許**が必要となる（吊り上げ荷重が1～5 t 未満は**運転技能講習修了者**で可となる）。

⑥**定格荷重**を超えての使用は禁止する。

⑦軟弱地盤や地下工作物等により**転倒**のおそれのある場所での作業は禁止する。

⑧アウトリガーまたはクローラは**最大限**に張り出さなければならない。

⑨一定の合図を定め、指名した者に合図を行わせる。

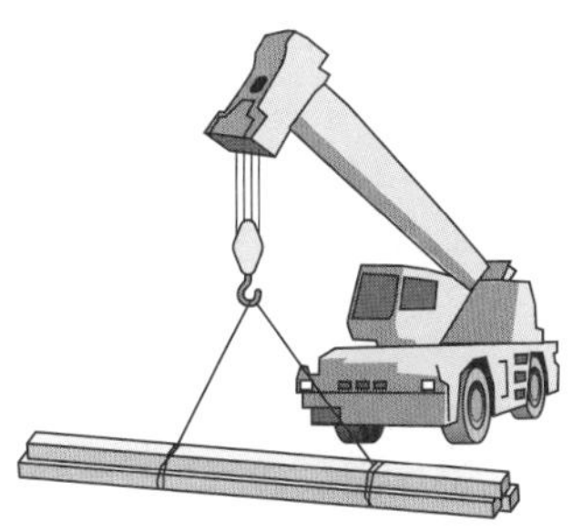

1 t未満の吊り上げ荷重の場合、特別教育が必要

> **用語解説**
> 定格荷重：クレーンが、置かれている状況にて実際に吊り上げることのできる最大荷重で、フックやクラブバケットなどの吊り具の重量は除いて算出される。クレーンの構造や材料、ジブ（腕）の長さや傾斜角、トロリ（台車）の位置などにより、同じクレーンであっても定格荷重は異なる。

⑩労働者の**運搬**や**吊り上げた状態**での作業は禁止する（ただし、やむを得ない場合は、専用の搭乗設備を設けて乗せることができる）。

⑪作業半径内の労働者の**立ち入り**を禁止する。

⑫**強風**のために危険が予想されるときは作業を禁止する。

⑬**荷を吊った状態**での、運転位置からの離脱を禁止する。

人を吊り上げた状態で運搬や作業するのは禁止

作業半径内への立ち入りは禁止

荷を吊った状態で、運転者が運転位置から離脱するのは禁止

【掘削作業安全対策】

「労働安全衛生規則第355条～」により、掘削作業の安全対策について以下に整理する。

これが試験に出る!

第2次検定の学科記述では、掘削作業の安全対策についての語句、数値の記述問題が多く出題される。

①作業箇所及び周辺の地山について、次の点についてあらかじめ調査を行う。

- **形状、地質、地層**の状態
- **亀裂、含水、湧水及び凍結**の有無
- **埋設物**等の有無
- **高温のガス及び蒸気**の有無　等

②掘削面の勾配は、地山の種類、高さにより下表による。

地山の区分	掘削面の高さ	勾配
岩盤または硬い粘土からなる地山	5m未満	90°以下
	5m以上	75°以下
その他の地山	2m未満	90°以下
	2～5m未満	75°以下
	5m以上	60°以下
砂からなる地山	勾配35°以下または高さ5m未満	
発破等により崩壊しやすい状態の地山	勾配45°以下または高さ2m未満	

もっと知りたい

建設作業では、ずい道建設作業、杭打ち機、高気圧作業、酸素欠乏症等の安全対策についてもそれぞれ規則において定められている。

【解体作業安全対策】

「土木工事安全施工技術指針　第19章　構造物取り壊し工事」(国土交通省）により、解体作業の安全対策について以下に整理する。

⑴圧砕機、鉄骨切断機、大型ブレーカにおける必要な措置

①重機作業半径内への立入禁止措置を講じる。　②**重機足元**の安定を確認する。

③**騒音**、**振動**、**防じん**に対する周辺への影響に配慮する。

④二次破砕、小割りは、**静的破砕剤**を充填後、亀裂・ひび割れが発生した後に行う。

⑵転倒工法における必要な措置

①小規模スパン割のもとで施工する。

②自立安定及び施工制御のため、**引ワイヤ**等を設置する。

③計画に合った**足元縁切**を行う。

④転倒作業は必ず一連の連続作業で実施し､その日中に終了させ､縁切した状態で放置しない。

⑶カッタ工法における必要な措置

①撤去側躯体ブロックへの**カッタ取付けを禁止**とし、切断面付近に**シート**を設置して冷却水の飛散防止をはかる。

②切断部材が比較的大きくなるため、クレーン等による**仮吊り**、搬出については、移動式クレーン規則を確実に遵守する。

⑷ワイヤソーイング工法における必要な措置

①ワイヤソーに**ゆるみ**が生じないよう必要な張力を保持する。

②ワイヤソーの**損耗**に注意を払う。　③防護カバーを確実に設置する。

⑸アブレッシブウォータージェット工法における措置

①防護カバーを使用し、**低騒音化**を図る。　②**スラリー**を処理する。

⑹爆薬等を使用した取りこわし作業における措置

①発破作業に**直接従事する者**以外の作業区域内への立入禁止措置を講じる。

②発破終了後は、**不発の有無**などの安全の確認が行われるまで、発破作業範囲内を立入禁止にする。

③**発破予定時刻**、**退避方法**、**退避場所**、**点火の合図**等は、あらかじめ作業員に周知徹底しておく。

④穿孔径については、ハンドドリルやクローラドリル等の削岩機などを用いて破砕リフトの計画高さまで穿孔し、**適用可能径の上限**を超えないように確認する。

⑤コンクリート破砕工法及び制御発破（**ダイナマイト工法**）においては、十分な効果を期待するため、込物は確実に充填を行う。

⑺静的破砕剤工法における措置

①破砕剤充填後は、充填孔からの**噴出**に留意する。

②膨張圧発現時間は気温と関連があるため、適切な**破砕剤**を使用する。

③水中（海中）で使用する場合は、材料の流出・噴出に対する安定性及び充填方法並びに水中環境への影響に十分配慮する。

例題演習 第5章 4 安全管理

【問題】次の文章を読み、正誤もしくは正しい選択肢を答えなさい。

1. 安全衛生管理体制

問題	解説	
1 労働安全衛生法では、作業主任者を選任して行わなければならない作業を定めている。次の「作業」と「作業主任者の名称」との組み合わせとして、誤っているものはどれか。 [作業]　[作業主任者の名称] (1) 高さが5mとなる構造の足場の組み立て、または解体の作業…足場の組み立て等作業主任者 (2) 橋梁の上部構造の高さが7mの鋼橋の架設の作業………………鋼橋架設等作業主任者 (3) 掘削面の高さが5mとなる地山の掘削の作業……………………採石のための掘削作業主任者 (4) 橋梁の上部構造の高さが7mのコンクリート橋の架設の作業…コンクリート橋架設等作業主任者	掘削面の高さが2m以上となる地山の掘削には、**地山の掘削作業主任者を選任しなければならない**。よって、**(3) は誤り**。	(3)
2 作業現場で、労働者が建設機械と接触し骨折する災害が発生したとき、緊急に行う措置として次の記述のうち、適当でないものはどれか。 (1) 被災者の救出 (2) 応急手当 (3) 当該工事の一時中止 (4) 現場検証	作業現場で災害が発生した場合の緊急措置としては、**(1)「被災者の救出」**、**(2)「応急手当」**、**(3)「工事の一時中止」**であり、**(4)「現場検証」**は、緊急の措置を行った後に原因及び責任の確認のために行う。よって、**(4) は適当でない**。	(4)
3 「4Sに始まり4Sに終わる」といわれる安全確保の基本は、整理、整頓、清潔、清掃のことである。	4Sとは、**整理(Seiri)**、**整頓(Seiton)**、**清潔(Seiketu)**、**清掃(Seisou)**のことであり、工事現場における安全確保の基本である。	○
4 安全朝礼は、仕事をする時間へと気持ちを切り替える極めて有効なものであり、また、この朝礼で作業者の健康状態についても確認することが重要である。	安全朝礼とは、毎朝、作業が始まる前に作業員を集め、その日の仕事の手順や心構え、注意すべき点を話すとともに作業員の**健康状態**の確認や**身支度**などの点検を行うものである。	○
5 建設現場や鉄道などで行われている「指差し呼称」は、作業者の錯覚、誤判断、誤操作などを防止し、作業の安全性を高めるものである。	指差し呼称とは、「1、目で見て」「2、指で差して」「3、声に出して」「4、自分の声を聞く」という一連の確認動作を行うことにより、**作業者の錯覚、誤判断、誤操作**等を防止し、作業の**安全性**を高めるものである。	○
6 ヒヤリ・ハット報告制度は、職場の小単位の組織で、各人が仕事の範囲、段取り、作業の安全のポイントを報告するものである。	ヒヤリ・ハットとは、文字通り「突発的な事象やミスにヒヤリとしたりハッとしたりするもの」である。ヒヤリ・ハットの事例を報告することで**重大な災害や事故**を予防することができる。**仕事の範囲、段取り等の報告ではない。**	×

2. 仮設工事の安全対策

	問　題	解　説	
1	架設通路は、設置の期間が6ヵ月以上で、通路の長さと高さがともに定められた一定の規模を超えるものは、設置の計画書を労働基準監督署長に届け出なければならない。	架設通路において、設置期間が**6ヵ月以上**で、高さ、長さがそれぞれ**10m以上**のものについては、設置の計画書を**労働基準監督署長**に届け出る（労働安全衛生規則第86条、第87条）。	○
2	架設通路の勾配が定められた勾配より急になる場合は、踏さんその他のすべり止めを設けなければならない。	架設通路の勾配が**15°**を超えるものには**踏さんその他のすべり止めを設ける**。	○
3	墜落の危険性のある箇所には、高さ75cmの手すりを設けなければならない。	墜落の危険性のある箇所には、**高さ85cm以上の丈夫な手すりを設ける**（労働安全衛生規則第552条4号）。	×
4	機械間または他の設備との間に設ける通路については、幅60cm以上としなければならない。	機械間または他の設備との間に設ける通路は、**幅80cm以上とする**（労働安全衛生規則第543条）。	×
5	足場の組み立て等作業主任者の職務について、次の記述のうち、誤っているものはどれか。 （1）足場に係る作業中に、強風や大雨等の悪天候のため、作業を中止する。 （2）足場に関する材料の損傷等欠点の有無を点検し不良品を取り除く。 （3）作業の方法及び労働者の配置を決定し、作業の進行状況を監視する。 （4）器具、工具、安全帯等及び保護帽の機能を点検し、不良品を取り除く。	（2）、（3）、（4）は作業主任者の職務として正しい。**（1）「強風、大雨、大雪等の悪天候のために危険が予想されるときは作業を中止する」**と労働安全衛生規則第564条において規定されているのは、**作業主任者ではなく事業者自身の責務である**。よって、（1）は誤り。	(1)
6	高さが2m以上の箇所で作業を行う場合の墜落防止に関して、作業床に設ける手すりの高さは、床面から70cm程度として、中さんを設けた。	足場を組み立てる等により作業床を設け、また、作業床の端や開口部等には囲い、**85cm以上の手すり**、中さん等を設けなければならない。	×
7	墜落の危険があるが作業床を設けることができなかったので、防網を張り、安全帯を使用させて作業をした。	作業床を設けることが著しく困難な場合やそれらを取り外す場合、**安全帯が取り付けられる設備**を準備して、**労働者に安全帯を使用させる**等の措置をしなければならない。	○
8	強風が吹いて危険が予測されたので、作業を中止した。	強風、大雨、大雪等の悪天候のときは、**危険防止のため作業をさせてはならない**。	○

No.	問題	解説	解答
9	作業床の端、開口部に設置する手すり、囲い等の替わりにカラーコーン及び注意標識看板を設置した。	作業床の端や開口部等には囲い、85cm以上の手すり、中さん等を設けなければならない。**囲い等の替わりにカラーコーン及び注意看板標識を設置することはできない。**	×
10	型枠支保工の安全対策について、鋼管（単管パイプ）を支柱とする場合は、高さ２m以内ごとに水平つなぎを２方向に設け、水平つなぎの変位を防止する。	鋼管（単管パイプ）を支柱とする場合は、高さ２m以内ごとに**水平つなぎを２方向に設け**、水平つなぎの変位を防止する（労働安全衛生規則242条第１項６号）。	○
11	地山の掘削作業主任者は、ガス導管が掘削途中に発見された場合には、ガス導管を防護する作業を指揮する者を新たに指名し、ガス導管周辺の掘削作業の指揮は行わないものとする。	ガス導管が掘削途中に発見された場合には、**ガス導管防護作業指揮者を指名し、防護作業の指揮を行わせる**（労働安全衛生規則第362条）。掘削作業の指揮は、**地山の掘削作業主任者**が行う。	×
12	鉄筋や型枠等の資材を切りばり上に仮置きする場合は、土留め支保工の設置期間が短期間の場合は、工事責任者に相談しないで仮置きする事ができる。	土留め支保工においては、土留め支保工作業主任者の指揮のもとに作業を行うものとし、**許可のない作業を行ってはならない**。また、**切りばりの上には資材等を置くことはできない。**	×
13	深さ２m、幅1.5mを掘削する工事を行うとき、掘削した土砂は、埋め戻す時まで土留め壁から２m以上離れた場所に積み上げるように計画する。	掘削した土砂は、底面から**45°以上**離した位置に積み上げるものとする。掘削深さが２mなので**２m以上**は離す。	○
14	掘削した溝の開口部には、防護網の準備ができるまで転落しないようにカラーコーンを２mごとに設置する。	掘削作業において、地山の崩壊または土石の落下等の危険がある場合は、**土止め支保工を設け、防護網を張り、労働者の立ち入りを禁止する**（労働安全衛生規則第361条）と規定されており、**カラーコーンを設置しても認められない。**	×
15	土留め支保工による掘削作業では、できるだけ向き合った土留め鋼矢板に土圧が同じようにかかるよう、左右対称に掘削作業を進める。	向き合った土留め鋼矢板に不均等な土圧がかかると、変形による危険が生じるため、掘削作業はできるだけ**左右対称**に行う。	○
16	含水比の高い粘性土が厚く堆積する地盤に、土留め支保工を用いて地盤を掘削する場合、ヒービング防止対策として、次の記述のうち適当でないものはどれか。 （１）土留め壁の根入れと剛性を増す。 （２）掘削面側の地盤改良を行い、地盤強度を高める。 （３）掘削面側の矢板の根入れ先端部に薬液注入により不透水層を形成する。 （４）土留め壁背面の上部地山をすき取るような掘削を行い、土留め壁にかかる荷重を少なくする。	ヒービングとは、掘削底面付近に軟らかい粘性土がある場合、土留め背面の土や上載荷重等により、掘削底面の隆起、土留め壁のはらみ、周辺地盤の沈下により、**土留めの崩壊のおそれ**が生じる現象である。防止対策として、（１）、（２）、（４）は有効であるが、**（３）「掘削面側の矢板の根入れ先端部への薬液注入による不透水層の形成」は、地下水に対する対策であり、ヒービング防止対策ではない。**よって、（３）は**適当でない。**	(3)

17	掘削作業時、掘削に伴い周辺地山に亀裂の発生が予測されたが、点検を行う者を指名しないで掘削作業を進めた。	掘削作業を行うときは**点検者を指名**して、周辺の地山について**亀裂の有無等を点検**し、発生が予測された場合には**作業を中止**し、危険防止の措置を講じる。	

3. 車両系建設機械の安全対策

	問題	解説	
1	車両系建設機械の作業について、運転者が運転位置から離れるときは、バケットを地上から上げた状態にし、建設機械の逸走を防止しなければならない。	建設機械の運転者が運転位置から離れるときは、**バケット、ジッパー等の作業装置を地上に降ろさなければならない**（労働安全衛生規則第160条）。	×
2	建設機械の運転時に誘導者を置くときは、一定の合図を定め、誘導者に合図を行わせて、運転者はこの合図に従わなければならない。	建設機械の運転について、誘導者を置くときは、**一定の合図を定め、誘導者に合図を行わせるとともに、運転者はその合図に従わなければならない**（労働安全衛生規則第159条）。	○
3	車両系建設機械を用いて作業を行うときに、乗車席以外の箇所に労働者を乗せる場合は、当該車両系建設機械の運転者の死角に入らない場所に乗せなければならない。	車両系建設機械により作業を行うときは、**乗車席以外の箇所に労働者を乗せてはならない**（労働安全衛生規則第162条）。	×
4	岩石の落下等により労働者に危険が生ずるおそれのある場所で車両系建設機械を使用するときは、当該車両系建設機械に堅固なヘッドガードを備えなければならない。	岩石の落下等により労働者に危険が生じるおそれのある場所で、車両系建設機械により作業を行うときは、**堅固なヘッドガードを備える**（労働安全衛生規則第153条）。	○
5	あらかじめ作業する場所の地形等を調査し、その調査により使用する機械の運搬経路や作業方法等を定めた作業計画をつくり、関係者全員に周知した。	あらかじめ作業場所について、**地形、地質の状態**等を調査し、その結果により、**建設機械の種類や能力、運行経路、作業方法等について作業計画**を作成し、関係労働者に周知させなければならない（労働安全衛生規則第154条、第155条）。	○
6	ブルドーザは作業を開始する前に点検を行い、さらに年1回の定期自主検査を行った。	車両系建設機械については、**月1回の定期自主検査**と、その日の作業開始前に点検を行う（労働安全衛生規則第169条、第170条）。	×
7	ブルドーザが作業する場合の合図について、この現場独自の合図方法を決めて、誘導者等の関係する労働者全員に指示した。	車両系建設機械の運転については、**一定の合図を定め、誘導者に合図を行わせるとともに、関係する労働者全員に指示する**（労働安全衛生規則第159条）。	○
8	急傾斜の危険な状態となるおそれのある場所で、誘導者によりブルドーザを誘導して施工したが、誘導者が一時現場を離れたときも作業の継続を指示した。	急傾斜の危険な状態となるおそれのある場所での作業においては、誘導者を配置し、**誘導者が現場を離れる場合には、作業は中止しなければならない**（労働安全衛生規則第157条、第160条）。	×

4. 各種土木工事の安全対策

	問　題	解　説	
1	移動式クレーンの安全作業に関して、ワイヤロープを用いて１箇所に玉掛けした荷が吊り上げられているときには、荷の下に労働者を立ち入らせることができる。	磁力または陰圧により吸着させる吊り具または玉掛用具を用いて玉掛けをした荷が吊り上げられているときは、**荷の下に立ち入ることはできない**（クレーン等安全規則第74条の2第５号）。	×
2	強風により吊り荷が振れ、または回転し、危険が予想されるときは、クレーン作業を中止する。	事業者は、強風のため、移動式クレーンに関わる作業の実施について、危険が予想されるときは、**作業を中止しなければならない**（クレーン等安全規則第74条の３）。	○
3	地盤が良好でアウトリガーを最大限に張り出すことができる場合は、定格荷重を超える荷重をかけてクレーンを使用することができる。	**移動式クレーンにその定格荷重を超える荷重をかけて使用してはならない**（クレーン等安全規則第69条）と規定されており、たとえアウトリガーを最大限に張り出した場合でも**定格荷重を超える荷重をかけて使用してはならない。**	×
4	横引き、斜め吊りをする場合は、移動式クレーン明細書に記載されているジブの傾斜角の範囲を超えて使用することができる。	移動式クレーン明細書に記載されている**ジブの傾斜角の範囲を超えて使用してはならない**（クレーン等安全規則第70条）。	×
5	地山を足元まで掘削する場合の機械のクローラ（履帯）の側面は、掘削面と平行となるように配置すること。	地山を足元まで掘削する場合の機械のクローラ（履帯）の側面は、**非常の際に退避ができるように、掘削面と直角となるように配置する。**	×
6	地表面より低い部分を掘削する場合の安全に作業できる掘削深さは、視界や路肩の崩壊を考慮して最大掘削深さより余裕をもたせること。	地表面より低い部分を掘削する場合の安全に作業できる掘削深さは、作業員の視界の範囲内で路肩の崩壊の危険を考慮して、**最大掘削深さより余裕をもたせる。**	○
7	溝掘削をする場合に機械による溝底の整形は、一度掘削した箇所へ再び機械がまたがないように、機械を後退させる前に行うこと。	一度掘削した箇所へ再び機械がまたいだ場合、崩壊のおそれがあるため、溝掘削をする場合には、機械による溝底の整形は、**機械を後退させる前に行う。**	○
8	物体が飛来や落下することにより労働者に危険を及ぼすおそれのあるときは、労働者に保護具を使用させることにより飛来防止の設備を省略できる。	物体が飛来や落下することにより、労働者に危険を及ぼすおそれのあるときは、**防網の設備を設け、立入区域を設定する等の措置を講ずる**（労働安全衛生規則第537条）。	×
9	地山の崩壊などにより労働者に危険を及ぼすおそれのあるときは、地山の崩壊または土石の落下の原因となる雨水、地下水等を排除する。	地山の崩壊、土石落下により労働者に危険を及ぼすおそれのあるときは、**その原因となる雨水、地下水等を排除する**（労働安全衛生規則第534条）。	○

	問題	解説	正誤
10	３m以上の高所から物体を投下するときは、適当な投下設備を設け、監視人を置く等労働者の危険を防止するための措置を講じる。	**３m以上**の高所から物体を投下するときは、**適当な投下設備**を設け、**監視人**を置く等の措置を講ずる（労働安全衛生規則第536条）。	○
11	建設現場で用いられる刈払機（草刈機）を用いて作業を行う場合には、保護眼鏡などの保護具を用いて作業する。	建設現場で用いられる刈払機（草刈機）を用いて作業を行う場合には、**保護眼鏡などの保護具**を用いて作業する（労働基準局通達による）。	○
12	高さ２m以上に積み上げられた土のうの上での作業では、保護帽を着用しなければならない。	高さ２m以上に積み上げられた土のうの上での作業では、**保護帽**を着用しなければならない（労働安全衛生規則第435条）。	○
13	高さが５m以上のコンクリート構造物の解体作業に関して、強風、大雨、大雪等の悪天候のため、作業の実施について危険が予想されるときは、作業を中止しなければならない。	強風、大雨、大雪等の悪天候のため、作業の実施について危険が予想されるときは、作業を**中止**する（同規則第517条の15第１項二号）。	○
14	高さが５m以上のコンクリート構造物の解体作業に関して、解体用機械を用いて作業を行うときは、物体の飛来等により労働者に危険が生じるおそれのある箇所に作業主任者以外の労働者を立ち入らせてはならない。	解体用機械を用いて作業を行うときは、物体の飛来等による労働者の危険を防止するため、作業に従事する労働者には**保護帽**を着用させる（同規則第517条の19第１項一号）。	×
15	高さが５m以上のコンクリート構造物の解体作業に関して、器具、工具等を上げ、または下すときは、つり綱、つり袋等を使用しなければならない。	器具、工具等を上げ、または下すときは、**つり綱、つり袋等を労働者に使用させる**（同規則第517条の15第１項三号）。	○
16	高さが５m以上のコンクリート構造物の解体作業に関して、作業主任者を選任するときは、型枠支保工の作業主任者技能講習を修了した者のうちから選任する。	作業主任者を選任するときは、コンクリート造の工作物の**解体等作業主任者技能講習を修了した者**のうちから選任する（同規則第517条の17）。	×

建設工事において労働災害防止のために着用が必要な保護具を２つあげ、各々の点検項目または使用上の留意点について記述しなさい。

〈解答欄〉

保護具	点検項目または使用上の留意点

解答例

下の解説で挙げている保護具について、２つ選定して記述する。

保護具	点検項目または使用上の留意点
安全帯	・ロープの損傷の有無 ・ロープの長さ（1.5m以下であるか）
保護帽	・変形、凹みの有無と状態 ・あごひもをしっかりしめているか

解説

労働安全衛生法・同法規則等により建設工事においては各種保護具（次の①～③）の着用が義務づけられている。それぞれ点検項目または使用上の留意点を示す。

①安全帯

- **着用の有無（2m以上の高所での作業）**
- **ロープの損傷の有無**
- **ベルトの損傷の有無及び締め具合**
- **フックの穴径（50㎜以下であるか）**
- **ロープの長さ（1.5m以下であるか）**

②保護帽

- **着用の有無**
- **変形、凹みの有無と状態**
- **あごひもをしっかりしめているか**
- **墜落、飛来落下防止兼用であるか**

③安全靴

- **着用の有無**
- **甲革の損傷の有無**
- **靴底の亀裂、摩耗状態**

5 品質管理

第１次検定　第２次検定

学習のポイント

第１次検定

- 品質管理手順及び品質特性、品質標準、作業標準について整理しておく。
- ISO国際規格の種類と内容について理解する。
- ヒストグラムの作成手順と見方について整理する。
- レディーミクストコンクリートの品質規定及びコンクリート工事における特性と試験方法を整理する。
- 道路路盤工及びアスファルト舗装における特性と試験方法を整理する。
- 土工事における特性と試験方法及び盛土の品質管理規定方式を理解する。

第２次検定

- 語句及び数値の記述が主な出題内容であるため、正しい語句や数値を押さえる。

1 品質管理の基本的事項

【管理手順】

品質管理は次のように**PDCAサイクル**を回すことにより行う。

Plan（計画）	手順１	管理すべき品質特性を選定し、その特性について品質標準を設定する。
	手順２	品質標準を達成するための作業標準（作業の方法）を決める。

Do（実施）	手順３	作業標準に従って施工を実施し、品質特性に固有の試験を行い、測定データの採取を行う。
	手順４	作業標準（作業の方法）の周知徹底を図る。

Check（検討）	手順５	ヒストグラムを作成し、データが品質規格値を満足しているかを判定する。
	手順６	同一データにより、管理図を作成し、工程をチェックする。

Action（処置）	手順７	工程に異常が生じた場合に、原因を追究し、再発防止の処置をとる。
	手順８	期間経過に伴い、最新のデータにより、手順５以降を繰り返す。

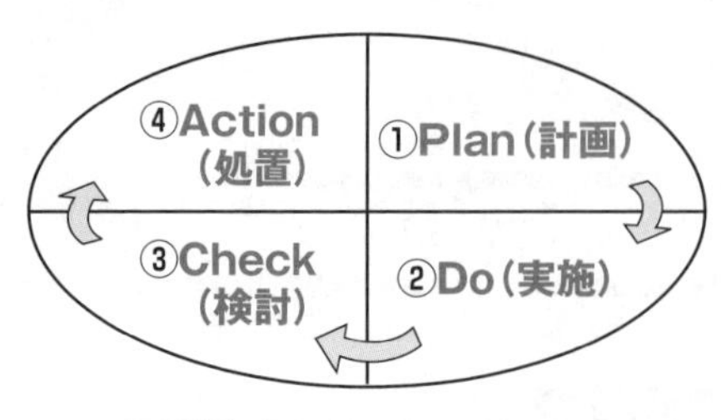

品質管理のPDCAサイクル

PDCAサイクルは工程管理でも使われます。P.315も確認しておきましょう。

【品質特性の選定】

①品質特性の選定条件は以下の点に留意する。

- 工程の状況が**総合的**に表れるもの。
- 構造物の**最終の品質**に重要な影響を及ぼすもの。
- 選定された**品質特性（代用の特性も含む）**と最終の品質との関係が明らかなもの。
- 容易に**測定**が行える特性であること。
- 工程に対し容易に**処置**がとれること。

②品質標準の決定には以下の点に留意する。

- 施工にあたって実現しようとする品質の**目標**を選定する。
- 品質の**ばらつき**の程度を考慮して余裕をもった品質を目標とする。
- 事前の実験により、当初に**概略の標準**をつくり、施工の過程に応じて試行錯誤を行い、標準を改訂していく。

③作業標準（作業方法）の決定には以下の点に留意する。

- 過去の**実績**、**経験**及び**実験結果**を踏まえて決定する。
- **最終工程**までを見越した管理が行えるように決定する。
- 工程に異常が発生した場合でも、**安定した工程**を確保できる作業の手順、手法を決める。
- 標準は**明文化**し、今後のための技術の蓄積を図る。

【ISO国際規格】

ISO国際規格とは、**国際標準化機構**において定められた規格で、主に以下のマネジメントシステムがある。

> **用語解説**
> 国際標準化機構：スイスのジュネーブに本部を置く民間の非政府組織で、電気分野を除いたすべての産業分野についての国際標準を定めている。

①**ISO9000**シリーズ（品質マネジメントシステム）

- **ISO9000**：品質マネジメントシステムで使用される用語を定義したもの。
- **ISO9001**：品質マネジメントシステムの要求事項を規定したもの。
- **ISO9004**：品質マネジメントシステムの有効性を考慮した目標の手引き。

②**ISO14000**シリーズ（環境マネジメントシステム）

環境に配慮した事業活動を行うための基準を規格化したもの。

③**OHSAS18001**（労働安全衛生マネジメントシステム）

労働現場の安全衛生に対応する際に求められる要求事項を規格化したもの。

❷ 品質管理図

【ヒストグラム】

ヒストグラムとは、測定データの**ばらつき**状態をグラフ化したもので、分布状況を調査することにより規格値に対しての品質の良否を判断することができる。

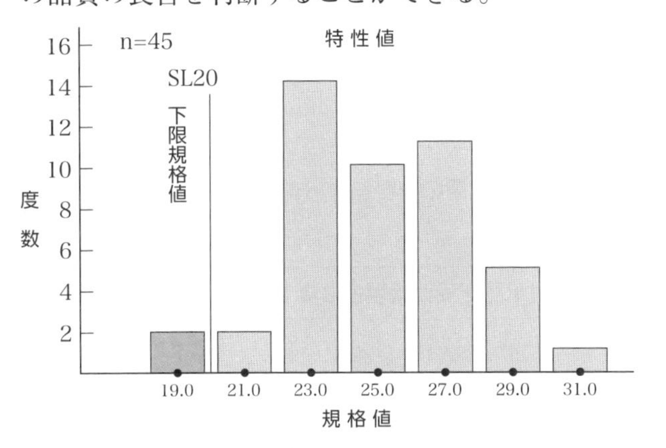

用語解説

ヒストグラム：縦軸に度数、横軸に規格値をとった統計グラフの一種。データの分布状況を視覚的に把握できる特徴がある。度数分布図、柱状グラフともいう。

これが試験に出る!

第1次検定では、ヒストグラムの作成手順に関する問題がよく出る。

ヒストグラムの作成は次の手順で行う。

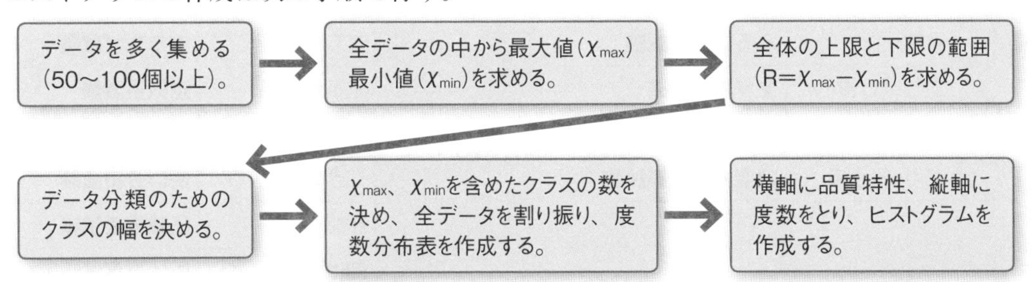

ヒストグラムでは、安定した工程で正常に発生するばらつきをグラフにした**左右対称**の山形のなめらかな曲線を正規分布曲線の**標準**として、ゆとりの状態、平均値の位置、分布形状で品質規格の判断をする。

【工程能力図】

工程能力図とは、品質の**時間的変化**の過程をグラフ化したもので、横軸に**サンプル番号**、縦軸に**特性値**をプロットし、上限規格値、下限規格値を示す線を引くことにより、**規格外れの率及び点**の並べ方を調べることができる。

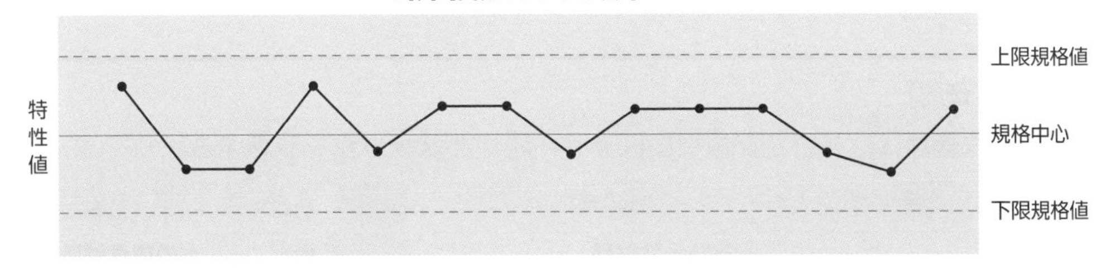

品質をつくり出す工程自体を管理できるようにしたものとして管理図があり、χ-R管理図あるいはχ-R_s-R_m管理図により工程の安定状況を確認する。

❸ 各工種別品質管理

【レディーミクストコンクリートの品質管理】

レディーミクストコンクリートの品質は、次のとおりに規定されている。

強度	1回の試験結果は、呼び強度の強度値の**85%以上**で、かつ**3回**の試験結果の平均値は、呼び強度の強度値以上とする。				
スランプ（単位：cm）	スランプ	2.5	5及び6.5	8～18	21
	スランプの誤差	±1	±1.5	±2.5	±1.5
空気量（単位：%）	普通コンクリート	4.5	空気量の許容差は、すべて±1.5とする。		
	軽量コンクリート	5.0			
	舗装コンクリート	4.5			
塩化物含有量	塩化物イオン量として0.30kg/m³以下（承認を受けた場合は0.60kg/m³以下とできる）				

【コンクリート工事の品質管理】

コンクリートの品質管理は、骨材及びコンクリートに区分し、特性と試験方法を整理する。

区分	品質特性	試験方法
骨材	粒度	**ふるい分け試験**
	すり減り量	**すり減り試験**
	表面水量	**表面水率試験**
	密度･吸水率	**密度・吸水率試験**

区分	品質特性	試験方法
コンクリート	スランプ	**スランプ試験**
	空気量	**空気量試験**
	単位容積質量	**単位容積質量試験**
	混合割合	**洗い分析試験**
	圧縮強度	**圧縮強度試験**
	曲げ強度	**曲げ強度試験**

近年、物理的に破壊せずにコンクリート構造物内部の欠陥や表面の微小なきずを検査する方法として、放射線や超音波、赤外線、レーダー等を利用した非破壊検査が多く行われている。

これが試験に出る!

- 第1次検定では、コンクリートの品質管理は、毎年必ず出題される。
- 第2次検定の学科記述問題では、コンクリートの品質及び打込み、締固めに関する語句及び数値の記述がよく出る。

【路盤工の品質管理】

路盤工の品質管理は、材料及び施工に区分し、特性と試験方法を整理する。

区分	品質特性	試験方法
材料	粒度	**ふるい分け試験**
	塑性指数（PI）	**塑性試験**
	含水比	**含水比試験**
	最大乾燥密度・最適含水比	**突固めによる土の締固め試験**

区分	品質特性	試験方法
施工	締固め度	**土の密度試験**
	支持力	**平板載荷試験、CBR試験**
	たわみ	**プルフローリング試験**

【アスファルト舗装の品質管理】

アスファルト舗装の品質管理は、材料、プラント、施工現場に区分し、特性と試験方法を整理する。

区分	品質特性	試験方法
材料	針入度	**針入度試験**
	すり減り量	**すり減り試験**
	軟石量	**軟石量試験**
	伸度	**伸度試験**
	粒度	**ふるい分け試験**
プラント	混合温度	**温度測定**
	アスファルト量・合成粒度	**アスファルト抽出試験**

区分	品質特性	試験方法
施工現場	安定度	**マーシャル安定度試験**
	敷均し温度	**温度測定**
	厚さ	**コア採取による測定**
	混合割合	**コア採取による試験**
	密度（締固め度）	**（RI）密度試験**
	平坦性	**平坦性試験**

【土工の品質管理】

土工の品質管理は、材料、施工現場に区分し、特性と試験方法を整理する。

区分	品質特性	試験方法
材料	粒度	**粒度試験**
	液性限界	**液性限界試験**
	塑性限界	**塑性限界試験**
	自然含水比	**含水比試験**
	最大乾燥密度・最適含水比	**突固めによる土の締固め試験**

区分	品質特性	試験方法
施工現場	締固め度	**土の密度試験**
	施工含水比	**含水比試験**
	CBR	**現場CBR試験**
	支持力値	**平板載荷試験**
	貫入指数	**貫入試験**

【盛土の品質管理】

盛土の品質管理には、工法規定方式と品質規定方式がある。

①**工法規定方式**：盛土の締固めに使用する締固め機械、締固め回数等の工法を規定する。

②**品質規定方式**：工法は施工者に任せて、乾燥密度、含水比、土の強度等について要求される品質を明示する。

【鉄筋の継手の品質管理】

鉄筋の継手の品質管理には、次のような検査項目がある。

①**重ね継手**：位置、継手長さ

②**ガス圧接継手**：位置、外観検査、超音波探傷検査

③**突合せアーク溶接継手**：計測、外観目視検査、詳細外観検査、超音波探傷検査

④**機械式継手**：外観検査、性能確認検査、充填剤検査

これが試験に出る!

- 第1次検定では、道路や盛土の品質管理に関する出題頻度は非常に高い。
- 第2次検定の学科記述問題では、鉄筋及び継手の品質に関する、語句及び数値の記述がよく出る。

例題演習 第5章 5 品質管理

【問題】次の文章を読み、正誤もしくは正しい選択肢を答えなさい。

1. 品質管理の基本的事項

	問題	解説	
1	品質管理の手順（Plan、Do、Check、Action）として、次のうち適当なものはどれか。 （イ）規格値や作業標準により作業する。 （ロ）統計的手法により解析・検討する。 （ハ）異常の原因を追求・除去する。 （ニ）品質特性の選定と品質規格の決定をする。 （1）（ニ）→（イ）→（ロ）→（ハ） （2）（イ）→（ニ）→（ハ）→（ロ） （3）（ニ）→（ロ）→（イ）→（ハ） （4）（イ）→（ロ）→（ハ）→（ニ）	品質管理の手順は下記のPDCAサイクルによって表される。 Plan（計画）：**管理すべき品質特性を選定し、その特性について品質規格を定める。…（ニ）** Do（実施）：**作業標準を決め、それに従って作業を実施する。…（イ）** Check（検討）：**ヒストグラム等の統計的手法により、解析・検討をする。…（ロ）** Action（処置）：**工程に異常が生じた場合に、原因を追及・除去等の処置をする。…（ハ）** 手順は（ニ）→（イ）→（ロ）→（ハ）となる。よって、**（1）が正解。**	(1)
2	ISO9000ファミリーの9001規格は、品質マネジメントシステムの要求事項について規定したものである。	ISO9001は、**品質マネジメントシステム**の要求事項を規定したもので、この規格をもとに、組織は、**顧客満足の向上**を目指す場合に使用することができる。	○
3	ISO9000ファミリー規格は、組織の構造、責任、手順、工程及び経営資源について定めたものである。	ISO9000ファミリー規格は、組織が効果的な**品質マネジメントシステム**を実施し運用することを支援するために作成されたものであり、**組織の構造、責任、手順、工程及び経営資源**について定めている。	○
4	ISO9000ファミリー規格は、製品の形状や性能について定めたものである。	ISO9000ファミリー規格は、**品質マネジメントシステム**について定めたもので、**製品の形状や性能について定めたものではない。**	×
5	ISO14000ファミリー規格のマネジメントシステムに該当しない項目は次のうちどれか。 （1）環境への影響の低減 （2）製品の品質のばらつきの防止 （3）継続的改善（PDCAサイクル） （4）利害関係者とのコミュニケーション	ISO14000ファミリー規格は、**環境に関するマネジメントシステム**であり、（1）、（3）、（4）については該当する。**（2）「製品の品質のばらつきの防止」**は、品質に関するマネジメントシステムはISO9000ファミリー規格である。よって、**（2）は該当しない。**	(2)

2. 品質管理図

	問題	解説	
1	ヒストグラムは、時系列データと管理限界線によって、工程の異常の発見が客観的に判断できる。	時系列データと管理限界線によって、工程の異常な発見を客観的に判断できるのは**管理図（$\bar{x}$-R管理図等）であり、ヒストグラムではない。**	×

2 ヒストグラムの見方に関する次の記述のうち、適当でないものはどれか。

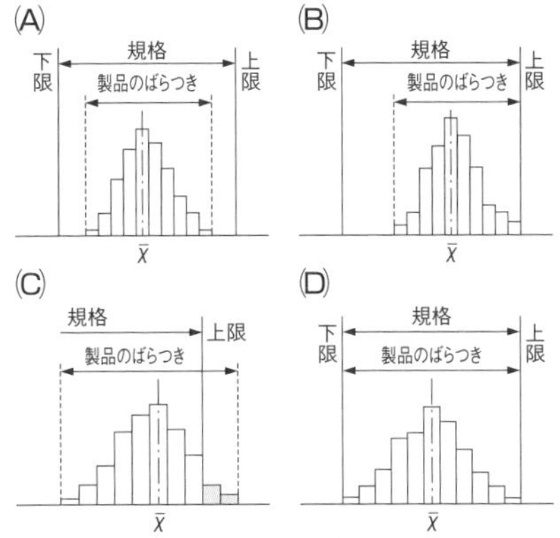

（1）A図の場合は、製品のばらつきは規格に十分入っており、平均値も規格の中心と一致している。

（2）B図の場合は、製品のばらつきは規格に入っているが、平均値が規格の上限のほうに偏り、規格外れが出るおそれがあるので規格の中央に来るように処置する。

（3）C図の場合は、上限規格のみが与えられている場合で、規格の上限を超えているものがあるので、規格値内に収まるように処置する。

（4）D図の場合は、製品のばらつきは規格にちょうど一致しており、余裕がないので安心できないことから、規格値の幅を小さくする必要がある。

解説：それぞれのヒストグラムについての見方は下記のとおりである。　**(4)**

（1）A図は規格値に対する**ゆとり**もあり、平均値が**規格の中央**にある。**正しい。**

（2）B図は規格値が**上限すれすれ**であり、少しの変動でも**規格外れ**となるおそれがあり、**規格の中央**に来るように処置をする。**正しい。**

（3）C図は**上限規格値**を外れており、平均値を**規格値内**に収まるように処置をする。**正しい。**

（4）D図は製品のばらつきは規格に一致しているが、**余裕がないのでばらつきの幅を小さくする必要がある。誤り。**

3 ヒストグラムは、安定した工程から取られたデータの場合、左右対称の整った形となるが異常があると不規則な形になる。

解説：ヒストグラムは、安定した工程で正常に発生するデータの場合、**左右対称のなめらかな山形**を示し、異常がある場合には、**不規則な形**を示す。　○

4 ヒストグラムは、規格値を入れると全体に対してどの程度の不良品、不合格品が出ているかがわかる。

解説：ヒストグラムは、**下限及び上限の規格値**を入れることにより、全体における**不良品、不合格品の割合**が判断できる。　○

3. 各工種別品質管理

問　　題	解　　説	
1 JIS A 5308レディーミクストコンクリートの受入れ検査の判定に関して、荷卸し地点の塩化物含有量は、塩化物イオン量は原則として0.30kg/㎥以下である。	塩化物含有量については、塩化物イオン量として**0.30kg/㎥以下**（承認を受けた場合は**0.60kg/㎥以下**とできる）と定められている。	○

	問題	解説	解答
2	呼び強度30のレディーミクストコンクリートについて圧縮強度試験を行ったところ、下表の結果を得た。JIS A 5308に規定されている強度の合否判定に関する次の記述のうち、正しいものはどれか。 ロット / 3回の試験の平均値 / 3回のうち1回の試験の最小値 A / 31.0N/㎟ / 26.0N/㎟ B / 28.0N/㎟ / 27.0N/㎟ C / 30.0N/㎟ / 24.0N/㎟ （1）ロットA、ロットBのコンクリートのみ合格である。 （2）ロットA、ロットCのコンクリートのみ合格である。 （3）ロットAのコンクリートのみ合格である。 （4）ロットBのコンクリートのみ合格である。	レディーミクストコンクリートの強度における品質規定に関しては、１回の試験結果は、呼び強度の強度値の85%以上で、かつ３回の試験結果の平均値は、呼び強度の強度値以上とすると定められている。 ①１回の試験結果は、呼び強度の強度値の85%以上：30×0.85＝25.5以上→**ロットA、ロットBが合格** ②３回の試験結果の平均値は、呼び強度の強度値以上：30以上→**ロットA、ロットCが合格** 以上より、**両方の規定を満足するのは、ロットAのコンクリートのみである**。よって、**（3）が正解**。	(3)
3	スランプ、空気量が許容差内であれば、材齢28日の圧縮強度試験供試体９本の製作は省略できる。	強度については、１回の試験結果は**呼び強度の強度値の85%以上**で、かつ３回の試験結果の平均値は**呼び強度の強度値以上**とすると定められている。**供試体の製作は省略できない。**	×
4	空気量の許容差は、コンクリートの種類によりそれぞれ異なった値が定められている。	空気量の許容差は、**普通、軽量、舗装コンクリートの種類に関係なく±1.5%である。**	×
5	購入者が指定したスランプが８㎝ の場合は、スランプの許容差は±2.5㎝である。	ランプが８～18㎝の場合は、スランプの許容差は±**2.5㎝**である。	○
6	盛土の締固めを品質で規定する方式は、締固め機械の種類で規定する。	盛土の締固めを品質で規定する方式は、**乾燥密度、含水比、土の強度**等について明示する方法である。**締固め機械の種類で規定するのは、工法規定方式である。**	×
7	盛土の締固めの効果や性質は、土の種類や含水比、施工方法によって変化する。	盛土の締固めの効果や性質は、**土の種類や密度、含水比、締固め機械等の施工方法**によって変化する。	○
8	現場での土の乾燥密度の測定は、プルーフローリングによる方法がある。	現場での土の乾燥密度の測定は、主に**RI法、砂置換法、水置換法**等による。**プルーフローリング法は、たわみの状況を測定する方法である。**	×
9	盛土の品質に関して、盛土材料の性質は、敷均しや締固めが容易で、せん断強度が大きく圧縮性の小さいものがよい。	盛土材料の条件としては、**敷均しや締固めが容易であり、せん断力が大きいこと、締め固めた後の圧縮性が小さいこと**等がある。	○

10 盛土の乾燥密度の計測は、RI(ラジオアイソトープ) 計器による計測のほうが砂置換法による計測に比べて測定時間がかかる。

盛土の現場密度試験には、砂置換法とRIの２種類があるが、**測定時間は砂置換法に比べRI法が短い。**

×

11 盛土の締固めは、透水性を低下させて、圧縮沈下の抑制及び土構造物の安定に必要な強度特性を得るために行う。

盛土の締固めの目的は、**透水性の低下、圧縮沈下の抑制及び強度特性の確保**等がある。

○

12 アスファルト舗装の品質管理に関する次の測定や試験のうち、現場で行わないものはどれか。
（1）プルーフローリング試験
（2）舗装路面の平坦性測定
（3）針入度試験
（4）RIによる密度の測定

（1）、（2）、（4）については、現場で試験を実施するが、**（3）「針入度試験」**は、アスファルトの硬さを調べるための試験で、**試料を用いて室内で行う。**

（3）

13 品質管理における品質特性と試験方法との次の組み合わせのうち、適当でないものはどれか。

［品質特性］ ［試験方法］
（1）路盤の支持力 …… 平板載荷試験
（2）土の最大乾燥密度 …… 単位体積重量試験
（3）コンクリート用骨材の粒度 …… ふるい分け試験
（4）加熱アスファルト混合物の安定度 …… マーシャル安定度試験

品質特性と試験方法の組み合わせは下表のとおりである。

選択肢	品質特性	試験方法
（1）	路盤の支持力	**平板載荷試験**
（2）	土の最大乾燥密度	**突固めによる土の締固め試験**
（3）	コンクリート用骨材の粒度	**ふるい分け試験**
（4）	加熱アスファルト混合物の安定度	**マーシャル安定度試験**

よって、**（2）が誤りである。**

（2）

14 道路工事の品質管理における品質特性と試験方法の組み合わせのうち、適当でないものはどれか。

［品質特性］ ［試験方法］
（1）アスファルト舗装合材の安定度 …… CBR試験
（2）路盤の支持力 …… 平板載荷試験
（3）コンクリート舗装版の曲げ強度 …… 曲げ強度試験
（4）土の締固め度 …… 砂置換法

道路工事の品質管理における品質特性と試験方法の組み合わせは下表のとおりである。

選択肢	品質特性	試験方法
（1）	アスファルト舗装合材の安定度	**マーシャル安定度試験**
（2）	路盤の支持力	**平板載荷試験**
（3）	コンクリート舗装版の曲げ強度	**曲げ強度試験**
（4）	土の締固め度	**砂置換法**

よって、**（1）が誤りである。**

（1）

次の鉄筋の継手種類のうちから２つ選び、その継手名とその検査項目をそれぞれ１つ記述しなさい。

- 重ね継手
- ガス圧接継手
- 突合せアーク溶接継手
- 機械式継手

〈解答欄〉

継手名	検査項目

解答例

継手名	検査項目
重ね継手	継手長さ
ガス圧接継手	超音波探傷検査

解説

鉄筋の継手における検査項目については「コンクリート標準示方書　施工編：検査標準」にて、次のとおりに定められている。

①重ね継手：**位置、継手長さ**

②ガス圧接継手：**位置、外観検査、超音波探傷検査**

③突合せアーク溶接継手：**計測、外観目視検査、詳細外観検査、超音波探傷検査**

④機械式継手：**外観検査、性能確認検査、充填剤検査**

第1部　第１次検定・第２次検定対策

第6章 環境保全対策

1 環境保全・騒音・振動対策

第１次検定　第２次検定

学習のポイント

第１次検定

●各種環境保全対策に対する関係法令・法規の基本事項を理解しておく。

●騒音規制法・振動規制法における、指定地域、特定建設作業及び規制基準を整理する。

●施工における騒音・振動対策の留意点を学習しておく。

第２次検定

●語句及び数値の記述が主な出題内容であるため、正しい語句や数値を押さえる。

❶ 環境保全対策一般

【各種環境保全対策】

建設工事の施工により周辺の生活環境の保全に関する事項としては、次の①～⑦が挙げられ、それぞれの対策として、各種法令・法規が定められている。

①騒音・振動：**騒音規制法、振動規制法**

②大気汚染：**大気汚染防止法**

③水質汚濁：**水質汚濁防止法**

④地盤沈下：**工業用水法、ビル用水法**等の法令による地下水採取、揚水規制及び条例による規制

⑤交通障害：**各種道路交通関係法令、建設工事公衆災害防止対策**

⑥廃棄物処理：**廃棄物の処理及び清掃に関する法律（廃棄物処理法）**

⑦環境物品：**国等による環境物品等の調達の推進等に関する法律（グリーン購入法）**

各種環境保全対策と関係法令、法規の関係を整理しておく。

用語解説

環境物品：環境の負荷の低減に資する物品及び役務のことで、紙類、印刷物、文具類、オフィス家具、衣類、家電製品、自動車等を表す。

【環境影響評価法（環境アセスメント法）】

①目的

●土地の形状の変更、工作物の新設等の事業を行う事業者があらかじめ**環境影響評価（環境アセスメント）**を行う。

●規模が**大きく**環境影響の程度が**著しい**ものとなるおそれがある事業について、環境影響評価が適切かつ円滑に行われるようにする。

●環境影響評価の結果を、**環境の保全**のための措置の決定に反映させる。

用語解説

環境影響評価（環境アセスメント）：開発事業が環境にどのような影響を及ぼすかについて、事業者が事前に調査して出す評価や予測のこと。その結果を公表して広く意見を集めることで、環境保全上問題のない事業計画へと改善されることを目的とする制度である。

- 環境の保全について適正な配慮がなされ、現在及び将来の国民の健康で文化的な生活の確保に資する。

②内容

- 環境に及ぼす影響について**調査**、**予測・評価**を行い、その事業の環境保全の措置を検討し、環境影響を**総合的**に評価する。
- 道路、河川、鉄道等の**13事業**を対象事業として、事業規模により**第1種事業**、**第2種事業**を定める。
- 第1種事業と第2種事業のうち、**スクリーニング**により決定された事業について環境アセスメントを行う。
- 環境アセスメントの結果により**評価書**を作成し、関係者の意見を求める。

用語解説

スクリーニング：地域環境特性や事業計画の内容等を踏まえて、発生する環境影響の予見を行い、環境アセスメントの実施が必要な事業か否かの判断を行うこと。スクリーン（ふるい）の意味から、ふるい分けることである。

② 騒音・振動対策

【騒音規制法・振動規制法】

騒音規制法及び振動規制法ともに、ほぼ同様の項目が定められている。

環境基本法においては典型七公害として、大気汚染、水質汚濁、土壌汚染、騒音、振動、悪臭、地盤沈下が挙げられているが、土木施工管理の分野では、騒音及び振動が主体となる。

①指定地域

住民の生活環境を保全するため下記の条件の地域を規制地域として指定する。

- **良好な住居環境の区域**で静穏の保持を必要とする区域
- **住居専用地域**で静穏の保持を必要とする区域
- 住工混住地域で**相当数の住居**が集合する区域
- 学校、保育所、病院、図書館、特養老人ホームの周囲**80m**の区域

②特定建設作業

建設工事の作業のうち、**著しい騒音または振動**を発生する作業として次の作業が定められている（作業を開始した日に終わる者は除外）。

- **騒音規制法**：杭打ち機、杭抜き機、びょう打ち機、削岩機、空気圧縮機、バックホウ、トラクタショベル、ブルドーザをそれぞれ使用する作業
- **振動規制法**：杭打ち機、杭抜き機、舗装版破砕機、ブレーカをそれぞれ使用する作業、鋼球を使用して工作物を破壊する作業

トラクタショベル

これが試験に出る!

騒音規制法及び振動規制法における、指定地域、特定建設作業及び規制基準の内容に関する問題はよく出る。

③規制基準

規制基準としては下記の項目が定められている（音量、振動以外は共通）。

規制項目		指定地域	指定地域外
作業禁止時間		**午後7時から翌日の午前7時まで**	**午後10時から翌日の午前6時まで**
1日あたりの作業時間		1日**10時間**まで	1日**14時間**まで
連続日数		連続して**6日**を超えない。	
休日作業		日曜日その他の休日には作業しない。	
規制数値	騒音規制法	音量が敷地境界線において**85デシベル**を超えない。	
	振動規制法	振動が敷地境界線において**75デシベル**を超えない。	

※災害・非常事態、人命・身体危険防止の緊急作業については上記規制の適用を除外する。

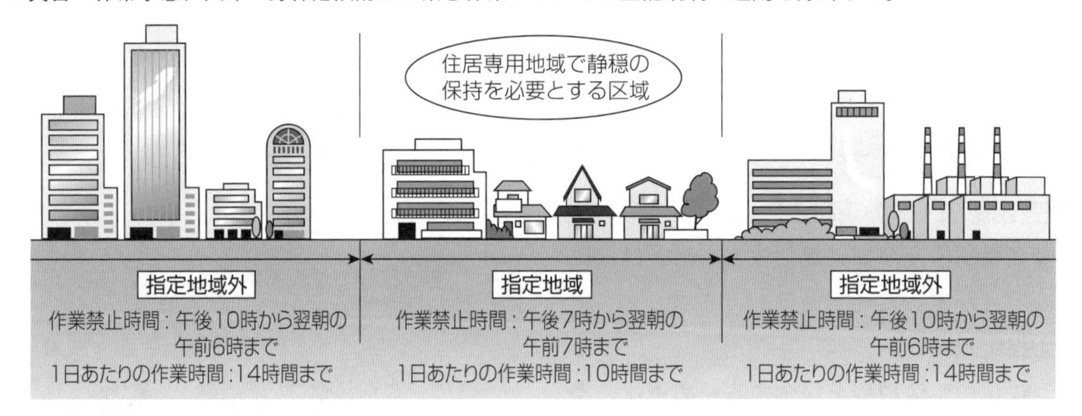

④届出

指定地域内で特定建設作業を行う場合には、**7日前**までに**市町村長**へ届け出る。ただし、災害等緊急の場合はできるだけ速やかに届け出る。

【施工における騒音・振動対策】

施工においては、騒音・振動対策として、下記の点に留意する。

①作業時間は周辺の生活状況を考慮し、できるだけ**昼間**に、**短時間**での作業が望ましい。

②騒音・振動の発生は**施工方法**や**使用機械**に左右されるので、できるだけ低騒音・低振動の施工方法、機械を選定する。

③騒音・振動の発生源は、**生活居住地**から遠ざけ、**距離**による低減を図る。

④工事による影響を確認するために、施工中や施工後においても周辺の状況を把握し、対策を行う。

⑤主な低減対策として、下記の項目があげられる。

- 高力ボルトの締付けを行う場合は、インパクトレンチより**油圧式・電動式レンチ**を用いると、騒音は低減できる。
- 車両系建設機械を使用する場合は、**大型、新式、回転数小**のものがより低減できる。

騒音規制法と振動規制法については、「法規」の分野でも出題されます。P.266やP.272もしっかりと学習しましょう。

例題演習 第6章 1 環境保全・騒音・振動対策

【問題】次の文章を読み、正誤もしくは正しい選択肢を答えなさい。

1. 環境保全対策一般

問題	解説
❶ 環境影響評価法に関する下記の文章の［　　］に当てはまる適切な語句の組み合わせとして、次のうち適当なものはどれか。 環境影響評価とは、土木工事など特定の目的のために行われる一連の土地の形状変更並びに工作物の新設及び増改築工事など事業の実施について、環境に及ぼす影響の調査、［(イ)］、評価を行うとともに、その事業に関する環境の保全のための措置を検討し、この措置の環境に及ぼす影響を総合的に評価することで、［(ロ)］が工事の前に環境影響評価を行うものである。 (イ)　　(ロ) (1) 説明 ………… 事業者 (2) 説明 ………… 請負者 (3) 予測 ………… 事業者 (4) 予測 ………… 請負者	環境影響とは、土木工事等における環境に及ぼす影響の調査、**［(イ) 予測］**、評価を行うとともに、環境保全のための措置を検討し、環境に及ぼす影響を総合的に評価するもので、**［(ロ) 事業者］**が工事の前に行うものである。 以上より、**(3) が正解。** **(3)**

❷ 環境保全に関して、関係する法律とその測定項目との組み合わせとして、次のうち適当でないものはどれか。

［関係する法律］　　［測定項目］
(1) 水質汚濁防止法 ……………………… 化学的酸素要求量
(2) 悪臭防止法 ………………………… 窒素酸化物
(3) 騒音規制法 ………………………… 騒音
(4) 大気汚染防止法 ……………………… 光化学オキシダント

関係法律とその測定項目の正しい組み合わせは次のとおりである。

選択肢	関係法律	測定項目
(1)	水質汚濁防止法	**・化学的酸素要求量等の一般項目** **・カドミウム等の有害物質**
(2)	悪臭防止法	**・硫化水素等の特定悪臭物質22種類（窒素酸化物は含まれていない）** **・臭気指数**
(3)	騒音規制法	**・騒音（特定工場、特定建設作業、自動車騒音、深夜騒音等）**
(4)	大気汚染防止法	**・揮発性有機化合物（光化学オキシダント等）** **・粉塵（飛散物質等）** **・自動車排出ガス（一酸化炭素等）**

よって、(2) が誤り。

(2)

❸ 建設工事の土工作業における地域住民への生活環境の保全対策に関して、土運搬による土砂の飛散を防止するには、過積載の防止、荷台へのシート掛けを行うほかに現場から出た所の公道上に洗車設備を設置する。	土運搬による土砂の飛散を防止するためには、過積載による飛散の防止、荷台へのシート掛けを行うとともに、**公道への影響を防止するために、洗車設備は現場内に設ける。**	×
❹ 土砂の流出による水質汚濁などを防止するには、盛土の法面の安定勾配を確保し土砂止などを設置する。	土砂の流出による水質汚濁などを防止するためには、**安定勾配を確保する**とともに、法面崩壊による土砂流出を防ぐための**土砂止を設置する。**	○

2. 騒音・振動対策

問題	解説	
❶ 土工における建設機械の騒音、振動に関して、履帯式（クローラ式）の建設機械では、履帯の張りの調整に注意しなければならない。	履帯式（クローラ式）の建設機械では、**履帯の張りが緩い**と、走行時に履帯がばたつき、駆動輪や従動輪などが履帯で叩かれ、騒音が発生するので、**履帯の張りの調整には注意しなければならない。**	○
❷ 高出力ディーゼルエンジンを搭載している建設機械のエンジン関連の騒音は、全体の騒音の中で大きな比重を占めている。	高出力ディーゼルエンジンを搭載している建設機械は、**常に高回転**で運転するため、エンジン関連の騒音は、**全体の騒音の中で大きな比重を占めており、近年、超低騒音型機械の開発が進んでいる。**	○
❸ 車輪式（ホイール式）の建設機械は、履帯式（クローラ式）の建設機械に比べて一般に騒音振動のレベルが大きい。	車輪式（ホイール式）の建設機械は、履帯式（クローラ式）の建設機械に比べて**一般に騒音振動のレベルは小さい。**	×
❹ 土工機械の運転に関して、騒音はエンジンの回転数に逆比例するので、高付加運転をしても問題はない。	エンジンの回転数に**比例**して、騒音は大きくなる。**不必要な高速運転やむだな空ぶかし等の高負荷となるような運転**は避けなければならない。	×
❺ 騒音規制法上、特定建設作業に該当しない作業は、次のうちどれか。ただし、当該作業がその作業を開始した日に終わるものは除く。 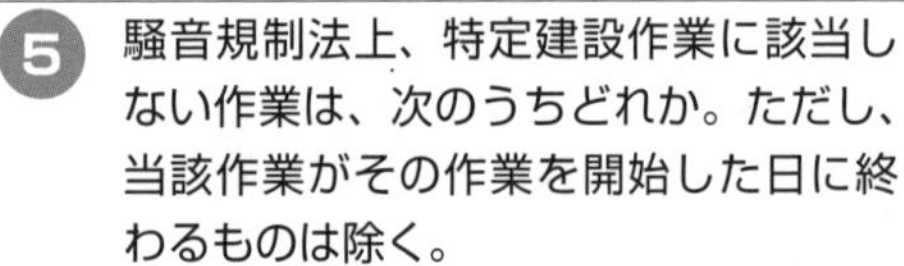 （1）ディーゼルハンマによる杭打ち機を使用する作業 （2）ダンプトラックを土砂の運搬に使用する作業 （3）油圧ブレーカによる削岩機を使用する作業（1日における当該作業に係る2地点間の最大距離は50mを超えない） （4）リベットガンによるびょう打ち機を使用する作業	騒音規制法上における特定建設作業に指定されているものとして、**（1）「杭打ち機を使用する作業」、（3）「削岩機を使用する作業」、（4）「びょう打ち機を使用する作業」**や「トラクタショベル及びブルドーザを使用する作業」があるが、**（2）「ダンプトラックを土砂の運搬に使用する作業」は含まれていない。** よって、**（2）が正解。**	(2)

第2次検定（学科記述）演習　第6章 1 環境保全・騒音・振動対策

道路舗装の修繕工事を下記に示す条件で行う場合、振動規制法上、特定建設作業に伴って発生する振動の振動規制に関する項目を２つ挙げ、その規制内容をそれぞれ解答欄に記入しなさい。ただし、災害時の作業を除く。

［条件］
①工事内容：油圧ショベルに装着した油圧ブレーカーによる舗装版の取り壊し
②現場条件：学校がある敷地の周囲おおむね 80 m以内の区域内として指定された区域
③作業日数：10 日間
④作業移動距離：１日における移動作業は、50 m以内

〈解答欄〉

規制に関する項目	規制内容

解答例

下の解説より振動規制に関する項目を２つ選び、それぞれ規制内容を記述する。

規制に関する項目	規制内容
作業禁止時間	**午後７時から翌日の午前７時までとする。**
１日あたりの作業時間	**１日10時間までとする。**

解説

特定建設作業における振動規制に関しては、主に振動規制法に示されており、規制内容は次のとおりである。

- 作業禁止時間：**午後７時から翌日の午前７時までとする。**
- １日あたりの作業時間：**１日10時間までとする。**
- 連続日数：**連続して６日を超えない。**
- 休日作業：**日曜日その他の休日には発生させない。**

2 建設副産物・資源有効利用

第1次検定　第2次検定

学習のポイント

第1次検定

●建設リサイクル法における特定建設資材の4種類を覚えておく。
●分別解体・再資源化における義務要件を整理する。
●廃棄物処理法に規定される、廃棄物の種類と具体的な品目について理解しておく。
●産業廃棄物管理票（マニフェスト）制度の内容を整理しておく。

第2次検定

●語句及び数値の記述が主な出題内容であるため、正しい語句や数値を押さえる。

1 建設工事に係る資材の再資源化に関する法律（建設リサイクル法）

【特定建設資材】

特定建設資材とは、建設工事において使用するコンクリート、木材その他建設資材が建設資材廃棄物になった場合に、その**再資源化**が資源の有効な利用及び廃棄物の減量を図る上で特に必要であり、かつ、その再資源化が経済性の面において制約が著しくないと認められるものとして政令で定められるもので、次の4資材が定められている。

●**コンクリート**
●**コンクリート及び鉄からなる建設資材**
●**木材**
●**アスファルト・コンクリート**

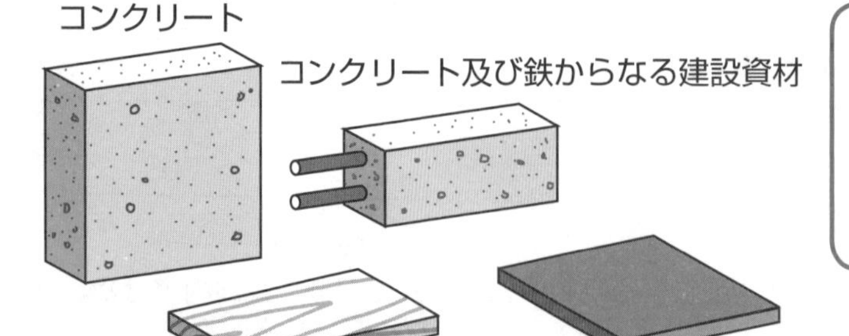

用語解説

再資源化：建設資材廃棄物を資材または原材料として利用すること、及び燃料や熱源として利用すること。

これが試験に出る!

建設リサイクル法に関する問題は、ほぼ確実に出る。

ワンポイントアドバイス

廃棄物の種類のうち、特に一般廃棄物と産業廃棄物の具体的な品目について整理しておく。

建設リサイクル法とは別に、「資源の有効な利用の促進に関する法律（資源利用法）」により、再生資源として利用可能なものとして、次の4種が指定されている（建設指定副産物）。

- 建設発生土
- コンクリート塊
- アスファルト・コンクリート塊
- 建設発生木材

【分別解体・再資源化】

分別解体及び再資源化等の義務として、以下の項目が定められている。

①対象建設工事の規模は、次の基準による。

- 建築物の解体：床面積**80㎡以上**
- 建築物の新築：床面積**500㎡以上**
- 建築物の修繕・模様替え：工事費**1億円以上**
- その他の工作物（土木工作物等）：工事費**500万円以上**

②対象建設工事の発注者または自主施工者は、工事着手の**7日前**までに、建築物等の構造、工事着手時期、分別解体等の計画について、**都道府県知事**に届け出る。

③解体工事においては、建設業の許可が不要な小規模解体工事業者も**都道府県知事**の登録を受け、**5年ごと**に更新する。

2 廃棄物の処理及び清掃に関する法律（廃棄物処理法）

【廃棄物の種類】

**これが試験に出る!**

廃棄物処理法に関する出題頻度は高い。

廃棄物の種類と具体的な品目について、次のとおりに分類される。

①**一般廃棄物**：**産業廃棄物以外の廃棄物**で、紙類、雑誌、図面、飲料空き缶、生ごみ、ペットボトル、弁当がら等が挙げられる。

②**産業廃棄物**：**事業活動**に伴って生じた廃棄物のうち法令で定められた**20種類**のもので、ガラスくず、陶磁器くず、がれき類、紙くず、繊維くず、木くず、金属くず、汚泥、燃え殻、廃油、廃酸、廃アルカリ、廃プラスティック類等が挙げられる。

③**特別管理一般廃棄物及び特別管理産業廃棄物**：**爆発性**、**感染性**、**毒性**、**有害性**があるもの。

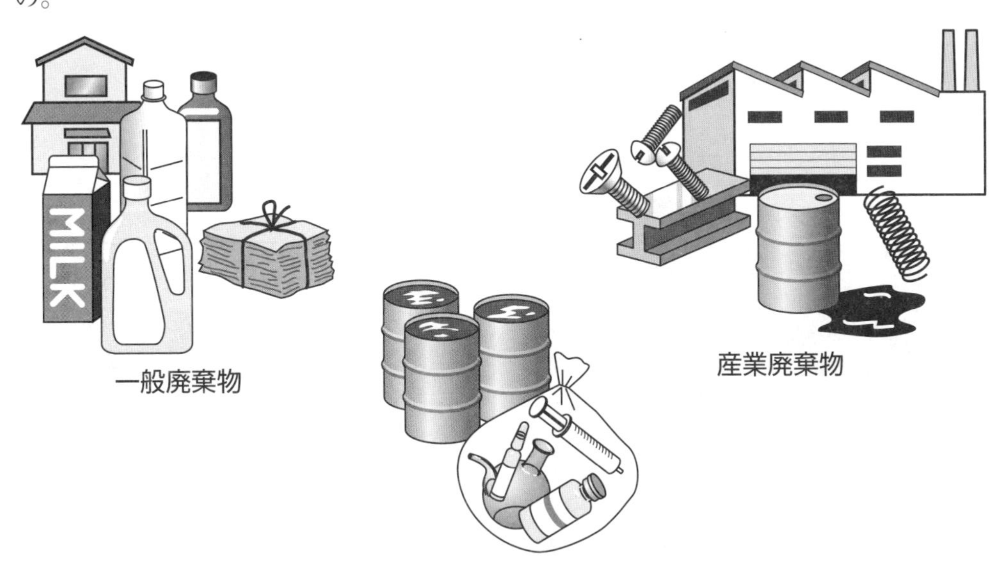

【産業廃棄物管理票（マニフェスト）】

「廃棄物処理法第12条の３」により、産業廃棄物管理票（マニフェスト）の規定が示されている。

①排出事業者（元請人）が、**廃棄物**の種類ごとに収集運搬及び処理を行う受託者に交付する。

②マニフェストには、種類、数量、処理内容等の必要事項を記載する。

③収集運搬業者は**B2票**を、処理業者は**D票**を事業者に返送する。

④排出事業者は、マニフェストに関する報告を**都道府県知事**に年**1回**提出する。

⑤マニフェストの写しを送付された事業者、収集運搬業者、処理業者は、この写しを**5年間**保存する。

※マニフェストは１冊が７枚綴りの複写で、A、B1、B2、C1、C2、D、Eの用紙が綴じ込まれている。

用語解説

マニフェスト：英語で「manifest」と表し、積荷目録を意味する。政権公約を意味するマニフェスト（manifesto）とはまったく異なる言葉である。

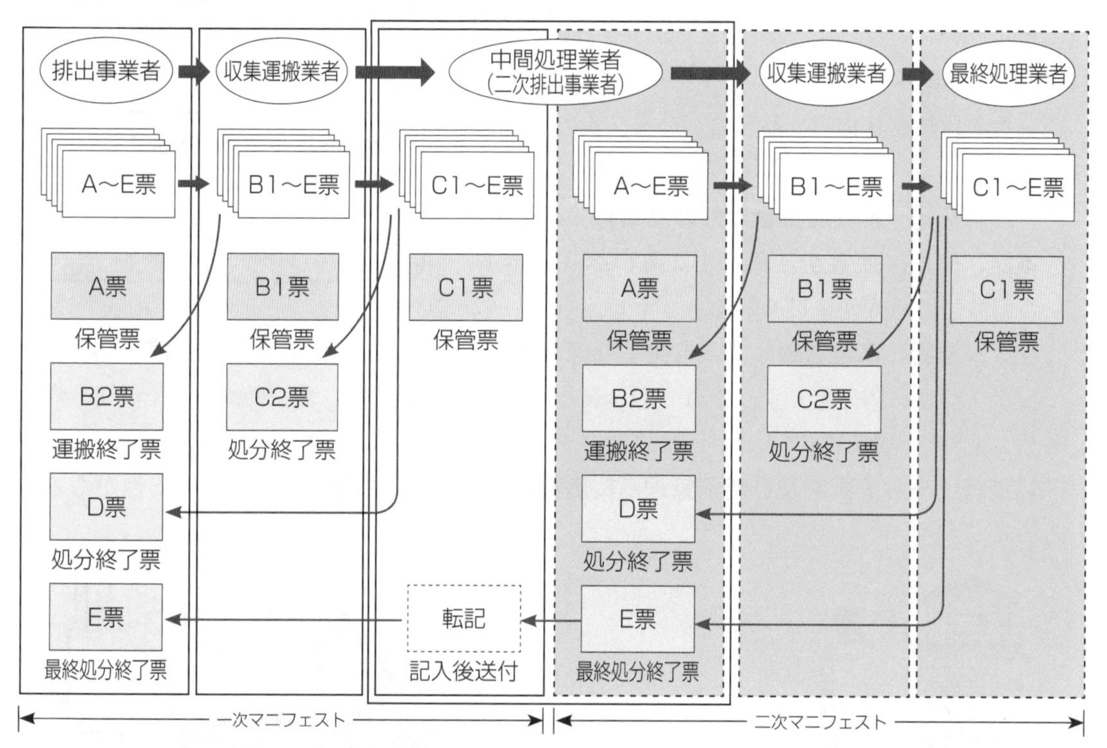

もっと知りたい

現在は、インターネットを利用した電子マニフェストも運用されている。これは日本産業廃棄物処理振興センター（情報処理センター）が運営しているシステムで、運搬終了や処分終了の報告などをインターネットで行うことができる。情報処理センターがマニフェストの保存・管理や都道府県等への報告を代行してくれるという利点がある。

排出事業者が、マニフェストについて不交付や保存義務違反などの不適正処理をした場合には、懲役や罰金などの罰則の対象となります。

例題演習 第6章 2 建設副産物・資源有効利用

【問題】次の文章を読み、正誤もしくは正しい選択肢を答えなさい。

1. 建設工事に係る資材の再資源化に関する法律（建設リサイクル法）

問題	解説

1 建設廃棄物等の循環資源が適正・有効に利用・処分される「循環型社会」に向けた対策に関する下記の文章に当てはまる適切な語句の組み合わせとして、次のうち適当なものはどれか。

道路工事からの建設副産物については、設計段階で副産物の（イ）に努めるとともに、建設工事から発生する副産物のうち建設発生土は道路盛土材料として（ロ）され、コンクリート塊やアスファルト・コンクリート塊は工事現場から再資源施設へ運搬し、再生資材として（ハ）を図る。
工事現場から搬出する建設廃棄物の（ニ）の処理については、マニフェストの交付により処理が確実に完了したことを排出事業者は確認しなければならない。

	（イ）	（ロ）	（ハ）	（ニ）
（1）	再生利用	再使用	発生抑制	最終処分
（2）	再使用	分別処理	再生利用	最終処分
（3）	発生抑制	再使用	再生利用	適正処分
（4）	分別処理	再生利用	再使用	適正処分

道路工事からの建設副産物については、設計段階で副産物の **（イ）発生抑制** に努めるとともに、建設工事から発生する副産物のうち建設発生土は道路盛土材料として **（ロ）再使用** され、コンクリート塊やアスファルト・コンクリート塊は工事現場から再資源施設へ運搬し、再生資材として **（ハ）再生利用** を図る。
工事現場から搬出する建設廃棄物の **（ニ）適正処分** の処理については、マニフェストの交付により処理が確実に完了したことを排出事業者は確認しなければならない。

以上より、**（3）が正しい。**

（3）

2. 廃棄物の処理及び清掃に関する法律（廃棄物処理法）

	問題	解説	
1	事業者は、産業廃棄物の処理を委託する場合、産業廃棄物の発生から運搬が終了するまでの処理が適正に行われるために必要な措置を講じなければならない。	事業者は、産業廃棄物の運搬または処分を委託する場合には、**発生から最終処分が終了するまで**の処理が適正に行われるために必要な措置を講ずるように努める（廃棄物処理法第12条第5項）。	×
2	産業廃棄物管理票（マニフェスト）の写しの保存期間は、関係法令上3年間である。	産業廃棄物管理票（マニフェスト）の写しの保存期間は**5年間**と規定されている（廃棄物処理法第12条の3、廃棄物処理法施行規則第8条の4の3）。	×
3	産業廃棄物の処理責任は、公共工事では原則として発注者が責任を負う。	公共工事においては**受注者が事業者として、産業廃棄物の処理責任を負う。**	×
4	飛散性アスベスト廃棄物は、特別管理産業廃棄物である。	飛散性アスベスト廃棄物は、**特別管理産業廃棄物**である。	○

「建設工事に係る資材の再資源化等に関する法律（建設リサイクル法）」に定められている建設発生土の有効活用に関して、次の文章の［　　］に当てはまる適切な語句を、下記の語句から選び解答欄に記入しなさい。

(1) 発注者、元請業者等は、建設工事の施工にあたり、適切な工法の選択等により、建設発生土の［（イ）］に努めるとともに、その［（ロ）］の促進等により搬出の抑制に努めなければならない。

(2) 発注者は、建設発生土を必要とする他の工事現場との情報交換システムを活かした連絡調整、［（ハ）］の確保、再資源化施設の活用、必要に応じて［（ニ）］を行うことにより、工事間の利用の促進に努めなければならない。

(3) 元請業者等は、建設発生土の搬出にあたっては産業廃棄物が混入しないよう、［（ホ）］に努めなければならない。

［語句］
埋め立て地　土質改良　分別　発生の促進　再生利用　ストックヤード
発生の抑制　現場外利用　置換工　粉砕　解体　薬液注入
現場内利用　処分場　廃棄処分

〈解答欄〉

（イ）	（ロ）	（ハ）	（ニ）	（ホ）

解答

（イ）	（ロ）	（ハ）	（ニ）	（ホ）
発生の抑制	**現場内利用**	**ストックヤード**	**土質改良**	**分別**

解説

建設発生土の有効活用に関しては、主に**「資源の有効な利用の促進に関する法律（資源利用法）」**に示されている。

第2部　第2次検定（経験記述）対策

第7章

経験記述文の書き方

1 経験記述文の問題内容

第1次検定　第2次検定

① 経験記述試験の内容

経験記述試験では、**受験者が経験した土木工事の内容を記述する［設問1］**と**技術的な課題等を記述する［設問2］**が出題される。この設問に、監理技術者としてふさわしい文章力で、自身の経験を簡潔に表現しなければならない。また、受験者の経験には真実性と具体性が求められており、経験記述の虚偽偽装に関しては厳しくチェックされる。このため、経験記述文は受験者の経験が具体的な数量で示されたオリジナルでなければならず、他人の例文の丸写し、一部修正などで作成されたことが判明した場合には失格になる。

●出題の例

［設問1］　あなたが経験した土木工事に関して、次の事項について解答欄に明確に記入しなさい。

（1）工事名
（2）工事の内容
　①発注者名
　②工事場所
　③工期
　④主な工種
　⑤施工量
（3）工事現場における施工管理上のあなたの立場

ワンポイントアドバイス

経験記述は、解答用紙に設けられている行数の中で記載する。与えられる行数は試験年度によって異なるため、本書で解説している行数はあくまでも目安と考えてほしい。また、平成28年度試験より、［設問2］の（3）で「対応処置に対する評価」も求められるようになった。対応処置の内容のみの記述では減点となるため注意すること。

［設問2］　上記工事で実施した「現場で工夫した品質管理」又は「現場で工夫した工程管理」のいずれかを選び、次の事項について解答欄に具体的に記述しなさい。

（1）特に留意した技術的課題
（2）技術的課題を解決するために検討した項目と検討理由及び検討内容
（3）上記検討の結果、現場で実施した対応処置とその評価

② 各設問の解答イメージ

経験記述試験では、試験場で次のような解答内容を書かなければならない。

●［設問1］の解答イメージ

(1) 工事名	
工　事　名	○○県道○○号線○○トンネル工事
(2) 工事の内容	
①発注者名	○○県○○部○○課
②工事場所	○○県○○市○○町地内
③工　　期	令和○年○月○日～令和○年○月○日
④主な工種	トンネル工　掘削断面　132㎡
⑤施 工 量	トンネル延長　480m
(3) 工事現場における施工管理上のあなたの立場	
立　　　場	現場責任者

●［設問2］の解答イメージ

(1) 特に留意した技術的課題
本工事は、県道○○号線における掘削断面132㎡のトンネル工事であった。このトンネルは市街地を掘削する工事でありトンネルの上部は車道や歩道、商店街が近接していた。地質は洪積シルト層でトンネルの土被りは平均10mと比較的に少ないためトンネル上部の地盤沈下や地表面の変形による事故が懸念され安全管理方法が課題となった。
(2) 技術的課題を解決するために検討した項目と検討理由及び検討内容
トンネル工事を安全に施工するため、掘削及びずり出し方法について次のような項目について検討を行った。 (1) 掘削前に地表面に沈下計と傾斜計を設置し地表面の変化をリアルタイムで自動計測するシステムの導入を検討した。 (2)掘削中に上面の車道を点検する監視員の配置計画を検討した。 (3) ずり出し用ダンプトラックの運搬ルートを考慮し、トンネル上部の通過を避けるルート計画を検討した。 上記の検討によりトンネル掘削に伴う地表面の変状事故を防止する安全管理計画を立案した。
(3) 上記検討の結果、現場で実施した対応処置とその評価
トンネル上部の通過を避ける運搬ルートを定め施工した。地表面の計測は10測点で行いリアルタイムに測定管理し、監視員を配置した。土被りが8mと少ない測点で沈下が32㎜発生したため、薬液注入で補強対策を実施した。その結果、異常なクラックなど発生することなく土被りが少ない箇所において安全にトンネル掘削工事を竣工することができた。 評価点としては、土被りの少ない地盤に関して、監視や点検などを工夫して事故防止ができたことである。

2 経験記述文作成の注意事項

第１次検定　第２次検定

① 記述文の書き方と準備

経験記述問題の解答を書くにあたって、最低限守らなければならない注意事項と準備がある。普段はあまり気にしないことや、論文形式の試験ならではの事項ばかりであるため、記述文の受験対策を始める前にチェックしておいたほうがよい。

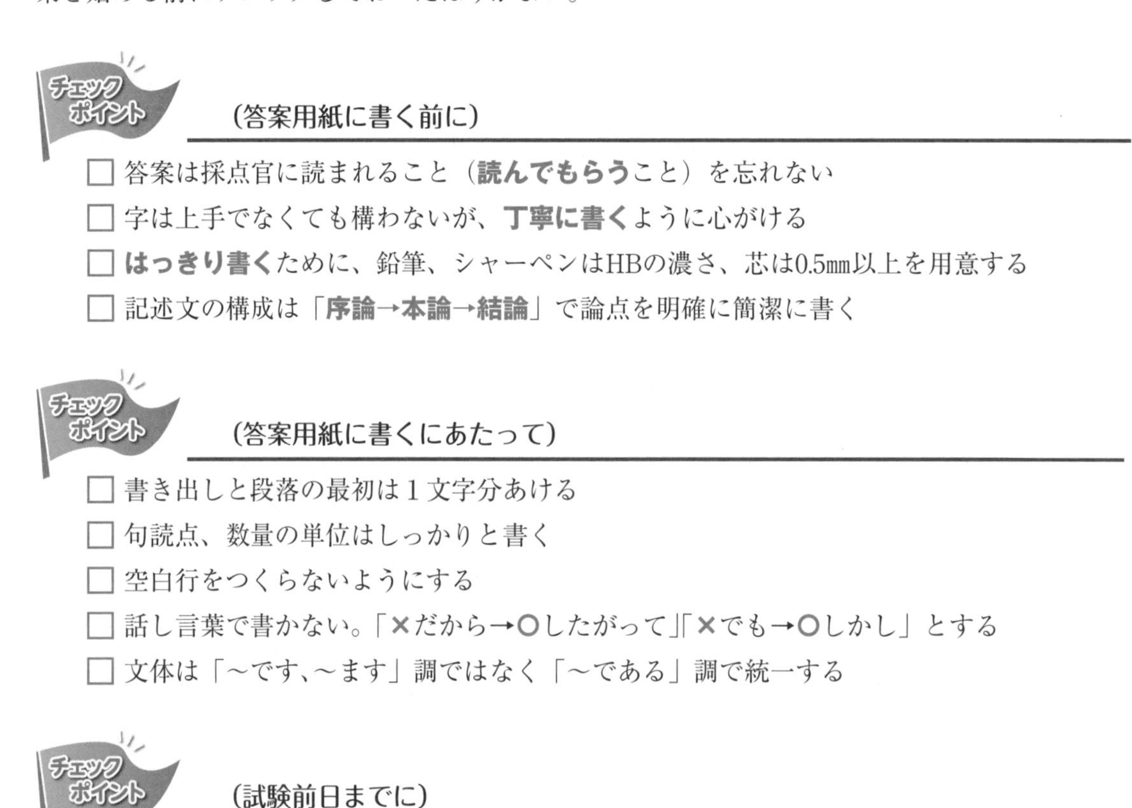

（答案用紙に書く前に）

- □ 答案は採点官に読まれること（**読んでもらう**こと）を忘れない
- □ 字は上手でなくても構わないが、**丁寧に書く**ように心がける
- □ **はっきり書く**ために、鉛筆、シャーペンはHBの濃さ、芯は0.5㎜以上を用意する
- □ 記述文の構成は「**序論→本論→結論**」で論点を明確に簡潔に書く

（答案用紙に書くにあたって）

- □ 書き出しと段落の最初は１文字分あける
- □ 句読点、数量の単位はしっかりと書く
- □ 空白行をつくらないようにする
- □ 話し言葉で書かない。「×だから→○したがって」「×でも→○しかし」とする
- □ 文体は「～です、～ます」調ではなく「～である」調で統一する

（試験前日までに）

- □ 用意する記述文は、上司、本試験の経験者等に添削してもらう
- □ 誤字脱字がないように、何度も紙に書いて暗記する（暗記はこの方法が一番よい）

② 土木工事の選び方

【実務経験として認められている工事・工種・工事内容】

記述文を作成する土木工事は、次のページの「土木施工管理に関する実務経験」として**認められる工事種別・工事内容**等から工事種別を選んで記述文を作成するのが一般的である。

- □ 土木工事として認められる工事内容か確認する
- □ あまり特殊な工事は選ばない
- □ 土木工事として認められていない工事でも、工種によっては認められる

「土木施工管理に関する実務経験」として認められる工事種別・工事内容等

※2級土木施工管理技術検定は「土木」「鋼構造物塗装」「薬液注入」の3種別に区分される

受験種別	工事種別	工事内容
土木	河川工事	河道掘削(浚渫工事)、築堤工事、護岸工事、水制工事、床止め工事、取水堰工事、水門工事、樋門(樋管)工事、排水機場工事、河川維持工事(構造物の補修) 等
	道路工事	道路土工(切土、路体盛土、路床盛土)工事、路床・路盤工事、舗装(アスファルト、コンクリート)工事、法面保護工事、中央分離帯設置工事、共同溝工事、防護柵工事、防音壁工事、排水工事、橋梁(鋼橋、コンクリート橋、PC橋、斜張橋、吊り橋等)工事、歩道橋工事、トンネル工事、カルバート工事、道路維持工事(構造物の補修) 等
	海岸工事	海岸堤防工事、海岸護岸工事、消波工工事、離岸堤工事、突堤工事、養浜工事、防潮水門工事 等
	砂防工事	山腹工工事、堰堤工事、渓流保全(床固工、帯工、護岸工、水制工、渓流保護工)工事、地すべり防止工事、がけ崩れ防止工事、雪崩防止工事 等
	ダム工事	転流工工事、ダム堤体基礎掘削工事、コンクリートダム築造工事、ロックフィルダム築造工事、基礎処理工事、原石採取工事、骨材製造工事 等
	港湾工事	航路浚渫工事、防波堤工事、護岸工事、係留施設(岸壁、浮桟橋、船揚げ場等)工事、消波ブロック製作・設置工事、埋立工事 等
	鉄道工事	軌道盛土(切土)工事、軌道路盤工事、軌道敷設(レール、まくらぎ、道床敷砂利)工事(架線工事を除く)、軌道横断構造物設置工事、鉄道土木構造物建設(停車場、踏切道、橋、トンネル)工事 等
	空港工事	滑走路整地工事、滑走路舗装(アスファルト・コンクリート)工事、滑走路排水施設工事、エプロン造成工事、燃料タンク設置基礎工事 等
	発電・送変電工事	取水堰(新設・改良)工事、送水路工事、発電所(変電所)基礎工事、発電・送変電鉄塔設置工事、ピット電線路工事 等
	上水道工事	取水堰(新設・改良)工事、導水路(新設・改良)工事、浄水池(沈砂池)設置工事、配水池設置工事、配水管(送水管)敷設工事 等
	下水道工事	管路(下水管・マンホール・汚水桝等)敷設工事、管路推進工事、ポンプ場設置工事、終末処理場設置工事 等
	土地造成工事	土地造成・整地工事、法面処理工事、擁壁工事、排水工事、調整池工事 等
	農業土木工事	圃場整備・整地工事、土地改良工事、農地造成工事、農道整備(改良)工事、用排水路(改良)工事、用排水施設工事、草地造成工事、土壌改良工事 等
	森林土木工事	林道整備(改良)工事、擁壁工事、法面保護工事、谷止工事、治山堰堤工事 等
	公園工事	広場(運動広場)造成工事、園路(遊歩道・緑道・自転車道)整備(改良)工事、野球場新設工事、擁壁工事 等
	地下構造物工事	地下横断歩道工事、地下駐車場工事、共同溝工事、電線共同溝工事、情報ボックス工事 等
	橋梁工事	橋梁上部(桁製作・運搬・架設・床版・舗装)工事、橋梁下部(橋台・橋脚)工事、橋台・橋脚基礎(杭基礎・ケーソン基礎)工事、耐震補強工事 等
	トンネル工事	山岳トンネル(掘削工、覆工、インバート工、坑門工)工事、シールドトンネル工事、開削トンネル工事、水路トンネル工事 等
鋼構造物塗装	鋼構造物塗装工事	鋼橋塗装工事、鉄塔塗装工事、樋門扉・水門扉塗装工事、歩道橋塗装工事 等
薬液注入	薬液注入工事	トンネル掘削の止水・固結工事、シールドトンネル発進部・到達部地盤改良工事、立坑底盤部遮水盤造成工事、推進管周囲地盤補強工事、鋼矢板周囲地盤補強工事 等

「2級土木施工管理技術検定 受験の手引き」より

【実務経験として認められていない工事・工種・工事内容】

土木工事の実務経験と認められていない工事でも、「建築工事におけるPC杭、RC杭、鋼杭、場所打ち杭の基礎工事」など、土木工事として認められているものがあるので工事名が対象外でも工事内容を確認するとよい。

「土木施工管理に関する実務経験とは」認められない工事・業務等

1.「土木」について
- 工事種別が「鋼構造物塗装」「薬液注入」の工事内容
- ビル・マンション等の建築工事（建築工事におけるPC杭・RC杭・鋼杭・場所打ち杭の基礎工事を除く）
- 個人住宅の建築工事及びその駐車場等の関連工事（杭基礎工事を除く）
- 建築解体工事（下記①②を除く）
  ①土木構造物の解体工事
  ②建築物を解体した後の埋戻し・整地工事（土地造成工事）並びに解体工事に伴う基礎工のPC杭・RC杭・鋼杭・場所打ち杭の解体・埋戻し工事
- 外溝工事、囲障工事（フェンス、門扉等）
- ビル・住宅等の宅地内における給排水設備等の配管工事
- 浄化槽工事（パーキングエリアや工場等の大規模な工事を除く）
- 造園工事（園路工事、広場工事、擁壁工事等を除く）、植栽工事、植樹工事、遊具設置工事、修景工事
- 墓石等加工設置工事
- 路面清掃作業
- 除草作業
- 除雪作業
- 埋蔵文化財発掘調査
- 地質調査のためのボーリング工事、さく井工事
- 架線工事・ケーブル引込みの工事
- タンク・煙突・機械等の製作及び据付工事（基礎工事を除く）
- 鉄塔工事（基礎工事を除く）
- 生コン、生アスコンの製造及び管理
- コンクリート2次製品の製造及び管理
- 道路標識の工場製作、管理
- 鉄管・鉄骨の工場製作（橋梁、水門扉を除く）
- 工程管理、品質管理、安全管理等を含まない単純な労務作業等（単なる土の掘削、コンクリートの打設、建設機械の運転、ゴミ処理等の作業）

2.「鋼構造物塗装」について
- 工事種別が「土木」「薬液注入」の工事内容
- 建設塗装及び建築付帯設備（外溝、囲障、階段、手すり等）の塗装、鉄骨塗装、道路標識柱塗装、信号機塗装、ガードレール塗装、広告塔塗装、煙突塗装、街路灯塗装、落石防止網塗装、プラント及びタンクの塗装、機械等の冷却・給油管等の塗装、各種管の内面塗装等の工事、その他（土木構造物塗装工事とは認められない工事）
- 工程管理、品質管理、安全管理等を含まない単純な労務作業等（単に塗料を土木構造物に塗布する作業等）

3.「薬液注入」について
- 工事種別が「土木」「鋼構造物塗装」の工事内容

・地盤以外の各種構造物に対する注入工事
・工程管理、品質管理、安全管理等を含まない単純な労務作業等（単に薬液を注入するだけの作業等）

4．設計（積算を含む）・計画・調査のための測量の業務（施工のための工事の測量は除く）

5．設計（積算を含む）、計画、調査、現場事務、営業等の業務

6．研究所・学校（大学院等）・訓練所等における研究、教育及び指導等の業務

7．アルバイトによる作業員としての経験

「２級土木施工管理技術検定　受験の手引き」より

③ 経験記述文の準備

経験した工事から経験記述文の準備をするとき、「品質管理」「安全管理（環境保全対策）」「工程管理」「施工計画」の４つの管理項目を用意しておくのが安全である。過去に出題された内容では「品質管理」が最も多く、「安全管理（環境保全対策）」「工程管理」「施工計画」の順になるが、例えば「安全管理」の記述文しか用意しておらず、試験で「品質管理」が出題された場合、ほとんどお手上げ状態になってしまう。第２次検定に合格するために**この４つの管理項目の経験記述は必ず用意しなければならない**と考えたほうがよい。

P.369の『「土木施工管理に関する実務経験」として認められる工事種別・工事内容等』を読み、どの工事が**経験記述の技術的課題として書きやすいか、４つの管理項目のバリエーションをつくりやすいか**など、記述文を書き出す前に確認しておくこと。なお、このとき、**工事（現場）はなるべく少なく**選んだほうがよい。単純に記述文を作成する作業時間が短縮され、暗記量（［設問１］は同じ内容で済む）も減るため、覚えやすい。

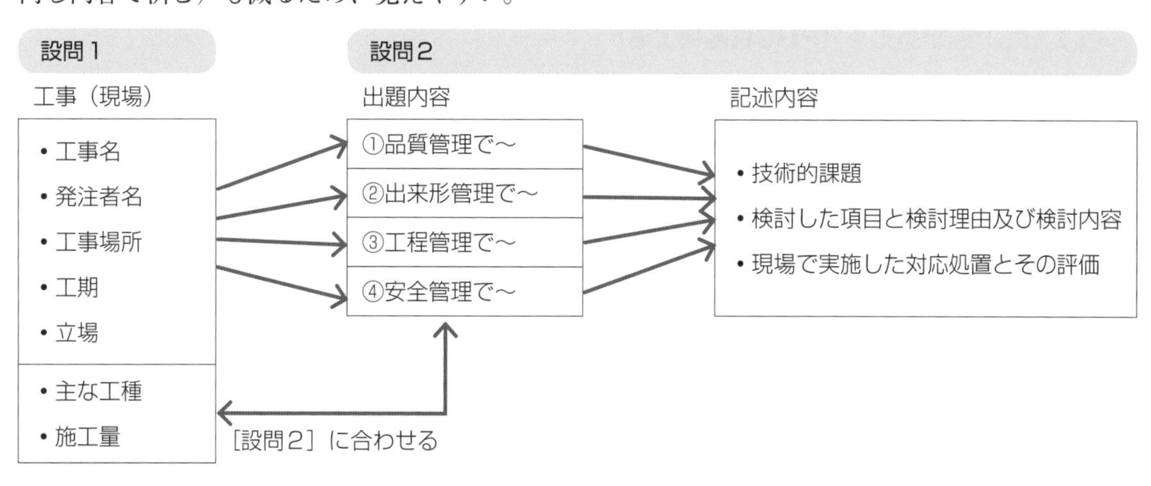

☐ 技術的課題が明確でわかりやすい工事か
☐ 各管理項目「品質」「安全（環境保全対策）」「工程」「施工計画」が書きやすい工事か
☐ なるべく少ない工事で４つの管理項目を用意できるか（理想は１つの工事で）

3 経験記述文の書き方

第1次検定　第2次検定

① 工事内容［設問1］の書き方

【(1) 工事名】

当然であるが、工事名は２級土木施工管理技術検定の実務経験と認められる工事から選ぶ。契約書の工事名で建築工事、造園工事等「土木工事以外の工事にとられてしまう工事名」の場合は土木工事の工種を明記する。また、契約書の工事名で「土木工事かどうか明確でない」、「工事の場所がわからない」場合は、それらを補足して付け加えればよい。

□ 土木工事であることがわかる工事名であること
□ 工事の場所がわかる工事名であること
□ 工事の工種がわかる工事名であること
□ 契約書の工事名が不明確な場合は、補足して書き加える

○ ABCビル新築工事（**PHC杭基礎工事**）
○ 県道５号線（**○○地区、○○工区**）補修工事
○ 荒川河川改修工事（**○○橋梁下部工事**）

（×不適切、△要補足）

× 公園造成工事 ································ 土木工事でない
△ 河川改修工事 ································ 地区がわからない
△ 県営○○事業　第○号排水路整備工事 ················ 工種がわからない

【(2) 工事の内容　①発注者名】

工事の発注者名を正確に記述する。自分が元請会社の場合は発注者（官公庁）、下請会社の場合は元請会社名、二次下請会社の場合は一次下請会社、発注機関に所属している場合は所属機関名を書く。ただし、契約書で書かれている発注者名で、県知事名、市長村長名までは書かなくてもよい。

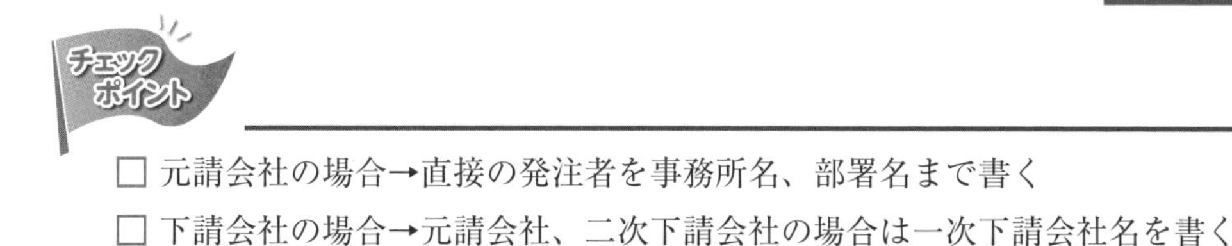

- □ 元請会社の場合→直接の発注者を事務所名、部署名まで書く
- □ 下請会社の場合→元請会社、二次下請会社の場合は一次下請会社名を書く
- □ 発注機関の場合→所属機関名を書く

- ○ 関東地方整備局　○○**工事事務所**
- ○ 埼玉県　○○**事務所**
- ○ 株式会社　○○建設○○**支店**

（×不適切、△要補足）

- △ 埼玉県 ……………………………………… 部課まで記述する
- △ 大阪府知事　○○一郎 ……………………… 知事名まではいらない

【(2) 工事の内容　②工事場所】

工事場所は、都道府県、市町村までではなく番地まで正確に記述する。できるだけ詳しく書くのがよい。道路や河川等発注範囲が広い場合でも、［設問２］で書こうとする技術的課題等の場所が特定できる場合は詳しく書いたほうがよい。

- □ 具体的な地名、番地まで詳しく書かれているか
- □「(1) 工事名」で書いた地区名や工事場所と違いはないか

- ○ 新潟県新潟市○○町○**丁目**○**番ー**○
- ○ 埼玉県所沢市○○**地先**

（×不適切、△要補足）

- △ 東京都杉並区 ……………………………… 番地まで記述する
- × 千葉県 ……………………………………… 工事場所が特定できない

【(2) 工事の内容　③工期】

契約書の工期を記述する。工事は完了しているものを選ぶのを原則としたほうがよい。工事全体が複数年にわたって行われている場合は、竣工検査が終了しているものを選ぶ。また、「⑤施工量」と整合性のとれた工期であるかチェックする必要がある。

□ 完了（竣工検査が終了）している工事か
□「⑤施工量」に合った工期となっているか

○ 令和○年○月○日～令和○年○月○日　　○ 20○○年○月○日～20○○年○月○日

（×不適切、△要補足）

△ 令和○年○月～○月 ……………………………… 日にちまで記述

【(2) 工事の内容　④主な工種】

現場で行った工事の工種をすべて記述するのは不可能である。ここでは、工事全体を説明できる工種、［設問２］で記述する工種を主な工種として記述する。

□ 工種になっているか（工事ではない、施工量も必要ない）
□ 技術的課題で書く工種は含まれているか
□「③工期」に見合う工種を記述しているか（２～３工種程度記述）

○ 擁壁工、コンクリート工　　○ 路床工、路盤工　　○ 管渠布設工

（×不適切、△要補足）

× 擁壁工事、コンクリート工事 ……………………………… 工事ではない
△ 道路補修工 ……………………………… 具体的な工種を追加

【(2) 工事の内容　⑤施工量】

ここで記述する施工量は、「④主な工種」の施工量である。よって、「③工期」に見合う施工量であり、[設問２]の施工量でもある。これらを説明するために、２行記述できる解答欄を有効に利用する。単位を忘れずに正確に記述すること。

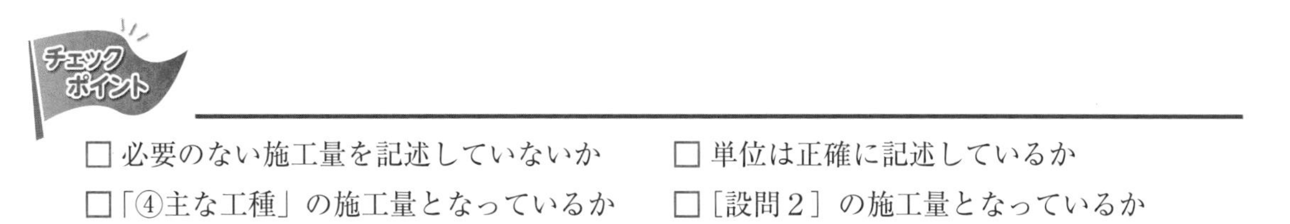

- □ 必要のない施工量を記述していないか
- □ 単位は正確に記述しているか
- □「④主な工種」の施工量となっているか
- □［設問２］の施工量となっているか

○ 鋼矢板Ⅱ型L＝8.5m　64枚
○ 舗装改良L＝560m、表層5,200m^2、路盤5,400m^2
○ 橋長45m、幅員7.5m、コンクリート打設量215m^3

（×不適切、△要補足）

× 橋梁工　上部工一式 ……………………………… 数量が明確でない
× コンクリート打設260 ……………………………… 単位がない

【(3) 工事現場における施工管理上の立場】

工事現場における施工管理上の立場であるから、施工管理を指導、監督する立場でなければならない。一般的に、「現場監督」「現場代理人」「現場主任」「主任技術者」、発注者では「監督員」等を記述する。

- □ 管理、指導監督する立場か
- □ 誤字はないか（特に監督の「督」は注意）

○ 現場監督　○ 現場代理　○ 主任技術者　○ 監督員（発注者の場合）

（×不適切、△要補足）

× 作業担当者 ……………………………… 管理する立場ではない

② 技術的課題等［設問2］の書き方

【［設問2］を書くためのポイント】

経験記述問題の［設問２］では、［設問１］で記述した工事の「（１）特に留意した**技術的課題**」「（２）技術的課題を解決するために**検討した項目と検討理由及び検討内容**」「（３）上記検討の結果、**現場で実施した対応処置とその評価**」の３題について記述しなければならない。

各管理項目で留意した　（１）技術的課題
（約25字×約７行＝175字）
（２）検討した項目と検討理由及び検討内容
（約25字×約11行＝275字）※試験実施年度によって、9行となることがある。
（３）現場で実施した対応処置とその評価
（約25字×約９行＝175字）
合計　約675字

ここで最も重要なポイントは、技術的課題が、**各管理項目から具体的なテーマが与えられる**ことである。出題される管理項目は毎年変わり、より具体的な条件が付けられたり、逆に幅が広くなったりする。そのため、しっかりと対策を講じておかないと、テーマ次第では、何を書けばいいのかすらわからないという状況に陥ってしまう。

●過去の出題例

過去に出題された経験記述試験の内容等から、経験記述試験の出題内容は下表のように４つの管理項目に分類することができる（⑤の出来形管理は２級での出題実績がない）。

各管理項目に対する出題内容の変化はほとんどなく、基本的には上述のとおり、「（１）技術的課題」「（２）検討した項目と検討理由及び検討内容」「（３）現場で実施した対応処置とその評価」を具体的に記述することが求められる。

管理項目	過去に出題された内容
①品質管理	・現場で工夫した品質管理 ・品質を確保するために現場で創意工夫して実施した施工方法 ・品質を確保するための品質確認方法 ・降雨の影響を防止するための品質確保対策
②安全管理・環境保全対策	・現場で工夫した安全管理（交通誘導員に関するものは除く） ・現場で工夫した環境保全対策 ・安全施工の作業開始前点検 ・現場で実施した毎日の安全管理活動
③工程管理	・現場で工夫した工程管理
④施工計画	・施工計画立案時の事前調査
⑤出来形管理	過去の試験での出題実績はない。ただし、１級土木施工管理技術検定試験では頻繁に出題されている管理項目なので、経験記述例文を参考にしておくとよい。

●［設問2］の対策方針

管理項目	（1）技術的課題	（2）検討した項目と検討理由及び検討内容	（3）現場で実施した処置とその評価
①品質管理	・材料の品質確保 ・施工の品質確保	・材料の良否 ・機械能力の適正化 ・施工方法による品質	・全項目共通で、最後に「～品質が確保された」など、管理項目の課題を満足したと書く ・工事全体や対応処置についての評価できる点を書く
②安全管理・環境保全対策	・労働者の安全確保 ・工事の安全確保 ・工事外の安全確保 ・公衆災害防止対策	・仮設備の点検と安全性 ・使用機械の安全性 ・安全管理の実施方法 ・騒音振動・仮設備の処置 ・低公害機械の使用 ・低公害工法の採用	
③工程管理	・工期の遵守・工期の短縮	・材料の手配・変更 ・機械の大型化 ・施工能力の増強	
④施工計画	・品質、工程、安全を確保する計画	・対象とする項目による	
⑤出来形管理	・構造物の形状確保 ・材料の品質確保	・材料の良否 ・使用機械の適正化 ・施工方法による品質	

【（1）特に留意した技術的課題】

ここでは、技術的課題の一般的な記述内容の構成、書き方を説明する。技術的課題の記述量は7行程度が指定される。字数は指定されておらず、字の大きさによるが1行の目安はおおむね22～27字程度と考えてよい。

経験記述全般にいえることは、どの設問も字数が限られているので、設問に対して簡潔に答えなければならない。一般的に技術的課題の解答は3つのブロックに分けられる。

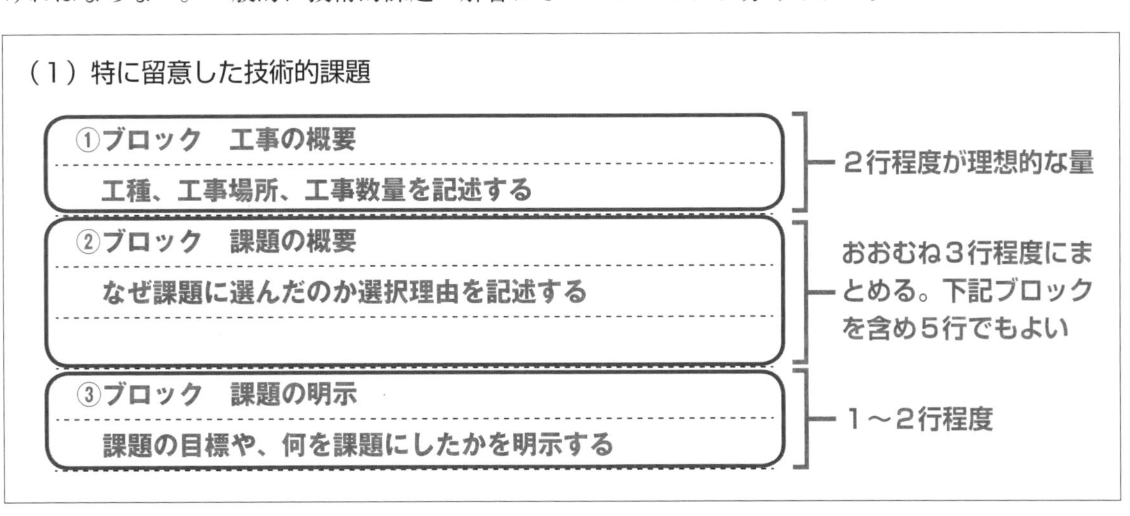

●品質管理のヒント

品質管理の技術的課題として何を取り上げるか、国土交通省の品質管理基準及び規格値から代表的工種を示す。

工　事	種 別	試 験 項 目
セメントコンクリート	材料	骨材、セメント、練混ぜ水等
	製造	計量設備、ミキサ等
	施工	塩化物、単位水量、スランプ、圧縮強度、空気量等
	施工後	ひび割れ調査、強度推定調査、鉄筋かぶり等
ガス圧設	施工前後	外観検査
既成杭	材料	外観検査
	施工	外観検査、現場溶接、根固め強度等
上・下層路盤	材料	骨材、土、スラグ等
	施工	CBR、現場密度、平板載荷等
セメント安定処理路盤	材料	一軸圧縮、骨材、土の液性塑性等
	施工	現場密度、セメント量等
アスファルト舗装	材料	骨材、フィラー等
	プラント	粒度等
	舗装現場	現場密度等
補強土壁	材料	土の締固め、材料の外観検査等
	施工	現場密度等
土工（河川・道路・砂防等）	材料	粒度、密度、含水比等、土質試験一式
	施工	現場密度、含水比等

●安全管理のヒント

安全管理の技術的課題として取り上げる内容は、**労働安全衛生法に基づき実施した**事項とする。実施した内容については労働安全衛生規則に則した具体的な数値で下記内容を記述することになる。

〈記述する内容例〉

- 仮設備工事の安全対策
- 工事作業の安全対策（防護柵設置、足場設置）
- 工事車両の安全対策（誘導員配置）
- 近隣住民への安全対策
- 通行車両、歩行者及び沿道物件への安全対策
- 安全パトロールの実施、安全訓練

●環境保全対策のヒント

環境保全対策の技術的課題として取り上げやすい内容は、実施例の多い**騒音・振動対策**と思われる。特定建設作業（杭打ち機、びょう打ち機、削岩機、大型建設機械等政令での指定種類、規模の機械を使用する作業）を伴う工事を施工する場合は、事前に市町村長へ届出が必要であり、また、騒音規制基準や振動規制基準が明確なので記述内容は明快である。

〈記述する内容例〉
- 施工時の近隣住民への騒音対策として低騒音型建設機械の採用
- 施工時の近隣住民への振動対策として低振動型建設機械の採用
- 工事用車両が現場外へ出る際の粉塵対策
- 施工時に発生する濁水処理
- 施工量に配慮して、工事量（建設機械・工事車両）の平準化を行う

●工程管理のヒント

工程管理の技術的課題として取り上げる内容は、基本的に**前工程のフォローアップ**と**工期の厳守**の２つに分類できる。

〈記述する内容例〉
- 工期が遅れていて**工期短縮を図る**必要がある場合
- 雨天等が予想されるが工期の遅れが許されず**工期を厳守**する場合

●施工計画のヒント

施工計画は、所定の工期内での安全性と経済性を考慮した具体的な施工方法、段取りなどを定めるものである。これは、施工管理全体を対象としていることから、すべての管理項目が該当する。例えば「工期を守るための施工計画」「品質・安全・環境保全を確保するための施工計画」などである。

〈記述する内容例〉
- 使用する建設機械と資材の選定、搬入計画
- 施工体制の確立（自社、下請けの選定等）
- 他の管理項目に対する施工計画
- 仮設備の配置計画
- 特定の工事の施工方法と施工手順

よって、施工計画が出題された場合、基本となる管理項目「品質・出来形・工程・安全」の変形として対処するか、過去に出題された「仮設工」など特定の工種で準備しておくか、おおむねこの２つの方法から選択することになる。

【(2) 技術的課題を解決するために検討した項目と検討理由及び検討内容】

ここで記述する内容のポイントは、選んだ課題に対して、**どのように検討し現場で対応したかを簡潔に書くこと**と、**本当に現場で実施したことがわかる**ものでなくてはならない。現場でしかわからない作業状況・作業手順、使用する材料条件、使用機械の規格検討など、選んだ課題の処理内容を記せばよい。課題を解決するための検討内容と採用理由の解答も一般的に３つのブロックに分け

られる。

（2）技術的課題を解決するために検討した項目と検討理由及び検討内容

①ブロック　前文

どの管理項目をなぜ検討したのか理由を書く。決まり文句

→ **おおむね3行でまとめる**

②ブロック　本文

課題を検討した過程や内容（理由）、施工量等、課題を解決するために行った内容を明確で簡潔に記す

→ **前文、結論の量を考慮すると、6行でまとめられる量にする必要がある**

③ブロック　結論

課題の解決、処理方法を書く

→ **2行程度、②ブロックと続けてもよい**

【(3) 上記検討の結果、現場で実施した対応処置とその評価】

現場で実施した対応処置を簡潔に書く。施工手順、数量など現場で実際に行ったことがわかるように示すことが求められる。また、対応処置により解決した結果及びその評価についても必ず記述する。

〈記述する結果の例〉

- 品質管理：～品質を確保した
- 工程管理：～所定の工程を確保した
- 安全管理：～安全が確保された
- 環境保全対策：～環境保全を行った
- 施工計画：～を満足した

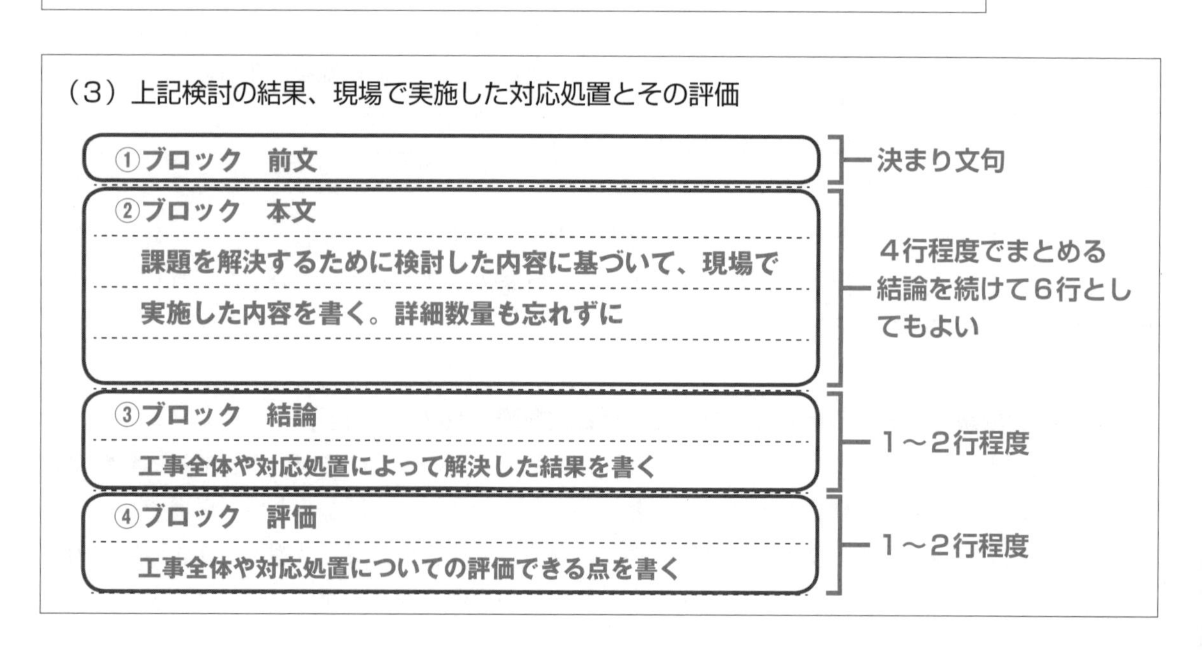

4 経験記述文の作成シート

第1次検定　第2次検定

［設問1］［設問2］の解答案を作成するために、［設問1］にはチェックシート、［設問2］にはチャートシートを用意した。解答案を作成する時だけでなく、作成した記述文の暗記用、試験場で試験直前までの確認等、受験対策の参考にしてもらいたい。

①［設問1］工事内容のチェックシート（P.382）

［設問1］で問われる工事内容について、下のように各事項の注意点をチェックしながら解答を記入する。基本的なことばかりであるが、チェックシートの記入例（P.383）も参考にしながら利用してもらいたい。

〈記入例〉

（2）仕事の内容 ①発注者名	解答【○○県土木課　　　　】
☑	元請会社の場合→直接の発注者を事務所名、部署名まで書く
□	下請会社の場合→元請会社、二次下請会社の場合は一次下請会社名を書く

②［設問2］技術的課題等のチャートシート（P.384）

［設問2］の技術的課題、それを解決するために検討した内容、現場での実施した内容や評価等の記述文を作成する方法として、記述文の要点・骨子を作成するチャートシートを用意した。

受験対策として各種の管理項目（４つの管理項目が理想）の例文を作成して暗記することになるが、最初から完成形で作成するつもりで書きはじめると、これがなかなか進まない。

そのため、まずは、①技術的課題、②検討した項目と検討理由及び検討内容、③現場で実施した対応処置とその評価を構成する各ブロックの要点・骨子から作成する。チャートシートで全体の流れをチェックして、問題なければ要点・骨子の文章に肉付けをして完成形の記述文を作成する。こうするとポイントを押さえた記述文の作成ができるだけでなく、この後の受験勉強、試験当日の対応も楽になる。

例えば、複数の例文を全文暗記するのが困難な場合、骨子から完成形の記述文を作成することに慣れておけば、チャートシートのみを暗記しておくだけでも対応可能である。また、課題の予想が外れた場合や、所定の行数（字数）に収める自信がない場合、短時間で解答文を作成しなければならないときなど、問題用紙の空いているところにチャートを作成しておけば、書き直しなどを行う回数は確実に少なくなる。

●［設問１］工事内容のチェックシート

管理項目	品質管理　安全管理　環境保全対策　工程管理　施工計画　出来形管理
（1）工事名	解答【　　】
□	土木工事であることがわかる工事名であること
□	工事の場所がわかる工事名であること
□	工事の工種がわかる工事名であること
□	契約書の工事名が不明確な場合は、補足して書き加える
（2）仕事の内容 ①発注者名	解答【　　】
□	元請会社の場合→直接の発注者を事務所名、部署名まで書く
□	下請会社の場合→元請会社、二次下請会社の場合は一次下請会社名を書く
□	発注機関の場合→所属機関名を書く
②工事場所	解答【　　】
□	具体的な地名、番地まで詳しく書かれているか
□	「（1）工事名」で書いた地区名や工事場所と違いはないか
③工　期	解答【　　】
□	完了（竣工検査が終了）している工事か
□	「⑤施工量」に合った工期となっているか
④主な工種	解答【　　】 【　　】
□	工種になっているか（工事ではない、施工量も必要ない）
□	技術的課題で書く工種は含まれているか
□	「③工期」に見合う工種を記述しているか（２～３工種程度記述）
⑤施工量	解答【　　】 【　　】
□	必要のない施工量を記述していないか
□	単位は正確に記述しているか
□	「④主な工種」の施工量となっているか
□	［設問２］の施工量となっているか
（3）立　場	解答【　　】
□	管理、指導監督する立場か
□	誤字はないか（特に監督の「督」は注意）
メモ	

●チェックシートの使用例

管理項目	[品質管理] 安全管理 環境保全対策 [工程管理] [施工計画] 出来形管理
（1）工事名	解答【○○県○○号線道路拡幅工事（○○擁壁工事） 】
☑	土木工事であることがわかる工事名であること
☑	工事の場所がわかる工事名であること
☑	工事の工種がわかる工事名であること
☑	契約書の工事名が不明確な場合は、補足して書き加える
（2）仕事の内容 ①発注者名	解答【○○県土木課 】
☑	元請会社の場合→直接の発注者を事務所名、部署名まで書く
□	下請会社の場合→元請会社、二次下請会社の場合は一次下請会社名を書く
□	発注機関の場合→所属機関名を書く
②工事場所	解答【○○県○○市○丁目 】
☑	具体的な地名、番地まで詳しく書かれているか
☑	「（1）工事名」で書いた地区名や工事場所と違いはないか
③工　期	解答【令和２年11月20日～令和３年3月16日 】
☑	完了（竣工検査が終了）している工事か
☑	「⑤施工量」に合った工期となっているか
④主な工種	解答【鉄筋コンクリート擁壁工 】 【舗装工 】
☑	工種になっているか（工事ではない、施工量も必要ない）
☑	技術的課題で書く工種は含まれているか
☑	「③工期」に見合う工種を記述しているか（２～３工種程度記述）
⑤施 工 量	解答【擁壁工50m 】 【路盤工1100㎡　舗装工1100㎡ 】
☑	必要のない施工量を記述していないか
☑	単位は正確に記述しているか
☑	「④主な工種」の施工量となっているか
☑	［設問２］の施工量となっているか
（3）立　場	解答【現場代理人 】
☑	管理、指導監督する立場か
☑	誤字はないか（特に監督の「督」は注意）
メモ 品質管理、工程管理、施工計画はこの工事で［設問２］を記述するから３管理項目共通 安全管理は○○工事のものを用意する	

●［設問2］技術的課題等のチャートシート

課題とキーワード	【　　　】【　　　　　　　　　】

（1）特に留意した技術的課題			
解答の概要	記述文の骨子		
①ブロック 工事の概要	工事の目的 ➡	工事の工種 ➡	数量
②ブロック 課題の概要	なぜ課題に選んだか ➡	その根拠 ➡	数値
③ブロック 課題の明示	課題の目標 ➡	課題の管理項目 ➡	目標値

（2）技術的課題を解決するために検討した項目と検討理由及び検討内容		
解答の概要	記述文の骨子	
①ブロック 前　文	決まり文句＋検討理由	
②ブロック 本　文	検討した内容（理由）	採用工法・採用理由
③ブロック 結　論	検討方法の決まり文句	

（3）上記検討の結果、現場で実施した対応処置とその評価		
解答の概要	記述文の骨子	
①ブロック 前　文	決まり文句	
②ブロック 本　文	現場で実施した内容	現場での処置方法
③ブロック 結　論	結果の決まり文句	
④ブロック 評　価	前提 ➡ ➡	評価内容

●チャートシートの使用例

課題とキーワード	【品質管理】【暑中コンクリートの品質を確保】

（1）特に留意した技術的課題			
解答の概要	記述文の骨子		
①ブロック	工事の目的 ➡	工事の工種 ➡	数量
工事の概要	県道○号線の拡幅工事	鉄筋コンクリート擁壁工事	L＝50m
②ブロック	なぜ課題に選んだか ➡	その根拠 ➡	数値
課題の概要	コンクリート工事が８月に予定されており	昨年同時期の気温は最高38度を超えていたため	
③ブロック	課題の目標 ➡	課題の管理項目 ➡	目標値
課題の明示	暑中コンクリートの施工に注意する必要があり	暑中コンクリートの品質管理	

（2）技術的課題を解決するために検討した項目と検討理由及び検討内容		
解答の概要	記述文の骨子	
①ブロック	決まり文句＋検討理由	
前　文	気温上昇時における暑中コンクリートの品質を確保するために	
②ブロック	検討した内容（理由）	採用工法・採用理由
本　文	暑中コンクリートの温度管理	型枠の湿潤と温度低下対策 コンクリートの温度低下と乾燥対策
③ブロック	検討方法の決まり文句	
結　論	暑中コンクリートの品質確保を検討した	

（3）上記検討の結果、現場で実施した対応処置とその評価		
解答の概要	記述文の骨子	
①ブロック	決まり文句	
前　文	検討の結果下記の対応処置を実施した	
②ブロック	現場で実施した内容	現場での処置方法
本　文	暑中コンクリートの温度管理	型枠をシートで覆った 練混ぜ水に氷の使用を指示した 打込み時間の管理を行った
③ブロック	結果の決まり文句	
結　論	暑中コンクリートの品質確保を確保した	
④ブロック	前提	評価内容
評　価	対応処置を行った結果 ➡ 対応処置による品質の確保で ➡	擁壁を確実に施工することができた ひび割れを防止することができた

5 経験記述例文集（60例文）

第1次検定　第2次検定

① 経験記述例文の使い方

前節までは経験記述問題の概要や具体的な記述の要点などを解説してきた。本節ではその仕上げとして、代表的な工事及び工種、さまざまな管理項目、技術的課題を想定した**60パターンの経験記述例文**を紹介する。実際に経験した工事のケースに近い例文に触れることで、自分の解答をつくる際の参考にしてもらいたい。

なお、近年は受験者の実体験を重視して、**具体的な条件が付けられた管理項目**などが指定されるなどの傾向も見られるため、本書の例文でも取り上げている。これらについても、これまで解説してきた「**品質管理**」「**安全管理**」「**工程管理**」「**施工計画**」「**環境保全対策**」の管理項目を押さえれば解答は可能である。

No.1～17については、「記述のポイント」欄を設けて記述の際に押さえておくべき要点を解説しているので、学習に活かしてほしい。また、本書の例文では「**出来形管理**」の管理項目も掲載している。２級土木施工管理技術検定試験では出題実績がないものの、１級では頻出の管理項目であり、今後の２級での出題も大いにありうるので併せて学習しておくとよい。

② 工事別記述例文リスト

No	工事の種別	[設問2]の問題形式	管理項目	技術的課題	ページ
1	トンネル工事	A	安全管理	土被りが少ないトンネル掘削	388
2	道路工事	A	安全管理	飛来落下事故防止	390
3	道路工事	A	安全管理	クレーン転倒事故防止対策	392
4	上水道工事	A	安全管理	併設ガス管の破損事故の防止	394
5	下水工事	A	工程管理	セグメントの発注管理方法	396
6	橋梁工事	H	工程管理	地質の変化に対応した土留工	398
7	トンネル工事	C	品質管理	寒中コンクリートの養生方法	400
8	河川工事	C	品質管理	コンクリートの品質の確保	402
9	造成工事	C	品質管理	防火水槽の漏水対策	404
10	下水工事	D	出来形管理	障害物に対する推進管の精度確保	406
11	造成工事	D	出来形管理	L型側溝の布設精度管理	408
12	道路工事	E	施工計画	路床の軟弱化対策	410
13	農業土木工事	F	施工計画	地球温暖化対策	412
14	橋梁工事	E	施工計画	狭隘な条件での橋脚耐震補強	414
15	上水道工事	I	環境保全対策	建設副産物の有効利用	416
16	道路工事	I	環境保全	改良材の飛散防止対策	418
17	造成工事	I	環境保全	騒音・振動に対する環境保全対策	420
18	トンネル工事	A	安全管理	肌落ち災害対策	422
19	トンネル工事	A	工程管理	工程短縮を図るための補助工法の検討	423
20	トンネル工事	C	品質管理	高い地下水位下でのグラウト管理	424

21	トンネル工事	C	品質管理	厳寒期のコンクリート品質管理	425
22	道路工事	B	安全管理	地震時の災害対策	426
23	道路工事	A	工程管理	擁壁工事の工期短縮	427
24	道路工事	C	品質管理	暑中コンクリートの品質の確保	428
25	道路工事	A	品質管理	気泡残留を少なくする対策	429
26	道路工事	D	出来形管理	変化する改良深さの出来形管理	430
27	道路工事	E	施工計画	塩害耐久性の確保	431
28	道路工事	I	環境保全対策	騒音・振動に対する環境保全	432
29	下水工事	A	安全管理	有毒ガスによる酸素欠乏対策	433
30	下水工事	A	安全管理	狭い道路での安全管理	434
31	下水工事	A	安全管理	地盤沈下による事故防止	435
32	下水工事	H	工程管理	地質変化による工程ロスの取り戻し	436
33	下水工事	D	出来形管理	軟弱地盤での下水管の高さ管理	437
34	下水工事	D	出来形管理	曲線部の中心線管理	438
35	下水工事	E	施工計画	水路下への取り付け管の布設	439
36	下水工事	E	施工計画	狭い道路での施工計画	440
37	河川工事	A	安全管理	吊り荷の落下やクレーン転倒事故の防止	441
38	河川工事	A	工程管理	ブロック張りの工期の短縮	442
39	河川工事	A	工程管理	盛土工事の工期短縮	443
40	河川工事	E	施工計画	狭隘部への材料搬入方法	444
41	水道工事	A	安全管理	併設ガス管の破損事故防止	445
42	水道工事	A	工程管理	湧水処理方法	446
43	水道工事	A	品質管理	配管ミスによる漏水防止	447
44	造成工事	A	安全管理	小学生や近隣住民に対する安全管理	448
45	造成工事	A	工程管理	漏水のない防火水槽築造	449
46	造成工事	C	品質管理	路盤材の密度管理	450
47	造成工事	C	品質管理	盛土材の含水比管理	451
48	造成工事	D	出来形管理	効率的な盛土の出来形測定	452
49	地盤改良工事	A	安全管理	ヒービングに対する安全確保	453
50	地盤改良工事	E	施工計画	軟弱路床の改良方法	454
51	農業土木工事	A	工程管理	掘削工と土留め支保工の工期短縮	455
52	農業土木工事	C	品質管理	盛土の高さ管理	456
53	農業土木工事	D	出来形管理	盛土の出来形管理	457
54	農業土木工事	G	施工計画	自然災害への対策	458
55	鉄道工事	A	工程管理	限られた時間内での線路交換作業	459
56	鉄道工事	E	施工計画	限られた時間内での施工方法	460
57	橋梁工事	C	品質管理	鉄筋コンクリート床版の品質確保	461
58	橋梁工事	E	施工計画	夜間作業の効率化	462
59	ダム工事	A	工程管理	積雪による路面凍結対策	463
60	ダム工事	E	施工計画	積雪による路面凍結対策	464

※「［設問２］の問題形式」については次のＡ～Ｇのとおりに分類している。
いずれも、「（1）技術的課題」「（2）検討した項目と検討理由及び検討内容」「（3）現場で実施した対応処置とその評価」を解答する。

Ａ：『「現場で工夫した安全管理」又は「現場で工夫した工程管理」のいずれかを選び、解答欄に具体的に記述しなさい。ただし、安全管理については、交通誘導員の配置に関する記述は除く。』
Ｂ：『「地震災害を考慮した安全管理」について、解答欄に具体的に記述しなさい。』
Ｃ：『「品質を確保するために現場で創意工夫して実施した施工方法」又は「品質を確保するための品質確認方法」のいずれかを選び、解答欄に具体的に記述しなさい。』
Ｄ：『「出来形寸法を確保するために現場で創意工夫して実施した施工方法」又は「出来形品質を確保するための出来形確認方法」のいずれかを選び、解答欄に具体的に記述しなさい。』
Ｅ：『「現場で工夫した施工計画」について、解答欄に具体的に記述しなさい。』
Ｆ：『「地球温暖化防止を考慮した施工計画」について、解答欄に具体的に記述しなさい。』
Ｇ：『「自然災害に対する事故防止を考慮した施工計画」について、解答欄に具体的に記述しなさい。』
Ｈ：『「当初計画と地形、地質、既設構造物など現地の施工条件が異なったことにより行った工程管理」について、解答欄に具体的に記述しなさい。』
Ｉ：『「現場で工夫した環境保全対策」について、解答欄に具体的に記述しなさい。』

トンネル工事

管理項目	安全管理
技術的課題	土被りが少ないトンネル掘削

［設問１］　あなたが**経験した土木工事**に関して、次の事項を解答欄に明確に記入しなさい。

【注意】「経験した土木工事」は、あなたが工事請負者の技術者の場合は、あなたの所属会社が受注した工事内容について記述してください。従って、あなたの所属会社が二次下請業者の場合は、発注者名は一次下請業者名となります。
なお、あなたの所属が発注機関の場合の発注者名は、所属機関名となります。

設問1

（1）工事名

工　事　名	○○県道○○号線○○トンネル工事

（2）工事の内容

①発注者名	○○県○○部○○課
②工事場所	○○県○○市○○町地内
③工　　期	令和○年○月○日～令和○年○月○日
④主な工種	トンネル工　掘削断面　132㎡
⑤施 工 量	トンネル延長　480m

（3）工事現場における施工管理上のあなたの立場

立　　場	現場責任者

《記述のポイント》

- ［設問１］（２）の「④主な工種」は、主となる工種を１～２点の記述に留める。工種が多すぎると何の工事であるのかがわかりづらくなってしまう。
- ［設問１］（３）での「立場」は、２級土木施工管理技士としてふさわしいものを記入する。現場監督助手や鉄筋係などはふさわしくない。
- ［設問２］（１）について、本例文での安全管理の技術的課題のキーワードは「市街地」「土被りが少ない」「地表面の変化」「事故」である。
- ［設問２］（３）では、対応処置だけでなく評価できる点も記述する。

［設問２］　上記工事で実施した**「現場で工夫した安全管理」又は「現場で工夫した工程管理」**のいずれかを選び、次の事項について解答欄に具体的に記述しなさい。ただし、安全管理については、交通誘導員の配置に関する記述は除く。

（１）特に留意した**技術的課題**
（２）技術的課題を解決するために**検討した項目と検討理由及び検討内容**
（３）上記検討の結果、**現場で実施した対応処置とその評価**

設問2

(1)技術的課題

本工事は、県道○○号線における掘削断面132㎡のトンネル工事であった。このトンネルは市街地を掘削する工事でありトンネルの上部は車道や歩道、商店街が近接していた。地質は洪積シルト層でトンネルの土被りは平均10ｍと比較的に少ないためトンネル上部の地盤沈下や地表面の変形による事故が懸念され安全管理方法が課題となった。

工事の内容（概要）
課題となった背景
技術的な課題

(2)検討した項目と検討理由及び検討内容

トンネル工事を安全に施工するため、掘削及びずり出し方法について次のような項目について検討を行った。
（１）掘削前に地表面に沈下計と傾斜計を設置し地表面の変化をリアルタイムで自動計測するシステムの導入を検討した。
（２）掘削中に上面の車道を点検する監視員の配置計画を検討した。
（３）ずり出し用ダンプトラックの運搬ルートを考慮し、トンネル上部の通過を避けるルート計画を検討した。
上記の検討によりトンネル掘削に伴う地表面の変状事故を防止する安全管理計画を立案した。

検討の理由
検討した項目及び検討内容

(3)現場で実施した対応処置とその評価

トンネル上部の通過を避ける運搬ルートを定め施工した。地表面の計測は10測点で行いリアルタイムに測定管理し、監視員を配置した。土被りが８ｍと少ない測点で沈下が32㎜発生したため、薬液注入で補強対策を実施した。その結果、異常なクラックなど発生することなく土被りが少ない箇所において安全にトンネル掘削工事を竣工することができた。
評価点としては、土被りの少ない地盤に関して、監視や点検などを工夫して事故防止ができたことである。

対応処置
解決した結果
評価点

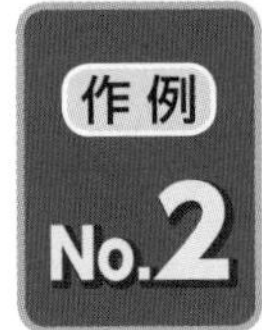

道路工事

管理項目	安全管理
技術的課題	飛来落下事故防止

［設問１］　あなたが**経験した土木工事**に関して、次の事項を解答欄に明確に記入しなさい。

【注意】「経験した土木工事」は、あなたが工事請負者の技術者の場合は、あなたの所属会社が受注した工事内容について記述してください。従って、あなたの所属会社が二次下請業者の場合は、発注者名は一次下請業者名となります。
なお、あなたの所属が発注機関の場合の発注者名は、所属機関名となります。

設問1

(1) 工事名

工　事　名	○○県道○○号線道路拡幅工事

(2) 工事の内容

①発注者名	○○県○○部○○課
②工事場所	○○県○○市○○町地内
③工　　期	令和○年○月○日～令和○年○月○日
④主な工種	鉄筋コンクリート擁壁工　H＝3.5～5.0m、舗装工
⑤施 工 量	擁壁工　150.0m 路盤工　2,500㎡　　舗装工　2,500㎡

(3) 工事現場における施工管理上のあなたの立場

立　　場	現場代理人

《記述のポイント》

- [設問2](1)は、「○○の施工にあたっては、○○が行われるため、○○の事故防止対策が課題となった」のように記述することで、課題が明確に説明できる。
- [設問2](2)は、「○○による○○作業を安全に行うため、以下の安全管理を検討した」と記述し、箇条書きでその検討内容を３点程度記述するとわかりやすくなる。
- [設問2](3)で記述する評価内容は、「評価点は、○○である」や「○○が評価できる点と考える」などとまとめるとよい。

［設問２］ 上記工事で実施した**「現場で工夫した安全管理」又は「現場で工夫した工程管理」**のいずれかを選び、次の事項について解答欄に具体的に記述しなさい。ただし、安全管理については、交通誘導員の配置に関する記述は除く。

（１）特に留意した**技術的課題**

（２）技術的課題を解決するために**検討した項目と検討理由及び検討内容**

（３）上記検討の結果、**現場で実施した対応処置とその評価**

設問2

(1)技術的課題

本工事は、県道○号線の道路改良工事であり現場打ち鉄筋コンクリート擁壁を構築するものである。擁壁工事の施工にあたってはトラッククレーンの吊り込み作業が頻繁に行われるため、鉄筋や型枠材による吊り荷の飛来落下事故防止が当作業所の重点目標に掲げられた。このため、クレーンによる事故防止の安全管理方法が課題となった。

工事の内容(概要)
課題となった背景
技術的な課題

(2)検討した項目と検討理由及び検討内容

トラッククレーンによる鉄筋や型枠材、単管パイプ等の重量物や長尺物の搬入作業を安全に行うために以下の事項について安全管理を検討した。

（1）毎朝実施する危険予知活動について、現場作業員の危険意識を向上させるための具体的な施策の検討を行った。

（2）工程ごとに変化する危険エリアの区分計画と識別方法について、職員だけでなく職長を交じえて具体的な計画を検討・立案した。

（3）クレーン作業について、より効果的な教育訓練実施計画を検討し立案した。

検討の理由
検討した項目及び検討内容

(3)現場で実施した対応処置とその評価

（1）朝礼後の危険予知活動においては、クレーン作業の事故防止を重点項目として危険意識を向上させた。

（2）安全打ち合わせ時に、工程ごとに変化する危険エリアを確認し、現場では赤いテープで明示し立ち入りを禁止した。

（3）安全協議会において、現場条件に類似したビデオ学習を行った。以上の結果、無事故で竣工できた。

危機意識の向上教育や識別方法の工夫により、事故防止や安全確保ができたことが評価点と考える。

対応処置
解決した結果
評価点

道路工事

管理項目	安全管理
技術的課題	クレーン転倒事故防止対策

［設問１］ あなたが**経験した土木工事**に関して、次の事項を解答欄に明確に記入しなさい。

【注意】「経験した土木工事」は、あなたが工事請負者の技術者の場合は、あなたの所属会社が受注した工事内容について記述してください。従って、あなたの所属会社が二次下請業者の場合は、発注者名は一次下請業者名となります。
なお、あなたの所属が発注機関の場合の発注者名は、所属機関名となります。

設問1

（1）工事名

工　事　名	○○駅西口広場拡張工事管理業務委託

（2）工事の内容

①発注者名	○○町都市計画課
②工事場所	○○県○○郡○○町大字○○地内
③工　　期	令和○年○月○日～令和○年○月○日
④主な工種	プレキャスト擁壁工　アスファルト舗装工 上層・下層路盤工
⑤施 工 量	プレキャスト擁壁工　h＝0.5～3.5m　L＝112m アスファルト舗装工　t＝5cm　1,630㎡ 上層・下層路盤工　1,630㎡

（3）工事現場における施工管理上のあなたの立場

立　　　場	工事監督

《記述のポイント》

- ［設問１］（１）の「工事名」は実務経験と認められる土木工事で工事の内容が想像できるように記述する。
- ［設問１］（２）の「工期」は、契約書に記載されている期間を令和○年○月○日～令和○年○月○日と日にちまで記載する。
- ［設問２］（１）の「技術的課題」は、課題となった理由を説明できるような背景を記述する。
- ［設問２］（３）の「現場で実施した対応処置とその評価」は、具体的な数値を示した内容を記述する。

［設問２］　上記工事で実施した**「現場で工夫した安全管理」**又は**「現場で工夫した工程管理」**のいずれかを選び、次の事項について解答欄に具体的に記述しなさい。ただし、安全管理については、交通誘導員の配置に関する記述は除く。

（１）特に留意した**技術的課題**

（２）技術的課題を解決するために**検討した項目と検討理由及び検討内容**

（３）上記検討の結果、**現場で実施した対応処置とその評価**

設問2

(1)技術的課題

本業務は、○○駅西口のロータリーを整備する工事であり発注者の監督員を支援し、工事の円滑な履行及び安全と品質確保を図るものである。主な工事内容は舗装工とプレキャスト擁壁をＬ＝112ｍ設置するものであった。電車の線路と接近して平行に擁壁を50ｍ施工するが、クレーン作業の基礎地盤が軟弱でクレーン転倒による列車事故の防止対策が技術的な課題となった。

工事の内容(概要)／課題となった背景／技術的な課題

(2)検討した項目と検討理由及び検討内容

プレキャスト擁壁設置作業におけるクレーンの転倒による列車事故を防止するため以下の検討を行った。

（1）地盤支持力を把握する試験方法を３案比較検討し経済性、正確性、現場適合性から平板載荷試験を採用し、最小地盤支持力250kN／㎡であることを把握した。

（2）クレーンと擁壁の重量及び作業半径等のシミュレーションを実施し、アウトリガーの最大反力値が240kNとなる結果を得た。

（3）地盤支持力がアウトリガーに掛かる最大反力に対し安全率1.5以上を確保するための現場で実施する対策の検討を実施した。

検討の理由／検討した項目及び検討内容

(3)現場で実施した対応処置とその評価

現場にあるバックホウを反力とし、クレーン設置が計画されている場所において平板載荷試験を８か所行い、現場の地盤条件に適合した以下の対応処置を施工業者に指示し施工を行った。アウトリガーの脚部に砕石（ｔ＝10㎝）を敷設して、その上に鉄板（Ｌ＝1.2×1.2ｍ、ｔ＝22㎜）を設置しアウトリガーを支持することで安全率1.5の地耐力を確保した。上記の結果、クレーンによるＬ型擁壁設置作業が無事故で完了できたことは評価できる点であると考える。

対応処置及び解決した結果／評価点

上水道工事

管理項目	安全管理
技術的課題	併設ガス管の破損事故の防止

［設問１］　あなたが**経験した土木工事**に関して、次の事項を解答欄に明確に記入しなさい。

【注意】「経験した土木工事」は、あなたが工事請負者の技術者の場合は、あなたの所属会社が受注した工事内容について記述してください。従って、あなたの所属会社が二次下請業者の場合は、発注者名は一次下請業者名となります。
なお、あなたの所属が発注機関の場合の発注者名は、所属機関名となります。

設問1

（1）工事名

工　事　名	○○県○○号線配水管布設工事

（2）工事の内容

①発注者名	○○県○○部○○課
②工事場所	○○県○○市○○町地内
③工　　期	令和○年○月○日～令和○年○月○日
④主な工種	ダクタイル鋳鉄管布設工　∮300、弁類設置工
⑤施 工 量	ダクタイル鋳鉄管布設工　Ｌ＝800m 仕切り弁設置工　10箇所

（3）工事現場における施工管理上のあなたの立場

立　　場	現場代理人

記述のポイント

- ［設問２］について、本問のように２つの管理項目から記述するほうを選ぶような出題の場合、どちらの管理項目について記述しているかを明確にすること。本問の場合、（２）や（３）で安全管理に関する内容と工程管理に関する内容を混在させてはならない。

［設問２］　上記工事で実施した**「現場で工夫した安全管理」又は「現場で工夫した工程管理」**のいずれかを選び、次の事項について解答欄に具体的に記述しなさい。ただし、安全管理については、交通誘導員の配置に関する記述は除く。

（１）特に留意した**技術的課題**

（２）技術的課題を解決するために**検討した項目と検討理由及び検討内容**

（３）上記検討の結果、**現場で実施した対応処置**

設問2

(1)技術的課題

本工事は、上水道の配水管（ダクタイル鋳鉄管∮300）を施工延長Ｌ＝800ｍ、土被り1.2ｍで布設する工事であった。山留工は簡易鋼矢板Ｌ＝1.8ｍを使用し、木製腹起しと支保工を１段設置するものであった。 ― 工事の内容（概要）

施工延長800ｍのうち150ｍ区間においては既設ガス管∮100が接近していた。 ― 課題となった背景

そのため、掘削を行う際にガス管を破損させないことが課題となった。 ― 技術的な課題

(2)検討した項目と検討理由及び検討内容

掘削時に掘削機械で既設のガス管を損傷させる危険性が懸念されたために、以下の検討を行った。 ― 検討の理由

（１）設計図面をもとに、近接するガス管の設置位置と深さを正確に把握する方法。
（２）設計図書の調査結果をもとに道路上の路面にガス管の位置をスプレーで表示のうえ、土被りや深さ、材質、継手の方法、埋戻しの方法等についてガス会社に聞き取り調査を実施する計画の立案。
（３）ガス会社の立ち会いのもと人力掘削で試掘を行い、ガス管の位置を図面で把握したうえでの具体的な掘削方法の選定。 ― 検討した項目及び検討内容

(3)現場で実施した対応処置とその評価

掘削位置に近接する既設のガス管を掘削機械で破損させないために、以下の事項を実施した。
（１）試掘の結果を正確に図面化し、発注者と配管ルートを協議して配水管の位置を変更した。
（２）配水管の位置を変更できない箇所については、掘削機械を使わず人力で掘削した。 ― 対応処置

この方法により、無事故で竣工できた。評価できる点は、発注者や関係者と協議しながら配水管を安全に埋設する計画を立案・実現できたことである。 ― 解決した結果及び評価点

作例 No.5

下水工事

管理項目	工程管理
技術的課題	セグメントの発注管理方法

［設問１］ あなたが**経験した土木工事**に関して、次の事項を解答欄に明確に記入しなさい。

【注意】「経験した土木工事」は、あなたが工事請負者の技術者の場合は、あなたの所属会社が受注した工事内容について記述してください。従って、あなたの所属会社が二次下請業者の場合は、発注者名は一次下請業者名となります。
なお、あなたの所属が発注機関の場合の発注者名は、所属機関名となります。

設問1

（1）工事名

工　事　名	○○県○○幹線工事

（2）工事の内容

①発注者名	○○県○○部○○課
②工事場所	○○県○○市○○町地内
③工　　期	令和○年○月○日～令和○年○月○日
④主な工種	シールド工法　∮1650、人孔築造工
⑤施 工 量	L＝1520m　L＝332.5m 特殊人孔　１箇所

（3）工事現場における施工管理上のあなたの立場

立　　　場	現場監督

《記述のポイント》

- ［設問2］（1）には、通常は「当初は予想できなかったが、現場の条件が変わり、このまま対策をしなければ工期を守れなくなること」を記述する。
- ［設問2］（3）は、「検討の結果、以下の事項を実施した」と前書きしたうえで、2～3点の実施内容を記述する。続けて「以上の方法で○○することができ、工期内に完成することができた」のように解決した内容をまとめ、最後に評価点を明記すればよい。

［設問２］　上記工事で実施した**「現場で工夫した安全管理」又は「現場で工夫した工程管理」**のいずれかを選び、次の事項について解答欄に具体的に記述しなさい。ただし、安全管理については、交通誘導員の配置に関する記述は除く。
（１）特に留意した**技術的課題**
（２）技術的課題を解決するために**検討した項目と検討理由及び検討内容**
（３）上記検討の結果、**現場で実施した対応処置とその評価**

設問2

(1)技術的課題

本工事は、国道○○号線の歩道下に汚水管を圧気式手掘シールド工法で行う工事であった。（工事の内容(概要)）工事区間中にR＝30ｍ～200Ｒのカーブが４箇所あり異型のセグメントを多用する必要があった。（課題となった背景）

セグメントは発注から受け入れまで最短でも14日を必要としたため、現場条件に対応した発注管理方法が工程管理の課題となった。（技術的な課題）

(2)検討した項目と検討理由及び検討内容

シールド掘進は昼夜２班交代制で実施した。工事区間中の曲線部ではシールドマシンの挙動に合わせて異型セグメントを使用する必要があるため、掘進先の地質と過去の実績から異型セグメントを使用に先立ち調達しなければならなかった。先の工程に遅れを生じさせないために以下の検討を行った。（検討の理由）

（１）カーブ区間の地質の調査によるセグメント組み立てパターンの想定方法を検討した。
（２）過去の実績を調査及び整理することで、作業現場における異型セグメントの使用方法を決定するための手順を検討した。（検討した項目及び検討内容）

(3)現場で実施した対応処置とその評価

検討の結果、以下の事項を実施した。
（１）カーブ部の地質は含水比の高い粘土層であったため、高さをやや上げ沈下を防止する組み立てを想定し、パターン図を作成してセグメントを発注した。
（２）過去の実績に基づいて予備の異型セグメントを用意した。（対応処置）

以上の方法でセグメントを調達し工期内に完成できた。（解決した結果）

地質を考慮した想定や過去の実績により、早期にセグメントを発注できたことが評価できる。（評価点）

橋梁工事

管理項目	工程管理
技術的課題	地質の変化に対応した土留工

［設問１］ あなたが**経験した土木工事**に関して、次の事項を解答欄に明確に記入しなさい。

【注意】「経験した土木工事」は、あなたが工事請負者の技術者の場合は、あなたの所属会社が受注した工事内容について記述してください。従って、あなたの所属会社が二次下請業者の場合は、発注者名は一次下請業者名となります。
なお、あなたの所属が発注機関の場合の発注者名は、所属機関名となります。

設問1

（1）工事名

工　事　名	○○市下水幹線管布設工事

（2）工事の内容

①発注者名	○○市○○課
②工事場所	○○市○○町地内
③工　　期	令和○年○月○日～令和○年○月○日
④主な工種	下水管開削工
⑤施 工 量	開削工　HP∮350　520m １号人孔設置工　18箇所

（3）工事現場における施工管理上のあなたの立場

立　　場	現場代理人

《記述のポイント》

- ［設問２］（１）については、当初の施工条件と実際の施工条件がどのように異なっていたかをわかりやすく記述する。
- ［設問２］（２）における「検討」については、具体的に調べて実行の是非などを考えたり判断したりする意味合いで記述するのが望ましい。

［設問２］　上記工事で実施した**「当初計画と地形、地質、既設構造物など現地の施工条件が異なったことにより行った工程管理」**に関し、次の事項について解答欄に具体的に記述しなさい。

（１）特に留意した**技術的課題**

（２）技術的課題を解決するために**検討した項目と検討理由及び検討内容**

（３）上記検討の結果、**現場で実施した対応処置**

設問2

(1)技術的課題

本工事は、○○川流域に汚水管（HP∮350mm、平均土かぶり1.8m）を簡易鋼矢板土留め（L＝2.1m）とアルミ製腹起しを１段設置して布設する工事であった。（工事の内容（概要））

計画の地質は砂混じり粘土であったが試掘の結果、一部のスパンの地質が含水比の高い砂層であることが判明した。（課題となった背景）

このため工法変更を行う必要が生じ、手続きに伴う工事の遅れが懸念され、工程管理が課題となった。（技術的な課題）

(2)検討した項目と検討理由及び検討内容

当初の計画とは異なる地質及び地下水の条件において、工期内に施工を完了させるために、以下の検討を実施した。（検討の理由）

（１）この地質や地下水の条件での、現場に合った土留工の施工方法や矢板の種類及び根入れ長さの変更を再検討した。
（２）地下水の湧水やボイリングによって事故が発生するのを防ぐ観点から、地下水位低下工法などの仮設工について検討を行った。
（３）上記の施工法変更を反映した工程表を作成し、全体工程に問題がないか検討した。（検討した項目及び検討内容）

(3)現場で実施した対応処置とその評価

地質が変化した区間の矢板を軽量鋼矢板Ⅱ型、当て矢板工法を圧入工法に変更し、ウェルポイント工法により地下水位を低下した。
工程に20日の遅れが予想されたため、路線を３つに分けて３班同時施工とした。（対応処置）

工程会議を毎日行い、工期内に竣工できた。（解決した結果）

評価点としては、実際の地質に合った適切な工法を検討・採用し、工程上の問題も事前にチェックすることで、工期を短縮できた点である。（評価点）

トンネル工事

管理項目	品質管理
技術的課題	寒中コンクリートの養生方法

［設問１］ あなたが**経験した土木工事**に関して、次の事項を解答欄に明確に記入しなさい。

【注意】「経験した土木工事」は、あなたが工事請負者の技術者の場合は、あなたの所属会社が受注した工事内容について記述してください。従って、あなたの所属会社が二次下請業者の場合は、発注者名は一次下請業者名となります。
なお、あなたの所属が発注機関の場合の発注者名は、所属機関名となります。

設問1

（1）工事名

工　事　名	○○県○○自動車道トンネル舗装工事

（2）工事の内容

①発注者名	○○県○○部○○課
②工事場所	○○県○○市○○町地内
③工　　期	令和○年○月○日～令和○年○月○日
④主な工種	コンクリート舗装工、排水工
⑤施 工 量	コンクリート舗装工　8,000㎡ 側溝工　1,200m

（3）工事現場における施工管理上のあなたの立場

立　　場	現場責任者

《記述のポイント》

- ［設問2］（1）については、工事の概要を解説したうえで、技術的課題が生じた状況をわかりやすく記述する。本例文では、コンクリートの品質低下が生じやすい低温下での工事だったことを技術的課題の背景として挙げている。
- ［設問2］（2）において検討した内容については、「～の方法を検討した」などと具体的な内容がわかるように記述する。

［設問２］　上記工事で実施した**「品質を確保するために現場で創意工夫して実施した施工方法」**又は**「品質を確保するための品質確認方法」**のいずれかを選び、次の事項について解答欄に具体的に記述しなさい。

（１）特に留意した**技術的課題**

（２）技術的課題を解決するために**検討した項目と検討理由及び検討内容**

（３）上記検討の結果、**現場で実施した対応処置**

設問2

(1)技術的課題

本工事は、県道○○号線において標高2,200ｍの山間部に位置するトンネル内での舗装工事である。【工事の内容(概要)】

工期が12月から２月の冬季に設定されていて、坑口部には強風が吹くような地形であったため、低温下での工事が予想された。【課題となった背景】そこで寒中コンクリートの品質低下を防ぐために、寒中コンクリート施工時のコンクリートの温度管理や養生方法が課題となった。【技術的な課題】

(2)検討した項目と検討理由及び検討内容

寒中コンクリートの重要な品質管理であるコンクリート舗装の舗設方法や養生方法の温度管理について、以下の検討を行った。【検討の理由】

（１）気象情報をどのように把握するか検討し、坑口とトンネル内の気温を測定し記録することとした。

（２）コンクリート打設時点の温度低下に対して保温方法や養生方法を検討。

（３）坑口の風の吹込みを防止し工事車両の通行が容易に行える仮設設備を検討。

上記の事項を検討し、コンクリートの品質低下を防止する計画を立案した。【検討した項目及び検討内容】

(3)現場で実施した対応処置とその評価

トンネルの坑口と内部の気温を測定した結果、夜間の気温は坑口で平均－11℃であったため、ジェットヒーターを使用して気温を５℃以上に保った。坑口には防風壁を設置した。コンクリート表面は乾燥を防止するために被膜養生剤を散布しマットで覆った。【対応処置】以上の結果、コンクリートの品質を損わずに工事することができた。【解決した結果】

評価できる点としては、多角的にコンクリートの低温対策を実施することで冬季に施工する舗装コンクリートの品質を確保できたことである。【評価点】

河川工事

管理項目	品質管理
技術的課題	コンクリートの品質の確保

［設問１］ あなたが**経験した土木工事**に関して、次の事項を解答欄に明確に記入しなさい。

【注意】「経験した土木工事」は、あなたが工事請負者の技術者の場合は、あなたの所属会社が受注した工事内容について記述してください。従って、あなたの所属会社が二次下請業者の場合は、発注者名は一次下請業者名となります。
なお、あなたの所属が発注機関の場合の発注者名は、所属機関名となります。

設問1

(1) 工事名

工　事　名	○○川河川改修工事

(2) 工事の内容

①発注者名	○○県○○部○○課
②工事場所	○○県○○市○○町地内
③工　　期	令和○年○月○日～令和○年○月○日
④主な工種	コンクリートブロック張り、基礎・帯コンクリートエ
⑤施 工 量	コンクリートブロック張り　1,250㎡ 基礎・帯コンクリートエ　138.5m

(3) 工事現場における施工管理上のあなたの立場

立　　場	現場代理人

《記述のポイント》

- ［設問2］(1)について、工事の概要を簡潔に説明するには、「本工事は○○であり、○○を設置するものであった」などと記述するとよい。
- ［設問2］(1)の課題の内容については、注意を怠ると品質に悪影響が出るおそれのあることに注目して記述するとよい。

［設問２］　上記工事で実施した**「品質を確保するために現場で創意工夫して実施した施工方法」**又は**「品質を確保するための品質確認方法」**のいずれかを選び、次の事項について解答欄に具体的に記述しなさい。

（１）特に留意した**技術的課題**

（２）技術的課題を解決するために**検討した項目と検討理由及び検討内容**

（３）上記検討の結果、**現場で実施した対応処置とその評価**

設問2

(1)技術的課題

本工事は、１級河川○○川の河川改修工事であり、河川の両岸に帯コンクリートを設置し、コンクリート張りブロックを施工するものであった。 ― 工事の内容(概要)

コンクリート工事の施工時期が夏から冬に予定されていたため、レディーミクストコンクリートのひび割れ等に対する品質を確保するために行う施工方法の創意工夫が課題となった。 ― 技術的な課題及びその背景

(2)検討した項目と検討理由及び検討内容

予定される施工の時期が夏から冬のため、暑中コンクリートと寒中コンクリートについて以下の品質管理の検討を行った。 ― 検討の理由

（1）夏季のコンクリート施工については、練上がり温度を25℃以下にする計画として、セメントの種類、骨材や水の温度管理方法を検討した。
（2）冬季のコンクリート施工については、コンクリートへの寒風をさえぎり養生温度を５℃以上に保つ計画を立案・検討した。
以上の検討を行い、コンクリートの品質を確保する施工計画を立案した。 ― 検討した項目及び検討内容

(3)現場で実施した対応処置とその評価

上記の計画に基づき、以下の施工を実施してコンクリートの品質を確保した。 ― 解決した結果

(1)生コン工場と協議を行い、夏季は低熱セメントを採用し、骨材を冷やし練上がり温度を25℃以下に設定した。（2）冬季は型枠をシートで覆い、寒風をさえぎり、練炭養生を行った。（3）乾燥を防止するため、表面に養生マットをかけて湿潤養生を行った。 ― 対応処置

評価点としては、コンクリートの打設時期に着目し、材種や温度、養生方法を工夫し品質を確保したことである。 ― 評価点

造成工事

管理項目	品質管理
技術的課題	防火水槽の漏水対策

［設問１］ あなたが**経験した土木工事**に関して、次の事項を解答欄に明確に記入しなさい。

【注意】「経験した土木工事」は、あなたが工事請負者の技術者の場合は、あなたの所属会社が受注した工事内容について記述してください。従って、あなたの所属会社が二次下請業者の場合は、発注者名は一次下請業者名となります。
なお、あなたの所属が発注機関の場合の発注者名は、所属機関名となります。

設問1

（1）工事名

工　事　名	○○団地造成工事

（2）工事の内容

①発注者名	○○住宅株式会社
②工事場所	○○県○○市○○町地内
③工　　期	令和○年○月○日～令和○年○月○日
④主な工種	上下水道工、舗装工、防火水槽（40ｔ）
⑤施 工 量	擁壁工　70.0m、舗装工　800㎡、防火水槽　１基

（3）工事現場における施工管理上のあなたの立場

立　　場	現場代理人

《記述のポイント》

- ［設問2］（1）について、課題となる要素を簡潔に記述するためには、２～３点の要素を明確にすることである。本例文では、「１級河川の氾濫原」「地質は透水性が大きい砂質土」「地下水位が高い」という３点を挙げている。
- ［設問2］（2）について、検討理由の記述に関しては、検討項目の前に「○○であったため」「○○を行うため」「○○を防止するため」と記述するとよい。

［設問２］　上記工事で実施した**「品質を確保するために現場で創意工夫して実施した施工方法」又は「品質を確保するための品質確認方法」**のいずれかを選び、次の事項について解答欄に具体的に記述しなさい。
（１）特に留意した**技術的課題**
（２）技術的課題を解決するために**検討した項目と検討理由及び検討内容**
（３）上記検討の結果、**現場で実施した対応処置とその評価**

設問2

(1)技術的課題

本工事は、市街地において工場の移転跡地に50棟の宅地を造成する工事であった。当地区は１級河川の氾濫原であり地質は砂質土で地下水位が地表から１ｍと高かった。防火水槽は現場打ちで、完成時に消防署が立ち会い水張り検査を受けることから、漏水のない緻密なコンクリートの品質管理が課題となり施工方法の創意工夫が課題となった。

工事の内容（概要）
課題となった背景
技術的な課題

(2)検討した項目と検討理由及び検討内容

漏水のない緻密な鉄筋コンクリート躯体を築造するため、使用するコンクリートについて以下の検討を行った。
（１）冬季の２月に施工する工程であったため、コンクリートの呼び強度及びセメントの種類など配合計画を検討した。
（２）コンクリートの凍結を防止するため、型枠の低温対策の工夫について検討した。
（３）コンクリート打設後の初期において、コンクリート表面の乾燥収縮を防止するため養生対策を検討した。
以上の結果、コンクリートの品質を確保するための施工方法を立案した。

検討の理由
検討した項目及び検討内容

(3)現場で実施した対応処置とその評価

施工時期が冬季であったため、コンクリートの呼び強度を１ランクアップの24N/㎟とした。水密性を確保するため、セメントにはフライアッシュセメントを使用した。型枠は木製を使用し表面の温度低下を低減した。養生は乾燥した冷風が当たらないようにシートで覆い湿潤マット養生を行った。
上記の創意工夫により検査は１回で合格できた。
評価点は、寒中施工に適したセメント種類や型枠材の選定及び養生方法の工夫で、品質確保できたことである。

対応処置
解決した結果
評価点

作例 No.10

下水工事

管理項目	出来形管理
技術的課題	障害物に対する推進管の精度確保

［設問１］　あなたが**経験した土木工事**に関して、次の事項を解答欄に明確に記入しなさい。

【注意】「経験した土木工事」は、あなたが工事請負者の技術者の場合は、あなたの所属会社が受注した工事内容について記述してください。従って、あなたの所属会社が二次下請業者の場合は、発注者名は一次下請業者名となります。
なお、あなたの所属が発注機関の場合の発注者名は、所属機関名となります。

設問1

(1) 工事名

工　事　名	○○市○○幹線汚水管布設工事

(2) 工事の内容

①発注者名	○○県○○部○○課
②工事場所	○○県○○市○○町地内
③工　　期	令和○年○月○日～令和○年○月○日
④主な工種	小口径管推進工　∮400、人孔築造工
⑤施 工 量	小口径管推進工　L＝320m ２号人孔工　６箇所

(3) 工事現場における施工管理上のあなたの立場

立　　場	現場代理人

《記述のポイント》

- [設問2](1)について、出来形管理の課題として、通常は「出来形(高さ、法線、厚さ、面積など)が許容値から外れるおそれのあること」を記述する。「○○があるため、○○の障害になる可能性がある。よって、○○の精度を確保するための対策が課題となった」などとまとめるとよい。
- [設問2](3)については、課題を解決するため具体的に行ったことを記述すること。箇条書きを用いればまとめやすくなる。

［設問２］　上記工事で実施した**「出来形寸法を確保するために現場で創意工夫して実施した施工方法」**又は**「出来形品質を確保するための出来形確認方法」**のいずれかを選び、次の事項について解答欄に具体的に記述しなさい。

（１）特に留意した**技術的課題**

（２）技術的課題を解決するために**検討した項目と検討理由及び検討内容**

（３）上記検討の結果、**現場で実施した対応処置とその評価**

設問2

(1)技術的課題

本工事は、国道○○号線の歩道下に汚水管∮400を、小口径推進工法で布設する工事であった。［工事の内容（概要）］

現地調査の結果、工事区間中に以前使用していた床版橋の基礎杭が存在し、本工事の推進管に対して障害となる可能性があることが判明した。［課題となった背景］このため、障害を回避したうえで推進管の方向及び管底高の精度を確保することが技術的課題となった。［技術的な課題］

(2)検討した項目と検討理由及び検討内容

推進管が旧橋台の撤去されていない基礎松杭に当たり、掘進不能もしくは方向の大幅な偏芯といった出来形不良を防止するため、以下の検討を行った。［検討の理由］

（１）床版橋を建設した当時の設計図面を調査することによって、実際の松杭の位置や深さを確認し、図面上で推進管の計画位置と重ね合わせることで、障害となるかどうかについて現状の把握を行い、管路の変更の必要性を検討した。

（２）上記の結果、推進管の布設計画位置と埋設されている杭が当たる場合の既設杭への具体的な対策について検討した。［検討した項目及び検討内容］

(3)現場で実施した対応処置とその評価

床版橋の完成当時の出来形図を入手し、推進管と杭の位置関係を図化したところ、推進管の外径に対して杭が40mm当たることが判明した。このため、地下埋設物を調査し人孔位置を50cm移動することによって、障害となる松杭を回避することができた。［対応処置］

この対策により、推進管を許容差±30mm以内で完成することができた。［解決した結果］

既存設計図書による障害状況の図上把握と人孔位置の変更提案で障害を回避できたことが評価点と考える。［評価点］

造成工事

管理項目	出来形管理
技術的課題	L型側溝の布設精度管理

［設問１］ あなたが**経験した土木工事**に関して、次の事項を解答欄に明確に記入しなさい。

【注意】「経験した土木工事」は、あなたが工事請負者の技術者の場合は、あなたの所属会社が受注した工事内容について記述してください。従って、あなたの所属会社が二次下請業者の場合は、発注者名は一次下請業者名となります。
なお、あなたの所属が発注機関の場合の発注者名は、所属機関名となります。

設問1

(1) 工事名

工 事 名	造成工事

(2) 工事の内容

①発注者名	○○住宅株式会社
②工事場所	○○県○○市○○町地内
③工　期	令和○年○月○日～令和○年○月○日
④主な工種	舗装工、L型側溝工
⑤施 工 量	舗装工　800.5㎡ L型側溝　L＝150.8m

(3) 工事現場における施工管理上のあなたの立場

立　場	現場代理人

《記述のポイント》

・出来形管理の場合の[設問2](1)については、通常の施工方法では発注者の要求を満足させることができない点を言及することがポイントとなる。それにより、(2)と(3)で特別な出来形管理の検討・実施を行ったことに説得力が出る。

［設問２］　上記工事で実施した**「出来形寸法を確保するために現場で創意工夫して実施した施工方法」**又は**「出来形品質を確保するための出来形確認方法」**のいずれかを選び、次の事項について解答欄に具体的に記述しなさい。

（１）特に留意した**技術的課題**

（２）技術的課題を解決するために**検討した項目と検討理由及び検討内容**

（３）上記検討の結果、**現場で実施した対応処置**

設問2

(1)技術的課題

本工事は、市街地において老朽化した工場の移転に伴う跡地に道路や上下水道等を建設して、新たに50棟の宅地を造成する工事であった。 ― 工事の内容(概要)

道路の両側に設置するＬ型側溝を敷地境界線に対して±10㎜以内の精度で施工することを発注者から要求され、Ｌ型側溝の布設精度を確保するための施工方法と出来形管理が課題となった。 ― 技術的な課題及びその背景

(2)検討した項目と検討理由及び検討内容

Ｌ型側溝の布設精度（±10㎜）を確保するために以下の検討を行った。 ― 検討の理由

（１）既設の境界点の精度を確認すること。

（２）精度よくＬ型側溝を布設するために丁張りのかけ方を計画すること。

（３）路盤工と舗装施工時にＬ型側溝が転圧機械に押されて動くことが懸念されるため、転圧方法と布設位置の確認方法を計画すること。

上記の検討を行い、要求されたＬ型側溝の境界点間の法線に沿った出来形の精度を確保するため、施工の手順と出来形管理の計画を立案した。 ― 検討した項目及び検討内容

(3)現場で実施した対応処置とその評価

境界座標をもとに基準点から既設境界点を再チェックした。この境界点に対して方向の控え点を設置し丁張りをかけた。舗装工の転圧はＬ型側溝付近50㎝をサイドローラーで丁寧に行い、施工中は法線をトランシットで監視した。 ― 対応処置

以上の出来形管理対策により施工精度を±７㎜以内に仕上げることができた。 ― 解決した結果

評価点は、施工誤差の確認や転圧方法の工夫によって高精度の施工を実現して、発注者からの要求に応えられたことである。 ― 評価点

道路工事

管理項目	施工計画
技術的課題	路床の軟弱化対策

［設問１］　あなたが**経験した土木工事**に関して、次の事項を解答欄に明確に記入しなさい。

【注意】「経験した土木工事」は、あなたが工事請負者の技術者の場合は、あなたの所属会社が受注した工事内容について記述してください。従って、あなたの所属会社が二次下請業者の場合は、発注者名は一次下請業者名となります。
なお、あなたの所属が発注機関の場合の発注者名は、所属機関名となります。

設問1

(1) 工事名

工　事　名	○○幹線１号道路工事

(2) 工事の内容

①発注者名	○○県○○部○○課
②工事場所	○○県○○市○○町地内
③工　　期	令和○年○月○日～令和○年○月○日
④主な工種	アスファルト舗装工
⑤施 工 量	表層工　980㎡、上層路盤工　1,000㎡ 下層路盤工　1,100㎡

(3) 工事現場における施工管理上のあなたの立場

立　　場	現場代理人

《記述のポイント》

- ［設問2］(1)について、施工計画の課題として、通常は「当初予定していた施工方法では、現場の条件の変化等により計画変更の必要のあること」を記述する。「当初計画していた条件と異なり○○が存在するため、○○を防止する計画立案が課題となった」などとまとめるとよい。
- ［設問2］(2)について、「検討項目」「検討理由」「検討結果」が記述されることが必須であることに注意する。

［設問２］ 上記工事で実施した**「現場で工夫した施工計画」**に関し、次の事項について解答欄に具体的に記述しなさい。

（１）特に留意した**技術的課題**

（２）技術的課題を解決するために**検討した項目と検討理由及び検討内容**

（３）上記検討の結果、**現場で実施した対応処置とその評価**

設問2

(1)技術的課題

本工事は、○○市の幹線１号道路を道路改良する工事であり、下層路盤工（40-0ｔ＝20㎝）、上層路盤工（M30-0ｔ＝15㎝）、表層工（密粒度アスコンｔ＝５㎝）を施工するものであった。 — 工事の内容（概要）

施工箇所は水田地帯で部分的に湧水があり、路床が軟弱化していた。 — 課題となった背景

このため、路床の軟弱化を防止する排水計画の立案が課題となった。 — 技術的な課題

(2)検討した項目と検討理由及び検討内容

湧水による路床の軟弱化を防止するために、湧水のある場所を試掘し状況や影響を把握したうえで以下の検討を行った。 — 検討の理由

（１）湧水が多くて地盤が軟弱化している箇所の地下水を排水処理する方法について、発注者と協議して施工方法を検討し排水計画を練った。

（２）湧水が比較的少ない部分の排水対策について、（１）と分けて対策を検討した。

（３）排水対策部分の路盤工の締固め方法を検討した。

以上の検討を踏まえて、路床の軟弱化防止対策の計画を立案した。 — 検討した項目及び検討内容

(3)現場で実施した対応処置とその評価

検討の結果、現場において以下の対策を行った。湧水の多い箇所は掘削して、塩ビ有孔管∮150を布設し、砕石で埋め戻し暗渠排水を設置した。湧水の少ない箇所には砕石で置き換えて排水した。暗渠管布設部分は表層工を施工するまで敷き鉄板養生を行い、軟弱化を防止した。 — 対応処置

その結果、舗装完了後はひび割れも発生せず、路床の軟弱化を防止できた。 — 解決した結果

暗渠排水や鉄板養生の工夫によって、軟弱な路床を改良したことが評価できる点である。 — 評価点

作例 No.13 農業土木工事

管理項目：施工計画

技術的課題：地球温暖化対策

［設問１］　あなたが**経験した土木工事**に関して、次の事項を解答欄に明確に記入しなさい。

【注意】「経験した土木工事」は、あなたが工事請負者の技術者の場合は、あなたの所属会社が受注した工事内容について記述してください。従って、あなたの所属会社が二次下請業者の場合は、発注者名は一次下請業者名となります。
なお、あなたの所属が発注機関の場合の発注者名は、所属機関名となります。

設問1

（1）工事名

工　事　名	○○県○○圃場整備工事

（2）工事の内容

①発注者名	○○県○○部○○課
②工事場所	○○県○○市○○町地内
③工　　期	令和○年○月○日～令和○年○月○日
④主な工種	圃場整備工
⑤施 工 量	土砂運搬工　8,000㎥ 圃場整備工　10,000㎡

（3）工事現場における施工管理上のあなたの立場

立　　場	現場代理人

《記述のポイント》

- ［設問2］（1）について、本例文のように「当初の計画になかった条件が追加されたこと」を施工計画上の課題としてもよい。「当初の計画にはなかった○○の条件が追加されたため、○○するための施工計画立案が課題となった」と記述するとわかりやすい。
- ［設問2］（3）について、解決した結果には「○○を行ったことで○○に貢献できた」のように、よい結果となったことを記述するとよい。

［設問２］　上記工事で実施した**「地球温暖化防止対策を考慮した施工計画」**に関し、次の事項について解答欄に具体的に記述しなさい。

（１）特に留意した**技術的課題**

（２）技術的課題を解決するために**検討した項目と検討理由及び検討内容**

（３）上記検討の結果、**現場で実施した対応処置とその評価**

設問2

(1)技術的課題

本工事は、○○湖の浚渫工事で天日乾燥した土を、5km離れた下流地域の圃場にダンプトラックで運搬し、ブルドーザで所定の高さに敷き均し、圃場を整備する工事である。 ― 工事の内容(概要)

工事に先立ち発注者から「地球温暖化対策を考慮した工事を実施すること」が要求されたため、これを叶えるための施工計画立案が課題となった。 ― 技術的な課題及びその背景

(2)検討した項目と検討理由及び検討内容

地球温暖化対策を考慮した工事を実施するために、以下の内容の検討を行った。 ― 検討の理由

（１）運搬路の狭い箇所に設置する信号機等の安全施設について、電力消費の少ないタイプの表示板等を用いることを検討した。

（２）重機の消費燃料を削減するため、省エネタイプの建設機械の検討と選定を行った。

（３）施工が夏季になるため、現場事務所については、電力削減が見込める事務所の設置方法や省エネでの冷房方法を検討した。

上記の検討により、地球温暖化防止計画を立案した。 ― 検討した項目及び検討内容

(3)現場で実施した対応処置とその評価

（１）ソーラー式の信号機と電光表示板を採用した。

（２）ハイブリッド油圧ショベルを採用した。

（３）事務所の冷房対策としてゴーヤのグリーンカーテンを設置し、炎天下の猛暑日は屋根に散水を実施することで冷却を図った。 ― 対応処置

エコに配慮した工事で電力や軽油のエネルギーを節約し、地球温暖化防止に貢献した工事ができた。 ― 解決した結果

今回の対応処置の評価点は、自然エネルギーや植物を活用して二酸化炭素排出削減を可能にしたことである。 ― 評価点

橋梁工事

管理項目	施工計画
技術的課題	狭隘な条件での橋脚耐震補強

［設問１］ あなたが**経験した土木工事**に関して、次の事項を解答欄に明確に記入しなさい。

【注意】「経験した土木工事」は、あなたが工事請負者の技術者の場合は、あなたの所属会社が受注した工事内容について記述してください。従って、あなたの所属会社が二次下請業者の場合は、発注者名は一次下請業者名となります。
なお、あなたの所属が発注機関の場合の発注者名は、所属機関名となります。

設問1

(1) 工事名

工 事 名	○○県○○新交通耐震補強工事

(2) 工事の内容

①発注者名	○○県建設部○○課
②工事場所	○○県○○市○○町地内
③工 期	令和○年○月○日～令和○年○月○日
④主な工種	橋脚耐震補強工
⑤施 工 量	RC巻立て工 5基

(3) 工事現場における施工管理上のあなたの立場

立 場	現場責任者

《記述のポイント》

- ［設問２］（２）で複数の施工方法を比較検討したことを述べる場合、最低でも３種類を挙げ、施工性や確実性、安全性、経済性、実績などを比べたことを記述するとよい。

［設問２］　上記工事で実施した**「現場で工夫した施工計画」**に関し、次の事項について解答欄に具体的に記述しなさい。
（１）特に留意した**技術的課題**
（２）技術的課題を解決するために**検討した項目と検討理由及び検討内容**
（３）上記検討の結果、**現場で実施した対応処置**

設問2

(1)技術的課題

本工事は、新交通システムの橋脚耐震補強工事であり、既設橋脚を25cmの厚さでのRC巻立て工法によって補強する計画となっていた。 ― 工事の内容(概要)

５基の橋脚のうち１基が既設構造物に接近していて型枠が組めない状態であった。 ― 課題となった背景

このため、狭隘なスペースの条件のもとで、RC巻立て工法に代わる橋脚の耐震補強を行うための施工方法の計画が課題となった。 ― 技術的な課題

(2)検討した項目と検討理由及び検討内容

当初計画の条件と異なる狭隘なスペースの条件での橋脚の耐震補強について以下の検討を行った。 ― 検討の理由

（１）問題となっている狭隘なスペースについての正確な把握。
（２）橋脚耐震補強における新技術情報を収集したうえで、具体的な工法のピックアップ。
（３）ピックアップした複数の工法の比較。
当現場の立地条件で施工可能な耐震補強工法（鋼板巻立て工法、ポリマーモルタル工法、カーボン繊維巻立て工法）について施工性、確実性、安全性、コスト等について比較検討し、施工計画を立案した。 ― 検討した項目及び検討内容

(3)現場で実施した対応処置とその評価

上記の比較検討の結果、狭隘なスペースでの施工実績が豊富であり、重機を使用せずに人力でコテ塗りによって施工するポリマーモルタル工法を採用した。ほかの工法よりも低コストが見込めたことも採用理由である。 ― 対応処置

仕上がりは巻立て厚さ80mmで完成し、当初の計画とは異なる条件下でも橋脚耐震補強工事の施工を実施することができた。 ― 解決した結果

評価できる点は、狭隘なスペースでの補強を最新技術を用いて完遂させたことである。 ― 評価点

上水道工事

管理項目	環境保全対策
技術的課題	建設副産物の有効利用

［設問１］　あなたが**経験した土木工事**に関して、次の事項を解答欄に明確に記入しなさい。

【注意】「経験した土木工事」は、あなたが工事請負者の技術者の場合は、あなたの所属会社が受注した工事内容について記述してください。従って、あなたの所属会社が二次下請業者の場合は、発注者名は一次下請業者名となります。
なお、あなたの所属が発注機関の場合の発注者名は、所属機関名となります。

設問1

（1）工事名

工　事　名	○○号線配水管布設工事

（2）工事の内容

①発注者名	○○市○○部○○課
②工事場所	○○県○○市○○町地内
③工　　期	令和○年○月○日～令和○年○月○日
④主な工種	ダクタイル鋳鉄管布設工　∮300、弁類設置工
⑤施 工 量	ダクタイル鋳鉄管布設工　L＝800m 仕切り弁設置工　10箇所

（3）工事現場における施工管理上のあなたの立場

立　　場	現場代理人

《記述のポイント》

- ［設問2］（3）で記述する対応処置は、（2）で検討した内容を踏まえたものとすること。（2）と（3）の関連性が薄いと、たとえその対応処置が適切であったとしても、その処置を行うに至った理由が不明確になってしまう。

［設問２］ 上記工事で実施した**「現場で工夫した環境保全対策」**に関し、次の事項について解答欄に具体的に記述しなさい。
（１）特に留意した**技術的課題**
（２）技術的課題を解決するために**検討した項目と検討理由及び検討内容**
（３）上記検討の結果、**現場で実施した対応処置**

設問2

(1)技術的課題

本工事は、上水道の配水管（ダクタイル鋳鉄管∮300）を土被り1.2ｍでＬ＝800ｍ布設する工事であった。（工事の内容（概要））ところが水道管の布設位置には現在使用されていない農業用排水管（HP∮350）があり、もともと撤去処分が予定されていた。（課題となった背景）

発注者から排水管の有効活用を求められたため、具体的な活用方法が課題となった。（技術的な課題）

(2)検討した項目と検討理由及び検討内容

排水管の活用方法について発注者と協議したところ、公共施設で再利用する案が浮上した。そこで、以下の検討を行った。（検討の理由）

（１）排水管の状態を確認のうえ、公共施設の排水用などで再利用することが可能か調査・検討した。

（２）排水管のままでの再利用が困難な場合、破砕して鉄筋とコンクリートに分別して現場で再利用することが可能か調査・検討した。

これらの調査・検討の結果、排水管には状態のよいものと悪いものが混在していたため、状態に応じて利用方法を変えることとした。（検討した項目及び検討内容）

(3)現場で実施した対応処置とその評価

調査・検討の結果に基づいて、次の処置を行った。

（１）発注者と協議し、公共施設の排水不良が生じている箇所の改善のために状態のよい排水管を再利用することとした。

（２）状態のよくない排水管は現場で破砕し、鉄筋と分別のうえ再生砕石として精製し、現場での軟弱地盤の改善のために再利用した。（対応処置及び解決した結果）

評価できる点としては、現場条件に合った工夫により建設副産物の再利用ができたことである。（評価点）

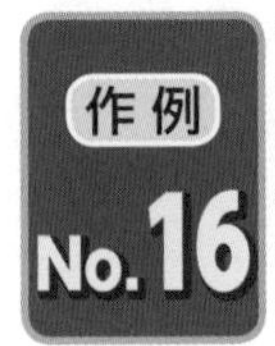

道路工事

管理項目	環境保全
技術的課題	改良材の飛散防止対策

［設問１］ あなたが**経験した土木工事**に関して、次の事項を解答欄に明確に記入しなさい。

【注意】「経験した土木工事」は、あなたが工事請負者の技術者の場合は、あなたの所属会社が受注した工事内容について記述してください。従って、あなたの所属会社が二次下請業者の場合は、発注者名は一次下請業者名となります。
なお、あなたの所属が発注機関の場合の発注者名は、所属機関名となります。

設問1

（1）工事名

工　事　名	○○駅西口通り線 工事管理業務委託

（2）工事の内容

①発注者名	○○町都市計画課
②工事場所	○○県○○郡○○町大字○○地内
③工　　期	令和○年○月○日～令和○年○月○日
④主な工種	重力式擁壁工　アスファルト舗装工　地盤改良工
⑤施 工 量	重力式擁壁工（h=800）　L=100.5m アスファルト舗装工（密粒度As　t=5㎝）　A=1,630㎡ 地盤改良工（t=50㎝）　A=1,630㎡ 上層・下層路盤工　A=1,630㎡

（3）工事現場における施工管理上のあなたの立場

立　　場	工事監督

《記述のポイント》

- ［設問１］（１）の「工事名」は土木工事の工事管理業務であることがわかるように記述する。
- ［設問１］（２）の「主な工種」には課題を解決した工種を記述する。主題と関係がない付帯工事は工種が多くなるため記述しない。
- ［設問２］（１）の「技術的課題」は、課題となった理由を説明できるような周辺の状況を「住宅地と密接している」等と記述する。

［設問２］ 上記工事で実施した**「現場で工夫した環境保全対策」**に関し、次の事項について解答欄に具体的に記述しなさい。

（１）特に留意した**技術的課題**

（２）技術的課題を解決するために**検討した項目と検討理由及び検討内容**

（３）上記検討の結果、**現場で実施した対応処置**

設問2

(1)技術的課題

本業務は、○○駅西ロロータリーを整備する工事において発注者の監督員を支援し、工事の円滑な履行及び環境保全を図るものであった。主な工事内容は、重力式擁壁工及びAs舗装工、地盤改良工(t＝50㎝)であった。 ― 工事の内容（概要）

路床は軟弱でありセメント系固化材で改良する計画であったが、住宅地と密接しており、 ― 課題となった背景

地盤改良材の飛散が懸念され周辺民家への環境保全対策が課題となった。 ― 技術的な課題

(2)検討した項目と検討理由及び検討内容

現場で課題となった地盤改良時のセメント飛散による環境悪化を防止するため、以下の項目を施工業者と検討した。 ― 検討の理由

（１）セメントの飛散防止のために設置する仮囲いの構造について検討した。
（２）本現場は、冬場で風の強さを考慮する必要があったため、施工現場の気象の把握・予測する方法について検討した。
（３）セメント改良材を路床に散布するタイミングについて施工業者・発注者の三者との間で検討会を実施し、施工計画を検討した。 ― 検討した項目及び検討内容

(3)現場で実施した対応処置とその評価

検討の結果、以下の対策を行った。
（１）仮囲いについては、路側に短管パイプで柵を設置し、防風ネットを設置して飛散を防止した。
（２）施工日の決定は、天気予報で高気圧の位置を調べ、風の弱い日（風速３ｍ／ｓ以下）に施工した。
（３）セメント系固化材の散布は、撹拌機の進捗に合わせて配置作業を行い、飛散を低減した。 ― 対応処置及び解決した結果

評価点は、気象情報の活用と仮囲いで飛散を防止し、周辺環境に配慮した施工ができたことである。 ― 評価点

造成工事

管理項目	環境保全
技術的課題	騒音・振動に対する環境保全対策

［設問１］ あなたが**経験した土木工事**に関して、次の事項を解答欄に明確に記入しなさい。

【注意】「経験した土木工事」は、あなたが工事請負者の技術者の場合は、あなたの所属会社が受注した工事内容について記述してください。従って、あなたの所属会社が二次下請業者の場合は、発注者名は一次下請業者名となります。
なお、あなたの所属が発注機関の場合の発注者名は、所属機関名となります。

設問1

（1）工事名

工　事　名	○○地区宅地造成工事

（2）工事の内容

①発注者名	○○住宅株式会社
②工事場所	○○県○○市○○町地内
③工　　期	令和○年○月○日～令和○年○月○日
④主な工種	上下水道工　防火水槽工（80ｔ）　舗装工
⑤施 工 量	汚水管渠　Ｌ＝110m　水道管布設工事　Ｌ＝120m 防火水槽　１基　舗装工　800㎡

（3）工事現場における施工管理上のあなたの立場

立　　場	工事主任

《記述のポイント》

- ［設問１］（1）の「工事名」は実務経験と認められる土木工事であることがわかるように記述する。建築工事ではないことを示す。
- ［設問１］（2）の「主な工種」には課題を解決した工種を記述する。
- ［設問２］（1）の「技術的課題」は、住民からの苦情等の課題となった理由を説明できるような背景を記述する。
- ［設問２］（3）の「現場で実施した対応処置とその評価」は、実施して効果があった結果を数値で示すとよい。

［設問２］　上記工事で実施した**「現場で工夫した環境保全対策」**に関し、次の事項について解答欄に具体的に記述しなさい。

（１）特に留意した**技術的課題**

（２）技術的課題を解決するために**検討した項目と検討理由及び検討内容**

（３）上記検討の結果、**現場で実施した対応処置**

設問2

(1)技術的課題

　本工事は、既存の住宅地において古い工場が移転し、その跡地に新築の宅地を50棟造成する工事であった。 ― 工事の内容(概要)

　主な工種は上下水道、新設道路と防火水槽工事（40ｔ）であった。防火水槽の掘削時に湧水が多くなり排水処理のため水中ポンプによる水替工を行ったところ、近隣の住民から発電機の音がうるさいと苦情があり、 ― 課題となった背景

防音対策が課題となった。 ― 技術的な課題

(2)検討した項目と検討理由及び検討内容

　防火水槽の築造にあたり、水替え用発動発電機の騒音対策を行うために以下の項目の検討を行った。 ― 検討の理由

（１）敷地境界付近での現状の騒音量の調査を検討。
（２）場内を調査し、発動発電機の移設について作業工程に合わせた場所の検討。
（３）発動発電機の機種を調査し、低騒音タイプを比較検討し騒音低減を検討。
（４）周辺に音が漏れない対策として防音壁の材料を調査し、設置を検討。
　上記の検討を行い、騒音に対する環境保全対策の計画を立案し実行した。 ― 検討した項目及び検討内容

(3)現場で実施した対応処置とその評価

　対策前に敷地境界線で騒音の測定を実施したところ83デシベルであった。騒音レベルを下げるために発電機を低騒音型に機種変更し発生する騒音レベルを低減した。設置場所を民家から離れた場所に移動し、発動発電機の周囲を短管パイプで囲み、防音シートで覆った。 ― 対応処置

　以上の対策を行い、騒音レベルを20デシベル低減し苦情はなくなり、地域住民への環境保全ができた。 ― 解決した結果

評価点は、現状を把握し創意工夫により騒音が低減でき、苦情をなくし工事を完成させた点である。 ― 評価点

作例 No.18 トンネル工事

管理項目　安全管理

技術的課題　肌落ち災害対策

設問1

(1) 工事名

工　事　名	一般国道○○号○○号トンネル建設工事

(2) 工事の内容

①発注者名	○○県○○部○○課
②工事場所	○○県○○市○○町地内
③工　　期	令和○年○月○日～令和○年○月○日
④主な工種	トンネル工事（NATM工法）
⑤施 工 量	トンネル延長　L＝839.0m 幅員　W＝7.5m、内空断面　50.9㎡

(3) 工事現場における施工管理上のあなたの立場

立　　　場	現場主任

設問2

(1)技術的課題

本工事は延長839mのトンネルをNATM工法で掘進する工事であった。【工事の内容（概要）】トンネル工事の災害で一番多いのは切羽の肌落ち災害であるため、これまでは発破後の浮石を落とすコソクに重点が置かれていたが、当作業所ではその対策だけでは十分ではないと考え、肌落ち災害を確実に防止するためのハード面とソフト面での対策が課題となった。【技術的な課題及びその背景】

(2)検討した項目と検討理由及び検討内容

トンネルの災害で一番多いのは切羽における肌落ち災害であり、次に多いのが重機車両災害である。後者についてはずり出し中の立ち入り禁止や安全通路の徹底により減少したが、切羽の肌落ち事故は未だに発生率が高い傾向にあるため、作業所の重点事項として以下のとおりに対策の見直しを行った。【検討の理由】

（1）コソクの作業方法と手順の見直し。【検討した項目及び検討内容】

（2）鏡吹付けコンクリートの施工手順の見直し。

（3）切羽の点検方法の見直し。【検討した項目及び検討内容】

以上の点について、ハード面とソフト面での抜本的な対策を下請と検討した。

(3)現場で実施した対応処置とその評価

現場で実施した対策・処置を以下に示す。

（1）発破後のコソクを重機で徹底して行い職員が確認した。

（2）地質に拘わらず、鏡吹付けをすべての切羽に施工した。

（3）削孔後の切羽の変状の有無を点検し、職員や下請、作業員で共有するなど周知徹底した。【対応処置】

以上の対策を実施した結果、無事故で完成できた。【解決した結果】

評価点としては、ハード面の重機施工の徹底とソフト面の変状の共有により事故防止ができたことである。【評価点】

作例 No.19 トンネル工事

管理項目	工程管理
技術的課題	工程短縮を図るための補助工法の検討

設問1

(1) 工事名

工 事 名	一般国道○○号トンネル建設工事

(2) 工事の内容

①発注者名	○○県○○部○○課
②工事場所	○○県○○市○○町地内
③工 期	令和○年○月○日～令和○年○月○日
④主な工種	トンネル工事（NATM工法）
⑤施 工 量	トンネル延長 L＝839.0m 幅員 W＝7.5m 内空断面 50.9㎡

(3) 工事現場における施工管理上のあなたの立場

立 場	現場主任

設問2

(1)技術的課題

本工事は延長839mの国道バイパスのトンネル工事である。【工事の内容（概要）】本工事の前に発注されていた橋梁工事が約2ヵ月遅れたため工事着工できず、工期内に完成させるには工期短縮の創意工夫が必要となった。【課題となった背景】出口側の約100m間は土被りが7m以下であるため、適切な補助工法を採用して確実に施工することが工期を厳守するための課題であった。【技術的な課題】

(2)検討した項目と検討理由及び検討内容

出口側の約100m間は土被りが7m以下と浅いため、適切な補助工法を採用したうえで確実かつ効率的な施工を実施することが、工程を短縮するためのキーポイントであった。【検討の理由】

工程を短縮するため、施工区間において当初の計画からボーリング調査箇所を追加することで地質を正確に把握し、施工方法の再検討を行った。その結果、地質が硬く良質と判断した箇所では、支保パターンを変えることで1日あたりの進行を延ばす方法について検討を行い、さらにインバートの必要性を検討して工期短縮の計画を練った。【検討した項目及び検討内容】

(3)現場で実施した対応処置とその評価

(1) ボーリング調査結果をもとに、補助工法の長尺先受け工を81mに短縮変更したことによって約1ヵ月工期を短縮した。(2)地質により支保パターンを変更し、インバートを減らして急速施工を実施した結果、約1ヵ月工期が短縮できた。【対応処置】

以上により、約2ヵ月の遅れを取り戻し、契約工期の10日前に竣工することができた。【解決した結果】

今回の対応処置の評価点は、地質調査を強化し現状に合った工法の提案を行い工期短縮できたことである。【評価点】

作例 No.20 トンネル工事

管理項目	品質管理
技術的課題	高い地下水位下でのグラウト管理

設問1

(1) 工事名

工　事　名	○○県○○道路トンネル補強工事

(2) 工事の内容

①発注者名	○○県○○部○○課
②工事場所	○○県○○市○○町地内
③工　　期	令和○年○月○日～令和○年○月○日
④主な工種	ずい道補強工
⑤施 工 量	鋼板馬蹄型隋道補強工　1,500㎡

(3) 工事現場における施工管理上のあなたの立場

立　　場	現場代理人

設問2

(1)技術的課題

本工事は、県道○○号線において老朽化したトンネルに対して、鋼板馬蹄型枠を組み立てて内部に裏込めグラウト材を注入し、トンネルを補強する工事である。（工事の内容（概要））土被りは22mと深く、地下水位も15mと高かった。（課題となった背景）

このような悪条件下で、グラウト材の材料分離の防止や注入圧力の管理を行うため、現場での創意工夫が課題となった。（技術的な課題）

(2)検討した項目と検討理由及び検討内容

グラウト材の品質を確保するため、以下の検討を行った。（検討の理由）

(1) 土被りが22m、地下水位が15mと高かったため、グラウト材の強度を保証する目的で設計強度より1ランクアップする配合計画を検討した。

(2) 圧力のかけすぎによって鋼材型枠が浮き上がらないようにするため、注入ホースに圧力計を設置する計画を検討した。

(3) 材料分離を防止するため、凝結時間を早める配合を検討した。

以上より、グラウト材の品質確保の創意工夫に基づく計画を立案した。（検討した項目及び検討内容）

(3)現場で実施した対応処置とその評価

材料分離を防止するために、グラウト材の強度を設計より1.0N/㎟高い7.0N/㎟として、凝結促進剤を使用しゲルタイムを18秒に設定した。また、圧力が異常に高くなって鋼板馬蹄型枠が変形しないように、圧力計で0.1N/㎟以下になるように注入管理した。（対応処置）

以上の対策で材料分離を防止し、裏込めグラウト材の品質を確保した。（解決した結果）

水場の薬液注入の配合の工夫により材料分離が防止できたことが評価できる点である。（評価点）

作例 No.21

トンネル工事

管理項目	品質管理
技術的課題	厳寒期のコンクリート品質管理

設問1

(1) 工事名

工　事　名	一般国道○○号トンネル建設工事

(2) 工事の内容

①発注者名	○○県○○部○○課
②工事場所	○○県○○市地内
③工　　期	令和○年○月○日～令和○年○月○日
④主な工種	トンネル工事（NATM工法）
⑤施 工 量	トンネル延長　L＝839.0m 幅員　W＝7.5m、内空断面　50.9㎡

(3) 工事現場における施工管理上のあなたの立場

立　　　場	工事主任

設問2

(1)技術的課題

本工事はトンネル延長839mをNATM工法で掘進する工事であった。 ―工事の内容(概要)

覆工コンクリートの施工開始時期が厳寒期の1月から2月に予定されていた。 ―課題となった背景

近年の観測記録から当現場の気温が－15～－10℃になることがわかっていたため、コンクリートの凍結による強度不足などが懸念され、コンクリートの品質管理が課題となった。 ―技術的な課題

(2)検討した項目と検討理由及び検討内容

厳寒期に施工するコンクリートの品質を確保するため、関係者と以下の検討を行った。 ―検討の理由

①現場と同じ環境下でのコンクリートの練り上がり温度の設定。
②早期強度を促進させるためのコンクリートの配合設計。
③ダブル鉄筋区間はコンクリートが分離しやすくなるため、充填確保の対策。
④コンクリートの強度を確保する方法とコンクリートの仕上がりの向上策。
⑤コンクリートの品質低下を起こさない温度を確保するための養生方法と養生時間。
―検討した項目及び検討内容

(3)現場で実施した対応処置とその評価

①練り上がり温度を20℃以上に設定し、セメント量を360kg/㎥に増やした。
②鉄筋がダブル配筋の区間は、骨材を20mmにサイズダウンして流動化剤を使用した。
③シート養生を設備してジェットファン4台と天端に投光器14台を配置し養生した。
―対応処置

上記により早期強度促進と発熱でコンクリートの凍結を防止できた。 ―解決した結果

評価点は厳寒期での品質確保を可能にしたことである。 ―評価点

作例 No.22 道路工事

管理項目　安全管理
技術的課題　地震時の災害対策

設問1

(1) 工事名

工　事　名	○○県○○道路改良工事

(2) 工事の内容

①発注者名	○○県○○部○○課
②工事場所	○○県○○市○○町地内
③工　　期	令和○年○月○日～令和○年○月○日
④主な工種	舗装工、排水工
⑤施 工 量	舗装工　8,000㎡ ボックスカルバート工　150m

(3) 工事現場における施工管理上のあなたの立場

立　　場	現場代理人

設問2

(1)技術的課題

本工事は、交通量の多い県道の脇にボックスカルバートを築造し道路を拡幅する工事であった。【工事の内容(概要)】当地区は東南海地震の発生が想定されている太平洋沿岸に位置している。しかも海岸に隣接した低地であるため、【課題となった背景】東日本大震災を教訓に地震時の通報や避難の方法及び避難訓練の実施計画など、地震時の災害対策を含む安全管理計画が重要な課題となった。【技術的な課題】

(2)検討した項目と検討理由及び検討内容

想定される地震災害に対する作業所の減災のために、以下の事項についての検討を行った。【検討の理由】

(1) 緊急地震速報発令時に作業員への避難指示を通知する方法と津波に対する避難場所の指定。
(2) 地震の際にクレーン等の重機が転倒しないようにする措置。
(3) 人命救助の訓練計画。
(4) 安否を確認するための訓練計画。
上記のとおり、発生が想定される地震に対する工事現場での減災方法を多角的に検討し、安全管理計画を立案した。【検討した項目及び検討内容】

(3)現場で実施した対応処置とその評価

(1) 緊急地震速報を受信できる携帯端末を職長に携帯させて、避難の迅速性を図った。
(2) 敷き鉄板により重機足場を確保して、転倒の防止を図った。
(3) 救命訓練を消防署に依頼し、全員で受講した。
(4) 災害時伝言サービスを使用して、実地訓練を行った。【対応処置】

以上の対策を実施することにより、地震時の災害に備えた。【解決した結果】

地震災害に対し携帯端末と情報サービスの活用で有効な防災対策ができたことは評価できると考える。【評価点】

作例 No.23 道路工事

管理項目	工程管理
技術的課題	擁壁工事の工期短縮

設問1

(1) 工事名

工事名	○○県道○○号線道路拡幅工事

(2) 工事の内容

①発注者名	○○県○○部○○課
②工事場所	○○県○○市○○町地内
③工期	令和○年○月○日～令和○年○月○日
④主な工種	鉄筋コンクリート擁壁工　H=3.5～5.0m、舗装工
⑤施工量	擁壁工　150.0m 路盤工　2,500㎡、舗装工　2,500㎡

(3) 工事現場における施工管理上のあなたの立場

立場	現場代理人

設問2

(1)技術的課題

本工事は、県道○号線の道路改良工事であり、現場打ちの鉄筋コンクリート擁壁を築造するものである。用地買収の遅れで工事着工に30日の遅れが生じた。 ―工事の内容(概要)／課題となった背景

この遅れを取り戻すためにネットワーク工程表を作成して工程を検討したところ、擁壁工事がクリティカルパスであることが判明し、擁壁工事の工期を短縮することが課題となった。 ―技術的な課題

(2)検討した項目と検討理由及び検討内容

現場打ちの鉄筋コンクリート擁壁工事の工程を短縮するために、以下の施工方法の検討を行った。 ―検討の理由

(1) バックホウとダンプトラックについて大型重機を可能な限り配置する計画とし、掘削と運搬の作業効率を上げる施工方法の検討をした。
(2) 当初は、150m17スパンを1班編成で施工する計画であったが、複数の箇所を同時に施工できるようにするための工区分けを検討し、複数班の編成で施工する施工計画を立案した。
(3) 型枠の組み立て及び解体作業効率をアップするように、大型クレーンの配置と活用方法を検討した。 ―検討した項目及び検討内容

(3)現場で実施した対応処置とその評価

上記の検討及び計画に基づき、以下の事柄を実施した。
掘削機械を1.4㎥級のバックホウと20tダンプトラックに変更した。また、施工区間を3工区に分け、3班同時施工とした。さらに型枠工の施工に25tクレーンを2台配置し、大きく組んだブロック型枠の施工を実施し、擁壁工事の効率アップを図った。 ―対応処置

以上の結果、工程を35日短縮することができた。 ―解決した結果

評価できる点は、大型重機の選定と3工区同時施工のバランスを最適化したことである。 ―評価点

作例 No.24

道路工事

管理項目	品質管理
技術的課題	暑中コンクリートの品質の確保

設問1

(1) 工事名

工　事　名	○○県道○○号線道路拡幅工事

(2) 工事の内容

①発注者名	○○県○○部○○課
②工事場所	○○県○○市○○町地内
③工　　期	令和○年○月○日～令和○年○月○日
④主な工種	鉄筋コンクリート擁壁工　H＝5.0m、舗装工
⑤施 工 量	擁壁工　50.0m 路盤工　1100㎡、舗装工　1100㎡

(3) 工事現場における施工管理上のあなたの立場

立　　場	現場代理人

設問2

(1)技術的課題

本工事は、県道○号線を拡幅する工事であり、拡幅に伴い高さ5.0mの現場打ち擁壁を築造するものである。（工事の内容（概要））
コンクリート工事が８月に予定されており、昨年同時期の気温は最高気温38℃を記録した。（課題となった背景）よって、夏季のコンクリート施工に注意する必要があり、暑中コンクリートの品質を確保するために行う施工方法の創意工夫が課題となった。（技術的な課題）

(2)検討した項目と検討理由及び検討内容

暑中コンクリートは温度上昇や急激な乾燥によって品質が低下することを考慮して、暑中コンクリートの品質を確保するために行う現場での創意工夫として、以下の内容を検討した。（検討の理由）
(1) コンクリートの打設前に型枠の温度を低下させ、湿潤状態にする施工方法の検討。
(2) レディーミクストコンクリートの練上がり温度を低下させる対策について、レディーミクストコンクリートの出荷工場とともに検討。
(3) コンクリート仕上げ後の効果的な乾燥防止の方法を検討。（検討した項目及び検討内容）

(3)現場で実施した対応処置とその評価

気象庁の予報を調べたところ、最高気温は35℃であった。そこで、出荷工場では練混ぜ水に氷を使用して練上がり温度を低下させ、打設箇所には事前にシートで覆い型枠に散水し温度上昇を防止した。また、練混ぜから打終わりまでを1.0時間以内に完了させ、養生はマットに散水して乾燥を防止した。（対応処置）
以上の結果、暑中コンクリートの品質を確保できた。（解決した結果）
評価点は、コンクリートの打設温度の低下対策を出荷工場と協議・対処し、品質低下を防止できた点である。（評価点）

作例 No.25 道路工事

管理項目 品質管理
技術的課題 気泡残留を少なくする対策

設問1

(1) 工事名

工事名	○○駅西口広場拡張工事管理業務委託

(2) 工事の内容

①発注者名	○○町都市計画課
②工事場所	○○県○○郡○○町大字○○地内
③工期	令和○年○月○日～令和○年○月○日
④主な工種	重力式擁壁工　アスファルト舗装工　地盤改良工
⑤施工量	重力式擁壁工（h=800）L=100.5m　アスファルト舗装工(密粒度As　t=5㎝）A=1,630㎡　地盤改良工（t=50㎝）A=1,630㎡　上層・下層路盤工　A=1,630㎡

(3) 工事現場における施工管理上のあなたの立場

立場	工事監督

設問2

(1)技術的課題

本業務は、○○駅西口ロータリーを整備する工事において発注者の監督員を支援し、工事の円滑な履行及び安全と品質確保を図るものである。主な工事内容は、重力式擁壁工とAs舗装工及び地盤改良工であった。（工事の内容（概要））重力式擁壁は現場打ちコンクリートで、躯体前面は3分の傾斜を有しており、壁面に気泡が残留することが懸念され、（課題となった背景）躯体の仕上がりの品質確保が課題となった。（技術的な課題）

(2)検討した項目と検討理由及び検討内容

本現場で課題となった傾斜した型枠面における気泡の残留を少なくすることを目的として、現場打ち重力式擁壁の100.5mのうち22.5m区間についてコンクリート打設方法を変えた試験施工を実施し、以下の項目を施工業者と検討した。（検討の理由）

(1) バイブレーターの機種を2種類用意し、仕上げの違いを調査し採用を検討した。
(2) 1層の打込み高さを変えて仕上げの違いを確かめた。(打込み高さ　1. h＝400mm、2. h＝800mm)
(3) 型枠の種類を変えた場合の仕上げの違いを確かめた。(1. 合板パネル、2. メタル、3. 吸水型枠)
（検討した項目及び検討内容）

(3)現場で実施した対応処置とその評価

試験施工の結果、以下の方法を指示した。バイブレーターは棒状と外震用の2種類を併用し、型枠内部は棒状を使用し傾斜側の型枠面は外振バイブレーターを使用した。打込み高さは1層を40㎝とし、2層に分けてコンクリートを打設した。型枠は高吸水不織布を貼りつけた吸水型枠を採用した。（対応処置及び解決した結果）

評価できる点は、課題に対して施工業者と施工方法を検討したことで、出来栄えがよいコンクリート擁壁が築造できたことである。（評価点）

作例 No.26

道路工事

管理項目	出来形管理
技術的課題	変化する改良深さの出来形管理

設問1

（1）工事名

工　事　名	県道○○号線道路拡幅工事

（2）工事の内容

①発注者名	○○県○○部○○課
②工事場所	○○県○○市○○町地内
③工　　期	令和○年○月○日～令和○年○月○日
④主な工種	鉄筋コンクリート擁壁工　H=3.5～5.0m、舗装工
⑤施 工 量	擁壁工　150.0m 路盤工　2,500㎡、舗装工　2,500㎡

（3）工事現場における施工管理上のあなたの立場

立　　場	現場代理人

設問2

（1）技術的課題

本工事は、県道○号線の道路改良工事であり、現場打ち鉄筋コンクリート擁壁を築造し、舗装を行うものであった。基礎地盤の支持力が不足していたため、セメント改良（深さ5.0m～6.0m）をする必要があった。
（工事の内容（概要）／課題となった背景）

スパンによって改良深さが変わってしまうため、改良深さを正確に施工するための出来形管理の方法が課題となった。
（技術的な課題）

（2）検討した項目と検討理由及び検討内容

改良に使用する機械は、バックホウにアタッチメンを付けたトレンチャー式撹拌機が特記仕様書にて指定されていたため、改良深さの出来形管理について以下の検討を行った。
（検討の理由）

（1）トレンチャーに高さを測定するための装置を固定し、所定の深さまで正確に改良できる深さ管理を検討した。
（2）改良深さの管理には自動的でかつ連続的に測定できる方法を採用するだけでなく、所定の深度に達したときにはオペレーターにわかりやすく知らせる装置の設置を検討した。
以上の項目について、出来形管理方法の検討を行った。
（検討した項目及び検討内容）

（3）現場で実施した対応処置とその評価

実施した出来形管理方法を以下に示す。
（1）バックホウのアームにレーザー光線式のレベルセンサーを取り付けて、改良深さの測定を行った。
（2）トレンチャーが所定の改良深度に達するとセンサーが反応し、オペレーターに音と光で知らせるシステムとした。
（対応処置）

以上の結果、改良深さは±50㎜以内の精度であった。
（解決した結果）

最新光センサーを活用し、機械施工を管理したことで高精度に施工できたことは評価できる点である。
（評価点）

作例 No.27 道路工事

管理項目 施工計画
技術的課題 塩害耐久性の確保

設問1

(1) 工事名

工事名	県道○○号線道路拡幅工事

(2) 工事の内容

項目	内容
①発注者名	○○県○○部○○課
②工事場所	○○県○○市○○町地内
③工期	令和○年○月○日～令和○年○月○日
④主な工種	鉄筋コンクリート擁壁工　H＝5.0m、舗装工
⑤施工量	擁壁工　50.0m 路盤工　1100m²、舗装工　1100m²

(3) 工事現場における施工管理上のあなたの立場

立場	現場代理人

設問2

(1)技術的課題

本工事は、県道○号線を拡幅する工事であり、拡幅に伴い高さ5.0mの現場打ち擁壁を構築するものである。【工事の内容(概要)】

当地区は海岸沿いに位置しており、周辺に隣接する鉄筋コンクリート構造物には塩害の影響を受けた形跡が確認できた。【課題となった背景】

そのため、鉄筋コンクリート擁壁を施工するにあたり、コンクリートの塩害耐久性を確保する施工計画立案が課題となった。【技術的な課題】

(2)検討した項目と検討理由及び検討内容

コンクリートの塩害耐久性を向上させる対策として、鉄筋の腐食を防止する方法のうち、鉄筋かぶりを確保するために以下の検討を行った。【検討の理由】

(1) 当該擁壁は断面が大きく（H＝5.0m）、重要構造物であるため、塩害に対する耐久性向上対策としてスペーサーの種類について検討を行った。
(2) 鉄筋の組み立てに用いる結束線が塩害の影響を受けて腐食しないように、結束線の種類、材質について検討を行った。
(3) セパレーターの先端の鋼材部分について、腐食に強い種類の検討を行った。【検討した項目及び検討内容】

(3)現場で実施した対応処置とその評価

海岸沿いの構造物の塩害防止方法を検討した結果、次の対応処置を実施した。まず、鉄筋スペーサーには高強度コンクリート製を採用し、1m²あたり2個以上配置し、鉄筋の結束線は被覆結束線を使用した。また、セパレーターには塩害対策用のプラスチックコーンを使用した。【対応処置】

以上の結果、塩害に対する耐久性を確保することができた。【解決した結果】

評価点は、塩害対策について調査検討を行い、最適な材料選定で塩害に対する耐久性向上を図れた点である。【評価点】

作例 No.28 道路工事

管理項目	環境保全対策
技術的課題	騒音・振動に対する環境保全

設問1

(1) 工事名

工　事　名	○○県道○号線道路拡幅工事

(2) 工事の内容

①発注者名	○○県○○部○○課
②工事場所	○○県○○市○○町地内
③工　　期	令和○年○月○日～令和○年○月○日
④主な工種	鉄筋コンクリート擁壁工　H=3.5～5.0m、PHC杭　∮450
⑤施 工 量	擁壁工　150.0m PHC杭　∮450　L＝９m　150本

(3) 工事現場における施工管理上のあなたの立場

立　　場	現場代理人

設問2

(1)技術的課題

　本工事は、県道○号線の道路改良工事である。現場打ち鉄筋コンクリート擁壁を構築するものであり、基礎杭にPHC∮450をディーゼルハンマで打ち込む計画であった。（工事の内容（概要））

　近隣には商店街や住居があり、擁壁工事のPHC杭打設にあたり騒音・振動が周辺の生活環境の障害とならないような環境保全対策が課題となった。（技術的な課題及びその背景）

(2)検討した項目と検討理由及び検討内容

　PHC杭の打設によって現場周辺の生活環境を保全するために以下の検討を行った。（検討の理由）

（1）当該現場周辺の用途地域を確認のうえ、環境基準の調査。
（2）当該現場の周辺に学校や幼稚園、病院及び公共施設があるかどうかの調査。
（3）施工前に地元説明会を行って住民の要望を確認したところ、昨年施工したマンション建設において重機の騒音や振動が問題となった事実が判明したため、同じ問題を起こさないための対策。
　これら検討結果をもとに環境保全対計画を立案した。（検討した項目及び検討内容）

(3)現場で実施した対応処置とその評価

　上記の検討をもとに以下の対策を実施した。
（1）PHC杭の打設機械は環境負荷軽減に配慮した低公害型油圧ハンマを使用し、地元説明会での住民の要望を考慮し、作業時間を８時30分から17時とした。
（2）施工時は毎日、敷地境界で騒音と振動レベルを監視した。（対応処置）

　住民の希望を取り入れた施工方法の改善により、低騒音かつ低振動の施工を行い環境保全ができた。（解決した結果）住民からの苦情なく竣工できたことが評価点と考える。（評価点）

作例 No.29 下水工事

管理項目 安全管理
技術的課題 有毒ガスによる酸素欠乏対策

設問1

(1) 工事名

工　事　名	○○県○○幹線工事

(2) 工事の内容

①発注者名	○○県○○部○○課
②工事場所	○○県○○市○○町地内
③工　　期	令和○年○月○日～令和○年○月○日
④主な工種	シールド工法　∮1650、人孔築造工
⑤施 工 量	シールド工法　∮1650 人孔築造工　２基

(3) 工事現場における施工管理上のあなたの立場

立　　　場	現場代理人

設問2

(1)技術的課題

本工事は、国道○○号線の歩道下に汚水管(∮1650)を圧気式手掘シールド工法で布設する工事であった。シールドトンネル内は∮1650㎜と狭く、切羽は上部に礫質土層が存在するため、切羽の地山崩壊及び有毒ガスによる酸素欠乏の事故発生が懸念された。

このため、トンネル内における酸素欠乏の事故防止の安全管理方法が課題となった。

（工事の内容(概要)／課題となった背景／技術的な課題）

(2)検討した項目と検討理由及び検討内容

有毒ガス発生に備えて、安全にシールド工事を完了するために以下の検討を行った。

(1) 切羽は上部に礫質土層が存在し、下部は高含水比の粘土層であるため、切羽の状態をチェックする手順を検討した。

(2) 作業に従事する作業員に対する、有毒ガスと酸素欠乏についての教育内容を検討した。

(3) 作業主任者を決めてチェック項目を検討した。

(4) 有毒ガスが生じた際の事故を防止するために、必要となるガス検知器と安全保護具の種類や機能等を調査して採用を検討した。

（検討の理由／検討した項目及び検討内容）

(3)現場で実施した対応処置とその評価

(1) 切羽における湧水状況や地質の状態を、作業前に作業主任者と元請職員がチェックした。

(2) 作業員に対する有毒ガスと酸素欠乏について、具体的な確認方法などの教育を行った。

(3) 作業員はガス検知器を常に携帯し、酸素欠乏事故の防止に努めた。

以上の結果、無事故で竣工できた。

評価点は、切羽のチェック手順を教育訓練により作業員に徹底し、安全に施工ができたことである。

（対応処置／解決した結果／評価点）

作例 No.30

下水工事

管理項目：安全管理

技術的課題：狭い道路での安全管理

設問1

(1) 工事名

工　事　名	○○県道○○幹線汚水管布設工事

(2) 工事の内容

①発注者名	○○県○○部○○課
②工事場所	○○県○○市○○町地内
③工　　期	令和○年○月○日～令和○年○月○日
④主な工種	塩ビ管　∮250　布設工、人孔設置工
⑤施 工 量	塩ビ管布設工　∮250　L＝232.5m １号人孔設置工　10箇所

(3) 工事現場における施工管理上のあなたの立場

立　　場	現場代理人

設問2

(1) 技術的課題

本工事は、ミニ開発された居住区の町道に開削工法によって汚水管（∮250）を布設する工事であった。〔工事の内容（概要）〕工事区間は全体的に道路幅が3.6mと狭く、管路掘削（幅85cm）を行うと歩行者の通路が確保できない状況であった。〔課題となった背景〕

即日の復旧を予定したので夜間は開放できる見込みであったが、昼間の地域住民の通行を確保するための安全通路の計画が課題となった。〔技術的な課題〕

(2) 検討した項目と検討理由及び検討内容

道路幅は3.6mであったが、掘削後は片側で1.0mの余裕しか確保できなかった。また、掘削機械の横幅は0.7m程度となってしまうことがわかっていた。このような狭隘なスペースでの歩行者の通路確保について、以下の検討を行った。〔検討の理由〕

（１）地域住民に工事の進捗や掘削状態、危険箇所等の工事の状況を知らせる方法の検討。

（２）住民が安全に通行することのできる安全通路の構造の検討。

以上について発注者と協議を行い、狭い場所における住民の通行に関する安全管理を検討した。〔検討した項目及び検討内容〕

(3) 現場で実施した対応処置とその評価

事前に工事の説明会を実施し、工事の内容や工程及び歩行者通路を含む安全管理の方法を理解してもらった。工事中は毎日地域住民とコミュニケーションを図り、自転車やバイクは掘削前に所定の場所に移動した。安全通路はパイプ柵で仕切り、グリーンマットを敷くことで歩きやすくした。〔対応処置〕以上により、住民の理解を得て安全に工事を完了することができた。〔解決した結果〕

評価できる点は、住民とのコミュニケーションを図り、苦情がなく安全に施工できたことである。〔評価点〕

作例 No.31 下水工事

管理項目 安全管理

技術的課題 地盤沈下による事故防止

設問1

(1) 工事名

工事名	○○県○○幹線工事

(2) 工事の内容

①発注者名	○○県○○部○○課
②工事場所	○○県○○市○○町地内
③工期	令和○年○月○日～令和○年○月○日
④主な工種	シールド工法 ∮1,650、人孔築造工
⑤施工量	L＝1,520m L＝332.5m 特殊人孔 1箇所

(3) 工事現場における施工管理上のあなたの立場

立場	現場代理人

設問2

(1) 技術的課題

本工事は、国道○号線の車道下に汚水管∮1,650を圧気式手堀シールド工法でセグメントを組み立てながら布設する工事であった。 ― 工事の内容(概要)

工事区間中には地質が沖積粘土で土被りが8～9mと浅い箇所がL＝50mあり、シールドマシン通過後に地盤沈下が発生することが懸念された。 ― 課題となった背景

そこで車道の沈下を防止する安全管理が課題となった。 ― 技術的な課題

(2) 検討した項目と検討理由及び検討内容

土被りが8～9mとなる比較的浅い区間について、シールドマシンの掘進後に発生が想定される軟弱地盤層の後続沈下を防止するために以下の検討を行った。 ― 検討の理由

①確実に裏込め注入を行うことが重要なポイントと考え、注入を管理する方法を検討した。
②路面の隆起や沈下を早期に把握できるように、測量計画を検討した。
③掘進に伴いシールドマシン上部の地層を安定させる地盤改良工法による対策を検討した。
以上の検討結果をもとにして、安全に施工できる施工計画を立案した。 ― 検討した項目及び検討内容

(3) 現場で実施した対応処置とその評価

検討した内容に基づいて、以下の施工方法を実施した。
①裏込め注入は1リング掘進ごとに行い、後部のすでに注入した部分についても点検を実施して注入の不足が見つかった箇所には増し注入を行った。
②道路面の高さの測量を事前に行い、掘進中は毎日2回路面の状態を確認した。
③切刃の地層を常に確認し、増粘材を注入した。 ― 対応処置

以上により沈下の発生を防止できた。 ― 解決した結果

評価点は、無事故で安全に掘進できたことである。 ― 評価点

作例 No.32

下水工事

管理項目	工程管理
技術的課題	地質変化による工程ロスの取り戻し

設問1

(1) 工事名

工　事　名	○○市○○幹線汚水管布設工事

(2) 工事の内容

①発注者名	○○部○○課
②工事場所	○○県○○市○○町地内
③工　　期	令和○年○月○日～令和○年○月○日
④主な工種	塩ビ管布設工　∮250、取り付け管工
⑤施 工 量	塩ビ管布設工　∮250　L＝332.5m １号人孔　50箇所

(3) 工事現場における施工管理上のあなたの立場

立　　場	現場代理人

設問2

(1)技術的課題

本工事は、区画整理事業地の道路下に汚水管を布設する工事であった。（工事の内容（概要））

当初の計画では関東ローム層であったが、試掘の結果、上流部の80m区間の地質が床付けより１m下まで高含水比の有機質土であることが判明し、土留工が打込み矢板に設計変更された。（課題となった背景）

このため20日の遅れが生じ、対策が課題となった。（技術的な課題）

(2)検討した項目と検討理由及び検討内容

施工方法の変更による工程の遅れを取り戻すために以下の検討を行った。（検討の理由）

①水道やガス及び電気工事が同時に発注されていたため、発注者を含めて現場責任者と全体工程会議を行い、全体工程表を作成のうえ、関連する施工区間で支障のない工程の調整により同時に施工できる箇所がないか検討を行った。

②他工事に関係なく１スパン分を掘削し、管布設が終了してから埋め戻すといった効率的で危険性の少ない施工が可能となる施工エリアがあるか検討した。

③施工する人員や機械を増やすことが可能か検討した。（検討した項目及び検討内容）

(3)現場で実施した対応処置とその評価

検討の結果、以下の施工を実施した。

①日常及び週間の全体工程会議の結果、全ルートのうち３スパンにおいては２班が同時に施工できることが判明したので、並行作業を行った。

②工事区間において東側のＢブロックは他工事と調整を図り、掘削作業を仮囲いしたパイプ柵内で先行して実施し、工程を短縮した。（対応処置及び解決した結果）

工程会議を充実させて施工方法を工夫し、工期を短縮できたことが評価できる点であると考える。（評価点）

作例 No.33 下水工事

管理項目：出来形管理
技術的課題：軟弱地盤での下水管の高さ管理

設問1

(1) 工事名

工事名	○○幹線汚水管布設工事

(2) 工事の内容

①発注者名	○○県○○部○○課
②工事場所	○○県○○市○○町地内
③工期	令和○年○月○日～令和○年○月○日
④主な工種	塩ビ管布設工　∮250、取り付け管工
⑤施工量	塩ビ管布設工　∮250　L＝232.5m 取り付け管　50箇所

(3) 工事現場における施工管理上のあなたの立場

立場	現場代理人

設問2

(1)技術的課題

本工事は、区画整理事業地の道路下に汚水管を布設する工事であった。（工事の内容(概要)）当初の計画では路面から1.5mまでは有機質土でその下部は硬い粘性土であったが、試掘の結果、上流部の80m区間の地質が床付けより１m下まで有機質土であることが判明した。（課題となった背景）そのため、下水管の沈下が懸念され、管底高さの出来形を確保する管理方法が課題となった。（技術的な課題）

(2)検討した項目と検討理由及び検討内容

管布設工の管底高さの許容差は±30mmであったため、沈下を防止する方法を検討した。その結果、沈下防止工法として杭基礎工法と有機質土の置き換え工法が挙がり、両者を比較検討した。（検討の理由及び項目）

置き換え工法は、杭基礎工法に比べて土留め材の型式変更や切りばりと腹起しの増段により工費と工数が多くかかるため、不適当と判断し、杭基礎工法を採用した。杭には松杭を採用し、硬い粘性土まで打ち込む方法を検討した。丁張では床付けと杭の打設が完了した後の管布設前にチェックを行い、杭の打込みによる浮き上がりを修正する計画とした。（検討内容）

(3)現場で実施した対応処置とその評価

検討の結果、以下の施工を実施した。
（1）管路部は松杭（末口12cm、長さ1.5m）を１m間隔に２列打ち込み、梯子胴木を設置した。
（2）１号人孔部は１箇所あたりに松杭（末口12cm、長さ1.5m）を４本打ち込んだ。（対応処置）

以上の施工を実施した結果、管底高さの出来形を許容差内に仕上げることができた。（解決した結果）

評価点は、試掘で現場の地質を確認し、軟弱地盤への対策を講じ、出来形を許容値内に収めたことである。（評価点）

作例 No.34

下水工事

管理項目　出来形管理
技術的課題　曲線部の中心線管理

設問1

(1) 工事名

工事名	○○下水幹線工事

(2) 工事の内容

①発注者名	○○県○○部○○課
②工事場所	○○県○○市○○町地内
③工期	令和○年○月○日～令和○年○月○日
④主な工種	シールド工法　∮1650、人孔築造工
⑤施工量	L＝1520m 特殊人孔　1箇所

(3) 工事現場における施工管理上のあなたの立場

立場	現場代理人

設問2

(1)技術的課題

本工事は、国道○○号線の歩道下に汚水管を圧気式手掘シールド工法で行う工事であった。（工事の内容（概要））工事区間中にR＝30m、R＝60mが2箇所、R＝120mのカーブが4箇所あり、シールドマシンを計画中心線及び計画高さに掘進させるためトンネル内の測量が重要であった。（課題となった背景）

以上より、出来形管理基準を満足させるための測量方法が課題となった。（技術的な課題）

(2)検討した項目と検討理由及び検討内容

シールド掘進は昼夜2班交代制で実施した。曲線部ではシールドマシンの挙動に合わせて異型セグメントの使用を決定するため、正確な測量方法と測定頻度について以下の検討を行った。（検討の理由及び項目）

(1) 全区間で6箇所あるカーブ部においては、裏込材が固化するまでシールドマシンの反力の影響でセグメントが動くので、裏込めが固化した箇所の手前の基準点から測量する手順を検討した。

(2) 計画路線の中間地点、坑口から760m付近で測量精度を確保するため、地上からチェックボーリングを計画した。（検討内容）

(3)現場で実施した対応処置とその評価

(1) シールドマシンの反力の影響でセグメントが動くため、ジャッキ圧力の影響が生じないと確認されたシールドマシンより200m手前から切羽の位置を観測した。

(2) 全延長の60%掘進した地質が安定している位置において地上からチェックボーリングを実施して、中心線の確認を行った。（対応処置）

以上の方法で許容値内に到達することができた。（解決した結果）

裏込め注入の影響を考慮し、日常の測量を実施して所要の出来形を確保できた点は評価できる。（評価点）

作例 No.35 下水工事

管理項目	施工計画
技術的課題	水路下への取り付け管の布設

設問1

（1）工事名

工　事　名	○○幹線汚水管布設工事

（2）工事の内容

①発注者名	○○県○○部○○課
②工事場所	○○県○○市○○町地内
③工　　期	令和○年○月○日～令和○年○月○日
④主な工種	塩ビ管布設工　∮250、取り付け管工
⑤施 工 量	塩ビ管布設工　∮250　L＝232.5m 取り付け管　50箇所

（3）工事現場における施工管理上のあなたの立場

立　　場	現場代理人

設問2

（1）技術的課題

本工事は、ミニ開発された住宅団地内にある町道に開削工法で汚水管を布設する工事であった。【工事の内容（概要）】全体的に道路幅は狭く、加えて道路の脇に幅３ｍの素掘り水路があり流水量が多く水替えが困難であった。【課題となった背景】

取り付け管の布設はこの水路を横断するため、水路下の取り付け管（塩ビ管∮150）布設の施工計画立案が課題となった。【技術的な課題】

（2）検討した項目と検討理由及び検討内容

狭い道路幅員の脇にある水路下に汚水取り付け管（塩ビ管∮150）を布設するために、以下の検討及び対応を行った。【検討の理由及び項目】

（1）水路に水を流したまま取り付け管を布設する施工方法について、最新工法を調査及び検討のうえ、適切な工法を選定した。

（2）汚水取り付け管布設箇所付近で障害となる水道管等の試掘を行って、位置と高さ及び管種の調査をした。

以上の事項について調査を行い、現場条件に最適な施工手順書を作成し、発注者と協議・検討を行い、水路下の取り付け管布設の施工計画を立案した。【検討内容】

（3）現場で実施した対応処置とその評価

検討の結果、以下の施工計画を作成し工事を実施した。

（1）民地側の取り付け管埋設箇所を人力で掘削し、推進工事用の立坑（幅１ｍ×深さ１ｍ）を築造した。

（2）立坑から本管掘削部に向かって、ハンマー式推進機を用いて水路下を貫通し、取り付け管を布設した。【対応処置】

以上の施工により、既設の水路下に、短期間で安全に取り付け管の布設を完了できた。【解決した結果】

今回の対応処置における評価点は、最新工法の情報収集で最適な施工計画が立案できたことである。【評価点】

作例 No.36

下水工事

管理項目	施工計画
技術的課題	狭い道路での施工計画

設問1

(1) 工事名

工　事　名	○○幹線汚水管布設工事

(2) 工事の内容

①発注者名	○○県○○部○○課
②工事場所	○○県○○市○○町地内
③工　　期	令和○年○月○日～令和○年○月○日
④主な工種	塩ビ管布設工、人孔設置工
⑤施 工 量	塩ビ管布設工　∮250　L＝532.5m 1号人孔設置工　10箇所

(3) 工事現場における施工管理上のあなたの立場

立　　場	現場代理人

設問2

(1)技術的課題

本工事は、ミニ開発された居住区の町道に開削工法で汚水管を布設する工事であった。【工事の内容（概要）】工事範囲は全体的に道路幅が狭かったので土工事に使用するダンプトラックは2tを使用した。【課題となった背景】しかしながら、一部の路線（L＝50.5m）において道路幅が1.8mと非常に狭く、バックホウなどの建設機械が使用できないため、狭隘部の施工計画立案が課題となった。【技術的な課題】

(2)検討した項目と検討理由及び検討内容

掘削機械が使用できない狭隘なスペースでの塩ビ管布設工事を行うために、以下の施工方法の検討を行った。【検討の理由】

(1) 機械を使用しない人力掘削での施工方法。
(2) ダンプトラックが横付けできる場所までの残土排出方法。
(3) 1号人孔より小さい人孔の選択と採用。
(4) 重機を使用しないプレキャスト人孔の設置方法。

以上の事項について発注者と協議を重ねて検討を行い、道路幅1.8mという狭い場所における汚水管（塩ビ管）布設及びプレキャスト人孔設置のための施工計画を立案し、工事を実施した。【検討した項目及び検討内容】

(3)現場で実施した対応処置とその評価

検討の結果、以下の施工計画を策定し、工事を行った。
(1) アスファルト舗装版は削岩機で破砕し、掘削積込みを人力で行い、ベルトコンベアを連結し残土搬出した。
(2) 人孔には角型特殊人孔を採用し、管布設前に設置した。その後に管路掘削を行い、塩ビ管の布設を行った。
(3) 施工スパンは10mとし、リヤカーを活用した。【対応処置】

以上の結果、狭隘部の施工ができた。【解決した結果】

狭い現場での施工方法を徹底的に洗い出し、困難な施工を可能としたことが評価できる点である。【評価点】

作例 No.37 河川工事

管理項目：安全管理

技術的課題：吊り荷の落下やクレーン転倒事故の防止

設問1

(1) 工事名

工 事 名	○○川河川改修工事

(2) 工事の内容

①発注者名	○○県○○部○○課
②工事場所	○○県○○市○○町地内
③工　期	令和○年○月○日～令和○年○月○日
④主な工種	コンクリートブロック張り、帯コンクリート工
⑤施 工 量	コンクリートブロック張り 1,250㎡ 帯コンクリート工　38.5m

(3) 工事現場における施工管理上のあなたの立場

立　　場	現場代理人

設問2

(1)技術的課題

本工事は、○○川の河川改修工事であり、河川の両岸に帯コンクリートを設置し、コンクリートブロック張りを行うものであった。 —工事の内容(概要)

左岸側は道路幅員が狭く、ブロックの搬入や生コンクリートの打設を対岸からクレーンで施工する計画としたため、吊り荷の落下やクレーンが転倒するなどの事故防止が課題となった。 —技術的な課題及びその背景

(2)検討した項目と検討理由及び検討内容

コンクリートブロック張りに使用するコンクリートブロックの材料と帯コンクリートなどの生コンクリート材料を、右岸の平場からクレーンで吊込み運搬する計画であった。このため、運搬する際の安全な吊り荷の方法やクレーンの足場を安定させることを目的として、以下の検討を行った。 —検討の理由

(1) 吊り荷の落下事故を防止するため、玉掛作業主任者と合図人の配置計画を検討・立案した。
(2) クレーンを設置する基礎地盤の調査と補強方法を検討した。
上記の検討を行ったうえ、安全管理計画を立案した。 —検討した項目及び検討内容

(3)現場で実施した対応処置とその評価

立案した安全管理計画に基づき、以下の事柄を実施したことで安全に工事を完了させることができた。 —解決した結果

(1) 玉掛作業は、有資格者から選任した作業責任者が指揮を行い、確認しやすい場所を決めて別に合図人を配置した。(2) クレーン設置箇所の地質と地耐力を確認し、軟弱な粘性土は礫質土で置き換え、鉄板(22㎜)で養生を行い補強した。 —対応処置

地耐力の改善や作業の指揮者と合図者の責任の明確化により、安全施工ができた点は評価できる。 —評価点

作例 No.38

河川工事

管理項目	工程管理
技術的課題	ブロック張りの工期の短縮

設問1

（1）工事名

工　事　名	○○川河川改修工事

（2）工事の内容

①発注者名	○○県○○部○○課
②工事場所	○○県○○市○○町地内
③工　　期	令和○年○月○日～令和○年○月○日
④主な工種	コンクリートブロック張り、帯コンクリートエ
⑤施 工 量	コンクリートブロック張り　1,250m² 帯コンクリートエ　38.5m

（3）工事現場における施工管理上のあなたの立場

立　　場	現場代理人

設問2

（1）技術的課題

本工事は、１級河川○○川の河川改修工事であり、河川の両岸に帯コンクリートを設置し、コンクリートブロック張りを行うものであった。（工事の内容（概要））

施工箇所は水田地帯であり、３月の中旬には水田に水を入れて田植えの準備が始まるため、地元の要望を叶えるために工期を30日間短縮し、３月上旬にブロック張りを完成させることが課題となった。（技術的な課題及びその背景）

（2）検討した項目と検討理由及び検討内容

コンクリートブロック張り工事の工期を30日間短縮するために、職員と職長で以下について工程検討会議を行い、効率的な施工方法を検討した。（検討の理由）

（1）バーチャート工程表をもとに、左岸と右岸を同時に施工できるかどうかを検討した。

（2）左岸側は道路幅員が狭くて大型トラックの通行が困難であることがわかっていたため、コンクリートブロックの搬入方法やレディーミクストコンクリートの打設方法を検討した。

以上の検討の結果、工期を30日間短縮する工程管理を計画した。（検討した項目及び検討内容）

（3）現場で実施した対応処置とその評価

上記の計画に基づき以下の事柄を実施したことによって、32日間工期を短縮することができた。（解決した結果）

左岸側の施工効率を改善させるために、左岸側の施工区分を２工区に分割し、右岸と同時に３班で施工した。ブロック材料とレディーミクストコンクリートは右岸側からクローラークレーン50ｔで搬入し、施工効率を高めた。（対応処置）

評価点は、狭隘な搬入路の対策を講じて、工程表による３工区同時施工の検討で工期短縮したことである。（評価点）

作例 No.39 河川工事

管理項目 工程管理
技術的課題 盛土工事の工期短縮

設問1

(1) 工事名

工　事　名	○○堤防強化盛土工事

(2) 工事の内容

①発注者名	国土交通省○○地方整備局○○河川事務所
②工事場所	○○県○○市○○町地内
③工　　期	令和○年○月○日～令和○年○月○日
④主な工種	河川土工　(盛土工)　法覆護岸工　(植生工)　付帯道路工
⑤施 工 量	盛土工　23,600㎥、植生工　2,610㎡ アスファルト舗装工　1,730㎡

(3) 工事現場における施工管理上のあなたの立場

立　　　場	工事主任

設問2

(1)技術的課題

本工事は、１級河川○○川の右岸の堤防強化対策として堤内地側に補強盛土を施工し、盛土箇所の沈下が安定した後に堤防天端に付帯道路を築造する工事であった。（工事の内容(概要)）

沈下が安定する期間として60日間の放置が計画されていたが、雨季になる前に後工程となる道路築造を完了させることを目的として前工程である起工測量と盛土の本体工事の工期短縮が工程管理の課題となった。（課題となった背景／技術的な課題）

(2)検討した項目と検討理由及び検討内容

準備工の起工測量及び品質管理を含む盛土工事の工程を短縮させるために以下の項目と内容について検討を行った。（検討の理由）

①広範囲にわたる現場の起工測量を短時間に実施し、かつ高精度な測量ができる方法について最新技術を調査し現場の適用性を比較検討した。
②盛土作業や法面整形作業を熟練者でなくても効率的かつ高精度な施工ができる方法を最新技術の情報を収集し現場での適応性を検討した。
③盛土の締固め度を管理する方法について、短時間かつ正確に管理する方法を調査し検討した。（検討した項目及び検討内容）

(3)現場で実施した対応処置とその評価

上記の検討を行い以下の項目を現場で実施した。
①最新技術であるドローンによる３次元レーザースキャン測量を採用したことで10日間の工程短縮ができた。
②３次元データを活用した丁張りが不要となるブルドーザ及びバックホウのマシンコントロールを実施したことで30日間工程を短縮できた。
③簡易型RI水分計を使用して含水比管理を行い測定時間を短縮した。（対応処置）評価点は最新技術の活用で工程を短縮し雨季前に道路工が完成できたことである。（評価点）

作例 No.40

河川工事

管理項目　施工計画

技術的課題　狭隘部への材料搬入方法

設問1

(1) 工事名

工　事　名	○○川河川改修工事

(2) 工事の内容

①発注者名	○○県○○部○○課
②工事場所	○○県○○市○○町地内
③工　　期	令和○年○月○日～令和○年○月○日
④主な工種	コンクリートブロック積み、帯コンクリートエ
⑤施 工 量	コンクリートブロック積み　1,250㎡ 帯コンクリートエ　38.5m

(3) 工事現場における施工管理上のあなたの立場

立　　場	現場代理人

設問2

(1)技術的課題

本工事は、１級河川○○川の河川改修工事であり、河川の両岸に帯コンクリートを設置し、コンクリートブロック張りを行うものであった。（工事の内容（概要））左岸側は道路幅が狭いため、コンクリートブロックやレディーミクストコンクリートを搬入する車両の乗り入れが困難であった。（課題となった背景）

そこで効率的に材料搬入を進めるための施工計画立案が課題となった。（技術的な課題）

(2)検討した項目と検討理由及び検討内容

コンクリートブロック積みに使用するコンクリートブロック材料と帯コンクリートなどのレディーミクストコンクリート材料を運搬するため、以下の３つの案について比較検討を行った。（検討の理由及び項目）

(1) 対岸から乗り入れ桟橋を鋼材で構築した仮設道路を使用する案を検討。

(2) 対岸から大型のクレーンで吊り込む案を検討。

(3) 河川の必要な流量を確保しつつ盛土を行うことにより、仮設道路を築造する案を検討。

上記について、施工性、経済性、安全性、確実性を考慮して、最適な施工計画を立案した。（検討内容）

(3)現場で実施した対応処置とその評価

上記(3)の盛土による仮設道路工法を採用し、実施した。(1)の桟橋の案は経済面でコスト高となり、(2)のクレーンによる施工方法はコストと安全面が懸念された。一方の盛土案はコルゲート管（∮800）４列で流量を確保できること及び低コストで安全性、確実性の観点から最適と判断し、採用した。（対応処置）

その結果、安全で効率よく工事が遂行できた。（解決した結果）

複数の工法をさまざまな観点で検討し、最適な工法を採用して施工計画を立案したことは評価できる。（評価点）

作例 No.41 水道工事

管理項目 安全管理
技術的課題 併設ガス管の破損事故防止

設問1

(1) 工事名

工　事　名	○○県○○号線配水管布設工事

(2) 工事の内容

①発注者名	○○県○○部○○課
②工事場所	○○県○○市○○町地内
③工　　期	令和○年○月○日～令和○年○月○日
④主な工種	ダクタイル鋳鉄管布設工 ∮300、弁類設置工
⑤施 工 量	ダクタイル鋳鉄管布設工　L＝800m 仕切り弁設置工　10箇所

(3) 工事現場における施工管理上のあなたの立場

立　　　場	現場代理人

設問2

(1)技術的課題

本工事は、上水道の配水管（ダクタイル鋳鉄管∮300）を土被り1.2mでL＝800m布設する工事で、土留め工は簡易鋼矢板L＝1.8mに木製支保工1段設置するものであった。（工事の内容(概要)）施工延長800mのうち50m区間において、∮100のガス管が接近し埋設されていた。（課題となった背景）

このため、掘削作業におけるガス管破損事故の防止が課題となった。（技術的な課題）

(2)検討した項目と検討理由及び検討内容

既設ガス管が施工箇所に接近して埋設されているため、掘削時にバックホウで損傷させないように以下の方法及び計画について検討を行った。（検討の理由）

(1) 設計図面をもとに近接する箇所を調査する方法。
(2) 設計図書から路面にガス管の位置を表示する方法。
(3) 配水管の土被りと深さ、材質、継手の方法、埋戻しの方法等について、ガス会社の立ち会いのもとでの調査計画の立案。
(4) 実際のガス管の位置と高さを試掘によって確認するための掘削方法と測定結果の記録方法。

以上、ガス管への破損事故の対策を計画した。（検討した項目及び検討内容）

(3)現場で実施した対応処置とその評価

本工事の掘削位置に近接する既設のガス管を掘削時に破損させないために、設計図書から調査の位置を定めて試掘した。その結果をもとにCADでわかりやすく図面化し、発注者と協議のうえ問題となる水道管の布設位置を変更した。（対応処置）

既設のガス管を十分に調査したことで破損事故を防止でき、安全に工事を完成することができた。（解決した結果）

評価点は、設計図書をもとにわかりやすい検討図を作成し、破損事故を防止できたことである。（評価点）

水道工事

管理項目	工程管理
技術的課題	湧水処理方法

設問1

(1) 工事名

工　事　名	○○号線水道管布設工事

(2) 工事の内容

①発注者名	○○県○○部○○課
②工事場所	○○県○○市○○町地内
③工　　期	令和○年○月○日～令和○年○月○日
④主な工種	ポリエチレン管布設工　∮100、弁類設置工
⑤施 工 量	ポリエチレン管布設工　L＝500m 仕切り弁設置工　14箇所

(3) 工事現場における施工管理上のあなたの立場

立　　場	現場代理人

設問2

(1)技術的課題

本工事は、上水道の配水管（ポリエチレン管∮100）を車道に、土被り1.2mでL＝500mを即日復旧工法で布設する工事であった。（工事の内容（概要））地質は軟弱で湧水があり、施工実績より当初予定した1日あたりL＝10mの管布設作業量が確保できない状態となった。（課題となった背景）

このため、工程管理を重点課題として、障害となる湧水対策の検討が必要であった。（技術的な課題）

(2)検討した項目と検討理由及び検討内容

工程の遅れの原因となった作業工程を分析したところ、ヒービングと地下水の排水不良の2つの要因が判明した。そのため、以下の対策を検討し計画した。（検討の理由）

(1) 当初はボーリングデータ等により湧水は少ないと考え、木矢板を当て矢板で施工する設計だった。そこで現場の状況を考慮して矢板の根入れを計算し、必要な長さの検討を行った。

(2) 掘削時点で床を練り返してしまい、排水が不十分となってしまったことにより作業効率が悪くなっていたため、掘削と水替え方法の作業手順を再検討して効率のよい作業手順を定めた。（検討した項目及び検討内容）

(3)現場で実施した対応処置とその評価

木矢板を簡易鋼矢板に変更し、根入れ長さを1.0mとしたことによりヒービングが防止できた。また、掘削にあたって床の軟弱化を防止するために、初期段階で床付け深さより30cm深く釜場を設置し、掘削の進行に合わせて両サイドに溝を掘り、釜場で水中ポンプによる排水を行った。（対応処置）その結果、作業効率が改善して当初予定した工程を確保できた。（解決した結果）

今回の対応処置における評価点は、現場状況に合った仮設工法の提案を行い工期短縮できた点である。（評価点）

作例 No.43 水道工事

管理項目	品質管理
技術的課題	配管ミスによる漏水防止

設問1

（1）工事名

工　事　名	○○号線配水管布設工事

（2）工事の内容

①発注者名	○○県○○部○○課
②工事場所	○○県○○市○○町地内
③工　　期	令和○年○月○日～令和○年○月○日
④主な工種	ダクタイル鋳鉄管布設工　∮300、弁類設置工
⑤施 工 量	ダクタイル鋳鉄管布設工　L＝800m 仕切り弁設置工　10箇所

（3）工事現場における施工管理上のあなたの立場

立　　　場	現場代理人

設問2

（1）技術的課題

本工事は、上水道の配水管（ダクタイル鋳鉄管∮300）を土被り1.2mでL＝800m布設する工事であった。〔工事の内容（概要）〕過去に行った配管工事において、継手箇所の清掃不良やボルトの締付け不良による漏水が発生した。〔課題となった背景〕

このため、ダクタイル鋳鉄管接続における漏水を防止するために、現場で実施する方法についての創意工夫が技術的課題となった。〔技術的な課題〕

（2）検討した項目と検討理由及び検討内容

発注者と自社において過去の漏水発生原因を調査したところ、原因の多くがボルト・ナットの締付け不良によることが判明した。そのため、以下の対策について検討及び計画立案した。〔検討の理由〕

（1）清掃不良を防ぐために、継手部については泥などの汚れが付着しないように保護し、汚れがついた場合には十分に水洗いして布で拭き取る。

（2）鋳鉄管の接続は上下左右対称に片締めしないように注意し、トルクレンチで所定の力で締付けを行う。締付け後は職長が全箇所確認し、その結果をチェックシートに記録して監督職員に報告する手順を定める。〔検討した項目及び検討内容〕

（3）現場で実施した対応処置とその評価

配水管の接続にあたり責任者を決めて、継手を養生し汚れがないことやボルトの締付けトルク（100N・m）について、チェックシートを用いて全箇所記録した。また、継手接続完了ごとに職長が確認し、監督員が仕上がり検査を実施し、片締めや締め忘れ及び汚れによる接続不良等を防止した。〔対応処置〕

以上より、漏水のない配管工事を完了することができた。〔解決した結果〕

今回の評価点は、過去の事例を調査し接続のチェック方法の見直しを行い漏水防止できた点である。〔評価点〕

造成工事

管理項目 安全管理

技術的課題 小学生や近隣住民に対する安全管理

設問1

（1）工事名

工　事　名	○○団地造成工事

（2）工事の内容

①発注者名	○○住宅株式会社
②工事場所	○○県○○市○○町地内
③工　　期	令和○年○月○日～令和○年○月○日
④主な工種	擁壁工　H＝2.0m、舗装工、防火水槽（40ｔ）
⑤施 工 量	擁壁工　70.0m、舗装工　800㎡、 防火水槽　１基

（3）工事現場における施工管理上のあなたの立場

立　　場	現場監督

設問2

（1）技術的課題

本工事は、市街地において古い工場の移転に伴う跡地に新たに50棟の宅地を造成する工事であった。（工事の内容（概要））当現場は住宅地にあるだけでなく小学校に隣接しており、資材置き場の積荷の転倒や防火水槽工事で掘削するH＝５mの深い穴への転落など、小学生や近隣住民などの第三者に対する事故の発生が懸念された。（課題となった背景）

このため、第三者の安全管理が課題となった。（技術的な課題）

（2）検討した項目と検討理由及び検討内容

小学生や近隣住民などの第三者による事故を防止するために、以下の安全管理を検討した。（検討の理由）

（１）工事現場に第三者が立ち入ることができないようにするための防護柵の設置計画を検討した。

（２）工事現場に立ち入らないように第三者へわかりやすく周知する方法を検討した。

（３）万が一、工事現場に第三者が立ち入った場合を想定し、防火水槽のために掘削した穴への転落防止の方法を検討した。

以上の検討を行い、第三者に対する工事現場の安全管理計画を立案した。（検討した項目及び検討内容）

（3）現場で実施した対応処置とその評価

第三者による事故を防止するために、次の事項を実施した。まず、工事現場の周囲をネットフェンス（H＝1.8m）で囲い、イラスト入りのわかりやすい立ち入り禁止看板を設置した。そして、資材は固定して、掘削箇所には投光器で照明し、安全ネットを設置することで転落事故の防止を図った。（対応処置）以上の対策によって、無事故で竣工することができた。（解決した結果）

対応処置における評価点は、現場の危険を予測し、安全対策を検討したことで第三者事故を防止できた点である。（評価点）

作例 No.45 造成工事

管理項目 工程管理

技術的課題 漏水のない防火水槽築造

設問1

(1) 工事名

工　事　名	○○団地造成工事

(2) 工事の内容

①発注者名	○○住宅株式会社
②工事場所	○○県○○市○○町地内
③工　　期	令和○年○月○日～令和○年○月○日
④主な工種	擁壁工　H＝2.0m、舗装工、防火水槽（40ｔ）
⑤施 工 量	擁壁工　70.0m、舗装工　800㎡、 防火水槽　１基

(3) 工事現場における施工管理上のあなたの立場

立　　場	現場監督

設問2

(1)技術的課題

本工事は、市街地において工場の移転跡地に50棟の宅地を造成する突貫工事であった。防火水槽は現場打ち鉄筋コンクリート造で、完成後には消防署立ち会いの水張り漏水検査に合格しないと埋戻しができない条件であったため、後工程の舗装工への影響が懸念された。このため、漏水のない防火水槽を築造して漏水検査に合格することが工程管理の鍵となった。

（工事の内容（概要）／課題となった背景／技術的な課題）

(2)検討した項目と検討理由及び検討内容

後工程の舗装工では、突貫工事によって当初予定した工程どおりに施工させる必要があった。このため、漏水のない防火水槽を築造し、消防署による水張り漏水検査を１回で合格するために、以下の検討を行った。

（１）底盤と壁躯体との接続箇所で生じる打継目の漏水防止方法。

（２）壁型枠に使用するセパレーターの材料。

（３）密実なコンクリートとするための養生の方法。

以上の検討を行い、工程管理上最も重要な消防署立ち会いの水張り漏水検査を１回で合格させるための計画を立案した。

（検討の理由／検討した項目及び検討内容）

(3)現場で実施した対応処置とその評価

底盤と躯体との接続箇所にはレイタンス処理を十分行い、膨張性のゴム製止水板を使用した。壁型枠には鋼製セパレーターの中間に膨張するゴム製の止水円盤を使用した。また、コンクリート養生では、躯体を養生マットで覆い、散水により湿潤状態を保った。

以上の結果、消防署の漏水検査に１回で合格し、無事に舗装工に引き渡して工期内に完成できた。

漏水の要因を調査して材料や施工方法を見直し、密実で漏水のない防火水槽を築造できた点は評価できる。

（対応処置／解決した結果／評価点）

作例 No.46

造成工事

管理項目 品質管理

技術的課題 路盤材の密度管理

設問1

(1) 工事名

工　事　名	○○盛土造成工事

(2) 工事の内容

①発注者名	○○建設株式会社
②工事場所	○○県○○市○○町地内
③工　　期	令和○年○月○日～令和○年○月○日
④主な工種	アスファルト舗装工
⑤施 工 量	表層工　880m²、上層路盤工　920m² 下層路盤工　1,010m²

(3) 工事現場における施工管理上のあなたの立場

立　　場	現場責任者

設問2

(1)技術的課題

本工事は、造成地の幹線1号道路を道路改良する工事であり、下層路盤工（40-0、t＝15cm）、上層路盤工（M30-0、t＝10cm）、表層工（密粒As、t＝5cm）を施工するものであった。 ― 工事の内容（概要）

施工時期が猛暑の夏で降水量が少なかったために路盤材が乾燥し、現場密度を最大乾燥密度の93%以上とする施工品質の確認方法が課題となった。 ― 技術的な課題及びその背景

(2)検討した項目と検討理由及び検討内容

暑中の路盤工の品質管理基準である現場密度試験値93%以上を確保する施工を実施してその品質を確認するために、以下の検討を行った。 ― 検討の理由

（1）給水をする場所が現場から3kmにあることを踏まえた散水の方法（給水方法、機械）。
（2）路盤材の含水比を効率的に管理する方法。
（3）現場の条件に合った締固め方法。
（4）たわみ試験の方法。
以上の検討を行ったうえで、現場密度を最大乾燥密度の93%以上確保する施工方法と品質確認方法について計画を立案した。 ― 検討した項目及び検討内容

(3)現場で実施した対応処置とその評価

給水の効率化を図るため、2台の散水車を使用した。含水比の管理は試験施工によって散水量を決定した。また、締固め方法は路盤の外側から内側へ転圧した。たわみの測定はベンゲルマンビーム試験を行い確認した。 ― 対応処置

その結果、現場密度試験値は95%以上となり、沈下量は最大1.8mmを確保でき、舗装の仕上がりもよく完成することができた。 ― 解決した結果

評価点としては、現場に合った散水方法と転圧方法を試験で決め、所定の品質を確保できたことである。 ― 評価点

作例 No.47 造成工事

管理項目 品質管理
技術的課題 盛土材の含水比管理

設問1

(1) 工事名

工　事　名	○○盛土造成工事

(2) 工事の内容

①発注者名	○○建設株式会社
②工事場所	○○県○○市○○町地内
③工　　期	令和○年○月○日～令和○年○月○日
④主な工種	盛土工、調整池工
⑤施 工 量	盛土工　10,000㎥ 調整池　1式

(3) 工事現場における施工管理上のあなたの立場

立　　場	現場責任者

設問2

(1)技術的課題

本工事は、林地開発工事であり丘陵地の山林の沢を埋め立てる盛土工事であった。開発面積は1ヘクタールで盛土量は10,000㎥であった。（工事の内容(概要)）盛土材は、土取り場にて監督員立ち会いで試料を採取して土質試験を行い、基準に適した材料を盛土することになっていた。（課題となった背景）

含水比は天候に左右されるため、盛土材の品質を確保すべく、現場での創意工夫が課題となった。（技術的な課題）

(2)検討した項目と検討理由及び検討内容

土取り場は公共工事で発生した残土が山積みにされていて、天端の表面にはくぼみが点在し水がたまっていた。この状況下で盛土材の品質（含水比）を確保するため、現場で実施すべき対応として以下の施工方法の検討を行った。（検討の理由）

(1) 降雨によって土取り場の盛土材の含水比が高くならないための、表面滞留水排除の方法。

(2) 含水比の比較的高い盛土材を乾燥させて、良質な状態へと改善し、盛土箇所に運搬できるようにするための方法。

以上の検討を行い、盛土材の品質確保方法を立案した。（検討した項目及び検討内容）

(3)現場で実施した対応処置とその評価

山積みで整形されていなかった土取り場の盛土材について、整地及び法面を整形した。天端は水はけがよくなるように傾斜をつけて整地した。運搬は天気のよい日に行ったうえで、盛土作業を実施した。また、含水比の高い材料は土取り場で薄く敷き均し天日乾燥で含水比を下げ、雨天時はシートで養生した。（対応処置）

以上により、盛土材の品質を保つことができた。（解決した結果）

評価できる点は、土取り場の盛土材料の含水比を低く管理したことで、所定の品質を確保できたことである。（評価点）

作例 No.48 造成工事

管理項目　出来形管理
技術的課題　効率的な盛土の出来形測定

設問1

(1) 工事名

工　事　名	○○林地造成工事

(2) 工事の内容

①発注者名	○○県○○部○○課
②工事場所	○○県○○市○○町地内
③工　　期	令和○年○月○日～令和○年○月○日
④主な工種	盛土工、調整池工
⑤施 工 量	盛土工　150,000㎥ 調整池　１式

(3) 工事現場における施工管理上のあなたの立場

立　　　場	現場代理人

設問2

(1)技術的課題

本工事は、林地開発工事であり丘陵地の山林の沢を埋め立てる盛土工事であった。開発面積は５ヘクタールで盛土量は150,000㎥であった。 ―工事の内容（概要）

盛土の進捗状況については発注者と県の管理事務所に盛土の施工量を毎月報告することが義務付けられていた。 ―課題となった背景

このため、測量と横断図、土量計算書作成を迅速に行う作業の効率化が課題となった。 ―技術的な課題

(2)検討した項目と検討理由及び検討内容

盛土の出来形数量を報告するために測量を行い、横断図と土量計算書の作成を毎月行うことが必須事項であったが、当初は測量に４日と内業による土量計算結果報告書の作成に２日を要した。このため、以下の効率的な出来形管理の方法の検討を行った。 ―検討の理由

（１）５ヘクタールの敷地に対して現行の半分の日数で迅速に測量を実施する方法。
（２）測量結果から効率的に横断図を作成する方法。
（３）測量結果から迅速に土量計算書を作成する方法。
以上の検討を踏まえて、効率のよい出来形管理方法を取り入れた計画を立案した。 ―検討した項目及び検討内容

(3)現場で実施した対応処置とその評価

最新の測量技術を調査して、短期間に５ヘクタールの敷地の盛土進捗状況について迅速に測量できるレーザースキャナー測量システムを採用した。自動計測を取り入れたことで測量作業が２人×１日で完了し、データ整理と報告書作成をフォーマット化したことで１人×２日で作業が完了することができた。 ―対応処置

以上より、出来形管理の効率化ができた。 ―解決した結果

評価点は、最新の測量機器を調査・採用して出来形管理の効率化を図ったことである。 ―評価点

作例 No.49

地盤改良工事

管理項目　安全管理

技術的課題　ヒービングに対する安全確保

設問1

(1) 工事名

工　事　名	○○排水機場工事

(2) 工事の内容

①発注者名	○○県○○部○○課
②工事場所	○○県○○市○○町地内
③工　　期	令和○年○月○日～令和○年○月○日
④主な工種	鋼矢板打込み工、掘削工、地盤改良工
⑤施 工 量	鋼矢板Ⅲ型　310枚、掘削工　820㎥ 地盤改良工　1,300㎥

(3) 工事現場における施工管理上のあなたの立場

立　　　場	現場責任者

設問2

(1)技術的課題

本工事は排水機場建設工事であり、鋼矢板Ⅲ型（L＝10.5m）を310枚打設した後に、切りばりと腹起しを設置しながら掘削して排水機場を建設する工事であった。 ― 工事の内容（概要）

掘削深さは8.1mで、床付け部の地盤は沖積層の軟弱地盤となっていて、地下水位が高いためヒービングによる事故が懸念された。

そのため、掘削時の安全管理が課題となった。 ― 技術的な課題及びその背景

(2)検討した項目と検討理由及び検討内容

掘削時のヒービングによる事故を防止するために、以下のような地盤改良工法の検討を行った。 ― 検討の理由

（1）掘削前に、地質をピンポイントで確認するために、ボーリング調査についての検討を行った。

（2）ボーリング調査でサンプリングした試料について、物理試験の実施による土質の性状の把握方法を検討し、計画を練った。

（3）物理試験結果を用いて、掘削底盤のヒービングに対する安全率を計算し、安全性を確認することを検討し、具体的な手順をまとめた。

（4）ヒービング防止対策工法の検討を行った。 ― 検討した項目及び検討内容

(3)現場で実施した対応処置とその評価

調査の結果から、Ｎ値２～３、粘着力４kN/㎡の沖積粘土でヒービングに対する安全率は0.35であると判明した。そこで、安全率を1.5とする計算を行い、３種類の地盤改良工法比較検討を実施し、最も経済的で効果が期待できるDJM工法（改良厚1.5m）を採用して施工を実施した。 ― 対応処置

以上の対応によりヒービングが防止できて安全に掘削することができた。 ― 解決した結果

現地の地質を正確に把握したうえで、必要な改良工法を複数比較しヒービングを防止できたことは評価できる。 ― 評価点

作例 No.50

地盤改良工事

管理項目	施工計画
技術的課題	軟弱路床の改良方法

設問1

(1) 工事名

工　事　名	幹線1号道路工事

(2) 工事の内容

①発注者名	○○県○○部○○課
②工事場所	○○県○○市○○町地内
③工　　期	令和○年○月○日～令和○年○月○日
④主な工種	アスファルト舗装工
⑤施 工 量	表層工　980㎡、上層路盤工　1,000㎡ 下層路盤工　1,100㎡

(3) 工事現場における施工管理上のあなたの立場

立　　場	現場代理人

設問2

(1)技術的課題

本工事は、○○市の幹線1号道路を道路改良する工事であり、下層路盤工（40-0、t＝20cm）、上層路盤工（M30-0、t＝15cm）、表層工（密粒度アスコン、t＝5cm）を施工するものであった。 ―― 工事の内容（概要）

施工箇所は水田地帯で、全体的に粘性土の地質であることから路床が軟弱化しており、地盤改良の施工計画が課題となった。 ―― 技術的な課題及びその背景

(2)検討した項目と検討理由及び検討内容

路床地盤の軟弱化対策のため、以下の対応及び試験結果から地盤改良の検討を行って、軟弱な路床の安定化を計画した。

（1）路床部の軟弱地盤の状況を把握するために試掘調査を行い、その試料をもとに路床土の支持力比を求めるCBR試験を実施した。

（2）試料採取方法は20mピッチで、横断方向に左側、右側、センター3箇所の路床土を採取してCBR試験を実施し、軟弱土の分布状態を把握した。

（3）上記の試料を用いてセメント系固化材による改良の設計を行った。

―― 検討の理由、検討した項目及び検討内容

(3)現場で実施した対応処置とその評価

検討の結果、次のような対策をとった。まず、路床の設計CBRは8％であったが、現状土の平均CBR値は1.5％、最小は0.5％であった。そこで、棄却検定の後に改良設計を行い、改良厚さを70cm、現場散布量は測点別に設計して最小56.42kg/㎡と最大91.10kg/㎡を計画した。 ―― 対応処置

この計画に基づき施工を行い、舗装完了後もひび割れなく完成に至った。 ―― 解決した結果

評価点としては、現場に合った改良方法を試験で決め、所定の品質を確保できた点である。 ―― 評価点

作例 No.51 農業土木工事

管理項目	工程管理
技術的課題	掘削工と土留め支保工の工期短縮

設問1

(1) 工事名

工　事　名	○○県○○用水機場工事

(2) 工事の内容

①発注者名	○○県○○部○○課
②工事場所	○○県○○市○○町地内
③工　　期	令和○年○月○日～令和○年○月○日
④主な工種	用水機場躯体築造工、土留工
⑤施 工 量	用水機場躯体築造工　１基 土留工（鋼矢板Ⅱ型　L＝８m）320枚

(3) 工事現場における施工管理上のあなたの立場

立　　　場	現場責任者

設問2

(1)技術的課題

本工事は、老朽化した農業用水ポンプ施設を撤去し、新たにポンプ施設を設置する工事であり、掘削に先立ち土留め工として鋼矢板Ⅱ型を打ち込み、切りばりと腹起しを２段設置するものである。 ―― 工事の内容(概要)

工程表を検討したところ、土留め工終了後の掘削作業では完了するのに20日の作業日数が必要であり、工期内完成には５日の工程短縮が課題となった。 ―― 技術的な課題及びその背景

(2)検討した項目と検討理由及び検討内容

掘削及び土留め工の作業方法を工夫し、工程を短縮するために以下の検討を行った。 ―― 検討の理由

(1) 鋼矢板打込み完了後の掘削について、支保工に偏土圧が作用しないようなブロック割りを検討した。
(2) 掘削及び土留め工のブロック割りについて工夫を凝らすことで、複数のブロックで並行作業ができないかどうかを検討した。
(3) 掘削中に土留め支保工に作用する土圧や変形を監視・測定することを検討した。
以上の検討を踏まえて、作業工程を５日以上短縮させる計画を立案した。 ―― 検討した項目及び検討内容

(3)現場で実施した対応処置とその評価

上記の検討の結果、次の対策を行った。まず、ブロックを左右と中央の３ブロックに分割し、中央ブロックの支保工を設置完了した後に左右のブロックの掘削を同時に開始した。そして、中央部の土圧と支保工のひずみを測定・監視し、安全を確認してから左右の支保工を設置した。 ―― 対応処置

このように並行作業を可能としたため、工程を６日間短縮させることができた。 ―― 解決した結果

掘削を３ブロックに分け、土圧を監視しながら安全に施工する方法を検討し、工程短縮できた点が評価できる。 ―― 評価点

作例 No.52

農業土木工事

管理項目：品質管理
技術的課題：盛土の高さ管理

設問1

(1) 工事名

工　事　名	○○用水災害復旧工事

(2) 工事の内容

①発注者名	○○県○○部○○課
②工事場所	○○県○○市○○町地内
③工　　期	令和○年○月○日～令和○年○月○日
④主な工種	築堤盛土工、階段工
⑤施 工 量	築堤盛土工　3,500㎥ 階段工　3箇所

(3) 工事現場における施工管理上のあなたの立場

立　　場	現場代理人

設問2

(1)技術的課題

本工事は、台風18号の雨で崩れて欠損した堤体に対して、段切り後に腹付け盛土を行う災害復旧工事であった。【工事の内容(概要)】盛土の前に基礎地盤をボーリング調査したところ、上部の厚さ3mが軟弱な粘土層であることが判明した。【課題となった背景】

盛土後の圧密沈下が懸念されたため、堤体の高さ管理が課題となり、高さを確保するために現場で実施する施工方法の創意工夫が課題となった。【技術的な課題】

(2)検討した項目と検討理由及び検討内容

堤体盛土高さや幅及び締固め度の品質を出来形管理における基準内に仕上げるため、以下のとおり基礎地盤対策と盛土の施工方法を検討した。【検討の理由】

(1) 軟弱地盤を調査して、良質土で置き換える方法を発注者と協議し、材料調達等を検討した。
(2) 現場において締固め試験を行い、出来形管理基準を確保する施工方法を検討した。
(3) 出来形管理測点は20m間隔に設定し、高さと幅を管理することとした。

上記の検討を踏まえて、築堤盛土の品質確保の方法を確立させて計画を立案した。【検討した項目及び検討内容】

(3)現場で実施した対応処置とその評価

検討の結果、次の対応を実施した。まず、盛土の沈下を防止するため、軟弱と判断した基礎地盤を公共工事で発生した良質な流用土で置き換えた。そして、締固め試験で決めた施工方法と施工機械（15tブルドーザと8tタイヤローラー）で転圧を行った。【対応処置】

以上の結果、95%以上の締固め度を確保でき、盛土の沈下もなく出来形管理基準を満足することができた。【解決した結果】

現場の地質分布を把握して最適な対策検討と品質試験を行い、目標の品質を確保したことは評価できる。【評価点】

作例 No.53 農業土木工事

管理項目 出来形管理

技術的課題 盛土の出来形管理

設問1

(1) 工事名

工　事　名	○○用水災害復旧工事

(2) 工事の内容

①発注者名	○○県○○部○○課
②工事場所	○○県○○市○○町地内
③工　　期	令和○年○月○日～令和○年○月○日
④主な工種	築堤盛土工、階段工
⑤施 工 量	築堤盛土工　3,500㎥ 階段工　３箇所

(3) 工事現場における施工管理上のあなたの立場

立　　場	現場代理人

設問2

(1)技術的課題

本工事は、台風18号による雨で崩れて欠損した堤体に対して、段切りを行い、腹付け盛土を施工する災害復旧工事であった。盛土の前に基礎地盤をボーリング調査したところ、上部の厚さ３ｍが軟弱な粘土層であることが判明した。

盛土後の圧密沈下が懸念されたため、堤体の出来形管理が課題となった。

（工事の内容(概要)／課題となった背景／技術的な課題）

(2)検討した項目と検討理由及び検討内容

堤体盛土高さや幅及び締固め度を出来形管理基準内に仕上げるため、基礎地盤改良対策と盛土の施工方法を検討した。

（1）軟弱地場を良質土で置き換える方法を発注者と協議し、材料調達等を検討した。

（2）置き換え土による締固め試験を行い、出来形管理基準を確保する施工方法を検討した。

（3）出来形管理のための測点を20ｍ間隔に設定し、高さと幅を継続的に管理することを検討した。

上記の検討内容に基づき、築堤盛土の出来形管理方法を計画として立案した。

（検討の理由／検討した項目及び検討内容）

(3)現場で実施した対応処置とその評価

立案した出来形管理方法に沿って、以下の対策を実施した。（1）盛土の沈下を防止するため、軟弱な基礎地盤を公共工事の発生土を土質試験により確認・選定し、置き換えた。（2）締固めを15ｔブルドーザと８ｔタイヤローラーで行った。

以上の結果、締固め度95%以上となり、盛土の沈下もなく出来形管理基準内に築堤を完了することができた。

現場の地質分布を把握して最適な転圧方法を品質試験で決定し、目標の出来形を確保したことは評価できる。

（対応処置／解決した結果／評価点）

農業土木工事

管理項目	施工計画
技術的課題	自然災害への対策

設問1

(1) 工事名

工　事　名	○○県○○ため池整備工事

(2) 工事の内容

①発注者名	○○県○○部○○課
②工事場所	○○県○○市○○町地内
③工　　期	令和○年○月○日～令和○年○月○日
④主な工種	浚渫工（空気圧送船）、樋管築造工
⑤施 工 量	浚渫工　8,000㎥ 樋管工　60m

(3) 工事現場における施工管理上のあなたの立場

立　　場	現場代理人

設問2

(1)技術的課題

本工事は、○○湖の浚渫工事として湖底に堆積したヘドロをストックヤードに空気圧送し天日乾燥させるものであり、浚渫後に湖内の水替えを行い、既設の樋管を撤去して湖底の樋管と斜樋を改修する工事である。 ― 工事の内容（概要）

湖底で作業する樋管改修現場において、近年頻発しているゲリラ豪雨等による水没事故防止の施工計画立案が課題となった。 ― 技術的な課題及びその背景

(2)検討した項目と検討理由及び検討内容

ゲリラ豪雨による湖底作業の水没事故対策として、以下の事項を検討した。 ― 検討の理由

（1）上流から流入する河川水を湖内に流入させないための仮設水路の設置を検討。
（2）上流部の雨量や雷雲発生状況などの気象情報をリアルタイムに取得するシステムの導入を検討。
（3）危険を事前に察知して作業員等を自然災害の事故から守るため、情報収集・分析の手順を検討。
上記の検討をしたうえで、自然災害に対する湖底作業での水没事故等を防止し、安全に工事を行う施工計画を立案した。 ― 検討した項目及び検討内容

(3)現場で実施した対応処置とその評価

湖の上部を大型土のうで築堤し、遮水シートで覆い、切り回し用水路を設置して上流からの流入水を切り回した。そして、河川上流部にインターネット対応の気象計を設置し、雨量、水位、風速の気象情報を常時監視し危険予知を行い、上流の水位が警戒水位に達したときは工事を中止する手順を決めて教育訓練を実施した。
以上により、安全に施工できた。 ― 対応処置及び解決した結果

上流河川の天候や水位を把握し、危険予知の情報管理システムを構築し、災害防止できたことは評価できる。 ― 評価点

作例 No.55 鉄道工事

管理項目	工程管理
技術的課題	限られた時間内での線路交換作業

設問1

（1）工事名

工　事　名	○○保線区管内軌道修繕工事

（2）工事の内容

①発注者名	○○旅客鉄道株式会社
②工事場所	○○県○○市○○町地内
③工　　期	令和○年○月○日～令和○年○月○日
④主な工種	軌道敷設工
⑤施 工 量	軌道敷設　ロングレール　Ｌ＝310.2ｍ

（3）工事現場における施工管理上のあなたの立場

立　　場	現場責任者

設問2

（1）技術的課題

本工事は、ロングレールの頭部が摩耗した曲線区間の外軌道レールをＬ＝310.2ｍ交換する工事である。 ― 工事の内容（概要）

当区間の施工開始は、最終の客車の後続である最終貨車が通過した後に実施するものであった。このため、路線閉鎖できる時間が非常に短く２時間10分と限られ、この時間内に線路を交換するための作業手順を含む工程管理が課題となった。 ― 技術的な課題及びその背景

（2）検討した項目と検討理由及び検討内容

限られた線路閉鎖時間の中で摩耗したロングレールを交換するために、以下の施工方法を検討した。 ― 検討の理由

（1）ロングレール交換の工数を積算したところ、現場溶接時間の確保の困難が判明したため作業手順を再検討した。

（2）貨物列車の安全を確保し、かつ路線閉鎖前に実施できる作業があるかを判断するため、まくらぎと締結装置の構造を調査したうえで作業方法を検討した。

以上の検討を行った結果、ロングレールを短時間に交換する効率的な作業方法を確立し、工程管理の計画として立案した。 ― 検討した項目及び検討内容

（3）現場で実施した対応処置とその評価

上記の検討に基づき、次の施工方法により短時間内にロングレールを交換する作業を実施した。（1）最終の客車が通過した後で１本おきに締結ボルトを緩めた。（2）その後に通過する貨物列車を時速30㎞以下の徐行走行に変更し、安全を確保した。 ― 対応処置

以上の線路閉鎖前の作業を行うことで、短時間にロングレールを交換する工程の管理ができた。 ― 解決した結果

短時間の路線閉鎖条件下で効率よく作業する計画を検討し、予定通りの工程管理ができた点が評価できる。 ― 評価点

作例 No.56 鉄道工事

管理項目	施工計画
技術的課題	限られた時間内での施工方法

設問1

(1) 工事名

工　事　名	○○保線区管内軌道修繕工事

(2) 工事の内容

①発注者名	○○旅客鉄道株式会社
②工事場所	○○県○○市○○町地内
③工　　期	令和○年○月○日～令和○年○月○日
④主な工種	軌道敷設工
⑤施 工 量	軌道敷設　ロングレール　L＝310.2m

(3) 工事現場における施工管理上のあなたの立場

立　　場	現場代理人

設問2

(1)技術的課題

本工事は、ロングレールの頭部が摩耗した曲線区間の外軌道レールをL＝310.2m交換する工事である。 ― 工事の内容（概要）

当区間の施工は、客車の後の最終貨車が通過した後より実施するものであった。このため、路線閉鎖できる時間が110分間と限られており、この短時間の中で効率よくロングレールを交換するための施工計画の立案が課題となった。 ― 技術的な課題及びその背景

(2)検討した項目と検討理由及び検討内容

○○保線区管内において、限られた線路閉鎖時間の中で摩耗したロングレールを交換するために、以下のとおり施工方法を検討した。 ― 検討の理由

（1）ロングレールの現場溶接の時間が足りないことが判明したため工数を減らす対策の検討。
（2）ロングレール交換時間を短縮するために、まくらぎと締結装置の構造を調査し、取り替えに要する手順を整理して、路線閉鎖前に前もって準備できる作業手順の検討。
以上の検討により、ロングレールを限られた短時間内に交換する施工計画を立案した。 ― 検討した項目及び検討内容

(3)現場で実施した対応処置とその評価

上記の検討を行った結果、次の手順で施工を実施した。（1）最終の客車が通過した後で1本おきの間隔で締結ボルトを緩めた。（2）その後で通過する貨物列車を時速30km以下の徐行走行に変更してもらうことで列車の安全を確保した。 ― 対応処置

以上の施工計画により線路閉鎖前の作業を実施し、短時間でロングレールを交換することができた。 ― 解決した結果

短時間の路線閉鎖条件下で効率よく作業する施工計画を立案し、予定通り作業が完了できたことは評価できる。 ― 評価点

作例 No.57 橋梁工事

管理項目　品質管理
技術的課題　鉄筋コンクリート床版の品質確保

設問1

（1）工事名

工　事　名	市道○○線道路改良工事

（2）工事の内容

①発注者名	○○県○○部○○課
②工事場所	○○県○○市○○町地内
③工　　期	令和○年○月○日～令和○年○月○日
④主な工種	土工（盛土工）、橋梁工
⑤施 工 量	盛土工　1,250㎥ 橋梁下部橋台工　２基

（3）工事現場における施工管理上のあなたの立場

立　　場	現場代理人

設問2

（1）技術的課題

本工事は、市道○○線を拡幅する道路改良工事で区間内の旧橋梁を架け替えるものである。 ── 工事の内容（概要）

鉄筋コンクリート床版の施工時期は夏季であったため、気温が30℃を超えることが予想された。温度や乾燥収縮によるコンクリートのひび割れを防止して設計強度を確保するなど、品質確保の施工方法の創意工夫が課題となった。 ── 技術的な課題及びその背景

（2）検討した項目と検討理由及び検討内容

暑中に施工する鉄筋コンクリート床版の品質を確保するために以下の検討を行った。 ── 検討の理由

（1）水和熱の発生を低減するため、セメントの種類を出荷工場の試験室と協議して配合設計を検討した。
（2）鉄筋が日射で高熱になることが予想されたため、型枠材を含めて温度低減策を検討した。
（3）コンクリートの表面積が広いため、打設後の乾燥を防止できる具体的な養生方法について、協力会社の職長と検討した。
以上の検討により、品質確保のための施工方法を工夫した。 ── 検討した項目及び検討内容

（3）現場で実施した対応処置とその評価

上記の検討に基づき、次の事柄を実施してコンクリートの品質を確保した。 ── 解決した結果

（1）セメントには水和熱の少ない中庸熱セメントを採用し、練混ぜ水の温度を20℃以下とした。（2）鉄筋の温度上昇を低減するために養生マットで覆い、打設前に散水して鉄筋と型枠の温度を下げた。（3）養生はマットで覆い、農業用のスプリンクラーで散水した。 ── 対応処置

評価点は、セメント材料や養生方法を検討することで温度の低下を図り、品質低下を防止できた点である。 ── 評価点

作例 No.58

橋梁工事

管理項目	施工計画
技術的課題	夜間作業の効率化

設問1

(1) 工事名

工　事　名	市道○○線道路改良工事

(2) 工事の内容

①発注者名	○○県○○部○○課
②工事場所	○○県○○市○○町地内
③工　　期	令和○年○月○日～令和○年○月○日
④主な工種	土工（盛土工）、橋梁撤去工
⑤施 工 量	盛土工　1,250㎥ 橋梁撤去工　1基

(3) 工事現場における施工管理上のあなたの立場

立　　　場	現場代理人

設問2

(1)技術的課題

本工事は、市道○○線を拡幅する道路改良工事であり、工事区間内にある現在は使用していない旧橋梁（ポストテンションT型、L＝15m、W＝３m）を撤去する工事であった。 ―工事の内容（概要）

撤去工事は夜の20時から翌朝５時の９時間という限られた中で完了しなければならず、効率よく撤去作業を実施するための施工計画の立案が課題となった。 ―技術的な課題及びその背景

(2)検討した項目と検討理由及び検討内容

作業時間が限られた夜間作業であるため、実働８時間の間に、撤去から切断、積込み及び運搬作業までを効率よく確実に行うことを目的として、以下の検討及び対応を行った。 ―検討の理由

（1）撤去工事で必要な作業工程を拾い出し、作業手順のフロー及び撤去日の前に事前に実施できる作業があるかを検討し、旧橋梁の撤去手順を定めた。（2）撤去日当日の昼間に行える作業手順を検討し、具体的な作業手順を策定した。（3）夜間作業を効率的に実施するためのクレーン配置と旧橋梁の切断方法について在来工法を比較検討して計画を立案した。 ―検討した項目及び検討内容

(3)現場で実施した対応処置とその評価

上記検討に基づき、以下の作業を実施して無事完了できた。 ―解決した結果

（1）高欄の解体は事前の施工が可能と判断し、撤去日の前日に実施した。（2）アンカーボルトの切断、吊金具の取付作業は通行止めを実施できる当日の昼間作業にて行った。（3）夜間作業では100ｔクレーンを２台配置し、油圧ワイヤーソーで旧橋梁を２分割に切断してトレーラーで運搬した。 ―対応処置

事前にできる作業を洗い出し、限られた時間内に効率よく撤去ができたことは評価できる。 ―評価点

作例 No.59 ダムエ事

管理項目	工程管理
技術的課題	積雪による路面凍結対策

設問１

(1) 工事名

工　事　名	○○川砂防ダム建設工事

(2) 工事の内容

①発注者名	○○県○○部○○課
②工事場所	○○県○○市○○町地内
③工　　期	令和○年○月○日～令和○年○月○日
④主な工種	掘削工、コンクリート工
⑤施 工 量	掘削　950㎥、躯体コンクリート工　1,085㎥

(3) 工事現場における施工管理上のあなたの立場

立　　場	現場監督

設問２

(1)技術的課題

本工事は、国有林内の○○川に砂防を目的としたコンクリートダム（堤長32m、高さ５m）を築造するための工事である。工事用の搬入路は幅３mの林道で、その一部が勾配６％の急勾配であった。［工事の内容(概要)］１月になると積雪で路面が凍結し工事用車両が通行できない事態が発生し、予定の工程に10日間の遅れが生じた。［課題となった背景］このため、工程を短縮する検討が課題となった。［技術的な課題］

(2)検討した項目と検討理由及び検討内容

工程を10日間短縮するために、以下の施工方法を検討して工程の短縮に努めた。［検討の理由］

（1）工事用の道路は積雪による凍結ですべりやすく、工程に悪影響のため、通行可能状態を維持する方法を検討した。

（2）型枠内に雪が積もり、雪の除去や溶かす作業に手間がかかったため、雪よけ対策を検討した。

(3)現場は山間部で夕方は16時になると暗くなるため、作業時間を延長する照明設備を計画した。

以上の検討内容を踏まえて、遅れを取り戻す工程管理計画を立案した。［検討した項目及び検討内容］

(3)現場で実施した対応処置とその評価

次の事項を実施して10日間の工程の遅れを取り戻すことができた。［解決した結果］

（1）工事用道路は積雪後に直ちに除雪することを徹底し、すべり対策として牽引用のトラクターと融雪剤やすべり止め用の砂を配置した。（2）型枠は単管パイプとシートで屋根をつくり、積雪防止対策を行った。（3）夜間は照明設備を増設して残業を可能にした。［対応処置］

評価点は、除雪や融雪及び牽引対策強化によって雪でのロスのない工程管理ができたことである。［評価点］

ダム工事

管理項目	施工計画
技術的課題	積雪による路面凍結対策

設問1

（1）工事名

工　事　名	○○川砂防ダム建設工事

（2）工事の内容

①発注者名	○○県○○部○○課
②工事場所	○○県○○市○○町地内
③工　　期	令和○年○月○日～令和○年○月○日
④主な工種	掘削工、コンクリート工
⑤施 工 量	掘削　950㎥ コンクリート工　1,085㎥

（3）工事現場における施工管理上のあなたの立場

立　　場	現場代理人

設問2

（1）技術的課題

本工事は、国有林内の○○川に砂防を目的としたコンクリートダム（堤長32m、高さ5m）工事である。工事用道路は幅３mの林道で一部が６％勾配であった。 ―― 工事の内容（概要）

１～２月は毎年積雪が多く、路面凍結による工事用車両の通行不能が懸念された。 ―― 課題となった背景

このため、積雪により工事がストップすることを防ぐ方法に関する施工計画が課題となった。 ―― 技術的な課題

（2）検討した項目と検討理由及び検討内容

工事用の道路は積雪や凍結ですべりやすくなり、休工が続くと工程に悪影響を及ぼすため、積雪に対して工事用道路の通行を確保するために次の施工方法を検討した。 ―― 検討の理由

（1）除雪方法について、機械の種類と台数及び労務配置と作業時間を検討した。
（2）凍結防止方法について機械と凍結防止剤及び労務配置を検討した。
（3）すべるために走行が困難な車両を牽引する方法を検討した。
以上の検討を行い、積雪や路面凍結を防止するための施工計画を立案し実施した。 ―― 検討した項目及び検討内容

（3）現場で実施した対応処置とその評価

現場で実施した対応とその結果を以下に示す。
（1）ショベルカー１台と労務４人で班編成し、工事用車両運行計画に基づき、工程会議で天気予報に合わせた除雪作業を計画し実施した。（2）すべり防止として牽引用のブルドーザと砂、塩化カルシウムを配置した。 ―― 対応処置

以上を計画して実施した結果、工期内に工事を完成することができた。 ―― 解決した結果

除雪や凍結防止及び牽引対策を検討し、雪によるロスを低減できたことは評価できる。 ―― 評価点

索 引

あ 行

か 行

さ行

た行

な行

は行

ま行

や行

ら行

わ行

その他

主要参考文献　順不同

『土木施工管理必携　Ⅱ土木工学編・上巻』　全国建設研修センター
『土木施工管理必携　Ⅲ土木工学編・下巻』　全国建設研修センター
『土木施工管理技術テキスト　専門土木編（水工）』　地域開発研究所
『土木施工管理技術テキスト　専門土木編（道路・構造）』　地域開発研究所
『土木施工管理技術テキスト　土木一般編・施工管理編・法規編』　地域開発研究所
『コンクリート標準示方書　設計編』　土木学会
『コンクリート標準示方書　施工編』　土木学会
『コンクリート標準示方書　維持管理編』　土木学会
『コンクリート標準示方書　ダムコンクリート編』　土木学会
『コンクリート道路橋施工便覧』　日本道路協会
『道路土工　切土工・斜面安定工指針』　日本道路協会
『道路土工　盛土工指針』　日本道路協会
『道路土工　軟弱地盤対策工指針』　日本道路協会
『道路土工　仮設構造物工指針』　日本道路協会
『道路土工　施工指針』　日本道路協会
『道路トンネル技術基準（構造編）・同解説』　日本道路協会
『土質試験の方法と解説』　地盤工学会
『杭基礎設計便覧』　日本道路協会
『杭基礎施工便覧』　日本道路協会
『道路橋示方書・同解説　Ⅰ共通編・Ⅱ鋼橋編』　日本道路協会
『道路橋示方書・同解説　Ⅰ共通編・Ⅲコンクリート橋編』　日本道路協会
『道路橋示方書・同解説　Ⅰ共通編・Ⅳ下部構造編』　日本道路協会
『鋼道路橋施工便覧』　日本道路協会
『河川土工マニュアル』　国土技術研究センター
『建設省河川砂防技術基準（案）・同解説　設計編［Ⅰ］』　建設省河川局　日本河川協会　技報堂出版
『建設省河川砂防技術基準（案）・同解説　設計編［Ⅱ］』　建設省河川局　日本河川協会　技報堂出版
『建設省河川砂防技術基準（案）・同解説　計画編』　建設省河川局　日本河川協会　山海堂
『国土交通省河川砂防技術基準・同解説　計画編』　国土交通省河川局　日本河川協会　技報堂出版
『舗装設計施工指針』　日本道路協会
『舗装施工便覧』　日本道路協会
『グラウチング技術指針・同解説』　国土技術研究センター　大成出版社
『多目的ダムの建設』　ダム技術センター
『トンネル標準示方書　山岳工法・同解説』　土木学会
『トンネル標準示方書　シールド工法・同解説』　土木学会
『トンネル標準示方書　開削工法・同解説』　土木学会
『海岸保全施設の技術上の基準・同解説』　海岸保全施設技術研究会　日本港湾協会
『港湾の施設の技術上の基準・同解説』　国土交通省港湾局　日本港湾協会
『鉄道構造物等設計標準・同解説　土構造物』　国土交通省鉄道局　鉄道総合技術研究所　丸善
『鉄道構造物等設計標準・同解説　軌道構造』　国土交通省鉄道局　鉄道総合技術研究所　丸善
『新しい線路　軌道の構造と管理』　須田征男、長門彰、徳岡研三、三浦重　日本鉄道施設協会
『営業線工事保安関係標準仕様書（在来線）』　東日本旅客鉄道株式会社設備部・建設工事部　日本鉄道施設協会
『水道施設設計指針』　日本水道協会
『水道工事標準仕様書』　日本水道協会
『下水道施設計画・設計指針と解説』　日本下水道協会
『下水道推進工法の指針と解説』　日本下水道協会
『小規模下水道計画・設計・維持管理指針と解説』　日本下水道協会
『建設業者のための施工管理関係法令集』　建設関連法令研究会　建築資料研究社
『建設工事公衆災害防止対策要綱の解説　土木工事編』　建設省経済局建設業課　国土開発技術研究センター　大成出版社
『図説土木用語事典』　土木出版企画委員会　実教出版
『これだけマスター　２級土木施工管理技士　学科試験』　オーム社
『これだけマスター　２級土木施工管理技士　実地試験』　吉田勇人　オーム社
『図解でよくわかる　２級土木施工管理技術検定試験』　井上国博、速水洋志、渡辺彰、吉田勇人　誠文堂新光社

著者
土木施工管理技術検定試験研究会
土木施工管理技術検定試験で出題された問題の傾向・対策などを研究している団体。一人でも多くの受験者が合格できるように、情報の提供を行っている。

イラスト	神林光二
デザイン・DTP	有限会社プッシュ
編集協力	有限会社ヴュー企画（山本大輔・礒淵悠）
編集担当	梅津愛美（ナツメ出版企画株式会社）

本書に関するお問い合わせは、書名・発行日・該当ページを明記の上、下記のいずれかの方法にてお送りください。電話でのお問い合わせはお受けしておりません。
・ナツメ社webサイトの問い合わせフォーム
https://www.natsume.co.jp/contact
・FAX（03-3291-1305）
・郵送（下記、ナツメ出版企画株式会社宛て）
なお、回答までに日にちをいただく場合があります。正誤のお問い合わせ以外の書籍内容に関する解説・受験指導は、一切行っておりません。あらかじめご了承ください。

2級土木施工 第1次&第2次検定 徹底図解テキスト

著　者　土木施工管理技術検定試験研究会
©DOBOKUSEKOKANRIGIJYUTSUKENTEISHIKENKENKYUKAI
発行者　田村正隆

発行所　株式会社ナツメ社
東京都千代田区神田神保町1-52 ナツメ社ビル1F（〒101-0051）
電話　03（3291）1257（代表）　FAX　03（3291）5761
振替　00130-1-58661
制　作　ナツメ出版企画株式会社
東京都千代田区神田神保町1-52 ナツメ社ビル3F（〒101-0051）
電話　03（3295）3921（代表）
印刷所　ラン印刷社
Printed in Japan

＊定価はカバーに表示してあります　＊落丁・乱丁本はお取り替えします

目次

※令和３年度より、これまでの「学科試験」「実地試験」から「第１次検定」「第２次検定」の新検定制度に再編された(詳細は本書P.14～16を参照)。

令和６年度　試験概要

１．受験申込用紙の販売

【第１次検定(前期)】　令和６年２月中旬より販売
【第１次検定・第２次検定、第１次検定(後期)、第２次検定】
令和６年６月中旬より販売

２．申込受付期間

【第１次検定(前期)】　令和６年３月６日(水)～令和６年３月21日(木)
【第１次検定・第２次検定、第１次検定(後期)、第２次検定】
令和６年７月３日(水)～令和６年７月17日(水)

３．試験日・合格発表日

【第１次検定(前期)】　試験日：令和６年６月２日(日)
合格発表日：令和６年７月２日(火)
【第１次検定・第２次検定(同日試験)、第１次検定(後期)、第２次検定】
試験日：令和６年10月27日(日)
第１次検定(後期)の合格発表日：令和６年12月４日(水)
第１次検定・第２次検定、第２次検定：令和７年２月５日(水)

※上記の試験概要は、令和５年12月現在の情報です。最新の情報は、「一般財団法人 全国建設研修センター」ホームページ等で確認してください。

申込書類提出先及び問い合わせ先
一般財団法人　全国建設研修センター　試験業務局土木試験部土木試験課
〒187-8540　東京都小平市喜平町2-1-2
TEL：042-300-6860　　ホームページ：https://www.jctc.jp

第１次検定（学科試験）　出題傾向

「２級土木施工管理技術検定試験」の第１次検定（学科試験）について、直近10年で出題された分野は次のとおりです。学習の参考にしてください。

★は出題された分野を表す（複数出題も含む）。出題頻度は、◎：70%以上、○：69%以下31%以上、△：30%以下を表す。
※平成29・30年分については、２回分の第１次検定（学科試験）での出題分野である。

	出題項目	令和5年	4年	3年	2年	1年	平成30年	29年	28年	27年	26年	出題頻度
1-1 土工	土の原位置試験							★	★			△
	土質試験方法		★	★	★	★	★	★		★	★	◎
	土の性質											×
	土量の変化率											×
	土量換算計算											×
	土工機械の種類	★	★	★	★	★	★	★	★	★	★	◎
	土工機械走行性						★					△
	締固め機械の適応		★									△
	盛土の締固め											×
	盛土の施工	★	★	★		★	★	★	★	★	★	◎
	土の掘削											×
	法面保護工の種類	★										△
	道路切土法面施工											×
	軟弱地盤対策工法	★	★		★	★	★	★	★	★	★	◎
1-2 コンクリート	レディーミクストコンクリート										★	△
	スランプ試験	★		★	★			★				○
	コンクリート用骨材	★		★			★		★		★	○
	コンクリートの配合	★	★	★			★		★			○
	コンクリートの混和材	★	★	★	★	★	★	★				◎
	セメント		★			★				★		△
	運搬・打込み・締固め		★	★	★	★	★	★	★	★	★	◎
	コンクリートの養生		★									△
	鉄筋の加工及び組み立て	★		★	★		★					○
	型枠・支保工の設計施工	★		★		★	★		★			○
	打継目の施工											×
	各種コンクリートの施工					★				★		△
	コンクリート用語	★	★	★			★			★	★	○
1-3 基礎工	既製杭の施工	★	★	★	★	★	★	★	★	★	★	◎
	場所打ち杭	★	★	★	★	★	★	★	★	★	★	◎
	直接基礎											×
	土留め工法		★	★	★	★	★	★	★	★		◎
	地盤改良工											×
	基礎地盤										★	△

	出題項目	令和5年	4年	3年	2年	1年	平成30年	29年	28年	27年	26年	出題頻度
2-1 鋼構造物	鋼材の性質と加工・取扱い	★	★	★	★	★	★	★				◎
	溶接の施工	★				★		★			★	○
	高力ボルトの施工		★			★	★		★	★		○
	鋼橋の架設	★	★	★	★	★	★	★	★	★	★	◎
2-2 コンクリート構造物	コンクリート構造物の耐久性照査・耐久性向上	★				★				★	★	○
	コンクリート構造物の劣化機構及び劣化対策	★	★	★	★	★	★	★	★			◎
	橋梁の床版、支承部及び伸縮装置の施工											×
	鉄筋コンクリートの鉄筋の継手及び加工											×
2-3 河川	河川堤防の施工	★		★		★		★	★		★	○
	河川堤防に用いる土質材料		★				★			★		△
	河川護岸の計画及び施工	★	★	★	★	★	★	★	★	★	★	◎
	河川各部の表記方法・用語	★	★	★	★		★					○
2-4 砂防	砂防えん堤の計画及び施工	★	★	★	★	★	★	★	★	★	★	◎
	渓流保全工の計画及び施工											×
	地すべり防止工事	★	★	★	★	★	★	★	★	★	★	◎
2-5 道路・舗装	路床の施工	★	★		★	★	★		★			○
	路床・路盤の施工			★		★			★	★		○
	下層・上層路盤の施工	★	★	★			★				★	○
	プライムコート・タックコート							★	★		★	△
	アスファルト舗装(表層・基層)の施工	★	★	★	★	★	★	★	★	★		◎
	アスファルト舗装の破損及び補修工法	★	★	★	★	★	★	★		★	★	◎
	各種の舗装							★				△
	コンクリート舗装	★	★	★	★	★	★	★	★	★	★	◎
2-6 ダム	ダム工事の施工全般	★	★	★			★	★				○
	コンクリートダムの施工全般						★	★	★		★	○
	ブロック工法の施工						★		★			△
	RCD工法の施工			★	★	★	★	★	★	★		◎
	ダムコンクリートの基本的性質											×
	フィルダム工法の施工					★						△
2-7 トンネル	山岳トンネルの施工全般			★			★					△
	山岳トンネルの支保工の施工	★				★	★	★		★		○
	山岳トンネル施工時の観察・計測				★				★			△
	山岳トンネルの掘削方式・掘削工法	★	★	★		★	★				★	○
	山岳トンネルの覆工コンクリート		★					★				△
2-8 海岸	海岸堤防全般並びに根固工の形式、構造及び特徴	★		★							★	△
	傾斜型海岸堤防の構造		★		★		★	★		★		○
	離岸堤の構造及び計画											×
	消波工の構造、計画及び施工	★	★				★	★	★			○

	出題項目	令和5年	4年	3年	2年	1年	平成30年	29年	28年	27年	26年	出題頻度
2-9 港湾	防波堤の計画及び施工							★				△
	ケーソン式防波堤及び混成堤の施工	★	★	★	★	★	★	★		★	★	◎
	浚渫船の種類と特徴	★	★			★	★		★			○
2-10 鉄道・地下構造物	土構造物の盛土の施工											×
	土構造物の路盤の施工		★							★		△
	鉄道の道床、路盤、路床の構造、機能及び特徴			★		★	★	★	★			○
	鉄道工事における道床及び路盤の施工	★										△
	軌道及び軌道曲線部の構造と機能			★							★	△
	軌道の変位及び維持管理工事										★	△
	軌道の用語と説明	★	★		★		★	★				○
	在来営業線近接工事の保安対策	★	★	★	★	★	★	★	★	★	★	◎
	シールド工法の種類と特徴	★	★	★	★	★	★	★	★	★	★	◎
2-11 上・下水道	上水道管の施工	★	★		★		★	★		★	★	◎
	上水道配水管、継手等の種類及び特徴	★	★	★		★	★		★			○
	下水道管渠の接合及び継手					★	★	★		★		○
	下水道管渠の基礎工	★	★	★	★		★		★			○
	下水道管渠の種類と断面、有効長							★				△
	下水道管渠の伏越し及び布設工事											×
	下水道管渠の耐震対策					★					★	△
	下水道管渠の更生方法			★								△
	推進工法の方式、特徴及び施工											×
3-1 労働基準法	総則(定義)	★					★		★			△
	労働契約	★										△
	賃金			★		★	★		★	★		○
	労働時間・休暇・休日・年次有給休暇	★	★	★	★	★	★	★			★	◎
	年少者の就業制限	★	★	★	★	★	★				★	◎
	女性、妊産婦等の就業制限											×
	災害補償	★	★	★		★	★	★	★	★		◎
	就業規則		★									△
3-2 労働安全衛生法	安全衛生管理体制全般	★	★	★	★	★	★	★	★			◎
	労働者の就業にあたっての措置			★		★		★			★	○
	監督等						★			★		△
3-3 建設業法	定義	★	★									△
	建設業の許可				★	★						△

	出題項目	令和5年	4年	3年	2年	1年	平成30年	29年	28年	27年	26年	出題頻度
3-3 建設業法	建設工事の請負契約	★		★	★	★	★		★			○
	施工技術の確保	★	★	★	★		★	★	★	★	★	◎
3-4 道路関係法	用語の定義					★						△
	道路の管理者・道路の構造					★						△
	道路の占用と使用	★	★		★	★		★		★		○
	道路の保全	★	★	★		★	★	★	★		★	◎
3-5 河川法	定義	★	★		★	★	★		★		★	◎
	河川の管理		★	★			★	★	★		★	○
	河川の使用及び河川に関する規制	★	★	★		★	★	★		★	★	◎
	河川保全区域		★		★		★					△
3-6 建築基準法	定義	★	★	★	★	★	★	★	★	★		◎
	仮設建築物に対する建築基準法の適用除外と適用規定										★	△
3-7 火薬類取締法	火薬類の貯蔵、運搬、制限、破棄等	★	★		★	★	★			★	★	◎
	火薬類の消費、取扱い・火薬類取扱所、火工所・火薬類の発破、不発等	★	★	★		★	★	★	★		★	◎
	保安							★				△
3-8 騒音規制法	定義と地域の指定										★	△
	特定建設作業に関する規定	★	★	★	★	★	★	★	★	★	★	◎
	報告及び検査	★									★	△
3-9 振動規制法	定義と地域の指定	★					★				★	△
	特定建設作業に関する規定		★			★	★	★	★	★	★	○
	振動の測定	★	★	★							★	○
3-10 港則法・海洋汚染防止法	港則法	★	★	★	★	★	★	★	★	★	★	◎
	海洋汚染防止法											×
4-1 測量	水準測量			★	★	★	★	★		★	★	◎
	最新測量機器								★			△
	その他測量一般	★	★									△
4-2 契約	公共工事標準請負契約約款	★	★	★	★	★	★	★	★	★	★	◎
	入札及び契約の適正化の促進に関する法律											×
4-3 設計	設計図	★	★	★	★	★	★	★	★	★	★	◎
	溶接部の表示											×
	材料の寸法表示											×
	単位区分											×
5-1 施工計画	施工計画作成の基本事項	★			★			★		★	★	○
	施工体制台帳・施工体系図	★					★					△
	仮設備計画		★	★	★	★	★	★	★	★		◎

	出題項目	令和5年	4年	3年	2年	1年	平成30年	29年	28年	27年	26年	出題頻度
5-1 施工計画	建設機械計画			★	★	★	★	★	★	★	★	◎
	事前調査検討事項	★		★		★	★	★	★			○
	工程・原価・品質の関係											×
	工事の届出										★	△
5-2 建設機械	建設機械全般	★	★									△
	建設機械の特徴と用途	★	★	★	★	★	★	★	★	★	★	◎
	建設機械の規格											×
5-3 工程管理	工程管理の基本事項	★		★	★	★		★				○
	各工程図表の比較	★	★	★					★		★	○
	ネットワーク式工程表	★	★	★	★	★	★	★	★	★	★	◎
	各種工程表						★	★		★		△
5-4 安全管理	安全衛生管理体制	★		★			★		★		★	○
	作業主任者・管理者								★	★		△
	労働災害・疾病							★			★	△
	安全施工一般							★				△
	足場工・墜落防止	★	★	★		★	★	★	★	★		◎
	型枠支保工	★			★		★			★		○
	土止め支保工（土留め支保工）											×
	クレーン・玉掛け		★	★				★			★	○
	掘削作業		★	★	★		★	★			★	◎
	昇降設備											×
	車両系建設機械	★	★	★	★	★			★	★		◎
	公衆災害防止対策											×
	工作物解体作業	★	★	★	★	★	★					○
5-5 品質管理	品質管理一般	★	★	★		★						○
	国際規格（ISO）											×
	品質特性・管理手順		★	★	★		★		★	★	★	◎
	ヒストグラム・管理図	★	★	★	★	★	★	★	★	★	★	◎
	レディーミクストコンクリート	★	★	★	★	★	★	★	★	★	★	◎
	盛土	★	★	★	★	★	★	★	★	★	★	◎
	道路・舗装・路床							★				△
6-1 環境保全・騒音・振動対策	環境保全全般	★	★	★	★	★	★	★	★			◎
	騒音・振動対策	★	★				★	★		★	★	○
	公害と法律											×
6-2 建設副産物・資源有効利用	建設リサイクル法	★	★	★	★	★	★	★		★		◎
	廃棄物処理法								★		★	△

第２次検定（実地試験）　出題傾向

「２級土木施工管理技術検定試験」の第２次検定（実地試験）について、直近10年で出題された分野は次のとおりです。学習の参考にしてください。

★は出題された分野を表す。出題頻度は、◎：７問以上、○：６～４問、△：３問以下を表す。
※１つの出題年に２つ★があるのは、複数出題されたことを示す。

出題項目	令和5年	4年	3年	2年	1年	平成30年	29年	28年	27年	26年	出題頻度
問題１（必須問題）　経験記述／管理項目での出題											
品質管理	★	★	★		★	★		★	★		◎
工程管理	★	★		★	★		★		★	★	◎
安全管理			★	★		★	★	★		★	○
施工計画											×
環境対策											×
27年以降：問題２・３（必須問題）／26年以前：問題２（必須問題）　学科記述／土工											
原位置試験		★									△
軟弱地盤対策				★		★	★		★		○
土工量計算									★		△
土留め壁											×
土工機械											×
切土盛土			★		★		★	★		★★	○
法面施工	★			★	★			★			○
裏込め・埋戻し						★					△
27年以降：問題４・５（必須問題）／26年以前：問題３（必須問題）　学科記述／コンクリート											
レディーミクストコンクリート		★									△
運搬・打込み・締固め			★	★	★						△
型枠	★				★			★			△
養生		★	★						★		△
鉄筋の加工及び組み立て	★		★						★		△
打継目			★			★	★			★	○
用語説明	★			★							△
各種コンクリート				★							△
混和材								★			△

出題項目	令和5年	4年	3年	2年	1年	平成30年	29年	28年	27年	26年	出題頻度
27年以降：問題6・8・9（選択問題）／26年以前：問題4・5（選択問題） 学科記述／施工計画・品質管理											
事前調査		★									△
工事写真											×
土工試験				★				★		★	△
工程表の特徴			★								△
工程表作成	★	★		★	★	★		★			○
品質特性											×
コンクリートの品質					★	★	★	★	★	★	○
盛土の品質	★		★		★	★	★		★		○
鉄筋の継手											×
27年以降：問題7（選択問題）／26年以前：問題4・5（選択問題） 学科記述／安全管理											
足場作業				★					★	★	△
土留め支保工					★						△
車両系建設機械											×
掘削	★							★			△
移動式クレーン	★		★				★				△
型枠支保工											×
労働災害防止		★									△
架空線・地下埋設			★			★					△
27年以降：問題9（選択問題）／26年以前：問題4・5（選択問題） 学科記述／環境問題											
産業廃棄物											×
建設リサイクル法	★						★			★	△
騒音振動対策		★							★		△

掲載の試験問題については、試験実施後に施行された各種法律・指針等の改正・改定との整合性を取るために、出題当時の記述を改変している箇所が存在する場合があります（正解となる選択肢は、実際に出題された試験と同じです）。古い試験問題についても、最新の各種法律・指針の規定をもとに解答してください。

令和５年度前期第１次検定　問題
（令和５年６月４日実施）

※ 問題番号No.1～No.11までの11問題のうちから9問題を選択し解答してください。

問題 1

土工の作業に使用する建設機械に関する次の記述のうち、**適当なもの**はどれか。

（1）　ブルドーザは、掘削・押土及び短距離の運搬作業に用いられる。
（2）　バックホゥは、主に機械位置より高い場所の掘削に用いられる。
（3）　トラクターショベルは、主に機械位置より高い場所の掘削に用いられる。
（4）　スクレーパは、掘削・押土及び短距離の運搬作業に用いられる。

問題 2

法面保護工の「工種」とその「目的」の組合せとして、次のうち**適当でないもの**はどれか。

［工種］　　　　　　　　［目的］
（1）　種子吹付け工……………………土圧に対抗して崩壊防止
（2）　張芝工……………………………切土面の浸食防止
（3）　モルタル吹付け工………………表流水の浸透防止
（4）　コンクリート張工………………岩盤のはく落防止

問題 3

道路における盛土の施工に関する次の記述のうち、**適当でないもの**はどれか。

（1）　盛土の締固め目的は、完成後に求められる強度、変形抵抗及び圧縮抵抗を確保することである。
（2）　盛土の締固めは、盛土全体が均等になるようにしなければならない。
（3）　盛土の敷均し厚さは、材料の粒度、土質、施工法及び要求される締固め度等の条件に左右される。
（4）　盛土における構造物縁部の締固めは、大型の機械で行わなければならない。

問題 4

軟弱地盤における改良工法に関する次の記述のうち、**適当でないもの**はどれか。

（1）　サンドマット工法は、表層処理工法の１つである。
（2）　バイブロフローテーション工法は、緩い砂質地盤の改良に適している。
（3）　深層混合処理工法は、締固め工法の１つである。
（4）　ディープウェル工法は、透水性の高い地盤の改良に適している。

問題 5

コンクリートに用いられる次の混和材料のうち、水和熱による温度上昇の低減を図ることを目的として使用されるものとして、**適当なもの**はどれか。

（1）　フライアッシュ　　　　（2）　シリカフューム
（3）　AE減水剤　　　　　　 （4）　流動化剤

問題 6

コンクリートのスランプ試験に関する次の記述のうち、**適当でないもの**はどれか。

（1） スランプ試験は、高さ30cmのスランプコーンを使用する。
（2） スランプ試験は、コンクリートをほぼ等しい量の２層に分けてスランプコーンに詰める。
（3） スランプ試験は、各層を突き棒で25回ずつ一様に突く。
（4） スランプ試験は、0.5m単位で測定する。

問題 7

フレッシュコンクリートに関する次の記述のうち、**適当でないもの**はどれか。

（1） コンシステンシーとは、練混ぜ水の一部が遊離してコンクリート表面に上昇する現象である。
（2） 材料分離抵抗性とは、コンクリート中の材料が分離することに対する抵抗性である。
（3） ワーカビリティーとは、運搬から仕上げまでの一連の作業のしやすさである。
（4） レイタンスとは、コンクリート表面に水とともに浮かび上がって沈殿する物質である。

問題 8

鉄筋の加工及び組立に関する次の記述のうち、**適当でないもの**はどれか。

（1） 鉄筋は、常温で加工することを原則とする。
（2） 曲げ加工した鉄筋の曲げ戻しは行わないことを原則とする。
（3） 鉄筋どうしの交点の要所は、スペーサで緊結する。
（4） 組立後に鉄筋を長期間大気にさらす場合は、鉄筋表面に防錆処理を施す。

問題 9

打撃工法による既製杭の施工に関する次の記述のうち、**適当でないもの**はどれか。

（1） 群杭の場合、杭群の周辺から中央部へと打ち進むのがよい。
（2） 中掘り杭工法に比べて、施工時の騒音や振動が大きい。
（3） ドロップハンマや油圧ハンマ等を用いて地盤に貫入させる。
（4） 打込みに際しては、試し打ちを行い、杭心位置や角度を確認した後に本打ちに移るのがよい。

問題 10

場所打ち杭の「工法名」と「主な資機材」に関する次の組合せのうち、**適当でないもの**はどれか。

［工法名］　　　　　　　　　　　　［主な資機材］
（1） リバースサーキュレーション工法…………ベントナイト水、ケーシング
（2） アースドリル工法……………………………ケーシング、ドリリングバケット
（3） 深礎工法………………………………………削岩機、土留材
（4） オールケーシング工法………………………ケーシングチューブ、ハンマーグラブ

問題 11

土留めの施工に関する次の記述のうち、**適当でないもの**はどれか。

（1） 自立式土留め工法は、支保工を必要としない工法である。
（2） 切梁り式土留め工法には、中間杭や火打ち梁を用いるものがある。
（3） ヒービングとは、砂質地盤で地下水位以下を掘削した時に、砂が吹き上がる現象である。
（4） パイピングとは、砂質土の弱いところを通ってボイリングがパイプ状に生じる現象である。

※ **問題番号No.12～No.31までの20問題のうちから6問題を選択し解答してください。**

問題 12

下図は、一般的な鋼材の応力度とひずみの関係を示したものであるが、次の記述のうち**適当でないもの**はどれか。

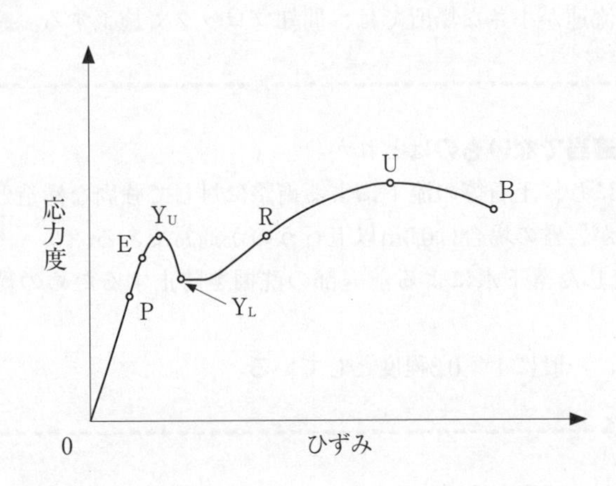

（1） 点Pは、応力度とひずみが比例する最大限度である。
（2） 点Y_Uは、弾性変形をする最大限度である。
（3） 点Uは、最大応力度の点である。
（4） 点Bは、破壊点である。

問題 13

鋼材の溶接接合に関する次の記述のうち、**適当なもの**はどれか。
（1） 開先溶接の始端と終端は、溶接欠陥が生じやすいので、スカラップという部材を設ける。
（2） 溶接の施工にあたっては、溶接線近傍を湿潤状態にする。
（3） すみ肉溶接においては、原則として裏はつりを行う。
（4） エンドタブは、溶接終了後、ガス切断法により除去してその跡をグラインダ仕上げする。

問題 14

コンクリート構造物の耐久性を向上させる対策に関する次の記述のうち、**適当なもの**はどれか。
（1） 塩害対策として、水セメント比をできるだけ大きくする。
（2） 塩害対策として、膨張材を用いる。
（3） 凍害対策として、吸水率の大きい骨材を使用する。
（4） 凍害対策として、AE減水剤を用いる。

問題 15

河川堤防の施工に関する次の記述のうち、**適当でないもの**はどれか。
（1） 堤防の腹付け工事では、旧堤防との接合を高めるため階段状に段切りを行う。
（2） 引堤工事を行った場合の旧堤防は、新堤防の完成後、ただちに撤去する。
（3） 堤防の腹付け工事では、旧堤防の裏法面に腹付けを行うのが一般的である。
（4） 盛土の施工中は、堤体への雨水の滞水や浸透が生じないよう堤体横断方向に勾配を設ける。

問題 16

河川護岸の施工に関する次の記述のうち、**適当なもの**はどれか。

（1） 根固工は、水衝部等で河床洗掘を防ぎ、基礎工等を保護するために施工する。
（2） 高水護岸は、単断面の河川において高水時に表法面を保護するために施工する。
（3） 護岸基礎工の天端の高さは、洗掘に対する保護のため計画河床高より高く施工する。
（4） 法覆工は、堤防の法勾配が緩く流速が小さな場所では、間知ブロックで施工する。

問題 17

砂防えん堤に関する次の記述のうち、**適当でないもの**はどれか。

（1） 袖は、洪水を越流させないようにし、土石等の流下による衝撃に対して強固な構造とする。
（2） 堤体基礎の根入れは、基礎地盤が岩盤の場合は0.5m以上行うのが通常である。
（3） 前庭保護工は、本えん堤を越流した落下水による前庭部の洗掘を防止するための構造物である。
（4） 本えん堤の堤体下流の法勾配は、一般に１：0.2程度としている。

問題 18

地すべり防止工に関する次の記述のうち、**適当なもの**はどれか。

（1） 杭工は、原則として地すべり運動ブロックの頭部斜面に杭をそう入し、斜面の安定を高める工法である。
（2） 集水井工は、井筒を設けて集水ボーリング等で地下水を集水し、原則としてポンプにより排水を行う工法である。
（3） 横ボーリング工は、地下水調査等の結果をもとに、帯水層に向けてボーリングを行い、地下水を排除する工法である。
（4） 排土工は、土塊の滑動力を減少させることを目的に、地すべり脚部の不安定な土塊を排除する工法である。

問題 19

道路のアスファルト舗装における上層路盤の施工に関する次の記述のうち、**適当でないもの**はどれか。

（1） 粒度調整路盤は、１層の仕上り厚が15cm以下を標準とする。
（2） 加熱アスファルト安定処理路盤材料の敷均しは、一般にモータグレーダで行う。
（3） セメント安定処理路盤は、１層の仕上り厚が10～20cmを標準とする。
（4） 石灰安定処理路盤材料の締固めは、最適含水比よりやや湿潤状態で行う。

問題 20

道路のアスファルト舗装におけるアスファルト混合物の施工に関する次の記述のうち、**適当でないもの**はどれか。

（1） 気温が５℃以下の施工では、所定の締固め度が得られることを確認したうえで施工する。
（2） 敷均し時の混合物の温度は、一般に110℃を下回らないようにする。
（3） 初転圧温度は、一般に90～100℃である。
（4） 転圧終了後の交通開放は、舗装表面温度が一般に50℃以下になってから行う。

問題 21

道路のアスファルト舗装における破損に関する次の記述のうち、**適当でないもの**はどれか。

（1） 沈下わだち掘れは、路床・路盤の沈下により発生する。
（2） 線状ひび割れは、縦・横に長く生じるひび割れで、舗装の継目に発生する。
（3） 亀甲状ひび割れは、路床・路盤の支持力低下により発生する。
（4） 流動わだち掘れは、道路の延長方向の凹凸で、比較的長い波長で発生する。

問題 22

道路のコンクリート舗装に関する次の記述のうち、**適当でないもの**はどれか。

（1） 普通コンクリート舗装は、温度変化によって膨張・収縮するので目地が必要である。
（2） コンクリート舗装は、主としてコンクリートの引張抵抗で交通荷重を支える。
（3） 普通コンクリート舗装は、養生期間が長く部分的な補修が困難である。
（4） コンクリート舗装は、アスファルト舗装に比べて耐久性に富む。

問題 23

ダムの施工に関する次の記述のうち、**適当でないもの**はどれか。

（1） 転流工は、ダム本体工事を確実にまた容易に施工するため、工事期間中の河川の流れを迂回させるものである。
（2） ダム本体の基礎の掘削は、大量掘削に対応できる爆破掘削によるブレーカ工法が一般的に用いられる。
（3） 重力式コンクリートダムの基礎処理は、コンソリデーショングラウチングとカーテングラウチングの施工が一般的である。
（4） RCD工法は、一般にコンクリートをダンプトラックで運搬し、ブルドーザで敷き均し、振動ローラ等で締め固める。

問題 24

トンネルの山岳工法における支保工に関する次の記述のうち、**適当でないもの**はどれか。

（1） ロックボルトは、緩んだ岩盤を緩んでいない地山に固定し落下を防止する等の効果がある。
（2） 吹付けコンクリートは、地山の凹凸をなくすように吹き付ける。
（3） 支保工は、岩石や土砂の崩壊を防止し、作業の安全を確保するために設ける。
（4） 鋼アーチ式支保工は、一次吹付けコンクリート施工前に建て込む。

問題 25

海岸堤防の異形コンクリートブロックによる消波工に関する次の記述のうち、**適当でないもの**はどれか。

（1） 異形コンクリートブロックは、ブロックとブロックの間を波が通過することにより、波のエネルギーを減少させる。
（2） 異形コンクリートブロックは、海岸堤防の消波工のほかに、海岸の侵食対策としても多く用いられる。
（3） 層積みは、規則正しく配列する積み方で整然と並び、外観が美しく、安定性が良く、捨石均し面に凹凸があっても支障なく据え付けられる。

（4）　乱積みは、荒天時の高波を受けるたびに沈下し、徐々にブロックどうしのかみ合わせが良くなり安定してくる。

問題 26

グラブ浚渫の施工に関する次の記述のうち、**適当なもの**はどれか。

（1）　グラブ浚渫船は、岸壁等の構造物前面の浚渫や狭い場所での浚渫には使用できない。
（2）　非航式グラブ浚渫船の標準的な船団は、グラブ浚渫船と土運船の２隻で構成される。
（3）　余掘りは、計画した浚渫の範囲を一定した水深に仕上げるために必要である。
（4）　浚渫後の出来形確認測量には、音響測深機は使用できない。

問題 27

鉄道工事における道床及び路盤の施工上の留意事項に関する次の記述のうち、**適当でないもの**はどれか。

（1）　バラスト道床は、安価で施工・保守が容易であるが定期的な軌道の修正・修復が必要である。
（2）　バラスト道床は、耐摩耗性に優れ、単位容積質量やせん断抵抗角が小さい砕石を選定する。
（3）　路盤は、軌道を支持するもので、十分強固で適当な弾性を有し、排水を考慮する必要がある。
（4）　路盤は、使用材料により、粒度調整砕石を用いた強化路盤、良質土を用いた土路盤等がある。

問題 28

鉄道（在来線）の営業線内工事における工事保安体制に関する次の記述のうち、**適当でないもの**はどれか。

（1）　列車見張員は、工事現場ごとに専任の者を配置しなければならない。
（2）　工事管理者は、工事現場ごとに専任の者を常時配置しなければならない。
（3）　軌道作業責任者は、工事現場ごとに専任の者を配置しなければならない。
（4）　軌道工事管理者は、工事現場ごとに専任の者を常時配置しなければならない。

問題 29

シールド工法に関する次の記述のうち、**適当でないもの**はどれか。

（1）　シールド工法は、開削工法が困難な都市の下水道工事や地下鉄工事等で用いられる。
（2）　シールド掘進後は、セグメント外周にモルタル等を注入し、地盤の緩みと沈下を防止する。
（3）　シールドのフード部は、トンネル掘削する切削機械を備えている。
（4）　密閉型シールドは、ガーダー部とテール部が隔壁で仕切られている。

問題 30

上水道の管布設工に関する次の記述のうち、**適当なもの**はどれか。

（1）　鋼管の運搬にあたっては、管端の非塗装部分に当て材を介して支持する。
（2）　管の布設にあたっては、原則として高所から低所に向けて行う。
（3）　ダクタイル鋳鉄管は、表示記号の管径、年号の記号を下に向けて据え付ける。
（4）　鋳鉄管の切断は、直管及び異形管ともに切断機で行うことを標準とする。

問題 31

下図に示す下水道の遠心力鉄筋コンクリート管(ヒューム管)の(イ)～(ハ)の継手の名称に関する次の組合せのうち、**適当なもの**はどれか。

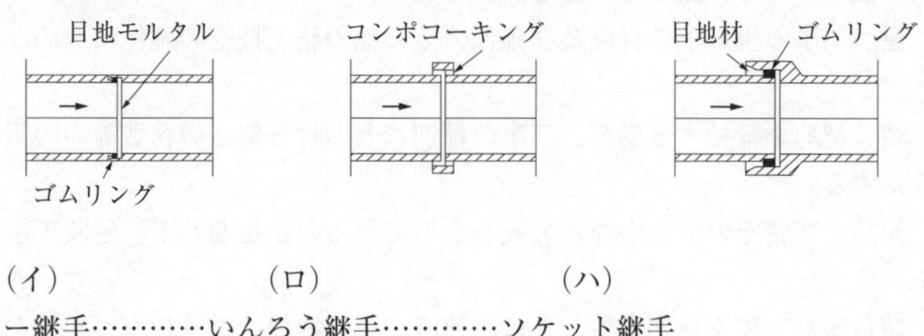

	(イ)	(ロ)	(ハ)
(1)	カラー継手	いんろう継手	ソケット継手
(2)	いんろう継手	ソケット継手	カラー継手
(3)	ソケット継手	カラー継手	いんろう継手
(4)	いんろう継手	カラー継手	ソケット継手

※ 問題番号No.32～No.42までの11問題のうちから6問題を選択し解答してください。

問題 32

賃金に関する次の記述のうち、労働基準法上、**誤っているもの**はどれか。

(1) 賃金とは、労働の対償として使用者が労働者に支払うすべてのものをいう。

(2) 未成年者の親権者又は後見人は、未成年者の賃金を代って受け取ることができる。

(3) 賃金の最低基準に関しては、最低賃金法の定めるところによる。

(4) 賃金は、原則として、通貨で、直接労働者に、その全額を支払わなければならない。

問題 33

災害補償に関する次の記述のうち、労働基準法上、**誤っているもの**はどれか。

(1) 労働者が業務上疾病にかかった場合においては、使用者は、必要な療養費用の一部を補助しなければならない。

(2) 労働者が業務上負傷し、又は疾病にかかった場合の補償を受ける権利は、差し押さえてはならない。

(3) 労働者が業務上負傷し治った場合に、その身体に障害が存するときは、使用者は、その障害の程度に応じて障害補償を行わなければならない。

(4) 労働者が業務上死亡した場合においては、使用者は、遺族に対して、遺族補償を行わなければならない。

問題 34

労働安全衛生法上、事業者が、技能講習を修了した作業主任者を選任しなければならない作業として、**該当しないもの**は次のうちどれか。

(1) 高さが3mのコンクリート橋梁上部構造の架設の作業

(2) 型枠支保工の組立て又は解体の作業

（3） 掘削面の高さが2m以上となる地山の掘削の作業
（4） 土止め支保工の切りばり又は腹起こしの取付け又は取り外しの作業

問題 35

建設業法に関する次の記述のうち、**誤っているもの**はどれか。

（1） 建設業者は、建設工事の担い手の育成及び確保、その他の施工技術の確保に努めなければならない。
（2） 建設業者は、請負契約を締結する場合、工事の種別ごとの材料費、労務費等の内訳により見積りを行うようにする。
（3） 建設業とは、元請、下請その他いかなる名義をもってするのかを問わず、建設工事の完成を請け負う営業をいう。
（4） 建設業者は、請負った工事を施工するときは、建設工事の経理上の管理をつかさどる主任技術者を置かなければならない。

問題 36

道路に工作物、物件又は施設を設け、継続して道路を使用しようとする場合において、道路管理者の許可を受けるために提出する申請書に記載すべき事項に**該当するもの**は、次のうちどれか。

（1） 施工体系図
（2） 建設業の許可番号
（3） 主任技術者名
（4） 工事実施の方法

問題 37

河川法に関する次の記述のうち、**誤っているもの**はどれか。

（1） 都道府県知事が管理する河川は、原則として、二級河川に加えて準用河川が含まれる。
（2） 河川区域は、堤防に挟まれた区域と、河川管理施設の敷地である土地の区域が含まれる。
（3） 河川法上の河川には、ダム、堰、水門、床止め、堤防、護岸等の河川管理施設が含まれる。
（4） 河川法の目的には、洪水防御と水利用に加えて河川環境の整備と保全が含まれる。

問題 38

建築基準法上、建築設備に**該当しないもの**は、次のうちどれか。

（1） 煙突
（2） 排水設備
（3） 階段
（4） 冷暖房設備

問題 39

火薬類の取扱いに関する次の記述のうち、火薬類取締法上、**誤っているもの**はどれか。

（1） 火薬類を取り扱う者は、所有又は、占有する火薬類、譲渡許可証、譲受許可証又は運搬証明書を紛失又は盗取されたときは、遅滞なくその旨を都道府県知事に届け出なければならない。
（2） 火薬庫を設置し移転又は設備を変更しようとする者は、原則として都道府県知事の許可を受けなければならない。
（3） 火薬類を譲り渡し、又は譲り受けようとする者は、原則として都道府県知事の許可を受けなければならない。

（4） 火薬類を廃棄しようとする者は、経済産業省令で定めるところにより、原則として、都道府県知事の許可を受けなければならない。

問題 40

騒音規制法上、住民の生活環境を保全する必要があると認める地域の指定を行う者として、**正しいもの**は次のうちどれか。

（1） 環境大臣
（2） 国土交通大臣
（3） 町村長
（4） 都道府県知事又は市長

問題 41

振動規制法上、指定地域内において特定建設作業を施工しようとする者が、届け出なければならない事項として、**該当しないもの**は次のうちどれか。

（1） 特定建設作業の現場付近の見取り図
（2） 特定建設作業の実施期間
（3） 特定建設作業の振動防止対策の方法
（4） 特定建設作業の現場の施工体制表

問題 42

港則法上、許可申請に関する次の記述のうち、**誤っているもの**はどれか。

（1） 船舶は、特定港内又は特定港の境界附近において危険物を運搬しようとするときは、港長の許可を受けなければならない。
（2） 船舶は、特定港において危険物の積込、積替又は荷卸をするには、その旨を港長に届け出なければならない。
（3） 特定港内において、汽艇等以外の船舶を修繕しようとする者は、その旨を港長に届け出なければならない。
（4） 特定港内又は特定港の境界附近で工事又は作業をしようとする者は、港長の許可を受けなければならない。

※ **問題番号No.43～No.53までの11問題は、必須問題ですから全問題を解答してください。**

問題 43

閉合トラバース測量による下表の観測結果において、測線ABの方位角が120° 50′ 39″のとき、測線BC の方位角として、**適当なもの**は次のうち どれか。

測点	観測角		
A	115°	54′	38″
B	100°	6′	34″
C	112°	33′	39″
D	108°	45′	25″
E	102°	39′	44″

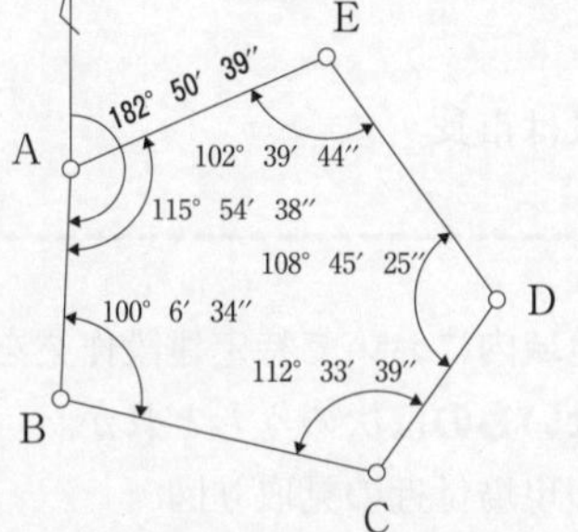

（1） 102° 51′ 5″　（2） 102° 53′ 7″　（3） 102° 55′ 10″　（4） 102° 57′ 13″

問題 44

公共工事標準請負契約約款に関する次の記述のうち、**誤っているもの**はどれか。

（1） 設計図書とは、図面、仕様書、契約書、現場説明書及び現場説明に対する質問回答書をいう。
（2） 現場代理人とは、契約を取り交わした会社の代理として、任務を代行する責任者をいう。
（3） 現場代理人、監理技術者等及び専門技術者は、これを兼ねることができる。
（4） 発注者は、工事完成検査において、工事目的物を最小限度破壊して検査することができる。

問題 45

下図は標準的なブロック積擁壁の断面図であるが、ブロック積擁壁各部の名称と記号の表記として２つとも**適当なもの**は、次のうちどれか。

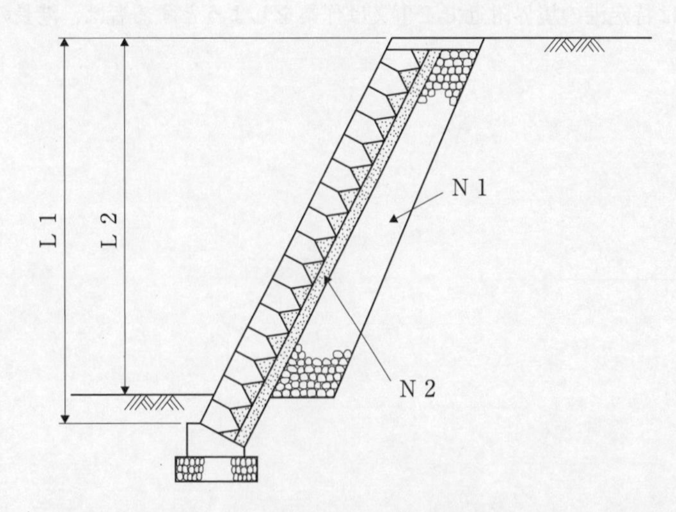

（1） 擁壁の直高Ｌ１、裏込めコンクリートＮ１　（2） 擁壁の直高Ｌ２、裏込めコンクリートＮ２
（3） 擁壁の直高Ｌ１、裏込め材Ｎ１　（4） 擁壁の直高Ｌ２、裏込め材Ｎ２

問題 46

建設工事における建設機械の「機械名」と「性能表示」に関する次の組合せのうち、**適当なもの**はどれか。

［機械名］　　　　［性能表示］
（1）バックホゥ…………バケット質量(kg)
（2）ダンプトラック……車両重量(t)
（3）クレーン……………ブーム長(m)
（4）ブルドーザ…………質量(t)

問題 47

施工計画作成のための事前調査に関する次の記述のうち、**適当でないもの**はどれか。

（1）近隣環境の把握のため、現場周辺の状況、近隣施設、交通量等の調査を行う。
（2）工事内容の把握のため、現場事務所用地、設計図書及び仕様書の内容等の調査を行う。
（3）現場の自然条件の把握のため、地質、地下水、湧水等の調査を行う。
（4）労務、資機材の把握のため、労務の供給、資機材の調達先等の調査を行う。

問題 48

労働者の危険を防止するための措置に関する次の記述のうち、労働安全衛生法上、**誤っているもの**はどれか。

（1）橋梁支間20m以上の鋼橋の架設作業を行うときは、物体の飛来又は落下による危険を防止するため、保護帽を着用する。
（2）明り掘削の作業を行うときは、物体の飛来又は落下による危険を防止するため、保護帽を着用する。
（3）高さ2m以上の箇所で墜落の危険がある作業で作業床を設けることが困難なときは、防網を張り、要求性能墜落制止用器具を使用する。
（4）つり足場、張出し足場の組立て、解体等の作業では、原則として要求性能墜落制止用器具を安全に取り付けるための設備等を設け、かつ、要求性能墜落制止用器具を使用する。

問題 49

高さ5m以上のコンクリート造の工作物の解体作業にともなう危険を防止するために事業者が行うべき事項に関する次の記述のうち、労働安全衛生法上、**誤っているもの**はどれか。

（1）強風、大雨、大雪等の悪天候のため、作業の実施について危険が予想されるときは、当該作業を中止しなければならない。
（2）外壁、柱等の引倒し等の作業を行うときは、引倒し等について一定の合図を定め、関係労働者に周知させなければならない。
（3）器具、工具等を上げ、又は下ろすときは、つり綱、つり袋等を労働者に使用させなければならない。
（4）作業を行う区域内には、関係労働者以外の労働者の立入り許可区域を明示しなければならない。

問題 50

建設工事の品質管理における「工種・品質特性」とその「試験方法」との組合せとして、**適当でないもの**は次のうちどれか。

［工種・品質特性］　　　　　　　　　　　　［試験方法］
（1）　土工・盛土の締固め度…………………………RI計器による乾燥密度測定
（2）　アスファルト舗装工・安定度…………………平坦性試験
（3）　コンクリート工・コンクリート用骨材の粒度…………ふるい分け試験
（4）　土工・最適含水比…………………………突固めによる土の締固め試験

問題 51

レディーミクストコンクリート(JIS A 5308)の品質管理に関する次の記述のうち、**適当でないもの**はどれか。

（1）　スランプ12cmのコンクリートの試験結果で許容されるスランプの上限値は、14.5cmである。
（2）　空気量5.0%のコンクリートの試験結果で許容される空気量の下限値は、3.5%である。
（3）　品質管理項目は、質量、スランプ、空気量、塩化物含有量である。
（4）　レディーミクストコンクリートの品質検査は、荷卸し地点で行う。

問題 52

建設工事における環境保全対策に関する次の記述のうち、**適当なもの**はどれか。

（1）　騒音や振動の防止対策では、騒音や振動の絶対値を下げること及び発生期間の延伸を検討する。
（2）　造成工事等の土工事にともなう土ぼこりの防止対策には、アスファルトによる被覆養生が一般的である。
（3）　騒音の防止方法には、発生源での対策、伝搬経路での対策、受音点での対策があるが、建設工事では受音点での対策が広く行われる。
（4）　運搬車両の騒音や振動の防止のためには、道路及び付近の状況によって、必要に応じ走行速度に制限を加える。

問題 53

「建設工事に係る資材の再資源化等に関する法律」(建設リサイクル法)に定められている特定建設資材に**該当するもの**は、次のうちどれか。

（1）　建設発生土　　（2）　廃プラスチック　　（3）　コンクリート　　（4）　ガラス類

※ 問題番号No.54～No.61までの8問題は、施工管理法(基礎的な能力)の必須問題ですから全問題を解答してください。

問題 54

公共工事における施工体制台帳及び施工体系図に関する下記の①～④の４つの記述のうち、建設業法上、**正しいものの数**は次のうちどれか。

① 公共工事を受注した建設業者が、下請契約を締結するときは、その金額にかかわらず、施工体制台帳を作成し、その写しを下請負人に提出するものとする。
② 施工体系図は、当該建設工事の目的物の引渡しをした時から.. 年間は保存しなければならない。
③ 作成された施工体系図は、工事関係者及び公衆が見やすい場所に掲げなければならない。
④ 下請負人は、請け負った工事を再下請に出すときは、発注者に施工体制台帳に記載する再下請負人の名称等を通知しなければならない。

（1） 1つ　（2） 2つ　（3） 3つ　（4） 4つ

問題 55

ダンプトラックを用いて土砂（粘性土）を運搬する場合に、時間当たり作業量（地山土量）Q（m^3/h）を算出する計算式として下記の［　　］の（イ）～（ニ）に当てはまる数値の組合せとして、**正しいもの**は次のうちどれか。

・ダンプトラックの時間当たり作業量Q（m^3/h）

$$Q = \frac{\boxed{（イ）} \times \boxed{（ロ）} \times E}{\boxed{（ハ）}} \times 60 = \boxed{（ニ）}\ m^3/h$$

q：1回当たりの積載量（7 m^3）
f：土量換算係数＝1/L（土量の変化率L＝1.25）
E：作業効率（0.9）
Cm：サイクルタイム（24分）

	（イ）	（ロ）	（ハ）	（ニ）
（1）	24	1.25	7	231.4
（2）	7	0.8	24	12.6
（3）	24	0.8	7	148.1
（4）	7	1.25	24	19.7

問題 56

工程管理に用いられる工程表に関する下記の①～④の4つの記述のうち、**適当なもののみを全てあげている組合せ**は次のうちどれか。

① 曲線式工程表には、バーチャート、グラフ式工程表、出来高累計曲線とがある。
② バーチャートは、図1のように縦軸に日数をとり、横軸にその工事に必要な距離を棒線で表す。
③ グラフ式工程表は、図2のように出来高又は工事作業量比率を縦軸にとり、日数を横軸にとって工種ごとの工程を斜線で表す。
④ 出来高累計曲線は、図3のように縦軸に出来高比率をとり横軸に工期をとって、工事全体の出来高比率の累計を曲線で表す。

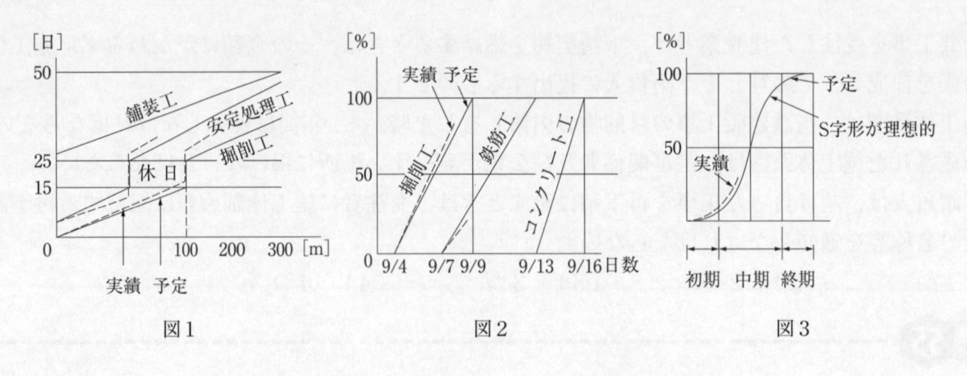

（1） ①② （2） ②③ （3） ③④ （4） ①④

問題 57

下図のネットワーク式工程表について記載している下記の文章中の［　　］の(イ)～(ニ)に当てはまる語句の組合せとして、**正しいもの**は次のうちどれか。
ただし、図中のイベント間のA～Gは作業内容、数字は作業日数を表す。

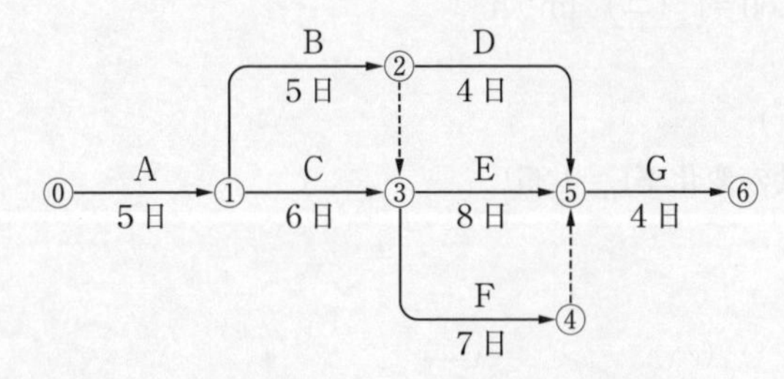

・［（イ）］及び［（ロ）］は、クリティカルパス上の作業である。
・作業Fが［（ハ）］遅延しても、全体の工期に影響はない。
・この工程全体の工期は、［（ニ）］である。

	(イ)	(ロ)	(ハ)	(ニ)
（1）	作業C	作業D	1日	23日間
（2）	作業C	作業E	1日	23日間
（3）	作業B	作業E	2日	22日間
（4）	作業B	作業D	2日	22日間

問題 58

型枠支保工に関する下記の①～④の4つの記述のうち、**適当なものの数**は次のうちどれか。

① 型枠支保工を組み立てるときは、組立図を作成し、かつ、この組立図により組み立てなければならない。
② 型枠支保工に使用する材料は、著しい損傷、変形又は腐食があるものは、補修して使用しなければならない。
③ 型枠支保工は、型枠の形状、コンクリートの打設の方法等に応じた堅固な構造のものでなければならない。
④ 型枠支保工作業は、型枠支保工の組立等作業主任者が、作業を直接指揮しなければならない。

（1） 1つ （2） 2つ （3） 3つ （4） 4つ

問題 59

車両系建設機械を用いた作業において、事業者が行うべき事項に関する下記の①～④の４つの記述のうち、労働安全衛生法上、**正しいものの数**は次のうちどれか。

① 岩石の落下等により労働者に危険が生ずるおそれのある場所で作業を行う場合は、堅固なヘッドガードを装備した機械を使用させなければならない。
② 転倒や転落により運転者に危険が生ずるおそれのある場所では、転倒時保護構造を有し、かつ、シートベルトを備えたもの以外の車両系建設機械を使用しないように努めなければならない。
③ 機械の修理やアタッチメントの装着や取り外しを行う場合は、作業指揮者を定め、作業手順を決めさせるとともに、作業の指揮等を行わせなければならない。
④ ブームやアームを上げ、その下で修理等の作業を行う場合は、不意に降下することによる危険を防止するため、作業指揮者に安全支柱や安全ブロック等を使用させなければならない。

（1） 1つ　　（2） 2つ　　（3） 3つ　　（4） 4つ

問題 60

$\bar{x}$－R管理図に関する下記の①～④の４つの記述のうち、**適当なものの数**は次のうちどれか。

① $\bar{x}$－R管理図は、統計的事実に基づき、ばらつきの範囲の目安となる限界の線を決めてつくった図表である。
② $\bar{x}$－R管理図上に記入したデータが管理限界線の外に出た場合は、その工程に異常があることが疑われる。
③ 管理図は、通常連続した棒グラフで示される。
④ 建設工事では、$\bar{x}$－R管理図を用いて、連続量として測定される計数値を扱うことが多い。

（1） 1つ　　（2） 2つ　　（3） 3つ　　（4） 4つ

問題 61

盛土の締固めにおける品質管理に関する下記の①～④の４つの記述のうち、**適当なもののみを全てあげている組合せ**は次のうちどれか。

① 品質規定方式は、盛土の締固め度等を規定する方法である。
② 盛土の締固めの効果や特性は、土の種類や含水比、施工方法によって変化しない。
③ 盛土が最もよく締まる含水比は、最大乾燥密度が得られる含水比で最大含水比である。
④ 土の乾燥密度の測定方法には、砂置換法やRI計器による方法がある。

（1） ①④　　（2） ②③　　（3） ①②④　　（4） ②③④

令和５年度後期第１次検定　問題
（令和５年10月22日実施）

※ 問題番号No.1～No.11までの11問題のうちから9問題を選択し解答してください。

問題 1

「土工作業の種類」と「使用機械」に関する次の組合せのうち、**適当でないもの**はどれか。

	［土工作業の種類］	［使用機械］		［土工作業の種類］	［使用機械］
（1）	掘削・積込み	クラムシェル	（2）	さく岩	モータグレーダ
（3）	法面仕上げ	バックホゥ	（4）	締固め	タイヤローラ

問題 2

法面保護工の「工種」とその「目的」の組合せとして、次のうち**適当でないもの**はどれか。

	［工種］	［目的］
（1）	種子吹付け工	凍上崩落の抑制
（2）	ブロック積擁壁工	土圧に対抗して崩壊防止
（3）	モルタル吹付け工	表流水の浸透防止
（4）	筋芝工	切土面の浸食防止

問題 3

道路土工の盛土材料として望ましい条件に関する次の記述のうち、**適当でないもの**はどれか。

（1）　建設機械のトラフィカビリティーが確保しやすいこと。
（2）　締固め後の圧縮性が大きく、盛土の安定性が保てること。
（3）　敷均しが容易で締固め後のせん断強度が高いこと。
（4）　雨水等の浸食に強く、吸水による膨潤性が低いこと。

問題 4

軟弱地盤における次の改良工法のうち、締固め工法に**該当するもの**はどれか。

（1）　ウェルポイント工法　　（2）　石灰パイル工法
（3）　バイブロフローテーション工法　　（4）　プレローディング工法

問題 5

コンクリートで使用される骨材の性質に関する次の記述のうち、**適当でないもの**はどれか。

（1）　すりへり減量が大きい骨材を用いると、コンクリートのすりへり抵抗性が低下する。
（2）　骨材の粗粒率が大きいほど、粒度が細かい。
（3）　骨材の粒形は、扁平や細長よりも球形がよい。
（4）　骨材に有機不純物が多く混入していると、コンクリートの凝結や強度等に悪影響を及ぼす。

問題 6

コンクリートの配合設計に関する次の記述のうち、**適当でないもの**はどれか。

（1）　打込みの最小スランプの目安は、鋼材の最小あきが小さいほど、大きくなるように定める。

（2） 打込みの最小スランプの目安は、締固め作業高さが大きいほど、小さくなるように定める。
（3） 単位水量は、施工が可能な範囲内で、できるだけ少なくなるように定める。
（4） 細骨材率は、施工が可能な範囲内で、単位水量ができるだけ少なくなるように定める。

問題 7

フレッシュコンクリートに関する次の記述のうち、**適当でないもの**はどれか。
（1） コンシステンシーとは、変形又は流動に対する抵抗性である。
（2） レイタンスとは、コンクリート表面に水とともに浮かび上がって沈殿する物質である。
（3） 材料分離抵抗性とは、コンクリート中の材料が分離することに対する抵抗性である。
（4） ブリーディングとは、運搬から仕上げまでの一連の作業のしやすさである。

問題 8

型枠に関する次の記述のうち、**適当でないもの**はどれか。
（1） 型枠内面には、剥離剤を塗布することを原則とする。
（2） コンクリートの側圧は、コンクリート条件や施工条件により変化する。
（3） 型枠は、取り外しやすい場所から外していくことを原則とする。
（4） コンクリートのかどには、特に指定がなくても面取りができる構造とする。

問題 9

既製杭の施工に関する次の記述のうち、**適当なもの**はどれか。
（1） 打撃による方法は、杭打ちハンマとしてバイブロハンマが用いられている。
（2） 中掘り杭工法は、あらかじめ地盤に穴をあけておき既製杭を挿入する。
（3） プレボーリング工法は、既製杭の中をアースオーガで掘削しながら杭を貫入する。
（4） 圧入による方法は、オイルジャッキ等を使用して杭を地中に圧入する。

問題 10

場所打ち杭の施工に関する次の記述のうち、**適当なもの**はどれか。
（1） オールケーシング工法は、ケーシングチューブを土中に挿入して、ケーシングチューブ内の土を掘削する。
（2） アースドリル工法は、掘削孔に水を満たし、掘削土とともに地上に吸い上げる。
（3） リバースサーキュレーション工法は、支持地盤を直接確認でき、孔底の障害物の除去が容易である。
（4） 深礎工法は、ケーシング下部の孔壁の崩壊防止のため、ベントナイト水を注入する。

問題 11

土留めの施工に関する次の記述のうち、**適当でないもの**はどれか。
（1） 自立式土留め工法は、支保工を必要としない工法である。
（2） アンカー式土留め工法は、引張材を用いる工法である。
（3） ボイリングとは、軟弱な粘土質地盤を掘削した時に、掘削底面が盛り上がる現象である。
（4） パイピングとは、砂質土の弱いところを通ってボイリングがパイプ状に生じる現象である。

※ **問題番号No.12〜No.31までの20問題のうちから6問題を選択し解答してください。**

問題 12

鋼材に関する次の記述のうち、**適当でないもの**はどれか。

（1） 鋼材は、気象や化学的な作用による腐食により劣化する。
（2） 疲労の激しい鋼材では、急激な破壊が生じることがある。
（3） 鋳鉄や鍛鋼は、橋梁の支承や伸縮継手等に用いられる。
（4） 硬鋼線材は、鉄線として鉄筋の組立や蛇かご等に用いられる。

問題 13

鋼道路橋における次の架設工法のうち、クレーンを組み込んだ起重機船を架設地点まで進入させ、橋梁を所定の位置に吊り上げて架設する工法として、**適当なもの**はどれか。

（1） フローティングクレーンによる一括架設工法　（2） クレーン車によるベント式架設工法
（3） ケーブルクレーンによる直吊り工法　（4） トラベラークレーンによる片持ち式架設工法

問題 14

コンクリートの「劣化機構」と「劣化要因」に関する次の組合せのうち、**適当でないもの**はどれか。

［劣化機構］　　［劣化要因］
（1） アルカリシリカ反応……………………反応性骨材
（2） 疲労……………………………………繰返し荷重
（3） 塩害……………………………………凍結融解作用
（4） 化学的侵食……………………………硫酸

問題 15

河川に関する次の記述のうち、**適当でないもの**はどれか。

（1） 河川の流水がある側を堤内地、堤防で守られている側を堤外地という。
（2） 河川堤防断面で一番高い平らな部分を天端という。
（3） 河川において、上流から下流を見て右側を右岸、左側を左岸という。
（4） 堤防の法面は、河川の流水がある側を表法面、その反対側を裏法面という。

問題 16

河川護岸に関する次の記述のうち、**適当でないもの**はどれか。

（1） 低水護岸は、低水路を維持し、高水敷の洗掘等を防止するものである。
（2） 法覆工は、堤防及び河岸の法面を被覆して保護するものである。
（3） 低水護岸の天端保護工は、流水によって護岸の表側から破壊しないように保護するものである。
（4） 横帯工は、流水方向の一定区間毎に設け、護岸の破壊が他に波及しないようにするものである。

問題 17

砂防えん堤に関する次の記述のうち、**適当なもの**はどれか。

（1） 水通しは、施工中の流水の切換えや堆砂後の本えん堤にかかる水圧を軽減させるために設ける。
（2） 前庭保護工は、本えん堤の洗掘防止のために、本えん堤の上流側に設ける。
（3） 袖は、洪水が越流した場合でも袖部等の破壊防止のため、両岸に向かって水平な構造とする。
（4） 砂防えん堤は、安全性の面から強固な岩盤に施工することが望ましい。

問題 18

地すべり防止工に関する次の記述のうち、**適当でないもの**はどれか。

（1） 排水トンネル工は、原則として安定した地盤にトンネルを設け、ここから帯水層に向けてボーリングを行い、トンネルを使って排水する工法であり、抑制工に分類される。
（2） 排土工は、地すべり頭部の不安定な土塊を排除し、土塊の滑動力を減少させる工法であり、抑止工に分類される。
（3） 水路工は、地表の水を水路に集め、速やかに地すべりの地域外に排除する工法であり、抑制工に分類される。
（4） シャフト工は、井筒を山留めとして掘り下げ、鉄筋コンクリートを充填して、シャフト（杭）とする工法であり、抑止工に分類される。

問題 19

道路のアスファルト舗装における路床の施工に関する次の記述のうち、**適当でないもの**はどれか。

（1） 路床は、舗装と一体となって交通荷重を支持し、厚さは１m を標準とする。
（2） 切土路床では、土中の木根、転石等を表面から30cm程度以内は取り除く。
（3） 盛土路床は、均質性を得るために、材料の最大粒径は100mm以下であることが望ましい。
（4） 盛土路床では、１層の敷均し厚さは仕上り厚で40cm以下を目安とする。

問題 20

道路のアスファルト舗装におけるアスファルト混合物の締固めに関する次の記述のうち、**適当なもの**はどれか。

（1） 初転圧は、一般に10～12tのタイヤローラで２回（１往復）程度行う。
（2） 二次転圧は、一般に８～20tのロードローラで行うが、振動ローラを用いることもある。
（3） 締固め温度は、高いほうが良いが、高すぎるとヘアクラックが多く見られることがある。
（4） 締固め作業は、敷均し終了後、初転圧、継目転圧、二次転圧、仕上げ転圧の順序で行う。

問題 21

道路のアスファルト舗装の補修工法に関する次の記述のうち、**適当でないもの**はどれか。

（1） オーバーレイ工法は、既設舗装の上に、加熱アスファルト混合物以外の材料を使用して、薄い封かん層を設ける工法である。
（2） 打換え工法は、不良な舗装の一部分、又は全部を取り除き、新しい舗装を行う工法である。
（3） 切削工法は、路面の凹凸を削り除去し、不陸や段差を解消する工法である。
（4） パッチング工法は、局部的なひび割れやくぼみ、段差等を応急的に舗装材料で充填する工法である。

問題 22

道路のコンクリート舗装の施工に関する次の記述のうち、**適当でないもの**はどれか。

（1） 普通コンクリート舗装の路盤は、厚さ30cm以上の場合は上層と下層に分けて施工する。

（2） 普通コンクリート舗装の路盤は、コンクリート版が膨張・収縮できるよう、路盤上に厚さ2cm程度の砂利を敷設する。

（3） 普通コンクリート版の縦目地は、版の温度変化に対応するよう、車線に直交する方向に設ける。

（4） 普通コンクリート版の縦目地は、ひび割れが生じても亀裂が大きくならないためと、版に段差が生じないためにダミー目地が設けられる。

問題 23

コンクリートダムの施工に関する次の記述のうち、**適当でないもの**はどれか。

（1） 転流工は、ダム本体工事にとりかかるまでに必要な工事で、工事用道路や土捨場等の工事を行うものである。

（2） 基礎掘削工は、基礎岩盤に損傷を与えることが少なく、大量掘削に対応できるベンチカット工法が一般的である。

（3） 基礎処理工は、セメントミルク等を用いて、ダムの基礎岩盤の状態が均一ではない弱部の補強、改良を行うものである。

（4） RCD工法は、単位水量が少なく、超硬練りに配合されたコンクリートを振動ローラで締め固める工法である。

問題 24

トンネルの山岳工法における掘削に関する次の記述のうち、**適当でないもの**はどれか。

（1） 機械掘削は、発破掘削に比べて騒音や振動が比較的少ない。

（2） 発破掘削は、主に地質が軟岩の地山に用いられる。

（3） 全断面工法は、トンネルの全断面を一度に掘削する工法である。

（4） ベンチカット工法は、一般的にトンネル断面を上下に分割して掘削する工法である。

問題 25

海岸堤防の形式の特徴に関する次の記述のうち、**適当でないもの**はどれか。

（1） 直立型は、比較的良好な地盤で、堤防用地が容易に得られない場合に適している。

（2） 傾斜型は、比較的軟弱な地盤で、堤体土砂が容易に得られる場合に適している。

（3） 緩傾斜型は、堤防用地が広く得られる場合や、海水浴場等に利用する場合に適している。

（4） 混成型は、水深が割合に深く、比較的良好な地盤に適している。

問題 26

ケーソン式混成堤の施工に関する次の記述のうち、**適当でないもの**はどれか。

（1） ケーソンの底面が据付け面に近づいたら、注水を一時止め、潜水士によって正確な位置を決めたのち、ふたたび注水して正しく据え付ける。

（2） 据え付けたケーソンは、できるだけゆっくりケーソン内部に中詰めを行って、ケーソンの質量を増し、安定性を高める。

(3) ケーソンは、波が静かなときを選び、一般にケーソンにワイヤをかけて引き船により据付け、現場までえい航する。
(4) 中詰め後は、波によって中詰め材が洗い出されないように、ケーソンの蓋となるコンクリートを打設する。

問題 27

鉄道の「軌道の用語」と「説明」に関する次の組合せのうち、**適当でないもの**はどれか。

[軌道の用語]　[説明]
(1) スラック……………曲線部において列車の通過を円滑にするために軌間を縮小する量のこと
(2) カント………………曲線部において列車の転倒を防止するために曲線外側レールを高くすること
(3) 軌間…………………両側のレール頭部間の最短距離のこと
(4) スラブ軌道…………プレキャストのコンクリート版を用いた軌道のこと

問題 28

鉄道(在来線)の営業線内及びこれに近接した工事に関する次の記述のうち、**適当でないもの**はどれか。
(1) 重機械による作業は、列車の近接から通過の完了まで建築限界をおかさないよう注意して行う。
(2) 工事場所が信号区間では、バール・スパナ・スチールテープ等の金属による短絡を防止する。
(3) 営業線での安全確保のため、所要の防護策を設け定期的に点検する。
(4) 重機械の運転者は、重機械安全運転の講習会修了証の写しを添え、監督員等の承認を得る。

問題 29

シールド工法に関する次の記述のうち、**適当でないもの**はどれか。
(1) 泥水式シールド工法は、泥水を循環させ、泥水によって切羽の安定を図る工法である。
(2) 泥水式シールド工法は、掘削した土砂に添加材を注入して強制的に攪拌し、流体輸送方式によって地上に搬出する工法である。
(3) 土圧式シールド工法は、カッターチャンバー内に掘削した土砂を充満させ、切羽の土圧と平衡を保つ工法である。
(4) 土圧式シールド工法は、掘削した土砂をスクリューコンベヤで排土する工法である。

問題 30

上水道に用いる配水管と継手の特徴に関する次の記述のうち、**適当でないもの**はどれか。
(1) 鋼管の継手の溶接は、時間がかかり、雨天時には溶接に注意しなければならない。
(2) ポリエチレン管の融着継手は、雨天時や湧水地盤での施工が困難である。
(3) ダクタイル鋳鉄管のメカニカル継手は、地震の変動への適応が困難である。
(4) 硬質塩化ビニル管の接着した継手は、強度や水密性に注意しなければならない。

問題 31

下水道の剛性管渠を施工する際の下記の「基礎地盤の土質区分」と「基礎の種類」の組合せとして、**適当なもの**は次のうちどれか。

［基礎地盤の土質区分］
（イ） 軟弱土（シルト及び有機質土）
（ロ） 硬質土（硬質粘土、礫混じり土及び礫混じり砂）
（ハ） 極軟弱土（非常に緩いシルト及び有機質土）

［基礎の種類］

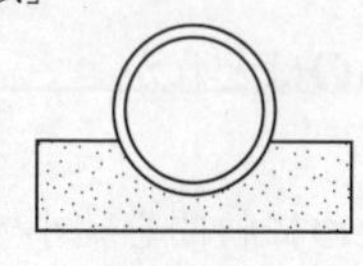

砂基礎

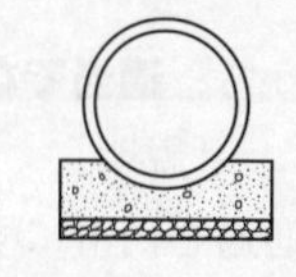

コンクリート基礎

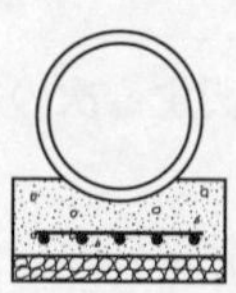

鉄筋コンクリート基礎

	（イ）	（ロ）	（ハ）
（1）	砂基礎	コンクリート基礎	鉄筋コンクリート基礎
（2）	コンクリート基礎	砂基礎	鉄筋コンクリート基礎
（3）	鉄筋コンクリート基礎	砂基礎	コンクリート基礎
（4）	砂基礎	鉄筋コンクリート基礎	コンクリート基礎

※ 問題番号No.32～No.42までの11問題のうちから6問題を選択し解答してください。

問題 32

労働時間、休憩に関する次の記述のうち、労働基準法上、**誤っているもの**はどれか。
（1） 使用者は、原則として労働者に、休憩時間を除き１週間に40時間を超えて、労働させてはならない。
（2） 災害その他避けることのできない事由によって、臨時の必要がある場合は、使用者は、行政官庁の許可を受けて、労働時間を延長することができる。
（3） 使用者は、労働時間が８時間を超える場合においては労働時間の途中に少なくとも45分の休憩時間を、原則として、一斉に与えなければならない。
（4） 労働時間は、事業場を異にする場合においても、労働時間に関する規定の適用について通算する。

問題 33

満18才に満たない者の就労に関する次の記述のうち、労働基準法上、**誤っているもの**はどれか。
（1） 使用者は、毒劇薬、又は爆発性の原料を取り扱う業務に就かせてはならない。
（2） 使用者は、その年齢を証明する後見人の証明書を事業場に備え付けなければならない。
（3） 使用者は、動力によるクレーンの運転をさせてはならない。
（4） 使用者は、坑内で労働させてはならない。

問題 34

労働安全衛生法上、**作業主任者の選任を必要としない作業**は、次のうちどれか。
（1） 土止め支保工の切りばり又は腹起こしの取付け又は取り外しの作業
（2） 高さが５m以上のコンクリート造の工作物の解体又は破壊の作業

（3） 既製コンクリート杭の杭打ちの作業
（4） 掘削面の高さが2m以上となる地山の掘削の作業

問題 35

主任技術者及び監理技術者の職務に関する次の記述のうち、建設業法上、**正しいもの**はどれか。
（1） 当該建設工事の下請契約書の作成を行わなければならない。
（2） 当該建設工事の下請代金の支払いを行わなければならない。
（3） 当該建設工事の資機材の調達を行わなければならない。
（4） 当該建設工事の品質管理を行わなければならない。

問題 36

車両の最高限度に関する次の記述のうち、車両制限令上、**正しいもの**はどれか。
ただし、道路管理者が道路の構造の保全及び交通の危険の防止上支障がないと認めて指定した道路を通行する車両を除く。
（1） 車両の幅は、2.5mである。
（2） 車両の輪荷重は、10tである。
（3） 車両の高さは、4.5mである。
（4） 車両の長さは、14mである。

問題 37

河川法上、河川区域内において、河川管理者の許可を**必要としないもの**は次のうちどれか。
（1） 河川区域内に設置されているトイレの撤去
（2） 河川区域内の上空を横断する送電線の改築
（3） 河川区域内の土地を利用した鉄道橋工事の資材置場の設置
（4） 取水施設の機能維持のために行う取水口付近に堆積した土砂の排除

問題 38

敷地面積1000m^2の土地に、建築面積500m^2の2階建ての倉庫を建築しようとする場合、建築基準法上、建ぺい率(%)として**正しいもの**は次のうちどれか。
（1） 50
（2） 100
（3） 150
（4） 200

問題 39

火薬類の取扱いに関する次の記述のうち、火薬類取締法上、**誤っているもの**はどれか。
（1） 火工所に火薬類を存置する場合には、見張人を原則として常時配置すること。
（2） 火工所として建物を設ける場合には、適当な換気の措置を講じ、床面は鉄類で覆い、安全に作業ができるような措置を講ずること。
（3） 火工所の周囲には、適当な柵を設け、火気厳禁 等と書いた警戒札を掲示すること。
（4） 火工所は、通路、通路となる坑道、動力線、火薬類取扱所、他の火工所、火薬庫、火気を取り扱う場所、人の出入りする建物等に対し安全で、かつ、湿気の少ない場所に設けること。

問題 40

騒音規制法上、建設機械の規格等にかかわらず特定建設作業の**対象とならない作業**は、次のうちどれか。

ただし、当該作業がその作業を開始した日に終わるものを除く。

（1） さく岩機を使用する作業

（2） 圧入式杭打杭抜機を使用する作業

（3） バックホゥを使用する作業

（4） ブルドーザを使用する作業

問題 41

振動規制法上、特定建設作業の規制基準に関する測定位置として、次の記述のうち**正しいもの**はどれか。

（1） 特定建設作業の敷地内の振動発生源

（2） 特定建設作業の敷地の中心地点

（3） 特定建設作業の敷地の境界線

（4） 特定建設作業の敷地に最も近接した家屋内

問題 42

港則法上、特定港内の船舶の航路及び航法に関する次の記述のうち、**誤っているもの**はどれか。

（1） 汽艇等以外の船舶は、特定港に出入し、又は特定港を通過するには、国土交通省令で定める航路によらなければならない。

（2） 船舶は、航路内においては、原則として投びょうし、又はえい航している船舶を放してはならない。

（3） 船舶は、航路内において、他の船舶と行き会うときは、左側を航行しなければならない。

（4） 航路から航路外に出ようとする船舶は、航路を航行する他の船舶の進路を避けなければならない。

※ 問題番号No.43～No.53までの11問題は、必須問題ですから全問題を解答してください。

問題 43

閉合トラバース測量による下表の観測結果において、閉合誤差が0.008mのとき、**閉合比**は次のうちどれか。
ただし、閉合比は有効数字４桁目を切り捨て、３桁に丸める。

測線	距離Ｉ（m）	方位角			緯距Ｌ（m）	経距Ｄ（m）
AB	37.464	183°	43′	41″	−37.385	−2.436
BC	40.557	103°	54′	7″	−9.744	39.369
CD	39.056	36°	32′	41″	31.377	23.256
DE	38.903	325°	21′	0″	32.003	−22.119
EA	41.397	246°	53′	37″	−16.246	−38.076
計	197.377				0.005	−0.006

閉合誤差 = 0.008 m

（1） 1／24400
（2） 1／24500
（3） 1／24600
（4） 1／24700

問題 44

公共工事で発注者が示す設計図書に**該当しないもの**は、次のうちどれか。

（1） 現場説明書
（2） 現場説明に対する質問回答書
（3） 設計図面
（4） 施工計画書

問題 45

下図は橋の一般的な構造を示したものであるが、(イ)～(ニ)の橋の長さを表す名称に関する組合せとして、**適当なもの**は次のうちどれか。

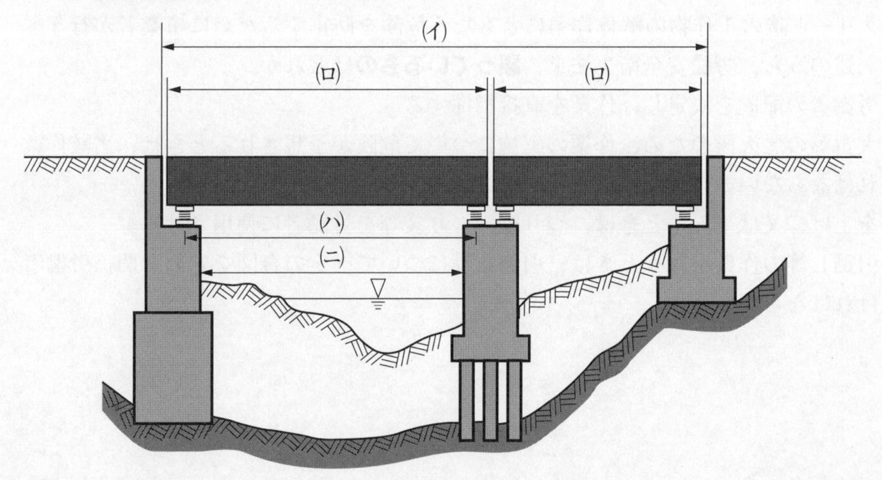

	（イ）	（ロ）	（ハ）	（ニ）
（1）	橋長	桁長	径間長	支間長
（2）	桁長	橋長	支間長	径間長
（3）	桁長	橋長	径間長	支間長
（4）	橋長	桁長	支間長	径間長

問題 46

建設機械の用途に関する次の記述のうち、**適当でないもの**はどれか。

（1） ブルドーザは、土工板を取り付けた機械で、土砂の掘削・運搬（押土）、積込み等に用いられる。

（2） ランマは、振動や打撃を与えて、路肩や狭い場所等の締固めに使用される。

（3） モーターグレーダは、路面の精密な仕上げに適しており、砂利道の補修、土の敷均し等に用いられる。

（4） タイヤローラは、接地圧の調整や自重を加減することができ、路盤等の締固めに使用される。

問題 47

施工計画作成に関する次の記述のうち、**適当でないもの**はどれか。

（1） 環境保全計画は、公害問題、交通問題、近隣環境への影響等に対し、十分な対策を立てることが主な内容である。

（2） 調達計画は、労務計画、資材計画、機械計画を立てることが主な内容である。

（3） 品質管理計画は、要求する品質を満足させるために設計図書に基づく規格値内に収まるよう計画することが主な内容である。

（4） 仮設備計画は、仮設備の設計や配置計画、安全衛生計画を立てることが主な内容である。

問題 48

労働安全衛生法上、事業者が労働者に保護帽の着用をさせなければならない作業に**該当しないもの**は、次のうちどれか。

（1） 物体の飛来又は落下の危険のある採石作業

（2） 最大積載量が5tの貨物自動車の荷の積み卸しの作業

（3） ジャッキ式つり上げ機械を用いた荷のつり上げ、つり下げの作業

（4） 橋梁支間20mのコンクリート橋の架設作業

問題 49

高さ5m以上のコンクリート造の工作物の解体作業にともなう危険を防止するために事業者が行うべき事項に関する次の記述のうち、労働安全衛生法上、**誤っているもの**はどれか。

（1） 作業方法及び労働者の配置を決定し、作業を直接指揮する。

（2） 強風、大雨、大雪等の悪天候のため、作業の実施について危険が予想されるときは、当該作業を中止しなければならない。

（3） 器具、工具等を上げ、又は下ろすときは、つり綱、つり袋等を労働者に使用させる。

（4） 外壁、柱等の引倒し等の作業を行うときは、引倒し等について一定の合図を定め、関係労働者に周知させなければならない。

問題 50

工事の品質管理活動における品質管理のPDCA（Plan、Do、Check、Action）に関する次の記述のうち、**適当でないもの**はどれか。

（1） 第1段階（計画Plan）では、品質特性の選定と品質規格を決定する。
（2） 第2段階（実施Do）では、作業日報に基づき、作業を実施する。
（3） 第3段階（検討Check）では、統計的手法により、解析・検討を行う。
（4） 第4段階（処理Action）では、異常原因を追究し、除去する処置をとる。

問題 51

レディーミクストコンクリート（JIS A 5308）の受入れ検査と合格判定に関する次の記述のうち、**適当でないもの**はどれか。

（1） 圧縮強度の1回の試験結果は、購入者の指定した呼び強度の強度値の85％以上である。
（2） 空気量4.5％のコンクリートの空気量の許容差は、±2.0％である。
（3） スランプ12cm のコンクリートのスランプの許容差は、±2.5cmである。
（4） 塩化物含有量は、塩化物イオン量として原則0.3kg/m^{3}以下である。

問題 52

建設工事における騒音や振動に関する次の記述のうち、**適当でないもの**はどれか。

（1） 掘削、積込み作業にあたっては、低騒音型建設機械の使用を原則とする。
（2） アスファルトフィニッシャでの舗装工事で、特に静かな工事施工が要求される場合、バイブレータ式よりタンパ式の採用が望ましい。
（3） 建設機械の土工板やバケット等は、できるだけ土のふるい落としの操作を避ける。
（4） 履帯式の土工機械では、走行速度が速くなると騒音振動も大きくなるので、不必要な高速走行は避ける。

問題 53

建設工事に係る資材の再資源化等に関する法律（建設リサイクル法）に定められている特定建設資材に**該当するもの**は、次のうちどれか。

（1） ガラス類
（2） 廃プラスチック
（3） アスファルト・コンクリート
（4） 土砂

※ **問題番号No.54～No.61までの8問題は、施工管理法（基礎的な能力）の必須問題ですから全問題を解答してください。**

問題 54

建設機械の走行に関する下記の文章中の［　　］の(イ)～(ニ)に当てはまる語句の組合せとして、**適当なもの**は次のうちどれか。

・建設機械の走行に必要なコーン指数は、［（イ）］より［（ロ）］の方が大きく、［（イ）］より［（ハ）］の方が小さい。

・［（ニ）］では、建設機械の走行に伴うこね返しにより土の強度が低下し、走行不可能になることもある。

	(イ)	(ロ)	(ハ)	(ニ)
(1)	普通ブルドーザ………	ダンプトラック………	湿地ブルドーザ…………	粘性土
(2)	ダンプトラック………	普通ブルドーザ………	湿地ブルドーザ…………	砂質土
(3)	ダンプトラック………	湿地ブルドーザ………	普通ブルドーザ…………	粘性土
(4)	湿地ブルドーザ………	ダンプトラック………	普通ブルドーザ…………	砂質土

問題 55

建設機械の作業に関する下記の①～④の４つの記述のうち、**適当なものの数**は次のうちどれか。

① リッパビリティとは、バックホゥに装着されたリッパによって作業できる程度をいう。
② トラフィカビリティとは、建設機械の走行性をいい、一般にN値で判断される。
③ ブルドーザの作業効率は、砂の方が岩塊・玉石より小さい。
④ ダンプトラックの作業効率は、運搬路の沿道条件、路面状態、昼夜の別で変わる。

(1) 1つ
(2) 2つ
(3) 3つ
(4) 4つ

問題 56

工程管理に関する下記の①～④の４つの記述のうち、**適当なもののみを全てあげている組合せ**は次のうちどれか。

① 計画工程と実施工程に差が生じた場合には、その原因を追及して改善する。
② 工程管理では、計画工程が実施工程よりも、やや上回る程度に進行管理を実施する。
③ 常に工程の進捗状況を全作業員に周知徹底させ、作業能率を高めるように努力する。
④ 工程表は、工事の施工順序と所要の日数等をわかりやすく図表化したものである。

(1) ①②
(2) ②③
(3) ①②③
(4) ①③④

問題 57

下図のネットワーク式工程表について記載している下記の文章中の［　　］の(イ)～(ニ)に当てはまる語句の組合せとして、**正しいもの**は次のうちどれか。
ただし、図中のイベント間のA～Gは作業内容、数字は作業日数を表す。

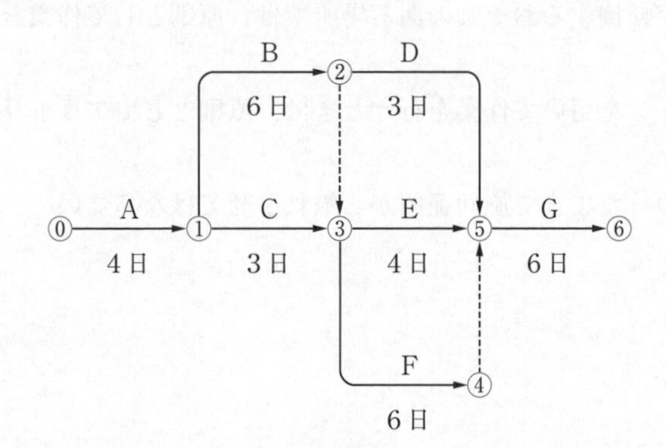

・［(イ)］及び［(ロ)］は、クリティカルパス上の作業である。
・作業Dが［(ハ)］遅延しても、全体の工期に影響はない。
・この工程全体の工期は、［(ニ)］である。

	(イ)	(ロ)	(ハ)	(ニ)
(1)	作業B	作業F	3日	22日間
(2)	作業C	作業E	4日	20日間
(3)	作業C	作業E	3日	20日間
(4)	作業B	作業F	4日	22日間

問題 58

足場の安全に関する下記の文章中の［　　］の(イ)～(ニ)に当てはまる語句の組合せとして、労働安全衛生法上、**正しいもの**は次のうちどれか。
・高さ2m以上の足場(一側足場及びわく組足場を除く)の作業床には、墜落や転落を防止するため、手すりと［(イ)］を設置する。
・高さ2m以上の足場(一側足場及びつり足場を除く)の作業床の幅は40cm以上とし、物体の落下を防ぐ［(ロ)］を設置する。
・高さ2m以上の足場(一側足場及びつり足場を除く)の作業床における床材間の［(ハ)］は、3cm以下とする。
・高さ5m以上の足場の組立て、解体等の作業を行う場合は、［(ニ)］が指揮を行う。

	(イ)	(ロ)	(ハ)	(ニ)
(1)	中さん	幅木	隙間	足場の組立て等作業主任者
(2)	幅木	中さん	段差	監視人
(3)	中さん	幅木	段差	足場の組立て等作業主任者
(4)	幅木	中さん	隙間	監視人

問題59

移動式クレーンを用いた作業において、事業者が行うべき事項に関する下記の①～④の４つの記述のうち、クレーン等安全規則上、**正しいものの数**は次のうちどれか。

① 移動式クレーンにその定格荷重をこえる荷重をかけて使用してはならない。
② 軟弱地盤のような移動式クレーンが転倒するおそれのある場所では、原則として作業を行ってはならない。
③ アウトリガーを有する移動式クレーンを用いて作業を行うときは、原則としてアウトリガーを最大限に張り出さなければならない。
④ 移動式クレーンの運転者を、荷をつったままで旋回範囲から離れさせてはならない。

（1） 1つ
（2） 2つ
（3） 3つ
（4） 4つ

問題60

管理図に関する下記の文章中の［　　］の(イ)～(ニ)に当てはまる語句又は数値の組合せとして、**適当なもの**は次のうちどれか。

・管理図は、いくつかある品質管理の手法の中で、応用範囲が［(イ)］便利で、最も多く活用されている。
・一般に、上下の管理限界の線は、統計量の標準偏差の［(ロ)］倍の幅に記入している。
・不良品の個数や事故の回数など個数で数えられるデータは、［(ハ)］と呼ばれている。
・管理限界内にあっても、測定値が［(ニ)］上下するときは工程に異常があると考える。

	(イ)	(ロ)	(ハ)	(ニ)
（1）	広く	10	計数値	1度でも
（2）	狭く	3	計量値	1度でも
（3）	狭く	10	計量値	周期的に
（4）	広く	3	計数値	周期的に

問題61

盛土の締固めにおける品質管理に関する下記の①～④の４つの記述のうち、**適当なものの数**は次のうちどれか。

① 工法規定方式は、盛土の締固め度を規定する方法である。
② 盛土の締固めの効果や特性は、土の種類や含水比、施工方法によって大きく変化する。
③ 盛土が最もよく締まる含水比は、最大乾燥密度が得られる含水比で最適含水比である。
④ 現場での土の乾燥密度の測定方法には、砂置換法やRI 計器による方法がある。

（1） 1つ　　（2） 2つ　　（3） 3つ　　（4） 4つ

令和５年度第２次検定　問題
（令和５年10月22日実施）

※問題１～問題５は必須問題です。必ず解答してください。
問題１で
① 設問１の解答が無記載又は記述漏れがある場合、
② 設問２の解答が無記載又は設問で求められている内容以外の記述の場合、
どちらの場合にも問題２以降は採点の対象となりません。

必須問題

問題 1

あなたが経験した土木工事の現場において、工夫した品質管理又は工夫した工程管理のうちから１つ選び、次の〔設問１〕、〔設問２〕に答えなさい。

〔注意〕あなたが経験した工事でないことが判明した場合は失格となります。

〔設問1〕

あなたが**経験した土木工事**に関し、次の事項について解答欄に明確に記述しなさい。

〔注意〕「経験した土木工事」は、あなたが工事請負者の技術者の場合は、あなたの所属会社が受注した工事内容について記述してください。従って、あなたの所属会社が二次下請業者の場合は、発注者名は一次下請業者名となります。
なお、あなたの所属が発注機関の場合の発注者名は、所属機関名となります。

（1）　**工事名**
（2）　**工事の内容**
　① **発注者名**
　② **工事場所**
　③ **工　　期**
　④ **主な工種**
　⑤ **施 工 量**
（3）　**工事現場における施工管理上のあなたの立場**

〔設問2〕

上記工事で実施した**「現場で工夫した安全管理」**又は**「現場で工夫した工程管理」**のいずれかを選び、次の事項について解答欄に具体的に記述しなさい。
ただし、安全管理については、交通誘導員の配置のみに関する記述は除く。
（1）　特に留意した**技術的課題**
（2）　技術的課題を解決するために**検討した項目と検討理由及び検討内容**
（3）　上記検討の結果、**現場で実施した対応処置とその評価**

必須問題

問題 2

地山の明り掘削の作業時に事業者が行わなければならない安全管理に関し、労働安全衛生法上、次の文章の［　　　］の(イ)～(ホ)に当てはまる**適切な語句を、下記の語句から選び**解答欄に記入しなさい。

（1）　地山の崩壊、埋設物等の損壊等により労働者に危険を及ぼすおそれのあるときは、作業箇所及びその周辺の地山について、ボーリングその他適当な方法により調査し、調査結果に適応する掘削の時期及び［（イ）］を定めて、作業を行わなければならない。

（2）　地山の崩壊又は土石の落下により労働者に危険を及ぼす恐れのあるときは、あらかじめ［（ロ）］を設け、［（ハ）］を張り、労働者の立入りを禁止する等の措置を講じなければならない。

（3）　掘削機械、積込機械及び運搬機械の使用によるガス導管、地中電線路その他地下に存在する工作物の［（ニ）］により労働者に危険を及ぼす恐れのあるときは、これらの機械を使用してはならない。

（4）　点検者を指名して、その日の作業を［（ホ）］する前、大雨の後及び中震(震度４)以上の地震の後、浮石及び亀裂の有無及び状態並びに含水、湧水及び凍結の状態の変化を点検させなければならない。

［語句］

土止め支保工、	遮水シート、	休憩、	飛散、	作業員、
型枠支保工、	順序、	開始、	防護網、	段差、
吊り足場、	合図、	損壊、	終了、	養生シート

必須問題

問題 3

建設工事に係る資材の再資源化等に関する法律（建設リサイクル法）により定められている、下記の特定建設資材①～④から**２つ選び、その番号、再資源化後の材料名又は主な利用用途**を、解答欄に記述しなさい。
ただし、同一の解答は不可とする。

① コンクリート　　② コンクリート及び鉄から成る建設資材
③ 木材　　④ アスファルト・コンクリート

必須問題

問題 4

切土法面の施工に関する次の文章の［　　　］の(イ)～(ホ)に当てはまる**適切な語句を、下記の語句から選び**解答欄に記入しなさい。

（1）　切土の施工に当たっては［（イ）］の変化に注意を払い、当初予想された［（イ）］以外が現れた場合、ひとまず施工を中止する。

（2）　切土法面の施工中は、雨水等による法面浸食や［（ロ）］・落石等が発生しないように、一時的な法面の排水、法面保護、落石防止を行うのがよい。

（3） 施工中の一時的な切土法面の排水は、仮排水路を［（ハ）］の上や小段に設け、できるだけ切土部への水の浸透を防止するとともに法面を雨水等が流れないようにすることが望ましい。

（4） 施工中の一時的な法面保護は、法面全体をビニールシートで被覆したり、［（ニ）］により法面を保護することもある。

（5） 施工中の一時的な落石防止としては、亀裂の多い岩盤法面や礫等の浮石の多い法面では、仮設の落石防護網や落石防護［（ホ）］を施すこともある。

［語句］

土地利用、	看板、	平坦部、	地質、	柵、
監視、	転倒、	法肩、	客土、	N値、
モルタル吹付、	尾根、	飛散、	管、	崩壊

必須問題

問題 5

コンクリートに関する下記の用語①～④から**2つ選び、その番号、その用語の説明**について解答欄に記述しなさい。

① アルカリシリカ反応
② コールドジョイント
③ スランプ
④ ワーカビリティー

問題6～問題9までは選択問題（1）、（2）です。
※問題6、問題7の選択問題（1）の2問題のうちから1問題を選択し解答してください。
なお、選択した問題は、解答用紙の選択欄に○印を必ず記入してください。

選択問題（1）

問題 6

盛土の締固め管理方法に関する次の文章の［　　］の（イ）～（ホ）に当てはまる**適切な語句又は数値を、下記の語句又は数値から選び**解答欄に記入しなさい。

（1） 盛土工事の締固め管理方法には、［（イ）］規定方式と［（ロ）］規定方式があり、どちらの方法を適用するかは、工事の性格・規模・土質条件など、現場の状況をよく考えた上で判断することが大切である。

（2） ［（イ）］規定方式のうち、最も一般的な管理方法は、現場における土の締固めの程度を締固め度で規定する方法である。

（3） 締固め度の規定値は、一般にJIS A 1210（突固めによる土の締固め試験方法）のA法で道路土工に規定された室内試験から得られる土の最大［（ハ）］の［（ニ）］％以上とされている。

（4） ［（ロ）］規定方式は、使用する締固め機械の機種や締固め回数、盛土材料の敷均し厚さ等、［（ロ）］そのものを［（ホ）］に規定する方法である。

［語句又は数値］ 施工、　80、　協議書、　90、　乾燥密度、
安全、　品質、　収縮密度、　工程、　指示書、
膨張率、　70、　工法、　現場、　仕様書

選択問題(1)

問題 7

コンクリート構造物の鉄筋の組立及び型枠に関する次の文章の［　　］の(イ)～(ホ)に当てはまる**適切な語句を、下記の語句から選び**解答欄に記入しなさい。

(1)　鉄筋どうしの交点の要所は直径0.8mm以上の［(イ)］等で緊結する。
(2)　鉄筋のかぶりを正しく保つために、モルタルあるいはコンクリート製の［(ロ)］を用いる。
(3)　鉄筋の継手箇所は構造上の弱点となりやすいため、できるだけ大きな荷重がかかる位置を避け、［(ハ)］の断面に集めないようにする。
(4)　型枠の締め付けにはボルト又は鋼棒を用いる。型枠相互の間隔を正しく保つためには、［(ニ)］やフォームタイを用いる。
(5)　型枠内面には、［(ホ)］を塗っておくことが原則である。

［語句］ 結束バンド、　スペーサ、　千鳥、　剥離剤、　交互、
潤滑油、　混和剤、　クランプ、　焼なまし鉄線、　パイプ、
セパレータ、　平板、　供試体、　電線、　同一

※問題8、問題9の選択問題(2)の2問題のうちから1問題を選択し解答してください。
なお、選択した問題は、解答用紙の選択欄に○印を必ず記入してください。

選択問題(2)

問題 8

建設工事における移動式クレーン作業及び玉掛け作業に係る安全管理のうち、**事業者が実施すべき安全対策**について、下記の①，②の作業ごとに、それぞれ8つずつ解答欄に記述しなさい。
ただし、同一の解答は不可とする。

① 移動式クレーン作業
② 玉掛け作業

選択問題(2)

問題 9

下図のような管渠を構築する場合、施工手順に基づき**工種名を記述し、横線式工程表(バーチャート)を作成し、全所要日数を求め**解答欄に記述しなさい。
各工種の作業日数は次のとおりとする。

・床掘工７日　・基礎砕石工５日　・養生工７日　・埋戻し工３日　・型枠組立工３日
・型枠取外し工１日　・コンクリート打込み工１日　・管渠敷設工４日

ただし、基礎砕石工については床掘工と３日の重複作業で行うものとする。
また、解答用紙に記載されている工種は施工手順として決められたものとする。

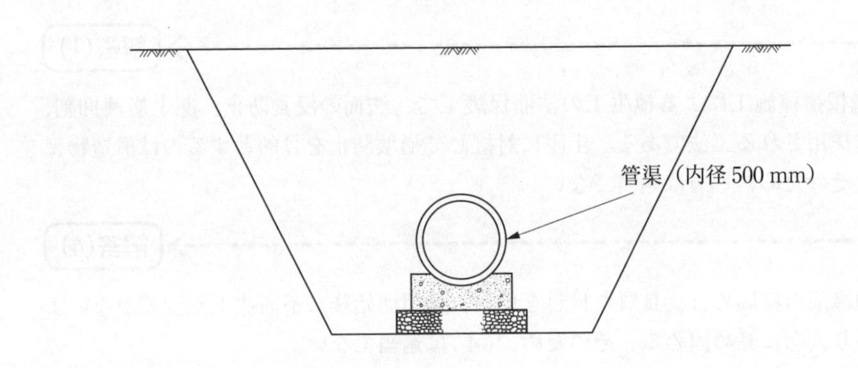

【解答用紙】

手順	工種名	作業工程(日)
		5　10　15　20　25　30　35
①		
②		
③	管渠敷設工	
④		
⑤	コンクリート打込み工	
⑥		
⑦		
⑧	埋戻し工	

令和５年度前期第１次検定　解答と解説
（令和５年６月４日実施）

問題 1 ------ 解答(1)

（1）設問通りで、適当である。
（2）バックホゥは、主に機械の位置よりも低い場所の掘削に用いられる。高い場所で用いられるのはクラムシェルなどである。
（3）トラクタショベルは、掘削、積み込みなどに用いられる。機械の位置より高い場所で用いられるのはクラムシェルなどである。
（4）スクレーパは、掘削・積込・運搬・敷均の一連の土工作業に用いられ、押土に用いられるのはブルドーザなどである。

問題 2 ------ 解答(1)

種子吹き付け工は、機械播種施工による植生工の法面保護工で、法面の浸食防止、凍上崩壊抑制、全面植生（緑化）を目的に採用される工法である。土圧に対抗して崩壊防止を目的とするのは構造物による法面保護工である。そのため、（1）は適当でない。

問題 3 ------ 解答(4)

盛土工における構造物縁部の締固めは、良質な材料を用い、供用開始後に不同沈下や段差がないよう小型の締固め機械により入念に締め固める。そのため、（4）は適当でない。

問題 4 ------ 解答(3)

深層混合処理工法は、セメントまたは石灰で現地盤の土と混合することにより柱体状の安定処理土を形成し盛土のすべり防止、沈下の低減などを目的とする工法で、「固結工法」に分類される。そのため、（3）は適当でない。

問題 5 ------ 解答(1)

（1）設問通りで、適当である。
（2）セメントの一部をシリカヒュームで置換したコンクリートは、通常のコンクリートに比べて、材料分離が生じにくい、ブリーディングが小さい、強度増加が著しい、水密性や化学的抵抗性が向上する等の利点がある。
（3）ＡＥ減水剤は、ワーカビリティを改善させコンクリートの耐凍害性を向上させる混和剤である。
（4）流動化剤は、あらかじめ練り混ぜられたコンクリートに添加し、これを攪拌することによって、その流動性を増大させることを主たる目的とする化学混和剤である。

問題 6 ------ 解答(2)

スランプ試験は、試料をスランプコーンに3層に分けて詰め、各層の高さは，それぞれ底面から65mm、150mm、300mmである。そのため、（2）は適当でない。

問題 7 --> **解答(1)**

コンシステンシーとは、変形あるいは流動に対する抵抗性の程度で表されるフレッシュコンクリート(モルタル、ペースト)の性質である。ブリーディングがフレッシュコンクリートの固体材料の沈降または分離によって、練り混ぜ水の一部が遊離して上昇する現象である。そのため、(1)は適当でない。

問題 8 --> **解答(3)**

鉄筋同士の交点の要所は、直径0.8mm以上の焼きなまし鉄線又は適切なクリップなどで金欠する。使用した焼きなまし鉄線、クリップ等はかぶり内に残してはならない。スペーサを用いるのは、型枠を設置する場所等でかぶりを確保する場合に用いられ、モルタル製あるいはコンクリート製を原則とする。また、モルタル製あるいはコンクリート製のスペーサは本体コンクリートと同等程度以上の品質を有するものを用いる。そのため、(3)は適当でない。

問題 9 --> **解答(1)**

打撃工法により一群の杭を打つときは、一方の隅から他方の隅へ打込んでいくか、中心部の杭から周辺部の杭へと順に打ち込む。これは、打込みによる地盤の締固め効果によって打込み抵抗が増大し、貫入不能となるためである。そのため、(1)は適当でない。

問題 10 --> **解答(1)**

リバースサーキュレーション工法は、スタンドパイプを建て込み、孔内に水圧をかけて崩壊を防ぎビットで掘削した土砂を泥水とともに吸い上げる工法である。ベントナイト水等、安定液を使用するのはアースドリル工法である。そのため、(1)は適当でない。

問題 11 --> **解答(3)**

ヒービングとは、軟弱な粘土質地盤を掘削したときに、掘削底面がもりあがり、土留め壁のはらみ、周辺地盤の沈下が生じる現象である。ボイリングが、砂質地盤で地下水位以下を掘削した時に、水位差により上向きの浸透流が発し、砂が吹き上がる現象である。そのため、(3)は適当でない。

問題 12 --> **解答(2)**

点Y_Uは、上降伏点(応力が増えないのにひずみが急激に増加し始める点)である。そのため、(2)は適当でない。なお、点Eは弾性限度であり、弾性変形をする最大限度である。

問題 13 --> **解答(4)**

(1)開先溶接の始端と終端は、溶接欠陥が生じやすいので、エンドタブという部材を設ける。そのため、適当でない。
(2)溶接の施工にあたっては、溶接線近傍を十分に乾燥させる。そのため、適当でない。
(3)開先溶接においては、原則として裏はつりを行なう。そのため、適当でない。
(4)設問通りで、適当である。

問題 14 --> **解答(4)**

(1)塩害対策として、水セメント比をできるだけ小さくする。そのため、適当でない。
(2)塩害対策として、膨張材は用いない。膨張材は、収縮に対抗してひび割れを抑制する目的で用いるが、塩害とは無関係である。そのため、適当でない。
(3)凍害対策として、吸水率の小さい骨材を使用する。そのため、適当でない。
(4)設問通りで、適当である。

問題 **15** --→ 解答(2)

川幅拡大のために現堤防の背後に新堤防を築く引堤工事を行った場合の旧堤防は、新堤防の完成後、堤防の地盤が十分安定した後に撤去し、通常は3年間新旧両堤防を併存させる。そのため、(2)は適当でない。

問題 **16** --→ 解答(1)

(1)設問通りで、適当である。
(2)高水護岸は、複断面河川の高水敷よりも上部の堤防において、高水時に堤防の表法面を保護するために施工する。そのため、適当でない。
(3)護岸基礎工の天端の高さは、洪水時に洗堀が生じても護岸基礎の浮き上がりが生じないよう、過去の河床変動実績や調査等によって、最深河床高を評価して決定する。基礎工の天端高を最深河床高の評価高とする方法と、評価高よりも上にする方法があるが、評価高よりも上にする場合の基礎工天端高は、計画断面の平均河床高と現況河床高のうち、低いほうより0.5～1.5m程度深くしているものが多い。そのため、適当でない。
(4)法覆工は、堤防及び河岸の法面をコンクリートブロック等で被覆し保護するものである。流水・流木の作用、土圧等に対して安全な構造とし、堤防の法勾配が緩く流速が小さな場所では、張ブロックで施工し、法勾配が急で流速が大きな場所では、間知ブロックで施工する。そのため、適当でない。

問題 **17** --→ 解答(2)

堤体基礎の根入れは、基礎の不均質性や風化の速度を考慮して、基礎地盤が岩盤の場合は1m以上、砂礫層の場合は2m以上行うのが通常である。そのため、(2)は適当でない。

問題 **18** --→ 解答(3)

(1)杭工とは、原則として地すべり運動ブロックの中央部より下部の、すべり面の勾配が緩やかで、地すべり土塊の圧縮部で、地すべり層が比較的厚い、受動破壊の起こらない所に杭を地すべり斜面に建込んで不動土塊までそう入し、滑動力に対して杭の剛性による抵抗力で斜面の安定性を高める工法である。そのため、適当でない。
(2)集水井工は、堅固な地盤に地下水が集水できる井筒を設置して、横ボーリング工の集水効果に主眼を置くとともに、地下水位以下の井筒の壁面に設けた集水孔などからも地下水を集水し、原則として排水ボーリングによる自然排水を行う工法である。そのため、適当でない。
(3)設問通りで、適当である。
(4)排土工は、原則として地すべり土塊の滑動力を減少させることを目的に、地すべり頭部の不安定土塊を排除する工法で、抑制工に区分される。そのため、適当でない。

問題 **19** --→ 解答(2)

加熱アスファルト安定処理路盤材料の施工方法には、1層の仕上り厚が10cm以下の「一般工法」とそれを超える「シックリフト工法」とがある。加熱アスファルト安定処理路盤材料の敷均しは、一般にアスファルトフィニッシャで行うが、まれにブルドーザやモータグレーダなどを用いることもある。そのため、(2)は適当でない。

問題 20 --> **解答(3)**

初転圧は、ヘアクラックの発生しない限りできるだけ高い温度で行う。初転圧温度は、一般に110～140℃である。そのため、(3)は適当でない。

問題 21 --> **解答(4)**

流動わだち掘れは、道路の横断方向の凹凸で、アスファルト混合物の塑性変形によるものであり、車両の通過位置が同じところに生じる。そのため、(4)は適当でない。

問題 22 --> **解答(2)**

荷重によってたわみの生じるアスファルト舗装に対して、コンクリート舗装は、主としてコンクリート版の曲げ抵抗で交通荷重を支える。そのため、(2)は適当でない。

問題 23 --> **解答(2)**

ダム本体の基礎の掘削には、基礎岩盤に損傷を与えることが少なく量掘削に対応できるので、ベンチカット工法が一般的に用いられる。そのため、(2)は適当でない。

問題 24 --> **解答(4)**

吹付けコンクリートが十分な強度を発揮するまでの初期荷重を負担する目的から、鋼アーチ支保工は、一次吹付けコンクリート施工後すみやかに建て込む。そのため、(4)は適当でない。

問題 25 --> **解答(3)**

層積みは、規則正しく配列する積み方で整然と並び、外観が美しく、乱積みに比べて安定性にすぐれているが、捨石均し面に凹凸がある場合は捨石の均し精度を要するなど据付けに手間がかかる。そのため、(3)は適当でない。

問題 26 --> **解答(3)**

(1)グラブ浚渫船は、中小規模の浚渫工事に適しており適用範囲が極めて広く、岸壁等の構造物前面の浚渫や狭い場所での浚渫にも使用できる。そのため、適当でない。
(2)非航式グラブ浚渫船の標準的な船団は、グラブ浚渫船、土運船、引船及び揚錨船の組合せで構成される。そのため、適当でない。
(3)設問通りで、適当である。
(4)浚渫後の出来形確認測量には、原則として音響測探機を使用する。出来形確認測量の作業は、工事現場にグラブ浚渫船がいる間に行う。そのため、適当でない。

問題 27 --> **解答(2)**

バラスト道床は、耐摩耗性、沈下に対する抵抗力に優れ、単位容積質量やせん断抵抗角が大きい砕石を選定する。そのため、(2)は適当でない。

問題 28 --> **解答(3)**

軌道作業責任者は、作業集団ごとに専任の者を常時配置しなければならない。そのため、(3)は適当でない。

問題 29　解答(4)

密閉型シールドは、切羽とシールド内部の作業室が隔壁で仕切られている。そのため、(4)は適当でない。

問題 30　解答(1)

(1)設問通りで、適当である。
(2)管の布設にあたって縦断勾配のある場合、原則として低所から高所に向けて行う。そのため、適当でない。
(3)ダクタイル鋳鉄管の据付けにあたっては、管体の表示記号を確認するとともに、表示記号の管径、年号の記号を上に向けて据え付ける。そのため、適当でない。
(4)鋳鉄管の切断は、直管は切断機で行うことを標準とし、異形管は切断しない。そのため、適当でない。

問題 31　解答(4)

下水道の遠心力鉄筋コンクリート管(ヒューム管)の継手の種類には、カラー継手、いんろう継手及びソケット継手がある。図示された継手の名称は、(イ)いんろう継手、(ロ)カラー継手、(ハ)ソケット継手である。そのため、(4)は適当である。

問題 32　解答(2)

未成年者は、独立して賃金を請求することができる。親権者又は後見人は、未成年者の賃金を代って受け取ってはならない(労働基準法第59条)。そのため、(2)は誤っている。

問題 33　解答(1)

労働者が業務上負傷、又は疾病にかかった場合においては、使用者は、その費用で必要な療養を行うか、又は必要な療養の費用を負担しなければならないと規定している(労働基準法第75条第1項)。必要な療養費用の一部の補助ではない。そのため、(1)は誤っている。

問題 34 解答(1)

作業主任者の選任を必要とする作業(労働安全衛生法第14条、同法施行令第6条)

作業主任者	作業内容
高圧室内作業主任者(免)	高圧室内作業
ガス溶接作業主任者(免)	アセチレン溶接装置又はガス集合溶接装置を用いて行なう金属の溶接、溶断又は加熱の作業
コンクリート破砕器作業主任者(技)	コンクリート破砕器を用いて行う破砕の作業
地山の掘削作業主任者(技)	掘削面の高さが2m以上となる地山の掘削作業
土止め支保工作業主任者(技)	土止め支保工の切りばり又は腹おこしの取付け又は取りはずしの作業
ずい道等の掘削等作業主任者(技)	ずい道等の掘削の作業又はこれに伴うずり積む、ずい道支保工の組立て、ロックボルトの取付、もしくはコンクリート等の吹付けの作業
ずい道等の覆工作業主任者(技)	ずい道等の覆工の作業
型わく支保工の組立等作業主任者(技)	型わく支保工の組立て又は解体の作業
足場の組立等作業主任者(技)	つり足場(ゴンドラのつり足場を除く)、張出し足場又は高さが5m以上の構造の足場の組立て、解体又は変更の作業
鉄骨の組立等作業主任者(技)	建築物の骨組み又は塔で、金属製の部材により構成されるもの(その高さが5m以上であるものに限る)の組立、解体又は変更の作業
コンクリート造の工作物の解体又は破壊の作業主任者(技)	コンクリート造の工作物(その高さが5m以上であるものに限る)の解体又は破壊の作業
コンクリート橋架設等作業主任者(技)	橋梁の上部構造であって、コンクリート造のもの(その高さが5m以上あるもの又は当該上部構造のうち橋梁の支間が30m以上である部分に限る)の架設又は変更の作業
鋼橋架設等作業主任者(技)	橋梁の上部構造であって、金属製の部材により構成されるもの(その高さが5m以上あるもの又は当該上部構造のうち橋梁の支間が30m以上である部分に限る)の架設又は変更の作業
酸素欠乏危険作業主任者(技)	酸素欠乏危険場所における作業

注(免):免許を受けた者　(技):技能講習を修了した者

よって、(1)の高さが3mのコンクリート橋梁上部構造の仮設の作業は、作業主任者の選任に該当しない作業である。該当する作業は、高さ5m以上の場合である。

問題 35 解答(4)

建設業者は、その請け負った建設工事を施工するときは、当該工事現場における建設工事の施工の技術上の管理をつかさどるもの(「主任技術者」という)を置かなければならない(建設業法第26条第1項)。経理上の管理をつかさどる者ではない。そのため、(4)は誤っている。

問題 36 --> 解答(4)

道路に次の各号のいずれかに掲げる工作物、物件又は施設を設け、継続して道路を使用しようとする場合においては、道路管理者の許可を受けなければならない。許可を受けようとする者は、次の事項を記載した申請書を道路管理者に提出しなければならない(道路法第32条第２項)。

1　道路の占用(道路に前項各号の一に掲げる工作物、物件又は施設を設け、継続して道路を使用することをいう)の目的
2　道路の占用の期間
3　道路の占用の場所
4　工作物、物件又は施設の構造
5　工事実施の方法
6　工事の時期
7　道路の復旧方法

そのため、(４)は工事実施の方法は該当する。

問題 37 --> 解答(1)

１級河川の管理は、国土交通大臣が行う。２級河川の管理は、当該河川の存する都道府県を統括する都道府県知事が行う(河川法第９条第１項、第10条第１項)。１級及び２級河川以外の準用河川の管理は、市町村長が行う(河川法第100条第１項)。そのため、(１)は誤っている。

問題 38 --> 解答(3)

用語の定義において、建築設備とは　建築物に設ける電気、ガス、給水、排水、換気、暖房、冷房、消火、排煙若しくは汚物処理の設備又は煙突、昇降機もしくは避雷針をいう(建築基準法第２条第３号)。そのため、(３)の階段は、建築設備に該当しない。

問題 39 --> 解答(1)

製造業者、販売業者、消費者その他火薬類を取り扱う者は、その所有し、又は占有する火薬類について災害が発生したときと、その所有し、又は占有する火薬類、譲渡許可証、譲受許可証又は運搬証明書を喪失し、又は盗取されたときにおいて、遅滞なくその旨を警察官又は海上保安官に届け出なければならない(火薬取締法施行令第46条第１項)。そのため、(１)は誤っている。

問題 40 --> 解答(4)

都道府県知事(市の区域内の地域については、市長)は、住居が集合している地域、病院又は学校の周辺の地域その他の騒音を防止することにより住民の生活環境を保全する必要があると認める地域を、特定工場等において発生する騒音及び特定建設作業に伴って発生する騒音について規制する地域として指定しなければならない(騒音規制法第３条第１項)。そのため、(４)の都道府県知事又は市長が正しい。

問題 41 --> 解答(4)

指定地域内において特定建設作業を伴う建設工事を施工しようとする者は、当該特定建設作業の開始の日の７日前までに、環境省令で定めるところにより、次の事項を市町村長に届け出なければならない。ただし、災害その他非常の事態の発生により特定建設作業を緊急に行う必要がある場合はこの限りでない(振動規制法第14条)、と規定している。

1　氏名又は名称及び住所並びに法人にあっては、その代表者の氏名
2　建設工事の目的に係る施設又は工作物の種類
3　特定建設作業の種類、場所、実施期間及び作業時間
4　振動の防止の方法
5　その他環境省令で定める事項

ただし書の場合において、当該建設工事を施工する者は、速やかに、同項各号に掲げる事項を市町村長に届け出なければならない。

届出には、当該特定建設作業の場所の付近の見取図その他環境省令で定める書類を添付しなければならない。そのため、(4)の現場の施工体制表は、該当しない。

問題 42 ------------------------------------> **解答(2)**

船舶は、特定港において危険物の積込、積替又は荷卸をするには、港長の許可を受けなければならない。(港則法第22条第1項)届け出ではなく許可である。そのため、(2)は誤っている。

問題 43 ------------------------------------> **解答(4)**

182° 50' 39" − 180° +100° 6' 34" = 102° 57' 13"

そのため、(4)は適当である。

問題 44 ------------------------------------> **解答(1)**

公共工事標準請負契約約款第1条より、設計図書とは「別冊の図面、仕様書、現場説明書及び現場説明書に対する質問回答書」をいうとある。よって契約書は含まれない。そのため、(1)は誤っている。

問題 45 ------------------------------------> **解答(3)**

L1は擁壁の直高、L2は擁壁高、N1は裏込め材、N2は裏込めコンクリートである。そのため、(3)は適当である。

問題 46 ------------------------------------> **解答(4)**

(1)バックホウ：バケット容量(m^3)
(2)ダンプトラック：車両総重量(t)。車両重量、燃料を含む重量である。
(3)クレーン：吊下荷重(t)
(4)設問通りで、適当である。

問題 47 ------------------------------------> **解答(2)**

工事内容の把握のため現地踏査による周辺環境の把握、発注者との契約条件及び用地取得状況や地元との協議・調整などの現場の諸条件を十分に調査する。現場事務所用地ではない。そのため、(2)は適当でない。

問題 48 ------------------------------------> **解答(1)**

労働安全衛生規則第517条の10より、物体の飛来又は落下による労働者の危険を防止するため、作業に従事する労働者に保護帽を着用させなければならないとあり、支間20m以上とは定められていない。そのため、(1)は誤っている。

問題49　解答(4)

労働安全衛生規則第517条の15より、作業を行う区域内には、関係労働者以外の労働者の立ち入りを禁止することと定められている。そのため、(4)は誤っている。

問題50　解答(2)

アスファルト舗装工・安定度の試験方法は、マーシャル安定度試験である。平坦性試験は舗装の平坦度が品質特性である。そのため、(2)は適当でない。

問題51　解答(3)

納入されたコンクリートの品質管理項目は、強度、スランプ、空気量及び塩化物含有量について行い、各試験結果によって合否を判定する。そのため、(3)は適当でない。

問題52　解答(4)

(1)騒音や振動の防止対策では、騒音や振動の絶対値を下げること及び発生期間の短縮を検討する。
(2)造成工事などの土工事にともなう土ぼこりの防止対策には、防止対策として容易な散水養生が採用される。
(3)騒音の防止方法には、発生源での対策、伝搬経路での対策、受音点での対策があるが、建設工事では低騒音型の建設機械を使用する等の発生源での対策が最も効果的である。
(4)設問通りで、適当である。

問題53　解答(3)

建設資材のうち、「建設リサイクル法」で定められているものは、コンクリート、コンクリート及び鉄から成る建設資材、木材、アスファルト・コンクリートの４種類である。そのため、(3)が該当する。

問題54　解答(1)

①は金額にかかわらずではなく、建設業法第24条の８より下請契約の請負代金の額(当該下請契約が二以上あるときは、それらの請負代金の額の総額)が政令で定める金額以上になるときである。
②は建設業法40条の３及び建設業法施行規則第28条より20年ではなく５年である。
③は建設業法第24条の8-4より工事現場の見やすい場所でよい。
④は建設業法第24条の8-2より正しい。
(1)が該当する。

問題55　解答(2)

ダンプトラックの時間当たり作業量Qは下記により算定される。
Q＝１回当りの積載量×土量換算係数×作業効率÷サイクルタイム
設問の土量換算係数は１/L＝１/1.25＝0.8で計算される。そのため、(2)が正しい。

問題56　解答(3)

①の曲線式工程表にバーチャート工程表は含まれない。②で示す図１は斜線式工程表でバーチャート工程表ではない。そのため、(3)が該当する。

問題 57 ―――――――――――――――――――――――――――― 解答(2)

クリティカルパスより、全体の工期はA+C+E+Gとなる。設問の作業Fの余裕はクリティカルパスの作業Eと比較して考える。よって、
(イ)作業C、(ロ)作業E、(ハ)1日、(ニ)23日
となるため、(2)が正しい。

問題 58 ―――――――――――――――――――――――――――― 解答(3)

②の場合、労働安全衛生規則237条より補修ではなく使用してはならないとある。①③④の3つが適当である。そのため、(3)が該当する。

問題 59 ―――――――――――――――――――――――――――― 解答(3)

④は労働安全衛生規則166条より作業指揮者ではなく労働者である。①②③の3つが正しい。そのため、(3)が該当する。

問題 60 ―――――――――――――――――――――――――――― 解答(2)

③は棒グラフではなく折れ線グラフで示される。④は計数値(不良率、不良個数、欠点数など)ではなく計量値(長さ、時間、強度等)である。そのため、(2)が該当する。

問題 61 ―――――――――――――――――――――――――――― 解答(1)

②は含水比や施工法によって変化するので誤っている。③の最もよく締まる含水比は最適含水比である。そのため、(1)が該当する。

令和５年度後期第１次検定　解答と解説
（令和５年10月22日実施）

問題 1 --→ 解答(2)

さく岩に使用される機械は、レッグドリル、ドリフタ、ブレーカ、クローラドリルである。モータグレーダは敷き均し、整地などに用いられる。そのため、（２）は適当でない。

問題 2 --→ 解答(4)

筋芝工の目的は、盛土法面の浸食防止、部分植生である。似たような工種の張芝工の目的は、種子吹付け工と同様に浸食防止、凍上崩落抑制、全面植生(緑化)である。そのため、（４）は適当でない。

問題 3 --→ 解答(2)

盛土材料には、施工が容易で盛土の安定を保ち、かつ有害な変形が生じないような材料(下記①～④)を用いなければならない。

①敷均し・締固めが容易。
②締固め後のせん断強度が高く、圧縮性が小さく雨水等の浸食に強い。
③吸水による膨張性(水を吸着して体積が増大する性質)が低い。
④粒度配合の良い礫質土や砂質土。

（２）の締固め後の圧縮性が小さいことは②に該当する。そのため、（２）は適当でない。

問題 4 --→ 解答(3)

（１）ウエルポイント工法は、地下水を低下させることで地盤が受けていた浮力に相当する荷重を下層の軟弱層に載荷して圧密沈下を促進し強度増加を図る圧密・排水工法で「地下水低下工法」である。
（２）石灰パイル工法は、吸水による脱水や化学的結合によって地盤を固結させ、地盤の強度を上げることによって、安定を増すと同時に沈下を減少させる工法で、「固結工法」である。
（３）該当する。
（４）プレローディング工法は、構造物の施工に先立って盛土荷重などを載荷し、ある放置期間後載荷重を除去して沈下を促進させて地盤の強度を高める「載荷重工法」である。

問題 5 --→ 解答(2)

粗粒率とは、骨材用の網ふるいの目の粗さ80㎜から0.15㎜までの10種類の各ふるいにとどまる骨材の重量百分率の和を100で割った値で、粗粒率の値は大きくなるほど、粒度が大きい(粗い)。そのため、（２）は適当でない。

問題 6 --→ 解答(2)

耐久に優れた密実なコンクリート構造物を構築するには、構造条件や施工条件に見合ったワーカビリティとする必要があることから、部材ごとに締固め作業高さが大きいほど、最小スランプは大きくする。そのため、（２）は適当でない。

問題 7 --→ 解答(4)

ブリーディングとは、フレッシュコンクリートの固体材料の沈降または分離によって、練り混ぜ水の一部が遊離して上昇する現象である。運搬から仕上げまでの一連の作業のしやすさはワーカビリティである。そのため、(4)は適当でない。

問題 8 ---------- 解答(3)

型枠の取り外しは、コンクリートが所要の強度に達してから行うもので、構造物の種類と重要性、部材の種類および大きさにより取りはずして良い時期が定められている。取りやすい場所から外すものではない。そのため、(3)は適当でない。

問題 9 ---------- 解答(4)

(1)打撃による方法は、杭打ちハンマとしてディーゼルハンマ、油圧ハンマ、ドロップハンマなどが用いられる。一般にバイブロハンマを用いて行う杭の打ち込みは振動打ち込み工法といい、杭に与えた上下方向の強制振動により周面抵抗を減少させてバイブロハンマと杭の自重で地盤内に打ち込まれる。
(2)中掘り杭工法は、既製杭の中をアースオーガで掘削しながら杭を貫入させる工法である。
(3)プレボーリング工法は、あらかじめ地盤内に穴をあけておき既製杭を挿入する工法である。
(4)設問通りで、適当である。

問題 10 ---------- 解答(1)

(1)設問通りで、適当である。
(2)アースドリル工法は、表層ケーシングを建込み、孔内に注入した安定液の水圧で孔壁を保護しながら、ドリリングバケットで掘削する工法である。施工速度が速く仮設が簡単で無水で掘削できる場合もある。掘削孔内の水とともに掘削土を吸い上げるのはリバース工法である。
(3)リバースサーキュレーション工法は、スタンドパイプを建込み、掘削孔に満たした水の圧力で孔壁を保護しながら、水を循環させてビットを回転させて掘削する工法で、地盤を直接確認できない。支持地盤を直接確認できるのは深礎工法である。
(4)深礎工法は、掘削孔の全長にわたりライナープレートを用いて土留めをしながら孔壁の崩壊を防止する工法である。掘削は人力又は機械で行うが、軟弱地盤や被圧地下水が高い場合の適応性は低い。孔壁の崩壊防止にベントナイト水を用いるのはアースドリル工法である。

問題 11 ---------- 解答(3)

(1)自立式土留め工法は、切梁や腹起しなど支保工を用いない工法である。他の工法では、支保工を用いる切梁式土留め工法などがある。適当である。
(2)アンカー式土留め工法は、引張材を用い掘削地盤中に定着させた土留めアンカーと掘削側の地盤抵抗によって土留め壁を支える工法で、切ばりによる土留めが困難な場合や掘削断面の空間を確保する必要がある場合に用いる工法である。適当である。
(3)ヒービングではなく、ボイリングである。適当でない。
(4)パイピングとは、地下水の浸透流が砂質土の弱いところを通ってパイプ状の水みちを形成する現象である。適当である。

問題 12 ---------- 解答(4)

軟鋼線材は，鉄線として鉄筋の組立や蛇かご等に用いられ，硬鋼線材はピアノ線やPC鋼線等に用いられる。そのため、(4)は適当でない。

問題 13 --→ 解答(1)

(１)設問通り、適当である。
(２)クレーン車によるベント式架設工法は，市街地や平坦地で桁下空間が使用できる現場において一般に用いられる工法である。適当でない。
(３)ケーブルクレーンによる直吊り工法は，ケーブルクレーンを用いて橋桁の部材をつり込み架設する工法で、深い谷や河川などの地形で桁下が利用できないような場所で用いられる。適当でない。
(４)トラベラークレーンによる片持ち式架設工法は，主に深い谷等、桁下の空間が使用できない現場においてトラス橋などの架設によく用いられる工法である。適当でない。

問題 14 --→ 解答(3)

塩害は、コンクリート中の鋼材の腐食が塩化物イオンにより進行し、コンクリートにひび割れや剥落、鋼材の断面減少が生じる劣化現象であり、劣化要因は塩化物イオンである。そのため、(３)は適当でない。なお、凍結融解作用は、劣化機構凍害の劣化要因である。

問題 15 --→ 解答(1)

堤防を挟んで河川の流水がある側を堤外地といい、洪水や氾濫などから堤防で守られている側を堤内地という。そのため、(１)は適当でない。

問題 16 --→ 解答(3)

低水護岸の天端保護工は、流水によって護岸の裏側から破壊しないように保護するものである。そのため、(３)は適当でない。

問題 17 --→ 解答(4)

(１)水抜き暗渠は、施工中の流水の切換えや堆砂後の本えん堤にかかる水圧を軽減させるために設ける。適当でない。
(２)前庭保護工は、本えん堤基礎地盤等の洗掘防止のため、本えん堤の下流側に設ける。適当でない。
(３)本えん堤の袖は、洪水を越流させないことを原則としているが、洪水が越流した場合でも袖部等の破壊防止のため、両岸に向かって上り勾配構造とする。適当でない。
(４)設問通りで、適当である。

問題 18 --→ 解答(2)

排土工は、地すべり頭部の不安定な土塊を排除し、地すべり土塊の滑動力を減少させる工法であり、抑制工に分類される。そのため、(２)は適当でない。

問題 19 --→ 解答(4)

盛土路床では、１層の敷均し厚さは仕上り厚で20ｃｍ以下を目安とする。そのため、(４)は適当でない。

問題 20 --→ 解答(3)

(１)初転圧は、一般に10～12tのロードローラで２回(１往復)程度行う。適当でない。

(２)二次転圧は、一般に８～20tのタイヤローラで行うが、６～10t の振動ローラを用いることもある。適当でない。
(３)設問通りで、適当である。
(４)締固め作業は、敷均し終了後、継目転圧、初転圧、二次転圧及び仕上げ転圧の順序で行う。適当でない。

問題 21 --→ 解答(1)

オーバーレイ工法は、既設舗装の上に、厚さ３ｃｍ以上の加熱アスファルト混合物層を舗設する工法である。そのため、(１)は適当でない。なお、既設舗装の上に加熱アスファルト混合物以外の材料を使用して薄い封かん層を設ける工法は、表面処理工法である。

問題 22 --→ 解答(3)

コンクリート舗装は、温度変化によって膨張・収縮を生ずるので、一般には目地が必要であり、普通コンクリート版の縦目地は、版の温度変化に対応するよう、車線方向に設ける。そのため、(３)は適当でない。

問題 23 --→ 解答(1)

転流工は、ダム本体工事期間中の河川の流れを一時迂回させる河流処理工であり、半川締切り方式、仮排水開水路方式及び基礎岩盤内にバイパストンネルを設ける仮排水トンネル方式等がある。そのため、(１)は適当でない。

問題 24 --→ 解答(2)

発破掘削は、主に地質が硬岩質の地山に用いられ、第１段階として心抜きと呼ぶ切羽の中心の一部を先に爆破し、現れた新しい自由面を次の爆破に利用して掘削する。そのため、(２)は適当でない。

問題 25 --→ 解答(4)

混成型の海岸堤防は、傾斜型構造物の上に直立型構造物がのせられたもの等であり、傾斜型と直立型の両特性を生かして、水深が割合に深く、比較的軟弱な地盤に適している。そのため、(４)は適当でない。

問題 26 --→ 解答(2)

ケーソン据付け後は、ケーソンの内部が水張り状態であり、浮力の作用で波浪の影響を受けやすく、据付け後すぐにケーソン内部に中詰めを行って質量を増し、安定を高めなければならない。そのため、(２)は適当でない。

問題 27 --→ 解答(1)

スラックは、曲線部において列車の通過を円滑にするために軌間を拡大する量のこと。そのため、(１)は適当でない。

問題 28 --→ 解答(1)

営業線に近接した重機械による作業は、列車の近接から通過の完了まで作業を一時中止する。そのため、(１)は適当でない。

問題 29 --→ 解答(2)

泥水式シールド工法は、泥水を循環させて切羽に作用する土・水圧よりも若干高い泥水圧をかけること、泥水性状を管理すること等により切羽の安定を保つと同時に、カッターで切削した土砂を泥水とともに坑外まで流体輸送し地上に排出する工法である。そのため、(2)は適当でない。

問題 30 --→ 解答(3)

ダクタイル鋳鉄管に用いるメカニカル継手は、伸縮性や可とう性があるので地震などによる地盤の変動に追従し適応できる。そのため、(3)は適当でない。

問題 31 --→ 解答(2)

『砂基礎』又は『砕石基礎』は比較的地盤がよい場所に採用する。軟弱土に対しては『砂基礎』、『砕石基礎』、『はしご胴木基礎』又は『コンクリート基礎』を採用し、極軟弱土に対しては『はしご胴木基礎』,『鳥居基礎』又は『鉄筋コンクリート基礎』が採用される。そのため、「礎地盤の土質区分」と「基礎の種類」の組合せは、(2)が適当である。

問題 32 --→ 解答(3)

使用者は、労働時間が6時間を超える場合においては少くとも45分、8時間を超える場合においては少くとも1時間の休憩時間を労働時間の途中に与えなければならない。休憩時間は、一斉に与えなければならない(労働基準法第34条第1項、第2項)。そのため、(3)は誤っている。

問題 33 --→ 解答(2)

使用者は、満18才に満たない者について、その年齢を証明する戸籍証明書を事業場に備え付けなければならないと規定している(労働基準法第57条第1項)。後見人の証明書ではない。そのため、(2)は誤っている。

問題 34 --→ 解答(3)

既製コンクリート杭の杭打ち作業は、作業主任者の選任を必要としない作業である。そのため、(3)が該当する。

問題 35 --→ 解答(4)

当該建設工事の下請け契約書の作成、当該建設工事の下請け代金の支払い、当該建設工事の資機材の調達は、主任技術者及び監理技術者の職務ではない(建設業法第26条の4第1項)。そのため、(1)(2)(3)誤っている。主任技術者及び監理技術者は、工事現場における建設工事を適正に実施するため、当該建設工事の施工計画の作成、工程管理、品質管理その他の技術上の管理及び当該建設工事の施工に従事する者の技術上の指導監督の職務を誠実に行わなければならない(建設業法第26条の4第1項)。そのため、(4)は正しい。

問題 36 --→ 解答(1)

車両の幅、重量、高さ、長さ及び最小回転半径の最高限度は、次のとおりとする(道路法第47条第1項、道路制限令第3条)。

1　幅　2.5m

2　重量　次に掲げる値

イ　総重量　高速自動車国道又は道路管理者が道路の構造の保全及び交通の危険の　防止上支障がないと認めて指定した道路を通行する車両にあっては25ｔ以下で車両の長さ及び軸距に応じて当該車両の通行により道路に生ずる応力を勘案して国土交通省令で定める値、その他の道路を通行する車両にあっては20ｔ。

ロ　軸重　10ｔ

ハ　隣り合う車軸に係る軸重の合計　隣り合う車軸に係る軸距が1.8ｍ未満である場合にあっては18ｔ(隣り合う車軸に係る軸距が1.3ｍ以上であり、かつ、当該隣り合う車軸に係る軸重がいずれも9.5ｔ以下である場合にあっては、19ｔ)、1.8ｍ以上である場合にあっては20ｔ。

ニ　輪荷重　5ｔ

3　高さ　道路管理者が道路の構造の保全及び交通の危険の防止上支障がないと認めて指定した道路を通行する車両にあっては4.1ｍ、その他の道路を通行する車両にあっては3.8ｍ。

4　長さ　12ｍ

5　最小回転半径　車両の最外側のわだちについて12ｍ

そのため、(1)は正しい。

問題 37　解答(4)

(1)(2)河川区域内の土地において工作物を新築し、改築し、又は除却しようとする者は、国土交通省令で定めるところにより、河川管理者の許可を受けなければならない。河川の河口附近の海面において河川の流水を貯留し、又は停滞させるための工作物を新築し、改築し、又は除却しようとする者も同様とする(河川法第26条第1項)。よって、トイレの撤去、送電線の改築は、河川管理者の許可を必要とする。

(3)河川区域内の土地を占用しようとする者は、国土交通省令で定めるところにより、河川管理者の許可を受けなければならない(河川法第24条)よって、河川管理者の許可を必要とする。

(4)河川区域内の土地において土地の掘削、盛土もしくは切土その他土地の形状を変更する行為又は竹木の栽植もしくは伐採をしようとする者は、国土交通省令で定めるところにより、河川管理者の許可を受けなければならない。ただし、政令で定める軽易な行為については、この限りでない(河川法第27条第1項)。取水施設又は排水施設の機能を維持するために行う取水口又は排水口の付近に積もった土砂等の排除は、軽易な行為にあたり、河川管理者の許可を必要としない(同法施行令第15条の4第1項第2号)

問題 38　解答(1)

建ぺい率とは、建築物の建築面積(同一敷地内に2以上の建築物がある場合においては、その建築面積の合計)の敷地面積に対する割合をいう(建築基準法第53条第1項)。よって、建ぺい率＝建築面積/敷地面積であるため、(1)が正しい。

問題 39　解答(2)

火工所として建物を設ける場合には、適当な換気の措置を講じ、床面にはできるだけ鉄類を表わさず、その他の場合には、日光の直射及び雨露を防ぎ、安全に作業ができるような措置を講ずること(火薬取締法第52条の2第3項第2号)。そのため、(2)は誤っている。

問題 40　解答(2)

特定建設作業の対象となる作業(騒音規制法第2条第3項、同法施行令第2条、別表第2)。

1　くい打機(もんけんを除く)、くい抜機又はくい打くい抜機(圧入式くい打くい抜機を除く)を使用

する作業(くい打機をアースオーガーと併用する作業を除く)
2　びょう打機を使用する作業
3　さく岩機を使用する作業(作業地点が連続的に移動する作業にあっては、一日における当該作業に係る二地点間の最大距離が50mを超えない作業に限る)
4　空気圧縮機(電動機以外の原動機を用いるものであつて、その原動機の定格出力が15kw以上のものに限る)を使用する作業(さく岩機の動力として使用する作業を除く)
5　コンクリートプラント(混練機の混練容量が0.45㎥以上のものに限る)又はアスファルトプラント(混練機の混練重量が200kg以上のものに限る)を設けて行う作業(モルタルを製造するためにコンクリートプラントを設けて行う作業を除く)
6　バックホウ(一定の限度を超える大きさの騒音を発生しないものとして環境大臣が指定するものを除き、原動機の定格出力が80kw以上のものに限る)を使用する作業
7　トラクターショベル(一定の限度を超える大きさの騒音を発生しないものとして環境大臣が指定するものを除き、原動機の定格出力が70kw以上のものに限る)を使用する作業
8　ブルドーザ(一定の限度を超える大きさの騒音を発生しないものとして環境大臣が指定するものを除き、原動機の定格出力が40kw以上のものに限る)を使用する作業

よって、(2)の圧入式杭打杭抜機を使用する作業は、特定建設作業の対象とならない作業である。

問題 41 ----→ 解答(3)

測定場所は、
・工場・事業場：特定施設を設置する工場及び事業場の敷地の境界線
・建設作業：特定建設作業の場所の敷地の境界線
・道路：道路の敷地の境界線
(振動規制法第15条第1項、同法施行規則第11条、別表第1）と規定している（道路法第47条第1項、道路制限令第3条)。

よって、(3）特定建設作業の規制基準に関する測定位置は、特定建設作業の敷地の境界線が正しい。

問題 42 ----→ 解答(3)

船舶は、航路内において、他の船舶と行き会うときは、右側を航行しなければならない(港則法第13条第3項)。よって、(3)は誤っている。

問題 43 ----→ 解答(3)

閉合誤差0.008m／距離197.377m＝1/24672より(3)の1/24600が該当する。

問題 44 ----→ 解答(4)

公共工事標準請負契約約款第一条より、設計図書は「別冊の図面、仕様書、現場説明書及び現場説明に対する質問回答書」とある。(4)は該当しない。

問題 45 ----→ 解答(4)

(イ)は橋長、(ロ)は桁長、(ハ)は支間長、(ニ)は径間長である。そのため、(4)は適当である。

問題 46 ----→ 解答(1)

ブルドーザは、土工板を取り付けた機械で、土砂の掘削・運搬、伐開除根、敷き均し、整地、限定された範囲の締固めなどに用いられる。標準的な作業において積み込みには用いられない。そのた

め、(１)は適当でない。

問題 47 ------------------------------------→ 解答(4)

仮設備計画は、仮設備の設計や配置計画が主な内容で、安全衛生計画は該当しない。そのため、(４)は適当でない。

問題 48 ------------------------------------→ 解答(4)

労働安全衛生規則第517条の24より、物体の飛来又は落下による労働者の危険を防止するため、作業に従事する労働者に保護帽を着用させなければならないとあるが、支間20m以上とは定められていない。そのため、(４)は該当しない。

問題 49 ------------------------------------→ 解答(1)

労働安全衛生規則第517条の18より、設問の「作業方法及び労働者の配置を決定し、作業を直接指揮する」はコンクリート造の工作物の解体等作業主任者の職務である。そのため、(１)が誤っている。

問題 50 ------------------------------------→ 解答(2)

第２段階(実施Do)では、作業標準に基づき作業を実施する。そのため、(２)は適当でない。

問題 51 ------------------------------------→ 解答(2)

普通コンクリートの空気量は4.5％であり、コンクリートの空気量の許容差は±1.5％である。そのため、(２)が適当でない。

問題 52 ------------------------------------→ 解答(2)

アスファルトフィニッシャでの舗装工事で、特に静かな工事が要求される場合、タンパ式より騒音が小さいバイブレータ式の採用が望ましい。そのため、(２)は適当でない。

問題 53 ------------------------------------→ 解答(3)

特定建設資材は、建設資材のうち「建設リサイクル法」で定められ、コンクリート、コンクリート及び鉄から成る建設資材、木材、アスファルト・コンクリートの４種類である。そのため、(３)が該当する。

問題 54 ------------------------------------→ 解答(1)

イ	普通ブルドーザ	ロ	ダンプトラック	ハ	湿地ブルドーザ	ニ	粘性土

よって、(１)の組合せが適当である。

問題 55 ------------------------------------→ 解答(1)

①はバックホウではなく大型ブルドーザ。②はＮ値ではなくコーン指数。③は砂は玉石より大きい。よって、適当なものは④の１つである。(１)が該当する。

問題 56 ------------------------------------→ 解答(4)

②の工程管理で「計画工程が実施工程よりやや上回る」のではなく「実施工程が計画工程よりやや上回る」である。よって、①③④が適当である。(４) が該当する。

問題 57 ------> 解答(1)

クリティカルパスは⓪→①→②→③→④→⑤→⑥であり、全体の工期はA＋B＋F＋Gとなり22日。作業Dは作業Fとの差で３日の余裕がある。

イ	作業B	ロ	作業F	ハ	3日	ニ	22日間

よって、(１)の組合せが適当である。

問題 58 ------> 解答(1)

イ	中さん	ロ	幅木	ハ	隙間	ニ	足場の組立て等作業主任者

よって、(１)の組合せが適当である。

問題 59 ------> 解答(3)

④の旋回範囲ではなく運転位置からである(クレーン等安全規則第３２条運転位置からの離脱の禁止より)。よって①②③が正しい。(３)が該当する。

問題 60 ------> 解答(4)

イ	広く	ロ	3	ハ	計数値	ニ	周期的に

よって、(４)の組合せが適当である。

問題 61 ------> 解答(3)

①は工法規定方式ではなく品質規定方式である。そのため、②③④が適当である。(３)が該当する。

令和５年度第２次検定　解答例と解説
（令和５年10月22日実施）

※第２次検定について、試験を実施している一般財団法人 全国建設研修センターから解答・解説は公表されていません。本書に掲載されている「解答例と解説」は、執筆者による問題の分析のもと作成しています。内容には万全を期するよう努めておりますが、確実な正解を保証するものではないことをご了承ください。

※必須問題（問題１～問題５は必須問題なので、必ず解答する）

問題 1　施工経験記述問題

- 自らの経験記述の問題であるので、解答例は省略する。
- 記述要領については「第７章　経験記述の書き方」（P.365）を参照する。

問題 2　施工計画に関する問題

■地山の明かり掘削の作業時に事業者が行う安全管理

【解答例】

（イ）	（ロ）	（ハ）	（ニ）	（ホ）
順序	**土止め支保工**	**防護網**	**損壊**	**開始**

【解説】本書第５章施工管理、４安全管理P.326を参照のこと。

必須問題

問題 3　環境保全対策に関する問題

■建設リサイクル法による特定建設資材についての記述問題

【解答例】

下記について、それぞれの項目について２つを選定し記述する。

特定建設資材	再資源化の材料名又は利用用途
①コンクリート ②コンクリート及び鉄から成る建設資材	再生クラッシャーラン→下層路盤材、埋め戻し材等 再生粒度調整砕石　→上層路盤材等 再生骨材M、L　→コンクリート用骨材
③木材	木質ボード　→建築用資材、コンクリート用型枠等 木質チップ　→燃料用材料、木質系舗装等
④アスファルト・コンクリート	再生加熱アスファルト混合物　→　表層、基層等 ※コンクリートは①②と同じ

【解説】本書第６章環境保全対策、２建設副産物・資源有効利用 P.360を参照のこと。

必須問題

問題 4 土木一般、土工に関する問題

■切土法面の施工に関しての語句の記入

【解答例】

（イ）	（ロ）	（ハ）	（ニ）	（ホ）
地質	**崩壊**	**法肩**	**モルタル吹付**	**柵**

【解説】本書第１章土木一般、１土工 P.18 を参照のこと。

必須問題

問題 5 土木一般、コンクリートに関する問題

■コンクリートに関しての記述問題

【解答例】

下記の中から２つ記述する。

用語	説明
①アルカリシリカ反応	コンクリート内部のアルカリにより、骨材に含まれる反応性の高いシリカが化学反応し、異常膨張やひび割れを起こす現象。
②コールドジョイント	コンクリートを層状に打ち込む場合に、先に打ち込んだコンクリートと後に打ち込んだコンクリートとの間が完全に一体化していない不連続面。
③スランプ	フレッシュコンクリートの軟らかさの程度を示す指標の一つで、スランプコーンを引き上げた直後に測定し、頂部からの下がりで示される。
④ワーカビリティ	コンクリートの施工性（運搬、打ち込み、締固め等）の容易さを示すコンクリートの性質。

【解説】本書第１章土木一般、２コンクリート P.34 を参照のこと。

選択問題（1）

問題 6 土木一般、土工に関する問題

■土の締固め管理方法に関しての語句の記入

【解答例】

（イ）	（ロ）	（ハ）	（ニ）	（ホ）
品質	**工法**	**乾燥密度**	**90**	**仕様書**

【解説】本書第1章土木一般、1土工P.18および第5章施工管理、5品質管理P.343を参照のこと。

選択問題（1）

問題 7 土木一般、コンクリートに関する問題

■コンクリート構造物の鉄筋組立、型枠に関しての語句の記入

【解答例】

（イ）	（ロ）	（ハ）	（ニ）	（ホ）
焼きなまし鉄線	**スペーサ**	**同一**	**セパレータ**	**剥離剤**

【解説】本書第1章土木一般、2コンクリートP.34を参照のこと。

問題 8　施工計画、安全管理に関する問題

■移動式クレーン及び玉掛け作業に係る安全管理に関しての記述

【解答例】

作業	安全対策
①移動式クレーン作業	・移動式クレーンの定格荷重を超える荷重をかけて使用させない(69条) ・軟弱な地盤、埋設物が破損して移動式クレーンが転倒するおそれのある場所では作業をさせない(70条の３) ・アウトリガーを最大限張り出す(70条の５) ・移動式クレーンの運転について一定の合図を定め、合図を行なう者を指名して、その者に合図を行なわせる(71条) ・強風時に危険が予想される場合は作業を中止させる(74条の３) ・荷を吊ったまま運転者を移動させない(75条) ※クレーン等安全規則より
②玉掛け作業	・ワイヤロープの安全係数については、６以上でなければ使用しない(213条) ・玉掛け用フック又はシャックルの安全係数については、５以上でなければ使用しない(214条) ・ワイヤロープ一よりの間において素線の数の10パーセント以上の素線が切断しているものを使用しない(215条) ・フック、シャックル、リング等の金具で、変形しているもの又はき裂があるものを使用しない(217条) ※クレーン等安全規則より

【解説】本書第５章施工管理、４安全管理 P.326 を参照のこと。

選択問題（2）

問題 9 施工計画、工程管理に関する問題

■横線式工程表の作成についての記述問題

【解答例】

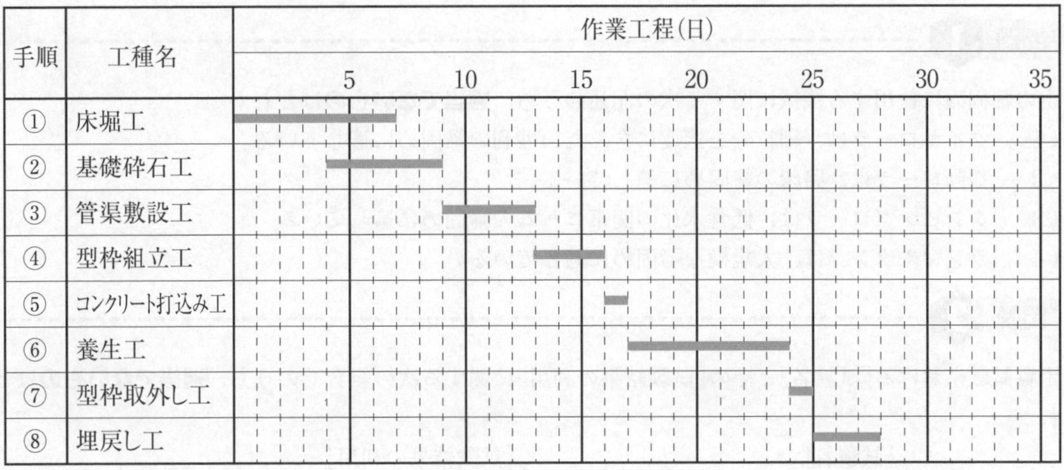

手順	工種名	作業工程(日)						
		5	10	15	20	25	30	35
①	床堀工							
②	基礎砕石工							
③	管渠敷設工							
④	型枠組立工							
⑤	コンクリート打込み工							
⑥	養生工							
⑦	型枠取外し工							
⑧	埋戻し工							

全所要日数 28 日

【解説】本書第 6 章環境保全対策、1 環境保全・騒音・振動対策 P.354 を参照のこと。

令和４年度前期第１次検定　問題
（令和４年６月５日実施）

※ **問題番号No.1～No.11までの11問題のうちから9問題を選択し解答してください。**

問題 1

土の締固めに使用する機械に関する次の記述のうち、**適当でないもの**はどれか。
（1） タイヤローラは、細粒分を適度に含んだ山砂利の締固めに適している。
（2） 振動ローラは、路床の締固めに適している。
（3） タンピングローラは、低含水比の関東ロームの締固めに適している。
（4） ランマやタンパは、大規模な締固めに適している。

問題 2

土質試験における「試験名」とその「試験結果の利用」に関する次の組合せのうち、**適当でないもの**はどれか。

［試験名］　　　　　　　　　　　　［試験結果の利用］
（1） 標準貫入試験……………………………………地盤の透水性の判定
（2） 砂置換法による土の密度試験………………土の締固め管理
（3） ポータブルコーン貫入試験……………………建設機械の走行性の判定
（4） ボーリング孔を利用した透水試験…………地盤改良工法の設計

問題 3

道路土工の盛土材料として望ましい条件に関する次の記述のうち、**適当でないもの**はどれか。
（1） 盛土完成後の圧縮性が小さいこと。
（2） 水の吸着による体積増加が小さいこと。
（3） 盛土完成後のせん断強度が低いこと。
（4） 敷均しや締固めが容易であること。

問題 4

地盤改良に用いられる固結工法に関する次の記述のうち、**適当でないもの**はどれか。
（1） 深層混合処理工法は、大きな強度が短期間で得られ沈下防止に効果が大きい工法である。
（2） 薬液注入工法は、薬液の注入により地盤の透水性を高め、排水を促す工法である。
（3） 深層混合処理工法には、安定材と軟弱土を混合する機械攪拌方式がある。
（4） 薬液注入工法では、周辺地盤等の沈下や隆起の監視が必要である。

問題 5

コンクリートの耐凍害性の向上を図る混和剤として**適当なもの**は、次のうちどれか。
（1） 流動化剤
（2） 収縮低減剤
（3） AE剤
（4） 鉄筋コンクリート用防錆剤

問題 6

レディーミクストコンクリートの配合に関する次の記述のうち、**適当でないもの**はどれか。

（1） 単位水量は、所要のワーカビリティーが得られる範囲内で、できるだけ少なくする。
（2） 水セメント比は、強度や耐久性等を満足する値の中から最も小さい値を選定する。
（3） スランプは、施工ができる範囲内で、できるだけ小さくなるようにする。
（4） 空気量は、凍結融解作用を受けるような場合には、できるだけ少なくするのがよい。

問題 7

フレッシュコンクリートの性質に関する次の記述のうち、**適当でないもの**はどれか。

（1） 材料分離抵抗性とは、フレッシュコンクリート中の材料が分離することに対する抵抗性である。
（2） ブリーディングとは、練混ぜ水の一部が遊離してコンクリート表面に上昇する現象である。
（3） ワーカビリティーとは、変形又は流動に対する抵抗性である。
（4） レイタンスとは、コンクリート表面に水とともに浮かび上がって沈殿する物質である。

問題 8

コンクリートの現場内での運搬と打込みに関する次の記述のうち、**適当でないもの**はどれか。

（1） コンクリートの現場内での運搬に使用するバケットは、材料分離を起こしにくい。
（2） コンクリートポンプで圧送する前に送る先送りモルタルの水セメント比は、使用するコンクリートの水セメント比よりも大きくする。
（3） 型枠内にたまった水は、コンクリートを打ち込む前に取り除く。
（4） 2層以上に分けて打ち込む場合は、上層と下層が一体となるように下層コンクリート中にも棒状バイブレータを挿入する。

問題 9

既製杭の中掘り杭工法に関する次の記述のうち、**適当でないもの**はどれか。

（1） 地盤の掘削は、一般に既製杭の内部をアースオーガで掘削する。
（2） 先端処理方法は、セメントミルク噴出攪拌方式とハンマで打ち込む最終打撃方式等がある。
（3） 杭の支持力は、一般に打込み工法に比べて、大きな支持力が得られる。
（4） 掘削中は、先端地盤の緩みを最小限に抑えるため、過大な先掘りを行わない。

問題 10

場所打ち杭の「工法名」と「孔壁保護の主な資機材」に関する次の組合せのうち、**適当なもの**はどれか。

	［工法名］	［孔壁保護の主な資機材］
（1）	深礎工法	安定液（ベントナイト）
（2）	オールケーシング工法	ケーシングチューブ
（3）	リバースサーキュレーション工法	山留め材（ライナープレート）
（4）	アースドリル工法	スタンドパイプ

問題 11

土留め工に関する次の記述のうち、**適当でないもの**はどれか。

（1） 自立式土留め工法は、切梁や腹起しを用いる工法である。

（2） アンカー式土留め工法は、引張材を用いる工法である。
（3） ヒービングとは、軟弱な粘土質地盤を掘削した時に、掘削底面が盛り上がる現象である。
（4） ボイリングとは、砂質地盤で地下水位以下を掘削した時に、砂が吹き上がる現象である。

※ 問題番号No.12～No.31までの20問題のうちから6問題を選択し解答してください。

問題 12

鋼材の溶接継手に関する次の記述のうち、**適当でないもの**はどれか。
（1） 溶接を行う部分は、溶接に有害な黒皮、さび、塗料、油等があってはならない。
（2） 溶接を行う場合には、溶接線近傍を十分に乾燥させる。
（3） 応力を伝える溶接継手には、完全溶込み開先溶接を用いてはならない。
（4） 開先溶接では、溶接欠陥が生じやすいのでエンドタブを取り付けて溶接する。

問題 13

鋼道路橋に用いる高力ボルトに関する次の記述のうち、**適当でないもの**はどれか。
（1） 高力ボルトの軸力の導入は、ナットを回して行うことを原則とする。
（2） 高力ボルトの締付けは、連結板の端部のボルトから順次中央のボルトに向かって行う。
（3） 高力ボルトの長さは、部材を十分に締め付けられるものとしなければならない。
（4） 高力ボルトの摩擦接合は、ボルトの締付けで生じる部材相互の摩擦力で応力を伝達する。

問題 14

コンクリートに関する次の用語のうち、劣化機構に**該当しないもの**はどれか。
（1） 塩害
（2） ブリーディング
（3） アルカリシリカ反応
（4） 凍害

問題 15

河川堤防に用いる土質材料に関する次の記述のうち、**適当でないもの**はどれか。
（1） 堤体の安定に支障を及ぼすような圧縮変形や膨張性がない材料がよい。
（2） 浸水、乾燥等の環境変化に対して、法すべりやクラック等が生じにくい材料がよい。
（3） 締固めが十分行われるために単一な粒径の材料がよい。
（4） 河川水の浸透に対して、できるだけ不透水性の材料がよい。

問題 16

河川護岸に関する次の記述のうち、**適当なもの**はどれか。
（1） 高水護岸は、高水時に表法面、天端、裏法面の堤防全体を保護するものである。
（2） 法覆工は、堤防の法面をコンクリートブロック等で被覆し保護するものである。
（3） 基礎工は、根固工を支える基礎であり、洗掘に対して保護するものである。
（4） 小口止工は、河川の流水方向の一定区間ごとに設けられ、護岸を保護するものである。

問題 17

砂防えん堤に関する次の記述のうち、**適当でないもの**はどれか。

（1） 水抜きは、一般に本えん堤施工中の流水の切替えや堆砂後の浸透水を抜いて水圧を軽減するために設けられる。

（2） 袖は、洪水を越流させないために設けられ、両岸に向かって上り勾配で設けられる。

（3） 水通しの断面は、一般に逆台形で、越流する流量に対して十分な大きさとする。

（4） 水叩きは、本えん堤からの落下水による洗掘の防止を目的に、本えん堤上流に設けられるコンクリート構造物である。

問題 18

地すべり防止工に関する次の記述のうち、**適当なもの**はどれか。

（1） 排土工は、地すべり頭部の不安定な土塊を排除し、土塊の滑動力を減少させる工法である。

（2） 横ボーリング工は、地下水の排除を目的とし、抑止工に区分される工法である。

（3） 排水トンネル工は、地すべり規模が小さい場合に用いられる工法である。

（4） 杭工は、杭の挿入による斜面の安定度の向上を目的とし、抑制工に区分される工法である。

問題 19

道路のアスファルト舗装における下層・上層路盤の施工に関する次の記述のうち、**適当でないもの**はどれか。

（1） 上層路盤に用いる粒度調整路盤材料は、最大含水比付近の状態で締め固める。

（2） 下層路盤に用いるセメント安定処理路盤材料は、一般に路上混合方式により製造する。

（3） 下層路盤材料は、一般に施工現場近くで経済的に入手でき品質規格を満足するものを用いる。

（4） 上層路盤の瀝青安定処理工法は、平坦性がよく、たわみ性や耐久性に富む特長がある。

問題 20

道路のアスファルト舗装の施工に関する次の記述のうち、**適当でないもの**はどれか。

（1） 加熱アスファルト混合物を舗設する前は、路盤又は基層表面のごみ、泥、浮き石等を取り除く。

（2） 現場に到着したアスファルト混合物は、ただちにアスファルトフィニッシャ又は人力により均一に敷き均す。

（3） 敷均し終了後は、継目転圧、初転圧、二次転圧及び仕上げ転圧の順に締め固める。

（4） 継目の施工は、継目又は構造物との接触面にプライムコートを施工後、舗設し密着させる。

問題 21

道路のアスファルト舗装の破損に関する次の記述のうち、**適当なもの**はどれか。

（1） 道路縦断方向の凹凸は、不定形に生じる比較的短いひび割れで主に表層に生じる。

（2） ヘアクラックは、長く生じるひび割れで路盤の支持力が不均一な場合や舗装の継目に生じる。

（3） わだち掘れは、道路横断方向の凹凸で車両の通過位置が同じところに生じる。

（4） 線状ひび割れは、道路の延長方向に比較的長い波長でどこにでも生じる。

問題 22

道路のコンクリート舗装における施工に関する次の記述のうち、**適当でないもの**はどれか。

（1） 極めて軟弱な路床は、置換工法や安定処理工法等で改良する。
（2） 路盤厚が30cm以上のときは、上層路盤と下層路盤に分けて施工する。
（3） コンクリート版に鉄網を用いる場合は、表面から版の厚さの1/3程度のところに配置する。
（4） 最終仕上げは、舗装版表面の水光りが消えてから、滑り防止のため膜養生を行う。

問題 23

ダムの施工に関する次の記述のうち、**適当でないもの**はどれか。
（1） ダム工事は、一般に大規模で長期間にわたるため、工事に必要な設備、機械を十分に把握し、施工設備を適切に配置することが安全で合理的な工事を行ううえで必要である。
（2） 転流工は、ダム本体工事を確実に、また容易に施工するため、工事期間中河川の流れを迂回させるもので、仮排水トンネル方式が多く用いられる。
（3） ダムの基礎掘削工法の１つであるベンチカット工法は、長孔ボーリングで穴をあけて爆破し、順次上方から下方に切り下げ掘削する工法である。
（4） 重力式コンクリートダムの基礎岩盤の補強・改良を行うグラウチングは、コンソリデーショングラウチングとカーテングラウチングがある。

問題 24

トンネルの山岳工法における覆工コンクリートの施工の留意点に関する次の記述のうち、**適当でないもの**はどれか。
（1） 覆工コンクリートのつま型枠は、打込み時のコンクリートの圧力に耐えられる構造とする。
（2） 覆工コンクリートの打込みは、一般に地山の変位が収束する前に行う。
（3） 覆工コンクリートの型枠の取外しは、コンクリートが必要な強度に達した後に行う。
（4） 覆工コンクリートの養生は、打込み後、硬化に必要な温度及び湿度を保ち、適切な期間行う。

問題 25

海岸における異形コンクリートブロック（消波ブロック）による消波工に関する次の記述のうち、**適当なもの**はどれか。
（1） 乱積みは、層積みに比べて据付けが容易であり、据付け時は安定性がよい。
（2） 層積みは、規則正しく配列する積み方で外観が美しいが、安定性が劣っている。
（3） 乱積みは、高波を受けるたびに沈下し、徐々にブロックのかみ合わせがよくなり安定する。
（4） 層積みは、乱積みに比べて据付けに手間がかかるが、海岸線の曲線部等の施工性がよい。

問題 26

グラブ浚渫船による施工に関する次の記述のうち、**適当なもの**はどれか。
（1） グラブ浚渫船は、ポンプ浚渫船に比べ、底面を平坦に仕上げるのが容易である。
（2） グラブ浚渫船は、岸壁等の構造物前面の浚渫や狭い場所での浚渫には使用できない。
（3） 非航式グラブ浚渫船の標準的な船団は、グラブ浚渫船と土運船のみで構成される。
（4） 出来形確認測量は、音響測深機等により、グラブ浚渫船が工事現場にいる間に行う。

問題 27

鉄道工事における砕石路盤に関する次の記述のうち、**適当でないもの**はどれか。
（1） 砕石路盤は軌道を安全に支持し、路床へ荷重を分散伝達し、有害な沈下や変形を生じない等の機能を有するものとする。

（2） 砕石路盤では、締固めの施工がしやすく、外力に対して安定を保ち、かつ、有害な変形が生じないよう、圧縮性が大きい材料を用いるものとする。
（3） 砕石路盤の施工は、材料の均質性や気象条件等を考慮して、所定の仕上り厚さ、締固めの程度が得られるように入念に行うものとする。
（4） 砕石路盤の施工管理においては、路盤の層厚、平坦性、締固めの程度等が確保できるよう留意するものとする。

問題 28

鉄道の営業線近接工事における工事従事者の任務に関する下記の説明文に**該当する工事従事者の名称**は、次のうちどれか。
「工事又は作業終了時における列車又は車両の運転に対する支障の有無の工事管理者等への確認を行う。」
（1） 線閉責任者
（2） 停電作業者
（3） 列車見張員
（4） 踏切警備員

問題 29

シールド工法の施工に関する次の記述のうち、**適当でないもの**はどれか。
（1） セグメントの外径は、シールドの掘削外径よりも小さくなる。
（2） 覆工に用いるセグメントの種類は、コンクリート製や鋼製のものがある。
（3） シールドのテール部には、シールドを推進させるジャッキを備えている。
（4） シールド推進後に、セグメント外周に生じる空隙にはモルタル等を注入する。

問題 30

上水道の管布設工に関する次の記述のうち、**適当でないもの**はどれか。
（1） 塩化ビニル管の保管場所は、なるべく風通しのよい直射日光の当たらない場所を選ぶ。
（2） 管のつり下ろしで、土留め用切梁を一時取り外す場合は、必ず適切な補強を施す。
（3） 鋼管の据付けは、管体保護のため基礎に砕石を敷き均して行う。
（4） 埋戻しは片埋めにならないように注意し、現地盤と同程度以上の密度になるよう締め固める。

問題 31

下水道管渠の剛性管の施工における「地盤区分(代表的な土質)」と「基礎工の種類」に関する次の組合せのうち、**適当でないもの**はどれか。

	［地盤区分(代表的な土質)］	［基礎工の種類］
（1）	硬質土(硬質粘土、礫混じり土及び礫混じり砂)…………	砂基礎
（2）	普通土(砂、ローム及び砂質粘土)……………………………	鳥居基礎
（3）	軟弱土(シルト及び有機質土)…………………………………	はしご胴木基礎
（4）	極軟弱土(非常に緩いシルト及び有機質土)………………	鉄筋コンクリート基礎

※ 問題番号No.32～No.42までの11問題のうちから6問題を選択し解答してください。

問題 32

就業規則に関する記述のうち、労働基準法上、**誤っているもの**はどれか。

（1） 使用者は、常時使用する労働者の人数にかかわらず、就業規則を作成しなければならない。

（2） 就業規則は、法令又は当該事業場について適用される労働協約に反してはならない。

（3） 使用者は、就業規則の作成又は変更について、労働者の過半数で組織する労働組合がある場合にはその労働組合の意見を聴かなければならない。

（4） 就業規則には、賃金(臨時の賃金等を除く)の決定、計算及び支払の方法等に関する事項について、必ず記載しなければならない。

問題 33

年少者の就業に関する次の記述のうち、労働基準法上、**正しいもの**はどれか。

（1） 使用者は、児童が満15歳に達する日まで、児童を使用することはできない。

（2） 親権者は、労働契約が未成年者に不利であると認められる場合においても、労働契約を解除することはできない。

（3） 後見人は、未成年者の賃金を未成年者に代って請求し受け取らなければならない。

（4） 使用者は、満18才に満たない者に、運転中の機械や動力伝導装置の危険な部分の掃除、注油をさせてはならない。

問題 34

事業者が、技能講習を修了した作業主任者でなければ就業させてはならない作業に関する次の記述のうち労働安全衛生法上、**該当しないもの**はどれか。

（1） 高さが３m以上のコンクリート造の工作物の解体又は破壊の作業

（2） 掘削面の高さが２m以上となる地山の掘削の作業

（3） 土止め支保工の切りばり又は腹起こしの取付け又は取り外しの作業

（4） 型枠支保工の組立て又は解体の作業

問題 35

建設業法に定められている主任技術者及び監理技術者の職務に関する次の記述のうち、**誤っているもの**はどれか。

（1） 当該建設工事の施工計画の作成を行わなければならない。

（2） 当該建設工事の施工に従事する者の技術上の指導監督を行わなければならない。

（3） 当該建設工事の工程管理を行わなければならない。

（4） 当該建設工事の下請代金の見積書の作成を行わなければならない。

問題 36

道路に工作物又は施設を設け、継続して道路を使用する行為に関する次の記述のうち、道路法令上、占用の許可を**必要としないもの**はどれか。

（1） 道路の維持又は修繕に用いる機械、器具又は材料の常置場を道路に接して設置する場合

（2） 水管、下水道管、ガス管を設置する場合

（3） 電柱、電線、広告塔を設置する場合

（4） 高架の道路の路面下に事務所、店舗、倉庫、広場、公園、運動場を設置する場合

問題 37

河川法に関する河川管理者の許可について、次の記述のうち**誤っているもの**はどれか。

（1） 河川区域内の土地において民有地に堆積した土砂などを採取する時は、許可が必要である。
（2） 河川区域内の土地において農業用水の取水機能維持のため、取水口付近に堆積した土砂を排除する時は、許可は必要ない。
（3） 河川区域内の土地において推進工法で地中に水道管を設置する時は、許可は必要ない。
（4） 河川区域内の土地において道路橋工事のための現場事務所や工事資材置場等を設置する時は、許可が必要である。

問題 38

建築基準法の用語に関して、次の記述のうち**誤っているもの**はどれか。

（1） 特殊建築物とは、学校、体育館、病院、劇場、集会場、百貨店などをいう。
（2） 建築物の主要構造部とは、壁、柱、床、はり、屋根又は階段をいい、局部的な小階段、屋外階段は含まない。
（3） 建築とは、建築物を新築し、増築し、改築し、又は移転することをいう。
（4） 建築主とは、建築物に関する工事の請負契約の注文者であり、請負契約によらないで自らその工事をする者は含まない。

問題 39

火薬類の取扱いに関する次の記述のうち、火薬類取締法上、**誤っているもの**はどれか。

（1） 火薬庫の境界内には、必要がある者のほかは立ち入らない。
（2） 火薬庫の境界内には、爆発、発火、又は燃焼しやすい物をたい積しない。
（3） 火工所に火薬類を保存する場合には、必要に応じて見張人を配置する。
（4） 消費場所において火薬類を取り扱う場合、固化したダイナマイト等は、もみほぐす。

問題 40

騒音規制法上、建設機械の規格などにかかわらず特定建設作業の**対象とならない作業**は、次のうちどれか。ただし、当該作業がその作業を開始した日に終わるものを除く。

（1） ブルドーザを使用する作業
（2） バックホゥを使用する作業
（3） 空気圧縮機を使用する作業
（4） 舗装版破砕機を使用する作業

問題 41

振動規制法上、特定建設作業の規制基準に関する「測定位置」と「振動の大きさ」との組合せとして、次のうち**正しいもの**はどれか。

	［測定位置］	［振動の大きさ］
（1）	特定建設作業の場所の敷地の境界線…………	85dBを超えないこと
（2）	特定建設作業の場所の敷地の中心部…………	75dBを超えないこと
（3）	特定建設作業の場所の敷地の中心部…………	85dBを超えないこと
（4）	特定建設作業の場所の敷地の境界線…………	75dBを超えないこと

問題 42

特定港における港長の許可又は届け出に関する次の記述のうち、港則法上、**正しいもの**はどれか。

（1） 特定港内又は特定港の境界付近で工事又は作業をしようとする者は、港長の許可を受けなければならない。
（2） 船舶は、特定港内において危険物を運搬しようとするときは、港長に届け出なければならない。
（3） 船舶は、特定港を入港したとき又は出港したときは、港長の許可を受けなければならない。
（4） 特定港内で、汽艇等を含めた船舶を修繕し、又は係船しようとする者は、港長の許可を受けなければならない。

※ 問題番号No.43～No.53までの11問題は、必須問題ですから全問題を解答してください。

問題 43

トラバース測量を行い下表の観測結果を得た。
測線ABの方位角は183° 50′ 40″である。**測線BCの方位角**は次のうちどれか。

測点	観測角		
A	116°	55′	40″
B	100°	5′	32″
C	112°	34′	39″
D	108°	44′	23″
E	101°	39′	46″

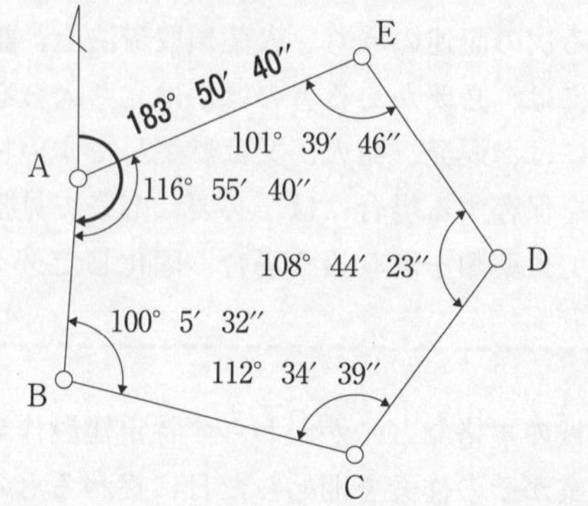

（1） 103° 52′ 10″
（2） 103° 54′ 11″
（3） 103° 56′ 12″
（4） 103° 58′ 13″

問題 44

公共工事標準請負契約約款に関する次の記述のうち、**誤っているもの**はどれか。

（1） 設計図書とは、図面、仕様書、現場説明書及び現場説明に対する質問回答書をいう。
（2） 工事材料の品質については、設計図書にその品質が明示されていない場合は、上等の品質を有するものでなければならない。
（3） 発注者は、工事完成検査において、必要があると認められるときは、その理由を受注者に通知して、工事目的物を最小限度破壊して検査することができる。
（4） 現場代理人と主任技術者及び専門技術者は、これを兼ねることができる。

問題 45

下図は標準的なブロック積擁壁の断面図であるが、ブロック積擁壁各部の名称と寸法記号の表記として2つとも**適当なもの**は、次のうちどれか。

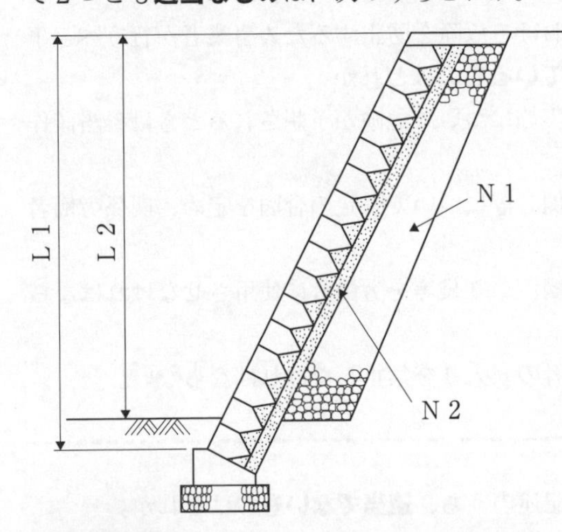

（1） 擁壁の直高Ｌ１、裏込め材Ｎ２
（2） 擁壁の直高Ｌ２、裏込めコンクリートＮ１
（3） 擁壁の直高Ｌ１、裏込めコンクリートＮ２
（4） 擁壁の直高Ｌ２、裏込め材Ｎ１

問題 46

建設機械に関する次の記述のうち、**適当でないもの**はどれか。

（1） トラクターショベルは、土の積込み、運搬に使用される。
（2） ドラグラインは、機械の位置より低い場所の掘削に適し、砂利の採取等に使用される。
（3） クラムシェルは、水中掘削など広い場所での浅い掘削に使用される。
（4） バックホゥは、固い地盤の掘削ができ、機械の位置よりも低い場所の掘削に使用される。

問題 47

仮設工事に関する次の記述のうち、**適当でないもの**はどれか。

（1） 材料は、一般の市販品を使用し、可能な限り規格を統一し、他工事にも転用できるような計画にする。
（2） 直接仮設工事と間接仮設工事のうち、安全施設や材料置場等の設備は、間接仮設工事である。
（3） 仮設は、使用目的や期間に応じて構造計算を行い、労働安全衛生規則の基準に合致するかそれ以上の計画とする。
（4） 指定仮設と任意仮設のうち、任意仮設では施工者独自の技術と工夫や改善の余地が多いので、より合理的な計画を立てることが重要である。

問題 48

地山の掘削作業の安全確保に関する次の記述のうち、労働安全衛生法上、事業者が行うべき事項として**誤っているもの**はどれか。

（1） 地山の崩壊、埋設物等の損壊等により労働者に危険を及ぼすおそれのあるときは、あらかじめ、作業箇所及びその周辺の地山について調査を行う。
（2） 地山の崩壊又は土石の落下による労働者の危険を防止するため、点検者を指名し、作業箇所等について、前日までに点検させる。
（3） 掘削面の高さが規定の高さ以上の場合は、地山の掘削作業主任者に地山の作業方法を決定させ、作業を直接指揮させる。

（4） 明り掘削作業では、あらかじめ運搬機械等の運行の経路や土石の積卸し場所への出入りの方法を定めて、関係労働者に周知させる。

問題 49

高さ5m以上のコンクリート造の工作物の解体作業における危険を防止するため事業者が行うべき事項に関する次の記述のうち、労働安全衛生法上、**誤っているもの**はどれか。

（1） 強風、大雨、大雪き等の悪天候のため、作業の実施について危険が予想されるときは、当該作業を慎重に行わなければならない。

（2） 外壁、柱等の引倒し等の作業を行うときは、引倒し等について一定の合図を定め、関係労働者に周知させなければならない。

（3） 器具、工具等を上げ、又は下ろすときは、つり綱、つり袋等を労働者に使用させなければならない。

（4） 作業を行う区域内には、関係労働者以外の労働者の立入りを禁止しなければならない。

問題 50

アスファルト舗装の品質特性と試験方法に関する次の記述のうち、**適当でないもの**はどれか。

（1） 路床の強さを判定するためには、CBR試験を行う。

（2） 加熱アスファルト混合物の安定度を確認するためには、マーシャル安定度試験を行う。

（3） アスファルト舗装の厚さを確認するためには、コア採取による測定を行う。

（4） アスファルト舗装の平坦性を確認するためには、プルーフローリング試験を行う。

問題 51

レディーミクストコンクリート（JIS A 5308）の品質管理に関する次の記述のうち、**適当でないもの**はどれか。

（1） 1回の圧縮強度試験結果は、購入者の指定した呼び強度の強度値の75％以上である。

（2） 3回の圧縮強度試験結果の平均値は、購入者の指定した呼び強度の強度値以上である。

（3） 品質管理の項目は、強度、スランプ又はスランプフロー、塩化物含有量、空気量の4つである。

（4） 圧縮強度試験は、一般に材齢28日で行う。

問題 52

建設工事における環境保全対策に関する次の記述のうち、**適当なもの**はどれか。

（1） 建設工事の騒音では、土砂、残土等を多量に運搬する場合、運搬経路は問題とならない。

（2） 騒音振動の防止対策として、騒音振動の絶対値を下げるとともに、発生期間の延伸を検討する。

（3） 広い土地の掘削や整地での粉塵対策では、散水やシートで覆うことは効果が低い。

（4） 土運搬による土砂の飛散を防止するには、過積載の防止、荷台のシート掛けを行う。

問題 53

「建設工事に係る資材の再資源化等に関する法律」（建設リサイクル法）に定められている特定建設資材に**該当するもの**は、次のうちどれか。

（1） 土砂　　（2） 廃プラスチック　　（3） 木材　　（4） 建設汚泥

※ **問題番号No.54～No.61までの8問題は、施工管理法(基礎的な能力)の必須問題ですから全問題を解答してください。**

問題 54

仮設備工事の直接仮設工事と間接仮設工事に関する下記の文章中の［　　］の(イ)～(ニ)に当てはまる語句の組合せとして、**適当なもの**は次のうちどれか。

・［(イ)］は直接仮設工事である。
・労務宿舎は［(ロ)］である。
・［(ハ)］は間接仮設工事である。
・安全施設は［(ニ)］である。

	(イ)	(ロ)	(ハ)	(ニ)
(1)	支保工足場	間接仮設工事	現場事務所	直接仮設工事
(2)	監督員詰所	直接仮設工事	現場事務所	間接仮設工事
(3)	支保工足場	直接仮設工事	工事用道路	直接仮設工事
(4)	監督員詰所	間接仮設工事	工事用道路	間接仮設工事

問題 55

平坦な砂質地盤でブルドーザを用いて掘削押土する場合、時間当たり作業量Q(m^3/h)を算出する計算式として下記の［　　］の(イ)～(ニ)に当てはまる数値の組合せとして、**適当なもの**は次のうちどれか。

・ブルドーザの時間当たり作業量Q(m^3/h)

$$Q=\frac{［(イ)］\times［(ロ)］\times E}{［(ハ)］}\times 60=［(ニ)］m^3/h$$

q：1回当たりの掘削押土量(3m^3)
f：土量換算係数＝1/L
(土量の変化率ほぐし土量L＝1.25)
E：作業効率(0.7)
Cm：サイクルタイム(2分)

	(イ)	(ロ)	(ハ)	(ニ)
(1)	2	0.8	3	22.4
(2)	2	1.25	3	35.0
(3)	3	0.8	2	50.4
(4)	3	1.25	2	78.8

問題 56

工程管理に関する下記の文章中の［　　］の(イ)～(ニ)に当てはまる語句の組合せとして、**適当なもの**は次のうちどれか。

・工程表は、工事の施工順序と［(イ)］をわかりやすく図表化したものである。
・工程計画と実施工程の間に差が生じた場合は、その［(ロ)］して改善する。
・工程管理では、［(ハ)］を高めるため、常に工程の進行状況を全作業員に周知徹底する。
・工程管理では、実施工程が工程計画よりも［(ニ)］程度に管理する。

	(イ)	(ロ)	(ハ)	(ニ)
(1)	所要日数	原因を追及	経済効果	やや下回る
(2)	所要日数	原因を追及	作業能率	やや上回る
(3)	実行予算	材料を変更	経済効果	やや下回る
(4)	実行予算	材料を変更	作業能率	やや上回る

問題 57

下図のネットワーク式工程表について記載している下記の文章中の[　　]の(イ)～(ニ)に当てはまる語句の組合せとして、**適当なもの**は次のうちどれか。
ただし、図中のイベント間のA～Gは作業内容、数字は作業日数を表す。

B 5日　D 3日
⓪ A 3日 → ① C 6日 → ③ E 4日 → ⑤ G 5日 → ⑥
F 7日 ④

・[(イ)]及び[(ロ)]は、クリティカルパス上の作業である。
・作業Dが[(ハ)]遅延しても、全体の工期に影響はない。
・この工程全体の工期は、[(ニ)]である。

	(イ)	(ロ)	(ハ)	(ニ)
(1)	作業C	作業F	5日	21日間
(2)	作業B	作業D	5日	16日間
(3)	作業B	作業D	6日	16日間
(4)	作業C	作業F	6日	21日間

問題 58

高さ2m以上の足場(つり足場を除く)の安全に関する下記の文章中の[　　]の(イ)～(ニ)に当てはまる数値の組合せとして、労働安全衛生法上、**正しいもの**は次のうちどれか。

・足場の作業床の手すりの高さは、[(イ)]cm以上とする。
・足場の作業床の幅は、[(ロ)]cm以上とする。
・足場の床材間の隙間は、[(ハ)]cm以下とする。
・足場の作業床より物体の落下を防ぐ幅木の高さは、[(ニ)]cm以上とする。

	(イ)	(ロ)	(ハ)	(ニ)
(1)	75	30	5	10
(2)	75	40	5	5
(3)	85	30	3	5
(4)	85	40	3	10

問題 59

移動式クレーンを用いた作業に関する下記の文章中の[　　]の(イ)～(ニ)に当てはまる語句の組合せとして、クレーン等安全規則上、**正しいもの**は次のうちどれか。

・クレーンの定格荷重とは、フック等のつり具の重量を[(イ)]最大つり上げ荷重である。
・事業者は、クレーンの運転者及び[(ロ)]者が定格荷重を常時知ることができるよう、表示等の措置を講じなければならない。

・事業者は、原則として［（ハ）］を行う者を指名しなければならない。
・クレーンの運転者は、荷をつったままで、運転位置を［（ニ）］。

	（イ）	（ロ）	（ハ）	（ニ）
（1）	含まない	玉掛け	合図	離れてはならない
（2）	含む	合図	監視	離れて荷姿や人払いを確認するのがよい
（3）	含まない	玉掛け	合図	離れて荷姿や人払いを確認するのがよい
（4）	含む	合図	監視	離れてはならない

問題 60

品質管理に用いられるヒストグラムに関する下記の文章中の［　　］の(イ)～(ニ)に当てはまる語句の組合せとして、**適当なもの**は次のうちどれか。

・ヒストグラムは、測定値の［（イ）］を知るのに最も簡単で効率的な統計手法である。
・ヒストグラムは、データがどのような分布をしているかを見やすく表した［（ロ）］である。
・ヒストグラムでは、横軸に測定値、縦軸に［（ハ）］を示している。
・平均値が規格値の中央に見られ、左右対称なヒストグラムは［（ニ）］いる。

	（イ）	（ロ）	（ハ）	（ニ）
（1）	ばらつき	折れ線グラフ	平均値	作業に異常が起こって
（2）	異常値	柱状図	平均値	良好な品質管理が行われて
（3）	ばらつき	柱状図	度数	良好な品質管理が行われて
（4）	異常値	折れ線グラフ	度数	作業に異常が起こって

問題 61

盛土の締固めにおける品質管理に関する下記の文章中の［　　］の(イ)～(ニ)に当てはまる語句の組合せとして、**適当なもの**は次のうちどれか。

・盛土の締固めの品質管理の方式のうち［（イ）］規定方式は、使用する締固め機械の機種や締固め回数等を規定するもので、［（ロ）］規定方式は、盛土の締固め度等を規定する方法である。
・盛土の締固めの効果や性質は、土の種類や含水比、施工方法によって［（ハ）］。
・盛土が最もよく締まる含水比は、［（ニ）］乾燥密度が得られる含水比で最適含水比である。

	（イ）	（ロ）	（ハ）	（ニ）
（1）	工法	品質	変化しない	最適
（2）	工法	品質	変化する	最大
（3）	品質	工法	変化しない	最大
（4）	品質	工法	変化する	最適

令和４年度後期第１次検定　問題

（令和４年10月23日実施）

※ 問題番号No.1～No.11までの11問題のうちから9問題を選択し解答してください。

問題 1

土工の作業に使用する建設機械に関する次の記述のうち、**適当なもの**はどれか。

（1）　バックホゥは、主に機械の位置よりも高い場所の掘削に用いられる。

（2）　トラクタショベルは、主に狭い場所での深い掘削に用いられる。

（3）　ブルドーザは、掘削・押土及び短距離の運搬作業に用いられる。

（4）　スクレーパは、敷均し・締固め作業に用いられる。

問題 2

土質試験における「試験名」とその「試験結果の利用」に関する次の組合せのうち、**適当でないもの**はどれか。

	［試験名］	［試験結果の利用］
（1）	砂置換法による土の密度試験…………	地盤改良工法の設計
（2）	ポータブルコーン貫入試験……………	建設機械の走行性の判定
（3）	土の一軸圧縮試験………………………	原地盤の支持力の推定
（4）	コンシステンシー試験…………………	盛土材料の適否の判断

問題 3

盛土の施工に関する次の記述のうち、**適当でないもの**はどれか。

（1）　盛土の基礎地盤は、あらかじめ盛土完成後に不同沈下等を生じるおそれがないか検討する。

（2）　敷均し厚さは、盛土材料、施工法及び要求される締固め度等の条件に左右される。

（3）　土の締固めでは、同じ土を同じ方法で締め固めても得られる土の密度は含水比により異なる。

（4）　盛土工における構造物縁部の締固めは、大型の締固め機械により入念に締め固める。

問題 4

軟弱地盤における次の改良工法のうち、載荷工法に**該当するもの**はどれか。

（1）　プレローディング工法

（2）　ディープウェル工法

（3）　サンドコンパクションパイル工法

（4）　深層混合処理工法

問題 5

コンクリートに使用するセメントに関する次の記述のうち、**適当でないもの**はどれか。

（1）　セメントは、高い酸性を持っている。

（2）　セメントは、風化すると密度が小さくなる。

（3）　早強ポルトランドセメントは、プレストレストコンクリート工事に適している。

（4）　中庸熱ポルトランドセメントは、ダム工事等のマスコンクリートに適している。

問題6

コンクリートを棒状バイブレータで締め固める場合の留意点に関する次の記述のうち、**適当でないもの**はどれか。

（1）　棒状バイブレータの挿入時間の目安は、一般には５～15秒程度である。
（2）　棒状バイブレータの挿入間隔は、一般に50cm以下にする。
（3）　棒状バイブレータは、コンクリートに穴が残らないようにすばやく引き抜く。
（4）　棒状バイブレータは、コンクリートを横移動させる目的では用いない。

問題7

フレッシュコンクリートに関する次の記述のうち、**適当でないもの**はどれか。

（1）　ブリーディングとは、練混ぜ水の一部が遊離してコンクリート表面に上昇する現象である。
（2）　ワーカビリティーとは、運搬から仕上げまでの一連の作業のしやすさのことである。
（3）　レイタンスとは、コンクリートの柔らかさの程度を示す指標である。
（4）　コンシステンシーとは、変形又は流動に対する抵抗性である。

問題8

コンクリートの仕上げと養生に関する次の記述のうち、**適当でないもの**はどれか。

（1）　密実な表面を必要とする場合は、作業が可能な範囲でできるだけ遅い時期に金ごてで仕上げる。
（2）　仕上げ後、コンクリートが固まり始める前に発生したひび割れは、タンピング等で修復する。
（3）　養生では、コンクリートを湿潤状態に保つことが重要である。
（4）　混合セメントの湿潤養生期間は、早強ポルトランドセメントよりも短くする。

問題9

既製杭工法の杭打ち機の特徴に関する次の記述のうち、**適当でないもの**はどれか。

（1）　ドロップハンマは、杭の重量以下のハンマを落下させて打ち込む。
（2）　ディーゼルハンマは、打撃力が大きく、騒音・振動と油の飛散をともなう。
（3）　バイブロハンマは、振動と振動機・杭の重量によって、杭を地盤に押し込む。
（4）　油圧ハンマは、ラムの落下高さを任意に調整でき、杭打ち時の騒音を小さくできる。

問題10

場所打ち杭工法の特徴に関する次の記述のうち、**適当でないもの**はどれか。

（1）　施工時における騒音と振動は、打撃工法に比べて大きい。
（2）　大口径の杭を施工することにより、大きな支持力が得られる。
（3）　杭材料の運搬等の取扱いが容易である。
（4）　掘削土により、基礎地盤の確認ができる。

問題11

土留め工に関する次の記述のうち、**適当でないもの**はどれか。

（1）　アンカー式土留め工法は、引張材を用いる工法である。
（2）　切梁式土留め工法には、中間杭や火打ち梁を用いるものがある。
（3）　ボイリングとは、砂質地盤で地下水位以下を掘削した時に、砂が吹き上がる現象である。

（4） パイピングとは、砂質土の弱いところを通ってヒービングがパイプ状に生じる現象である。

※ 問題番号No.12～No.31までの20問題のうちから6問題を選択し解答してください。

問題 12

鋼材の特性、用途に関する次の記述のうち、**適当でないもの**はどれか。

（1） 低炭素鋼は、延性、展性に富み、橋梁等に広く用いられている。
（2） 鋼材の疲労が心配される場合には、耐候性鋼材等の防食性の高い鋼材を用いる。
（3） 鋼材は、応力度が弾性限度に達するまでは弾性を示すが、それを超えると塑性を示す。
（4） 継続的な荷重の作用による摩耗は、鋼材の耐久性を劣化させる原因になる。

問題 13

鋼道路橋の架設工法に関する次の記述のうち、市街地や平坦地で桁下空間が使用できる現場において一般に用いられる工法として**適当なもの**はどれか。

（1） ケーブルクレーンによる直吊り工法
（2） 全面支柱式支保工架設工法
（3） 手延べ桁による押出し工法
（4） クレーン車によるベント式架設工法

問題 14

コンクリートの劣化機構について説明した次の記述のうち、**適当でないもの**はどれか。

（1） 中性化は、コンクリートのアルカリ性が空気中の炭酸ガスの浸入等で失われていく現象である。
（2） 塩害は、硫酸や硫酸塩等の接触により、コンクリート硬化体が分解したり溶解する現象である。
（3） 疲労は、荷重が繰り返し作用することでコンクリート中にひび割れが発生し、やがて大きな損傷となる現象である。
（4） 凍害は、コンクリート中に含まれる水分が凍結し、氷の生成による膨張圧でコンクリートが破壊される現象である。

問題 15

河川に関する次の記述のうち、**適当なもの**はどれか。

（1） 河川において、下流から上流を見て右側を右岸、左側を左岸という。
（2） 河川には、浅くて流れの速い淵と、深くて流れの緩やかな瀬と呼ばれる部分がある。
（3） 河川の流水がある側を堤外地、堤防で守られている側を堤内地という。
（4） 河川堤防の天端の高さは、計画高水位（H. W. L.）と同じ高さにすることを基本とする。

問題 16

河川護岸に関する次の記述のうち、**適当でないもの**はどれか。

（1） 基礎工は、洗掘に対する保護や裏込め土砂の流出を防ぐために施工する。
（2） 法覆工は、堤防の法勾配が緩く流速が小さな場所では、間知ブロックで施工する。
（3） 根固工は、河床の洗掘を防ぎ、基礎工・法覆工を保護するものである。
（4） 低水護岸の天端保護工は、流水によって護岸の裏側から破壊しないように保護するものである。

問題 17

砂防えん堤に関する次の記述のうち、**適当でないもの**はどれか。

（1） 前庭保護工は、堤体への土石流の直撃を防ぐために設けられる構造物である。
（2） 袖は、洪水を越流させないようにし、水通し側から両岸に向かって上り勾配とする。
（3） 側壁護岸は、越流部からの落下水が左右の法面を侵食することを防止するための構造物である。
（4） 水通しは、越流する流量に対して十分な大きさとし、一般にその断面は逆台形である。

問題 18

地すべり防止工に関する次の記述のうち、**適当なもの**はどれか。

（1） 抑制工は、杭等の構造物により、地すべり運動の一部又は全部を停止させる工法である。
（2） 地すべり防止工では、一般的に抑止工、抑制工の順序で施工を行う。
（3） 抑止工は、地形等の自然条件を変化させ、地すべり運動を停止又は緩和させる工法である。
（4） 集水井工の排水は、原則として、排水ボーリングによって自然排水を行う。

問題 19

道路のアスファルト舗装における路床の施工に関する次の記述のうち、**適当でないもの**はどれか。

（1） 盛土路床では、１層の敷均し厚さは仕上り厚で40cm以下を目安とする。
（2） 安定処理工法は、現状路床土とセメントや石灰等の安定材を混合する工法である。
（3） 切土路床では、表面から30cm程度以内にある木根や転石等を取り除いて仕上げる。
（4） 置き換え工法は、軟弱な現状路床土の一部又は全部を良質土で置き換える工法である。

問題 20

道路のアスファルト舗装における締固めの施工に関する次の記述のうち、**適当でないもの**はどれか。

（1） 転圧温度が高過ぎると、ヘアクラックや変形等を起こすことがある。
（2） 二次転圧は、一般にロードローラで行うが、振動ローラを用いることもある。
（3） 仕上げ転圧は、不陸整正やローラマークの消去のために行う。
（4） 締固め作業は、継目転圧、初転圧、二次転圧及び仕上げ転圧の順序で行う。

問題 21

道路のアスファルト舗装の補修工法に関する下記の説明文に**該当するもの**は、次のうちどれか。

「局部的なくぼみ、ポットホール、段差等に舗装材料で応急的に充填する工法」

（1） オーバーレイ工法　（2） 打換え工法　（3） 切削工法　（4） パッチング工法

問題 22

道路の普通コンクリート舗装における施工に関する次の記述のうち、**適当なもの**はどれか。

（1） コンクリート版が温度変化に対応するように、車線に直交する横目地を設ける。
（2） コンクリートの打込みにあたって、フィニッシャーを用いて敷き均す。
（3） 敷き広げたコンクリートは、フロートで一様かつ十分に締め固める。
（4） 表面仕上げの終わった舗装版が所定の強度になるまで乾燥状態を保つ。

問題 23

ダムの施工に関する次の記述のうち、**適当でないもの**はどれか。

（1） 転流工は、ダム本体工事を確実に、また容易に施工するため、工事期間中の河川の流れを迂回させるものである。

（2） コンクリートダムのコンクリート打設に用いるRCD工法は、単位水量が少なく、超硬練りに配合されたコンクリートをタイヤローラで締め固める工法である。

（3） グラウチングは、ダムの基礎岩盤の弱部の補強を目的とした最も一般的な基礎処理工法である。

（4） ベンチカット工法は、ダム本体の基礎掘削に用いられ、せん孔機械で穴をあけて爆破し順次上方から下方に切り下げていく掘削工法である。

問題 24

トンネルの山岳工法における掘削に関する次の記述のうち、**適当でないもの**はどれか。

（1） 吹付けコンクリートは、吹付けノズルを吹付け面に対して直角に向けて行う。

（2） ロックボルトは、特別な場合を除き、トンネル横断方向に掘削面に対して斜めに設ける。

（3） 発破掘削は、地質が硬岩質の場合等に用いられる。

（4） 機械掘削は、全断面掘削方式と自由断面掘削方式に大別できる。

問題 25

下図は傾斜型海岸堤防の構造を示したものである。図の(イ)～(ハ)の構造名称に関する次の組合せのうち、**適当なもの**はどれか。

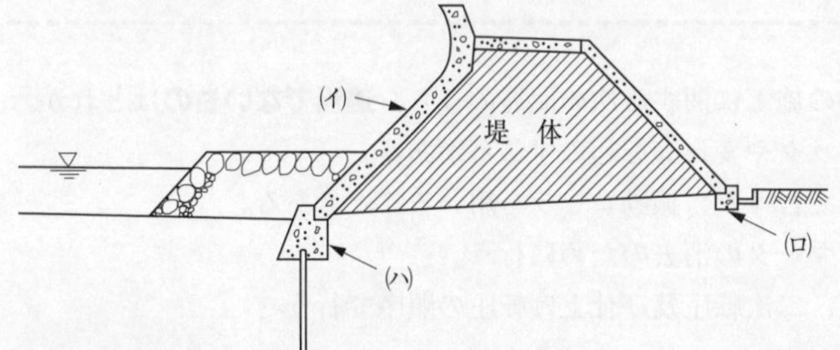

	(イ)	(ロ)	(ハ)
（1）	裏法被覆工……	根留工……	基礎工
（2）	表法被覆工……	基礎工……	根留工
（3）	表法被覆工……	根留工……	基礎工
（4）	裏法被覆工……	基礎工……	根留工

問題 26

ケーソン式混成堤の施工に関する次の記述のうち、**適当でないもの**はどれか。

（1） ケーソンは、えい航直後の据付けが困難な場合には、波浪のない安定した時期まで沈設して仮置きする。

（2） ケーソンは、海面がつねにおだやかで、大型起重機船が使用できるなら、進水したケーソンを据付け場所までえい航して据え付けることができる。

（3） ケーソンは、注水開始後、着底するまで中断することなく注水を連続して行い、速やかに据え付ける。

（4） ケーソンの中詰め後は、波により中詰め材が洗い流されないように、ケーソンのふたとなるコンクリートを打設する。

問題 27

「鉄道の用語」と「説明」に関する次の組合せのうち、**適当でないもの**はどれか。

[鉄道の用語]　　　　　　　　　[説明]

（1）線路閉鎖工事…………線路内で、列車や車両の進入を中断して行う工事のこと
（2）軌間……………………レールの車輪走行面より下方の所定距離以内における左右レール頭部間の最短距離のこと
（3）緩和曲線………………鉄道車両の走行を円滑にするために直線と円曲線、又は二つの曲線の間に設けられる特殊な線形のこと
（4）路盤……………………自然地盤や盛土で構築され、路床を支持する部分のこと

問題 28

鉄道の営業線近接工事に関する次の記述のうち、**適当でないもの**はどれか。

（1）保安管理者は、工事指揮者と相談し、事故防止責任者を指導し、列車の安全運行を確保する。
（2）重機械の運転者は、重機械安全運転の講習会修了証の写しを添えて、監督員等の承認を得る。
（3）複線以上の路線での積みおろしの場合は、列車見張員を配置し、車両限界をおかさないように材料を置かなければならない。
（4）列車見張員は、信号炎管・合図灯・呼笛・時計・時刻表・緊急連絡表を携帯しなければならない。

問題 29

シールド工法に関する次の記述のうち、**適当でないもの**はどれか。

（1）シールド工法は、開削工法が困難な都市の下水道工事や地下鉄工事をはじめ、海底道路トンネルや地下河川の工事等で用いられる。
（2）シールド工法に使用される機械は、フード部、ガーダー部、テール部からなる。
（3）泥水式シールド工法では、ずりがベルトコンベアによる輸送となるため、坑内の作業環境は悪くなる。
（4）土圧式シールド工法は、一般に粘性土地盤に適している。

問題 30

上水道の管布設工に関する次の記述のうち、**適当でないもの**はどれか。

（1）管の布設は、原則として低所から高所に向けて行う。
（2）ダクタイル鋳鉄管の据付けでは、管体の管径、年号の記号を上に向けて据え付ける。
（3）一日の布設作業完了後は、管内に土砂、汚水等が流入しないよう木蓋等で管端部をふさぐ。
（4）鋳鉄管の切断は、直管及び異形管ともに切断機で行うことを標準とする。

問題 31

下水道管渠の接合方式に関する次の記述のうち、**適当でないもの**はどれか。

（1）水面接合は、管渠の中心を接合部で一致させる方式である。
（2）管頂接合は、流水は円滑であるが、下流ほど深い掘削が必要となる。
（3）管底接合は、接合部の上流側の水位が高くなり、圧力管となるおそれがある。
（4）段差接合は、マンホールの間隔等を考慮しながら、階段状に接続する方式である。

※ 問題番号No.32～No.42までの11問題のうちから6問題を選択し解答してください。

問題 32

労働時間、休憩、休日、年次有給休暇に関する次の記述のうち、労働基準法上、**誤っているもの**はどれか。

（1） 使用者は、労働者に対して、労働時間が８時間を超える場合には少なくとも１時間の休憩時間を労働時間の途中に与えなければならない。

（2） 使用者は、労働者に対して、原則として毎週少なくとも１回の休日を与えなければならない。

（3） 使用者は、労働組合との協定により、労働時間を延長して労働させる場合でも、延長して労働させた時間は１箇月に150時間未満でなければならない。

（4） 使用者は、雇入れの日から６箇月間継続勤務し全労働日の８割以上出勤した労働者には、10日の有給休暇を与えなければならない。

問題 33

災害補償に関する次の記述のうち、労働基準法上、**誤っているもの**はどれか。

（1） 労働者が業務上負傷し、又は疾病にかかった場合においては、使用者は、その費用で必要な療養を行い、又は必要な療養の費用を負担しなければならない。

（2） 労働者が重大な過失によって業務上負傷し、かつ使用者がその過失について行政官庁へ届出た場合には、使用者は障害補償を行わなくてもよい。

（3） 労働者が業務上負傷した場合、その補償を受ける権利は、労働者の退職によって変更されることはない。

（4） 業務上の負傷、疾病又は死亡の認定等に関して異議のある者は、行政官庁に対して、審査又は事件の仲裁を申し立てることができる。

問題 34

作業主任者の**選任を必要としない作業**は、労働安全衛生法上、次のうちどれか。

（1） 土止め支保工の切りばり又は腹起こしの取付け又は取り外しの作業

（2） 掘削面の高さが２m以上となる地山の掘削の作業

（3） 道路のアスファルト舗装の転圧の作業

（4） 高さが５m以上のコンクリート造の工作物の解体又は破壊の作業

問題 35

建設業法に関する次の記述のうち、**誤っているもの**はどれか。

（1） 建設業とは、元請、下請その他いかなる名義をもってするかを問わず、建設工事の完成を請け負う営業をいう。

（2） 建設業者は、当該工事現場の施工の技術上の管理をつかさどる主任技術者を置かなければならない。

（3） 建設工事の施工に従事する者は、主任技術者がその職務として行う指導に従わなければならない。

（4） 公共性のある施設に関する重要な工事である場合、請負代金の額にかかわらず、工事現場ごとに専任の主任技術者を置かなければならない。

問題 36

車両の最高限度に関する次の記述のうち、車両制限令上、**誤っているもの**はどれか。ただし、高速自動車国道を通行するセミトレーラ連結車又はフルトレーラ連結車、及び道路管理者が国際海上コンテナの運搬用のセミトレーラ連結車の通行に支障がないと認めて指定した道路を通行する車両を除くものとする。

（1） 車両の最小回転半径の最高限度は、車両の最外側のわだちについて12mである。
（2） 車両の長さの最高限度は、15mである。
（3） 車両の軸重の最高限度は、10tである。
（4） 車両の幅の最高限度は、2.5mである。

問題 37

河川法に関する次の記述のうち、**誤っているもの**はどれか。

（1） １級及び２級河川以外の準用河川の管理は、市町村長が行う。
（2） 河川法上の河川に含まれない施設は、ダム、堰、水門等である。
（3） 河川区域内の民有地での工事材料置場の設置は河川管理者の許可を必要とする。
（4） 河川管理施設保全のため指定した、河川区域に接する一定区域を河川保全区域という。

問題 38

建築基準法に関する次の記述のうち、**誤っているもの**はどれか。

（1） 道路とは、原則として、幅員４m以上のものをいう。
（2） 建築物の延べ面積の敷地面積に対する割合を容積率という。
（3） 建築物の敷地は、原則として道路に１m以上接しなければならない。
（4） 建築物の建築面積の敷地面積に対する割合を建ぺい率という。

問題 39

火薬類の取扱いに関する次の記述のうち、火薬類取締法上、**誤っているもの**はどれか。

（1） 火工所以外の場所において、薬包に雷管を取り付ける作業を行わない。
（2） 消費場所において火薬類を取り扱う場合、固化したダイナマイト等はもみほぐしてはならない。
（3） 火工所に火薬類を存置する場合には、見張人を常時配置する。
（4） 火薬類の取扱いには、盗難予防に留意する。

問題 40

騒音規制法上、建設機械の規格等にかかわらず、特定建設作業の**対象とならない作業**は、次のうちどれか。ただし、当該作業がその作業を開始した日に終わるものを除く。

（1） ロードローラを使用する作業
（2） さく岩機を使用する作業
（3） バックホゥを使用する作業
（4） ブルドーザを使用する作業

問題 41

振動規制法に定められている特定建設作業の**対象となる建設機械**は、次のうちどれか。ただし、当該作業がその作業を開始した日に終わるものを除き、１日における当該作業に係る２地点間の最大移動距離が50mを超えない作業とする。

（1） ジャイアントブレーカ　（2） ブルドーザ　（3） 振動ローラ　（4） 路面切削機

問題 42

船舶の航路及び航法に関する次の記述のうち、港則法上、**誤っているもの**はどれか。

（1） 船舶は、航路内においては、他の船舶を追い越してはならない。

（2） 汽艇等以外の船舶は、特定港を通過するときには港長の定める航路を通らなければならない。

（3） 船舶は、航路内においては、原則としてえい航している船舶を放してはならない。

（4） 船舶は、航路内においては、並列して航行してはならない。

※ 問題番号No.43～No.53までの11問題は、必須問題ですから全問題を解答してください。

問題 43

トラバース測量において下表の観測結果を得た。閉合誤差は0.007mである。閉合比は次のうちどれか。ただし、**閉合比**は有効数字４桁目を切り捨て、３桁に丸める。

側線	距離 I（m）	方位角			緯距 L（m）	経距 D（m）
AB	37.373	180°	50′	40″	−37.289	−2.506
BC	40.625	103°	56′	12″	−9.785	39.429
CD	39.078	36°	30′	51″	31.407	23.252
DE	38.803	325°	15′	14″	31.884	−22.115
EA	41.378	246°	54′	60″	−16.223	−38.065
計	197.257				−0.005	−0.005

閉合誤差 ＝ 0.007 m

（1） 1／26100

（2） 1／27200

（3） 1／28100

（4） 1／29200

問題 44

公共工事で発注者が示す設計図書に**該当しないもの**は、次のうちどれか。

（1） 現場説明書　（2） 特記仕様書　（3） 設計図面　（4） 見積書

問題 45

下図は橋の一般的な構造を表したものであるが、(イ)～(ニ)の橋の長さを表す名称に関する組合せとして、**適当なもの**は次のうちどれか。

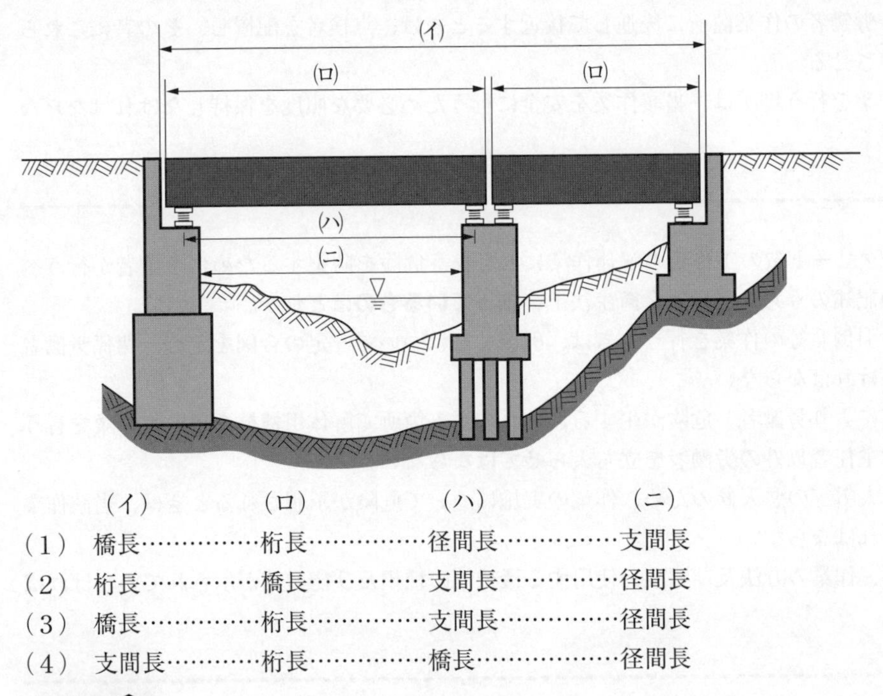

	(イ)	(ロ)	(ハ)	(ニ)
(1)	橋長	桁長	径間長	支間長
(2)	桁長	橋長	支間長	径間長
(3)	橋長	桁長	支間長	径間長
(4)	支間長	桁長	橋長	径間長

問題 46

建設機械に関する次の記述のうち、**適当でないもの**はどれか。

（1） ランマは、振動や打撃を与えて、路肩や狭い場所等の締固めに使用される。
（2） タイヤローラは、接地圧の調節や自重を加減することができ、路盤等の締固めに使用される。
（3） ドラグラインは、機械の位置より高い場所の掘削に適し、水路の掘削等に使用される。
（4） クラムシェルは、水中掘削等、狭い場所での深い掘削に使用される。

問題 47

仮設工事に関する次の記述のうち、**適当でないもの**はどれか。

（1） 直接仮設工事と間接仮設工事のうち、現場事務所や労務宿舎等の設備は、直接仮設工事である。
（2） 仮設備は、使用目的や期間に応じて構造計算を行い、労働安全衛生規則の基準に合致するかそれ以上の計画とする。
（3） 指定仮設と任意仮設のうち、任意仮設では施工者独自の技術と工夫や改善の余地が多いので、より合理的な計画を立てることが重要である。
（4） 材料は、一般の市販品を使用し、可能な限り規格を統一し、他工事にも転用できるような計画にする。

問題 48

地山の掘削作業の安全確保に関する次の記述のうち、労働安全衛生法上、事業者が行うべき事項として**誤っているもの**はどれか。

（1） 掘削面の高さが規定の高さ以上の場合は、地山の掘削及び土止め支保工作業主任者技能講習を修了した者のうちから、地山の掘削作業主任者を選任する。
（2） 地山の崩壊等により労働者に危険を及ぼすおそれのあるときは、あらかじめ、土止め支保工を設け、防護網を張り、労働者の立入りを禁止する等の措置を講じる。

（3） 運搬機械等が労働者の作業箇所に後進して接近するときは、点検者を配置し、その者にこれらの機械を誘導させる。
（4） 明り掘削の作業を行う場所は、当該作業を安全に行うため必要な照度を保持しなければならない。

問題 49

高さ5m以上のコンクリート造の工作物の解体作業にともなう危険を防止するために事業者が行うべき事項に関する次の記述のうち、労働安全衛生法上、**誤っているもの**はどれか。
（1） 外壁、柱等の引倒し等の作業を行うときは、引倒し等について一定の合図を定め、関係労働者に周知させなければならない。
（2） 物体の飛来等により労働者に危険が生ずるおそれのある箇所で解体用機械を用いて作業を行うときは、作業主任者以外の労働者を立ち入らせてはならない。
（3） 強風、大雨、大雪等の悪天候のため、作業の実施について危険が予想されるときは、当該作業を中止しなければならない。
（4） 作業計画には、作業の方法及び順序、使用する機械等の種類及び能力等が示されていなければならない。

問題 50

品質管理に関する次の記述のうち、**適当でないもの**はどれか。
（1） ロットとは、様々な条件下で生産された品物の集まりである。
（2） サンプルをある特性について測定した値をデータ値(測定値)という。
（3） ばらつきの状態が安定の状態にあるとき、測定値の分布は正規分布になる。
（4） 対象の母集団からその特性を調べるため一部取り出したものをサンプル(試料)という。

問題 51

呼び強度24、スランプ12cm、空気量5.0％と指定したJIS A 5308レディーミクストコンクリートの試験結果について、各項目の判定基準を**満足しないもの**は次のうちどれか。
（1） 1回の圧縮強度試験の結果は、21.0N/mm^{2}であった。
（2） 3回の圧縮強度試験結果の平均値は、24.0N/mm^{2}であった。
（3） スランプ試験の結果は、10.0cmであった。
（4） 空気量試験の結果は、3.0％であった。

問題 52

建設工事における、騒音・振動対策に関する次の記述のうち、**適当なもの**はどれか。
（1） 舗装版の取壊し作業では、大型ブレーカの使用を原則とする。
（2） 掘削土をバックホゥ等でダンプトラックに積み込む場合、落下高を高くして掘削土の放出をスムーズに行う。
（3） 車輪式(ホイール式)の建設機械は、履帯式(クローラ式)の建設機械に比べて、一般に騒音振動レベルが小さい。
（4） 作業待ち時は、建設機械等のエンジンをアイドリング状態にしておく。

問題 53

「建設工事に係る資材の再資源化等に関する法律」(建設リサイクル法)に定められている特定建設資材

に**該当するもの**は、次のうちどれか。

（1） 建設発生土　　（3） 廃プラスチック

（2） 建設汚泥　　　（4） コンクリート及び鉄からなる建設資材

※ 問題番号No.54～No.61までの8問題は、施工管理法（基礎的な能力）の必須問題ですから全問題を解答してください。

問題 54

建設機械の走行に必要なコーン指数の値に関する下記の文章中の［　　］の（イ）～（ニ）に当てはまる語句の組合せとして、**適当なもの**は次のうちどれか。

・ダンプトラックより普通ブルドーザ（15t級）の方がコーン指数は［（イ）］。

・スクレープドーザより［（ロ）］の方がコーン指数は小さい。

・超湿地ブルドーザより自走式スクレーパ（小型）の方がコーン指数は［（ハ）］。

・普通ブルドーザ（21t級）より［（ニ）］の方がコーン指数は大きい。

	（イ）	（ロ）	（ハ）	（ニ）
（1）	大きい	自走式スクレーパ（小型）	小さい	ダンプトラック
（2）	小さい	超湿地ブルドーザ	大きい	ダンプトラック
（3）	大きい	超湿地ブルドーザ	小さい	湿地ブルドーザ
（4）	小さい	自走式スクレーパ（小型）	大きい	湿地ブルドーザ

問題 55

建設機械の作業内容に関する下記の文章中の［　　］の（イ）～（ニ）に当てはまる語句の組合せとして、**適当なもの**は次のうちどれか。

・［（イ）］とは、建設機械の走行性をいい、一般にコーン指数で判断される。

・リッパビリティーとは、［（ロ）］に装着されたリッパによって作業できる程度をいう。

・建設機械の作業効率は、現場の地形、［（ハ）］、工事規模等の各種条件によって変化する。

・建設機械の作業能力は、単独の機械又は組み合わされた機械の［（ニ）］の平均作業量で表される。

	（イ）	（ロ）	（ハ）	（ニ）
（1）	ワーカビリティー	大型ブルドーザ	作業員の人数	日当たり
（2）	トラフィカビリティー	大型バックホゥ	土質	日当たり
（3）	ワーカビリティー	大型バックホゥ	作業員の人数	時間当たり
（4）	トラフィカビリティー	大型ブルドーザ	土質	時間当たり

問題 56

工程表の種類と特徴に関する下記の文章中の［　　］の（イ）～（ニ）に当てはまる語句の組合せとして、**適当なもの**は次のうちどれか。

・［（イ）］は、各工事の必要日数を棒線で表した図表である。

・［（ロ）］は、工事全体の出来高比率の累計を曲線で表した図表である。

・［（ハ）］は、各工事の工程を斜線で表した図表である。

・［（ニ）］は、工事内容を系統だてて作業相互の関連、順序や日数を表した図表である。

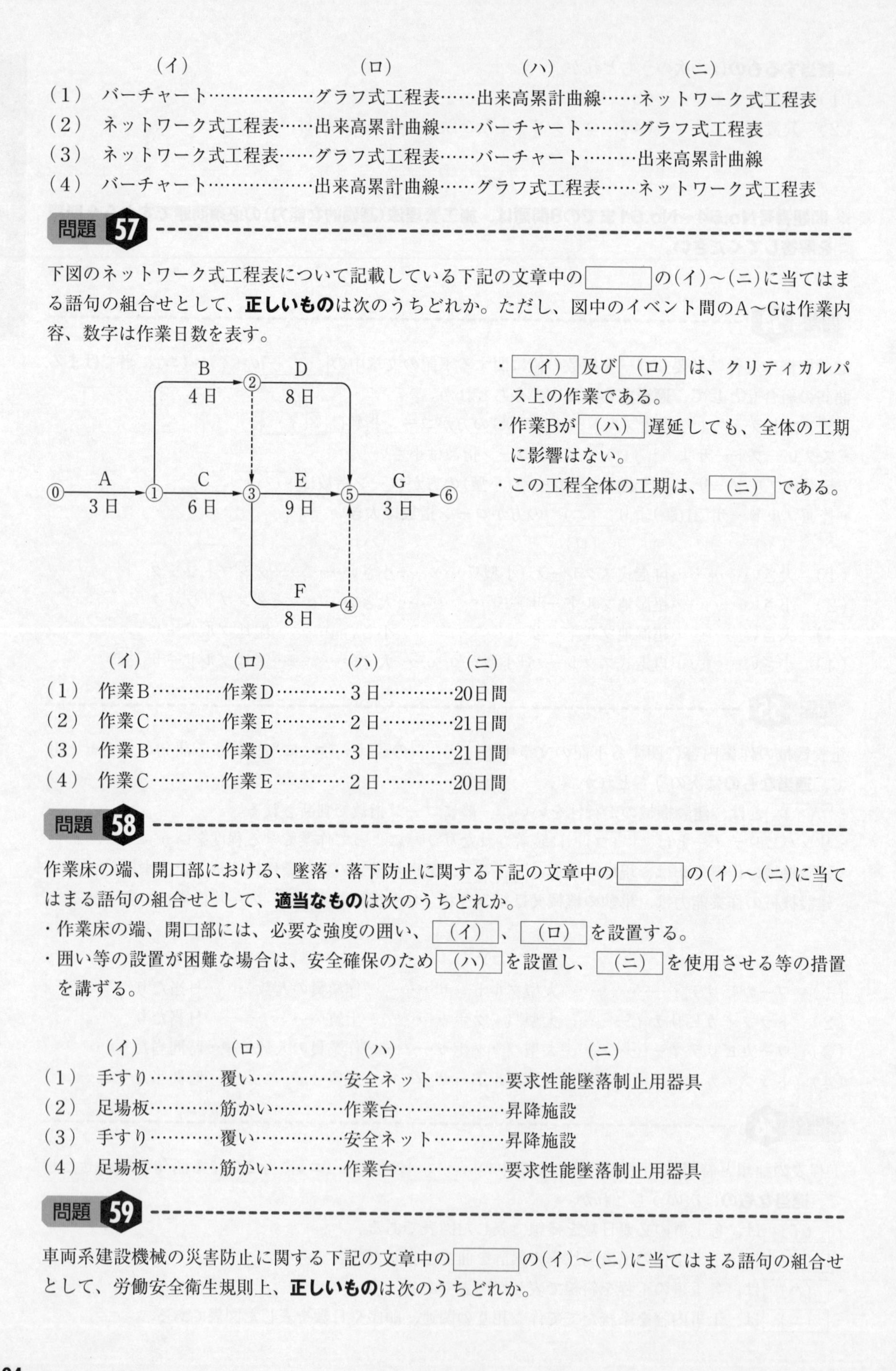

	(イ)	(ロ)	(ハ)	(ニ)
(1)	バーチャート	グラフ式工程表	出来高累計曲線	ネットワーク式工程表
(2)	ネットワーク式工程表	出来高累計曲線	バーチャート	グラフ式工程表
(3)	ネットワーク式工程表	グラフ式工程表	バーチャート	出来高累計曲線
(4)	バーチャート	出来高累計曲線	グラフ式工程表	ネットワーク式工程表

問題 57

下図のネットワーク式工程表について記載している下記の文章中の［　　］の(イ)～(ニ)に当てはまる語句の組合せとして、**正しいもの**は次のうちどれか。ただし、図中のイベント間のA～Gは作業内容、数字は作業日数を表す。

- ［(イ)］及び［(ロ)］は、クリティカルパス上の作業である。
- 作業Bが［(ハ)］遅延しても、全体の工期に影響はない。
- この工程全体の工期は、［(ニ)］である。

	(イ)	(ロ)	(ハ)	(ニ)
(1)	作業B	作業D	3日	20日間
(2)	作業C	作業E	2日	21日間
(3)	作業B	作業D	3日	21日間
(4)	作業C	作業E	2日	20日間

問題 58

作業床の端、開口部における、墜落・落下防止に関する下記の文章中の［　　］の(イ)～(ニ)に当てはまる語句の組合せとして、**適当なもの**は次のうちどれか。

- 作業床の端、開口部には、必要な強度の囲い、［(イ)］、［(ロ)］を設置する。
- 囲い等の設置が困難な場合は、安全確保のため［(ハ)］を設置し、［(ニ)］を使用させる等の措置を講ずる。

	(イ)	(ロ)	(ハ)	(ニ)
(1)	手すり	覆い	安全ネット	要求性能墜落制止用器具
(2)	足場板	筋かい	作業台	昇降施設
(3)	手すり	覆い	安全ネット	昇降施設
(4)	足場板	筋かい	作業台	要求性能墜落制止用器具

問題 59

車両系建設機械の災害防止に関する下記の文章中の［　　］の(イ)～(ニ)に当てはまる語句の組合せとして、労働安全衛生規則上、**正しいもの**は次のうちどれか。

・運転者は、運転位置を離れるときは、原動機を止め、（イ）走行ブレーキをかける。
・転倒や転落のおそれがある場所では、転倒時保護構造を有し、かつ、（ロ）を備えた機種の使用に努める。
・（ハ）以外の箇所に労働者を乗せてはならない。
・（ニ）にブレーキやクラッチの機能について点検する。

	（イ）	（ロ）	（ハ）	（ニ）
（1）	または	安全ブロック	助手席	作業の前日
（2）	または	シートベルト	乗車席	作業の前日
（3）	かつ	シートベルト	乗車席	その日の作業開始前
（4）	かつ	安全ブロック	助手席	その日の作業開始前

問題 60

品質管理に用いられる$\bar{x}$－R管理図に関する下記の文章中の□の(イ)～(ニ)に当てはまる語句の組合せとして、**適当なもの**は次のうちどれか。

・データには、連続量として測定される（イ）がある。
・x管理図は、工程平均を各組ごとのデータの（ロ）によって管理する。
・R管理図は、工程のばらつきを各組ごとのデータの（ハ）によって管理する。
・$\bar{x}$－R管理図の管理線として、（ニ）及び上方・下方管理限界がある。

	（イ）	（ロ）	（ハ）	（ニ）
（1）	計数値	平均値	最大・最小の差	バナナカーブ
（2）	計量値	平均値	最大・最小の差	中心線
（3）	計数値	最大・最小の差	平均値	中心線
（4）	計量値	最大・最小の差	平均値	バナナカーブ

問題 61

盛土の締固めにおける品質管理に関する下記の文章中の□の(イ)～(ニ)に当てはまる語句の組合せとして、**適当なもの**は次のうちどれか。

・盛土の締固めの品質管理の方式のうち（イ）規定方式は、盛土の締固め度等を規定するもので、（ロ）規定方式は、使用する締固め機械の機種や締固め回数等を規定する方法である。
・盛土の締固めの効果や性質は、土の種類や含水比、（ハ）方法によって変化する。
・盛土が最もよく締まる含水比は、最大乾燥密度が得られる含水比で（ニ）含水比である。

	（イ）	（ロ）	（ハ）	（ニ）
（1）	品質	工法	施工	最適
（2）	品質	工法	管理	最大
（3）	工法	品質	施工	最適
（4）	工法	品質	管理	最大

令和４年度第２次検定　問題
（令和４年10月23日実施）

※問題１～問題５は必須問題です。必ず解答してください。
問題１で
① 設問１の解答が無記載又は記述漏れがある場合、
② 設問２の解答が無記載又は設問で求められている内容以外の記述の場合、
どちらの場合にも問題２以降は採点の対象となりません。

必須問題

あなたが経験した土木工事の現場において、工夫した品質管理又は工夫した工程管理のうちから１つ選び、次の〔設問１〕、〔設問２〕に答えなさい。

〔注意〕あなたが経験した工事でないことが判明した場合は失格となります。

〔設問1〕

あなたが**経験した土木工事**に関し、次の事項について解答欄に明確に記述しなさい。

〔注意〕「経験した土木工事」は、あなたが工事請負者の技術者の場合は、あなたの所属会社が受注した工事内容について記述してください。従って、あなたの所属会社が二次下請業者の場合は、発注者名は一次下請業者名となります。
なお、あなたの所属が発注機関の場合の発注者名は、所属機関名となります。

（1）　**工事名**
（2）　**工事の内容**
　① **発注者名**
　② **工事場所**
　③ **工　　期**
　④ **主な工種**
　⑤ **施 工 量**
（3）　**工事現場における施工管理上のあなたの立場**

〔設問2〕

上記工事で実施した**現場で工夫した品質管理又は現場で工夫した工程管理**のいずれかを選び、次の事項について解答欄に具体的に記述しなさい。

（1）　特に留意した**技術的課題**
（2）　技術的課題を解決するために**検討した項目と検討理由及び検討内容**
（3）　上記検討の結果、**現場で実施した対応処置とその評価**

必須問題

問題 2

建設工事に用いる工程表に関する次の文章の［　　］の(イ)～(ホ)に当てはまる**適切な語句を、下記の語句から選び**解答欄に記入しなさい。

（1） 横線式工程表には、バーチャートとガントチャートがあり、バーチャートは縦軸に部分工事をとり、横軸に必要な［（イ）］を棒線で記入した図表で、各工事の工期がわかりやすい。ガントチャートは縦軸に部分工事をとり、横軸に各工事の［（ロ）］を棒線で記入した図表で、各工事の進捗状況がわかる。

（2） ネットワーク式工程表は、工事内容を系統的に明確にし、作業相互の関連や順序、［（ハ）］を的確に判断でき、［（ニ）］工事と部分工事の関連が明確に表現できる。また、［（ホ）］を求めることにより重点管理作業や工事完成日の予測ができる。

［語句］

アクティビティ、	経済性、	機械、	人力、	施工時期、
クリティカルパス、	安全性、	全体、	費用、	掘削、
出来高比率、	降雨日、	休憩、	日数、	アロー

必須問題

問題 3

土木工事の施工計画を作成するにあたって実施する、事前の調査について、**下記の項目①～③から2つ選び、その番号、実施内容**について、解答欄の(例)を参考にして、解答欄に記述しなさい。
ただし、解答欄の(例)と同一の内容は不可とする。

① 契約書類の確認
② 自然条件の調査
③ 近隣環境の調査

必須問題

問題 4

コンクリート養生の役割及び具体的な方法に関する次の文章の［　　］の(イ)～(ホ)に当てはまる**適切な語句を、下記の語句から選び**解答欄に記入しなさい。

（1） 養生とは、仕上げを終えたコンクリートを十分に硬化させるために、適当な［（イ）］と湿度を与え、有害な［（ロ）］等から保護する作業のことである。

（2） 養生では、散水、湛水、［（ハ）］で覆う等して、コンクリートを湿潤状態に保つことが重要である。

（3） 日平均気温が［（ニ）］ほど、湿潤養生に必要な期間は長くなる。

（4） ［（ホ）］セメントを使用したコンクリートの湿潤養生期間は、普通ポルトランドセメントの場合よりも長くする必要がある。

［語句］　早強ポルトランド、　高い、　混合、　合成、　安全、
計画、　沸騰、　温度、　暑い、　低い、
湿布、　養分、　外力、　手順、　配合

必須問題

問題 5

盛土の安定性や施工性を確保し、良好な品質を保持するため、**盛土材料として望ましい条件を２つ**解答欄に記述しなさい。

問題6～問題9までは選択問題（1）、（2）です。
※問題6、問題7の選択問題（1）の2問題のうちから1問題を選択し解答してください。
なお、選択した問題は、解答用紙の選択欄に○印を必ず記入してください。

選択問題（1）

問題 6

土の原位置試験とその結果の利用に関する次の文章の［　　］の（イ）～（ホ）に当てはまる**適切な語句を、下記の語句から選び**解答欄に記入しなさい。

（1）　標準貫入試験は、原位置における地盤の硬軟、締まり具合又は土層の構成を判定するための［（イ）］を求めるために行い、土質柱状図や地質［（ロ）］を作成することにより、支持層の分布状況や各地層の連続性等を総合的に判断できる。
（2）　スウェーデン式サウンディング試験は、荷重による貫入と、回転による貫入を併用した原位置試験で、土の静的貫入抵抗を求め、土の硬軟又は締まり具合を判定するとともに［（ハ）］の厚さや分布を把握するのに用いられる。
（3）　地盤の平板載荷試験は、原地盤に剛な載荷板を設置して垂直荷重を与え、この荷重の大きさと載荷板の［（ニ）］との関係から、［（ホ）］係数や極限支持力等の地盤の変形及び支持力特性を調べるための試験である。

［語句］　含水比、　盛土、　水温、　地盤反力、　管理図、
軟弱層、　N値、　P値、　断面図、　経路図、
降水量、　透水、　掘削、　圧密、　沈下量

選択問題（1）

問題 7

レディーミクストコンクリート（JIS A 5308）の受入れ検査に関する次の文章の［　　］の（イ）～（ホ）に当てはまる**適切な語句又は数値を、下記の語句又は数値から選び**解答欄に記入しなさい。

（1）　スランプの規定値が12cmの場合、許容差は±［（イ）］cmである。
（2）　普通コンクリートの［（ロ）］は4.5%であり、許容差は±1.5%である。

（3） コンクリート中の［（ハ）］含有量は0.30kg/m^{3}以下と規定されている。
（4） 圧縮強度の１回の試験結果は、購入者が指定した［（ニ）］強度の強度値の［（ホ）］%以上であり、３回の試験結果の平均値は、購入者が指定した［（ニ）］強度の強度値以上である。

［語句又は数値］	単位水量、	空気量、	85、	塩化物、	75、
	せん断、	95、	引張、	2.5、	不純物、
	7.0、	呼び、	5.0、	骨材表面水率、	アルカリ

※問題8、問題9の選択問題（2）の２問題のうちから問題を選択し解答してください。
なお、選択した問題は、解答用紙の選択欄に○印を必ず記入してください。

選択問題（2）

問題 8

建設工事における高さ２m以上の高所作業を行う場合において、労働安全衛生法で定められている事業者が実施すべき**墜落等による危険の防止対策を、２つ**解答欄に記述しなさい。

選択問題（2）

問題 9

ブルドーザ又はバックホゥを用いて行う建設工事における**具体的な騒音防止対策を、２つ**解答欄に記述しなさい。

令和４年度前期第１次検定　解答と解説
（令和４年６月５日実施）

問題 1 --> 解答(4)

ランマやタンパは、大型機械で締固めできない場所や小規模の締固めに使用される。そのため、（４）は適当でない。

問題 2 --> 解答(1)

標準貫入試験は、原位置における土の硬軟、締まり具合の判定を目的としている。標準貫入試験で得られる結果、Ｎ値は、地盤支持力の判定に使用される他、内部摩擦角の推定、液状化の判定等にも利用される。地盤の透水性の判定は現場透水試験等である。そのため、（１）は適当でない。

問題 3 --> 解答(3)

盛土材料には、施工が容易で盛土の安定を保ち、かつ有害な変形が生じないような材料（下記①～④）を用いなければならない。

①敷均し・締固めが容易
②締固め後のせん断強度が高く、圧縮性が小さく雨水等の浸食に強い
③吸水による膨張性（水を吸着して体積が増大する性質）が低い
④粒度配合の良い礫質土や砂質土

盛土完成後のせん断強度は高いことが望ましいことは②に該当する。そのため、（３）は適当でない。

問題 4 --> 解答(2)

薬液注入工法は、砂地盤の間隙に注入剤を注入して、地盤の強度を増加、遮水または液状化の防止を図る「固結工法」である。そのため、（２）は適当でない。

問題 5 --> 解答(3)

（１）流動化剤は、あらかじめ練り混ぜられたコンクリートに添加し、これを攪拌することによって、その流動性を増大させることを主たる目的とする化学混和剤である。
（２）収縮低減剤は、コンクリートに添加することでコンクリートの乾燥収縮ひずみを低減できるが、凝固遅延、強度低下、凍結融解抵抗性の低下などコンクリートの性状に影響を及ぼす場合があるので十分な配慮が必要である。
（３）設問の通りで適当である。
（４）鉄筋コンクリート用防錆剤は、海砂中の塩分に起因する鉄筋の腐食を抑制する目的で添加される混和剤である。

問題 6 --> 解答(4)

空気量は、凍結融解作用を受けるような場合には、所要の強度を満足することを確認したうえで６％程度とするのがよい。そのため、（４）は適当でない。

問題 7 ---------- 解答(3)

ワーカビリティーとは、材料分離を生じることなく、運搬、打ち込み、締固め、仕上げまでの一連の作業のしやすさを表す性質である。そのため、(3)は適当でない。

問題 8 ---------- 解答(2)

コンクリートポンプで圧送する前に送る先送りモルタルの水セメント比は、使用するコンクリートの水セメント比よりも小さくする。そのため、(2)は適当でない。

問題 9 ---------- 解答(3)

中掘り杭は沈設工法のため、周面摩擦力が打ち込み杭より小さく、杭の支持力は、一般に打込み工法に比べて、支持力が小さい。そのため、(3)は適当でない。

問題 10 ---------- 解答(2)

(1)深礎工法の孔壁保護は、山留め材(ライナープレート)を用いて保護する。
(2)設問通りで、適当である。
(3)リバースサーキュレーション工法の孔壁保護は、スタンドパイプを建て込み、水を利用し、静水圧と自然泥水により孔壁面を安定させる。孔内水位は地下水より2m以上高く保持し孔内に水圧をかけて崩壊を防ぐ。
(4)アースドリル工法は、表層ケーシングを建込み、孔内に注入した安定液の水圧で孔壁を保護しながら、ドリリングバケットで掘削する。

問題 11 ---------- 解答(1)

自立式土留め工法は、切梁や腹起しを用いない工法である。それらを用いる工法は、切梁式土留め工法である。そのため、(1)は適当でない。

問題 12 ---------- 解答(3)

応力を伝える溶接継手には、完全溶込み開先溶接、部分溶込み開先溶接又は連続すみ肉溶接を用いなければならない。そのため、(3)は適当でない。

問題 13 ---------- 解答(2)

高力ボルトの締付けは、継手連結板の中央のボルトから順次端部のボルトに向かって行う。そのため、(2)は適当でない。なお、連結板の端部のボルトから順次中央のボルトに向かって締付けを行うと連結版が浮き上がり、密着性が悪くなる傾向がある。

問題 14 ---------- 解答(2)

ブリーディングは、コンクリート打込み終了後にセメント及び骨材粒子の沈下に伴って、水が打ち込んだコンクリートの表面に浮かび上がる現象であり、コンクリートの劣化現象ではない。そのため、(2)は劣化機構に該当しない。

問題 15 ---------- 解答(3)

築堤用土は、締固めが十分行われ高い密度が得られるために、色々な粒径を含んだ粒度分布のよい土質材料が望ましい。また、せん断強度が大きく安定性の高いものがよい。そのため、(3)は適当でない。

問題 16 --> **解答(2)**

(１)高水護岸は、複断面を形成する河川において堤防を保護するため、高水敷以上の堤防の表法面に施工し、高水時に堤防の表法面を防護するものである。適当でない。

(２)設問の通りで、適当である。

(３)基礎工は、護岸の法覆工を支える基礎であり、洗掘に対する法覆工の保護や裏込め土砂の流出を防ぐものである。適当でない。

(４)小口止工は、法覆工の上下流端に施工して護岸を保護するものであり、耐久性や施工性に優れた鋼矢板構造とすることが多い。河川の流水方向の一定区間ごとに設けられ、護岸を保護するものは横帯工である。適当でない。

問題 17 --> **解答(4)**

水叩きは、本えん堤からの落下砂礫等の衝撃を緩和し、落下水による洗掘の防止を目的に、前庭部に設けられるコンクリート構造物である。そのため、(４)は適当でない。

問題 18 --> **解答(1)**

(１)設問の通りで、適当である。

(２)横ボーリング工は、地下水の排除を目的にした工法で、浅層・深層地下水排除工などに用いられ、抑制工に区分される工法である。よって、適当でない。

(３)排水トンネル工は、トンネルからの集水ボーリングや集水井との連結などによって効果的に排水するもので、地すべり規模が大きい場合、運動速度が大きい場合などに用いられる工法である。適当でない。

(４)杭工は、鋼管等の杭を地すべり斜面等に挿入して、滑動力に対して杭の剛性により対抗させるもので、斜面の安定の向上を目的とし、抑止工に区分される工法である。適当でない。

問題 19 --> **解答(1)**

上層路盤に用いる粒度調整路盤材料は、乾燥しすぎている場合は、適宜散水し、最適含水比付近の状態で締め固める。そのため、(１)は適当でない。

問題 20 --> **解答(4)**

継目の施工は、清掃した継目又は構造物との接触面にタックコートを施工後、舗設し密着させる。そのため、(４)は適当でない。

問題 21 --> **解答(3)**

(１)道路縦断方向の凹凸は、アスファルト混合物の品質不良、路床・路盤の支持力の不均一などが原因で、道路の延長方向に比較的長い波長でどこにでも生じる。適当でない。

(２)ヘアクラックは、比較的短い微細な線状ひび割れで、縦・横・斜め不定形におもに表層に生じる破損で、混合物の品質不良、転圧温度不適などが原因である。適当でない。

(３)設問の通りで、適当である。

(４)線状ひび割れは、縦、横に長く生じるもので、混合物の劣化・老化、基層・路盤のひび割れ、路床・路盤の支持力の不均一などがある場合や舗装の継目に生じる。適当でない。

問題 22 解答(4)

コンクリート舗装版の表面仕上げの施工は、荒仕上げ・平坦仕上げ・粗面仕上げの順で行う。コンクリート舗装の最終仕上げは、コンクリート舗装版表面の水光りが消えてから、ほうきやブラシ等で粗面に仕上げる。そのため、(4)は適当でない。

問題 23 解答(3)

ダムの基礎掘削工法の1つであるベンチカット工法は、平坦なベンチをまず造成し、大型削岩機で下方向に穿孔し、発破とズリ出しを繰り返して階段状に順次上方から下方に切下げ掘削する工法である。ベンチカット工法は、基礎岩盤に損傷を与えることが少ないこと、大量掘削に対応できること等から一般的な工法である。そのため、(3)は適当でない。

問題 24 解答(2)

覆工コンクリートの施工時期は、支保工の挙動や覆工の目的等を考慮して定める必要があり、一般に地山の内空変位が収束したことを確認した後に施工する。そのため、(2)は適当でない。

問題 25 解答(3)

(1)乱積みは、捨石の均し面にある少々の凹凸は支障にならず、層積みと比べて据付けが容易であるが、空隙率が大きく据付け時のブロックの安定性が劣る。適当でない。
(2)層積みは、規則正しく配列する積み方で整然とし外観が美しく、乱積みに比べて空隙が少なく安定性がすぐれている。適当でない。
(3)設問の通りで、適当である。
(4)層積みで施工する場合は、捨石の均し精度を要するなど、乱積みに比べて据付けに手間がかかり、海岸線の曲線部や隅角部などでは据付けが難しく施工性が悪い。適当でない。

問題 26 解答(4)

(1)グラブ浚渫船は、ポンプ浚渫船に比べ、底面を平坦に仕上げるのが難しい。適当でない。
(2)グラブ浚渫船は、中小規模の浚渫工事に適しており、適用範囲が極めて広く、岸壁等の構造物前面の浚渫や狭い場所での浚渫にも使用できる。適当でない。
(3)非航式グラブ浚渫船の標準的な船団は、グラブ浚渫船、引船、土運船及び揚錨船の組合せで構成される。適当でない。
(4)設問の通りで、適当である。

問題 27 解答(2)

砕石路盤では、支持力が大きく、噴泥が生じにくい材料の単一層からなる構造とし、締固めの施工がしやすく、外力に対して安定を保ち、かつ、有害な変形が生じないよう、圧縮性が小さい材料を用いるものとする。そのため、(2)は適当でない。

問題 28 解答(1)

営業線近接工事における工事従事者の任務に関し、線閉責任者については、『工事又は作業終了時における列車又は車両の運転に対する支障の有無の工事管理者等への確認』がある。そのため、⑴が適当である。そのほか、線閉工事申込書の作成、駅長等との打合せ及び線路閉鎖手続等に定められる任務等がある。

問題 29 → 解答(3)

シールドは、切羽側からフード部、ガーター部及びテール部に分けられる。ガーター部には、シールドを推進させるジャッキを備えている。そのため、(3)は適当でない。なお、テール部はセグメントを組み立てる部分であり、エレクターやテールシールを備えている。

問題 30 → 解答(3)

鋼管の据付けにあたっては、管体保護のため基礎に良質の砂を敷き均して行う。そのため、(3)は適当でない。

問題 31 → 解答(2)

(1)硬質粘土、礫混じり土及び礫混じり砂の硬質土の地盤に対しては、砂基礎、砕石基礎及びコンクリート基礎が分類されている。そのため、適当である。

(2)砂、ローム及び砂質粘土の普通土の地盤に対しては、砂基礎、砕石基礎及びコンクリート基礎が分類されている。そのため、適当でない。

(3)シルト及び有機質土の軟弱土の地盤に対しては、砂基礎、砕石基礎、はしご胴木基礎、コンクリート基礎が分類されている。そのため、適当である。

(4)非常に緩いシルト及び有機質土の極軟弱土の地盤に対しては、はしご胴木基礎、鳥居基礎、鉄筋コンクリート基礎が分類されている。そのため、適当である。

問題 32 → 解答(1)

常時10人以上の労働者を使用する使用者は、就業規則を作成し、行政官庁に届け出なければならない(労働基準法第89条)。常時10人以上の労働者を使用する使用者による。そのため、(1)は誤っている。

問題 33 → 解答(4)

(1)使用者は、児童が満15歳に達した日以後の最初の3月31日が終了するまで、これを使用してはならない(労働基準法第56条第1項)。そのため、適当でない。

(2)親権者若しくは後見人又は行政官庁は、労働契約が未成年者に不利であると認める場合においては、将来に向ってこれを解除することができる(労働基準法第58条第2項)。そのため、適当でない。

(3)未成年者は、独立して賃金を請求することができ、親権者又は後見人は、未成年者の賃金を代って受け取つてはならない(労働基準法第59条)。そのため、適当でない。

(4)使用者は、満18才に満たない者に、運転中の機械若しくは動力伝導装置の危険な部分の掃除、注油、検査若しくは修繕をさせ、運転中の機械若しくは動力伝導装置にベルト若しくはロープの取付け若しくは取りはずしをさせ、動力によるクレーンの運転をさせ、その他厚生労働省令で定める危険な業務に就かせ、又は厚生労働省令で定める重量物を取り扱う業務に就かせてはならない(労働基準法第78条)。設問通りで、適当である。

問題 34 → 解答(1)

労働安全衛生法第14条、同法施行令第6条(別冊P.49参照)によれば、(1)は、技能講習を修了した作業主任者を就業させなくてもよい作業で、該当しない。

問題35 解答(4)

主任技術者及び監理技術者は、工事現場における建設工事を適正に実施するため、当該建設工事の施工計画の作成、工程管理、品質管理その他の技術上の管理及び当該建設工事の施工に従事する者の技術上の指導監督の職務を誠実に行わなければならない(建設業法第26条の4第1項)。当該建設工事の下請け代金の見積書の作成は職務に含まれていない。そのため、(4)は誤っている。

問題36 解答(1)

道路に次の各号のいずれかに掲げる工作物、物件又は施設を設け、継続して道路を使用しようとする場合においては、道路管理者の許可を受けなければならない(道路法第32条第1項)。

①電柱、電線、変圧塔、郵便差出箱、公衆電話所、広告塔その他これらに類する工作物
②水管、下水道管、ガス管その他これらに類する物件
③鉄道、軌道、自動運行補助施設その他これらに類する施設
④歩廊、雪よけその他これらに類する施設
⑤地下街、地下室、通路、浄化槽その他これらに類する施設
⑥露店、商品置場その他これらに類する施設
⑦前各号に掲げるもののほか、道路の構造又は交通に支障を及ぼすおそれのある工作物、物件又は施設で政令で定めるもの

よって、(1)は、占用の許可を必要としない。

問題37 解答(3)

河川区域内の土地において土地の掘削、盛土若しくは切土その他土地の形状を変更する行為をしようとする者は、河川管理者の許可を受けなければならない(河川法第27条第1項)。そのため、(3)は誤っている。

問題38 解答(4)

建築主　建築物に関する工事の請負契約の注文者又は請負契約によらないで自らその工事をする者をいう(建築基準法第2条第16号)。そのため、(4)は誤っている。

問題39 解答(3)

火工所に火薬類を存置する場合には、見張人を常時配置すること(火薬取締法施行規則第52条の2第3項第3号)。そのため、(3)は誤っている。

問題40 解答(4)

特定建設作業は、騒音規制法第2条第3項、同法施行令第2条別表第2に規定している。

1　くい打機(もんけんを除く)、くい抜機又はくい打くい抜機(圧入式くい打くい抜機を除く)を使用する作業(くい打機をアースオーガーと併用する作業を除く)
2　びょう打機を使用する作業
3　さく岩機を使用する作業(作業地点が連続的に移動する作業にあっては、1日における当該作業に係る2地点間の最大距離が50mを超えない作業に限る)
4　空気圧縮機(電動機以外の原動機を用いるものであつて、その原動機の定格出力が15kw以上のものに限る)を使用する作業(さく岩機の動力として使用する作業を除く)

5　コンクリートプラント(混練機の混練容量が0.45m³以上のものに限る)又はアスファルトプラント(混練機の混練重量が200kg以上のものに限る)を設けて行う作業(モルタルを製造するためにコンクリートプラントを設けて行う作業を除く)

6　バックホウ(一定の限度を超える大きさの騒音を発生しないものとして環境大臣が指定するものを除き、原動機の定格出力が80kw以上のものに限る)を使用する作業

7　トラクターショベル(一定の限度を超える大きさの騒音を発生しないものとして環境大臣が指定するものを除き、原動機の定格出力が70kw以上のものに限る)を使用する作業

8　ブルドーザー(一定の限度を超える大きさの騒音を発生しないものとして環境大臣が指定するものを除き、原動機の定格出力が40kw以上のものに限る)を使用する作業

よって、(4)の舗装版破砕機を使用する作業は、特定建設作業の対象とならない作業である。

問題 41 --→ **解答(4)**

振動規制法上、特定建設作業の規制基準に関する「測定位置」と「振動の大きさ」は、特定建設作業の振動が、特定建設作業の場所の敷地の境界線において、75デシベルを超える大きさのものでないこと(振動規制法施行規則第11条、別表1)。よって、(4)が正しい。

問題 42 --→ **解答(1)**

(1)特定港内又は特定港の境界附近で工事又は作業をしようとする者は、港長の許可を受けなければならない(港則法第31条第1項)と規定している。よって、正しい。

(2)船舶は、特定港内又は特定港の境界付近において危険物を運搬しようとするときは、港長の許可を受けなければならない(港則法第22条第4項)と規定している。そのため、誤っている。

(3)船舶は、特定港に入港したとき又は特定港を出港しようとするときは、国土交通省令の定めるところにより、港長に届け出なければならない(港則法第4条)と規定している。そのため、誤っている。

(4)特定港内においては、汽艇等以外の船舶を修繕し、又は係船しようとする者は、その旨を港長に届け出なければならない(港則法第7条第1項)と規定している。そのため、誤っている。

問題 43 --→ **解答(3)**

103°56′12″である。(3)が適当である。

問題 44 --→ **解答(2)**

工事材料の品質については、公共工事標準請負契約約款第十一条の工事材料の品質及び検査等より、設計図書にその品質が明示されていない場合は、中等の品質を有するものでなければならない。そのため、(2)は誤っている。

問題 45 --→ **解答(3)**

擁壁の直高はL1、裏込めコンクリートはN2。(3)が適当である。

問題 46 --→ **解答(3)**

クラムシェルは、水中掘削など狭い場所での深い掘削に使用される。そのため、(3)は適当でない。

問題 47 ------ 解答(2)

直接仮設工事と間接仮設工事のうち、安全施設や材料置場等の設備は、直接仮設工事である。間接仮設工事は現場作業に直接関係ない仮設設備で現場事務所、仮囲い、材料置場などがある。そのため、(2)は適当でない。

問題 48 ------ 解答(2)

労働安全衛生規則第三百五十八条(点検)より、地山の崩壊又は土石の落下による労働者の危険を防止するため、点検者を指名し、作業箇所及びその周辺の地山について、その日の作業が開始する前、大雨の後及び中震以上の地震の後、浮石及びき裂の有無及び状態並びに含水、湧水及び凍結の状態の変化を点検させる。そのため、(2)は誤っている。

問題 49 ------ 解答(1)

労働安全衛生規則第五百十七条の十五条二(コンクリート造の工作物の解体等の作業)より、強風、大雨、大雪等の悪天候のため、作業の実施について危険が予想されるときは、当該作業を中止する。そのため、(1)は誤っている。

問題 50 ------ 解答(4)

アスファルト舗装の平坦性を確認するためには、平坦性試験を行う。プルーフローリング試験は路床・路盤の支持力やその均一性を管理するものである。そのため、(4)は適当でない。

問題 51 ------ 解答(1)

1回の圧縮強度試験結果は、購入者の指定した呼び強度の強度値の85%以上である。そのため、(1)は適当でない。

問題 52 ------ 解答(4)

(1)建設工事の騒音では、土砂、残土等を多量に運搬する場合、運搬経路は問題となる。
(2)騒音振動の防止対策として、騒音振動の絶対値を下げるとともに、発生期間の短縮を検討する。
(3)広い土地の掘削や整地での粉塵対策では、散水やシートで覆うことは効果が高い。
(4)設問通りで、適当である。

問題 53 ------ 解答(3)

建設工事に係る資材の再資源化等に関する法律第一章　総則の5において「特定建設資材」とは、コンクリート、木材その他建設資材のうち、建設資材廃棄物となった場合に再資源化が特に必要であり、かつ、その再資源化が経済性の面においても認められるものとして政令で定めるものをいう。建設工事に係る資材の再資源化等に関する法律施行令第一条より、特定建設資材は「一　コンクリート、二　コンクリート及び鉄から成る建設資材、三　木材、四　アスファルト・コンクリート」とある。(3)が該当する。

問題 54 ------ 解答(1)

イ	支保工足場	ロ	間接仮設工事	ハ	現場事務所	ニ	直接仮設工事

よって、(1)の組合せが適当である。

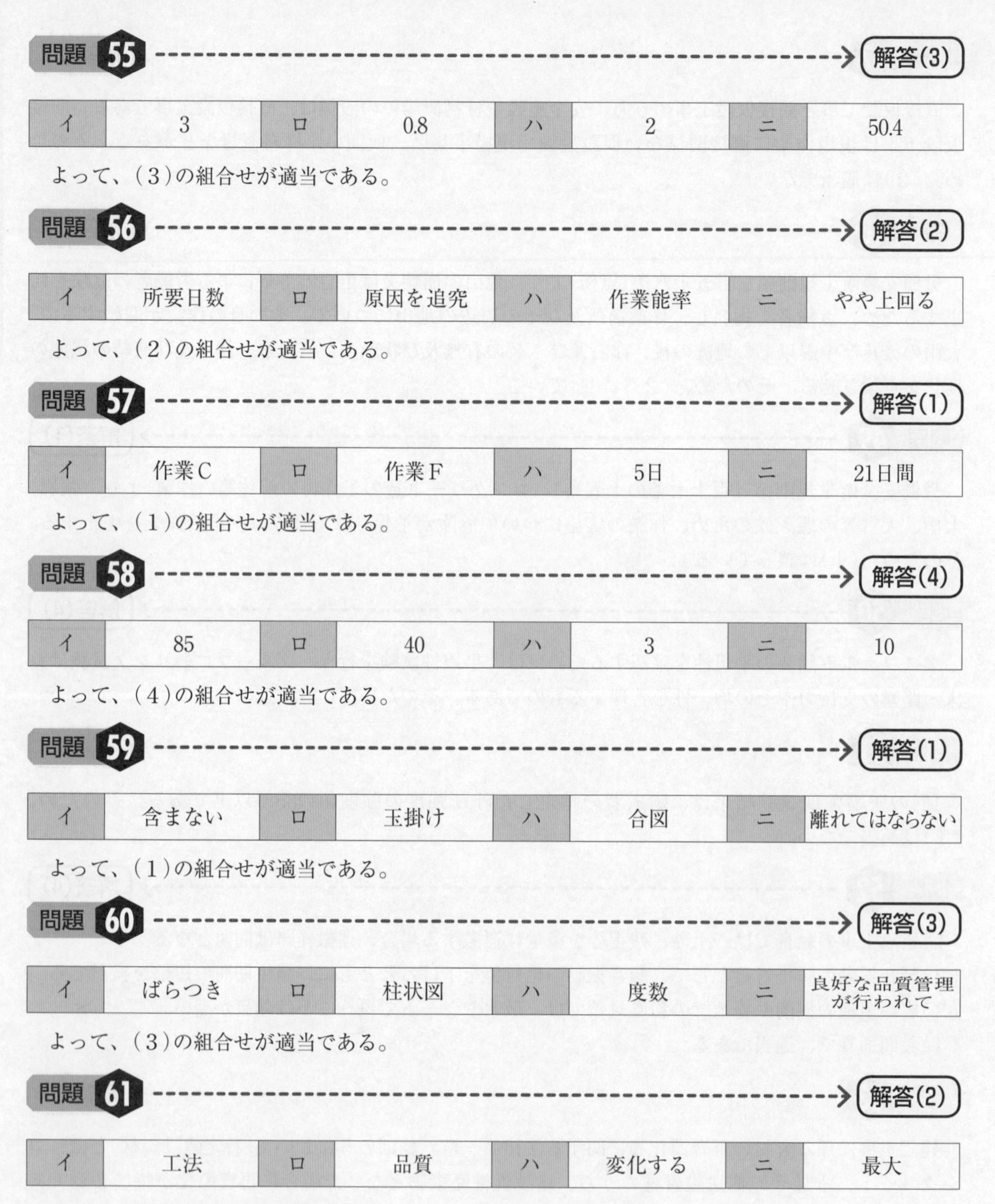

問題 55 解答(3)

イ	3	ロ	0.8	ハ	2	ニ	50.4

よって、(3)の組合せが適当である。

問題 56 解答(2)

イ	所要日数	ロ	原因を追究	ハ	作業能率	ニ	やや上回る

よって、(2)の組合せが適当である。

問題 57 解答(1)

イ	作業C	ロ	作業F	ハ	5日	ニ	21日間

よって、(1)の組合せが適当である。

問題 58 解答(4)

イ	85	ロ	40	ハ	3	ニ	10

よって、(4)の組合せが適当である。

問題 59 解答(1)

イ	含まない	ロ	玉掛け	ハ	合図	ニ	離れてはならない

よって、(1)の組合せが適当である。

問題 60 解答(3)

イ	ばらつき	ロ	柱状図	ハ	度数	ニ	良好な品質管理が行われて

よって、(3)の組合せが適当である。

問題 61 解答(2)

イ	工法	ロ	品質	ハ	変化する	ニ	最大

よって、(2)の組合せが適当である。

令和４年度後期第１次検定　解答と解説
（令和４年10月23日実施）

問題 1 -- 解答(3)

(1)バックホゥは、主に機械の位置よりも低い場所の掘削に用いられる。高い場所で用いられるのはクラムシェルなどである。
(2)トラクタショベルは、掘削、積み込みなどに用いられる。
(3)設問通りで、適当である。
(4)スクレーパは、掘削、運搬に用いられる。他の建設機械ではブルドーザ、スクレープドーザなどがある。敷均しはブルドーザ、締固めはタイヤローラ、タンピングローラ、振動ローラ、ロードローラ、振動コンパクタ、タンパなどが用いられる。

問題 2 -- 解答(1)

砂置換法による土の密度試験は、試験孔から掘り取った土の質量と、掘った試験孔に充填した砂の質量から求めた体積を利用して原位置の土の密度を求める試験である。土の締まり具合、土の締固めの良否の判定など、土の締固め管理に使用される。地盤改良工法の設計に利用されるのはボーリング孔を利用した透水試験等である。そのため、(1)は適当でない。

問題 3 -- 解答(4)

盛土工における構造物縁部の締固めは、良質な材料を用い、供用開始後に不同沈下や段差がないよう小型の締固め機械により入念に締め固める。そのため、(4)は適当でない。

問題 4 -- 解答(1)

(2)ディープウェル工法は、地下水を低下させることで地盤が受けていた浮力に相当する荷重を下層の軟弱層に載荷して圧密沈下を促進し強度増加を図る圧密・排水工法で「地下水低下工法」に分類される。
(3)サンドコンパクションパイル工法は、地盤に締め固めた砂ぐいを造るもので、ゆるい砂地盤に対しては液状化の防止、粘土質地盤には支持力を向上させる工法で、「締固め工法」である。
(4)深層混合処理工法は、大きな強度が短期間で得られ沈下防止に効果が大きい「固結工法」である。この工法の改良目的は、すべり抵抗の増加、変形の抑止、沈下低減、液状化防止などである。
(1)が該当する。

問題 5 -- 解答(1)

セメントは、高いアルカリ性を持っている。そのため、(1)は適当でない。

問題 6 -- 解答(3)

棒状バイブレータは、コンクリートに穴が残らないようにゆっくり引き抜く。そのため、(3)は適当でない。

問題 7 -- 解答(3)

レイタンスとは、フレッシュコンクリート内に含まれるセメントの微粒子や骨材の微粒子が、コンクリート表面に水とともに浮かび上がって沈殿する物質である。コンクリートの柔らかさの程度を示す指標はスランプである。そのため、(３)は適当でない。

問題 8 解答(4)

混合セメントの湿潤養生期間は、早強ポルトランドセメントよりも長くする。湿潤養生期間の標準は「コンクリート標準示方書　施工編　P.125」より下表である。

日平均気温	普通ポルトランドセメント	混合セメントB種	早強ポルトランドセメント
15℃以上	5日	7日	3日
10℃以上	7日	9日	4日
5℃以上	9日	12日	5日

(４)が適当でない。

問題 9 解答(1)

ドロップハンマは、杭の重量以上、あるいは杭1mあたりの重量の10倍以上でハンマを落下させて打ち込む。そのため、(１)は適当でない。

問題 10 解答(1)

施工時における騒音と振動は、打撃工法に比べて小さい。(１)が適当である。

問題 11 解答(4)

パイピングとは、地下水の浸透流が砂質土の弱いところを通ってパイプ状の水みちを形成する現象である。ヒービングとは、粘性土地盤のような軟弱地盤において、土留め壁の背面の土が内側に回り込んで掘削地盤の底面が押し上げられる現象である。そのため、(４)は適当でない。

問題 12 解答(2)

化学的作用や気象条件による鋼材の腐食が心配される場合には、耐候性鋼材等の防食性の高い鋼材を用いる。そのため、(２)は適当でない。

問題 13 解答(4)

(１)ケーブルクレーンによる直吊り工法は、ケーブルクレーンを用いて橋桁の部材をつり込みながら架設する工法で、深い谷や河川などの地形で桁下が利用できないような場所で用いられる。適当でない。
(２)支柱式支保工架設工法は、場所打ちのＰＣコンクリート橋等の架設に用いられる工法で、鋼橋の架設には用いられない。適当でない。
(３)手延桁による押出工法は、隣接場所で組み立てられた橋桁の部分又は全体を、手延桁を使用して所定の位置まで押し出して据え付ける工法で、架設場所が道路、鉄道、河川等を横断する箇所で、ベントが使用できない場合に使用されることが多い。適当でない。
(４)設問通りで、適当である。

問題 14 解答(2)

塩害は、コンクリート中に侵入した塩化物イオンがコンクリート中の鋼材の腐食を引き起こし、鋼材の断面減少や腐食生成物の体積膨張によるコンクリートのひび割れ、剥離・剥落を引き起こす劣化現象である。そのため、(2)は適当でない。

問題 15 ---------- 解答(3)

(1)河川において、河川の上流から下流を見て右側を右岸、左側を左岸という。適当でない。
(2)河川には、水深が浅くて流れの速い瀬と、深くて流れの緩やかな淵と呼ばれる部分がある。適当でない。
(3)設問通りで、適当である。
(4)河川堤防の高さの基準となるものは計画高水位(H. W. L.)であり、河川堤防の天端の高さは、計画高水位に余裕高を加えた高さにすることを基本とする。適当でない。

問題 16 ---------- 解答(2)

法覆工は、堤防及び河岸の法面をコンクリートブロック等で被覆し保護するもので、流水や流木の作用、土圧等に対して安全な構造とし、堤防の法勾配が緩く流速が小さな場所では、張ブロックで施工し、法勾配が急で流速が大きな場所では、間知ブロック等による積ブロックで施工する。そのため、(2)は適当でない。

問題 17 ---------- 解答(1)

前庭保護工は、本えん堤を越流した土石流等の落下や衝突による基礎地盤の洗掘及び下流の河床低下を防ぐために堤体の下流側に設置される構造物で、「副えん堤工」と「水叩き工」が代表的である。そのため、(1)は適当でない。

問題 18 ---------- 解答(4)

(1)地すべり防止工は抑制工と抑止工に大別される。抑制工は、地すべりの地形や地下水状態等の自然条件を変化させることにより、地すべり運動を停止又は緩和させる工法である。適当でない。
(2)地すべり防止工の施工では、抑制工、抑止工の順に施工するのが一般的である。地すべり運動が活発に継続している場合、先行する抑制工によって地すべり運動が緩和、又は停止してから抑止工を導入する。適当でない。
(3)抑止工は、杭等の構造物を設けることによって、地すべり運動の一部又は全部を停止させる工法である。適当でない。
(4)設問の通りで、適当である。

問題 19 ---------- 解答(1)

盛土路床は原地盤の上に良質土を盛り上げて築造する工法で、その1層の敷均し厚さは、仕上り厚で20cm以下を目安とする。そのため、(1)は適当でない。

問題 20 ---------- 解答(2)

アスファルト舗装における締固めの二次転圧は、一般に8～20tのタイヤローラを用いるが、8～10tの振動ローラを用いる場合もある。そのため、(2)は適当でない。

問題 21 ---------- 解答(4)

(1)オーバーレイ工法は、既設舗装の上に厚さ3cm以上の加熱アスファルト混合物層を舗設する工法である。該当しない。

(２)打換え工法は、既設舗装の路盤もしくは路盤の一部までを打ち換える工法で、状況により路床の入れ換え、路床又は路盤の安定処理を行う場合もある。該当しない。

(３)切削工法は、路面の凸部等を切削除去し、不陸や段差を解消する工法で、オーバーレイ工法や表面処理工法等の事前処理として施工される場合も多い。該当しない。

(４)パッチング工法は、局部的なポットホールや段差等に対して、応急的にアスファルト混合物などを充填したり、小面積に上積したりする工法である。パッチング材料には、通常の加熱アスファルト混合物とアスファルト乳剤を用いた常温混合物がある。そのため、(４)は該当する。

問題 22 ------------------------------→ **解答(1)**

(１)設問の通りで、適当である。

(２)コンクリート打込みにあたって、一般に敷均し機械スプレッダにより、全体がなるべく均等な密度となるよう、隅々まで敷き広げる。適当でない。

(３)敷き広げたコンクリートは、コンクリートフィニッシャを用いて、一様かつ十分に締め固める。適当でない。

(４)養生は、表面仕上げした直後からコンクリートが硬化するまで行う初期養生と、初期養生に引き続き、一定期間散水などにより湿潤状態を保つ後期養生に分けられる。表面仕上げの終わった舗装版が所定の強度になるまで湿潤状態を保つ。適当でない。

問題 23 ------------------------------→ **解答(2)**

コンクリートダムのコンクリート打設に用いるRCD工法は、単位水量が少なく水和熱を低減させるために単位結合材料を少なくした超硬練りに配合されたコンクリートを、汎用のブルドーザ等で敷均し、振動ローラで締め固める工法である。そのため、(２)は適当でない。

問題 24 ------------------------------→ **解答(2)**

ロックボルトは、所定の位置、方向、深さ、孔径となるように留意して穿孔し、特別な場合を除き、トンネルの壁面に直角方向に設ける。そのため、(２)は適当でない。

問題 25 ------------------------------→ **解答(3)**

海岸堤防は、堤防の前面勾配による型式分類では、勾配が１割(１：１)より急なものを直立型、１割より緩いものを傾斜型、傾斜型のうち３割(１：３)より緩やかなものを緩傾斜型という。傾斜型海岸堤防の各部の構造名称は、(イ)表法被覆工、(ロ)根留工、(ハ)基礎工である。そのため、(３)の組合せが適当である。

問題 26 ------------------------------→ **解答(3)**

ケーソンの据付けでは、注水を開始した後は、ケーソンの底面が据付け面直前の位置に近づいたら注水を一旦止め、最終的なケーソンの引寄せを行い、潜水士による正確な位置決めののち、再び注水して正しく据え付ける。そのため、(３)は適当でない。

問題 27 ------------------------------→ **解答(4)**

路盤は、道床を直接支持し路床に荷重を分散伝達する部分をいい、十分な支持力をもつ均質な層であることが必要となり、コンクリート路盤、アスファルト路盤、砕石路盤等の種類がある。また、排水勾配を設けることにより、道床内の水の排除機能がある。そのため、(４)の組合せは適当でない。

問題 28 --→ 解答(3)

複線以上の路線での積おろしの場合は、列車見張員を配置し、隣接線の列車に注意するとともに、建築限界に支障がないように機器及び材料等を置かなければならない。そのため、(3)は適当でない。

問題 29 --→ 解答(3)

泥水式シールド工法は、切羽に隔壁を設けて、この中に泥水を循環させ、切羽の安定を保つと同時に、カッターで切断された土砂を泥水とともに坑外まで流体輸送する工法である。そのため、(3)は適当でない。

問題 30 --→ 解答(4)

管の切断は管軸に対して直角に行い、鋳鉄管の切断は専用の切断機で行うことを標準とし、異形管は切断しない。そのため、(4)は適当でない。

問題 31 --→ 解答(1)

管渠径が変化する場合又は２本の管渠が合流する場合の接合方法は、水面接合又は管頂接合とすることを原則とする。水面接合は、水理学的に上下流管渠内の計画水位を概ね一致させ接合する方法であり、管中心接合は、上下流管渠の中心を一致させて接合する方式である。そのため、(1)は適当でない。

問題 32 --→ 解答(3)

使用者は、労働組合との協定により労働時間を延長して労働させることができる時間は、1箇月について45時間及び1年について360時間とする(労働基準法第36条第4項)。よって、(3)は誤っている。

問題 33 --→ 解答(2)

労働者が重大な過失によって業務上負傷し、又は疾病にかかり、且つ使用者がその過失について行政官庁の認定を受けた場合においては、休業補償又は障害補償を行わなくてもよい(労働基準法第78条)。認定を受けた場合で、届け出た場合ではない。よって、(2)は誤っている。

問題 34 --→ 解答(3)

労働安全衛生法第14条、同法施行令第６条(別冊P.49参照)によれば、(3)は、作業主任者の選任を必要としない作業である。

問題 35 --→ 解答(4)

公共性のある施設若しくは工作物又は多数の者が利用する施設若しくは工作物に関する重要な建設工事で工事1件の請負代金が建築一式で8,000万円以上、その他の工事で4,000万円以上のものについては、主任技術者または監理技術者は、工事現場ごとに、専任のものでなければならない(建設業法第26条第3項)。よって、(4)は誤っている。

問題 36 ---- 解答(2)

車両の幅等の最高限度が規定されている。(車両制限令第3条)

①幅：2.5m以下

②重量：総重量20t以下(高速道路棟25以下)、軸量10t以下、輪荷重5t以下

③高さ：3.8以下、道路管理者が道路の構造の保全及び交通の危険防止上支障がないと認めて指定した道路を通行する車両にあっては4.1m以下

④長さ：12m以下

⑤最小回転半径：車両の最外側のわだちについて12m以下

よって、(2)は誤っている。

問題 37 ---- 解答(2)

河川に含まれる施設として、ダム、堰、水門、堤防、護岸、床止め、樹林帯その他河川の流水によって生ずる公利を増進し、又は公害を除却し、若しくは軽減する効用を有するものをいう(河川法第3条第2項)。よって、(2)は誤っている。

問題 38 ---- 解答(3)

建築物の敷地は、原則として、幅員4m以上の道路に2m以上接すること(建築基準法第43条第2項第1号)。よって、(3)誤っている。

問題 39 ---- 解答(2)

消費場所において火薬類を取り扱う場合、固化したダイナマイト等は、もみほぐすこと(火薬取締法施行規則第51条第7号)。よって、(2)は誤っている。

問題 40 ---- 解答(1)

騒音規制法における特定建設作業は、騒音規制法第2条第3項、同法施行令第2条別表第2に規定している。

1 くい打機(もんけんを除く)、くい抜機又はくい打くい抜機(圧入式くい打くい抜機を除く)を使用する作業(くい打機をアースオーガーと併用する作業を除く)

2 びょう打機を使用する作業

3 さく岩機を使用する作業(作業地点が連続的に移動する作業にあっては、1日における当該作業に係る2地点間の最大距離が50mを超えない作業に限る)

4 空気圧縮機(電動機以外の原動機を用いるものであつて、その原動機の定格出力が15kw以上のものに限る)を使用する作業(さく岩機の動力として使用する作業を除く)

5 コンクリートプラント(混練機の混練容量が0.45m³以上のものに限る)又はアスファルトプラント(混練機の混練重量が200kg以上のものに限る)を設けて行う作業(モルタルを製造するためにコンクリートプラントを設けて行う作業を除く)

6 バックホウ(一定の限度を超える大きさの騒音を発生しないものとして環境大臣が指定するものを除き、原動機の定格出力が80kw以上のものに限る)を使用する作業

7 トラクターショベル(一定の限度を超える大きさの騒音を発生しないものとして環境大臣が指定するものを除き、原動機の定格出力が70kw以上のものに限る)を使用する作業

8 ブルドーザー(一定の限度を超える大きさの騒音を発生しないものとして環境大臣が指定するものを除き、原動機の定格出力が40kw以上のものに限る)を使用する作業

よって、(１)のロードローラを使用する作業は、特定建設作業の対象とならない作業である。

問題 41 -- 解答(1)

振動規制法における「特定建設作業」は、振動規制法第2条第3項、同施行令第2条、別表第2)に規定している

1．くい打機(もんけん及び圧入式くい打機を除く)、くい抜機(油圧式くい抜機を除く)又はくい打くい抜機(圧入式くい打くい抜機を除く)を使用する作業
2．鋼球を使用して建築物その他の工作物を破壊する作業
3．舗装版破砕機を使用する作業(作業地点が連続的に移動する作業にあっては、１日における当該作業に係る２地点間の最大距離が50メートルを超えない作業に限る)
4．ブレーカー(手持式のものを除く)を使用する作業(作業地点が連続的に移動する作業にあっては、１日における当該作業に係る２地点間の最大距離が50メートルを超えない作業に限る)よって、(１)のジャイアントブレーカは特定建設作業の対象となる建設機械である。

問題 42 -- 解答(2)

汽艇等以外の船舶は、特定港に出入し、又は特定港を通過するには、国土交通省令で定める航路によらなければならない。港長の定める航路ではない。(港　則法第11条)と規定している。よって、(２)は誤っている。

問題 43 -- 解答(3)

トラバース測量では全測線長に対する閉合誤差で表され、精度の目安となる値を閉合比といい、1／P＝閉合誤差／距離で表される。よって0.007／197.257＝28180≒28100より1／28100と計算される。そのため、(３)は適当である。

問題 44 -- 解答(4)

公共工事標準請負契約約款第一条より「設計図書(別冊の図面、仕様書、現場説明書及び現場説明に対する質問回答書をいう)」とある。見積書は受注者が提出ものである。(４)が該当しない。

問題 45 -- 解答(3)

(イ)は橋長、(ロ)は桁長、(ハ)は支間長、(ニ)径間長である。そのため、(３)は適当である。

問題 46 -- 解答(3)

ドラグラインは、バケットを遠くへ投げることができ、水中掘削、しゅん渫作業が可能で、機械の位置より低い場所の掘削に適し、砂利の採取等に使用される。そのため、(３)は適当でない。

問題 47 -- 解答(1)

直接仮設工事と間接仮設工事のうち、現場事務所や労務宿舎等の設備は、間接仮設工事である。そのため、(１)は適当でない。

問題 48 -- 解答(3)

「労働安全衛生規則　第365条」より、運搬機械等が労働者の作業箇所に後進して接近するときは、誘導者を配置し、その者にこれらの機械を誘導させる。(3)が誤っている。

問題 49 -- 解答(2)

「労働安全衛生規則　第171条の5　解体用機械」より、物体の飛来等により労働者に危険が生ずるおそれのある箇所で解体用機械を用いて作業を行うときは、運転室を有しない解体用機械を用いて作業を行ってはならない。ただし、物体の飛来等の状況に応じた当該危険を防止するための措置を講じたときは、この限りでない。

また、「労働安全衛生規則　第517条の19　保護帽の着用」より、物体の飛来又は落下による労働者の危険を防止するため、当該作業に従事する労働者に保護帽を着用させなければならない。ともある。そのため、(2)は適当でない。

問題 50 -- 解答(1)

ロットとは、等しい条件下で生産された品物の集まりである。そのため、(1)は適当でない。

問題 51 -- 解答(4)

空気量試験の結果は、3.0%であった。「コンクリート標準示方書　施工編」より、許容誤差±1.5%以上。そのため、(4)は適当でない。

問題 52 -- 解答(3)

(1)舗装版の取壊し作業では、油圧ジャッキ式舗装版破砕機、低騒音型のバックホウの使用を原則とする。また、コンクリートカッタ、ブレーカ等についても、できる限り低騒音の建設機械の使用に努めるものとする。
(2)掘削土をバックホゥ等でダンプトラックに積み込む場合、落下高を低くして掘削土の放出をスムーズに行う。
(3)設問通りで、適当である。
(4)作業待ち時は、建設機械等のエンジンを停止状態にしておく。

問題 53 -- 解答(4)

建設工事に係る資材の再資源化等に関する法律第一章　総則の5において「特定建設資材」とは、コンクリート、木材その他建設資材のうち、建設資材廃棄物となった場合に再資源化が特に必要であり、かつ、その再資源化が経済性の面においても認められるものとして政令で定めるものをいう。建設工事に係る資材の再資源化等に関する法律施行令第一条より、特定建設資材は「一　コンクリート、二　コンクリート及び鉄から成る建設資材、三　木材、四　アスファルト・コンクリート」とある(4)が該当する。

問題 54 -- 解答(2)

イ	小さい	ロ	超湿地ブルドーザ	ハ	大きい	ニ	ダンプトラック

よって、(2)の組合せが適当である。

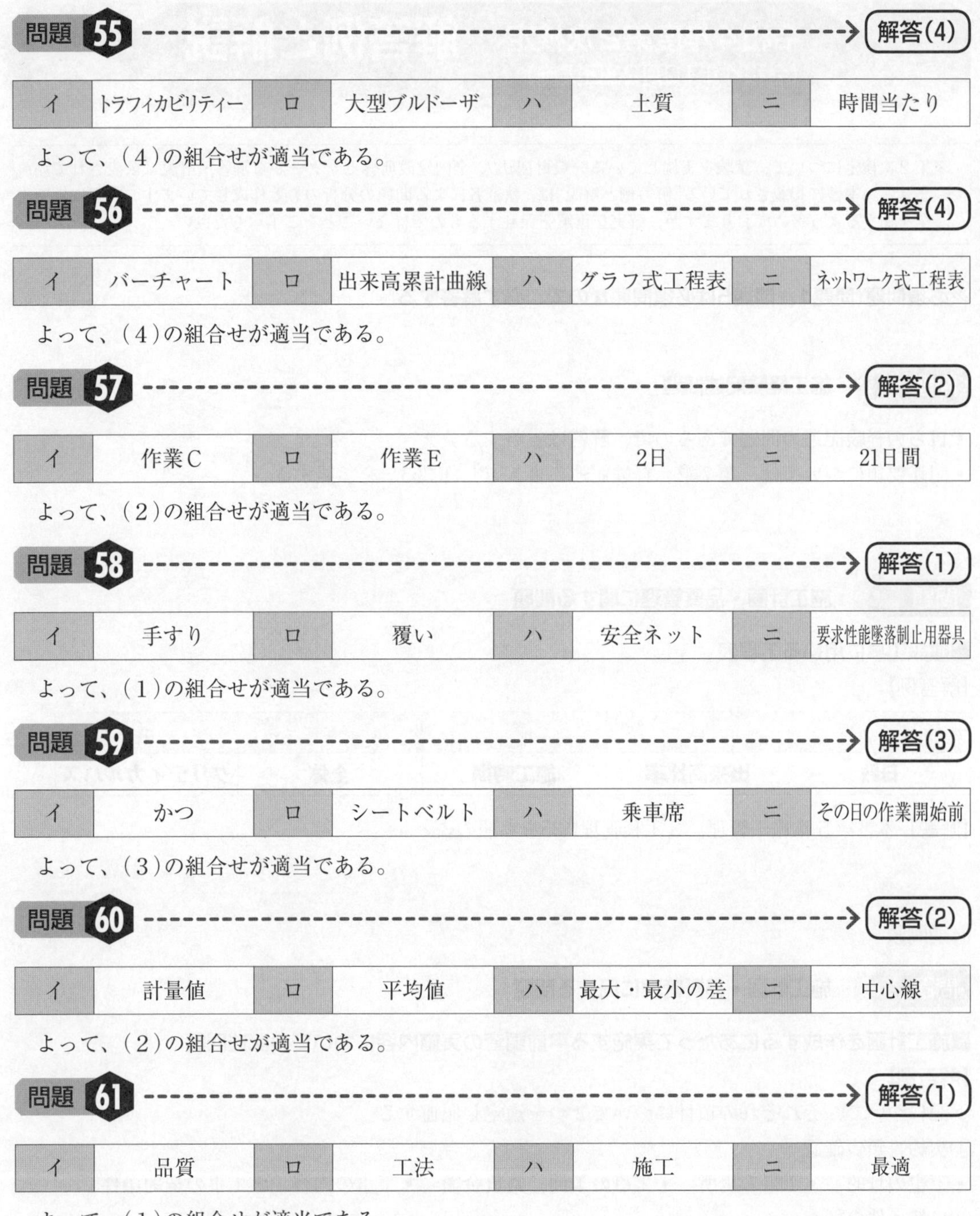

問題55 ──────→ 解答(4)

イ	トラフィカビリティー	ロ	大型ブルドーザ	ハ	土質	ニ	時間当たり

よって、(4)の組合せが適当である。

問題56 ──────→ 解答(4)

イ	バーチャート	ロ	出来高累計曲線	ハ	グラフ式工程表	ニ	ネットワーク式工程表

よって、(4)の組合せが適当である。

問題57 ──────→ 解答(2)

イ	作業C	ロ	作業E	ハ	2日	ニ	21日間

よって、(2)の組合せが適当である。

問題58 ──────→ 解答(1)

イ	手すり	ロ	覆い	ハ	安全ネット	ニ	要求性能墜落制止用器具

よって、(1)の組合せが適当である。

問題59 ──────→ 解答(3)

イ	かつ	ロ	シートベルト	ハ	乗車席	ニ	その日の作業開始前

よって、(3)の組合せが適当である。

問題60 ──────→ 解答(2)

イ	計量値	ロ	平均値	ハ	最大・最小の差	ニ	中心線

よって、(2)の組合せが適当である。

問題61 ──────→ 解答(1)

イ	品質	ロ	工法	ハ	施工	ニ	最適

よって、(1)の組合せが適当である。

令和４年度第２次検定 解答例と解説
（令和４年10月23日実施）

※第２次検定について、試験を実施している一般財団法人 全国建設研修センターから解答・解説は公表されていません。本書に掲載されている「解答例と解説」は、執筆者による問題の分析のもと作成しています。内容には万全を期するよう努めておりますが、確実な正解を保証するものではないことをご了承ください。

※必須問題（問題１～問題5は必須問題なので、必ず解答する

問題 1 施工経験記述問題

・自らの経験記述の問題であるので、解答は省略する。
・記述要領については「第７章　経験記述の書き方」（P.365）を参照する。

問題 2 施工計画・品質管理に関する問題

■建設工事に用いる工程表

【解答例】

（イ）	（ロ）	（ハ）	（ニ）	（ホ）
日数	**出来高比率**	**施工時期**	**全体**	**クリティカルパス**

【解説】本書第５章施工管理、３工程管理P.35を参照のこと。

必須問題

問題 3 施工計画・品質管理に関する問題

■施工計画を作成するにあたって実施する事前調査の実施内容についての記述問題

【解答例】

下記について、それぞれの項目について２つを選定し記述する。

①契約書類の確認

・工事の目的　・工事の場所　・工事の工期、請負金額　・工事の内容　・工事の契約条件

②自然条件の調査

・現場の地形　・現場の地質　・現場の地下水

③近隣環境の調査

・現場付近の地下埋設物、文化財の有無　・現場付近の交通量

・現場付近の通学路　・現場付近の定期バス等交通問題

【解説】本書第５章施工管理、１施工計画 P.300 を参照のこと。

必須問題

問題 4 コンクリートに関する問題

■コンクリートの養生に関しての語句の記入

【解答例】

(イ)	(ロ)	(ハ)	(ニ)	(ホ)
温度	**外力**	**湿布**	**低い**	**混合**

【解説】本書第1章土木一般、2コンクリート P.34 を参照のこと。

必須問題

問題 5 土工に関する問題

■盛土材料として望ましい条件に関しての記述問題

【解答例】

下記の中から2つ記述する。

盛土材料として望ましい条件

- 敷均し、締固めの施工が容易であること
- 締固め後が強固であること
- 締め固め後のせん断強さが大きく、圧縮性が少ないこと
- 雨水などの浸食に対して強いこと
- 吸水による膨張が小さい（膨潤性が低い）こと
- 透水性が小さいこと

【解説】

本書第1章土木一般、1土工 P.18 を参照のこと

選択問題（1）

問題 6 土工に関する問題

■土の原位置試験に関しての語句の記入

【解答例】

(イ)	(ロ)	(ハ)	(ニ)	(ホ)
N値	**断面図**	**軟弱層**	**沈下量**	**地盤反力**

【解説】本書第1章土木一般、2土工 P.18 を参照のこと。

選択問題（1）

問題 7 コンクリートに関する問題

■レディーミクストコンクリートの受入れ検査に関しての語句の記入

【解答例】

（イ）	（ロ）	（ハ）	（ニ）	（ホ）
2.5	**空気量**	**塩化物**	**呼び**	**85**

【解説】本書第1章土木一般、2コンクリート P.34を参照のこと。

選択問題（2）

問題 8 安全管理に関する問題

■高さ2m以上の高所作業を行う場合の墜落等による危険の防止対策に関しての記述

【解答例】下記のうち2つを選定し記述する。

具体的な安全対策

- 足場を組み立てる等の方法により作業床を設ける
- 作業床を設けることが困難なときは、防網を張り、労働者に要求性能墜落制止用器具を使用させる。
- 作業床の端、開口部等で墜落により労働者に危険を及ぼすおそれのある箇所には、囲い、手すり、覆（おお）い等を設ける
- 囲い等を設けることが困難なときは、防網を張り、労働者に要求性能墜落制止用器具を使用させる
- 強風、大雨、大雪等の悪天候のため危険が予想されるときは、労働者を従事させない
- 安全に作業を行うための照度を確保する

【解説】本書第5章施工管理、4安全管理 P.326を参照のこと。

選択問題（2）

問題 9 環境対策に関する問題

■ブルドーザ又はバックホウを用いて行う作業の具体的な騒音防止対策についての記述問題

【解答例】下記のうち2つを選定し記述する。

具体的な騒音防止対策

- 低騒音形の建設機械を使用する
- ブルドーザの作業時に、不必要な空ふかしや、高負荷での運転を避ける
- ブルドーザの作業時に、後進時の高速走行を避ける
- 夜間や休日での作業を自粛する
- 作業現場に防音シートを設置する

【解説】本書第6章環境保全対策、1環境保全・騒音・振動対策 P.354を参照のこと。